U0288654

国家科学技术学术著作出版基金资助出版

煤制乙醇技术

丁云杰　等编著

Techniques for Ethanol Synthesis from Coal via Syngas

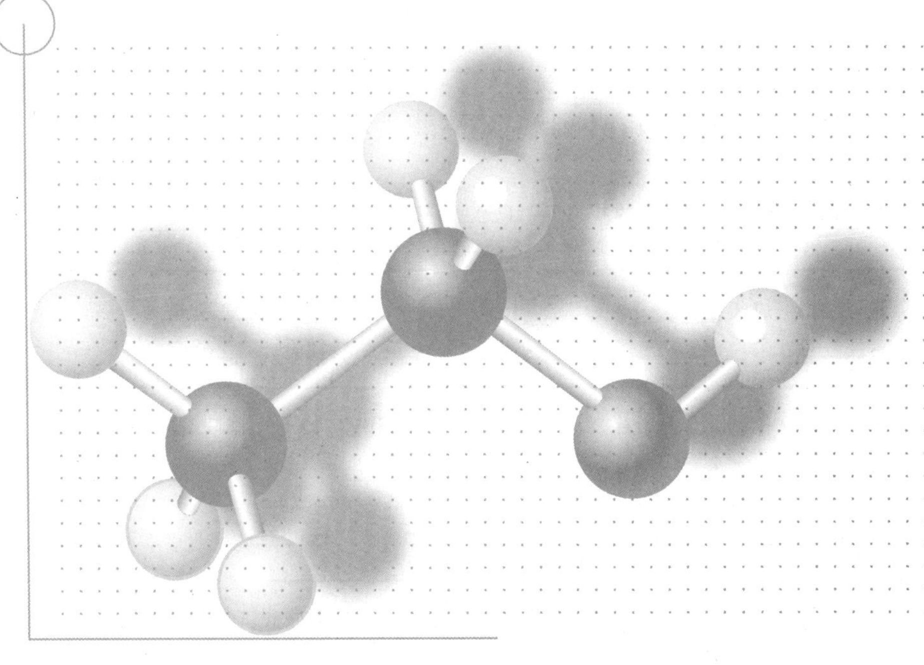

化学工业出版社

·北京·

本书是作者根据其及其所在的研究团队三十年来从事煤经合成气制乙醇催化剂及其工艺过程研发的成果积累并结合国内外有关文献撰写的一部学术专著。书中以合成气直接合成C_2含氧化合物及其加氢转化为乙醇、乙酸直接加氢制乙醇和乙酸/烯烃加成酯化及其加氢制乙醇联产其他醇类的核心催化技术为主线，辅以与之相配套的工艺研究，全面、系统地介绍了煤制乙醇技术所涉及的催化剂研制、催化反应的规律和催化剂制作的原理、表征方法，以及研究前沿和发展方向。书中着重介绍了我国学者在该领域的研究与应用成果。

本书可供煤化工、石油化工和精细化工与其他高新技术领域从事开发应用研究及在厂矿企业工作的科技工作人员、工程技术人员参考，也可供高等院校相关专业研究生和教师参考。

图书在版编目（CIP）数据

煤制乙醇技术/丁云杰等编著. —北京：化学工业出版社，2014.3

ISBN 978-7-122-19695-8

Ⅰ.①煤… Ⅱ.①丁… Ⅲ.①乙醇-生产工艺 Ⅳ.①TQ223.12

中国版本图书馆CIP数据核字（2014）第021946号

责任编辑：成荣霞　　文字编辑：王　琪
责任校对：宋　玮　　装帧设计：王晓宇

出版发行：化学工业出版社（北京市东城区青年湖南街13号　邮政编码100011）
印　　刷：北京永鑫印刷有限责任公司
装　　订：三河市万龙印装有限公司
710mm×1000mm　1/16　印张30　字数573千字　2014年8月北京第1版第1次印刷

购书咨询：010-64518888（传真：010-64519686）　售后服务：010-64518899
网　　址：http://www.cip.com.cn
凡购买本书，如有缺损质量问题，本社销售中心负责调换。

定　　价：148.00元

前言

Foreword

乙醇是基本有机化工原料，目前我国乙醇年产量约为 700 万吨，专家预测到 2015 年乙醇年需求量约为 850 万吨。乙醇的工业生产方法以粮食发酵法和乙烯水合法为主，我国乙醇的 90%主要来自粮食发酵法。粮食发酵法每生产 1 吨乙醇需耗用 3 吨多玉米。

乙醇是公认的无污染车用燃料的添加剂，随着严重污染地下水源的 MTBE 车用燃料添加剂的逐步淘汰，一旦乙醇作为车用燃料添加剂在经济上可行而成为现实（当然采用新技术改变乙醇生产的原料来源，如采用该技术实现以煤炭资源为原料来生产乙醇，将大大加快乙醇作为车用燃料添加剂的进程），乙醇的需求量将是难以估量的。

乙醇是重要的溶剂和化工原料，还是理想的高辛烷值无污染的车用燃料及其添加剂。巴西多年来一直使用乙醇作为汽车燃料或燃料添加剂，近年来我国在多个省份实施了乙醇汽油的推广工作，效果是明显的。随着环境质量要求的提高，发展醇燃料和在汽油中添加醇或醚已成为改善汽车燃料的主要出路。我国人口众多，而耕地面积不足，总的来说粮食不充裕，而且石油资源相对不足，而煤炭资源相对丰富。因此，研究开发从煤炭资源出发经合成气生产乙醇技术替代传统的粮食发酵路线，对减少我国粮食的工业消耗和缓解石油资源紧缺的矛盾，以及提高人民生活水平和发展国民经济具有重要的战略意义。

中国科学院大连化学物理研究所从 1987 年起不间断地从事合成气制乙醇的研究工作，在 1996 年完成了 30 吨/年规模的工业性中试的基础上，经过十多年的不懈努力，研制出了高选择性的第二代新型催化剂以及产物后处理的加氢催化剂，并完成了实验室立升级模试。在此基础上，与江苏索普集团有限公司签订合成气制乙醇 1 万吨/年工业化示范项目，并与中国五环工程公司签订了该过程的工程化技术开发协议。该项目将依托索普公司 60 万吨/年甲醇装置的现有气源、场地和主要资金，共同进行合成气制乙醇工艺技术和示范装置及工业化装置的工程化技术的研发。并在分析示范装置运行数据的基础上，完成 50 万吨/年工业化装置的工艺软件包的编制工作。

正在开发的煤基乙醇技术路线，主要分为以下四条：①煤经合成气制 C_2

含氧化合物，再加氢转化为乙醇；②煤经甲醇羰基化制乙酸，乙酸直接加氢转化为乙醇；③二甲醚羰基化制乙酸甲酯，乙酸甲酯加氢制乙醇副产甲醇，甲醇脱水制二甲醚；④随着 MTO 商业装置不断大量建设，大量的乙烯、丙烯和丁烯将成为廉价易得的商品，因此，烯烃/乙酸加成酯化为乙酸酯，乙酸酯加氢生产乙醇联产其他醇的技术，也由于其原子经济性将具有较大的生产成本、环境等优势。

图 1 总结了煤制乙醇的主要技术路线，从合成气出发，经 Rh 基催化剂和列管式固定床反应工艺，生产出以乙醇、乙酸、乙醛和乙酸乙酯为主要组分的 C_2 含氧化合物的水溶液，经 Pd 基催化剂和列管式固定床反应工艺，将 C_2 含氧化合物的水溶液转化为乙醇和乙酸乙酯的水溶液，最后经 Cu 基催化剂和固定床反应工艺，将乙醇和乙酸乙酯的水溶液中的乙酸乙酯转化为乙醇，经初蒸馏后获得 90%左右的乙醇水溶液，采用分子筛膜脱水技术获得纯度 99.5%以上的无水乙醇。基于当前我国煤基甲醇羰基化制乙酸的产能大量过剩和技术的成熟度高的现状，国内研究单位经过多年努力，研发了 Pd 基乙酸加氢催化剂，将乙酸转化为乙醇和乙酸乙酯水溶液，同样，该水溶液在 Cu 基催化剂的作用下将其中乙酸乙酯转化为乙醇，采用分子筛膜脱水技术获得无水乙醇。在催化剂、工艺技术和产品分离技术等方面形成一系列具有自主知识产权的发明专利。开发出有别于美国塞拉尼斯公司的乙酸直接加氢技术，在催化剂反应性能和整个过程的能耗等方面表现出明显的优越性。现已完成了 3 万吨/年工业性试验装置的工艺软件包和基础工程设计，工业性试验装置正在建设中。由于乙酸直接加氢将乙酸中的一个氧原子转化为废水，产生大量的污水，且消耗宝贵的 H_2，该过程不具有原子经济性的绿色化工过程，我们还开发了烯烃与乙酸的加成酯化技术，生产乙酸酯初产品，再经 Cu 基催化剂和固定床工艺，生产乙醇联产其他高附加值的醇类产品。该过程将乙酸中 O 转化为醇类产品中

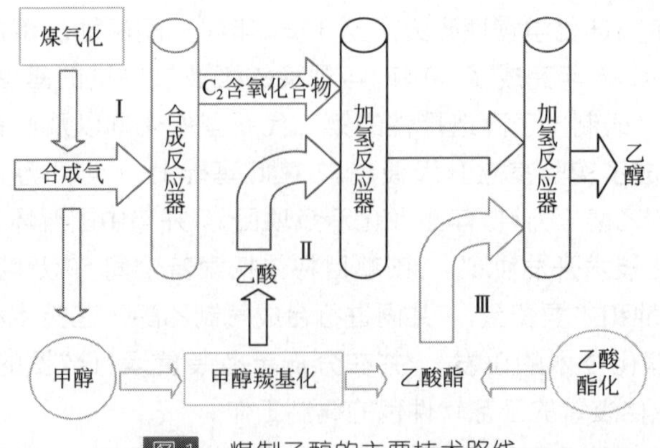

图 1 煤制乙醇的主要技术路线

—OH，实现了原子经济性的绿色化工生产的要求，我们正在开发的该技术的具体过程有：丙烯/乙酸加成酯化及其加氢制乙醇联产异丙醇，异丙醇的生产成本较丙烯水合技术和丙酮加氢技术有很大的成本优势，正在建设2套15万吨/年的工业化装置；混合正丁烯/乙酸加成酯化及其加氢生产乙醇和仲丁醇，仲丁醇脱氢生产甲乙酮。同样由于其过程的原子经济性，其甲乙酮的生产成本将有较大的优势，现在正在改造工业化装置以生产15万吨/年的乙醇和甲乙酮。

本书共分为7章，分别以催化剂和反应工艺的研发为主线，就上述技术进行介绍，为了本书内容的完整性，第1章增加了煤制合成气的技术。前言由丁云杰研究员撰写；第1章由吕元研究员撰写，丁云杰研究员修改；第2章由陈维苗副研究员撰写，丁云杰研究员修改；第3章由丁云杰研究员、陈维苗副研究员和吕元研究员撰写，丁云杰研究员修改；第4章由朱何俊研究员撰写、丁云杰研究员修改；第5章由严丽副研究员和王涛副研究员撰写，丁云杰研究员修改；第6章由陈维苗副研究员、李秀杰副研究员和丁云杰研究员撰写，丁云杰研究员修改；第7章由李砚硕研究员撰写，丁云杰研究员修改。上述撰写者均为中国科学院大连化学物理研究所工作人员，在各自介绍的领域内长期从事相关的催化剂和反应工艺的一线研究工作，以自身的研究工作的亲身体会来向大家介绍煤制乙醇技术。浙江大学的沈晓红副教授对本书稿的文字进行了修改。在此对他们的辛勤劳动表示衷心的感谢！

丁云杰

2014年3月

于大连

目录

Contents

第1章 合成气制造、净化及转化

1.1 现代煤化工概述

煤化工是以煤为原料，经过化学反应生成化工和能源产品的工业，是煤炭深加工产业。我国是煤资源相对丰富的国家，为科学、合理和高效地利用煤炭资源，进行深加工发展煤化工是必要的。

煤炭属于低效和高污染能源。传统的煤化工是以低技术含量和低附加值产品为主导的高能耗、高排放、高污染和低效益（“三高一低”）行业。这种以粗放为主的煤化工发展方式对资源、环境付出的代价过大，已难以为继。我们应加速转变发展方式，着力推进现代煤化工的发展。

现代煤化工是指采用现代先进技术，充分挖掘和利用煤的内在固有特性中的优势，对煤进行深加工和综合利用，着重解决煤炭转化过程中高效、低污和经济三大方面问题。现代煤化工与传统煤化工的主要区别在于洁净煤技术和先进的煤转化技术以及节能、降耗、减排、治污和节水等新技术的集成应用，发展有竞争力的产品领域。

1.1.1 传统煤化工技术

以煤炭为原料经化学方法将煤炭转化为气体、液体和固体产品或半成品，再进一步加工成一系列化工产品或石油燃料的工业，称为煤炭化学工业，简称为煤化工。从技术路线来看，煤化工包括煤焦化、煤气化和煤液化三个技术路线（图 1-1）。

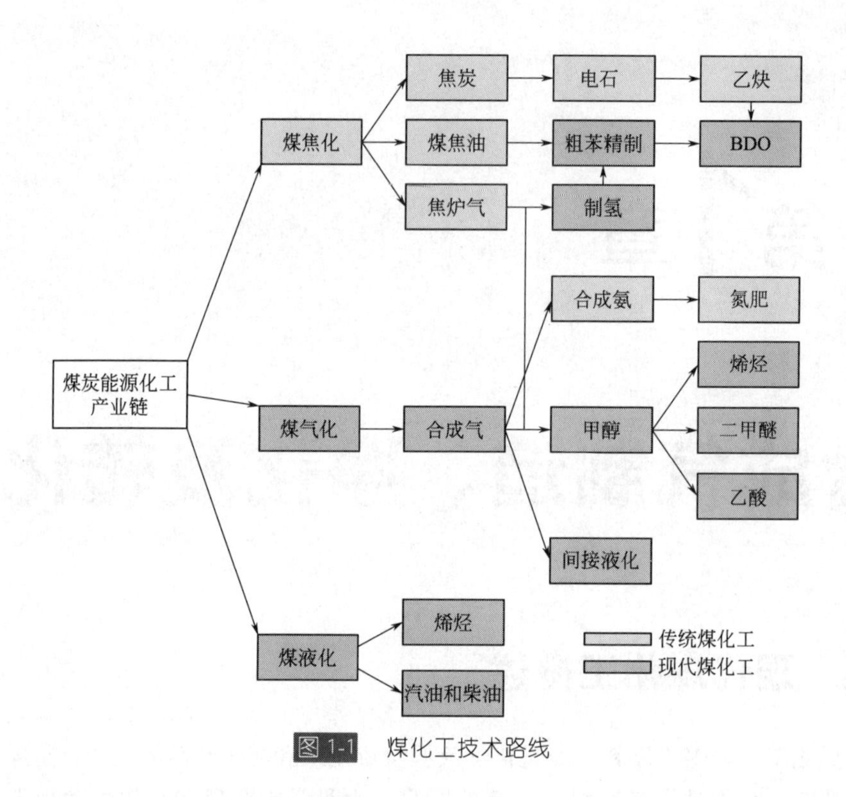

图 1-1 煤化工技术路线

现代煤化工范围主要包括甲醇和甲醇制化工产品（二甲醚、乙酸及其下游产品）、甲醇制醇醚燃料、甲醇制烯烃、煤制油（直接液化和间接液化）和多联产等。作为我国中长期能源发展战略的发展重点，现代煤化工以生产洁净能源和可替代石油化工的产品为主，它与能源和化工技术结合，可形成煤炭-能源化工一体化的新兴产业。

煤化工产业将在我国能源的可持续利用中扮演重要的角色，是今后 20 年的重要发展方向，这对于我国减轻燃煤造成的环境污染和降低我国对进口石油的依赖均有着重大意义。

① 我国一次能源资源存量结构的分布特点，决定了我国必须加快现代煤化工产业的发展。我国一次能源资源结构的特点是煤炭资源相对比较丰富，而石油资源相对比较贫乏。根据国家能源局公布的 2012 年统计数据，我国煤炭资源的地质理论资源量高达 5.6 万亿吨，探明保有储量约为 1.34 万亿吨，居世界第三。2011 年和 2012 年我国原煤开采量分别为 35.2 亿吨和 36.5 亿吨。煤炭资源在可预见的将来基本能够满足我国经济发展和人民生活水平提高对一次能源的需求。而与此相反，我国石油资源相对比较贫乏。国土资源部 2012 年公布的资料显示，我国目前已经探明的石油地质资源量 881 亿吨，可采资源量 233 亿吨。虽然目前我国的石油年探明地质储量继续保持较高的水平，年均 10.2 亿吨，但是，石油

资源品质变差，低渗、稠油、深水、深层资源的比重进一步增大。另外，石油消费量的增长导致我国原油需求缺口逐年增大。2010 年中国新增石油探明技术可采储量约 2.1 亿吨，不足当年消耗量的 50%。2011 年我国原油开采量 2.01 亿吨，进口量高达 2.7 亿吨。据测算，2020 年我国石油消耗量将达 6.1 亿吨，而年产量只能维持在约 2 亿吨，缺口将达 4 亿吨以上。因此，从长期看，国内石油资源远远难以满足未来经济发展和人民生活水平提高对石油资源的需求。

而通过现代煤化工技术，将我国资源储量比较丰富的煤炭转化为碳一化工产品、替代燃料（甲醇和二甲醚）、乙烯、丙烯、柴油、汽油、航空煤油和液化石油气等产品，实现对部分石油的间接替代和直接替代，是一项符合国内一次能源资源结构特点，且能有效而可行地确保我国能源供应的战略措施。

② 我国能源消费结构的加速调整和升级，要求加快现代煤化工产业的发展。从人类利用能源的发展历程看，伴随着工业化进程和经济发展水平的不断提高，世界各国的能源生产和消费结构先后经历了由薪柴向煤炭和由煤炭向石油和天然气转化的两次重大调整和升级过程。美国、日本和欧洲等国家和地区在 20 世纪 50 年代左右基本完成了这一历史进程，而发展中国家目前尚处在这种能源生产和消费结构加速调整和升级转换过程之中。我国经过改革开放几十年的发展，尤其是当前经济发展进入新的一轮增长周期后，居民消费开始向汽车和住房等耐用消费品转换，以石油化工、汽车、钢铁和建材为核心的“重化工业”发展进程明显加速，经济发展对能源生产和消费结构升级调整的要求明显提高，可以说，目前我国已经跨入由煤炭向石油和天然气等优质能源生产和消费结构的快速调整和升级转换的新阶段，未来国内油气消费的迅速增长和扩大是难以扭转的发展趋势。为此，国内能源生产结构加快调整以与此相适应。因此，发展现代煤化工产业是适应我国能源消费结构升级调整和转换的客观需要。

③ 加快现代煤化工产业发展，可有效缓解我国能源生产供需之间结构性矛盾和弥补国内石油生产供需之间的巨大缺口。从当前我国一次能源生产和消费结构看，煤炭生产相对富裕，基本能够满足市场需求；而油气生产则严重不足，供求之间存在较大缺口，近年来国内石油消费高强度增长与石油产量低增长之间的矛盾十分突出，2011 年我国已探明石油储量占世界已探明石油储量的 1.3%，年开采量占世界的 5.6%，而石油消费量占世界的 9.2%。

自 20 世纪 90 年代以来，国内原油产量长期徘徊在 1.6 亿吨左右，而到 20 世纪末原油消费量就已超过 2 亿吨，年供需缺口就已超过 3000 万吨。进入 21 世纪以后，国内原油供需缺口继续扩大，到 2012 年国内石油供需缺口上升到 2.8 亿吨。而根据相关预测，要实现国内生产总值“翻两番”和全面建成小康社会的发展目标，我国石油消费量将由目前的 4.8 亿吨上升到 2020 年的 6.1 亿吨左右，而国内原油最大年产量只可达到 2 亿吨左右，供需缺口将日趋扩大。为缓解我国能源生产供需之间的结构性矛盾，弥补国内石油生产和消费之间日趋扩大的巨额供需缺口，加快现代煤化工产业发展，将市场供应相对比较富裕的煤炭转化为市场急需和国内供需缺口较大的碳一化工产品、替代燃料（甲醇和二甲醚）、乙烯、丙烯、柴油、汽油、航空煤油和液化石油气等制品，就成为客观和现实需要的必然选择。

④ 加快现代煤化工产业的发展，有利于确保我国能源供应安全，促进经济稳定、健康发展。石油资源是对国家能源和经济安全具有举足轻重地位的重要战略性物资，未来影响我国能源供应安全的主要因素是石油产品供应状况。由于国内资源量和产量不足，21 世纪初期以来，我国石油供应对国外市场的依赖日趋加深。尽管中国已成为全球第四大石油生产国，但中国同时也是世界第二大石油消费国和第一大进口国，且国内产量仍远远不足，今后新增的石油需求量几乎全部依靠进口。自 1993 年成为石油净进口国以来，我国原油进口规模逐年扩大，到 2012 年底进口原油达到破纪录的接近 2.8 亿吨。另据预测，到 2020 年以后，我国石油消费需求的 60%以上要依赖进口资源来满足。世界石油资源主要集中在中东地区，而近几年我国进口原油的 50%以上也来自中东地区。由于目前中东地区政治局势不稳定，美国和日本对中东地区石油资源的加紧争夺和控制，远东石油运输的重要通道——马六甲海峡通过能力接近饱和，以及国际海盗和“9・11”后对石油海上运输的恐怖活动日益增多的态势，对我国石油供应战略安全造成了重大威胁。尽管近年来我国在进口原油渠道多元化方面取得了一些进展，建立的国家石油战略储备也能够在短期内一定程度上缓解国内石油的供需矛盾，但从长期看，我国除从中东地区通过马六甲海峡通道进口石油外，其他陆上石油进口通道的建设和未来发展存在着诸多不稳定和不确定因素，难以缓解我国石油资源短缺问题。这迫使我国必须尽快采取相关应对措施，包括采取加快国内和海外石油勘探开发、实现石油进口多元化和发展石油替代产业等综合措施，以保障我国能源供应的战略安全。

⑤ 可有效减轻国际油价上涨对我国经济发展的不利影响。20 世纪 70 年代第一次国际原油危机时油价约为 30 美元/桶❶，第二次原油危机时约为 70 美元/桶，2007—2008 年期间爆发的金融危机导致原油价格冲高至 147 美元/桶。今后世界石油价格还将在高位运行，价格保守估计在 70～100 美元/桶之间波动，到下一次经济危机时，很有可能冲高至 200 美元/桶。根据国际能源组织估算，原油价格每桶上升 10 美元，中国的 GDP 增速将降低 0.8%，物价上升 0.8%。摩根斯坦利的测算结果为，国际原油价格（布伦特）每桶上涨 1 美元，中国的 GDP 增幅将损失 0.06%。据中国国家统计局测算，如果原油价格每桶上涨 10 美元，若

❶ 桶（石油容积单位，1 美桶＝42US gal，折合 159L）。

持续一年，对居民消费价格指数的影响是0.3%～0.4%。2011年，国际油价剧烈震荡，全年上涨近10%，中国进口石油多支付了600亿美元。发展现代煤化工产业，将减轻我国经济和社会发展对国际石油的依赖程度，并可直接降低我国对国际石油的进口量。尤其是在国际油价持续上涨时期，将直接节约大量外汇支出，从而反过来（按支出法GDP计算）增加我国的净出口额和促进我国经济增长。

1.1.2　现代煤化工技术

进入21世纪以来，世界能源供应形势发生了重大变化。高油价不仅影响着普通人的生活，也影响着国家之间的政治和经济关系。我国油气资源量并不丰富，自20世纪90年代以来对石油能源的需求已进入快速增长期，目前已成为全球第二大石油消费国和第一大石油进口国，2012年我国自己开采原油2.04亿吨，进口原油2.8亿吨，进口量同比增长6.8%，对外依存度达58%。据预测到2020年，原油对外的依存度将超过60%，远远不能满足社会发展需求。保障石油类产品的供给已经成为影响我国经济长期稳定发展和能源安全的重大问题。

另外，我国煤炭资源相对丰富，据测算，我国煤炭资源的地质理论资源量高达5万亿吨，探明保有储量约为1万亿吨，在可承受的环境容量范围内，我国煤炭资源的年开采规模可在当前产量基础上继续扩大。煤炭资源在相当长的时间内能够基本满足我国经济发展和人民生活水平提高对一次能源的需求。立足国家资源特点，发展现代煤化工产业，缓解石油供求矛盾，促进经济社会平稳发展，是实施石油替代战略的必然选择。

但是，现代煤化工的产业发展面临着诸多挑战。

其一，行业需求旺盛与技术发展缓慢的矛盾突出。现代煤化工以大规模生产为特征，技术的发展需要较长时间的过程。目前，现代煤化工处于技术发展期，中科院在国家计划的支持下，有一批研发队伍长期坚持煤炭和天然气等碳一化工领域的研究，取得了世界范围内普遍认可的先进地位，一批重要技术相继完成了中试，个别项目完成了工业性试验进入商业化推广阶段（如煤制烯烃技术和煤制油技术）。但总体上，达到工业应用阶段的技术并不多。大型工业技术研发历程长、技术发展缓慢的特征在目前旺盛的行业需求形势下更加突出。没有足够多的技术方案可供选择，将会对协调布局现代煤化工产业带来不利影响。这方面，也体现在正在酝酿出台的“国家煤化工中长期发展规划”中。该规划的征求意见稿中只能根据相对成熟的甲醇、二甲醚、煤基烯烃和煤基合成油等产品进行部署，显示出对技术相对缺乏的无奈。

其二，中国要在全世界优先发展现代煤化工产业，必然更多地依赖自主的技术创新，需要在战略目标指导下确定技术的优先发展方向。目前，在高油价的带动下，与煤化工相关的新一轮的投资和技术研发热潮正在形成，中科院也结合能源发展对现代煤化工的技术研发做出了全面的部署，几乎涵盖了所有的发展方向。从中科院作为国家级专业研究机构的定位看，这些安排无疑是正确和全面的，也代表着中国在煤化工领域的研发方向布局。国内一些高校和一些骨干企业也纷纷开展煤化工的技术研发（如清华大学、华东理工大学、兖矿集团、神华集团等），并形成产学研联盟加以促进。但是，这些方向哪些应该优先发展，并给予重点支持，哪些产品能够上升到国家规划中，并不十分明确。一些方向还存在争议，如煤制油，不同的专家甚至给出完全相反的支持或否定的结论。现代煤化工产业，一定离不开技术的发展，但并不意味着技术成熟了就一定要发展，一些技术的定位可以是战略储备性质的。现代煤化工产业的发展，不仅能促进经济的繁荣，同时兼有石油替代和促进产业结构调整的任务。因此，煤化工的发展不是孤立的，与石油化工产业和传统工业的布局密切相关，应该强调与其他行业的协调互补性，需要多维分析，从国家战略的高度，在把握全局的基础上对技术的重点发展方向给予指导。目前的现状是，相对成熟的技术很少，一批技术正处在突破的前期。近期，中科院安排了“煤制清洁燃料及大宗化学品技术”方向性项目群，这些项目的目标大部分是完成工业性试验，为准确评估技术、判断技术发展方向提供了良机。

其三，CO_2减排已经成为与煤炭利用相关的全球性焦点问题，现代煤化工的发展面临新的挑战。原理上，煤化工的目的是将煤炭转化为含碳的产品，相对于作为直接能源的利用途径，一定可以起到减排 CO_2 的作用。另外，作为大型化工过程，也为 CO_2集中加工处理带来便利条件。但是，应当看到，煤化工的目的毕竟不是为了减排 CO_2，传统上，技术研发中并不将 CO_2 当成严重的问题或技术关键加以考虑。因此，在新的形势下，如何做到兼顾 CO_2减排，也成为技术发展所必须考虑的重要因素。需要对各种技术进行比对分析，才能明确现代煤化工对 CO_2减排所起到的作用和可能的努力方向。

1.2 煤气化

煤经合成气制乙醇过程包括合成气生产、合成气转化和粗产品经多步加氢后处理等精制步骤。合成气由 CO 和 H_2组成，是煤间接转化制液体燃料及有机化工原料过程的中间原料。在合成气生产过程中，煤经气化生成粗合成气，再通过变换、脱硫和脱碳等净化处理，满足合成气转化工艺对合成气的杂质含量及氢碳比要求后，进入合成气转化反应器。

1.2.1 合成乙醇对原料气的要求

合成乙醇反应是一个复杂反应体系，主要包括生成乙醇、乙醛、乙酸的反应和生成其他副产物的反应。

主反应如下。

生成乙醇的反应：

$$2CO + 4H_2 \xrightarrow{Ph} C_2H_5OH + H_2O \tag{1-1}$$

生成乙醛的反应：

$$2CO + 3H_2 \xrightarrow{Ph} C_2H_4O + H_2O \tag{1-2}$$

生成乙酸的反应：

$$2CO + 2H_2 \xrightarrow{Ph} C_2H_4O_2 \tag{1-3}$$

副反应如下。

生成其他醇类的反应：

$$nCO + 2nH_2 \longrightarrow C_nH_{2n+1}OH + (n-1)H_2O \tag{1-4}$$

生成其他醛酮类的反应：

$$nCO + (2n-1)H_2 \longrightarrow C_nH_{2n}O + (n-1)H_2O \tag{1-5}$$

生成其他酸酯类的反应：

$$nCO + 2(n-1)H_2 \longrightarrow C_nH_{2n}O_2 + (n-2)H_2O \tag{1-6}$$

生成烷烃的反应：

$$nCO + (2n+1)H_2 \longrightarrow C_nH_{2n+2} + nH_2O \tag{1-7}$$

生成烯烃的反应：

$$nCO + 2nH_2 \longrightarrow C_nH_{2n} + nH_2O \tag{1-8}$$

水煤气变换反应：

$$CO + H_2O \longrightarrow CO_2 + H_2 \tag{1-9}$$

根据实验室研究结果[1]，H_2/CO 近似为 2 时对合成乙醇等碳二含氧化合物有利。除了 H_2/CO 的要求，用于合成乙醇的原料气对硫、氯、氧、NO_x、羰基化合物、水和金属杂质含量等也有严格要求。在合成气生产过程中，煤经气化生成粗合成气，再通过变换、脱硫和脱碳等净化处理，满足合成气转化工艺对合成气的杂质含量及氢碳比要求后，进入合成气转化反应器。

表 1-1　几种常见气化工艺生产的合成气的典型组成[2,3]

气化工艺	CO 组成/%	H_2组成/%	CO_2组成/%	CO + H_2组成/%	H_2/CO
Lurgi 固定床气化	21～22	38～39	29～30	59～61	1.80
Texaco 水煤浆气化	45～46	35～36	17～18	80～82	0.78
多喷嘴水煤浆气化	44～45	37～38	15～16	77～79	0.84
Shell 粉煤气化	61～63	26～28	1.3～1.8	87～91	0.44

由表 1-1 可见，固定床气化生产的合成气的 H_2/CO 在 1.8 左右，水煤浆气

化生产的合成气的 H_2/CO 在 0.8 左右，粉煤气化生产的合成气的 H_2/CO 在 0.44 左右，为满足合成乙醇反应对原料气组成的要求，一般通过变换反应对气体组成予以调节。

1.2.2 煤在气化炉中的转化过程

煤气化过程是以氧气（可以是空气、富氧空气或纯氧）和水蒸气为气化剂，在一定温度和压力下，将煤或煤焦中的可燃组分转化为粗合成气的热化学过程。粗合成气以 CO、H_2 和 CO_2 为主要成分，并同时含有 CH_4、NH_3 和 H_2S 等其他杂质组分。煤气化过程除生成粗合成气外，还同时生成煤焦油和炉渣。

煤在气化炉中的转化要经历干燥、热解、燃烧和气化四个主要过程。

1.2.2.1 干燥

原料煤（块煤、碎煤、粉煤和水煤浆）加入气化炉后，首先通过与炉内热气流之间发生对流和辐射传热而被加热，高温使煤中所含水分被蒸发。

1.2.2.2 热解

热解是煤受热达到一定温度后，自身所发生的物理和化学变化，这一过程传统上称为“干馏”，现在一般称为热解或热分解[4]。

（1）煤热解过程的物理变化　在 350℃以下，煤中除了物理水，还有吸附的气体析出，主要为甲烷、二氧化碳和氮气；随着温度继续升高，会有有机质的分解，并析出大量挥发分（煤气和焦油），煤黏结成半焦，煤中灰分全部存在于半焦中。煤气的成分中，除了热解水、一氧化碳和二氧化碳外，还有气态烃。一些中等煤阶的煤（如烟煤）会经历软化、熔融、流动和膨胀直到再固化等过程，其间会形成气、液和固三相共存的胶质体。研究表明，在 450℃左右时，焦油量最大，450～550℃范围内气体析出量最多。温度进一步升高时，会发生缩聚反应和烃类挥发分的裂解反应，半焦变成焦炭。析出的气体主要为烃类、氢气、一氧化碳和二氧化碳。

（2）煤热解过程的化学变化　煤热解过程的化学反应非常复杂，通常认为热解过程中发生的化学反应包括裂解和缩聚两大类反应。热解前期以裂解反应为主，后期以缩聚反应为主。

根据煤的结构特点，裂解反应通常有 4 类[5]。

① 桥键裂解生成自由基。煤结构中的桥键包括 CH_3—、—CH_2—CH_2—、—O—、—CH_2—O—和—S—S—等，其作用在于连接煤的结构单元，是煤结构中相对活泼的结构，受热后容易发生断裂生成自由基。

② 脂肪侧链的裂解。受热后脂肪侧链裂解生成 CH_4、C_2H_6 和 C_2H_4 等气态烃。

③ 含氧官能团的裂解。煤中含氧官能团的稳定性顺序为：羟基＞羰基＞羧基。羧基在 200℃以上可裂解生成二氧化碳，羰基在 400℃以上裂解生成一氧化碳，羟基在更高的温度下可在有氢存在时生成水。

④ 低分子化合物的裂解。煤中以脂肪结构为主的低分子化合物受热后液化，并发生裂解，生成大量挥发组分。

研究表明，煤在热解过程中析出挥发组分的次序依次为：H_2O、CO_2、CO、C_2H_6、CH_4、焦油和 H_2。这些产物通常称为一次分解产物。

一次分解产物在析出过程中，如果遇到更高的温度，就会发生二次热分解反应，包括裂解、芳构化、加氢和缩合反应。

煤热解的后期以缩聚反应为主，当温度达到 550～600℃时，发生胶质体再固化过程中的缩聚反应，生成半焦。随着温度进一步升高，芳香结构脱氢缩聚，从半焦生成焦炭。

1.2.2.3 燃烧和气化

煤的气化和燃烧都属于氧化过程。当煤燃烧时，其化学能完全以热的形式释放出来，生成 CO_2 和 H_2O，并放出热量。在氧气充足的情况下，煤将发生完全氧化反应，其所有的化学能都转化为热能，这个过程就是燃烧。而煤的气化过程通过控制氧气量，使煤部分发生燃烧放热，使体系加热至煤的气化温度，在缺氧的条件下发生部分氧化反应，转化成具有一定潜在化学能的气体燃料。

煤的气化反应主要指煤中的碳与气化剂中的氧气和水蒸气及反应中间物之间的反应。在气化炉空间中的不同位置，以及操作的不同阶段，所发生的反应也有区别。对于以纯氧为气化剂的气流床气化过程，第一阶段发生的反应以挥发分的燃烧反应为主，当氧气耗尽后，气化过程以气化产物与残炭的气化反应为主[6]。

(1) 挥发分的燃烧反应　气化过程中主要的可燃挥发分 CO、H_2、CH_4、C_2H_6 和焦油等与气化剂中的氧气发生燃烧反应生成二氧化碳和水，并放出大量的热。

(2) 焦炭的燃烧反应　反应如下：

$$C + O_2 \longrightarrow CO_2 \tag{1-10}$$

$$2C + O_2 \longrightarrow 2CO \tag{1-11}$$

$$2CO + O_2 \longrightarrow 2\,CO_2 \tag{1-12}$$

(3) 焦炭的气化反应　当氧气耗尽后，气化剂中的水和燃烧过程产生的水以及 CO_2 与焦炭发生气化反应：

$$C + H_2O \longrightarrow CO + H_2 \tag{1-13}$$

$$CO_2 + C \longrightarrow 2CO \tag{1-14}$$

(4) 挥发分的重整反应　反应如下：

$$CH_4 + H_2O \longrightarrow CO + 3H_2 \tag{1-15}$$

$$CH_4 + CO_2 \longrightarrow 2CO + 2H_2 \tag{1-16}$$

(5) 关于甲烷的生成　有研究认为，焦炭与氢气会发生甲烷化反应：

$$C + 2H_2 \rightleftharpoons CH_4 \tag{1-17}$$

研究表明，焦炭的气化反应速率快慢次序为：$(C+H_2O) > (C+CO_2) > (C+H_2)$。焦炭加氢甲烷化的反应比焦炭气化反应要慢几个数量级，再加上煤的裂解过程会产生大量甲烷，其中部分甲烷发生燃烧反应，剩余的甲烷会从热力学平衡的角度抑制反应（1-17）的发生。因此在实际气化过程中，一般不考虑反应（1-17）的影响。

(6) 煤中杂质元素与气化剂的反应　煤中除 C 和 H 元素之外还含有 S 和 N 等杂质元素，这些杂质元素通过参与气化反应，最终以化合物的形态存在于粗合成气中。其中，含硫化合物主要是 H_2S，而 COS 和 CS_2 等其他含硫化合物相对含量较低。含氮化合物以 NH_3 为主，NO_x 和 HCN 相对含量较低。上述杂质会引起设备的腐蚀及产品污染，或引起合成催化剂中毒失活，因此必须通过气体净化过程予以脱除。

1.2.3 煤的气化性质

1.2.3.1 煤的分类

煤是远古植物遗体在微生物的参与下经过一系列物理化学过程转变而来。现行中国煤炭分类是按煤的煤化程度的深浅将煤分成褐煤、烟煤和无烟煤 3 大类，再按煤化程度及工业上对原料煤各项指标的要求，将褐煤分为两个子类，无烟煤分成三个子类。具体分类方法见表 1-2 和表 1-3[5]。

表 1-2　煤炭分类

类别	符号	数码	分类指标	
			V_{daf}/%	P_M/%
无烟煤	WY	01，02，03	<10.0	—
烟煤	YM	11，12，13，14，15，16，21，22，23，24，25，26，31，32，33，34，35，36，41，42，43，44，45，46	>10.0	—
褐煤	HM	51，52	>37.0	<50

注：1. 凡 V_{daf}>37.0%，$G \leqslant 5$ 者，再用透光率 P_M 来区分烟煤和无烟煤。

2. 凡 V_{daf}>37.0%，P_M>50%者，为烟煤。P_M = 30%～50%的煤，如恒湿无灰基高位发热量 $Q_{gr,maf}$>24MJ/kg，则为长焰煤。应划分为肥煤或气肥煤；如 $Y \leqslant 25.0$mm，则根据其 V_{daf} 的大小来划分为相应的其他煤类。按 b 值划分类别时，$V_{daf} \leqslant 28.0$%，暂定 b>150%的为肥煤；V_{daf}>28.0%，暂定 b>220%的为气肥煤。如果 b 值和 Y 值划分的类别有矛盾时，以 Y 值划分的类别为准。

3. 对 V_{daf}>37.0%，$G \leqslant 5$ 的煤，再以透光率 P_M 来区分其为长焰煤或褐煤。

4. 对 V_{daf}>37.0%，P_M>30%～50%的煤，再测 $Q_{gr,maf}$，如其值大于 24MJ/kg，划分为长焰煤。

5. 分类用的煤样，除 $A_d \leqslant 10.0$%的不需减灰而采用原煤样外，对 A_d>10.0%的煤样，应采用氯化锌重液洗选后的浮煤。

表 1-3　中国煤炭分类

类别	符号	数码	分类指标					
			V_{daf} /%	G	Y /mm	b /%	P_M /%	$Q_{gr,maf}$ /(MJ/kg)
无烟煤	WY	01，02，03	≤10.0					
贫煤	PM	11	＞10.0～20.0	≤5				
贫瘦煤	PS	12	＞10.0～20.0	＞5～20				
瘦煤	SM	13，14	＞10.0～20.0	＞20～65				
焦煤	JM	24	＞20.0～28.0	＞50～65	≤25.0	(≤150.0)		
		15，25	＞10.0～28.0	＞65①				
肥煤	FM	16，26，36	＞10.0～37.0	(＞85)①	＞25.0①			
1/3 焦煤	1/3JM	35	＞28.0～37.0	＞65①	≤25.0	(≤150.0)		
气肥煤	QF	46	＞37.0	(＞85)①	＞25.0	(＞220.0)		
气煤	QM	34	＞28.0～37.0	＞50～60	≤25.0	(≤220.0)		
		43，44，45	＞37.0	＞35				
1/2 中黏煤	1/2ZN	23，33	＞20.0～37.0	＞30～50				
弱黏煤	RN	22，32	＞20.0～37.0	＞5～30				
不黏煤	BN	21，31	＞20.0～37.0	≤5				
长焰煤	CY	41，42	＞37.0	≤35			＞50	
褐煤	HM	51	＞37.0				≤30	≤24
		52	＞37.0				＞30～50	

① 对 $G>85$ 的煤，再用 Y 值或 b 值来区分肥煤、气肥煤与其他煤类。

首先，根据表 1-2，将所有的煤按煤化程度的深浅分为褐煤、烟煤和无烟煤。再按煤化程度及工业上对原料煤各项指标的要求，将褐煤分为两个子类，无烟煤分成三个子类。烟煤部分按挥发分 10%～20%、20%～28%、28%～37%和37%以上分为低挥发分、中挥发分、中高挥发分及高挥发分烟煤。烟煤黏结性按黏结指数 G 区分：0～5 为不黏结或微黏结煤；5～20 为弱黏结煤；20～50 为中等偏弱黏结煤；50～65 为中等偏强黏结煤；大于 65 为强黏结煤。对于强黏结煤，又把其中胶质层厚度 $Y>25\mathrm{mm}$ 或奥亚膨胀度 $b>150\%$（对于 $V_{daf}>28\%$的烟煤，$b>220\%$）的煤划分为特强黏结煤。这样，在烟煤部分可分为 24 个单元，并用相应的数码表示。在编号的十位数中，1～4 代表煤的煤化程度；在编号的个位数中，1～6 代表煤的黏结性。

再按同类煤性质基本相似和不同类煤性质有较大差异的分类原则，将部分单元合并为12个类别。在煤类的命名上，考虑到新旧分类的延续性和习惯叫法，仍保留气煤、肥煤、焦煤、瘦煤、贫煤、弱黏煤、不黏煤和长焰煤8个类别，另外，增加了贫瘦煤、1/2中黏煤、1/3焦煤和气肥煤4个过渡性煤类。贫瘦煤是指黏结性较差的瘦煤，以区别于典型的瘦煤；1/2中黏煤是由原分类中的一部分黏结性较好的弱黏煤、一部分黏结性较差的肥焦煤和气肥煤组成的；1/3焦煤是由原分类中一部分黏结性较好的气肥煤和肥焦煤组成的，是焦煤、肥煤和气煤中间的过渡煤类，也具有这三类煤的一部分性质，但具有较好的结焦性；气肥煤在原分类方案中属于肥煤大类，其结焦性比典型肥煤要差得多，故新的煤炭分类国家标准将它单独列为一类，克服了原分类方案中同类煤性质差异较大的缺陷。

中国煤炭分类国家标准（GB 5751—1986）将中国煤分为14大类，各大类煤的性质和主要用途如下。

(1) 无烟煤（anthracite） 无烟煤是煤化程度最高的一类煤。其挥发分低，碳含量最高，光泽强，硬度高，密度大，燃点高，无黏结性，燃烧时无烟。无烟煤按其挥发分产率及用途分为3类：挥发分产率在3.5%以下的无烟煤一号以做碳素材料等高碳材料较好；挥发分产率为3.5%～6.5%的无烟煤二号是生产合成煤气的主要原料；挥发分产率大于6.5%的无烟煤三号可作为高炉喷吹燃料。这三类无烟煤都是较好的民用燃料。

(2) 贫煤（meager coal） 贫煤是烟煤中煤化程度最高和挥发分最低而接近无烟煤的一类煤，国外也有人称之为半无烟煤。这种煤燃烧时火焰短，但热值较高，无黏结性，加热后不产生胶质体，不结焦，多用于动力或民用燃料。

(3) 贫瘦煤（meager lean coal） 贫瘦煤是在烟煤中煤化程度较高和挥发分较低的煤，受热后只产生少量胶质体，黏结性较差，其性质介于贫煤和瘦煤之间，大部分作为动力或民用燃料，少量用于制造煤气燃料。

(4) 瘦煤（lean coal） 瘦煤是烟煤中煤化程度较高和挥发分较低的一种煤，受热后会产生一定数量的胶质体，单种煤炼焦时能炼成熔融不好、耐磨强度差和块度较大的焦炭，可作为炼焦配煤的原料，也可作为民用和动力燃料。

(5) 焦煤（coking coal） 焦煤是烟煤中煤化程度中等或偏高的一类煤，受热后能产生热稳定性较好的胶质体，具有中等或较强的黏结性，单种煤炼焦时可炼成熔融好、块度大、裂纹少和强度高而耐磨性又好的焦炭，是一种优质的炼焦用煤。

(6) 肥煤（fat coal） 肥煤是煤化程度中等的烟煤，在受热到一定温度时能产生较多的胶质体，有较强的黏结性，可黏结煤中一些惰性物质，用肥煤单独炼焦时，能产生熔融良好的焦炭，但焦炭有较多的横裂纹，焦根部分有蜂焦，因而其强度和耐磨性稍差，是炼焦配煤中的重要部分，但不宜单独使用。

(7) 气煤（gas coal） 气煤是煤化程度较低和挥发分较高的烟煤，受热后能生成一定量的胶质体，黏结性从弱到中等都有，单种煤炼焦时产生出的焦炭细长和易碎，并有较多的纵裂纹，焦炭强度和耐磨性均较差。在炼焦时能产生较多的煤气、焦油和其他化学产品，多作为炼焦配煤使用，也是生产干馏煤气的好原料。

（8）1/3 焦煤（1/3 coking coal）　1/3 焦煤是煤化程度中等，其性质介于焦煤、肥煤和气煤之间，含中等或较高挥发分的强黏结性煤，用其单独炼焦时能生成强度较高的焦炭，是炼焦配煤的好原料。

（9）气肥煤（gas-fat coal）　气肥煤是煤化程度与气煤相接近的一种挥发性高和黏结性强的烟煤，单种煤炼焦时能产生大量的煤气和胶质体，但引起气体析出过多，不能生成强度高的焦炭，可用于炼焦配煤或生成干馏煤气的原料。

（10）1/2 中黏煤（1/2 medium caking coal）　1/2 中黏煤煤化程度较低，挥发分范围较宽，受热后形成的胶质体较少，是黏结性介于气煤和弱黏煤之间的一种过渡煤类，其中，黏结性稍好的可作为炼焦配煤原料，黏结性差的可作为气化原料或燃料。在中国这类煤的资源很少。

（11）弱黏煤（weakly caking coal）　弱黏煤煤化程度较低，挥发分范围较宽，受热后形成的胶质体很少，只有微弱黏结性，煤岩显微组分中有较多的丝质组和半丝质组，主要作为气化原料和燃料。

（12）不黏煤（non-caking coal）　不黏煤是在成煤初期受到一定氧化作用后生成的以丝质组为主的煤，煤化程度较低，无黏结性，可用作气化原料和燃料。

（13）长焰煤（long frame coal）　长焰煤是烟煤中煤化程度最低和挥发分最高的一类煤，受热后一般不结焦，燃烧时火焰长，是较好的气化原料和锅炉燃料。

（14）褐煤（brown coal，lignite）　褐煤是煤化程度最低的一类煤，外观呈褐色到黑色，光泽暗淡或呈沥青光泽，块状或土状的都有，含有较高的内在水分和不同数量的腐殖酸，在空气中易氧化，发热量低。根据其透光率 P_M 的不同还分为两类：透光率小于或等于 30％的褐煤一号及透光率为 30％～50％的褐煤二号。褐煤一般作为燃料使用，也可作为造气原料。

1.2.3.2　煤性质对气化活性的影响

影响气化效果的煤的性质，包括煤的反应活性、黏结性、结渣性、热稳定性、机械强度及粒度分布[7]。

（1）反应活性　反应活性是指在一定条件下，煤炭与不同的气体介质，如二氧化碳、氧气、水蒸气和氢气等相互作用的反应能力。反应活性强的煤，在气化和燃烧过程中反应速率快，效率高。反应活性的强弱直接影响到产气率、耗氧量、煤气成分、灰渣或飞灰的碳含量及热效率等。试验表明，随原煤变质程度的增加，其煤焦的反应活性急剧下降。煤的反应活性高对各种气化工艺都有利。

煤化程度较低的煤（如褐煤），其本身水分和挥发分含量高，并且结构疏松，生成的煤焦比表面积大，具有丰富的过渡孔和大孔，使气化剂更容易与煤焦表面充分接触，因此褐煤煤焦的反应活性高。

褐煤煤焦的高活性也与它所含的矿物质杂质有关。试验证明，其所含矿物质在煤气化过程中显示出催化作用。对褐煤煤焦进行酸处理除灰后，其反应活性明显下降，并且褐煤越年轻，酸处理除灰后，其反应活性下降越明显。

煤化程度高的煤（如无烟煤），其水分和挥发分含量低，并且结构致密，生成的煤焦孔隙少，与气化剂接触进行反应的活性比表面积小，活性低。

对无烟煤煤焦进行酸洗除灰处理，虽然会去除起催化作用的矿物质，但在一定程度上疏通了气体内扩散的孔隙，减少了传质阻力，增大了反应比表面积，从而增大了反应速率。

（2）黏结性　煤的黏结性是指煤被加热到一定温度时，煤质受热分解而产生胶质体，并黏结成块状焦炭的能力。

评定煤黏结性的方法基本上可归纳为三大类。

① 通过测定胶质体的数量和性质，如胶质层厚度、基氏塑性度和奥亚膨胀度等，在一定程度上可以预测煤的黏结性。通常胶质体含量高的煤，黏结性较强。

② 在一定的条件下加热焦化，观察所得焦块的外形和性质，如自由膨胀序数、葛金焦型和焦渣转鼓指数等，对煤的黏结性进行实测。

③ 测定煤黏结惰性物料的能力，如混砂法、罗加指数和黏结指数等。

煤的黏结性强对气化过程不利。黏结性强的煤，在气化炉上部加热到400～500℃时，会出现高黏度的液体，使料层黏结和膨胀，小块的煤被黏合成大块，导致料层中气流的分布不均匀，并阻碍料层的正常下移，使气化过程恶化。严重黏结时，会使气化过程无法进行。因此移动床煤气化炉通常要求气化用煤是非黏结性的，或者只使用黏结性很弱的煤。使用黏结性的煤，需在气化炉内黏结区部位增设搅拌破碎装置。黏结性强的煤需经破黏处理后才可以用作气化用煤。

若以胶质层厚度指标 Y 值作为判据，以 $Y<8$mm 的煤为原料时，可不加搅拌破碎装置正常气化；以 $Y=8\sim18$mm 的煤为原料时，移动床气化炉应加搅拌装置；$Y>20$mm 的煤则需经破黏预处理后，方可作为气化用煤使用。胶质层厚度指标 Y 值在判定黏结性较小的煤时误差较大，这时可采用黏结指数 G 作为判据，$G<18$ 的煤可不加搅拌装置气化，$18<G<40\sim50$ 的煤需加搅拌装置。也可采用自由膨胀序数作为判据，适用于移动床和流化床的煤的自由膨胀序数应小于4.5，如果小于2.5则气化效果会更好。

（3）结渣性　煤中的矿物质在高温和活性气体介质的作用下转变为具有一定

强度的黏结物或熔融物质炉渣的能力称为结渣性。

对移动床气化炉，大块的炉渣将会破坏炉内床层透气均匀性，从而影响生成煤气的质量，严重时炉箅不能顺利排渣，需用人力捅渣，甚至被迫停炉。此外，炉渣还会包裹未气化的原料，使排出炉渣的碳含量增高。对流化床气化炉来说，即使少量的结渣，也会破坏正常的流化状态。

测定煤的结渣性，可将煤制成 3～6mm 的试样，以空气为气化介质，按一定的规范做试验。冷却后对灰渣进行称重，其中大于 6mm 的渣块占灰渣总量的百分数称为结渣率。结渣率低于 5%的煤为难结渣煤，结渣率在 5%～25%的为中等结渣煤，结渣率高于 25%的为强结渣煤。

煤的结渣性不仅与煤的灰熔点和灰分含量有关，也与气化的温度、压力、停留时间以及外部介质性质等操作条件有关。在生产中，往往以灰熔点（T_2）作为判断结渣性的主要指标。灰熔点越低的煤越容易结渣。气化用煤要求 T_2高于 1250℃。实际上，因为灰渣的物理形态和化学组成均与煤中的灰分有所不同，因此单纯用灰熔点来判断结渣性并不十分可靠。

（4）热稳定性　热稳定性是指煤在高温下燃烧或气化过程中，对温度剧烈变化的稳定程度，也就是块煤在温度急剧变化时，保持原来粒度的性能。热稳定性好的煤，在燃烧或气化过程中，能以原来的粒度烧掉或气化，而不碎成小块，而热稳定性差的煤，则迅速碎裂成小块或煤粉。对于移动床气化炉来说，热稳定性差的煤，会增加炉内阻力，降低煤的气化效率，并使带出物增多。

测定热稳定性，可取粒度为 6～13mm 的煤样，在 850℃的马弗炉内加热 30min，取出速冷后称重并筛分，以大于 6mm 的残焦所占质量分数作为热稳定性指标。

煤的热稳定性与煤的煤化程度、成煤过程的条件、煤中的矿物组成以及加热条件有关。一般烟煤的热稳定性较好，褐煤、无烟煤和贫煤的热稳定性较差。褐煤水分含量高，受热后水分迅速蒸发使块煤碎裂。无烟煤则因其结构致密，受热后内外温差大，膨胀不均匀产生应力，使块煤碎裂。贫煤急剧受热也容易爆裂，即热稳定性也较差。热稳定性差的煤在进入移动床气化炉的高温区前，先在较低温度下做预热处理，可使其热稳定性提高。

（5）机械强度　煤的机械强度是指块煤的抗碎强度、耐磨强度和抗压强度等综合物理机械性能。国内测定机械强度的方法，主要采用块煤落下试验法。试验采用 10 块粒度为 60～100mm 的块煤为试样，将它们从 2m 高度落到 15mm 厚的金属板上，自由落下 3 次，以大于 25mm 的块煤占总量的百分比表示煤的机械强度。

机械强度高的煤，在移动床气化炉的输送过程中容易保持其粒度，有利于气化过程均匀进行，并能减少带出物量。机械强度较低的煤，只能采用流化床或气流床气化炉进行气化。一般来说，无烟煤的机械强度较大。

（6）粒度分布　不同的气化方式对原料煤的粒度要求不同。移动床气化炉要求10～100mm且较均匀的块煤，流化床气化炉要求0.1～8mm的细粒煤，气流床气化炉则要求<0.1mm的粉煤。

对移动床气化炉，原料煤粒度的均匀性事关重大。粒度不均匀将导致炉内燃料层结构不均匀，大块燃料滚向炉膛壁，小颗粒和粉末落在燃料层中心，从而造成炉膛壁附近阻力较小，大部分气化剂从床层周边靠近炉膛壁的区域穿过，使这部分区域的燃料层上移，严重时可使燃料层烧穿。均匀的炉料可使炉内料层有很好的均匀透气性，从而获得较好的煤气质量和较高的气化效率。

对流化床气化炉，原料煤粒度分布过宽，则气流带出小颗粒较多。

块度小的燃料有较大的比表面积，有利于气化，但阻力较大。而块度大的燃料阻力较小，但比表面积也较小，气化速率低。

移动床气化炉原料用煤一般要求进行分级过筛，不得让大块煤、小块煤以及煤屑混杂，较适宜的大块和小块粒径比为2。具体块度大小的选择，根据原料煤活性和机械强度不同而不同。活性高的煤，块度可大些，而机械强度低的煤，块度应大些。

1.2.3.3　气化炉对煤种的要求

各种气化炉对煤种都有一定的要求，根据反应机理不同，其煤种的适应性也不同。对于煤种适应性好的气化炉，仅指相对于其他气化炉而言有较好的煤种适应性，而且特指可以根据不同煤种进行设计。但对于设计好的任何气化炉，其煤种适应性是非常有限的，此时更换煤种，必须进行严格的试验。普遍意义下的主要气化炉适用的煤种和煤粒的尺寸[7]见表1-4。

表1-4　主要气化炉适用的煤种和煤粒的尺寸

气化炉类型	移动床	流化床	气流床	熔融床
原煤颗粒尺寸/mm	5.0～40.0	0.5～3.0	<0.1	<3.0
适应的煤种	褐煤、次烟煤和烟煤	褐煤和次烟煤	所有煤种	所有煤种

尽管褐煤也可以在移动床气化炉中气化，但褐煤必须经过制球或制棒后才能送入气化炉。在气化炉内煤球或煤棒由于干燥容易破碎，会对床层气流的流动造成不利的影响。此外，褐煤的灰熔点通常较低，这也会使移动床气化炉内容易结块。相反，流化床和气流床气化炉对褐煤气化非常有利。

移动床气化炉首选的煤种是次烟煤，其次是烟煤。气化易烧结的煤时，必须在移动床内增设搅拌叶轮，防止烧结，但这会使煤气中的灰尘含量大增（一般2%的煤会被带走）。

气流床和熔融床气化炉适应的煤种较广。较高的气化温度以及较细的颗粒尺寸能使气化反应在很短的时间里完成，煤颗粒在尚未团聚之前完成气化。目前有关气化技术研究的一项主要内容在于煤粒尺寸的优化，以提高气化工艺对煤种的适应性。

1.2.4 气化炉及气化工艺

1.2.4.1 煤气化技术分类

煤气化工艺技术起源于20世纪初的煤化工时代，20世纪50年代全球进入石油年代以后，石油化工逐渐占据主导地位，除南非和中国等个别国家和地区外，在以石油为主导能源的国家煤气化工艺技术发展几乎停滞。但20世纪70年代发生的两次石油危机改变了人们对未来能源格局的预期，之后世界各国广泛开展煤气化技术的研究。

煤气化可分为地上气化和地下气化两种气化方式。目前地上气化占据煤气化工业的绝大多数份额，而地下气化的商业化正处于发展完善阶段。地上气化与地下气化的直观区别在于地上气化都是在气化炉中进行。

全世界正在应用和开发的煤炭地上气化技术有数十种之多，气化炉型也是多种多样，主要的气化技术也有十余种。所有煤炭地上气化技术都有一个共同的特征，即气化炉内煤炭在高温条件下与气化剂反应，使固体煤炭转化为气体燃料，剩下的含灰残渣排出炉外。气化剂为水蒸气、纯氧、空气、CO_2和H_2。粗煤气中有效成分是CO和H_2，其他成分还包括CO_2、CH_4、N_2和H_2O，还有少量硫化物、烃类和其他微量成分。各种煤气的组成和热值，取决于煤的种类、气化炉工艺、气化压力、气化温度和气化剂的组成。地上气化分类无统一标准，有多种分类方法。按气化炉供热方式可分为外热式（间接供热）和内热式（直接供热）两类；按煤气热值可分为低热值煤气（$<16000kJ/m^3$）、中热值煤气（$16000\sim33000kJ/m^3$）和高热值煤气（$>33000kJ/m^3$）三类；按煤与气化剂在气化炉内运动状态可分为移动床（固定床）气化法、流化床（沸腾床）气化法、气流床气化法和熔融床气化法四类，这是目前比较通用的分类方法；此外，还有按气化炉压力、气化炉排渣方式、气化剂种类、气化炉进煤粒度和气化过程是否连续等进行分类的方法。煤气化的全过程热平衡表明总的气化反应是吸热的，因此必须给气化炉供给足够的热量，才能保持煤气化过程的连续进行。一般需要消耗气化用煤发热量的15%～35%。地上气化虽有不同的分类方法，但一般以生产装置化学工程特征进行分类，即以反应器的形式、气化炉中流体力学条件及气固相间接触的方式进行分类，以此方法分类，气化技术分为以下几种[4]。

（1）固定床气化　固定床气化也称移动床气化。固定床一般以块煤或煤焦为原料，煤由气化炉炉顶加入，气化剂由炉底送入。流动气体的上升力不致使固体颗粒的相对位置发生变化，即固体颗粒处于相对固定状态，床层高度亦基本维持不变，因而称为固定床气化。另外，从宏观角度看，由于煤从炉顶加入，含有残炭的灰渣自炉底排出，气化过程中，煤粒在气化炉内逐渐缓慢向下移动，因而又称移动床气化。

固定床气化的特点是简单可靠。同时由于气化剂与煤逆流接触，气化过程进行得比较完全，且热量能得到合理利用，因而具有较高的热效率。

(2) 流化床气化　流化床气化又称沸腾床气化。以小颗粒煤为气化原料，这些细煤粒在自下而上的气化剂作用下，保持着连续不断和无秩序的沸腾和悬浮态运动，迅速地进行着混合和热交换，使整个床层温度和组成保持均一。流化床气化能得以迅速发展的主要原因在于：生产强度较固定床大和直接使用小颗粒碎煤为原料，适应采煤技术发展，避开了块煤供气矛盾、对煤种煤质的适应性强和可利用褐煤等高灰劣质煤作为原料。

(3) 气流床气化　气流床气化是一种并流式气化。气化剂（氧气和水蒸气）将煤粉（70%以上的煤粉通过 200 目筛孔）夹带入气化炉，在 1500～1900℃高温下将煤转化成 CO、H_2和 CO_2等气体，残渣以熔渣形式排出气化炉。也可将煤粉制成煤浆，用泵送入气化炉。在气化炉内，煤炭细粉粒与气化剂经特殊喷嘴喷入反应室，瞬间着火，发生火焰反应，同时处于不充分的氧化条件下。因此，其热解、燃烧以及吸热的气化反应，几乎同时发生。随气流运动，未反应的气化剂、热解挥发物及燃烧产物裹挟着煤焦粒子高速运动，运动过程中进行煤焦颗粒的气化反应。这种运动形态，相当于流化床技术领域里对固体颗粒的“气流输送”，习惯上称为气流床气化。

(4) 熔融床气化　熔融床气化也称熔浴气化或熔融流态床气化。它的特点是有一种温度较高（一般为 1600～1700℃）的熔池，粉煤和气化剂以切线方向高速喷入熔池内，池内熔融物保持高速旋转。熔融床有三类：熔融床、熔盐床和熔铁床。

煤气化技术除上面分类法外，也有其他分类法。

气化技术按气化炉操作压力的不同可分为常压气化和加压气化。由于加压气化具有生产强度高、对燃气输配和后续化学加工具有明显的经济性等优点，所以近代气化技术十分注重加压气化技术的开发。目前，将气化压力大于 2.0MPa 的气化技术统称为加压气化技术。

气化技术按残渣的排出形式可分为固态排渣和液态排渣。气化残渣以固体状态排出气化炉外的称为固态排渣；气化残渣以液态方式排出经急冷后变成熔渣排出气化炉外的称为液态排渣。原料的粒度或状态也可成为表征气化技术特征的参数。如粉煤气化技术和水煤浆气化技术等。在标志气化技术特征时，将某些改进创新点予以指明，如液态排渣的加压鲁奇气化技术。

1.2.4.2 煤气的热值及计算方法

（1）煤气的热值 煤气的热值是指煤气完全燃烧，生成最稳定的燃烧产物（H_2O 和 CO_2）时所产生的热量（燃烧反应热效应值）。由于计算的物态基准和温度基准数值不同，热值有两个表述值，即低热值（Q_e）和高热值（Q_f），其区别在于高热值是计入了所生成的水蒸气及硫化物的凝结热（相变热），所以数值大于低热值。在一般情况下，多采用低热值数值做工程设计计算。低热值也称净热值，普通工具书上，热值的温度基准是按 20℃记载的。一些单一组分可燃气体的热值见表 1-5。

表 1-5 单一组分可燃气体的燃烧特性数据[4]

气体名称	着火温度/℃	热值 $Q/(kJ/m^3)/(kcal/m^3)$		理论空气或氧气耗量/(m^3/m^3)		使用空气时的理论烟气量/(m^3/m^3)	爆炸极限(20°C，体积分数)/%	
		高	低	空气	氧气		上限	下限
氢气	500	12745/3044	10785/2576	2.38	0.5	2.88	75.9	4.0
一氧化碳	605	12635/3018	12635/3018	2.38	0.5	2.88	74.2	12.5
甲烷	540	39816.5/9510	35881/8570	9.52	2.0	10.52	15.0	5.0
乙炔	335	58464.5/13964	56451/13483	11.90	2.5	12.40	80.0	2.5
乙烯	425	63397/15142	59440/14197	14.28	3.0	15.28	34.0	2.7
乙烷	515	70305/16792	64355/15371	16.66	3.5	18.16	13.0	2.9
丙烯	460	93608.5/22358	87609/20925	21.42	4.5	22.92	11.7	2.0
丙烷	450	101203/24172	93182/22256	23.80	5.0	25.80	9.5	2.1
丁烯	385	125763/30038	117616/28092	28.56	6.0	30.56	10.0	1.6
丁烷	365	133798/31957	123565/29513	30.94	6.5	33.44	8.5	1.5
苯	560	162151/38729	155665/37180	35.70	7.5	37.20	8.0	1.2
硫化氢	270	25347/6054	23366.5/5581	7.14	1.5	7.64	45.5	4.3

（2）煤气热值的计算方法

① 混合气体的热值。由可燃气体混合组成的煤气，其混合气体的热值可按下式计算：

$$Q_{vm}=\sum\frac{Q_{vi}V_i}{100} \tag{1-18}$$

$$Q_{gm}=\sum\frac{Q_{gi}g_i}{100} \tag{1-19}$$

式中 Q_{vm}——混合气体单位体积热值，kJ/m^3；

Q_{gm} ——混合气体单位质量热值，kJ/kg；

Q_{vi} ——混合气体中各组分的单位体积热值，kJ/m³；

Q_{gi} ——混合气体中各组分的单位质量热值，kJ/kg；

V_i ——混合气体各组分体积分数，%；

g_i ——混合气体各组分质量分数，%。

煤气中的小分子烃类种类很多且含量很少，为简化计算，通常只计算其加和总量，表达为 C_nH_m。在热值计算中，这部分烃类的热值取丙烷的数据代表平均值进行计算，误差在工程计算所允许的范围内。

② 干煤气和湿煤气的热值换算。干煤气和湿煤气的低热值可按下式进行换算：

$$Q_e^d = Q_e \frac{0.833}{0.833+d} \text{ 或 } Q_e^d = Q_e\left(1-\frac{\varphi P_{sb}}{P}\right) \tag{1-20}$$

干煤气和湿煤气的高热值可按下式进行换算：

$$Q_h^d = (Q_h + 562d)\frac{0.833}{0.833+d} \text{ 或 } Q_h^d = Q_h\left(1-\frac{\varphi P_{sb}}{P}\right) + 468\frac{\varphi P_{sb}}{P} \tag{1-21}$$

式中 Q_e^d，Q_h^d ——湿煤气的低热值和高热值，kcal/m³湿煤气；

Q_e，Q_h ——干煤气的低热值和高热值，kcal/m³干煤气；

d ——煤气的湿含量，kg/m³干煤气；

φ ——湿煤气的相对湿度，%；

P ——煤气的绝对压力，mmHg[1]；

P_{sb} ——在与煤气相同温度下水蒸气的饱和分压，mmHg。

③ 华白指数。燃气应用中，常以华白指数表征燃具对煤气特性变化的限定。即特定的炉具和燃气，只允许燃气的热值和密度在一定范围内变化，否则其热工特性失衡，热强度和负荷不适应用户的要求，甚至出现燃烧不完全、回火和鸣响等异常现象。这也称为煤气的互换性问题，即煤气的品质能被允许在多大的限度内波动。

华白指数是衡量热流量（热负荷）大小的特性参数，可用下式计算：

$$W = \frac{Q_h}{\sqrt{S}} \tag{1-22}$$

式中 Q_h ——煤气的高热值，kcal/m³；

S ——煤气与空气的相对密度（空气为 1）。

1.2.4.3 煤气化工艺指标

煤气化技术的工艺指标是评价煤气化技术好坏的一个重要方面，在通常情况

[1] 1mmHg=133.322Pa。

下，选择合适的煤气化技术依据的主要工艺指标包括产气率、有效气含量及组成、碳转化率、冷煤气效率、比氧耗和比煤耗等[8]。

(1) 产气率　产气率是指气化单位质量的原料所得到煤气在标准状态下的体积数，通常以 m^3/kg 表示。

$$产气率=\frac{煤气产量}{入炉干原料量}\times 100\% \tag{1-23}$$

(2) 有效气含量及组成　煤气中的主要成分是 H_2 和 CO，生成粗煤气中有效气含量是指粗煤气中 H_2+CO 的量。

(3) 碳转化率　碳转化率是指在气化过程中消耗的（参与反应的）总碳量占入炉原料煤中碳量的百分数，用下式表示：

$$碳转化率=\frac{生成的煤气中的碳量}{单位质量煤中碳量}\times 100\% \tag{1-24}$$

如果灰渣中含碳高、飞灰和焦油多，则碳转化率就低。

(4) 冷煤气效率　冷煤气效率是衡量煤气化过程能量利用是否合理的重要指标，定义如下：

$$冷煤气效率=\frac{煤气的放热量}{原料的发热量}\times 100\% \tag{1-25}$$

(5) 比氧耗和比煤耗　有效气比氧耗为生产 $1000m^3$ 有效气体 H_2+CO 的氧气消耗量，单位 $m^3/1000m^3\ H_2+CO$；有效气比煤耗为生产 $1000m^3$ 有效气体 H_2+CO 的煤消耗量，单位 $kg/1000m^3\ H_2+CO$。

1.2.4.4 固定床气化技术

固定床气化工艺也称移动床气化工艺，是应用最早的煤气化工艺，第一台梯式炉箅的西门子煤气发生炉出现在19世纪50年代。早期的煤气化炉都属于常压固定床气化炉，以生产低热值燃料气为主要目的。后来为提高设备效率或煤气质量，开发出间歇式水煤气炉、固定床两段炉以及加压固定床气化炉等多种炉型，广泛应用在冶金、机械和合成氨等行业。目前在发达国家常压固定床气化炉已很少使用，国内原有的常压固定床气化炉也正在逐渐淘汰。加压固定床气化炉以Lurgi和BGL-Lurgi最为常见。

(1) 固定床气化工艺的特点　固定床气化工艺中，煤在炉内由上而下缓慢移动，与上升的气化剂和反应产生的气体逆流接触，经过一系列的物理化学变化，温度为230～700℃的含尘煤气与床层上部的热解产物从气化炉上部离开，温度为350～450℃的灰渣从气化炉下部排出。

对固定床气化特别是固定床加压气化的机理已研究多年，但是由于煤炭自身结构和气化过程本身的复杂性，至今都没有建立一个可以对加压气化炉实际工况和气化过程进行准确描述的机理模型。一般根据煤在固定床内不同高度进行的主要反应，将其自下而上分为灰渣层、燃烧层、气化层、甲烷生成层、干馏层和干燥层。表 1-6 是一种大型固定床加压气化炉气化褐煤或烟煤时，床层温度的大体分布[6]。图 1-2 是固定床气化炉内气化过程分区模型示意图。固定床气化炉采用粒径较大的煤，气化温度较低，反应速率慢，生成的粗煤气中含有较多的甲烷和焦油。为保证气化过程顺利进行，固定床气化炉对煤质有一定的限制和要求（如较高的灰熔点、较高的机械强度和良好的热稳定性等）。在使用黏结煤时，炉内应设置专门的破黏装置。

表 1-6　一种大型固定床加压气化炉床层温度随高度的分布

反应区间	床层高度(自炉箅算起)/mm	温度范围/℃
灰渣层	0～300	350～450
燃烧层	300～600	1000～1100
气化层	600～1100	800～1000
甲烷生成层	1100～2200	550～800
干馏层	2200～2700	350～550
干燥层	2700～3500	350

（2）典型固定床气化炉

① UGI 气化炉。UGI 气化炉由美国联合气体改进公司开发，属于常压固定床煤气化设备，炉子为直立圆筒形结构。通常采用无烟煤或焦炭为原料，以空气和水蒸气为气化剂，在常压下生成合成原料气或燃料气。其特点是可以根据使用需要而采用不同的操作方式，可以间歇操作，也可以连续操作，并且可以采用不同的气化剂，制取空气煤气、半水煤气或水煤气[6]。

图 1-3 为 UGI 气化炉结构简图。炉子为直立圆筒形结构，炉体用钢板制成，下部设有水夹套回收热量，副产蒸汽，上部内衬耐火材料，炉底设转动炉箅排灰。

UGI 气化炉用空气生产空气煤气或以富氧空气生产半水煤气时，可采用连续操作方式，即气化剂从气化炉底部连续进入，生成气从顶部引出。以空气和蒸汽为气化剂制取半水煤气时，一般采用间歇操作方法。国内的 UGI 气化炉，目前除少数用连续操作生产空气煤气外，绝大部分采用间歇操作生产半水煤气或水煤气。

UGI 气化炉的优点是：设备结构简单，易于操作，投资低，一般不用氧气作为气化剂，冷煤气效率较高。其缺点是：生产能力低，每平方米炉膛面积半水煤气发生量仅约 1000m^3/h；对煤种的要求非常严格；间歇操作时，工艺管道非常复杂。

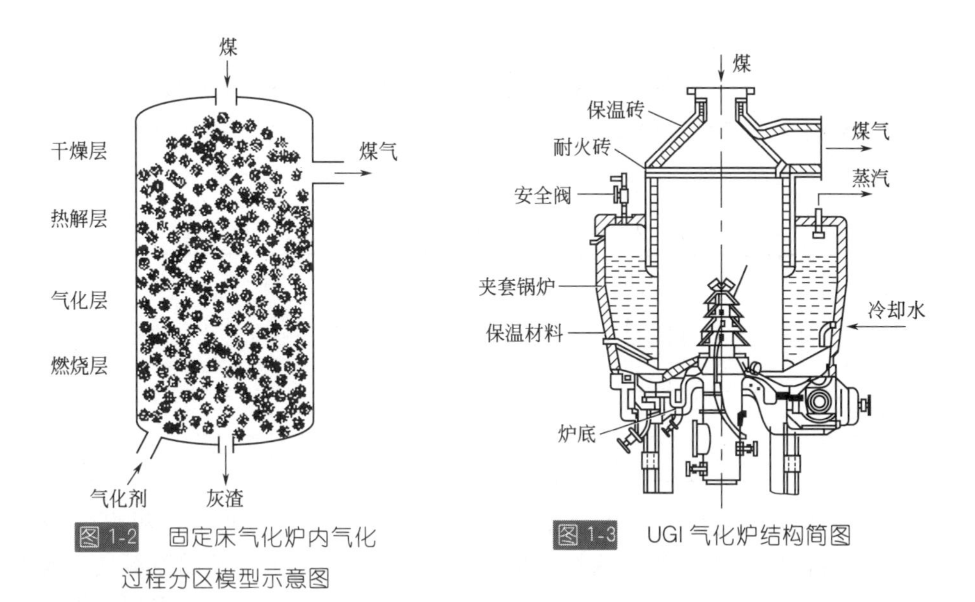

图 1-2　固定床气化炉内气化过程分区模型示意图

图 1-3　UGI 气化炉结构简图

② 鲁奇（Lurgi）加压气化炉。鲁奇炉是加压移动床气化炉中应用最广、技术最成熟的炉型。一般分为两类：固态排灰的鲁奇炉和液态排渣的 BGL-Lurgi 炉。前者已有几十年工业化历史，第一代于 1936 年建成投产。在 20 世纪 50 年代之前，鲁奇炉仅在褐煤气化时应用，后来 Lurgi 和 Ruhrgas 合作开发了适合于烟煤气化的工艺，使加压鲁奇炉在世界范围内的城市煤气和合成气生产中（如南非 Sasol 公司煤间接液化装置）得到广泛应用。为提高气化炉的热效率和气化强度，1954 年在鲁奇炉上进行了液态排渣式加压气化试验，后由英国煤气公司（British Gas）继续进行试验，证明这种形式的鲁奇炉发展到工业化规模是可行的，并在 20 世纪 80 年代成功进行商业示范。

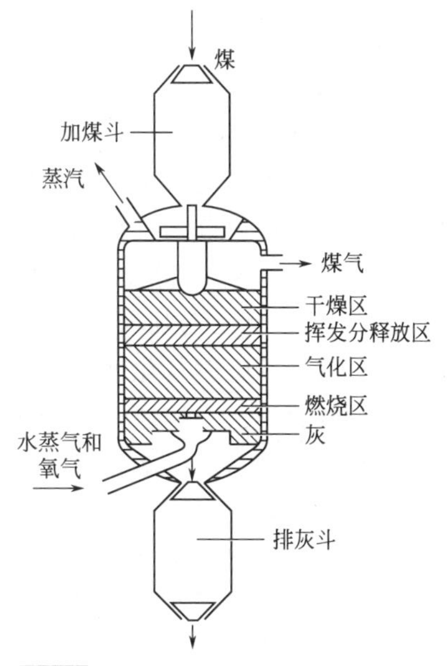

图 1-4　干法排灰鲁奇炉结构示意图

图 1-4 是一种干法排灰鲁奇炉结构示意图。整个气化炉大致分为加煤、搅拌、炉体、炉栅和排渣五大部分。由于气化炉处于高压操作条件，因此加煤装置采用双阀钟罩形式以保证原料煤可以连续不断地进入气化炉。布煤器和搅拌器同时由电机带动，如果气化没有黏结性的煤种，可以不设搅拌器。

气化炉炉膛由双层钢板焊制，形成水夹套，在其中形成的蒸汽汇集到上部汽包通过汽水分离引出。其他结构如旋转炉箅等与常压移动床类似。

干法排灰鲁奇炉操作压力通常为 3MPa，在炉内氧化区域最高温度约为 1000℃，粗煤气离开炉顶的温度为 260～538℃，气化温度与气化煤种有关，粗煤气的组成也随着煤种的不同而不同，相关试验数据见表 1-7。

表 1-7 干法排灰加压鲁奇炉煤气组成[5]

煤种	煤气组成/%					
	CO_2	C_nH_m	CO	H_2	CH_4	N_2
褐煤	31.9	0.5	17.4	36.4	13.5	0.3
次烟煤	28.2	0.3	20.6	39.6	10.5	0.8
低挥发分煤	26.5	0.1	21.4	43.5	8.0	0.5

与常压移动床气化法相比，鲁奇炉的 CH_4 和 CO_2 含量更高。粗煤气经脱 CO_2 和变换精制处理后，可作为合成氨、合成甲醇以及合成油品的原料气，也可以用于生产高热值的替代煤气。由于合成工艺都需在高压下进行，采用加压鲁奇炉可以显著节省压缩能耗。

图 1-5 是一种液态排渣 BGL-Lurgi 炉结构示意图。它与干法排灰气化炉最主要的区别是水蒸气和氧气的比，在干法排灰炉中该比例一般为（4～5）：1，而在液态排渣炉中则为 0.5 ：1。通过降低汽氧比，可使炉膛氧化区的温度上升，以超过煤的灰熔点，使其以液态灰渣的形式排出炉外。

从结构上看，两者基本构造比较相似，但为了适应较高的气化温度，鲁奇炉用耐高温的碳化硅耐火材料做内衬，同时炉膛下部沿径向均布 8 个向下倾斜、带水夹套的钛钢气化剂喷嘴，从喷嘴喷出的气化剂汇于排渣口处，并在此形成高温区，使灰渣以熔融状态经排渣口进入骤冷室，经水冷后排出。

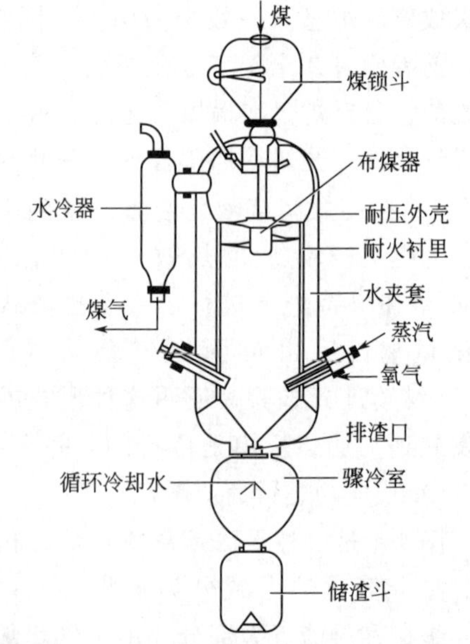

图 1-5 液态排渣 BGL-Lurgi 炉结构示意图

液态排渣炉通过提高炉温来加快气化反应的速率，炉内最高温度一般在 1300℃以上，出口粗煤气的温度在 550℃ 左右。使得气化强度和生产能力有了显著的提高，约为干法排灰的 3 倍多。同时灰渣中碳含量有所下降，碳利用率一般在 92%以上。另外，液态排渣炉的水蒸气利用率也更高。

液态排渣的高温特点使得气化煤气的组成也发生了变化，高温条件削弱了放热的甲烷生成反应，同时水蒸气量的减少使 CO_2 还原成 CO 反应加强，因此同干法排灰相比，其粗煤气中 CH_4 含量下降，CO 和 H_2 组分之和约提高 25%，同时 CO/H_2 比上升，而 CO_2 则由 30%降到了 2%～5%。表 1-8 为两种排灰/渣方式试验数据比较[5,6]。

表 1-8 加压移动床气化炉两种排灰/渣方式试验数据比较

排渣方式	压力/MPa	汽氧比	粗煤气组成/%						热值/(MJ/m³)	气化强度/[t/(m³·h)]
			H_2	CO	CH_4	C_nH_m	CO_2	N_2		
干法排灰	2.4	9.0	39.0	18.0	8.6	1.0	31.1	2.4	10.7	0.71
液态排渣	2.4	1.3	29.1	55.5	7.2	0.3	3.9	4.0	13.3	4.25

表面看起来液态排渣的粗煤气热值得到了提高，但由于二氧化碳含量降低，无法进行有效的脱除，因此要作为城市煤气，还必须经过 CO 变换和甲烷化等工序进行处理。

1.2.4.5 流化床气化技术

（1）流化床气化过程的工艺特点　流化床气化就是利用流态化的原理和技术，通过气化介质产生的浮力使煤颗粒物料悬浮，并能保持连续的随机运动状态，达到流态化。图 1-6 是流化床煤气化炉示意图。流化床的特点在于其有较高的气-固之间的传热、传质速率，床层中气固两相的混合接近于理想混合反应器，床层固体颗粒分布和温度分布比较均匀。煤的物理和化学性质对流化床气化炉的操作有显著的影响。由于煤在脱挥发分过程中产生黏结性，这将导致流化不良。当床层流化不均匀时，会产生局部高温，甚至导致局部结渣，影响流化床的稳定操作。特别是对于黏结性强的煤尤为严重。为了避免结渣，一般流化床的气化温度控制在 950℃左右[6]。这会限制流化床的最高床层温度，从而也会限制生产能力和碳转化率。流化床中的气化速率要低于气流床，但高于固定床。流化床内的平均停留时间通常介于气流床和固定床之间。

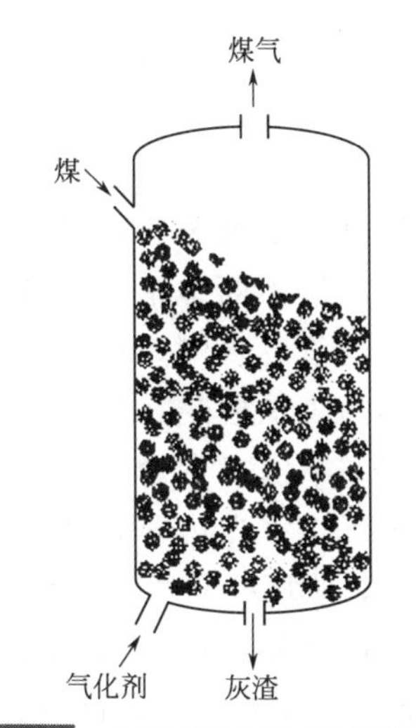

图 1-6 流化床煤气化炉示意图

与固定床气化炉相比，流化床气化技术适应于劣质煤种的气化，气化强度高于一般的固定床气化炉，并且产品气中不含焦油和酚类。由于其上述特点，使得对流化床煤气化技术的研发工作广受各国关注。

（2）典型流化床气化炉

① KRW 煤气化炉。KRW 煤气化工艺是西屋公司（Westing House）为了开发燃气轮机联合循环发电于 1970 年开发的煤气化工艺，1974 年在宾夕法尼亚州的麦迪逊（Madison）地区的华尔兹米尔（Waltz Mill）建造了一座 35t/d 和压力为 2.0MPa 的煤气化中间试验厂，气化炉为双段，1975 年投入气化试验。1977 年改成单段并开始在单段炉上进行试验。1984 年，西屋公司与凯洛格拉斯特合成燃料公司（Kellogg Rust Synfuels Inc.）达成协议，将中间试验厂转让给凯洛格拉斯特合成燃料公司。

KRW 煤气化炉为流化床、加压气化、粉煤入炉和灰团聚工艺。对煤的适应性强，可生产低和中热值煤气。气化温度一般为 760～1040℃。气化剂可以是空气，也可以是富氧空气或氧气。流化气为循环煤气。

图 1-7 为 KRW 煤气化炉结构示意图。该气化炉由直径不同的三段壳体组成，容器内壁有一层保温层和一层耐火层。原料煤、输送气、气化剂、流化气（循环煤气）和由旋风分离器来的焦粉都从炉子的下部进入，灰团从底部排出。煤气化炉的下面两段是完成气化工艺中最为关键而复杂的部位。

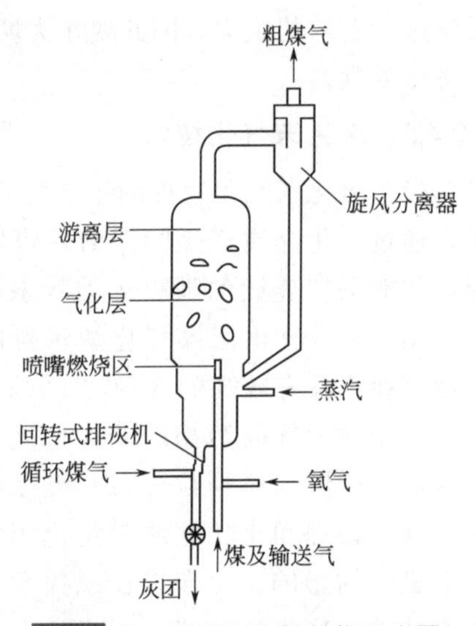

图 1-7 KRW 煤气化炉结构示意图

煤由高压输送气通过位于炉子中心的输送管连续不断地输入炉中，输送气的压力使输送管的喷嘴产生了一股射流，将喷嘴下部的煤颗粒送入炉膛，与同轴进入的氧化剂在喷嘴口混合燃烧，使煤和半焦发生燃烧反应。当物料到达一定高度射流动能消失，使颗粒不再上升而转向四周沿炉膛内壁下降。这种环流颗粒的高速循环，把热输送到了整个床层且使床层温度保持均匀。因此射流高温燃烧区是传热的核心。射流高温燃烧区的另一作用是使碳含量降低了的颗粒变得越来越软，碰撞后相互黏结增大而成团粒。当团粒变得越来越大，重量达到不再流化时就落至炉底的倾斜段中，并被进入炉底部的循环煤气所冷却。由旋风分离器通过沉降管返回的焦粉也进入燃烧区，与送入的煤相混合而参与反应。

② 温克勒（Winkler）气化炉。Winkler 气化炉是德国的佛雷兹-温克勒（Fritz-Winkler）于 1922 年发明的[4]。1926 年建成第一台 Winkler 气化炉，用富氧和蒸汽连续鼓风制取合成氨原料气。至 20 世纪 70 年代末，国外曾有 24 个厂

70 多台炉在运行，目前只有少数几个厂在运转。

Winkler 气化炉属于常压细粒煤流化床气化工艺，用空气（或氧气）和蒸汽为气化介质。以空气气化的 Winkler 气化炉单炉处理能力目前可达到 700～1100t/d，用氧气气化时处理能力可达到 1100～1500t/d。原煤灰分的最大允许值为 50%，煤中水分小于 18%时无须预干燥处理。煤气中没有焦油和重质烃类副产品。

图 1-8 是温克勒气化炉结构示意图。气化剂由气化炉中部和下部分别喷入炉内，使煤在炉内沸腾流化进行气化反应。早期的温克勒气化炉在炉底部设有炉栅，气化剂通过炉栅进入炉内。后来改为无炉栅结构，气化剂通过 6 个仰角为 10°、切线角为 25°的水冷射流喷嘴喷入炉内，使气化炉得到简化，而同样能达到气流分布均匀的目的，同时避免床层内部气体沟流造成局部过热及结渣现象，延长了使用周期，降低了维修费用。但随之而来的问题是出口煤气中粉尘夹带量增多。

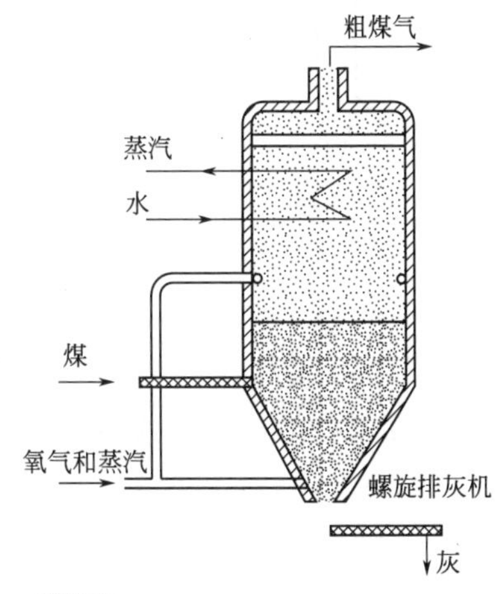

图 1-8　温克勒气化炉结构示意图

常压温克勒气化炉存在着操作压力低、单台炉处理量较小、气化炉体积庞大和单位容积气化率较低等缺点。实践证明，温克勒气化炉的碳转化率较低（只有 80%左右），捕渣率较低（40%左右），飞灰碳含量较高（70%～80%）。我国吉林和兰州在 20 世纪 50 年代曾引进前苏联类似于 Winkler 的大型流化床气化炉，目前已停运。1978 年，德国的莱茵褐煤公司（Rheinbrau）通过提高气化温度和气化压力，开发了高温温克勒（high temperature Winkler，HTW）气化炉，并气化莱茵褐煤为甲醇合成提供合成气，同时也在芬兰的合成氨工艺中得到应用。

HTW 气化炉除保留了传统 Winkler 气化技术的优点外，还具有以下特点：提高了操作温度，由原来的 900～950℃提高到 950～1100℃，因而提高了碳转化率，增加了煤气产出率，降低了煤气中 CH_4 含量，耗氧量减少；提高了操作压力，由常压提高到 1.0～2.0MPa，因而提高了反应速率和气化炉单位炉膛体积的生产能力，由于煤气压力提高，使后续工序合成气压缩能耗有较大降低；气化炉粗煤气带出的固体煤粉尘，经分离后返回气化炉循环利用，使排出的灰渣总碳含量降低，碳转化率显著提高，可以气化含灰高（>20%）的次烟煤；由于气化压力和气化温度的提高，使气化炉大型化成为可能，有可能用于 IGCC 发电系统。HTW 煤气化示范装置工艺流程如图 1-9 所示。

经加工处理合格的原料煤储存在煤斗内，经串联的几个锁斗逐级下移，再经螺旋给煤机从气化炉下部加入炉内，被由气化炉底部吹入的气化剂（氧气和水蒸

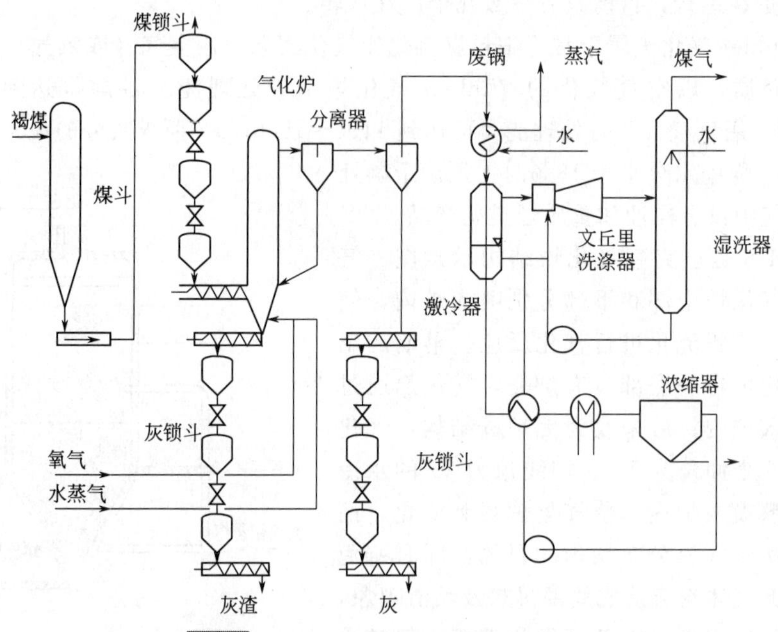

图 1-9 HTW 煤气化示范装置工艺流程

气）流化并发生气化反应生成煤气，热煤气夹带细煤粉和灰尘上升，在炉体上部继续反应。从气化炉出来的粗煤气经一级旋风除尘。捕集的细粉循环入炉，二级旋风捕集的细粉经灰锁斗系统排出。除尘后的煤气进入卧式火管锅炉，被冷却到350℃，同时产生中压蒸汽，然后煤气依次进入激冷器、文丘里洗涤器和水洗塔，使煤气降温并除尘。炉底灰渣经内冷却螺旋排渣机排入灰锁斗，经由螺旋排渣机排出。煤气洗涤冷却水经浓缩、沉淀、滤除粉尘和澄清后再循环使用。

HTW 炉经过 35t/d 和 60t/d 的两个示范厂运行，证明是成功的。碳转化率可达到 96%，床层温度为 760～820℃。HTW 炉将在德国的柯伯瑞（Kobra）300MW IGCC 示范电站中进行示范，该项目尚在筹建中。

③ 输送床气化炉。与循环流化床相比，输送床流化气速更高，达到 11～13m/s，使流化床气化炉可以在高循环率、高气速、高密度下操作，以获得更好的炉内混合效果，强化热质传递，提高生产能力[6]。

典型的输送床气化炉当属 Kellogg Brown & Root 公司开发的 KBR 气化工艺，KBR 气化炉示意图如图 1-10 所示。原料煤（可以含石灰等脱硫剂）通过料斗加入气化炉，在气化炉混合区与由竖管循环进入炉内的未反应完全的煤进行混合，气体携带固体颗粒由混合区进入上升段，上升段出口与提升器上部料斗相连，大颗粒可通过重力作用在提升器上部料斗中分离，而较小的颗粒则通过后面的旋风分离器与气体分离；由提升器和旋风分离器分离出来的颗粒经竖管和 J 形管循环进入气化炉混合区。

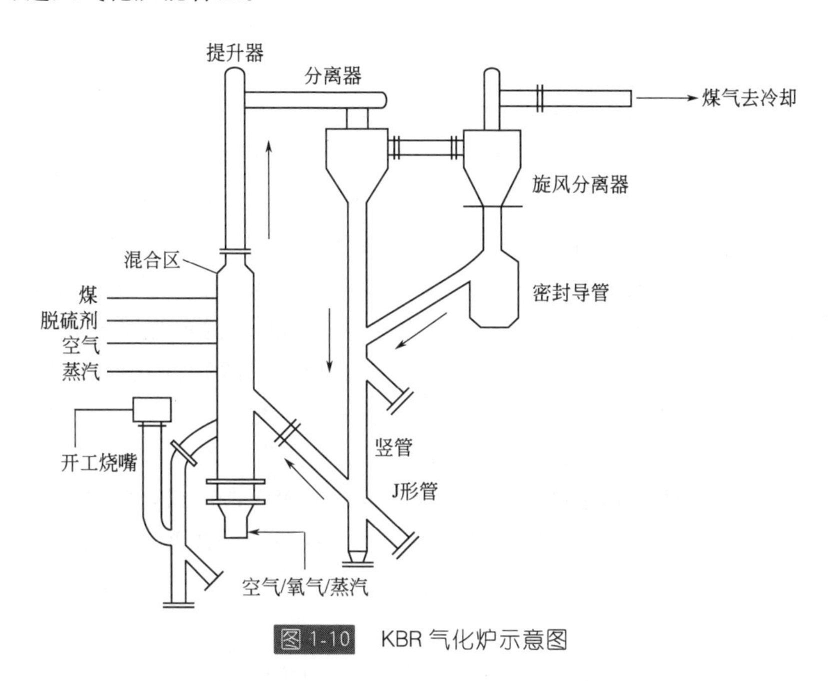

图1-10 KBR气化炉示意图

KBR输送床气化炉曾在1997—1999年用于燃烧，在1999—2002年作为气化装置运行大于3000h，气化温度900～1000℃，气化压力1.1～1.8MPa，碳转化率达95%。

1.2.4.6 气流床气化技术

（1）气流床气化过程的工艺特点　气流床又称射流携带床，是利用流体力学中射流卷吸的原理，将煤浆或煤粉颗粒与气化介质通过喷嘴高速喷入气化炉内，射流引起卷吸，并高度湍流，从而强化了气化炉内的混合，有利于气化反应的充分进行。

气流床气化炉的高温、高压和混合较好的特点决定了它有在单位时间和单位体积内提高生产能力的最大潜能，符合化工装置单系列大型化的发展趋势，代表了煤气化技术发展的主流方向。目前应用于大规模工业生产的煤处理量在1000t/d以上的气化炉几乎全部为气流床气化炉。

气流床气化炉煤种适应性强，除了采用耐火砖形式的水煤浆气化炉受制于煤的成浆性和灰熔点不超过1400℃的限制外，几乎可以适应所有煤种。与固定床和流化床相比，其碳转化率高，合成气中不含焦油等产物，但由于其操作温度高，其比氧耗，即生产1000m^3 CO+H_2的氧耗量要高于固定床和流化床[4]。

气流床气化炉从进料方式讲，有干煤粉进料和水煤浆进料两种方式；根据喷嘴设置的方式，有上部进料的单喷嘴气化炉、上部进料的多喷嘴气化炉以及下部进料的多喷嘴气化炉 3 种。由于原料不同，或进料位置各异，其炉内温度分布也明显不同。

（2）典型气流床气化技术

① 新型多喷嘴对置式气化技术[6,9,10]。华东理工大学洁净煤技术研究所基于对置撞击射流强化混合的原理，提出了多喷嘴对置式水煤浆或粉煤气化炉技术方案，先后完成了多喷嘴对置式水煤浆和粉煤中间试验。由华东理工大学、兖矿集团和中国天辰化学工程公司共同研发的“多喷嘴对置式水煤浆气化技术”已实现产业化，在进行商业推广一年多来，已推广应用十余家企业，投入运行和建设的气化炉三十余台，总规模达到日处理煤约 30000t，占国内水煤浆气化装置总规模的 30%以上，应用于化学品（甲醇、合成氨和二甲醚）、IGCC 和多联产等，标志着我国自主创新的煤气化技术已处于国际领先的地位。

图 1-11 是多喷嘴对置式水煤浆气化技术工艺流程。该技术由磨煤制浆、多喷嘴对置式气化、煤气初步净化及含渣黑水处理 4 个工段组成，主要关键设备有磨煤机、煤浆槽、气化炉、喷嘴、洗涤冷却室、锁斗、混合器、旋风分离器、洗涤塔、蒸发热水塔、闪蒸罐、澄清槽和灰水槽等。

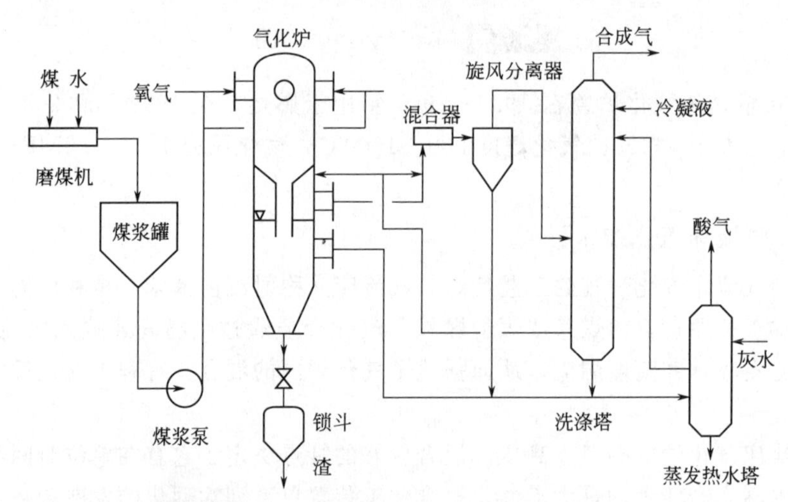

图 1-11　多喷嘴对置式水煤浆气化技术工艺流程

a. 多喷嘴对置式水煤浆气化技术主要设备及工艺

(a) 气化炉。气化炉采用低碳合金钢（SA387Cr11C12），壳体承压，向火面为 Cr-Al-Zr 耐火砖，也可设置水冷壁，在水冷壁上形成渣膜，达到以渣抗渣的目的。气化炉中上部布置 4 个对称的喷嘴，水煤浆与氧气由喷嘴喷入气化炉，在炉内形成撞击流，完成气化反应。

(b) 喷嘴。采用了新型预膜式三流道外混气流雾化喷嘴，喷嘴头部如图 1-12所示，三个通道下端面基本在同一水平面上。该喷嘴比预混式 GE 喷嘴有更好的雾化性能，GE喷嘴平均粒径95～100μm，预膜式喷嘴平均粒径85～90μm，滴径（SMD）降低了约10%。采用国内材质时，喷嘴寿命可达90d左右。喷嘴本体材质一般采用incone1600，头部用哈氏合金。

（c）复合床洗涤冷却室。图1-13是新型多喷嘴对置式煤气化工艺采用的一种新型复合床洗涤冷却室。其下降管内形成喷淋床，即在激冷环中开两排孔，一排孔喷水沿下降管流下，以保护下降管不因高温受损，并通过水蒸发使煤气降温；另一排孔向下降管中心喷射，使煤气更快速降温；下降管外侧是鼓泡床，有气泡破碎装置，使气泡尺寸减小，减少携带的灰量和水分，并强化气液传质传热，强化洗涤降温效果。冷却室中上段设置两块塔板，其作用是除沫，防止带水。

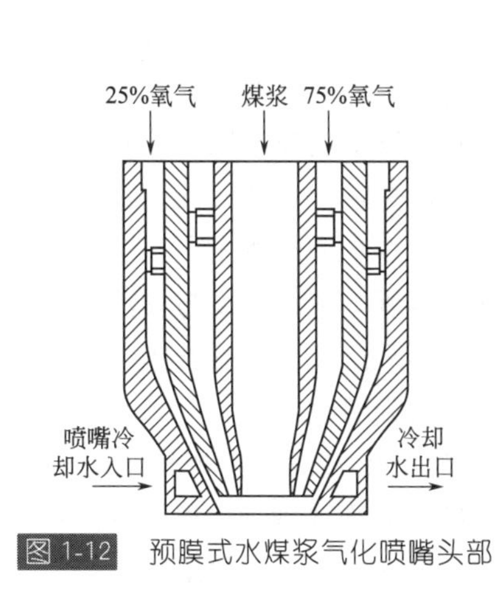

图1-12　预膜式水煤浆气化喷嘴头部

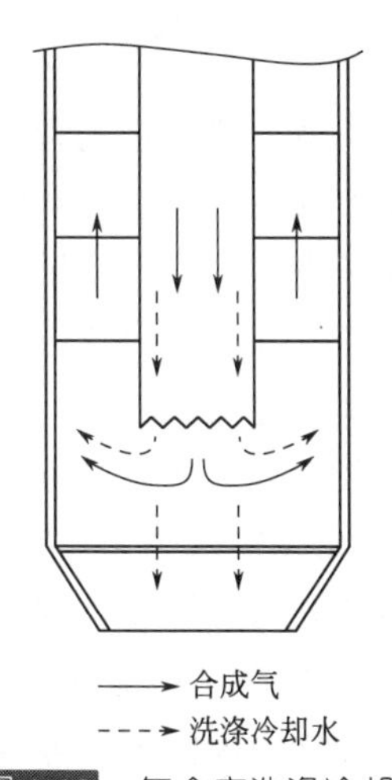

图1-13　复合床洗涤冷却室

（d）新型旋风分离器。采用了一种新型的旋风分离器，其煤气入口位置和结构以及分离筒体中柱体和锥体的高度比与传统直切入口式旋风分离器有所不同。入口采用直进式和径向圆形结构。对新型旋风分离器的分离效率研究发现，在颗粒粒径大于6μm时，与直切入口式旋风分离器的分离效率基本相当，分离效率提高不到1%；但当颗粒粒径小于6μm时，其分离效率明显高于直切入口式旋风分离器，分离效率提高可达5%。

合成气初步净化基本工艺是：多喷嘴对置式煤气化工艺的合成气初步净化流程如图1-14所示，采用分级式净化技术方案，由混合器、分离器和洗涤塔三单元组合。混合器后设置旋风分离器，旋风分离器除尘率可达80%～90%，大部分的粉尘及水分可以在此除掉，降低洗涤塔的工作负荷，并可除去更多的细灰和小粒径液滴，提高洗涤效果。除尘效率的提高，使得从洗涤塔塔底循环去洗涤冷却室的黑水的含灰量明显降低，避免了洗涤冷却环（激冷环）进水孔的堵塞。因此该系统有较高的效率和较好的节能效果：自洗涤冷却室至洗涤塔出口压降<0.2MPa；洗涤塔出塔气中，蒸汽/合成气≥1.4（摩尔比）；煤气中含尘≤1mg/m^3。

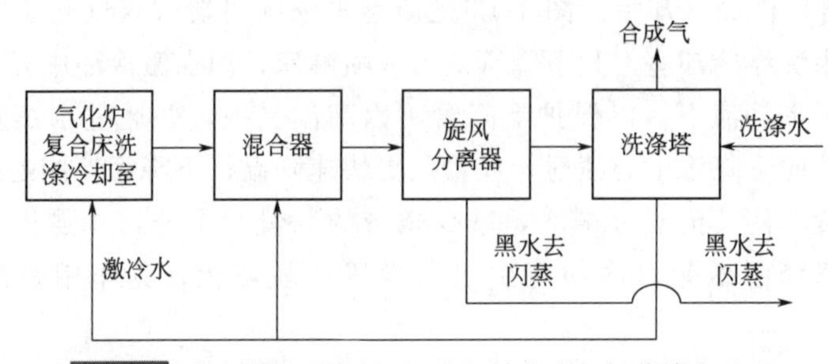

图 1-14 多喷嘴对置式煤气化工艺合成气初步净化流程

黑水热量回收与水处理方法是：日处理千吨的煤气化装置，约 200t/h 灰水进入洗涤冷却室，大部分灰渣自洗涤冷却室进入锁渣斗，约 60t/h 含灰的高压黑水出气化炉进入蒸发热水塔。出旋风分离器和洗涤塔的渣水约 30t/h 也一并进入蒸发热水塔，在其中完成减压闪蒸，高温黑水显热转化为蒸发热，被蒸汽带走。

为提高能量回收效率，于遵宏等提出了蒸发热水塔的概念[6]，蒸汽在热水塔中与返回灰水直接接触进行热交换，回收蒸汽热量，灰水温度与蒸汽温度相差约1℃。经过蒸发热水塔后，灰渣及部分黑水进入下游工序进一步减压闪蒸，根据气化压力的高低设置二级或三级减压闪蒸，以充分回收能量。

b. 气化炉内流动与反应特征。于遵宏等[9,10]在大型冷模装置上研究了多喷嘴对置式气化炉内的流场分布、冷态浓度分布、停留时间分布和压力分布。基于冷模试验和煤气化反应的特征提出了水煤浆气化过程的分区模型。

(a) 流动特征。流场测试表明，四喷嘴对置撞击流气化炉内流场分布如图 1-15所示，可划分为六个区域：射流区、撞击区、撞击流股、回流区、折返流区和管流区。

射流区（Ⅰ）：流体从喷嘴以较高速度喷出，对周围的流体产生卷吸作用，之后随着射流宽度不断扩展，其速度也逐渐衰减，直至与相邻射流边界相交。

撞击区（Ⅱ）：当射流边界交汇后，在中心部位形成相向射流的剧烈碰撞运动，该区域静压较高，并在撞击区中心达到最高。此点即为驻点，射流轴线处速度为零。由于流体撞击的作用，射流速度沿径向发生偏转。撞击区内速度脉动剧烈，湍流强度大，混合作用好。

撞击流股（Ⅲ）：四股流体撞击后，流体沿反应器轴向运动，分别在撞击区外的上方和下方形成了流动方向相反和特征基本相同的两个流股。撞击流股具有与射流相同的性质，对周边流体也有卷吸作用，使该区域宽度沿轴向逐渐增大，

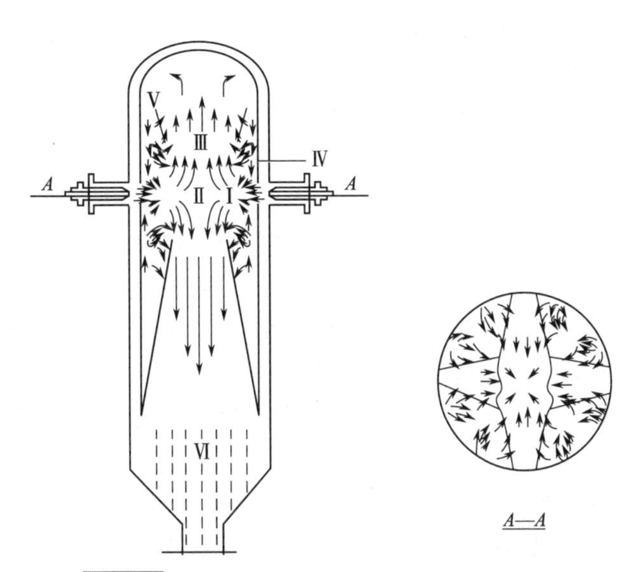

图 1-15　四喷嘴对置撞击流气化炉内流场分布

轴向速度沿径向逐渐衰减，轴线处最大。中心轴向速度沿轴向达到一个最大值后也逐渐衰减，直至轴向速度沿径向分布平缓。

回流区（Ⅳ）：射流和撞击流股对周边流体的卷吸作用，导致在射流区边界和撞击流股边界出现回流区。

折返流区（Ⅴ）：沿反应器轴向向上运动的流股，受气化炉顶部内壁的阻碍，近炉壁沿轴向折返朝下运动。

管流区（Ⅵ）：在炉膛下部，射流、射流撞击、撞击流股和射流撞击壁面特征逐渐消失，轴向速度沿径向分布基本保持不变，形成管流区。

（b）化学反应特征。多喷嘴气化炉内的化学反应可分为一次反应（即燃烧反应）和二次反应（即 C 和 CH_4 等的气化反应和逆变换反应），不同区域的反应类型与该区内的流体流动特征及相应的混合过程有关。据此将炉内区域划分为三个化学反应特征各异的区域，即一次反应区、二次反应区和一、二次反应共存区。

一次反应区：一次反应区包括射流区、撞击区及撞击流扩展区的一部分。该区中以煤中挥发分与氧气的燃烧反应为主，也伴有射流卷吸的回流气体中 CO 和 H_2 的燃烧反应。

二次反应区：二次反应区为管流区和撞击流扩展区的一部分。

一、二次反应共存区：一、二次反应共存区主要位于回流区。受射流的卷吸作用和湍流扩散的影响，回流区将与射流区和撞击流扩展区进行质量交换，其中以卷吸为主，但因湍流的随机性，也将有个别氧气微团经湍流扩散作用而进入回流区中。因此在回流区中既有一次反应，也有二次反应，但以二次反应为主。该

区中的反应除碳与 H_2O 和 CO_2 的气化反应外，均受微观混合过程的控制。

由兖矿集团和华东理工大学共同承担的日处理 2000t 煤全国最大新型多喷嘴对置式水煤浆气化装置，2011 年在江苏灵谷实现连续运行。运行结果表明，装置安全可靠，自动化程度高，操作控制灵活。与国内外其他水煤浆气化技术相比，多喷嘴对置式水煤浆气化技术气化效率高，碳转化率高，技术指标先进。与同样以内蒙古神华产煤炭为原料的进口水煤浆气化技术相比，其有效气成分提高 3.1%，比氧耗降低 11.4%，比煤耗降低 2.1%，粗渣中碳含量降低约 10%，细渣中碳含量降低约 12%，碳转化率达到了 99.2%。日处理 2000t 煤气化装置是目前全国单炉规模最大的水煤浆气化装置。

② Texaco 气化技术。Texaco 气化技术是典型的水煤浆进料的加压气流床气化技术，1948 年由美国德士古公司在以重油和天然气为原料制造合成气的德士古工艺基础上开发，起初采用高压水煤浆先经预热干燥后旋风分离出干粉入炉，后因预热干燥器中干煤粉结块堵塞的现象长期得不到解决，致使该技术未能得到广泛的工业应用。在 20 世纪 80 年代初，随着耐高温抗熔渣耐火材料和高浓度水煤浆制备技术的成熟，才改用水煤浆湿式直接供料，并获得成功[4,6]。

按照气化炉燃烧室排出的高温气体和熔渣冷却方式的不同，Texaco 气化工艺有激冷流程气化工艺和废锅流程气化工艺，如图 1-16 和图 1-17 所示。在这两种流程中，制备好的煤浆经煤浆泵送入气化喷嘴，煤浆通过喷嘴与空分装置送来的氧气一起混合雾化喷入气化炉进行气化反应。

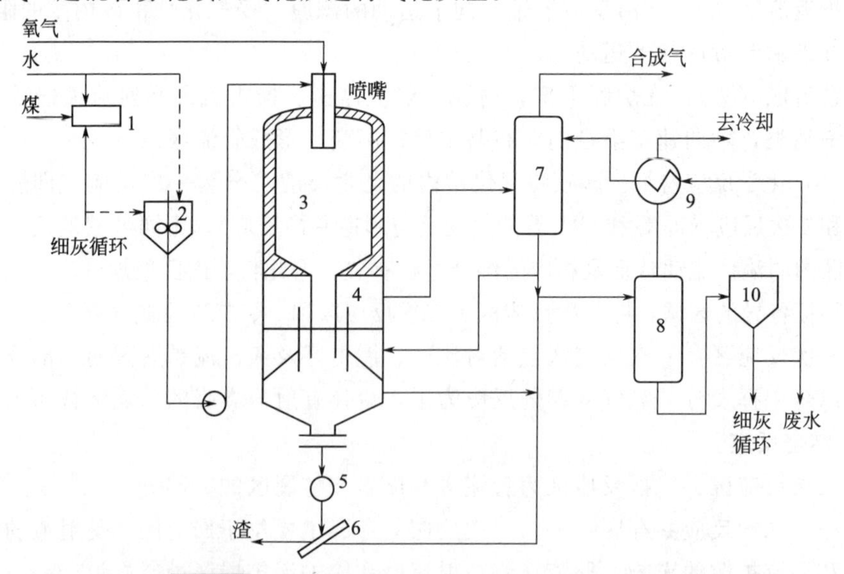

图 1-16 激冷流程 Texaco 水煤浆气化工艺流程

1—磨煤机；2—煤浆槽；3—气化炉；4—激冷室；5—锁渣斗；6—捞渣机；7—洗涤塔；8—闪蒸槽；9—换热器；10—澄清槽

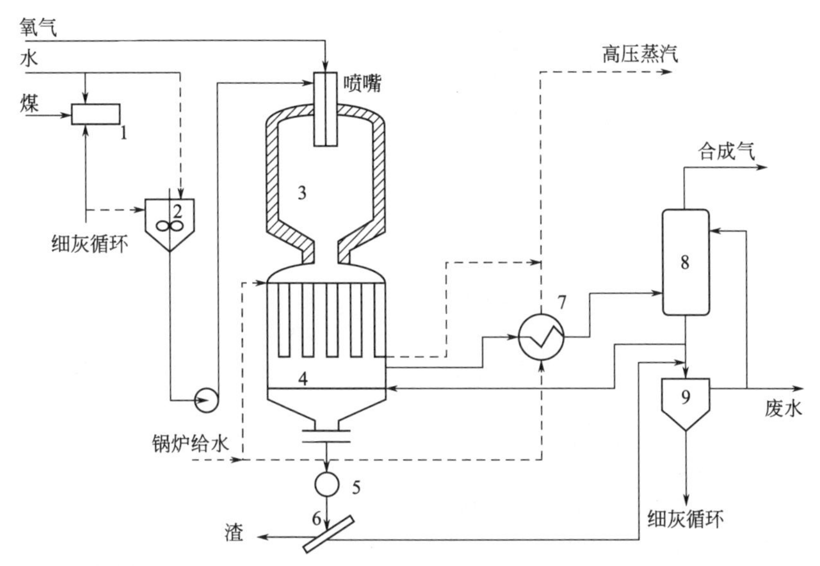

图1-17 配有辐射制冷器的废锅流程 Texaco 水煤浆气化工艺流程

1—磨煤制浆；2—煤浆槽；3—气化炉；4—辐射锅炉；5—锁渣斗；
6—捞渣机；7—对流废锅；8—洗涤塔；9—澄清槽

a. 主要设备及工艺

(a) 喷嘴。Texaco 水煤浆喷嘴为三通道部分预混式喷嘴，中心通道和外通道分别走氧气，中心通道氧气量约占总氧量的15%，外通道氧气量约占总氧量的85%，两者之间的通道走煤浆。中心通道与外通道下端面相距65～70mm，中心通道氧气和煤浆形成预混，表观出口速率在20m/s以上。喷嘴采用盘管冷却方式，外通道头部为一个冷却腔，与冷却水盘管相连接，以保护喷嘴头部免遭高温侵蚀。冷却水压力一般低于炉内操作压力，其优点是，一旦盘管和冷却腔室有漏点，冷却水不会进入激冷流程中，气化炉排出的高温气体和熔渣经激冷环被水激冷快速降温后，沿下降管导入激冷室，经水浴进一步降温后熔渣迅速固化，粗煤气被水饱和。出气化炉的粗煤气再经文丘里喷射器和炭黑洗涤塔用水进一步润湿洗涤，除去残余的飞灰。生成的灰渣留在水中，大部分沉淀后通过锁渣罐系统定期排出界外。激冷室和炭黑洗涤塔排出黑水中的细灰（包括未转换的炭黑）通过灰水处理系统经沉降槽沉降除去，澄清的灰水返回工艺系统循环使用。

废锅流程中，气化炉燃烧室排出的物料经过连接在其下方的辐射废锅间接换热，副产高压蒸汽，高温粗煤气被冷却，熔渣开始凝固。含有少量飞灰的粗煤气再经过对流废锅进一步冷却回收热量，绝大部分灰渣留在辐射废锅底部水浴中。出对流废锅的粗煤气用水进行洗涤，除去残余的飞灰，送往下游进一步处理。粗渣、细灰及灰水的处理方式与激冷流程方法相同。

图1-18是 Texaco 水煤浆气化喷嘴头部简图。图1-19是激冷式气化炉结构简

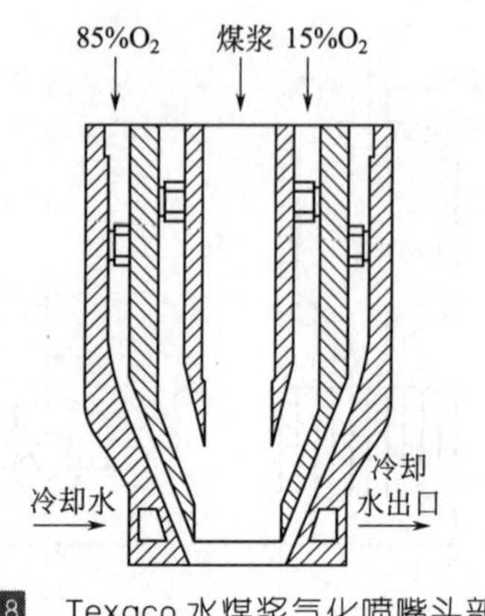

图 1-18 Texaco 水煤浆气化喷嘴头部简图

图。图 1-20 是 Texaco 气化炉激冷室结构简图。

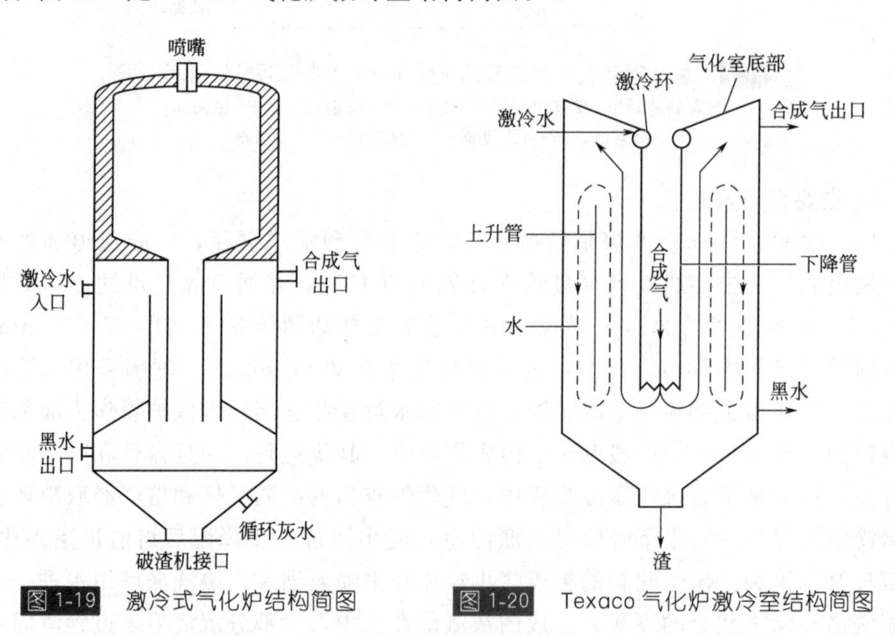

图 1-19 激冷式气化炉结构简图

图 1-20 Texaco 气化炉激冷室结构简图

(b) 激冷环。激冷环一方面使合成气迅速降温，另一方面也起水分布器的作用，其缺点是带水带灰。图 1-21 是 Texaco 气化炉激冷环结构简图。于遵宏及其合作者组织了冷模试验研究，发现在下降管与上升管的间隙中，间隔地存在一段气和一段液在出口形成的脉冲，约 1 次/s。于是，水和灰被气体携带逸出激冷室。

德士古气化炉使用的水煤浆浓度通常为 60%～65%，该工艺的氧耗量较高，冷煤气效率一般为 70%～75%。德士古气化煤气主要成分是 CO、H_2、CO_2 和 H_2O，以及少量的 CH_4、N_2 和 H_2S 等。

b. Texaco 气化炉流动特征。于遵宏等对 Texaco 渣油和水煤浆气化炉冷态流场进行了试验研究和数值模拟，根据流体力学特征将炉内空间分为三个区：射流区、回流区和管流区（图1-22）。射流区、回流区与管流区流体力学特征不同，化学反应特征也有所区别。在这些区中的反应根据其特征分为两类：一是可燃组分（燃料挥发分、回流气体中的CO与H_2以及残炭）的燃烧反应，称为一次反应；二是燃烧产物与残炭及燃料挥发分的气化反应，称为二次反应。无疑，射流区的反应以燃料的燃烧为主，称为一次反应区（燃烧区）。视混合情况而定，燃烧区有可能延伸到管流区。管流区中的反应以二次反应为主，称为二次反应区；回流区中既有二次反应，又因氧气的湍流扩散，也会有燃烧反应发生，称为一、二次反应共存区。各反应区的反应特征将由混合时间尺度与反应时间尺度的相对大小而定。

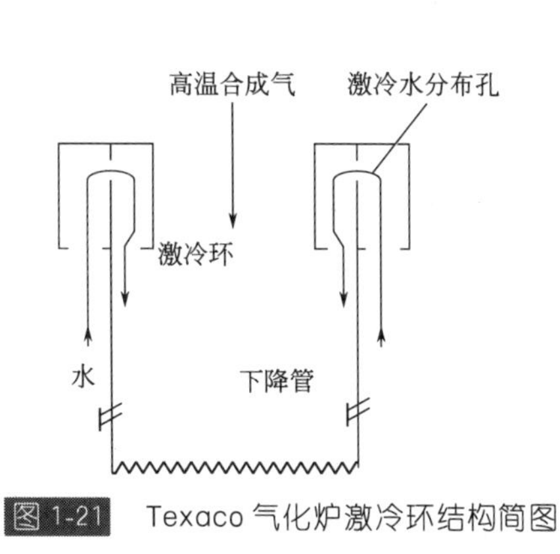

图1-21　Texaco气化炉激冷环结构简图

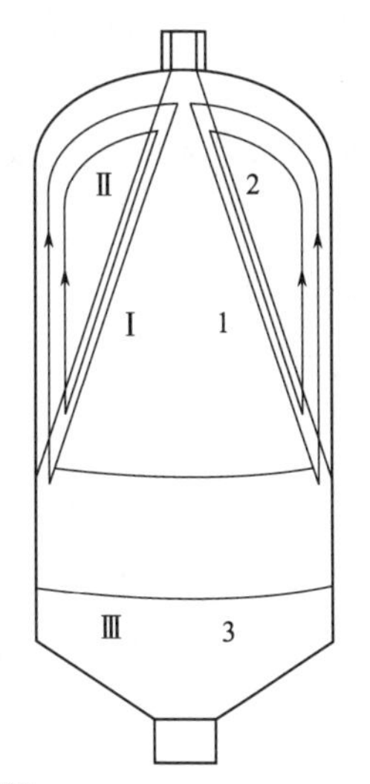

图1-22　Texaco气化炉分区示意图

Ⅰ—射流区；Ⅱ—回流区；Ⅲ—管流区；
1—一次反应区；2—一、二次反应共存区；
3—二次反应区

炉内冷态流场的研究还表明，回流量约为射流量的3.5倍，由于宏观混合的影响（卷吸和湍流扩散）、富含CO与H_2的回流气体将进入射流区中，因此视宏观混合时间尺度与燃料挥发时间尺度的相对大小而定，燃烧区中的燃烧反应可能以燃料挥发分和残炭的燃烧反应为主，也可能以回流气体与射流区混合后的CO与H_2的燃烧反应为主。

③ Shell气化技术。Shell煤气化技术是一种加压气流床粉煤气化技术。Shell国际石油公司在其渣油气化技术工业化经验的基础上，于1972年开始从事煤气化研究，与Krupp-Koppers公司合作，在德国汉堡（Hamburg）建成并运行第一台规模150t/d的中试装置。1987年Shell公司单独在美国休斯敦

(Houston)建成加工量250～400t/d的示范厂。1994年在荷兰布格能(Buggenum)建成了以Shell煤气化为核心的IGCC电站，日耗煤2000t以上，净发电253MW。

图1-23是Shell粉煤气化技术工艺流程简图。粉煤由高压气送入气化炉喷嘴。来自空分的氧气经预热后导入喷嘴。粉煤、氧气及蒸汽在气化炉内高温加压条件下发生气化反应，出气化炉顶部约1500℃的高温煤气由除尘冷却后的冷煤气激冷到900℃左右，经输气管进入合成气冷却器。经回收热量后的合成气进入干法除尘和湿法洗涤系统，洗涤后尘含量小于1mg/m³的合成气送出界区。合成气冷却器产生的高压和中压蒸汽配入粗合成气中，气化炉水冷壁副产的中压蒸汽可供压缩机透平使用。湿法洗涤系统排出的黑水大部分经处理后循环使用，少部分黑水经闪蒸、沉降及汽提处理后送污水处理装置进一步处理。闪蒸气及汽提气送火炬燃烧后排放。在气化炉内气化产生的高温熔渣流入气化炉下部的激冷室，经激冷后形成数毫米大小的玻璃体[11]。

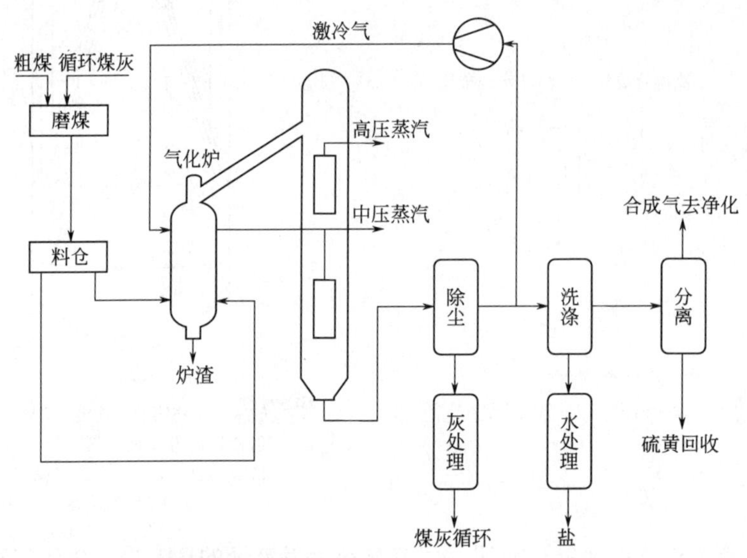

图1-23 Shell粉煤气化技术工艺流程简图

a. 主要设备

(a) 气化炉。图1-24是Shell气化炉结构简图。气化炉的内件由气化段、激冷段和渣池三部分构成。气化炉的外筒为压力容器外壳，内筒为膜式水冷壁形式，两者之间形成环形空间。膜式水冷壁内侧敷有较薄的耐火材料，在气化过程中因低温挂渣形成保护层，起到隔热和保护炉壁的作用，缓解高温、熔渣腐蚀及开停车产生的应力对耐火材料的破坏，并减少气化炉热损失，以提高气化炉的可操作性和气化效率。膜式水冷壁衬里设有水冷却管，副产蒸汽。压力容器外壳和膜式水冷壁之间的环形空间，可容纳水/蒸汽的输入/输出和集汽管，还便于检查和维修。小直径的气化炉外壳一般用钨合金钢制造，大直径的用低铬钢制造。气化炉内筒上部为燃烧和气化区，下部为熔渣激冷室。Shell 气化炉不需要耐火砖绝热层，运转周期长，可靠性高，可单炉运行，不需要备用炉。

(b) 喷嘴。Shell 气化炉使用多喷嘴成双对称布置，安装在气化炉下部，数量一般为 4～6 个。图 1-25 是 Shell 气化炉喷嘴结构简图。该喷嘴为二通道烧嘴，中心通道走粉煤，由氮气或二氧化碳作为输送载气，外通道走氧气和蒸汽混合物料。为输送稳定，粉煤喷嘴内径与粉煤输送管道内径相等。喷嘴外通道设立水冷夹套用来对喷嘴进行冷却，中心通道未采取冷却措施。喷嘴冷却水压力一般高于炉内操作压力，一旦盘管和冷却腔室有漏点，合成气不会进入冷却水系统，相对比较安全，不需要在冷却水系统设置 CO 和 H_2 浓度相关的联锁检测系统[6]。

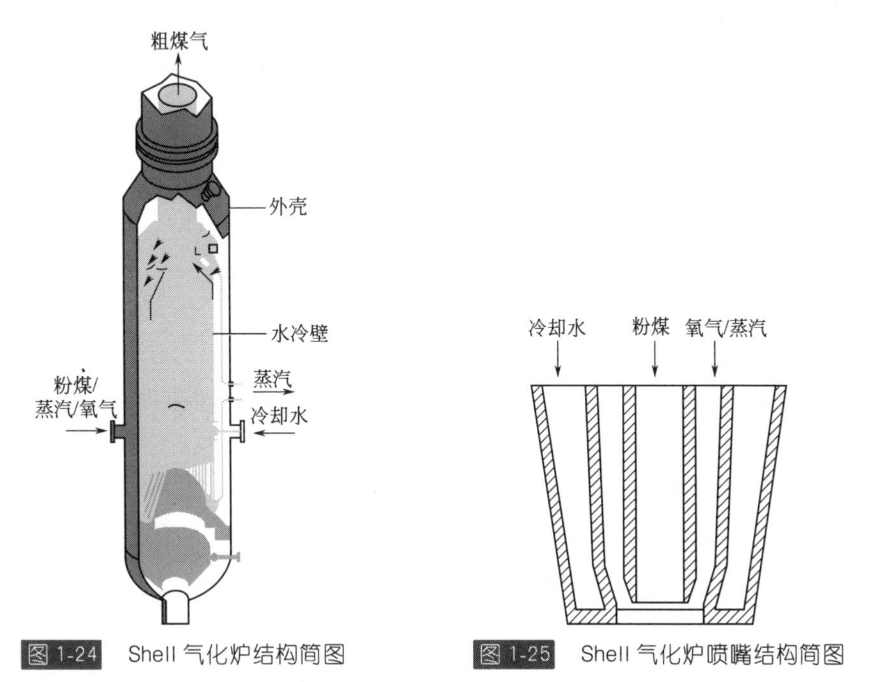

图 1-24 Shell 气化炉结构简图　　图 1-25 Shell 气化炉喷嘴结构简图

(c) 高温煤气激冷和冷却。气化形成的粗煤气气流夹带部分液渣（约 40%），为避免液渣在凝固时粘壁，需用激冷法固化液渣，使炉温瞬间降至灰渣软化温度以下。粗煤气在气化炉上部经激冷冷却至 900℃左右，使其中夹带的熔融态灰渣颗粒固化。粗煤气离开气化炉进入废热锅炉，在废热锅炉内与脱氧水（4.0MPa，40℃）进行热交换，粗煤气冷却至 300℃左右去除尘净化。

(d) 废热锅炉。Shell 气化工艺采用水管式废热锅炉回收高温煤气显热，废热锅炉的金属外筒为受压容器，温度不高（<350℃），内件由圆筒形水冷管和若干层盘管形水冷管组成，为消除水冷管上的积灰，可设置气动敲击除灰装置进行

振动除灰。

b. Shell 气化炉流场特征。于遵宏及其合作者在实验室建立 Shell 气化炉冷模试验装置，用先进的激光多普勒动态粒子分析仪测定气化炉内的流体流动特征，并进行了数值模拟[12]。Shell 粉煤气化炉流场结构如图 1-26 所示。

与多喷嘴水煤浆气化装置四个喷嘴正对不同，Shell 气化炉相对的一对喷嘴偏离中心轴线一定的角度，这样在气化炉内会形成一个中心旋流区。借鉴喷嘴旋流数的概念，定义了炉内的旋流数：

$$S_{\omega}=\frac{G_{\varphi}}{G_{\chi}d} \tag{1-26}$$

式中 G_{φ}——角动量流率，N/m；

G_{χ}——炉膛轴向动量流率，N；

d——炉膛半径，m。

由式（1-26）可以看出，S_{ω} 实际表征炉内实际流体旋转速度与平均上升速度比值的大小。经推导，可得出 S_{ω} 的计算式为：

$$S_{\omega}=\frac{u_0 d_s}{vD} \tag{1-27}$$

式中 u_0——喷嘴出口气速，m/s；

v——炉膛表观气速，m/s；

D——炉膛直径，m；

d_s——假想切圆直径，m。

计算得到试验条件下中心回流数为 42.85，$S_{\omega}>0.6$ 时即为强旋流。由此可见，Shell 气化炉内为强旋流。

根据图 1-26，将 Shell 粉煤气化炉内流动过程分为 5 个区域：射流区、旋流区、回流区、中心回流区和管流区。

射流区（Ⅰ）：粉煤和气化剂（氧气和蒸汽）从喷嘴高速喷出后，将其周围流体卷吸向靠近喷嘴轴向方向流动，射流宽度随之不断扩展，其速度也逐渐减小，直至与相邻射流边界相交。

旋流区（Ⅱ）：由于相对的一对喷嘴轴线有一定的交角，将在喷嘴平面气化炉中心形成一定高度的

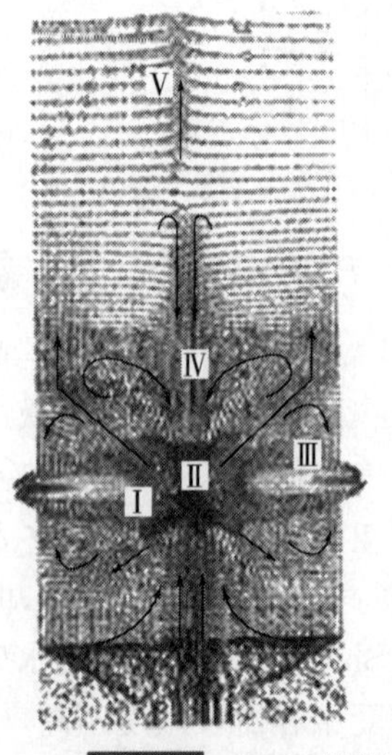

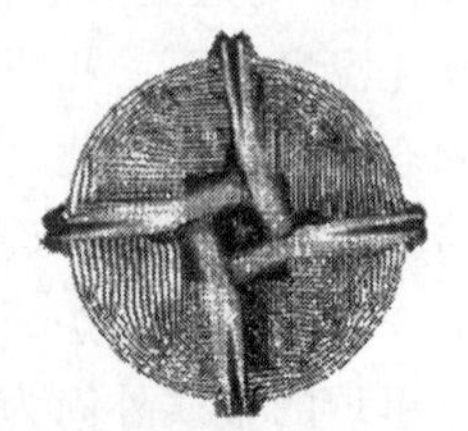

图 1-26 Shell 粉煤气化炉流场结构

旋流区，旋流区的大小与相对的一对喷嘴的交角和射流速度相关。旋流区内速度脉动剧烈，湍流强度大，混合效果好。

回流区（Ⅲ）：射流和旋流都具有卷吸周边流体的作用，在射流区边界和旋流区边界出现回流区。

中心回流区（Ⅳ）：喷嘴平面气化炉中心形成的强旋流区对上下方流体的卷吸作用，在平面上下形成两个中心回流区。

管流区（Ⅴ）：在炉膛上部，射流、旋流、中心回流特征消失，轴向速度沿径向分布基本保持不变，形成管流区。

与流动特征相应，炉内有特征各异的三个反应区，即一次反应区、二次反应区和一、二次反应共存区。一次反应区主要包括射流区和旋流区，也有可能扩展到中心回流区；二次反应区主要为管流区；一、二次反应共存区主要是回流区和中心回流区。

④ E-Gas 气化技术。E-Gas 气化技术最早由 Destec 公司开发，采用水煤浆进料和两段气化工艺，后被 Dow 公司收购。1978 年在美国路易斯安那州的 Plaguemine 建立了煤处理量 15t/d 的中试装置。其后于 1983 年建立了单炉 550t/d 的示范装置，1987 年建设了单炉 1600t/d 的煤气化装置，配套 165MW 的 IGCC 电站，这两套装置均位于 Plaguemine。1996 年在印第安纳州的 Terra Haute 建立了单炉 2500t/d 的气化装置，配套 Wabash River 260MW 的 IGCC 电站，发电效率达到 40%。

图 1-27 为 E-Gas 气化炉示意图[5]。E-Gas 气化炉内衬采用耐火砖，约 85% 的煤浆与氧气通过喷嘴射流进入气化炉第一段，进行高温气化反应；一段出口的

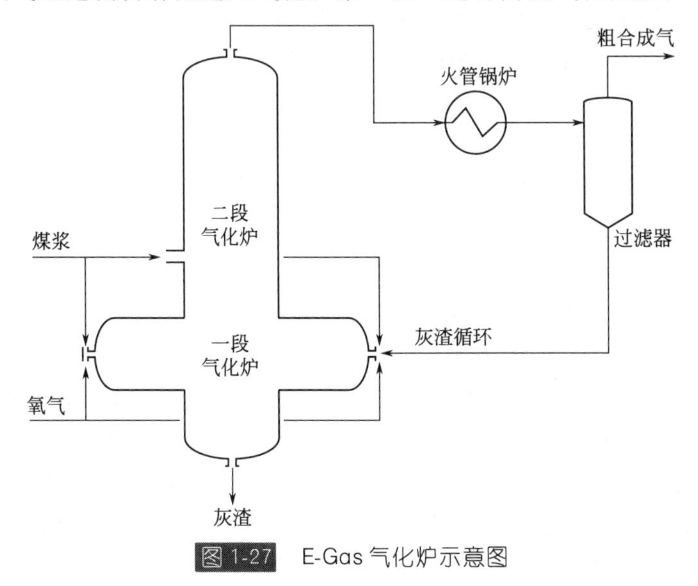

图 1-27　E-Gas 气化炉示意图

高温气体中含量分别接近20%和15%的煤浆从气化炉第二段加入，与一段的高温气体进行热质交换，煤在高温下蒸发、热解，残炭与CO_2和H_2O进行吸热反应，可以使上端出口温度降低到1040℃左右；1040℃的合成气通过一个火管锅炉（合成气走管内）进行降温，降温后的合成气进入陶瓷过滤器，分离灰渣，过滤器分离出的灰渣进入气化炉第一段。

1.2.5 地上气化不同气化工艺比较

1.2.5.1 固定床、流化床与气流床气化工艺比较[5]

（1）煤种适应性　煤气化技术从固定床到流化床，再到气流床，拓宽了气化技术对煤种的适应性。早期的固定床气化炉一般采用活性高、灰熔点高、黏结性低的无烟煤或焦炭。Lurgi加压固定床气化技术的开发成功，拓宽了固定床对煤种的适应性，一些褐煤也可用于固定床加压气化。BGL技术的煤种适应性比干法排灰的Lurgi加压气化炉又进一步拓宽；早期一般的流化床气化炉为了提高碳转化率，多采用褐煤和长焰煤等活性比较好的煤种。灰熔聚气化技术的发展拓展了流化床气化技术对煤种的适应性，特别是对一些高灰和高灰熔点的劣质煤有其独特的优势；而气流床气化炉对煤的活性没有特殊要求，原则上几乎可以适应所有的煤种。

（2）合成气处理　从粗合成气所含杂质来看，固定床气化炉由于其床层温度分布的固有特点，出气化炉的粗煤气中含有大量的焦油和酚类，给煤气的初步净化带来了很多困难，而流化床和气流床则没有这一问题；固定床气化工艺气体中携带的灰渣相对要低于流化床和气流床，但无论何种气化技术从高温气体中分离细灰都是非常复杂的；从热量回收来看，固定床和流化床出口粗合成气温度都在1000℃以下，可以直接采用废锅回收合成气的热量。而气流床气化炉出口粗合成气温度一般都在1300℃以上，无法直接进入对流式废热锅炉，必须先通过完全激冷或循环合成气激冷进行降温，再进入废锅回收热能。

（3）原料消耗　氧耗与气化温度呈正相关关系，气化温度越高，氧耗越高，因此生产单位体积的合成气，气流床气化炉的氧耗高于固定床和流化床。由于气流床气化炉使用煤颗粒粒径较小，操作温度及操作压力也较固定床和流化床高，气流床气化炉的碳转化率远远高于固定床和流化床。另外，气流床喷嘴的雾化或弥散混合效果也对提高碳转化率有作用。

（4）生产强度　高温和高压有利于提高气化反应速率和气化炉单位体积的处理能力，因此气流床气化炉具有提高单炉处理能力的最大潜力，而固定床气化炉和流化床气化炉要提高压力和温度则受到许多工程因素的限制。煤气化技术从固定床到流化床，再到气流床，适应了现代煤化工装置大型化的要求。表1-9列举了部分煤气化商业装置的规模及特点，目前规模1000t/d以上的煤气化装置均采用高压气流床技术。

表1-9 煤气化商业装置的规模及特点[6]

炉型	代表性专利商	规模/(t/d)	特点
固定床	Lurgi	500	煤种要求高、气化温度低、气体处理困难
流化床	HTW	840	煤种要求高、气化温度不够高、碳转化率低
气流床	Texaco	2000	高温、高压和碳转化率比较高（95%左右）
	Shell	2000	
	Prenflo	2600	
	多喷嘴	2200	

1.2.5.2 粉煤气流床气化工艺与水煤浆气流床气化工艺比较[5]

（1）气化效率 与水煤浆进料相比，粉煤进料时气化1kg煤可以减少约0.35kg水的蒸发量，冷煤气效率提高约10%。从能量利用角度来说，粉煤进料是有利的。

（2）氧耗 水煤浆气流床气化炉的进料中含35%以上的水，这些水在气化炉内蒸发需要的热量由燃烧反应来提供，因此水煤浆气化炉氧耗一般比干煤粉气化炉高15%～20%。

（3）煤种适应性 水煤浆气化工艺要求煤种的制浆性能好（煤浆浓度不低于59%），耐火砖结构要求煤的灰熔点较低（一般不高于1400℃）。而粉煤气化对煤的成浆性能没有要求，水冷壁结构可适应灰熔点高达1600～1700℃的煤种，在煤种适应性方面更有优势。

（4）操作压力 粉煤气化受粉煤加料方式限制，气化压力一般不超过3.0MPa。水煤浆气化操作压力一般为2.8～6.5MPa，最高可达8.5MPa，有利于节能。

（5）原料制备 粉煤制备设备投资高和能耗高，并且没有水煤浆制备环境好。粉煤制备对原料煤水含量要求比较严格，煤的干燥处理消耗能量高。粉煤制备一般采用气流分离，排放气需进行洗涤除尘处理，导致投资增加，否则易带来环境污染。

（6）安全操作性 粉煤加压进料的稳定性不如湿法进料，对安全操作带来不良影响，因此粉煤气流床气化安全操作性能不如水煤浆气化。国内Shell煤气化装置运行过程中暴露出粉煤输送系统稳定性差、下渣口堵塞和锅炉积灰等问题[4,6]。

1.2.5.3 气化炉停留时间比较

对于不同结构形式气化炉（Shell、Texaco、GSP和多喷嘴对置式气化炉），返混程度排序为：GSP> Shell> Texaco>多喷嘴对置式气化炉。多喷嘴对置式气化炉的二次反应时间最长，有利于气化反应的进行。表 1-10 是同为水煤浆进料的多喷嘴对置式气化炉和 Texaco 气化炉停留时间分布比较，可见 Texaco 存在明显的缺点，不利于碳转化率的提高[6]。

表 1-10 停留时间分布比较

类型	0.5s 前离开气化炉物料比例	平均停留时间前离开气化炉物料比例
Texaco 气化炉	4.0%	62%
多喷嘴对置式气化炉	0.9%	85%

1.2.6 煤炭地下气化

1.2.6.1 煤炭地下气化发展概况

气化技术是现代煤化工的基础。近年来，我国的煤炭气化项目发展迅速。但大部分核心技术和气化炉都是从国外引进，特别是有的煤气化技术在引进时还未成熟，有的只进行过示范试验。例如 Shell 粉煤气化技术，在很大程度上是引进之后，由我国的设计人员和生产操作人员在生产实践中不断发现问题并进行完善的，并且目前还处于进一步完善过程中。我国也因此被称为世界气化技术的“大试验场”。开发新型煤气化核心技术，将是我国“十二五”期间煤炭气化技术的重点，其中包括煤炭地下气化技术，已被列入《国家能源科技“十二五”规划(2011—2015）》。“十二五”期间，我国将大力推进煤炭地下气化技术的产业化。“煤炭地下气化”（underground coal gasification，UCG）有别于传统的气化技术，该技术通过直接对地下自然形态煤矿进行可控燃烧产生煤气并输出地面，具有井下无人和无设备等特点，集建井、采煤和气化于一体，特别适用于煤矿大量的煤柱和建筑物下压煤等呆滞煤量开发利用。煤炭地下气化可最大限度地利用煤炭资源，输出的煤气产品属于洁净能源，可用于发电和燃气供应，也可用于煤化工。

1868 年德国科学家威廉·西门子（William Siemens）最早提出煤炭地下气化（UCG）的概念。大约与此同时，俄国的迪米曲利·门捷列夫（Dmitri Mendeleyev）提出有控制、直接和自发的地下煤点火的概念，包括钻注入井和生产井的概念。1912 年，诺贝尔奖获得者威廉·拉姆齐（William Ramsey）在英国达勒姆（Durham）进行了实际的煤地下气化工程。1933 年前苏联开始进行 UCG 现场试验，之后美国和德国也先后开展煤炭地下气化技术的开发研究。其中乌兹别克斯坦安格列（Angren）气化站（Yerostigaz 项目）是由前苏联投资建设，世界上唯一进行规模化生产的地下气化站，有 230 名员工，每天向安格列发电厂供气 100 万立方米，目前已连续运行 40 多年。

进入 21 世纪以来，人们逐渐加深了发展 UCG 对环保和节能意义的认识，地下气化技术发展迅速。美国、澳大利亚、英国、加拿大、南非和印度等国家的 UCG 研究开发工作均取得了工业试验的成功，目前全世界大约有超过 50 个 UCG 煤炭地下气化示范站[13]，并且已经运用 UCG 技术建成了几个大型发电站，以澳大利亚、英国和南非进展最明显。

在 1999—2003 年期间，澳大利亚林茨能源公司（Linc）的 UCG 技术首先在昆士兰金吉拉（Chinchilla）半商业化获得成功。2006 年后，相继有碳能源公司（Carbon Energy）和美洲狮能源公司（Cougar Energy）分别在红木树沟（Wooldwood Creek）和金格罗伊（Kingaroy）开展了 UCG 项目。除昆士兰以外，2009 年以后，先后在西澳大利亚的东哥拉（Dongara）、维克多利亚的吉普斯兰（Gippsland）盆地、内澳大利亚的瓦洛威（Walloway）盆地、圣文森特（St Vincent）盆地、阿恰林嘎（Arckaringa）盆地以及悉尼（Sydney）以东近 6000km^2 近海海上地区投资筹建至少有 9 个以上的煤地下气化站。其中 Cougar Energy 公司的地下气化工程于 2010 年 3 月 16 日点火，主要进行空气气化，规划建设 1500kW 发电及供热示范工程，后期规划 200MW 地下气化发电项目。

Linc 能源公司目前拥有 Yerostigaz 公司 91.6%的股份，开发了流体静压控制 UCG 工艺，积极推动 UCG 与费托合成制柴油及燃料电池发电技术相结合的工业化模式。从 2009 年上半年起，Linc 能源公司煤地下气化联合制油（UCG-GTL）验证装置在 Chinchilla 投产，自当年 5 月起成功运转，生产出高质量的合成烃类产品。该装置使用丰富而相对廉价的合成气来生产合成液体烃类，主要是柴油。油产率为 1t 煤 ＝ 1.5 桶油；合成气成本为 1 美元/J；合成燃料成本为 28 美元/桶。2011 年 Linc 能源公司的 Chinchilla 煤地下气化联合燃料电池（UCG-AFC）示范项目投产，将 UCG 得到的氢气直接用于氢燃料电池发电。在中国新疆伊宁矿区，Linc 能源公司已经计划与新汶矿业集团合作开发 UCG 项目[14]。

除 Linc 能源公司以外，碳能源公司在昆士兰红木树沟示范项目的第三阶段也在建设一个集发电和化工等为一体的工业园区。

与澳大利亚的私人公司有所区别的是，英国的 UCG 发展模式是由政府主导的，从根本上考虑英国整体和长远利益，因此起点高，其福斯湾煤地下气化试验站就是把零排放作为起点。在此目标下，福斯湾煤地下气化（UCG）开发具有 UCG-IGCC、UCG-CBM-CCS、UCG-AFC-CCS 和 UCG-CCS 等多方面成果。英国政府部门 2006 年发表了福斯湾（Firth of Forth）的研究结果，2009 年在英国海岸四周批准了 5 个点开展煤地下气化示范项目。2010 年在英国能源与气候变化部（Department of Energy and Climate Change，DECC）支持下，B9 煤公司

(B9 Coal) 与碱性电池 (AFC) 能源公司合作，用 UCG-AFC 技术在提斯赛德 (Teesside) 建立大规模的 500MW 的氢燃料电池电站。这是英国第七个 UCG 试验点，其发电效率达 60%，每千瓦时的成本仅为 4 便士。

南非 Eskomo 煤炭地下气化工程也于 2007 年 5 月实现煤气发电，工程建设目标是至 2020 年建成发电规模世界上最大的 UCG-IGCC-CCS 电站——2100MW 的南非马久巴 (Majuba) 电站。该项目将通过煤炭地下气化——碳的俘获和储存 (UCG-CCS)，使 CO_2的排放量与常规电厂相比显著减少。

另外，Envidity 公司于 2011 年 8 月宣布在蒙古投资 10 亿美元建设煤炭地下气化生产煤气再制油 (UCG-CTL)，日产合成柴油 1000 桶。该公司计划在未来 15 年内再投资 70 亿美元，建设超过 7 套 UCG-CTL 商业化装置。

中国自 1958 年开始在大同胡家湾、效河和鹤岗兴山煤矿等十余处进行自然条件下的煤炭地下气化试验，在间断 20 年左右之后，1984 年，中国矿业大学又重新开始研究该技术，并于 1987 年在徐州马庄煤矿煤炭地下气化现场试验成功。1994 年，在徐州新河二号井完成了半工业性试验。1996 年，在唐山刘庄煤矿完成了工业性试验，采用了具有我国特色的长通道、大断面和两阶段有井式煤炭地下气化工艺，大大提高了煤气的热值。2000 年，山东新汶和孙村煤矿应用了上述煤炭地下气化技术。该项目在工艺技术上取得了多项进展，实现了地下气化从试验到应用的新突破。义堂和昔阳等矿区也先后进行了现场试验。“昔阳煤炭地下气化暨合成氨联产”示范工程现场试验，采用富氧-水蒸气作为气化剂，可以获得合格的合成氨原料气 (H_2和 CO 有效气含量在 60%左右)。其他试验成功的工业性试验项目还包括山西吕梁煤炭地下气化工业性试验项目以及河南义马煤炭地下气化试验工程。上述工业化示范项目均采用有井式 UCG 技术。

由新奥科技发展有限公司研发的“煤炭地下气化发电联产工业燃气的系统和方法”为无井式煤炭地下气化技术，取得了发明专利。从 2006 年起，新奥科技发展有限公司和新奥气化采煤有限公司利用该套系统和方法在廊坊建立了地下气化中试模型试验平台，进行地下气化的模拟研究，为技术的现场应用提供有力支持，新奥气化采煤有限公司于 2007 年 4 月正式启动内蒙古乌兰察布弓沟矿区褐煤地下气化试验工程，实施国内首个无井式煤炭地下气化发电联产工业燃气项目，并进行示范性生产，于 2007 年 10 月 22 日成功点火，并实现了煤气连续稳定生产。乌兰察布联产项目近三年实现经济价值近 7000 万元。

上述研究进展表明，我国已基本掌握了 UCG 技术，需尽快由目前的工业化试验阶段进入示范应用阶段。UCG 应当是中国一级能源发展的主要方向[15]。

通用的煤炭地下气化技术虽已被证实在技术和工程上可行，但离产业化要求尚有距离。其主要原因是：气化过程难以控制；冒顶可能严重干扰气化过程，地下水会进入气化带；烟煤受热膨胀产生塑性变形，会阻塞气化通道，烟煤中的固体颗粒和焦炭会阻塞和腐蚀管道。

在中国，虽然煤炭地下气化的示范项目已陆续启动，但以下问题不容忽视：在制气过程中残留物中的有害有机物和金属会污染地下水；气化区会产生地面坍塌，需要采取复填等措施；粗煤气净化系统的排放物对环境的影响必须加以处理。

但是，在能源结构调整和强制性节能减排的大趋势下，实现煤炭工业多元化与清洁化的可持续发展，积极推进煤炭地下气化产业化是有重要意义的。

美国、俄罗斯、德国、澳大利亚和日本等工业化国家目前都掌握了该领域的一些关键技术，并实现了煤炭地下气化技术的商业化。实现煤炭地下气化产业化是中国能源发展的战略方向和长期目标。尽管中国煤炭地下气化技术的商业化前景还很难准确预测，但通过多年自主创新的煤炭地下气化稳定控制技术的研究和各种煤田地下气化的现场试验，一批创新成果已经应用于实践。无井式、有井式和矿井煤炭地下气化等新型技术完成了工业性试验和初步商业化推广应用，所生产的煤气及水煤气已服务于民用、工业锅炉及内燃机组发电，为煤炭地下气化产业化发展奠定了基础。资料显示，实施煤炭地下气化可减少 CO_2 排放量达80%[16]。针对现存量大面广的残弃煤资源二次回收利用问题，发展新型煤炭地下气化再开采方法，是提高煤炭资源综合回采率和利用率的关键技术问题，符合中国的能源国情[17]。

1.2.6.2 煤炭地下气化基本原理和工艺

煤炭地下气化就是向地下煤层中通入气化剂，使煤炭进行有控制的燃烧，通过对煤的热作用及化学作用产生可燃气体，然后将产品煤气导出地面再加以利用的一种能源采集方式。它是集建井、采煤和气化技术为一体的新技术，将物理采煤转变为化学采煤，即把高分子固体煤转变为低分子结构的可燃气体，矿井气化灰渣留在井下，抛弃了全部庞大而笨重的采煤设备与地面气化设备，并大幅度减小建井规模，具有安全性好、污染少、投资小、成本低、效率高和见效快等优点。

对于许多埋藏太深的煤矿，传统的机械采煤然后进行地面气化的利用方式是不经济的。而地下气化所需的空气（或其他气化剂）注入井和产气井的投资费用要比地面气化工厂的投资低得多，这样一些深埋煤矿就有了开采利用价值。目前煤化工产品的生产成本主要取决于设备投资，尤其是气化工序的设备投资，而不是煤的成本所决定的。传统方式的气化工序的设备投资占了煤化工装置总投资中的大半部分，如果采用地下气化的方式，这部分投资中的绝大部分可以省出来。

最简单的 UCG 工艺是按一定距离向煤层打垂直钻孔，再使孔间煤层形成气化通道。然后通过一个钻孔把煤层点燃，注入空气或氧气/蒸汽，煤炭发生热解、还原和氧化等气化反应。蒸汽提供反应所需的氢，并降低反应温度。产生的煤气从另一个钻孔引出，煤气的主要成分是 H_2、CO_2、CO、CH_4和蒸汽，各种组分的比例取决于煤种、气化剂和气化效率。注入空气和蒸汽产生低热值煤气（3.9～6.3MJ/m^3）；注入氧气和蒸汽可得中热值煤气（8.2～11.0MJ/m^3）。低热值煤气可就地发电或作为工业燃料；中热值煤气可作为燃料气或化工原料气，原料气可转化成汽油、柴油、甲醇、合成氨和合成天然气等产品。UCG 的关键技术问题是连续钻孔的方法，即贯通技术、煤层勘测和气化过程的控制。

根据注入井和产气井之间的气化通道施工工艺将 UCG 工艺分为两类：有井式和无井式。

（1）有井式，也称巷道式　有井式 UCG 需要人工进入地下施工，进行巷道开拓、布置数据监测设备、砌筑密闭墙、开拓地下水仓和安装排水设施等工程。由于需要在煤层中开拓气流及气化通道，因而在施工过程中有部分工程煤采出。气化剂的注入和煤气的排出一般通过钻孔实现。这种形式，在施工过程中需要人工下井，而正常气化生产时无须人工下井操作。其常见形式如图 1-28 和图 1-29 所示。

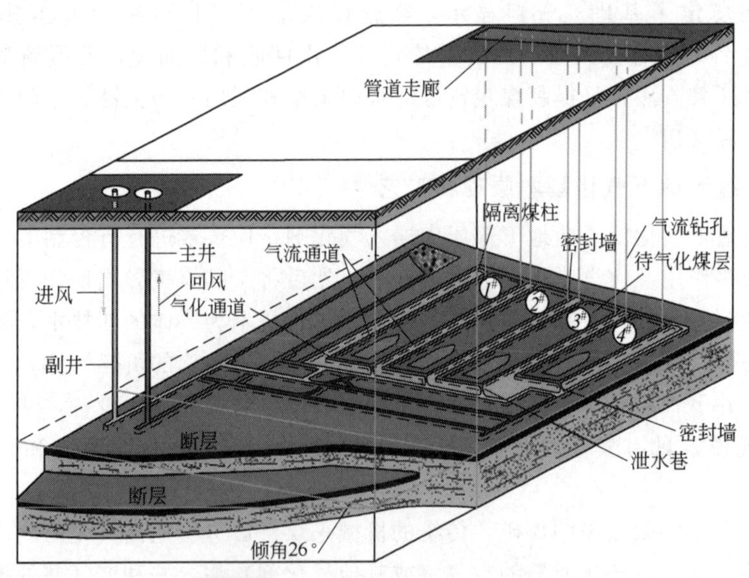

图 1-28　有井式煤炭地下气化形式

有井式煤炭地下气化一般应用于关闭煤矿中遗弃资源的回收，除新奥集团的乌兰察布地下气化试验以外，我国以前完成的项目以及现在正在进行前期工作的煤炭地下气化项目基本都是巷道式。

（2）无井式，也称钻孔式　这种形式的地下气化工程施工均是通过地面打钻孔的方式实现的（图 1-30）。1941 年，莫斯科近郊气化站从技术上第一次解决了无井式地下气化问题，并成为世界上第一家煤炭地下气化工业企业。无井式煤炭

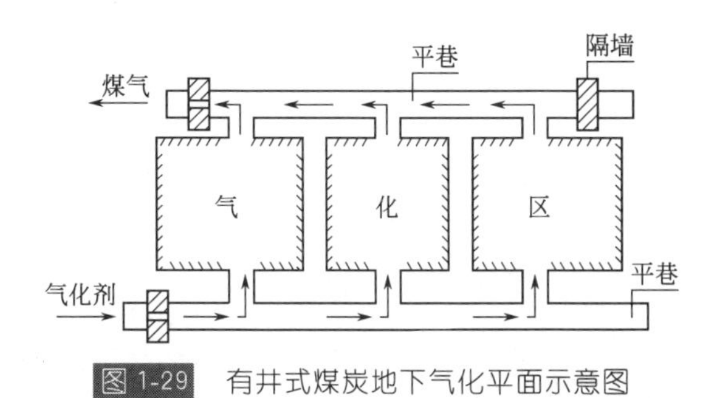

图 1-29 有井式煤炭地下气化平面示意图

地下气化应用于整装煤田的气化，在当前的地下气化技术水平下，适于采用进行地下气化的主要为褐煤、高硫煤、深部和“三下压煤”等人工开采不经济以及无法人工开采的煤资源。除早期前苏联进行的少数几个项目外，国外进行的煤炭地下气化项目都是有井式。

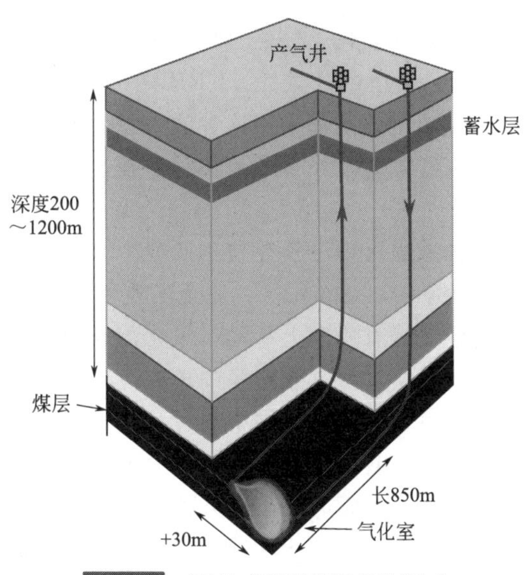

图 1-30 无井式煤炭地下气化形式

UCG 是受多种因素影响的复杂的物理化学过程，难以控制。主要影响因素包括煤层地质条件、煤质特征、涌水量、矿山压力、气化剂及其注入压力和流量等。为达到气化过程可控的目的，美国劳伦斯·利弗莫尔国家实验室开发了受控注入点后退气化工艺（CRIP）。图 1-31 是一种受控注入点后退气化工艺（CRIP）的煤炭地下气化工艺示意图[18]。

1983 年，CRIP 在美国华盛顿州森特雷利亚附近的韦特柯煤矿进行首次全规模现场试验。该工艺的最大优点是气化过程能够有效地得到控制。因为水平注入

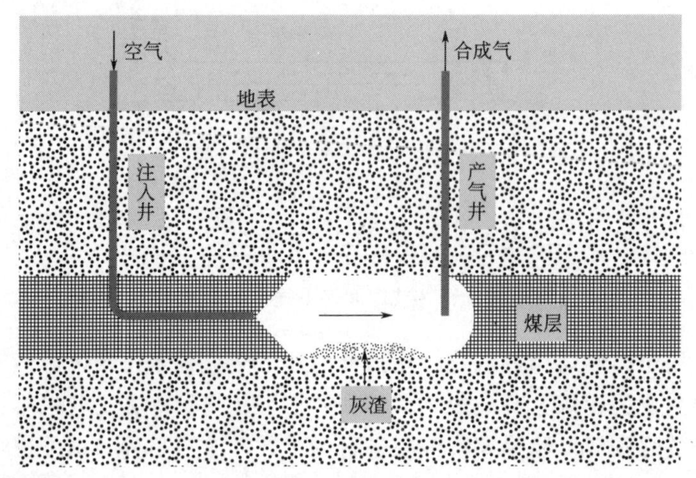

图 1-31 受控注入点后退气化工艺（CRIP）的煤炭地下气化工艺示意图

孔位于煤层底部，随着煤炭的消耗，气化过程在受控条件下由注入点后退逐段进行。CRIP 的另一个突出优点是产气量大。CRIP 在美国试验成功以后，国外地下气化试验或可行性研究项目几乎都采用这种注入点后退气化工艺。另外，澳大利亚 Linc 能源公司的 UCG 工艺还结合了流体静压控制技术，使气化过程在受控条件下进行。

在国内，北京中矿科能煤炭地下气化技术研究中心的气化剂注气点后退式新工艺（中国专利号：ZL200810132905.9），完全实现井下无人化生产。新工艺使煤层中的燃烧区有控制地缓慢有序向上移动；气化剂高速喷向煤壁，强化气化过程，在横向上，使可气化煤层加深；燃空区的填充，阻断顶板塌落部位的气流通道，迫使气化剂或煤气从通道两侧的煤层中通过，使气化过程继续稳定进行。新工艺的核心技术环节如下：E 型气化工作面；气化剂后退式注入；燃空区填充。

E 型是典型的地下气化工作面形式，该类型工作面可控性较强。E 型地下气化工作面基本由一条进气通道、两条排气通道、一条气化通道以及三个钻孔组成。在进气通道中设置多个注气点，运用新工艺实现气化剂注气点的可靠后退，同时，实现边气化边进行燃空区的填充。空气和水蒸气在气化通道中由管道输送到燃烧区，输送管道上每隔一定距离设置一个注入点，由注浆系统控制注入点气化剂的停止，而注气点的气化剂的开启由易熔性金属构成的设备实现，从而实现煤炭地下气化过程中气化剂注入点的可靠后退。

山西吕梁离石区霜雾都煤炭地下气化工业性试验和山西宁武煤业公司小庄煤炭地下气化工业性示范项目都是以该技术为基础开展的工业性试验。图 1-32 为 E 型气化工作面示意图。

与地面气化所使用的气化炉相比，对地下气化过程进行现场研究是困难的，

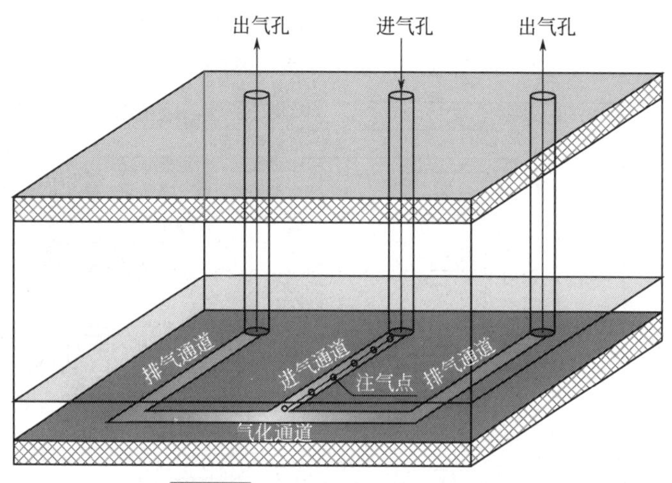

图 1-32　E 型气化工作面示意图

因此人们所掌握的过程参数非常有限。所能得到的数据通常限于温度、压力、气体流速以及进出口的气相组成。位于地下的气化室的尺寸和形状在气化过程中始终是变化的，并且其实际变化过程几乎无从知晓。人们曾研究尝试用在气化过程中注入氦气的方法测量气化室体积和气相返混程度[19]，用^{13}C 和^{12}C 同位素交换的手段估算有效气化温度[20]。

为了改进 UCG 煤炭地下气化的设计和操作，人们发展了许多 UCG 的数学模型。其中 Perkins 和 Sahajwalla 所建立的模型将问题分成两个子模型：一个子模型描述气化室壁的一小块煤的气化过程；另一个子模型描述从气化剂注入井到产气井之间的气相组成和温度的变化过程。图 1-33 描述的是第一个子模型示意图[21]，即氧气耗尽后气化室壁一小块煤的气化过程分区模型。图中从左至右，也就是从气化室气体体相至煤层体相，按所处的变化过程被划分为四个区，这与 Lurgi 气化炉气化过程理论模型有些类似。最靠近气体体相的是用界层模型建立的气膜区，然后是覆盖气化室壁的灰层，再后面分别是干区和湿区。热量从气体体相向煤层传递，温度在干区和湿区之间的界面处降至水的沸点。干区又被分成三个子区：蒸发区、裂解区和气化区。Perkins 和 Sahajwalla 参照地面气化建立了总气化速率（受煤焦气化区的气化速率控制）动力学模型，并且为了简化计算，没有使用 Langmuir-Hinshelwood 模型，而是使用了幂函数近似速率方程对气化反应动力学进行了计算。

Perkins 和 Sahajwalla 所建立的模型的第二个子模型将从气化剂注入井到产气井之间分为两个区：前 10m 为燃烧区，在 10m 处氧气耗尽，温度达到峰值。之后是 40m 的还原区，主要发生煤焦的气化反应（1-28）和反应（1-29）以及合成气甲烷化反应（1-30）。如果气化室更长，会出现第三个区，在该区内温度不

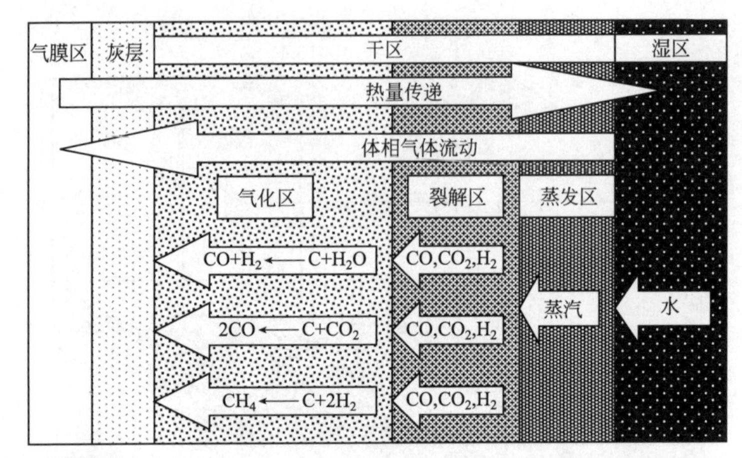

图 1-33 煤炭地下气化的地下气化室壁气化过程分区模型示意图

足以引发煤气化反应，但温度因渗入水的蒸发而降低。厚的煤层因热传导引起的热损失的影响很小，但厚度小于 3m 时气体热值的损失比较明显。

$$C(s) + H_2O(g) \longrightarrow CO(g) + H_2(g) \quad \Delta_r H_m^{\ominus} = +131.46kJ/mol \tag{1-28}$$

$$CO_2(g) + C(s) \longrightarrow 2CO(g) \quad \Delta_r H_m^{\ominus} = +172.67kJ/mol \tag{1-29}$$

$$CO(g) + 3H_2(g) \rightleftharpoons CH_4(g) + H_2O(g) \quad \Delta_r H_m^{\ominus} = -206.2kJ/mol \tag{1-30}$$

1.2.6.3 煤炭地下气化影响因素及控制技术研究

(1) 煤质对气化的影响　气化反应过程与煤的性质和组成有着密切的关系，又与煤层情况和地质条件有关。如无烟煤由于透气性差、气化活性差、脆性很高，在外力作用下最容易分解，因此一般不适于地下气化；而褐煤最适于地下气化方法，由于褐煤具有机械强度差、易风化、难以保存、水分大、热值低等特点，不宜于矿井开采，而其透气性高、热稳定性差、没有黏结性、较易开拓气化通道，故有利于地下气化。

(2) 其他影响因素　气化炉温度场、鼓风速度、气化通道长度和煤层涌水量是影响气化过程稳定性的主要因素。针对 UCG 过程控制的研究，需通过模拟计算和现场试验，研究这些因素的变化规律以及对气化过程稳定性的影响程度，从而认识地下气化过程的一般规律，并研究合理的体系结构和工艺措施，实现对气化过程的控制，达到稳定生产的目的。

(3) 影响因素及控制技术研究　根据生产阶段及技术类型，煤炭地下气化相关技术可分为煤层勘探技术、煤炭地下气化炉建炉技术、煤炭地下气化控制技术和气化煤气的处理技术。其中最关键的技术有以下几项。

① 地下气化过程稳定控制工艺技术。不同的燃空区状态及填充技术对气化过程带来的不同影响；空气、水蒸气和富氧水蒸气气化工艺参数；以出口煤气的

组分和产量为目标函数，确定气化工艺的进口参数及其控制技术。

② 燃空区扩展规律及控制技术难点。燃空区位置及其几何尺寸；燃空区综合物探技术；燃空区扩展及地表沉陷的计算模型；燃空区上覆岩层稳定性预测预报技术；外加煤粉及燃空区填充控制技术。

③ 计算机模拟及测控技术难点。检测器优化和改进技术；计算机数据传输及采集技术；与数学模型相结合的计算机分析与预报系统；人机交互友好界面技术；气化工艺参数自动控制技术。

近年来地下气化建模方面进展很大，模型向着机理性、动态、三维、全过程以及带控制点的建模方向发展[22]。张乾坤等[23]针对典型的地下气化工艺，分析了煤炭地下气化“三带”（氧化带、还原带和干馏干燥带）发生的主要物化过程，得出煤炭地下气化过程中主要发生的氧化还原反应以及其动力学表征。针对一个小型煤炭地下气化炉实物模型进行合理的假设简化，就炉体微控制单元进行物料衡算与能量衡算，得到炉体内部的温度场以及浓度场控制微分方程，并给出其边界和初始条件，进而建立起煤炭地下气化过程的数学模型。运用不同的有限差分格式对数学模型进行求解，通过理论分析以及实际求解过程得出适合于该模拟的差分格式算法——校正预估差分格式算法，并对该算法的稳定性以及收敛性进行判定。运用该模型对地下气化过程进行模拟，并与试验值相对照。研究结果表明，其建立的模型能够反映出气化炉体内的浓度场以及温度场的变化规律，可用于现场计算，指导试验与生产。模拟与试验均表明，随着气化通道长度的增加，煤气热值增加，温度升高，上升速度增大。因此，保证一个高温温度场和相对较长的气化通道有利于煤气热值的稳定和提高。

甘肃华亭煤业集团有限责任公司和中国矿业大学联合完成的“难采煤有井式综合导控法地下气化及低碳发电工业性试验研究”的项目在地下煤层燃烧高效稳态蔓延导引控制技术方面，达到了国际领先水平。项目试验厂址为华亭煤业集团有限责任公司杨家沟井六采区，项目于 2010 年 5 月 3 日井下点火成功，2010 年 5 月 4 日地面点火成功，连续产气 7 个多月，期间成功地进行了下列试验：空气连续气化试验、空气蒸汽连续气化试验、富氧蒸汽连续气化试验、纯氧蒸汽连续气化试验、空气蒸汽两阶段气化试验、备炉状态气化试验以及注气点移动气化试验，并对华亭煤地下导控气化现场试验数据进行了分析。

针对 UCG 的相关技术研究可以为地下气化过程调控提供科学依据。

1.2.6.4　煤炭地下气化用于煤制乙醇的可行性

煤制乙醇的造气工艺可以采用 Texaco 水煤浆气化技术，造气工序的投资约占全厂的 60%。但从原理上采用煤炭地下气化工艺为合成乙醇提供原料气是可行的，并且基建投资将减少 50%～60%。采用煤炭地下气化工艺只需将合成气的供给由地面气化变为地下气化，而其他成熟技术都可以保持不变。表 1-11 给出了几种以纯氧-水蒸气为气化剂的煤炭气化方法所得煤气的组成比较。可以看出，地下气化煤气从组成上与其他先进地面气化工艺所产煤气有效成分相当，因而可以作为合成乙醇原料气应用于生产。

表 1-11　几种以纯氧-水蒸气为气化剂的煤炭气化方法所得煤气的组成比较

项目	CO含量/%	H_2含量/%	CO_2含量/%	CH_4含量/%	N_2含量/%
HTW	53.0	33.7	9.0	3.1	0.8
KRW	43.2	31.8	17.5	5.8	1.2
K-T	62.2	26.8	8.7	—	1.3
Texaco	49.2	35.7	12.2	0.4	1.0
Shell	61.5	30.6	1.7	—	4.8
UCG	46.7	24.5	18.8	9.1	0.9

1.3 CO变换

当气化炉采用水煤浆气化炉或干煤粉气化炉时，由于气化炉的操作温度较高，所产生的粗合成气 H_2/CO 比一般低于 1，而合成乙醇反应要求合成气的 H_2/CO 比应在 1.5～2 之间，因而，需要对气化产生的粗合成气进行变换调整，以满足合成乙醇反应对合成气中 H_2/CO 比的要求。

1.3.1 变换反应

变换反应为一氧化碳与水蒸气在一定温度、压力和催化剂作用下，生成氢气和二氧化碳的反应，该反应是一个可逆放热反应，反应式如下：

$$CO + H_2O \rightleftharpoons CO_2 + H_2 \tag{1-31}$$

1.3.1.1 变换反应热力学

变换反应的标准反应热，可以用有关气体标准生成热数据进行计算。

$$\begin{aligned}\Delta H_{298} &= (\Delta H_{298,\ CO_2} + \Delta H_{298,\ H_2}) - (\Delta H_{298,\ CO} + \Delta H_{298,\ H_2O}) \\ &= (-393.52 + 0) - (-110.53 - 241.83)\end{aligned} \tag{1-32}$$

反应放出的热量，随着反应温度升高而降低。不同温度下的反应热可以用式(1-33)计算。

$$\Delta H = 9512 + 1.619T - 3.11 \times 10^{-3} T^2 + 1.22 \times 10^{-6} T^3 \tag{1-33}$$

式中　ΔH ——反应热，cal/mol；

T——热力学温度，K。

不过由于所取的恒压热容数据不同，导致不同文献发表的反应热计算式或反应热数据略有差异，但差别很小，对于工业上计算没有显著影响。当操作压力低时，压力对于反应热的影响很小，可以忽略不计[5]。

1.3.1.2 变换反应动力学

对一氧化碳变换催化剂动力学的研究很多。Kulkva 和 Temkin 采用一种由铁的硝酸盐溶液加入氨水沉淀制得的氧化铁催化剂，首次将速率方程与反应机理关联进行了变换反应动力学系统研究。Hulburt 和 Vansan 根据机理研究和试验结果，得到下面的速率方程[24]：

$$\gamma=\frac{KP_{H_2O}}{1+\frac{KP_{H_2O}}{P_{H_2}}} \tag{1-34}$$

Podolski Kim[25]、Fott[26] 以及 Chinchen[27] 等通过试验研究认为，Langmuir-Hinshelwood 模型（简称 L-H 模型）与幂函数模型对于变换反应的稳态动力学试验数据基本吻合。

Langmuir-Hinshelwood 模型速率方程为：

$$\gamma=\frac{K_T P_{CO} P_{H_2O}(1-\beta)}{(1+K_{CO}P_{CO}+K_{H_2O}P_{H_2O}+K_{CO_2}P_{CO_2}+K_{H_2}P_{H_2})^2} \tag{1-35}$$

幂函数模型速率方程为：

$$\gamma=akP_{CO}^{m}P_{H_2O}^{n}P_{CO_2}^{p}P_{H_2}^{q}(1-\beta) \tag{1-36}$$

国内学者 20 世纪 80 年代初开始广泛开展变换催化剂本征反应动力学[28~34]和宏观动力学[35~39]研究。研究对象包括 B106、B107、B108、B109、B110-2、B112、B301、NB113、DG、BX、NBC-1、QCS-04 和 LB 型等常见的铁铬系以及钴钼系工业变换催化剂。建立的动力学模型有 L-H 模型与幂函数模型，宏观动力学研究多采用幂函数模型、原粒度工业变换催化剂和内循环无梯度反应器，在此基础上得到的宏观动力学数据可以为工业反应器的设计、模拟放大及设计与操作的优化提供依据。

1.3.2 工艺流程和主要设备

1.3.2.1 工艺流程

（1）中温变换流程　中温变换工艺是发展最早的 CO 变换工艺，主要用于合成氨厂，其工艺流程如图 1-34 所示[40,41]。中温变换工艺使用铁铬系催化剂。中温变换温度较高，对于一定的 CO 平衡变换率，变换反应温度不同所需的汽-气比也不同，即变换反应温度越高，所需的汽-气比越大。在 CO 平衡变换率为 90%的情况下，变换反应温度为 240℃所需的汽-气比为 0.34，变换反应温度为 400℃时的汽-气比为 0.92。因此，要达到一定的变换率，在高温下反应就需要较大的汽-气比，水蒸气消耗量就大。如果采用高活性的低温变换催化剂，使反应能在较低温度和低汽-气比下进行，就可以降低水蒸气消耗量。

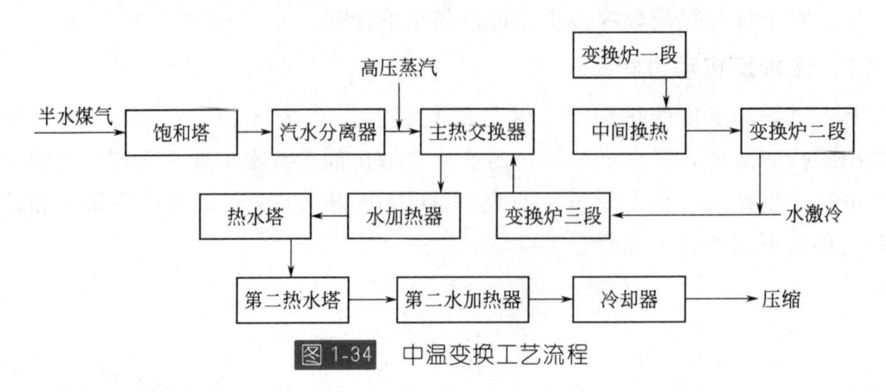

图 1-34 中温变换工艺流程

(2) 中变串低变流程　为了在较低水蒸气消耗量的情况下提高 CO 变换率，20 世纪 80 年代中期开发了中变串低变流程，就是在铁铬系催化剂之后串联钴钼系耐硫变换催化剂，半水煤气首先经中变催化剂使 CO 转化率达到 90%，出口 CO 含量降至 5%～7%，再通过低变催化剂使 CO 转化率达到 99%，出口 CO 含量可降低至 0.8%～1.5%[40]。

在中变串低变流程中，由于采用低温活性好的钴钼耐硫变换催化剂，使得变换炉入口半水煤气汽-气比由单一中变流程的 1.02～1.05，降低到 0.5～0.6，变换气中 CO 含量由单一中变流程的 3%～3.5%降到 0.8%～1.5%，提高了原料气中的有效成分含量。

(3) 全低变流程　全低变工艺是在中变串低变的基础上发展起来的新变换工艺，采用钴钼系耐硫低温变换催化剂，降低了变换温度，在热力学平衡上对提高 CO 变换率有利。由于催化剂起始活性温度低，半水煤气预热负荷小，换热设备、热回收设备的热负荷都将减少，在同等设备规格的情况下，生产能力得到较大幅度提高，并节约了投资成本。

1.3.2.2 主要设备

变换炉主要有绝热型和冷管型，根据半水煤气 CO 含量和变换率要求的不同，绝热型变换炉可装填一段、二段甚至三段催化剂床层。图 1-35 和图 1-36 是两种不同结构的绝热型变换炉[41]。

(1) 中间换热式变换炉　图 1-35 是一种中间间接冷却加压变换炉的结构简图。半水煤气和蒸汽由顶部进入，经过分配器分配后进入一层和二层催化剂，一段变换气经过换热器冷却后，进入下部三层催化剂，变换气在底部通过分配器，再进入另一个换热器，加压变换反应器保温层在器内，以降低器壁温度，减少热损失。

(2) 轴径向变换炉　图 1-36 是一种轴径向变换炉的结构简图，气体从进气口进入，经过分布器后，70%气体从壳体外集气器进入，径向通过催化剂层，30%气体从顶部轴向进入催化剂层，两股气体反应后一起进入中心集气器后出反应器。这种结构床层阻力小，床层温度分布更均匀，可以适当降低汽-气比，并采用小颗粒变换催化剂，在保持一定变换率的情况下实现节能降耗的目的。

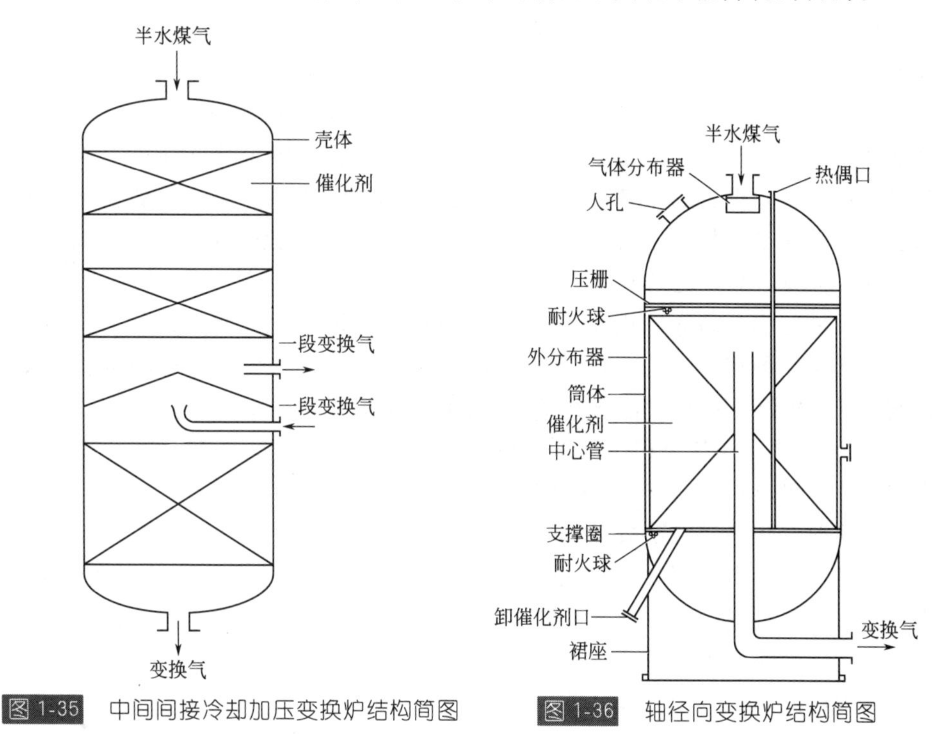

图 1-35　中间间接冷却加压变换炉结构简图

图 1-36　轴径向变换炉结构简图

1.3.3　变换催化剂

工业上应用的变换催化剂有铁系高（中）温变换催化剂（300～450℃）、铜系低温变换催化剂（190～250℃）和钴钼系宽温耐硫变换催化剂（180～450℃）[42]。这三类变换催化剂经过长时间的研究开发和工业应用，现有的技术状况已经比较成熟，基本能够满足工业生产的要求，性能进一步改进的空间不大，因此目前开展的变换催化剂研究主要是为了满足燃料电池原料气等新领域对变换催化剂的特殊要求而开发担载型金和钌催化剂，工业变换催化剂的进一步开发已很少有新的研究报道。

1.3.3.1　高（中）温变换催化剂

铁系高温变换催化剂 1915 年开始在工业上应用，其活性相是由 Fe_2O_3 部分还原得到的 Fe_3O_4，通常加入 Cr_2O_3 作为结构助剂，提高催化剂的高温稳定性。传统的 Fe-Cr 型高（中）温变换催化剂，热稳定性好，使用寿命长，并且机械强度高。但铬是剧毒物质，在生产、使用和处理过程中会造成对人员和环境的污染及毒害，因此国内外都曾进行了无铬铁系高温变换催化剂的研究，但国外无铬铁系高温催化剂的工业化应用报道并不多。1990 年，前苏联对铁铅系催化剂进行了工业化试用。在国内，内蒙古工业大学开发的 NBC-1 型铁系无铬高温 CO 变换催化剂[43]和福州大学化肥催化剂国家工程研究中心开发的 B121 型无铬高变催化剂[44]实现了工业应用，性能达到铁铬系高变催化剂的技术指标。

对传统高（中）温变换催化剂的改进是为了配合低能耗变换流程，提高催化剂的活性，降低汽-气比。国外开发的低汽-气比高温变换催化剂主要有两类：一类是含铜（锰）促进的铁基改进型高温变换催化剂；另一类是不含铁、铬的铜基高温变换催化剂。托普索公司开发的无铁铜基高变催化剂 LK-811，其温度使用上限为 350℃；铜促进的铁基催化剂 SK-201 比铁铬基 SK-12 催化剂活性提高 50%；无铁的铜基高变催化剂 KK-142，活性是传统高变催化剂活性的 2 倍。日本也报道了一种在 200～450℃范围内对半水煤气变换有较高活性的铜基高变催化剂。BASF 公司开发了适合在低汽-气比下使用的含铜 Fe-Cr 高变催化剂，入口温度为 330℃。ICI 公司也开发了加有铜助剂的 Fe-Cr 基改进型 71-3 和 71-4 高变催化剂，可以在低汽-气比下使用[45]。

国内西北化工研究院较早开展了低汽-气比节能高变催化剂的研究，开发了具有较高活性、高选择性和较好耐热稳定性的 FB122 型节能高温变换催化剂。添加适量铜的改进型 FB123 高变催化剂可以在较低汽-气比的工况下使用，性能优异，达到国外先进水平[46]。

国内广泛使用的中变催化剂有 B107、B109、B111、B112 和 B113 等，以及后来开发的 B114、B110-1、WB-2、BM-1、BC-1、BX、B107-4、FB-124 和 FB-125 等。目前我国生产的中变催化剂性能与国外催化剂性能基本相当。

铁系高温变换催化剂由于热力学平衡的限制，高温变换反应器出口 CO 浓度不可能低于 3%。

1.3.3.2 铜系低温变换催化剂

1963 年，美国在合成氨工业中首先采用了 Cu-Zn 系催化剂的低温变换工艺，国内在 1965 年实现了低温变换工业化。在之后的几十年里国内外对 Cu-Zn 系低温变换催化剂制备及应用进行了大量研究，Cu-Zn 系低温变换催化剂也从最初的 $CuO/ZnO/Cr_2O_3$发展为完全被 $CuO/ZnO/Al_2O_3$所取代。

目前用于工业生产的低变催化剂主要有 B201、B202、B203、B204、B205、B206、B207 和 CB-5 等，采用共沉淀法生产或氨络合法生产。

铜系低温变换催化剂对硫、氯等非常敏感，合成气进入变换系统前需经严格的净化处理。因此对低变催化剂的进一步研究开发，不仅要求其具有较高的活性和热稳定性，而且必须具有较高的抗硫和抗氯化硅等毒物中毒的能力。改进制备方法可提高低变催化剂的活性，采用共沉淀法制备的低变催化剂，催化剂中铜晶粒直径约为 1μm，能被 ZnO 和 Al_2O_3 晶粒均匀分隔，提高了铜的可用活性比表面积，提高了催化剂的活性，有助于防止由于铜晶粒热烧结引起的活性损失。通过改变催化剂的孔结构，尽可能增加游离 ZnO 的含量，增强催化剂的抗中毒能力。

铜系低温变换催化剂虽然活性很高，但其高温稳定性差，使用温度不高于 250℃，否则活性急剧下降。为避免由于热效应造成催化床层超温失控，铜系低温变换催化剂反应器入口的 CO 浓度一般不超过 5%。因此铁系高温变换催化剂和铜系低温变换催化剂一般串联使用，应用于中变串低变的两步变换工艺流程，可以将工艺气中的 CO 降到 0.2%～0.4%[47]。

1.3.3.3　钴钼系宽温耐硫变换催化剂

为了满足节能变换工艺对低温高活性催化剂的需求，20 世纪 60 年代中后期开发出了钴钼系宽温耐硫变换催化剂，应用于以重油、渣油、煤或高含硫汽油为原料制取合成氨原料气。钴钼系宽温耐硫变换催化剂活性与铜系低温变换催化剂相当，耐热性能与铁铬系高温变换催化剂接近，因此具有很宽的活性温区，几乎覆盖了铁系高温变换催化剂和铜系低温变换催化剂整个活性温区。其最突出的优点是：耐硫和抗毒性能很强，并且强度高和使用寿命长。其缺点是：使用前需要烦琐的硫化过程；使用中工艺气体需要保证一定的硫含量和较高的汽-气比，以防止催化剂反硫化的发生；由于半水煤气硫含量较高，采用全低变流程时硫组分随蒸汽在主热交换器等换热设备处冷凝产生腐蚀[40]；在高温操作时，随着温度的升高，最低的硫含量和汽-气比也随之提高，当原料硫含量波动较大时，造成操作过程控制复杂化[42]；对氧极为敏感，要求严格控制造气中氧含量不能高于 0.5%，大于 0.8%时应立即放空。还需注意的是，钴钼变换在低汽-气比条件下会发生一氧化碳甲醇化反应，并与硫化氢进一步生成甲硫醇而脱除困难。

国内耐硫变换催化剂主要有齐鲁石化公司研究院开发的 QCS 系列、上海化工研究院开发的 SB 系列、湖北省化学研究所开发的 EB 系列及西北化工研究院开发的 RSB-A 和 RSB-B 系列[48]。宽温、宽硫、高强度、高抗水合性和低生产成本是国内耐硫变换催化剂的研究方向。

1.4　合成气净化

在煤气化过程中，原料煤中的一部分硫会以有机硫和无机硫的形式随着粗合成气被带出气化炉进入后续工艺。硫含量的高低及形态取决于原料煤的硫含量和气化工艺条件。一般粗煤气中的硫有约 90%是无机硫，其余约 10%是有机硫，包括 COS、硫醇、硫醚以及噻吩等。合成气中的硫会引起合成催化剂中毒失活。

在合成气进入乙醇合成反应器之前，必须通过净化工艺将合成气中的总硫含量降至 10μL/L 以下。

粗合成气经变换后的变换气中含有大量 CO_2，会导致 CO 和 H_2 在乙醇合成反应器中的分压降低，对合成反应不利。因此对煤制乙醇过程来说，理想的合成气净化方案是能将硫和 CO_2 同时脱除，以简化流程和提高效率。

工业上将粗合成气中的硫和 CO_2 同时脱除的方法很多，可以根据过程操作的温度特征大体分为冷法和热法两大类，其中冷法以低温甲醇洗技术为代表，热法以聚乙二醇二甲醚法（Selexol 法，即国内的 NHD 法）为主。上述两种方法已成为现代煤化工工艺中大中型煤气化后合成气净化的主要方法。低温甲醇洗法和 NHD 法在脱除粗合成气中 H_2S 和 COS 等无机硫与有机硫杂质的同时，也能脱除 CO_2 等酸性组分，大型煤经合成气制乙醇过程中，可首选低温甲醇洗技术以实现粗合成气中的脱硫与脱碳。

1.4.1 低温甲醇洗技术

低温甲醇洗净化技术（Rectisol）是 20 世纪 50 年代初由林德公司和鲁奇公司联合开发的适用于处理含高浓度酸性气体的净化工艺，1954 年首先用于煤加压气化后的粗煤气的净化，随后用于城市煤气等的净化。20 世纪 60 年代以后，随着以渣油和煤等重碳质燃料为气化原料的大型合成氨厂的出现，低温甲醇洗净化技术得到了更为广泛的应用。

低温甲醇洗工艺用低温甲醇作为吸收溶剂，利用低温下酸性气体在甲醇中溶解度比较大的特性脱除原料气中的酸性气体（主要是 CO_2 和 H_2S），其操作温度低于 0℃，压力 2.4～8.0MPa。采用低温甲醇洗工艺能得到总硫含量≤0.1μL/L、CO_2 含量为 10^{-6} 数量级的合成气。

1.4.1.1 过程原理

低温甲醇洗工艺的主要流程是多段吸收和解吸的组合。高压低温吸收和低压高温解吸是吸收分离法的基本特点。以煤气化为前提的低温甲醇洗完整流程包括三个部分，即吸收、解吸和溶剂回收，通常每一部分要由 1～3 个塔（每个塔有 1～4 个分离段）来完成[49]。

（1）吸收　煤气化得到的粗合成气体中除了含 CO 和 H_2 外，通常还含有 CO_2、H_2S、N_2 和 Ar 以及 COS、CH_4 和 H_2O 等。在吸收开始前，首先要除去 H_2O，以免在后续过程中因水的冻结阻塞管道。除水过程是在吸收塔的洗涤段喷入少量冷甲醇液体来洗涤原料气，原料气中含有微量的固体粉尘、焦油、HCN 和 NH_3 等杂质也同时被除去。

吸收的主要目的是将 CO_2 和 H_2S 溶解在甲醇中，少量的 H_2、COS 和 CH_4 也同时被吸收。但 H_2 和 CH_4 混入吸收液中会给解吸后的分离带来麻烦。吸收过程是一个放热的过程，吸收后吸收液温度会升高，其冷却降温通常在塔内进行，也可以在塔外进行。吸收过程通常需要较高的压力（2.5～8.0MPa）和较低的温度（－70～－40℃）。

（2）解吸　解吸过程是将冷甲醇中溶解的 H_2、CO_2和 H_2S 等从吸收液中释放出来。通过闪蒸可以得到 H_2，并将其作为原料气回收。一部分 CO_2通过闪蒸释放出来，另一部分通过 N_2吹出。释放出的 H_2S 去硫回收系统。解吸过程需要较低的压力（0.1～3.0MPa）和较高的温度（0～100℃），并且通常至少需要 3 个塔约 10 个分离段来完成。

（3）溶剂回收　为得到合格的净化合成气，用于吸收过程的甲醇（贫液）纯度要求很高，只能含有极少量的杂质，而吸收后的甲醇溶液（富液）中含有较多的杂质，需进行精馏提纯，得到新鲜的吸收贫液。含有 N_2的 CO_2吹出气中带有的少量甲醇，用纯水来吸收。因此该回收过程至少要两个塔来完成。

1.4.1.2　低温甲醇洗工艺流程

低温甲醇洗工艺可同时脱除 CO_2和含硫杂质。图 1-37 为目前国内常见的一级低温甲醇洗流程。该流程广泛应用于大型煤气化系统，与早期应用于合成氨的二级甲醇洗中间经 Fe-Cr 变换工艺不同，经水煤浆气化工艺得到的粗煤气经初步除尘净化后进入耐硫变换系统，经变换得到合适的 H_2/CO 比例后再进入低温甲醇洗系统。与二级甲醇洗工艺相比，流程得到简化[49]。

图 1-37 所示低温甲醇洗流程为 7 塔 16 段流程。来自耐硫变换工段的工艺气经冷却分离出其中的水后，依次进入 H_2S 吸收塔（1 塔）和 CO_2吸收塔（2 塔），脱除其中的 HCN、NH_3、H_2S、COS 和 CO_2等组分。出 CO_2吸收塔的合成气换热后送入合成工序。CO_2吸收塔底富含 CO_2的甲醇引出后分为两部分，一部分进入 H_2S 吸收塔吸收 H_2S，另一部分去闪蒸塔（3 塔）上塔闪蒸出 H_2S 和 CO_2，闪蒸后的甲醇送入 CO_2再生塔（4 塔）上部闪蒸，再生出的 CO_2经回收冷量后送入后续装置。H_2S 吸收塔上塔出来的含 H_2S 和 CO_2的甲醇溶液进入闪蒸塔下塔，闪蒸出 H_2、H_2S 和 CO_2等气体，与上塔闪蒸出的气体一起经循环压缩机压缩后再送入系统。闪蒸后的甲醇溶液进入 CO_2再生塔上部。从塔上部下来的甲醇再次吸收 H_2S 后进入 CO_2再生塔下部，经减压闪蒸和氮气汽提后送入 H_2S 热再生塔（5 塔）。汽提出来的 CO_2+N_2，经回收冷量后送入尾气洗涤塔（7 塔），经脱盐水洗涤后放空。在 H_2S 热再生塔内，甲醇被变换气再沸器提供的热量再生后，大部分经冷却后送入 CO_2吸收塔的顶部用来吸收工艺气中的 CO_2和 H_2S，塔顶出来的含 H_2S 的气体在没有达到进硫回收装置要求的浓度前回到 H_2S 再生塔继续浓缩，达到要求的浓度后引出。小部分甲醇送入甲醇精馏塔（6 塔）进行精馏，以保持循环的甲醇中较低的水含量。甲醇精馏塔底部含少量甲醇的废水送污水处理装置进行处理。

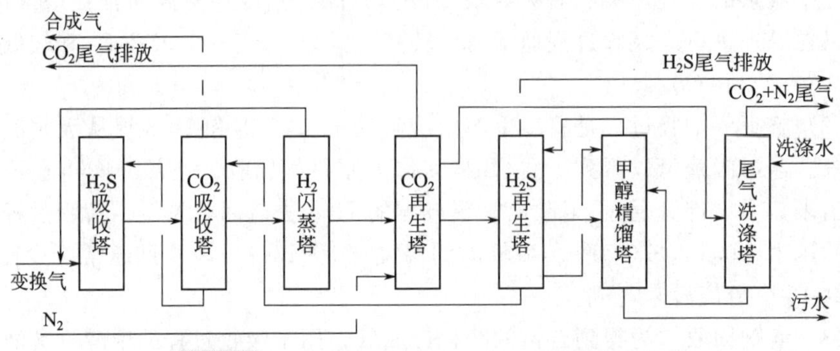

图 1-37　目前国内常见的一级低温甲醇洗流程

(1) H_2S 吸收塔（1 塔）　该塔分为 2 段，上段是 H_2S 吸收段，下段是洗涤段。变换气从下段进入，用少量甲醇洗涤，除去其中的微量粉尘、水分、HCN 和 NH_3 等杂质后进入上段，甲醇残液送入 H_2S 热再生塔（5 塔）中段。进入上段的气体被来自 CO_2 吸收塔（2 塔）的富含 CO_2 的甲醇溶液洗涤和吸收，气体中的 H_2S 和一部分 CO_2 被同时吸收，尾气进入 CO_2 吸收塔（2 塔），富含 H_2S 的吸收液去 H_2 闪蒸塔（3 塔）下段。

(2) CO_2 吸收塔（2 塔）　该塔分为 3 段，上段为贫液甲醇吸收 CO_2，中段和下段均为 CO_2 再吸收段。上段进料为来自 H_2S 再生塔（5 塔）的贫液甲醇。塔顶出口的脱除 H_2S 后的变换气由下段底部进入，塔顶尾气为净化后的合成气。塔釜中富含 CO_2 的甲醇溶液一部分返回 H_2S 吸收塔（1 塔），一部分去 H_2 闪蒸塔（3 塔）。上段与中段、中段与下段之间分别设有段间换热器，用于移走甲醇吸收 CO_2 所释放的热量。

(3) H_2 闪蒸塔（3 塔）　该塔分成 2 段，上段为 H_2 和部分 CO_2 的释放段，下段为 H_2S 浓缩段。上段进料为 CO_2 吸收塔（2 塔）塔釜吸收了 CO_2 和少量 H_2 的甲醇溶液；含 H_2 的气相转入下段，H_2 释放到下段顶的气相中；液相出料去 CO_2 再生塔（4 塔）释放 CO_2。下段进料有 3 股：上段顶的气相，来自 H_2S 吸收塔（1 塔）的吸收液和来自 CO_2 再生塔（4 塔）塔釜的富 H_2S 液相。出料为富含 H_2S 的甲醇溶液，去 CO_2 再生塔（4 塔）2 段进行 H_2S 和 CO_2 的分离。

(4) CO_2 再生塔（4 塔）　该塔有解吸 CO_2 和再吸收 H_2S 的作用，全塔分为 4 段。1 段为 CO_2 释放段，进料为 2 段上升的气相和 H_2 闪蒸塔（3 塔）上段的液相出料；气相的主要成分是 CO_2（99.5%以上），流量比较大，并且含有少量 CO、H_2、CH_4、N_2 和 Ar 等组分，因此该段是系统中 CO_2 的主要出口；脱 CO_2 后的液相进入 3 段。2 段为 CO_2 的减压释放段，进料为来自 H_2 闪蒸塔（3 塔）的甲醇溶液（含 CO_2 约 20%），释放的 CO_2 气进入 1 段，液相出料（含 CO_2 约 13.5%的甲醇溶液）进入 3 段，该段与塔外没有物料交流。3 段为 CO_2 和 N_2 的减压释放段，在该段 H_2S 被甲醇再吸收，气相出料主要是 CO_2 和 N_2（99%以上的 N_2 在此处释放，并带走进料 CO_2 中的20%），液相出料为含有 CO_2 和 H_2S 的甲醇溶液，绝大部分经过换热冷却后进入4段，少部分排出界外。4段为 N_2 汽提段，用 N_2 吹出 CO_2，进料为3段来的甲醇溶液和来自 H_2S 再生塔（5塔）上段的含有 H_2S 的酸性气体，以及 H_2S 再生塔（5塔）塔顶排放的气体及其冷凝液；液相出料为含 H_2S 的液体，一部分进入 H_2S 再生塔（5塔）回收 H_2S，另一部分返回 H_2 闪蒸塔（3塔）再次进行闪蒸。

（5）H_2S 再生塔（5塔）　该塔分为3段，上段释放一部分 H_2S，中段是多股含 H_2S 的甲醇溶液的 H_2S 最终释放口。在下段，甲醇溶液释放 H_2S 后得到精甲醇。CO_2 再生塔（4塔）塔釜出来的富含 H_2S 的甲醇溶液进入上段，在上段减压（由1.2MPa降至0.2MPa）后闪蒸，气体返回 CO_2 再生塔（4塔）再吸收 H_2S 和 CO_2，液相甲醇（含有少量的 H_2S）与其他两股甲醇溶液以及甲醇精馏塔（6塔）塔顶的精甲醇蒸气进入中段。中段底部的液相为精甲醇贫液，出料返回 CO_2 吸收塔（2塔）；中段上部气相出料 H_2S 量与低温甲醇洗全系统的 H_2S 进入量平衡，是全系统 H_2S 的唯一出口；中段下部的甲醇贫液大部分去 CO_2 吸收塔（2塔），少部分去甲醇精馏塔（6塔）。下段有甲醇再沸器，为甲醇气化提供热量。出下段液相甲醇去甲醇精馏塔。

（6）甲醇精馏塔（6塔）　该塔主要处理来自 H_2S 再生塔（5塔）的含水甲醇，同时将洗涤尾气得到的稀甲醇水溶液中的甲醇予以回收。得到的精甲醇返回系统，污水排至界外。

（7）尾气洗涤塔（7塔）　采用软水洗涤回收来自 CO_2 再生塔（4塔）的解吸尾气中残留的少量甲醇。洗涤后，含有甲醇的水去甲醇精馏塔（6塔）回收甲醇，尾气（CO_2+N_2）排至界外。

1.4.1.3　低温甲醇洗工艺流程的特点

（1）选择性较好　低温甲醇洗能够同时脱除 CO_2、H_2S 和COS等杂质，对 CO_2 和 H_2S 的选择吸收能力较强，气体脱硫脱碳可经同一净化系统分段和选择性地进行。

（2）吸收能力大　在3.0MPa压力下 $1m^3$ 溶剂（甲醇）能够吸收 CO_2 160～$180m^3$，溶液循环量小，总能耗较低。

（3）净化度较高　低温甲醇洗的净化气中总硫含量≤0.1μL/L，CO_2 含量≤20μL/L，CO_2 产品纯度大于99%，有利于下游利用。

（4）消耗量小　吸收剂甲醇价格便宜，消耗量小。

（5）H_2S 回收率高　一般低温甲醇洗单元的 H_2S 回收率可以达到99.5%以上，损失的 H_2S 主要随 CO_2、放空尾气和Claus尾气离开系统。

（6）甲醇回收率高　为保证达标排放，在流程中设置了放空尾气洗涤塔，放空尾气回收冷量后进入尾气洗涤塔，洗涤后放空尾气中甲醇含量<20μL/L，甲醇回收较完全。

1.4.2 NHD 脱硫技术

1.4.2.1 基本原理

NHD 脱硫技术即 Selexol 技术，是物理吸收过程，采用聚乙二醇二甲醚为吸收剂。H_2S 在 NHD 溶剂中的溶解度服从亨利定律，其溶解度随压力升高和温度降低而增大。因此，H_2S 的吸收过程适合在低温高压下进行。当系统压力降低和溶液温度升高时，溶液中溶解的气体释放出来，实现溶剂的再生[50]。

1.4.2.2 NHD 脱硫流程

NHD 净化工艺的基本流程由吸收塔、闪蒸槽和再生塔组成。在吸收塔低温高压的工况下，粗合成气中的硫组分溶解于 NHD 贫液中，完成吸收过程，得到 NHD 富液和脱硫后的合成气。NHD 富液经减压进入闪蒸槽，闪蒸出溶解度较小的有效气体和部分 CO_2 等。闪蒸气返回系统，以减少有效气体损失。闪蒸后的溶液进入再生塔。再生塔底鼓入惰性气体（空气和氮气），以减小气相中 CO_2 分压，增加传质推动力，实现气体的有效解吸。在脱硫过程中，为了防止 H_2S 氧化而析出单质硫，再生时常为热再生，此时可利用变换气的热量提高溶液温度，产生的水蒸气又可作为汽提介质，保证了再生贫液有较高的贫度，降低了再生过程的能耗。

1.4.2.3 工艺影响因素

（1）脱硫系统压力　系统压力的增加将成比例地增加煤气中硫化物的分压，使吸收推动力增加，吸收速率增大。在加压下进行硫化物的吸收时，可以减少含硫化合物的损失、NHD 耗用量和脱硫塔的容积，所以加压回收是强化脱硫过程的有效途径之一。但过高的煤气压力会增加系统能耗和设备投资，而硫化物回收率的提高并不明显[51]，因此系统操作压力通常维持在 3MPa 左右。

（2）脱硫系统温度　系统温度是指脱硫塔内气液两相接触面的平均温度。它主要取决于煤气和 NHD 吸收液的温度。当煤气中硫化物的含量一定时，温度越低，吸收液中与其平衡的硫化物含量越高；温度越高，吸收液中与其平衡的硫化物含量则显著降低。

（3）NHD 的温度　脱硫率随着 NHD 温度的降低而升高。但 NHD 在不同温度下对不同物质的吸收是有选择性的，在低温下吸收二氧化碳的能力要远大于吸收硫化氢的能力，因此 NHD 的温度不宜过低。要保证在 NHD 吸收液不被稀释的条件下，采用较低的操作温度，并避免由于温度低而引起吸收液增加、吸收率和脱硫率降低。

（4）NHD的循环量　增加NHD循环量可降低吸收液中硫化物的含量，增加吸收推动力，提高脱硫率。但循环吸收液量过大也会过多地增加电、蒸汽的耗量和冷却水用量。

（5）NHD的再生度　再生度高有利于提高脱硫效果。在稳定状态下，脱硫系统压力、系统温度、NHD温度和NHD循环量等工艺指标一般是稳定的，影响脱硫效果最关键的因素是NHD的再生度，在工业生产中影响NHD再生度的主要因素有NHD水含量和再生系统压力等。

1.4.2.4 NHD脱硫工艺的优点

（1）净化度高　在正常操作工况下，净化后的气体中CO_2含量在0.3%以下，总硫含量小于0.1μL/L。

（2）吸收气体能力强　NHD净化工艺属于物理吸收过程，与碳酸丙烯酯（PC）和*N*-甲基吡咯烷酮（NMP）等其他常用溶剂相比，其对CO_2、H_2S和COS等气体的吸收能力比较强，并能选择性吸收H_2S和COS等气体。

（3）溶剂损耗低　NHD溶剂蒸气压低，使用过程中溶剂回收率高，挥发损失少。实际运行中溶剂损耗一般不超过0.2kg/t CO_2，工艺流程中可不设置溶剂洗涤回收装置。

（4）流程短，运行稳定，操作方便　NHD工艺净化度高，不需串氨洗（精脱碳）；NHD溶剂不起泡，不需添加消泡剂等除沫措施防止雾沫夹带。

（5）运行费用低和节能　NHD工艺吸收和再生过程中蒸汽和冷却水消耗低，仅在脱水时消耗少量蒸汽和冷却水；高闪蒸汽的回收及低闪蒸汽的输送不需外加动力；尽管采用冰机制冷，但因低温吸收使溶液循环量减少，总能耗较低。

（6）设备投资少，维护费用低　实际应用情况表明，NHD无腐蚀性，即使NHD溶液中水含量高达10%，累计硫含量高达300mg/L，也未发生明显的设备腐蚀。设备可用碳钢制作，设备投资相对较低。并且设备运转周期长，维修费用低。

（7）化学稳定性和热稳定性好　NHD溶剂不氧化和不降解，具有良好的化学稳定性和热稳定性。

（8）对环境无污染　NHD无毒和无味，挥发少，且能被自然界中微生物分解，对人畜无毒害作用。

1.4.3 精脱硫

含硫合成气经过低温甲醇洗法或NHD法可以将硫含量降至0.1μL/L以下，但合成乙醇所使用的担载Rh型催化剂对合成气的硫含量比合成甲醇催化剂以及费托合成催化剂都更敏感。因此经过粗脱硫后硫含量降至0.1μL/L以下的合成气必须经过进一步精脱硫，将硫含量降至10μL/m^3以下。

1.4.3.1 干法脱硫

国内的脱硫技术是从 20 世纪 70 年代随着合成氨工业的发展而发展起来的，分为湿法脱硫和干法脱硫两大类。传统的湿法脱硫方法包括 ADA 法、醇胺法、MSQ 法、栲胶法、FD 法、茶酚法、EDTA 络合铁法和 PDS（酞菁钴）法，干法脱硫主要有活性炭、氧化铁、氧化锌和氧化锰四个系列。干法同湿法相比，具有脱硫精度高、可转化吸收有机硫化物、设备简单和使用方便等优点，但不如湿法硫容高和工作弹性大[52]。对于合成乙醇原料气来说，经过低温甲醇洗或 NHD 法粗脱硫后合成气硫含量已经很低，适合采用干法精脱硫工艺进一步脱硫。

干法脱硫剂有活性炭、氧化铁、氧化锌和铁锰复合中温脱硫剂四个系列，各类型脱硫剂各有优缺点，其中以氧化锌或改性氧化锌应用最广。

活性炭孔结构好，可用于高空速操作，但因脱硫是催化氧化过程，必须在有氧气氛下进行。常规活性炭脱硫的主要缺点是使用空速较低，耐水性差，且必须在有氧存在的条件下才能使用，使用后期可能有放硫现象存在。为克服上述缺点而开发的改性活性炭，例如由湖北省化学研究所开发的 EZX 型、原化工部西北化工研究院昆山联营厂开发的 KT312 型及上海化工研究院开发的 SC-5 型精脱硫剂都是选用优质活性炭作为载体，将选定的活性金属组分担载于活性炭表面上而制得，脱硫性能有了较大提高。

氧化铁因按化学吸收机理脱硫，在有氧或无氧气氛下均可使用，但脱硫精度稍差，脱除 COS 的能力也较差，使用空速也较低，当硫被吸附到一定量后也会有放硫现象。氧化铁脱硫剂不能单独作为各种原料气精脱硫的把关使用。

氧化铁和活性炭同属常温脱硫剂，可单独使用或与常温羰基硫水解催化剂和有机硫转化吸收脱硫剂联合使用，具有节能的特点，而铁锰和锌锰脱硫属于中温净化范畴。

氧化锌脱硫剂是应用最广的一类干法脱硫剂。其工作原理为各种硫化物与氧化锌发生气固相化学反应生成硫化锌，反应式如下：

$$ZnO + H_2S \longrightarrow ZnS + H_2O \qquad \Delta H = -76.62\text{kJ/mol} \tag{1-37}$$

$$ZnO + COS \longrightarrow ZnS + CO_2 \qquad \Delta H = -126.40\text{kJ/mol} \tag{1-38}$$

$$2ZnO + CS_2 \longrightarrow 2ZnS + CO_2 \qquad \Delta H = -283.45\text{kJ/mol} \tag{1-39}$$

最早使用的是中温氧化锌脱硫剂，国产的有 T305、T306、T312（西北化工研究院）和 KT-3（昆山精细化工研究所）及 T302、NCT305、T306（南化公司催化剂厂）等多种型号。为解决氧化锌脱除有机硫困难的问题，氧化锌脱硫剂通常与钴钼加氢脱硫催化剂配合使用。加氢催化剂在约 300℃下将气体中的硫醚、硫醇和噻吩等有机硫化物转化为硫化氢，再用氧化锌进行精脱硫。后来开发出的常温氧化锌脱硫剂不同于中温氧化锌脱硫剂，不仅操作温度低，具有使用方便和节能等特点，而且不受平衡限制。常温氧化锌精脱硫技术具有操作简便可靠、使用温域较宽、原料气适应性强、脱硫精度高和应用面较广等特点。缺点是硫容较低。因工业上各种流程适用的脱硫工况不同，从节能的角度考虑，为避免流程上的冷热病，热气体采用热脱硫和冷气体宜采用冷脱硫。为适应这一要求，湖北省化学研究所开发了EZ-2宽温氧化锌脱硫剂，使用温度范围为30～400℃[53]。

1.4.3.2 串联式精脱硫工艺

串联式精脱硫工艺通常是为了解决常规干法脱硫剂对有机硫的硫容低的问题。常见的串联式精脱硫工艺有活性炭-有机硫水解催化剂-活性炭夹心式工艺、活性炭串转化吸收型精脱硫剂组成的常温精脱硫工艺和水解催化剂与常温氧化锌脱硫剂组成的串联工艺。

经过低温甲醇洗法或NHD法粗脱硫后的合成气中硫的形态以H_2S、COS和CS_2为主。氧化锌脱硫剂对H_2S的工作硫容较高，尤其在中温以上操作时其H_2S的硫容可以超过20%。但传统的氧化锌脱硫剂对有机硫的工作硫容通常低得多。因对合成气有催化活性，钴钼加氢串氧化锌的脱硫方式不适用于合成气脱硫。

为了解决含有机硫合成气精脱硫的问题，湖北省化学研究所20世纪90年代开发了T101（特种活性炭）-T504（有硫水解催化剂）-T101（特种活性炭），即JTL-1夹心式工艺。其后来开发的EAC-2（活性炭）串EZX转化吸收型精脱硫剂组成的JTL-4常温精脱硫新工艺，在常温（20～40℃）实现微量硫的脱除，省去第二活性炭脱硫塔，使精脱硫工艺进一步简化，但该脱硫剂只适用于有机硫不高的情况下使用[54]。昆山精细化工研究所曾推出852型水解催化剂与KT310常温氧化锌脱硫剂串联工艺。合成气中的大部分COS经水解生成H_2S，被氧化锌吸收，因此该工艺适用于CS_2含量不高的合成气精脱硫，于1991年9月首先在山东齐鲁二化10万吨/年的单醇装置应用，在温度为60℃、出口尾气总硫小于0.01mg/m^3的条件下，其硫容可达10%左右。

煤制原料气的含硫情况差别较大，这与所用的煤种、炉型及后面的湿法脱硫和变换等工序都有关系。气体中的羰基硫和二硫化碳含量有高有低，CS_2/COS比也在0.1～20之间变化。除了COS外，CS_2的精度脱除也在引起重视。在不少煤制气的化肥厂，对催化剂构成威胁的不仅是羰基硫，还有二硫化碳。使用高挥发分煤的工厂尤其如此，有些气化工艺得到的合成气中二硫化碳含量不是通常所认为的羰基硫的10%左右，而是高达30%～50%。鉴于CS_2水解需要较高的温度，国内进行了特种活性炭精脱硫剂的开发。现在的型号有TZX（山西科灵催化净化技术发展公司）和EZX（湖北省化学研究所）。它们均已成功用于合成氨和合成甲醇原料气的精脱硫。根据原料气中残留的H_2S、COS和CS_2的量，可以对精脱硫剂、水解催化剂和/或有机硫净化剂进行有机组合，构成各种工艺流程，将H_2S、CS_2和COS同时脱除至总硫在0.01mg/m^3以下。现在成功使用的有湖北省化学研究所开发的TJL-1、TJL-4、TJL-5、TJL-6、TJL-7和科灵催化净化技术发展公司开发的科灵（CLEAN）精脱硫工艺[55]。

1.4.4 CO_2脱除

除低温甲醇洗法和NHD法可以在脱除合成气中的硫组分时同时脱除大部分CO_2外，其他常见的脱碳方法还有改良热钾碱法（Benfield法）和MDEA法，以及后来发展起来的膜分离法和变压吸附法。合成乙醇反应循环气中的CO_2如果较高，会降低有效气分压并增加能耗，应该从总的过程经济性优化的角度选择合理的CO_2脱除工艺。

1.4.4.1 改良热钾碱法

改良热钾碱法即本菲尔德法（Benfield法），曾在SasolⅠ厂和SasolⅡ厂中使用，用于脱除循环气中的CO_2[5]，是在热钾碱法基础上改进而来。热钾碱法用碳酸钾溶液在较高温度（105～130℃）下吸收CO_2，与常温吸收相比，采用较高温度吸收增加了碳酸氢钾的溶解度，并可用较浓的碳酸钾溶液来提高吸收能力。为了解决热钾碱法溶液对设备腐蚀严重的问题，20世纪60年代开始在碳酸钾溶液中添加特定的活化剂，以提高CO_2吸收速率，并加入缓蚀剂缓解设备腐蚀问题，称为改良热钾碱法。

(1) 基本原理　碳酸钾水溶液吸收CO_2是可逆反应，其反应过程可表示为：

$$CO_2 + K_2CO_3 + H_2O \rightleftharpoons 2KHCO_3 + Q \tag{1-40}$$

增加压力或降低温度，反应向正反应方向进行，减压或升温，反应向反方向进行，从而实现CO_2的吸收与解吸。上式的反应速率受下面两个反应控制：

$$CO_2 + H_2O \rightleftharpoons HCO_3^- + H^+ \tag{1-41}$$

$$CO_2 + OH^- \rightleftharpoons HCO_3^- \tag{1-42}$$

在吸收工况下反应（1-42）比反应（1-41）的速率要快30倍，因此反应（1-41）对CO_2吸收速率的影响可以忽略，CO_2的吸收速率受反应（1-42）控制。研究发现，在碳酸钾溶液中加入有机胺，特别是醇胺类为活化剂，可增加反应（1-42）的反应速率，加快CO_2的吸收速率。

(2) 工艺流程　工艺设计时根据气化技术、工艺气用途以及气体净化度要求等选择具体的脱碳工艺流程。一般用碳酸钾溶液脱除CO_2流程有多种组合，工业上应用最多的是两段吸收和两段再生流程。

各种低能耗的本菲尔德法工艺以节能为目的，在传统的两段吸收和两段再生的改良热钾碱法工艺基础上发展而来，使用蒸汽喷射和蒸汽压缩溶液闪蒸等节能技术。传统的本菲尔德法再生热耗为5024.16kJ/m^3 CO_2，采用变压再生节能技术的本菲尔德法工艺再生热耗降至1612kJ/m^3 CO_2[5]，其工艺流程如图1-38所示。

低能耗的本菲尔德脱碳工艺将闪蒸槽减压闪蒸产生的闪蒸蒸汽经压缩后返回再生塔，利用再生蒸汽的潜热转变为溶液的显热为溶液再生提供热能。蒸汽的再

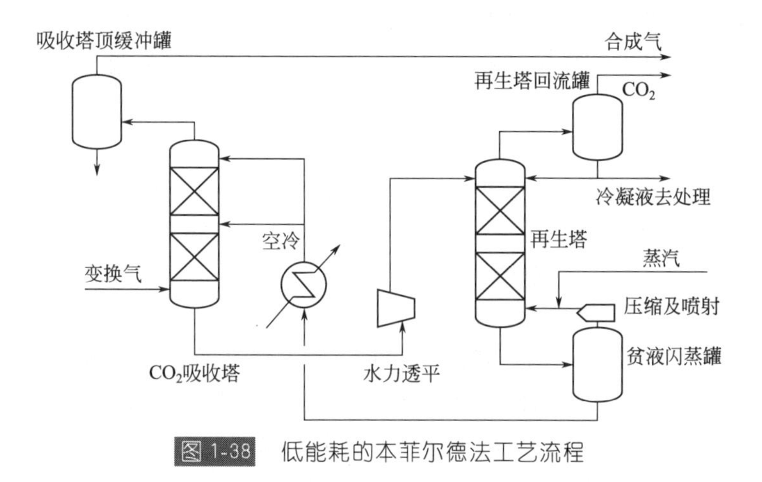

图 1-38 低能耗的本菲尔德法工艺流程

压缩可用蒸汽喷射器或机械压缩机来完成。两种方法同时使用可以使能耗、电耗和投资达到最佳化[56]。

1.4.4.2 甲基二乙醇胺法

甲基二乙醇胺法（MDEA 法）脱除 CO_2 工艺是德国 BASF 公司 20 世纪 70 年代开发的低能耗工艺，可脱除合成气中的 H_2S 和 CO_2，能耗约为本菲尔德法的 1/3，且氮氢损失小。经 MDEA 溶液脱碳后的净化气体中的 CO_2 含量可降至 100μL/L 以下，与热钾碱法相比，溶剂对碳钢无腐蚀[57]，但溶剂及活化剂成本较高。

（1）工艺原理 *N*-甲基二乙醇胺（MDEA）用于吸收 CO_2 的化学原理如下：

$$R_2CH_3N + CO_2 + H_2O \longrightarrow R_2CH_3NH^+ + HCO_3^- \tag{1-43}$$

在不加活化剂的情况下，上述反应进行的速率较慢。如果在 *N*-甲基二乙醇胺溶液中加入伯胺或仲胺作为活化剂，活化剂与吸收的 CO_2 反应生成氨基甲酸盐，即可加速 CO_2 向液相的传递。同时，氨基甲酸盐与 MDEA 生成稳定的碳酸氢盐，活化剂本身得到再生，加快 CO_2 的吸收速率，此时反应按下式进行：

$$R_2NH + CO_2 \longrightarrow R_2NCOOH \tag{1-44}$$

$$R_2NCOOH + R_2CH_3N + H_2O \longrightarrow R_2NH + R_2CH_3NH^+ + HCO_3^- \tag{1-45}$$

N-甲基二乙醇胺溶液兼有化学吸附剂和物理溶剂的作用。

（2）工艺流程 变换气在 2.8MPa 压力下进入两段溶液洗涤吸收塔，下段用降压闪蒸脱吸的溶液进行吸收，上段再用经过蒸汽加热再生的溶液进行洗涤来保证脱碳后气体的净化度。从吸收塔出来的富液通过高压和低压两个闪蒸槽进行两级闪蒸降压。第一次闪蒸释放出的能量由透平回收，用于驱动半贫液循环泵。高压闪蒸槽释放出的蒸汽中有较多的有效气成分，经压缩送回脱碳塔。出高压闪蒸槽的溶液进入低压闪蒸槽，在低压闪蒸槽中释放出绝大部分 CO_2。获得的半贫液大部分用循环泵打入吸收塔下段，一小部分送入再生塔再生，所得贫液送入吸收塔上段使用。再生塔塔顶所得含水蒸气的 CO_2 气体，送入低压闪蒸槽作为脱气介质使用。

(3) 工艺操作要点[5]

① 贫液与半贫液的比例。贫液/半贫液的合适比例与原料中 CO_2 的分压有关，一般贫液/半贫液比例为 1 ：(3～6)。如果原料气的 CO_2 分压高，则采用比例可高一些（如 1 ：6)，这样可降低能耗。

② 贫液与半贫液的温度。贫液的温度一般为 55～70℃，半贫液温度一般控制在 70～80℃。进液温度高，热能耗就低，但温度过高又会影响吸收塔底温度，降低溶液的吸收能力，反而使热能耗增加。不同的原料气工况对应不同的最适宜溶液温度，在保证净化度的情况下使热能耗降到最低。

③ CO_2 脱除及消耗。吸收压力为 2.7MPa 时，CO_2 可脱除至 0.005%以下。热能消耗取决于原料气中 CO_2 的分压，分压高，热能耗低。在一段绝热式脱除 CO_2 流程中，原则上不需消耗热能，但要维持稳定的吸收及解吸温度，要靠原料气、净化气和再生气之间的热平衡。由于再生气带走热量，需用热水等低位能补充热量来保持温度。

④ 高压闪蒸与回收 CO_2 的纯度。MDEA 溶液中非极性气体氢气、氮气、甲醇、甲烷及其他高级烃类化合物的溶解度低，因此被净化气体的损失少。吸收压力高时，用高压闪蒸提高 CO_2 的纯度，闪蒸压力根据纯度加以选择，一般可回收 96%左右的 CO_2，其纯度可达 99.5%。当吸收压力小于 1.8MPa，流程中不必用高压闪蒸，就可得到纯度大于 98.5%的 CO_2。

⑤ 溶剂损失。MDEA 与 CO_2 反应生成碳酸氢盐而不生成氨基甲酸酯，不会降解。MDEA 本身的蒸气分压较低（25℃时，小于 0.01mmHg)，MDEA 损失少。

(4) 工艺特点

① MDEA 溶液具有较好的稳定性，不易降解，对碳钢没有腐蚀性。

② MDEA 挥发性低，溶剂损失少。

③ MDEA 脱碳工艺在吸收 CO_2 的同时也能脱硫化氢和有机硫。

④ MDEA 在吸收过程中对非极性气体氢气、氮气的溶解度低，因此净化气损失小。

1.4.4.3 变压吸附（PSA）干法脱碳

20 世纪 60 年代，美国联合碳化物公司（UCC）首次采用变压吸附技术从含氢废气中提纯氢气。80 年代初期，美国空气产品和化学品公司就开始把变压吸附气体分离技术用于合成氨变换气和尿素脱碳，但总体经济效益远不如传统的物理吸收法和化学吸收法，因此国外变压吸附尿素脱碳技术只停留在工业试验装置上，未推广应用。

在国内，变压吸附脱碳技术自1991年在湖北襄阳县化肥厂成功实现工业化以来，随着一系列技术问题的逐步解决，开始应用于变换气脱碳。与传统的湿法脱碳技术相比，变压吸附脱碳技术具有自动化程度高、操作方便可靠、操作费用低、适应性强和无设备腐蚀问题等优点。

（1）工艺原理　变压吸附的基本原理是利用吸附剂对吸附质在不同分压下有不同的吸附容量和在一定压力下对被分离的气体混合物的各组分有选择吸附的特性，加压吸附除去原料气中杂质组分，减压脱附这些杂质而使吸附剂获得再生。因此，采用多个吸附床，循环地变动所组合的各吸附床压力，就可以达到连续分离气体混合物的目的。吸附剂的选择与吸附的气体性质有关，活性氧化铝通常作为吸附剂吸附分离 H_2O 和 H_2S，硅胶常用来吸附分离 CO_2，常见的吸附剂还有活性炭和分子筛等。

变压吸附（PSA）法脱除变换气中二氧化碳技术，就是根据上述原理，利用所选择的吸附剂在一定的吸附操作压力下，选择吸附变换气中的二氧化碳。

（2）技术进展　国内变压吸附脱碳技术经过20年左右的发展，技术正在不断成熟。1991年首套工业装置在当时存在分离效率、有效气回收率低和电耗高的问题。1995—2000年期间，国内从两个方面来解决变压吸附脱碳技术工业应用存在的问题：一方面从吸附剂选型入手，根据变压吸附脱碳原料气组成和净化气要求，筛选出恰当的吸附剂配比，提高杂质与净化气的分离效果，提高氢气等有效气的回收率；另一方面从工艺流程入手，工艺技术从6塔2塔同时吸附2次均压工艺发展到9塔3塔同时吸附4次均压工艺。此阶段的变压吸附脱碳技术可以达到氢气回收率约98%，氮气回收率88%～90%，一氧化碳回收率85%～87%，吨氨电耗为95kW·h。其综合经济效益比湿法脱碳技术略优。但仍有以下不足：氮气及一氧化碳回收率比湿法脱碳低得多，损失的氮气需由造气的吹风气补充；放入气柜回收的混合气含有约50%的二氧化碳。这两部分气体将返回压缩机重新循环，不仅增加压缩机的电耗，而且影响压缩机的有效打气量。

2001年以后，针对上述情况，通过从已建成的大型工业装置中获取的数据，对吸附剂选型、工艺技术、程控阀寿命和程序控制等方面进行研究和改进后，变压吸附脱碳技术取得了显著的进展，已成功应用于大型和中型工业脱碳装置中。湖南湘氮实业有限公司88000m^3/h变压吸附脱碳装置和山东瑞星生物化工股份有限公司146000m^3/h变压吸附脱碳装置氢气回收率都可以达到99.5%，氮气回收率为98.5%，一氧化碳回收率为98.0%，吨氨电耗不超过25kW·h，运行成本很低[58]。以上装置均采用了两段法变压吸附脱碳技术。

（3）典型工艺流程　最早采用的一段法变压吸附脱碳技术的主要工艺设备包

括汽水分离器、若干吸附塔和真空泵。变换气在一定压力下，进入汽水分离器，将其中的水分离掉后进入某个吸附塔，CO_2被吸附床吸附，其他不易吸附的组分穿过吸附床作为产品气输出；当CO_2的吸附前沿达到吸附塔的一定高度时，降低该吸附塔的压力，使CO_2脱附解吸，吸附床获得再生，并用真空泵将CO_2抽出放空。当吸附塔达到一定真空度时，吸附床完成再生，可以进行下一次的吸附。图 1-39 是单段法变压吸附脱碳系统工作状态示意图。

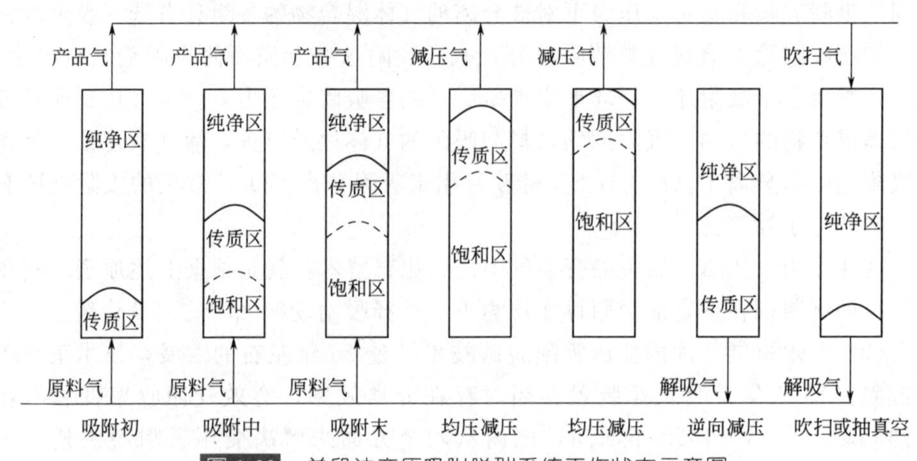

图 1-39 单段法变压吸附脱碳系统工作状态示意图

经过改进的两段法变压吸附脱碳技术，脱碳过程分两段进行，以湖南湘氮实业有限公司 88000m³/h 变压吸附脱碳装置为例。第一段脱除大部分二氧化碳，将出口气中二氧化碳控制在 8%～12%，吸附结束后通过多次均压步骤回收吸附塔中的氢气、氮气。多次均压结束后吸附塔解吸气中的二氧化碳含量平均大于93%，其余为氢气、氮气和一氧化碳及甲烷。由于第一段出口气中二氧化碳控制在 8%～12%，与单段法变压吸附脱碳技术出口气中二氧化碳控制在 0.2%相比较，吸附塔内有效气体少，二氧化碳分压高，自然降压解吸推动力大，解吸出的二氧化碳较多，有相当一部分二氧化碳无须依靠真空泵抽出，因此吨氨电耗较低。第二段将第一段吸附塔出口气中的二氧化碳脱除至 0.2%以下，吸附结束后通过多次均压步骤回收吸附塔中的氢气、氮气。多次均压结束后吸附塔内的气体通过降压进入中间缓冲罐，再返回到第一段吸附塔内加以回收。两段法变压吸附脱碳技术提高了氢气、氮气和一氧化碳的收率，具有氢气、氮气损失小和吨氨电耗低的优势。

两段法变压吸附脱碳技术的吸附剂再生方式可以采用抽真空的方法（图 1-40），也可以采用吹扫的方法，后者不需真空泵等动力设备[59]。

图 1-41 是无动力两段变压吸附脱碳工艺流程。江苏恒盛化肥有限公司变压吸附（PSA）法变换气脱碳工艺就是采用无动力两段变压吸附法，装置由两段组

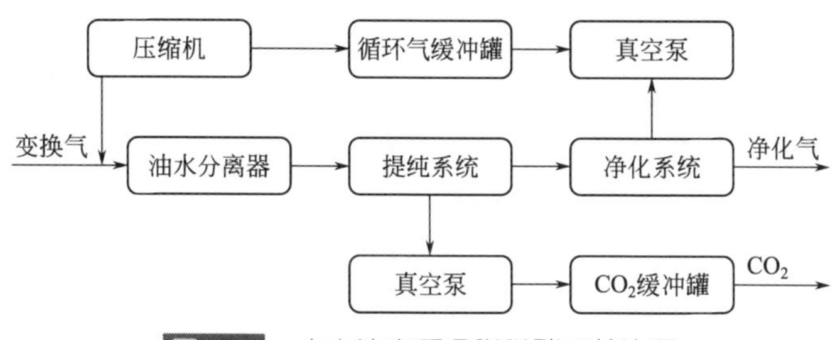

图 1-40　真空法变压吸附脱碳工艺流程

成，即 PSA-CO_2-Ⅰ和 PSA-CO_2-Ⅱ。变换气先进入提纯系统处于吸附状态的吸附床吸附，当吸附床吸附饱和后，通过 20 次均压降充分回收床层死空间中的氢气、氮气，同时增加床层死空间中二氧化碳浓度，整个操作过程在入塔原料气温度下进行。提纯系统采用 28 个吸附塔 5 塔吸附 20 次均压吹扫工艺，净化系统采用 13 个吸附塔 5 塔吸附 4 次均压吹扫工艺。在第一段提纯段可从吸附相获得 CO_2的体积分数≥98.5%的产品气；在第二段净化段从非吸附相获得 CO_2的体积分数≤0.2%的产品净化气。整套装置无大型动力设备，占地面积小，运行成本低，正常生产时无气体排放物和废水排放，无动力设备维护费用和噪声。

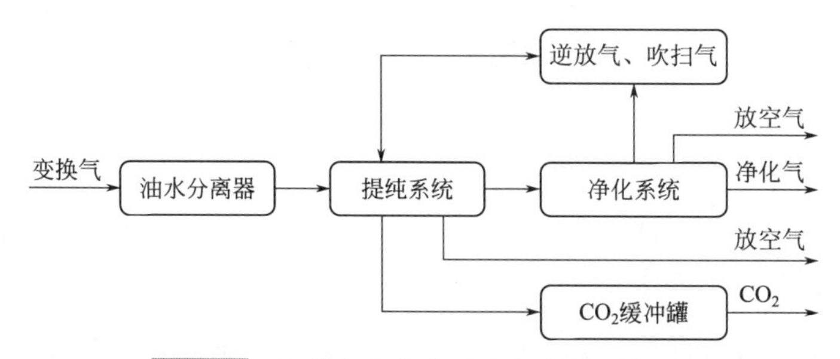

图 1-41　无动力两段变压吸附脱碳工艺流程

1.4.4.4　不同脱碳工艺对比分析

表 1-12 是不同脱碳工艺技术指标及经济性分析比较[59]。

表 1-12　不同脱碳工艺技术指标及经济性分析比较

项目	改良热钾碱法	改良 MDEA 法	NHD 法	抽真空两段 PSA	无动力两段 PSA
操作压力/MPa	1.7～1.8	1.7～1.8	1.7～1.8	1.7～1.8	1.7～1.8
操作温度/℃	55～85	40～60	－5～0	≤40	≤40
H_2回收率/%	99.5	99.5	98.0	≥98.0	≥98.6
N_2回收率/%	≥99	≥98	≥98	≥96	≥98

续表

项目	改良 热钾碱法	改良 MDEA 法	NHD 法	抽真空 两段 PSA	无动力 两段 PSA
CO 回收率/%	≥98	≥97	≥97	≥95	≥97
CO_2(原料气)含量/%	约 27	约 27	约 27	约 27	约 27
CO_2(净化气)含量/%	≤0.2	≤0.2	≤0.2	≤0.2	≤0.2
CO_2(产品气)含量/%	≥98.5	≥98.5	≥98.5	≥98.5	≥98.5
CO_2回收率/%	≥70	≥70	≥70	≥70	≥70
溶剂消耗	0.41/6.5①	0.2/3.2	0.3/4.8		
循环水费用	50/7.5②	40/6.0	50/7.5	9/1.35	0.32/0.048
用电费用	100/35.0③	96/33.6	136/47.6	64/22.4	6/2.1
蒸汽消耗	1.8/144.0④	1.3/104.0	0.03/3.6		
年维修费用	7.0⑤	6.0	5.5	5.0	2.0
蒸汽压缩电耗		6/1.50⑥	27/6.75		
有效气损失				0.02/40⑦	
合计	200.00⑧	154.30	75.75	68.75	4.148

① 0.41/6.5 表示生产 1t 氨消耗 0.41kg 溶剂，费用为 6.5 元。
② 50/7.5 表示生产 1t 氨需要 50t 循环水，费用为 7.5 元。
③ 100/35.0 表示生产 1t 氨消耗 100kW·h 电，费用为 35.0 元。
④ 1.8/144.0 表示生产 1t 氨消耗 1.8t 蒸汽，费用为 144.0 元。
⑤ 7.0 表示改良热钾碱法生产 1t 氨的装置维修费用为 7.0 元。
⑥ 6/1.50 表示生产 1t 氨的蒸汽压缩消耗 6kW·h 电，费用为 1.50 元。
⑦ 0.02/40 表示生产 1t 氨的有效气损失为 0.02t 氨，费用为 40 元。
⑧ 200.00 表示生产 1t 氨的脱碳工艺费用为 200.00 元。

工业应用实践表明，变压吸附脱碳技术与湿法脱碳相比，具有运行费用低、装置可靠性高、维修量少和操作简单等优点，生产成本低于湿法脱碳。随着变压吸附脱碳技术的不断完善和提高，将在工业脱碳装置中得到越来越广泛的应用。

1.4.5 硫回收技术

为了减少对环境的污染和提高装置的经济效益，需要对合成气中的硫进行回收。目前，回收硫主要技术有克劳斯（Claus）法和斯科特（Scot）法。

1.4.5.1 克劳斯（Claus）工艺

（1）克劳斯工艺原理　早期的克劳斯法是在催化剂的作用下用空气将 H_2S 直接进行氧化得到硫黄：

$$2H_2S + O_2 \longrightarrow 2S + 2H_2O \tag{1-46}$$

上述反应是强放热反应，一般在 250～300℃进行反应，温度高不利于反应的进行，但因再生气中 H_2S 含量高，使得催化床层温度不易控制，限制了克劳斯法的广泛使用。后来经过改进的克劳斯工艺将反应分两步进行：第一步是将部分 H_2S 进行燃烧。过程是将含硫气体和空气直接引入高温燃烧炉，反应热由废锅回收，当气体温度降至合适温度，进入催化床层进行第二步反应，即克劳斯反应，生成硫黄，化学反应式为：

$$2H_2S + 3O_2 \longrightarrow 2SO_2 + 2H_2O \tag{1-47}$$

$$2H_2S + SO_2 \longrightarrow 3S + 2H_2O \tag{1-48}$$

两步克劳斯法的第一步反应掉 H_2S 总量的1/3，其余2/3的 H_2S 第二步完成转化，这是克劳斯法的技术控制关键。克劳斯法另一项重大改进是，当再生气中 H_2S 含量足够高时，可在一台独立的燃烧炉中，进行 H_2S 的非催化法直接氧化制硫黄，其硫黄产率约为总硫含量的60%～70%，尾气经废锅冷却将其中的单质硫冷凝回收之后，再进入催化反应器进行克劳斯反应。硫的凝固点为114.5℃，为防止单质硫在催化剂表面上沉积影响催化剂活性，操作温度应控制在硫的露点以上。一般控制一段床层的入口温度为230～240℃，出口温升约10℃，二段和三段的入口温度逐渐降低，以得到较高的平衡转化率。当处理气体中有机硫含量比较高时，应使其通过加氢或水解反应，尽量使其转化成 H_2S 以便于除去。

(2) 克劳斯工艺流程　含硫气体燃烧后出口混合气进入克劳斯反应器前，其 H_2S/SO_2 比值应控制在2∶1（摩尔比）以满足克劳斯反应的要求。工业上根据进料酸性气中 H_2S 含量不同而采用不同的工艺流程[60]。

① 部分燃烧法　部分燃烧法将绝大部分酸性气送入燃烧炉，控制空气加入量进行燃烧，出燃烧炉的反应气体经过冷却冷凝除硫后进入克劳斯转化器。由少量送入燃烧炉的酸性气与适量空气，在各级再热炉中发生燃烧反应来维持转化器的温度。图1-42是部分燃烧法克劳斯工艺流程。

经部分燃烧和三级转化后，H_2S 的转化率可达到96%以上，尾气放空。酸

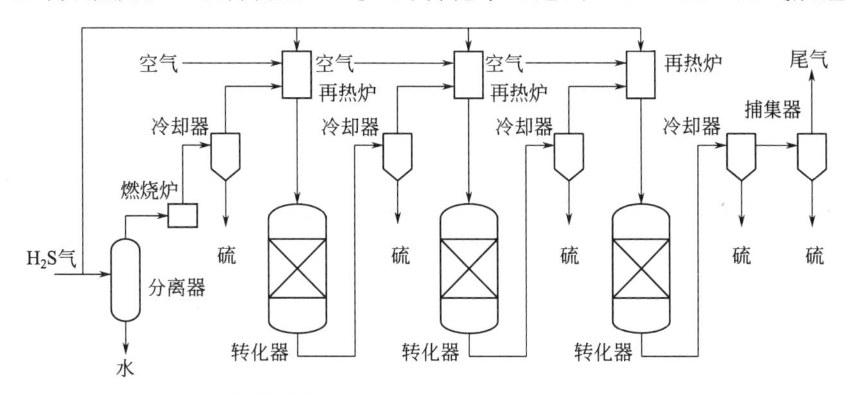

图1-42　部分燃烧法克劳斯工艺流程

性气中 H_2S 含量在 50%以上时适合采用部分燃烧法。

② 分流法　当进料酸性气中 H_2S 含量在 15%～50%时，采用部分燃烧法反应放出的热量不足以维持燃烧炉的温度，这种情况下可采用分流法工艺。图 1-43 是分流法克劳斯工艺流程。采用分流法工艺时，1/3 酸性气送入燃烧炉中，加入足量的空气使其中的 H_2S 完全燃烧转化为 SO_2，然后与其余的 2/3 酸性气混合，配成 H_2S/SO_2 摩尔比为 2 ：1的混合气，再进入二级转化器进行转化，其总转化率可达到 90%以上。分流法工艺具有反应条件容易控制和操作简单等优点。

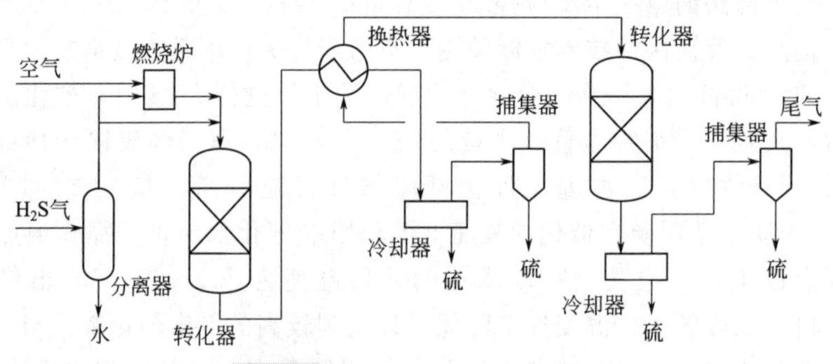

图 1-43　分流法克劳斯工艺流程

③ 直接氧化法　当进料酸性气中 H_2S 含量小于 15%时，可采用图 1-44 所示的直接氧化法工艺。由于进料气中 H_2S 含量低，难以使用燃烧炉，需用预热炉将气体加热到所要求的反应温度。进料气中配入需要的空气量后进入催化反应器进行氧化反应，H_2S 转变成单质硫。该法虽经二级转化，但其总转化率仅能达到约 70%。进一步提高转化率需采取三级或四级转化，但硫回收成本将上升。可以利用回收的部分产品硫黄通过燃烧生成 SO_2 气体，然后与经预热的含硫再生气配成 H_2S/SO_2 摩尔比为 2 ：1的混合气，将其送入转化器，通过克劳斯反应，将酸性气中 80%以上的 H_2S 转化为单质硫。

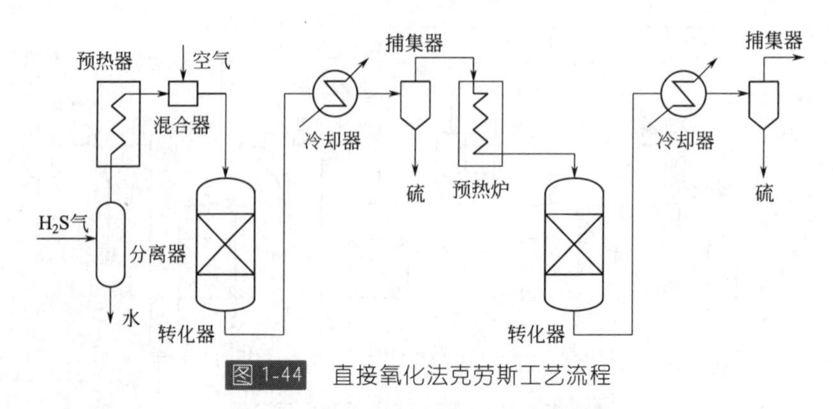

图 1-44　直接氧化法克劳斯工艺流程

由于在实际装置的操作中受多种因素的制约，克劳斯装置的硫回收率无法达到理论值。以 H_2S 含量为25%的进料酸性气为例，当采用三级克劳斯反应时总回收率仅能达到96%左右。因此克劳斯尾气中有残余的微量 H_2S，造成硫组分的损失，并且对大气环境造成严重污染。针对克劳斯装置的上述问题开发出了多种低含量 H_2S 尾气的处理技术，其中代表性的有斯科特（Scot）法和超级克劳斯（Superclaus）法。

1.4.5.2 斯科特（Scot）工艺

（1）斯科特工艺原理　斯科特硫回收工艺由壳牌石油公司开发，于1973年实现第一套Scot装置的运行。目前全世界已有超过170多套Scot硫回收装置建成投产，并在此基础上发展了串级Scot、LS-Scot、超级Scot（Super-Scot）和RAR等工艺。

采用Scot硫回收工艺的硫回收率可达到95%～99.9%，超级Scot工艺甚至可达到99.95%。经处理后的尾气硫含量小于0.03%，能够满足严格的硫排放标准。Scot工艺的特点是操作可靠性和稳定性好，硫回收率高，设计灵活，可采用不同的溶剂如叔胺和醇胺等作为吸收剂，来处理不同硫含量的气体[61]。

Scot硫回收工艺包含两个反应过程，即加氢还原和吸收再生。

加氢还原过程发生如下反应：

$$SO_3 + 4H_2 \longrightarrow H_2S + 3H_2O \tag{1-49}$$

$$S_8 + 8H_2 \longrightarrow 8H_2S \tag{1-50}$$

$$COS + H_2O \longrightarrow H_2S + CO_2 \tag{1-51}$$

$$CS_2 + 2H_2O \longrightarrow 2H_2S + CO_2 \tag{1-52}$$

吸收再生反应过程可以采用不同的溶剂，所发生的反应和工艺也会有所不同。使用叔胺作为吸收溶剂时所发生的反应为：

$$R_3N + H_2S \longrightarrow (R_3NH)HS \tag{1-53}$$

$$CO_2 + H_2O \longrightarrow H^+ + HCO_3^- \tag{1-54}$$

$$R_3N + H^+ + HCO_3^- \longrightarrow R_3NHHCO_3 \tag{1-55}$$

（2）斯科特工艺流程　图1-45是一种典型的斯科特工艺流程。

从Cluas回收单元来的含有微量 H_2S 的尾气，先通过加热炉预热后，送入加氢还原反应器，尾气中除 H_2S 之外的 SO_2、COS、CS_2 和单质硫在高温条件下被 H_2 还原为 H_2S。离开反应器的含 H_2S 的高温气体进入废热锅炉产生低压蒸汽，然后进入激冷塔。在激冷塔内气体中所夹带的蒸汽被冷凝后送入酸水汽提塔，汽提后的气体进入胺吸收塔，从胺吸收塔出来的富含 H_2S 的富液被送去再生，吸收的气体在再生塔被解吸出来，再生后的吸收剂贫液送回吸收塔循环使用。高浓度的 H_2S 气体送回Cluas回收单元，含有极少量 H_2S 的尾气送往焚烧

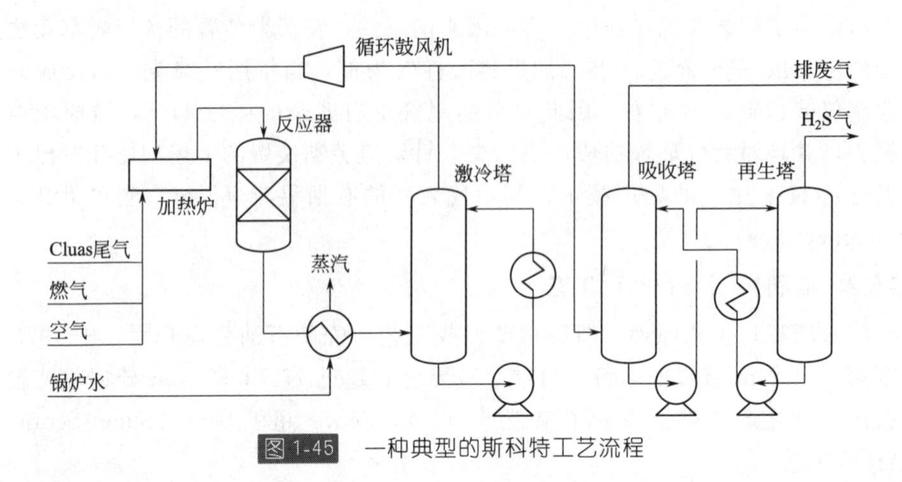

图1-45　一种典型的斯科特工艺流程

炉焚烧。通过 Cluas 和 Scot 处理后，气体中的硫几乎全部转化为单质硫得以回收。

1.5　合成气转化

1.5.1　合成气制甲烷

1.5.1.1　煤经合成气制甲烷技术发展背景

随着我国可持续发展战略和节能环保等政策的实施，天然气的需求与日俱增，未来天然气的供需将出现很大的缺口。发展煤经合成气制甲烷技术可以缓解我国天然气供应的紧张状态，改善城市附近工业区的环境污染和稳定天然气的供应，将成为未来我国天然气管网供应的补充气源。

20 世纪 60 年代末，美国自然资源公司（ANR）的规划就认为煤气化是补充天然气供应的最合适方案，随即开始大平原煤气化工程的规划工作。1984 年 7 月世界上第一座煤制甲烷工厂美国大平原煤气厂的 $389\times10^4 m^3/d$ 煤制天然气工厂正式建成投产，利用当地高水分褐煤，采用鲁奇纯氧干排灰压力气化、耐硫耐油变换和低温甲醇洗净化技术，甲烷化采用鲁奇在前期两套工业试验装置基础上发展的甲烷化技术，反应在 2.4MPa 的压力下进行。产品气含甲烷 96%，热值在 $35564kJ/m^3$ 以上。该厂建成至今，正常运行近 30 年，目前还在运行。

托普索公司近期也推出了煤制天然气技术，该技术采用托普索自己的专用催化剂。据报道，该公司的煤制天然气技术已经应用在美国伊利诺伊州杰斐逊的煤气化工厂，设计产能每年处理煤约 4000kt，于 2010 年投入运行。

国内在 20 世纪 80 年代曾经开发过城市煤气甲烷化催化技术，使其中部分

CO 转变为 CH_4，从而达到提高热值和降低煤气中 CO 浓度的目的，大连化学物理研究所开发的低热值煤气甲烷化制取中热值城市煤气技术相继建成了 10 个工厂，为后来的煤经合成气制甲烷技术开发奠定了基础。

截止到 2011 年 1 月，国家已经批准的煤制天然气的项目共有 7 个，总规划产能接近 200 亿立方米。其中包括汇能煤化工有限公司位于内蒙古鄂尔多斯的每年 16 亿立方米煤制 SNG 项目、华银电力每年 15 亿立方米煤制合成天然气项目、神华每年 20 亿立方米煤制合成天然气项目、新汶矿业新疆伊犁每年 20 亿立方米煤制合成天然气项目、中海油同煤每年 40 亿立方米煤制天然气项目及大唐集团分别位于内蒙古赤峰市和辽宁阜新市的每年 40 亿立方米煤制合成天然气项目。实际上目前共有近 30 个煤制天然气项目处于计划、前期工作或建设阶段，这些项目若全部建成，2020 年我国将实现每年 1268 亿立方米的煤制天然气产能。

2011 年 8 月，大唐克旗每年 40 亿立方米煤制天然气项目气化装置 A 系列 $8^{\#}$ 碎煤加压气化炉实现一次点火成功。这座世界上炉体最高和操作压力最大的碎煤加压气化炉点火成功，标志着国内第一座大型煤制天然气示范项目取得重大节点突破。该项目以褐煤为原料，采用洁净的气化和净化技术制取人工天然气，副产品为焦油、石脑油、粗酚、硫黄和硫铵。

虽然国内煤制天然气的工艺流程从空气分离器到最后的环保环节，除了甲烷化工艺技术尚未取得突破外，其他部分均采用了国产技术和设备，但由于国内甲烷化技术及催化剂还没有大规模工业化的运行经验，因此目前在建的国内煤制天然气工业化项目只能引进国外技术、工艺包和催化剂。

2011 年 10 月，由中国科学院大连化学物理研究所自行设计完成的 $5000m^3/d$ 煤制天然气甲烷化工业中试装置在河南义马气化厂气源条件下连续稳定运行超过 3000h。该装置使用了大连化学物理研究所开发的具有耐高温水热稳定性的完全甲烷化催化剂，在实验室完成了 8000h 寿命试验。该装置的成功运行表明，煤制天然气成套技术实现国产化是可行的。

煤制天然气与其他煤化工路线相比，具有流程短、水耗少和能量效率高等优势，是我国煤炭转化的优选途径之一。尤其在我国水资源相对紧缺和煤炭资源非常丰富的中西部产煤大省具有明显的技术优势和推广意义。我国应该按照设备标准化和技术国产化的要求，发展电、气和油多联产提高过程经济性，加快煤制天然气成套技术国产化的步伐。

1.5.1.2 合成气甲烷化反应

反应式（1-56）所示的反应是煤经合成气制甲烷的主反应。当合成气中有 CO_2 存在时，在催化剂的作用下也会发生反应式（1-57）所示的反应。

$$CO + 3H_2 \rightleftharpoons CH_4 + H_2O \quad \Delta H^{\ominus} = -206.2kJ/mol \tag{1-56}$$

$$CO_2 + 4H_2 \rightleftharpoons CH_4 + 2H_2O \quad \Delta H^{\ominus} = -165.0kJ/mol \tag{1-57}$$

合成气甲烷化反应放热剧烈，在绝热反应的条件下，气体中每转化 1%的 CO 绝热温升为 72℃，每转化 1%的 CO_2绝热升温为 65℃。煤经合成气制甲烷原料气中 CO + CO_2含量约为 25%，需采用多级反应多级取热的方式控制反应器的单级绝热升温[62]。

1.5.1.3 合成气甲烷化催化剂

由于甲烷化反应放热剧烈，并且唯一的副产物是水，因此催化剂技术需要解决的关键是高热稳定性，特别是高水热稳定性。常见的高温甲烷化催化剂有非耐硫（镍系）和耐硫（钼系）两种[63]。

（1）托普索公司催化剂　托普索公司开发了 22%（质量分数）镍的 MCR-2X 催化剂，使用多孔蜂窝陶瓷为载体，可有效防止镍微晶的烧结，在相对低温下也有理想的高甲烷化活性。MCR-2X 催化剂的特点是：活性好，转化率高，副产物少，消耗量低；使用温度范围宽，在 250～700℃范围内都具有稳定的高活性；产品气中甲烷体积分数可达 94%～96%，完全可满足天然气标准以及管道输送的要求。MCR-2X 催化剂已完成 10000h 的中试，累计运行超过 45000h，技术基本成熟。

（2）Davy 公司催化剂　Davy 公司开发的催化剂型号为 CEG-LH，催化剂镍含量高达 50%以上。CEG-LH 催化剂的特点是：催化剂具有变换功能，合成气不需要改变 H/C，转化率高；催化剂使用温度范围较宽，可在 230～700℃范围内使用；甲烷化压力范围为 3.0～6.0MPa，可以减小设备尺寸；产品气中甲烷体积分数高达 94%～96%。

（3）大平原煤气化厂催化剂　美国大平原煤气化厂初期使用 BASF 公司甲烷化催化剂，该催化剂最高使用温度为 450℃，属于中、低温催化剂，后改用 Davy 公司的 CEG-LH 催化剂。

（4）鲁奇公司催化剂　鲁奇公司和南非沙索公司在南非 F-T 煤制油工厂旁建设了一套半工业化煤制合成天然气试验装置。同时，鲁奇公司和奥地利艾尔帕索天然气公司在奥地利维也纳石油化工厂建设了另一套半工业化的天然气试验装置。两套试验装置都进行了较长时期的运转，使用鲁奇的甲烷化催化剂技术。由于鲁奇气化炉气化后的 CO 含量相比其他气化技术低，鲁奇甲烷化催化剂是中、低温催化剂，其催化温度在 450℃左右。

（5）国内高温甲烷化催化剂　国内目前正在建设的大型合成气甲烷化装置主要引进托普索甲烷化循环工艺（TREMP）和 Davy 公司的甲烷化工艺（CGR）及配套催化剂技术。2011 年中国科学院大连化学物理研究所自行设计完成的 5000m^3/d 煤制天然气甲烷化工业中试装置在河南义马气化厂气源条件下连续稳定运行超过 3000h。该装置使用了大连化学物理研究所开发的具有耐高温水热稳定性的完全甲烷化催化剂，在实验室完成了 8000h 寿命试验，标志着高温甲烷化催化剂技术已可以实现国产化。

1.5.1.4　煤经合成气制甲烷工艺

图 1-46 是煤经合成气制甲烷工艺流程。煤制天然气包括以下主要工序：空分、煤气化、CO 变换（调整煤气中 H_2/CO 比值为 3.2）、净化（脱硫、脱碳和脱水）、甲烷化（含甲烷化、压缩、干燥）及硫回收等。经煤气化直接得到的合成气的 H_2/CO 比值达不到甲烷化的要求，因此需要经过变换单元提高 H_2/CO 比值。有的工艺有单独的气体变换单元，合成气 H_2/CO 比值调整合适再进入甲烷化单元，称为两步法甲烷化工艺，例如托普索甲烷化循环工艺；有的工艺将变换单元和甲烷化单元合并为一个单元同时进行，称为一步法甲烷化工艺，例如 Davy 公司的甲烷化工艺。

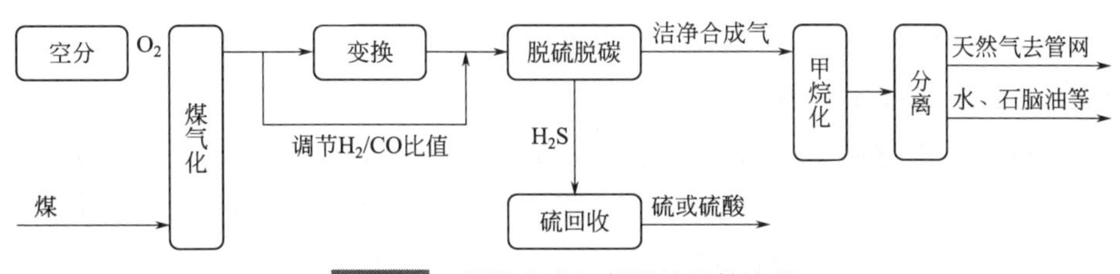

图 1-46　煤经合成气制甲烷工艺流程

在托普索甲烷化循环工艺中，甲烷化反应在绝热条件下进行，为防止反应产生的热量导致床层温度过高，甲烷化用三级反应器串联，并分段用废热锅炉回收反应热。通过分流进料和部分气相循环来控制甲烷化反应器的温度，并利用反应放出的热产出高压过热蒸汽，这些蒸汽可以用于驱动空分透平，整个甲烷化系统热量回收效率很高。图 1-47 是托普索甲烷化循环工艺流程。甲烷化的反应器是三个串联的，第一级反应器的温度为 650～700℃，第二级反应器的温度为 500℃，

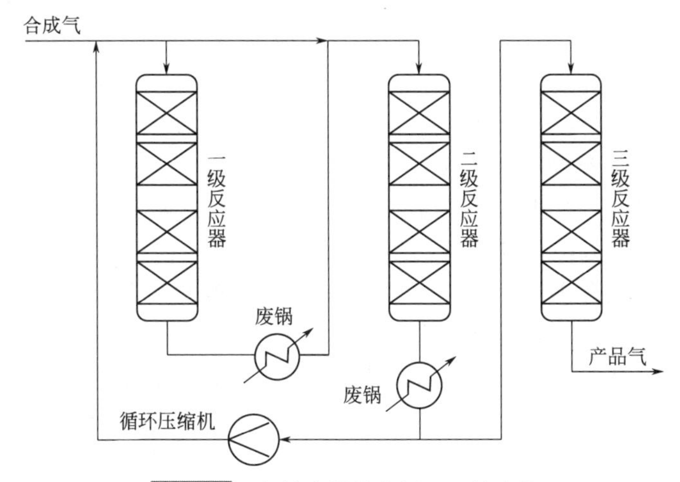

图 1-47　托普索甲烷化循环工艺流程

最后一级反应器的温度为 350℃。全程 CO 的转化率为 100%，H_2的转化率为 99%，CO_2的转化率为 98%。反应压力为 3.5～5.5MPa。产品气中甲烷含量可达 94%～96%，可以满足天然气标准以及管道输送的要求，是目前比较成熟的甲烷化工艺[64]。

1.5.2 合成油

煤经合成气制合成油是通过费托合成反应将合成气转化为以烃类为主的混合油品馏分。合成油基本不含硫、氯和氮等污染物，是清洁环保燃料，因此合成油技术是洁净煤技术的一个重要分支。我国能源总体格局特征是富煤、少油、有气。当前发展煤基合成油技术对弥补石油资源紧缺局面、缓解环境污染、保证我国能源安全和经济的高速可持续发展具有重要战略意义。

1.5.2.1 合成油技术进展

1923 年，由德国 Kaiser-Wilhelm 研究所 F. Fischer 和 H. Tropsh 发现在碱性铁屑的催化作用下，一氧化碳和氢可以生成含有烃类化合物和含氧化合物的混合液体，这种反应后来被称为 Fischer-Tropsh 反应，简称 F-T 合成或费托合成。第二次世界大战期间，德国为满足战争对油品的需要而建立了 9 座合成油工厂，总产量约 57 万吨，当时在日本、法国和中国锦州也有 6 套合成油装置，世界总生产能力超过 100 万吨。20 世纪 50 年代，随着廉价石油和天然气的供应，以上 F-T 合成油装置因竞争力差而全部停产。目前，世界上只有南非 Sasol 公司建有大规模煤间接液化制合成油商业化生产装置。1956 年，由南非 Sasol 公司建成了煤间接液化制油工厂 Sasol-Ⅰ（低温固定床），其后在 80 年代又相继新建了 Sasol-Ⅱ和 Sasol-Ⅲ（高温循环流化床），成为当时世界上唯一一家煤炭间接液化制油生产厂。1996—1999 年，Sasol 公司用 8 台固定流化床反应器（SAS）替代了 Sasol-Ⅱ和 Sasol-Ⅲ的 16 台循环流化床反应器（Synthol）。其中直径 8m 和 10.7m 的固定流化床反应器各 4 台，单台设备每台产能分别为 11000 桶和 20000 桶。2000 年 Sasol 增设了第 9 台固定流化床反应器。期间 Sasol 公司还开发了三相浆态床费托合成反应器和馏分油合成工艺（SSPD），并于 1995 年投入运行。据报道，目前 Sasol 公司年耗煤约 5000 万吨，生产各类油品和化工产品 110 多种，总产量达 760 万吨，其中油品约占 60%[5]。合成油过程的关键技术是费托合成反应器和费托合成催化剂。目前 Sasol 拥有完整的固定床、循环流化床、固定流化床和浆态床商业化反应器技术，并且拥有适用于不同工艺流程的铁基费托合成催化剂和钴基费托合成催化剂。其中铁基费托合成催化剂包括熔融法铁基催化剂和沉淀法铁基催化剂，分别适用于不同目标产品的低温费托合成工艺和高温费托合成工艺。除 Sasol 外，其他工业化煤间接液化技术还有荷兰 Shell 公司的 SMDS 技术和 Mobil 公司的 MTG 技术。处于工业试验阶段尚未商业化的其他代表性合成油技术包括丹麦Topsφe公司的TIGAS技术、美国Mobil公司的STG技术、Exxon公司的AGC-21技术以及Syntroleum公司的Syntroleum技术等。

目前国内从事煤炭间接液化技术研究开发的主要有中国科学院山西煤炭化学研究所、上海兖矿能源科技研发有限公司和中国科学院大连化学物理研究所。山西煤炭化学研究所开发了铁系催化剂浆态床合成油技术，2002年进行了铁基催化剂千吨级浆态床合成油中试，并将该技术用于山西潞安集团年产16万吨煤基合成油项目，该装置于2008年投入运行，是中国煤间接液化技术产业化试验的重要进展。目前使用该技术的还有内蒙古伊泰集团年产18万吨合成油的煤间接液化工业示范装置和神华集团年产18万吨合成油的煤间接液化工业示范装置，2009年建成并投产。据报道，内蒙古伊泰集团计划在2015年将合成油生产规模增加至500万吨。上海兖矿能源科技研发有限公司2004年成功进行了铁基催化剂5000t/a低温浆态床合成油放大试验，2007年开展了铁基催化剂5000t/a高温固定流化床合成油放大试验，产品中70%以上为柴油馏分。在此基础上，兖矿集团开展了1000万吨/年榆林煤间接液化项目的规划和建设工作。项目1期采用铁基催化剂低温费托合成技术建设100万吨级煤间接液化工业示范项目，之后建设200万吨铁基催化剂低温煤间接液化装置和200万吨铁基催化剂高温煤间接液化装置；项目2期计划将产能扩大至1000万吨/年，同时建设石脑油、烯烃和含氧化合物的下游加工利用工程。其1期100万吨级煤间接液化工业示范项目计划2014年建成投产[65]。大连化学物理研究所以开发钴系催化剂煤间接液化技术为主。其开发的新型钴基固定床催化剂于2006—2007年在中国石化集团宁波镇海分公司3000t/a放大试验装置上成功实现超过5000h连续运行，催化剂性能良好。同期大连化学物理研究所还开发了钴基催化剂合成气一步法制柴油技术、钴基催化剂合成气制高碳混合醇技术和煤基合成气制乙醇技术等拥有自主知识产权的煤间接液化技术。其中钴基合成气一步法制柴油技术及配套工艺技术，利用载体介孔的择形作用，有效地控制了碳链的增长，达到了降低低碳气态烃选择性并同时限制长链烃生成的目的，其C_{10}～C_{25}馏分在液体产物中的选择性达到65%左右，C_{25}以上馏分不超过5%，同时还副产15%～20%的混合伯醇。该技术已完成10L浆态床反应工艺1100h的稳定性试验，正在开展15万吨/年合成油工业示范试验。使用该技术可以使煤间接液化的产品后处理工段省去，简化工艺流程，降低合成油的生产成本，比国外现有合成油路线具有明显的成本优势。

1.5.2.2 合成油过程的化学反应

CO与H_2在催化剂作用下生成以直链烃为主的混合烃（一般以饱和烃为主，并含有少量烯烃）的反应是合成油过程的主反应。该过程同时还会发生生成醇等含氧化合物以及生成CO_2的变换反应等其他副反应。

合成油主反应如下。

生成烷烃的反应：

$$nCO+(2n+1)H_2 \longrightarrow C_nH_{2n+2}+nH_2O \quad (1\text{-}58)$$

生成烯烃的反应：

$$nCO+2nH_2 \longrightarrow C_nH_{2n}+nH_2O \quad (1\text{-}59)$$

合成油副反应如下。

水煤气变换反应：

$$CO+H_2O \longrightarrow CO_2+H_2 \quad (1\text{-}60)$$

生成其他醇类的反应：

$$nCO+2nH_2 \longrightarrow C_nH_{2n+1}OH+(n-1)H_2O \quad (1\text{-}61)$$

1.5.2.3 合成油催化剂

传统合成油催化剂包括铁基、钴基和镍基三个体系，其中铁基和钴基合成油催化剂已分别在 Sasol 公司和 Shell 公司的合成油工业装置上得到应用[66]。铁基合成油催化剂制备方法以熔融铁法和沉淀法为主。沉淀铁基催化剂可以用于低温费托合成（Sasol-Ⅰ、SSPD 和伊泰集团 18 万吨装置，温度 220～250℃），以生产柴油、石脑油、重油和蜡为主，也可以用于高温费托合成（上海兖矿能源科技研发有限公司，使用温度 310～350℃）。熔融铁催化剂一般用于高温费托合成（Sasol-Ⅱ和 Sasol-Ⅲ，使用温度 310～350℃），以生产汽油馏分和轻烯烃为主。钴基催化剂的制备通常采用浸渍法以及络合法，Shell 公司位于马来西亚的 SMDS 使用担载型钴基催化剂，产品以柴油、航空煤油、石脑油和蜡为主。合成油过程的产物烃分布大多遵从典型的 ASF（Anderson-Schulz-Flory）分布规律，但所使用的催化剂不同时，一方面主反应的碳链分布会发生变化，即用于表征碳链增长趋势的 α 值不同，另一方面所发生的副反应也有所不同。高温费托合成产品烃的 α 值通常要明显低于低温费托合成产品烃的 α 值，即低温费托合成容易生成更多的石蜡基高碳烃。但对催化剂制备工艺及配方的改变可以实现对产品烃分布的调整，例如大连化学物理研究所开发的一步法合成柴油钴基催化剂，其 C_{25} 以上烃选择性显著低于常规催化剂，可以不经过裂解处理就得到高柴油馏分选择性。铁基催化剂的主要副反应是变换反应，并且通常产品中烯烃也比较多。钴基催化剂和钌基催化剂上 CO_2 和烯烃很少生成。这导致使用钴基催化剂时原料合成气合适的 H_2/CO 比值约为 2，比采用铁基催化剂时原料合成气的 H_2/CO 比值（1.0～1.4）明显偏高，也高于一般煤制合成气气化炉出口粗煤气的 H_2/CO 比值。因此钴基催化剂用于煤制合成油时工艺中必须有变换工序对合成气的 H_2/CO 比值进行较大幅度的调整。使用铁基催化剂的煤制合成油工艺则需要将合成反应器循环气中的大部分 CO_2 分离出来再进行循环，否则大量 CO_2 在合成体系中循环会显著降低有效气分压，导致合成效果变差，并增加压缩机、预热器和冷却器能耗。

1.5.2.4　合成油反应器及工艺

图 1-48 是合成油产品路线简图。在一般情况下，汽油和柴油是合成油的主产品，但根据实际需求和市场预期，每套工业化煤间接液化装置在设计规划时对目标产品都有所侧重。工业上可以根据不同的主要目标产品来选择所采用的催化剂体系、反应器形式、合成工艺、造气工艺、原料气变换及净化工艺和粗产品精制及分离工艺。另外，系统的热能回收利用效率也是决定过程经济性的关键因素之一。

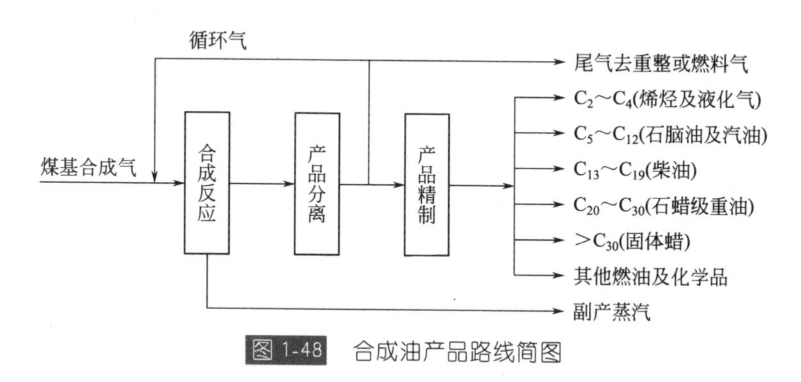

图 1-48　合成油产品路线简图

费托合成反应是强放热反应，每转化 1mol CO 平均放热约 165kJ/mol，水煤气变换反应和其他副反应也是放热反应。由于过程放热量大，容易发生催化剂局部过热，导致选择性降低，并引起催化剂结焦甚至堵塞床层，因此费托合成反应器必须有较强的移热能力。目前工业上在使用的费托合成反应器类型有列管式固定床反应器（Sasol-Ⅰ和 Shell）、固定流化床反应器（Sasol-Ⅱ和 Sasol-Ⅲ）和气液固三相浆态床反应器（SSPD、伊泰和兖矿榆林项目），其结构示意图如图 1-49 所示。另外，循环流化床反应器也曾在 Sasol 的煤间接液化装置上使用过。

（1）列管式固定床反应器　是最早应用于大规模合成油装置的反应器形式，由圆筒形壳体和内部竖置的管束组成，管内填充催化剂，管外为加压饱和水，利用水的沸腾蒸发移热。其主要特点是液体产物易于收集和催化剂与重质烃易于分离等；其缺点是存在着径向与轴向的温度梯度，催化剂难以控制在最佳的反应温度，且床层易局部过热而造成催化剂烧结和积炭，堵塞反应管，并且列管式固定床反应器结构复杂、加工成本较高和催化剂装卸也较困难。

（2）固定流化床反应器　固定流化床反应器优点是床层等温性好、选择性易于控制和反应器造价低，且具有较高的油选择性。反应器包括一层换热管和旋风分离器。合成气从气体入口进入反应器底部，再经分布器进行分配。催化剂受气体产生的浮力作用而始终处于悬浮沸腾状态。反应产生的热量由换热管内的水蒸

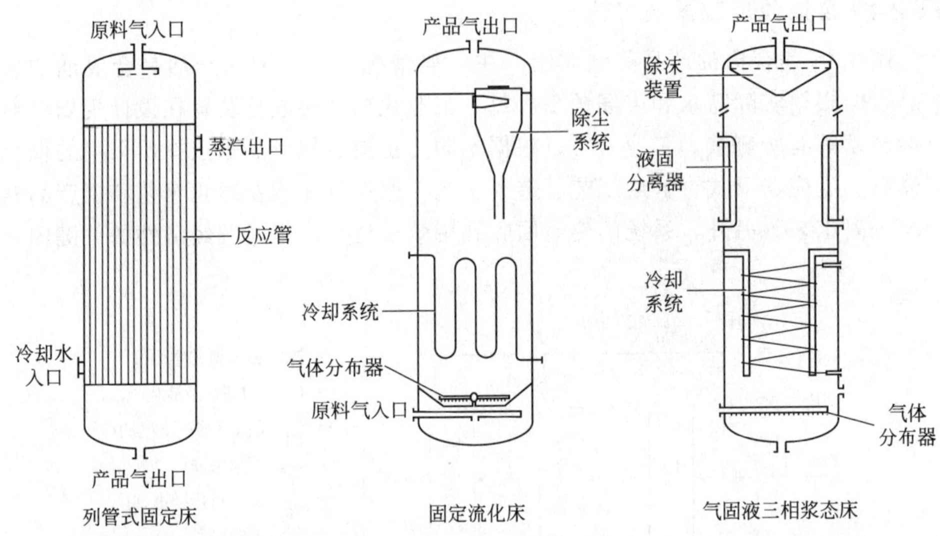

图 1-49 列管式固定床、固定流化床和气固液三相浆态床反应器结构示意图

发带走，反应后的气体经旋风分离器除掉催化剂粉尘后从反应器顶部出口出反应器。一般流化床反应器中的催化剂平均粒度约为 60μm，反应床层密度约为 600kg/m^3。操作典型温度为 350℃，操作典型压力为 2.5～3.0MPa。

(3) 气固液三相浆态床反应器　与列管式固定床费托合成反应器相比，浆态床反应器床层内反应物混合好和温度均匀，可等温操作；单位体积反应器的油品产率高，每吨产品催化剂的消耗仅为列管式固定床反应器的 20%～30%；操作灵活，通过改变催化剂组成、反应压力、反应温度和 H_2/CO 比值以及空速等条件，可在较大范围内调整产品结构，适应市场需求的变化；浆态床反应器的床层压降小（小于 0.1MPa，列管式固定床反应器可达 0.3～0.7MPa）；反应器控制简单，操作成本低；催化剂在线添加和移出容易实现，通过有规律地替换催化剂，平均催化剂寿命易于控制，从而更易于控制过程的选择性，提高粗产品的质量；反应器结构简单、易于放大和投资低，仅为同等产能列管式固定床反应器的 25%[65]。

费托合成工艺有低温工艺和高温工艺。图 1-50 是低温浆态床费托合成工艺流程。反应器为三相鼓泡浆态床反应器，在约 240℃下操作。反应器内浆态液由石蜡与催化剂颗粒组成，并维持一定液位。合成气预热后从反应器底部经气体分布器进入浆态床反应器，在熔融石蜡和催化剂颗粒组成的浆液中，在液体流动剪切力作用下形成细小气泡，在气泡上升过程中，合成气在催化剂作用下发生费托合成反应，生成石蜡等烃类化合物。反应产生的热量由内置式冷却盘管中的水汽化移出，副产中压蒸汽。石蜡与催化剂的分离有内置式分离器和外置式分离器两种，Sasol拥有内置式分离器的专利技术，反应产生的硬蜡从内置式分离器引出反应器，进入产品精制系统。从反应器上部出来的气体经冷却后回收轻组分和水。烃类产物送往下游的产品精制及分离装置，含油污水送往水处理装置进行回收。

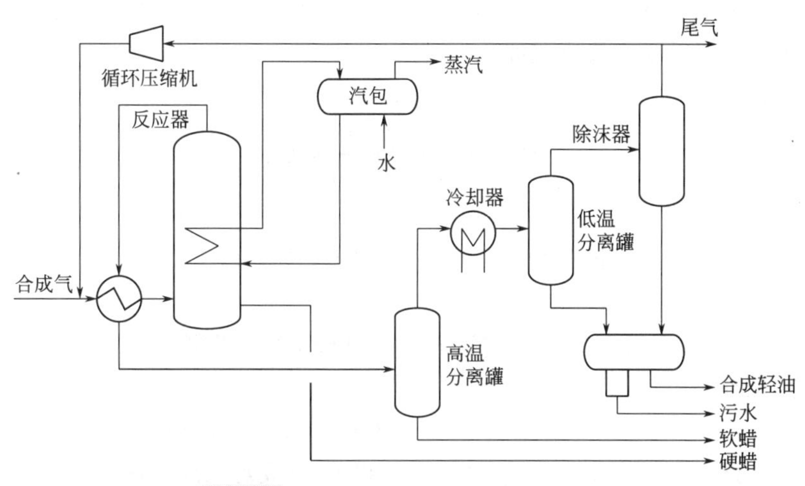

图1-50 低温浆态床费托合成工艺流程

1.5.3 合成气制乙二醇

乙二醇（EG）是一种重要的有机化工原料，主要用于生产聚酯纤维、防冻剂、不饱和聚酯树脂、润滑剂、增塑剂、非离子表面活性剂以及炸药、涂料、油墨等，还可用于生产乙二醇醚等特种溶剂，用途很广。目前中国已成为全球最大的乙二醇消费市场，消费量占到亚洲消费总量的72%。据统计，2011年我国乙二醇的表观需求量为1021.4万吨，但产量约为377.8万吨，其余靠大量进口。2012年，中国内地乙二醇需求量达1050万吨，对外依存度仍接近70%[67]。

传统的合成乙二醇方法是将石油路线生产的乙烯氧化生产环氧乙烷，再经过催化水合或非催化水合反应得到EG（乙烯路线）。我国石油资源不足，重质原油较多，裂解生产乙烯单位产能耗油量大，因此我国发展非石油路线合成气制乙二醇的方法，具有重要的现实意义和战略意义。

目前煤经合成气制乙二醇工艺路线包括直接合成法、草酸酯法和甲醇甲醛法三种。其中合成气直接合成法具有理论上最佳的经济价值，但目前尚需进一步缓和反应条件，提高催化剂的活性和选择性，离工业化有较大的距离。间接工艺中草酸酯法的研究比较深入，已有工业化装置在运行。甲醇甲醛法还处于研究阶段。

1.5.3.1 草酸酯法合成气间接制乙二醇

草酸酯法是目前煤经合成气制乙二醇各种工艺路线中唯一实现工业化的

方法。

(1) 草酸酯法过程的化学反应　草酸酯法是利用醇类与 N_2O_3 反应生成亚硝酸酯，在 Pd 催化剂上氧化偶联得到草酸二酯，草酸二酯再经催化加氢制取乙二醇。中间物 N_2O_3 由一氧化氮的氧化得到。

醇类原料中研究最多的是采用甲醇或乙醇，获得亚硝酸甲酯或亚硝酸乙酯而与 CO 进行氧化偶联，反应式如下。

NO 的氧化：

$$2NO + \frac{1}{2}O_2 \longrightarrow N_2O_3 \tag{1-62}$$

生成亚硝酸酯：

$$2ROH + N_2O_3 \longrightarrow 2RONO + H_2O \tag{1-63}$$

草酸酯合成：

$$2CO + 2RONO \longrightarrow (COOR)_2 + 2NO \tag{1-64}$$

草酸酯加氢制乙二醇：

$$(COOR)_2 + 4H_2 \longrightarrow (CH_2OH)_2 + 2ROH \tag{1-65}$$

这一组反应的实际结果就是 CO 与 O_2 和 H_2 合成乙二醇，这一过程实际并不消耗醇类和 NO，醇类和 NO 只是中间物在系统中循环。总的反应式如下：

$$2CO + \frac{1}{2}O_2 + 4H_2 \longrightarrow (CH_2OH)_2 + H_2O \tag{1-66}$$

前两个反应是快速反应，无须催化剂。草酸酯合成和加氢需在催化剂的作用下进行。煤制备乙二醇技术的关键之一是选用高选择性、高转化率、低成本和长寿命的催化剂。

(2) 草酸酯法过程的催化剂研究　液相 CO 合成草酸酯方法最早由美国联合石油公司（Unocal）D. M. Fenton 于 1966 年提出[68]，采用 $PdCl_2$-$CuCl_2$ 催化剂，在 125℃和 7.0MPa 下反应。1978 年日本宇部兴产公司进行了改进，选用 2% Pd/C 催化剂，并通过反应条件下引入亚硝酸酯，解决了原方法的腐蚀等问题，并提高了草酸酯的收率。该公司建成一套 6kt/a 草酸二丁酯的工业装置（草酸酯水解得到草酸），初步实现了工业化。之后，宇部兴产公司和意大利蒙特爱迪生集团公司及美国 UCC 公司开展了常压气相催化合成草酸酯的研究，并进行了模式研究，反应压力为 0.5MPa，温度为 80～150℃。与早期的液相法相比，气相法具有反应条件温和、草酸酯选择性高和催化剂寿命长的优点，整个反应过程能耗较低，副产物碳酸二甲酯也具有极高的经济价值。目前草酸酯合成装置在国内外都建有大量的工业装置，技术非常成熟。

在气相法合成气制备草酸酯时，例如制备草酸二甲酯（DMO）所用催化剂大都以 Pd 为主要成分，Al_2O_3 为载体。国内从 20 世纪 80 年代初期就开始了 CO

催化合成草酸酯的研究，部分研究结果见表1-13[69]。

表1-13 国内气相法合成草酸酯催化剂性能

研究单位	催化剂	反应温度/℃	RONO转化率/%	$(COOR)_2$选择性/%
福建物质结构研究所	$Pd-Zr/\alpha-Al_2O_3$	100～150	64	>95
天津大学	$Pd-Ti-Ce/\alpha-Al_2O_3$	120	30～58	>96
天津大学	$Pd-Fe/\alpha-Al_2O_3$	80～90	20～60	>96
华东理工大学	Pd/纳米碳纤维	80～140	>85	100
上海焦化有限公司	$Pd-Ir/\alpha-Al_2O_3$	125～150	85～95	—
浙江大学	$Pd-Ga/\alpha-Al_2O_3$	100～110	35～55	85
上海石化研究院	$Pd/\alpha-Al_2O_3$	120～160	>80	>99

(3) 草酸酯加氢催化剂研究　草酸酯合成技术的发展推动了人们对草酸酯加氢制乙二醇催化过程的研究。1986年美国ARCO公司首先申请了草酸酯加氢制乙二醇专利，开发了Cu-Cr催化剂，乙二醇收率为95%。同年，宇部兴产公司与UCC公司联合开发Cu/SiO_2催化剂，乙二醇收率达到97.2%。目前国内催化剂的技术水平可使草酸酯转化率达到99.5%以上，乙二醇选择性达到95%～97%。部分研究结果见表1-14[69]。

表1-14 国内气相法草酸酯加氢催化剂性能

研究单位	催化剂	反应温度/℃	草酸酯转化率/%	乙二醇选择性/%
福建物质结构研究所	Cu-Cr	208～230	99.8	95.3
天津大学	$Cu-Zn/SiO_2$	220	>99.0	>90.0
华东理工大学	Cu/SiO_2	205	100	99.1
上海石化研究院	$Cu-Cr/\alpha-Al_2O_3$	210～230	100	>90.0

(4) 草酸酯法工艺　草酸酯法生产乙二醇包括五个主要工序：原料气净化、草酸酯合成、酯化再生、乙二醇合成和乙二醇精馏[70]。

① 草酸酯合成。草酸酯合成的原料为一氧化碳和亚硝酸甲酯（以下简称亚酯）。由于亚酯分子中含有硝基，在受热、见光或温度超过145℃时会引起链式放热分解反应，有可能引起爆炸等问题。在实际工业化生产中，为控制反应强度，进入反应器的亚酯的含量（体积分数）一般小于15%，一氧化碳的含量（体积分数）小于30%，因此造成氮气、甲烷和氩气等惰性气体含量达到55%以上，大量惰性气体在草酸酯合成和亚酯再生系统内压缩循环，能耗较高。由于这一系统压力均为0.1～0.4MPa的低压，因此，管道和设备的最大

制造能力，限制了目前单套草酸酯合成装置的规模。在数十万吨大型乙二醇项目中，合理的系列配置和相关控制系统的完善水平成为评价工程化竞争力的重要指标。

② 酯化再生。酯化再生系统的主要作用是在草酸酯的合成循环圈中，不间断地把 NO 重新转变为亚酯，作为草酸酯合成的原料。对于大规模工业装置的长期运行，如何最大限度地优化亚酯反应条件，减少副反应，是提高整个装置经济性的关键因素之一。

③ 草酸酯加氢。草酸酯气相加氢使用的铜基催化剂具有反应条件温和、活性高和 EG 选择性好等优点，但抗烧结能力较差。工业上采用氢气和草酸酯分段进料、双反应器串联的方法避免催化剂床层因存在热点导致结焦失活。

④ 乙二醇精馏。我国约有 95%的乙二醇用于聚酯行业，产品能否达到聚酯级的要求，直接影响到非石油路线的发展前景。近十年对草酸酯加氢催化剂的研究表明，出现多种加氢副产物是不可避免的，副产物中沸点分布从常温覆盖到 200℃，如何通过合理设计乙二醇精馏分离系统得到聚酯级产品，对于提高这一路线的竞争力起着关键作用。

(5) 以煤为原料的草酸酯法合成乙二醇工艺的优点

① 采用非石油路线生产乙二醇的技术，该技术拓宽了乙二醇生产的原料范围。

② 羰基化和加氢工艺压力约为 0.5MPa，温度为 150～200℃，反应条件温和，对设备材质要求低，制造容易，节省投资，能耗低，可实现完全国产化。

③ 工艺过程中其他相关配套技术，如煤气化、转换和气体分离均为国内煤化工产业应用的成熟技术。

可见草酸酯法合成乙二醇工艺的工艺要求不高，反应条件温和，如果解决了加氢催化剂稳定性及产品提纯工艺等问题，是目前最有希望大规模工业化生产的合成气合成乙二醇路线。但煤制乙二醇在工艺技术配套成熟度、乙二醇质量稳定性、装置长周期运行及对环境影响等方面还有待进一步完善。

国内自主开发的草酸酯法工艺技术在内蒙古通辽金煤化工公司于 2009 年底建成世界上首套 200kt/a 工业生产装置，2010 年 12 月投产。2012 年 3 月，河南煤化集团和通辽金煤化工公司合资建设的新乡永金化工公司 200kt/a 煤制乙二醇装置也运行投产。

鉴于我国富煤少油，且煤基合成气制乙二醇较石油乙烯路线制乙二醇成本每吨低 1000～1500 元，可以预见，煤制合成气路线生产乙二醇的产能将进一步扩大，成为目前最有可能替代石油乙烯路线的工艺。作为现代煤化工的重点方向之一，煤制乙二醇在 2009 年初就被列入国家《石化产业调整和振兴规划》，目前在建、拟建和规划的煤制乙二醇项目近 30 个，总年产能达 800 多万吨。但目前，煤制聚酯级乙二醇技术尚未完全成熟，最终产品能否达到聚酯级还有待进一步研究。

1.5.3.2 直接合成法合成气制乙二醇

由合成气直接合成乙二醇最早由美国杜邦公司于1947年提出[62]，该工艺技术的关键是催化剂的选择。

（1）化学反应 由反应（1-67）可见，由合成气直接合成乙二醇从原理上讲是原子经济性反应，但此反应属于Gibbs自由能增加的反应，在热力学上很难进行，需要催化剂和苛刻的反应条件。

$$2CO + 3H_2 \rightleftharpoons HOCH_2CH_2OH \quad \Delta G_{500K} = 6.60 \times 10^4 J/mol \tag{1-67}$$

（2）催化剂研究 早期采用的钴催化剂要求的反应条件苛刻，在高温高压条件下乙二醇产率也很低。1971年，美国联合碳化物公司（UCC）首先公布用铑催化剂从合成气制乙二醇，其催化活性明显优于钴，但所需压力仍太高（340MPa），催化剂活性不高且不稳定。20世纪80年代以来，确定为合成气直接合成乙二醇的优良催化剂主要分为铑催化剂和钌催化剂两大类。美国联合碳化物公司采用铑为催化活性组分，以烷基膦和胺等为配体，配制在四甘醇二甲醚溶剂中，反应压力可降至50MPa，反应温度降至230℃，但是合成气转化率和乙二醇选择性仍然很低。钌类催化剂主要利用了咪唑的甲基和苯取代物，据认为咪唑类化合物的强配位作用和碱性作用对反应有利，1-甲基苯异咪唑（NMBI）在四甘醇醚（TGM）存在下，能够把乙二醇选择性提高到70%以上。日本研究的铑和钌均相催化剂体系，乙二醇选择性达57%，产率达259g/(L·h)。日本工业技术院最近获得的一项专利则是以乙酰丙酮基二羰基铑为催化剂，合成气经液相反应制得乙二醇，乙二醇产率可达17.08mol/mol Rh。

目前，直接法的主要问题仍是合成压力太高，所用催化剂在高温下才显示出活性，但在高温下催化剂稳定性变差，因此改进催化剂和助剂，开发在较低压力和温度下显示高活性且稳定的催化剂，仍是直接法研究的重点。

1.5.3.3 甲醇甲醛合成法合成气间接制乙二醇

由于合成气直接合成乙二醇法的难度较大，采用合成气合成甲醇和甲醛，再合成乙二醇的间接法就成为目前研究开发的重点之一。尤其是甲醛，作为直接法合成乙二醇的活性中间体，更是人们研究的重点。甲醇甲醛路线合成乙二醇的研究主要可分成5个研究方向，即甲醇脱氢二聚法、二甲醚氧化偶联法、羟基乙酸法、甲醛缩合法和甲醛氢甲酰化法。上述方法目前仍处于实验室研究阶段，距工业化应用尚有一定距离。

1.5.4 合成气制二甲醚

二甲醚（DME）是结构最简单的醚类化合物，在常温下为无色易燃气体。

二甲醚是一种重要的绿色工业产品，主要应用于气雾剂、制冷剂和发泡剂，或者用于化工原料，生产硫酸二甲酯、碳酸二甲酯、烷基卤化物等。二甲醚生产成本比液化气（LPG）低，国内从 20 世纪 80 年代开始发展煤经合成气直接法或间接法制二甲醚技术，目前 90%以上的二甲醚被用于与液化石油气（LPG）掺烧。二甲醚具有较高的十六烷值，可以替代柴油用作汽车燃料，这也是二甲醚应用的最大潜在市场。

合成气制二甲醚的工艺路线有甲醇脱水工艺（两步法）和合成气直接合成二甲醚工艺（一步法）。甲醇脱水法先由合成气制得甲醇，然后甲醇在固体催化剂作用下脱水制得二甲醚，属于甲醇转化范畴。本节主要介绍合成气直接合成二甲醚工艺。

1.5.4.1 合成气制二甲醚过程中的化学反应

二甲醚合成过程中主要发生合成甲醇反应和甲醇脱水反应，同时伴随 CO 的变换反应。

甲醇合成反应：

$$CO + 2H_2 \longrightarrow CH_3OH \qquad \Delta H^{\ominus} = -90.4\text{kJ/mol} \tag{1-68}$$

甲醇脱水反应：

$$2CH_3OH \longrightarrow CH_3OCH_3 + H_2O \qquad \Delta H^{\ominus} = -23.4\text{kJ/mol} \tag{1-69}$$

水气变换反应：

$$CO + H_2O \longrightarrow CO_2 + H_2 \qquad \Delta H^{\ominus} = -41.0\text{kJ/mol} \tag{1-70}$$

1.5.4.2 一步法合成气制二甲醚催化剂

一步法合成气直接合成二甲醚工艺是以合成气（$CO + H_2$）为原料，合成甲醇和甲醇脱水反应在一个反应器中完成。一步法合成二甲醚多采用双功能催化剂。

理论上说，在相同的反应条件下由合成气生成 DME 比生成甲醇的平衡转化率高，因此一步法合成二甲醚比两步法在化学热力学上要合理，但需要开发高性能的催化剂才能发挥一步法在化学热力学上的优势。

目前针对一步法合成二甲醚所开发的催化剂均为金属-酸双功能催化剂，即由具有合成甲醇活性的金属催化剂与具有甲醇脱水催化活性的固体酸催化剂复合而成。Cu/Zn 系列是使用最广的合成甲醇催化剂，而甲醇脱水催化剂主要是 γ-Al_2O_3和以 HZSM-5 为代表的分子筛。

针对合成气一步法合成二甲醚催化剂体系的研究主要集中在以下几个方面：两种催化功能的配方选择及复合方法；助剂的作用；催化反应工艺研究。两种催化功能的复合方法有干混法、湿混法、共沉淀法和浸渍法。相对来说，共沉淀法和浸渍法制备效果较好，有利于发挥金属-酸双功能催化协同作用，更容易得到较高的CO转化率和二甲醚选择性。另外，可以使用Ca、Mg、W和V等组分作为助剂，调整催化剂的酸催化功能与金属催化功能相匹配。表1-15列出部分研究机构开发的合成气一步法合成二甲醚催化剂的性能[62]。

表 1-15　合成气一步法合成二甲醚催化剂的性能

项目	Topsφe	大连化物所	兰州化物所	山西煤化所	浙江大学	清华大学
催化剂	Cu 基 Al_2O_3 或分子筛	Cu/Zn/Ce/HZSM-5	Cu/Zn/Zr/Sr/HZSM-5	Cu 基/固体酸	Cu/Mn/γ-Al_2O_3	Cu/Zn/B/γ-Al_2O_3
反应温度/℃	210～290	235	285	280	240	250
反应压力/MPa	7.0～8.0	3.5～4.5	4.0	4.0	6.0	3.0
空速/h^{-1}	约 1200	1000	1000	4500	约 1500	1000
H_2/CO	2.0	2.0	2.0	2.0	1.5	2.0
CO 转化率/%	60～70	>75	74～85	60	60～83	
DME 选择性/%		约 100	97.5～98.0	80～85	95	
时空收率/[kg/(m^3·h)]					280.0	272.3

1.5.4.3　一步法合成气制二甲醚反应器

合成气一步法合成二甲醚有固定床和浆态床两类工艺。丹麦Topsφe公司曾在林拜的50kg/d DME中试装置上完成12000h运转。国内清华大学、兰州化物所、大连化物所和浙江大学也先后开展了一步法二甲醚固定床催化剂技术、单管放大试验以及千吨级工业试验研究。固定床工艺简单，但CO转化率不高，气体循环量大，再加上CO_2与二甲醚分离困难，因此固定床工艺大型化困难，目前研究更多的是浆态床工艺。

在浆态床工艺中，反应器结构简单，溶剂热容量大，反应热移出容易，更容易实现等温操作，催化剂不易因温度失控而结焦失活。研究表明，浆态床比固定床的CO转化率、原料气H_2/CO比值低，便于使用富含CO的煤基合成气为原料。表1-16列出部分代表性合成气一步法合成二甲醚浆态床工艺研究结果[62]。

表 1-16　一步法合成二甲醚浆态床工艺研究结果

项目	NKK	APCI	山西煤化所	华东理工大学
合成气来源	天然气/煤	煤	天然气	天然气/煤
H_2/CO	1.0	0.7	2.0	0.672 : 0.280
反应温度/℃	250～280	250～280	250～300	230～270

续表

项目	NKK	APCI	山西煤化所	华东理工大学
反应压力/MPa	3～7	5～10	5	3～5
单程转化率/%	55～60	33	50～65	75～84
选择性/%	DME：99.5	DME：30～80 联产甲醇	DME：80～85	DME：88～94
规模	1999年5t/d中试	1999年10t/d中试	ϕ250mm × 10000mm 中试	2002年小试

1.5.4.4 一步法合成气制二甲醚工艺

一步法合成气制二甲醚代表性工艺有中国石化集团液相一步法工艺、清华大学液相一步法工艺、日本钢管公司（NKK）液相一步法工艺及美国空气产品和化学品公司（ACPI）液相一步法工艺。

(1) 中国石化集团（Sinopec）液相一步法工艺　中国石化集团与华东理工大学和清华大学合作，于2000年立项开发以浆态床为基础的合成气一步法制二甲醚项目，并完成了年产30000t二甲醚通用基本工艺包，以投资少、效率高、工艺稳定可靠为原则，提出“一床双返三塔”新工艺[71]，其工艺流程如图1-51所示。“一床双返三塔”的“一床”指使用浆态床或固定床单台反应器，“双返”指流程中有2股返回物流，“三塔”指吸收塔、产品分离塔和甲醇回收塔。

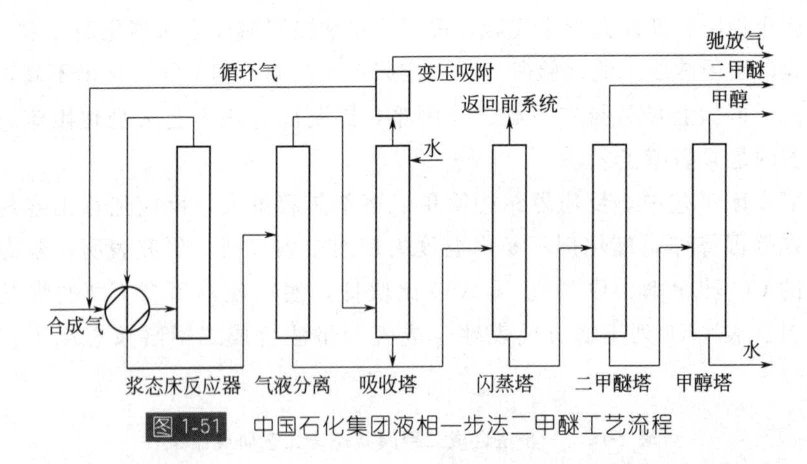

图1-51　中国石化集团液相一步法二甲醚工艺流程

(2) 清华大学液相一步法工艺　清华大学在20世纪90年代与美国空气产品和化学品公司（APCI）合作开展一步法二甲醚合成技术开发，开发出一步法二甲醚合成工艺（图1-52），于2004年在重庆英力燃化有限公司建成3000t/a二甲醚中试装置，对全流程进行了250h标定，CO转化率达到约60%，醇醚中二甲醚选择性在90%以上，产品纯度可根据需要在93%～99.5%之间调节。

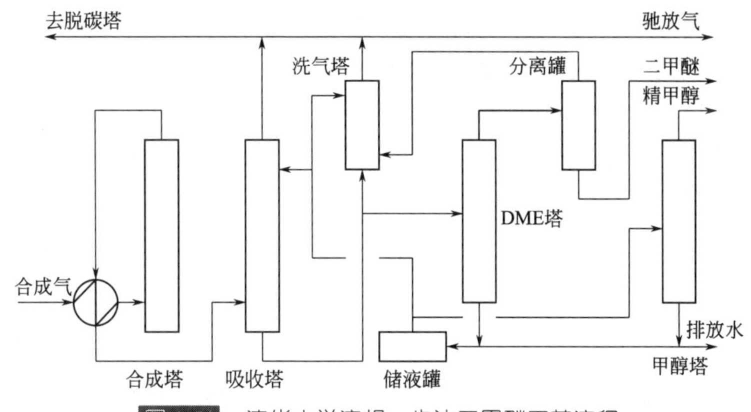

图1-52 清华大学液相一步法二甲醚工艺流程

(3) NKK液相一步法工艺 日本钢管公司（NKK）开发的浆态床合成气一步法制二甲醚工艺流程如图1-53所示[72]。该工艺可以使用天然气/煤/液化石油气为原料，制得的合成气冷却后经压缩至5～7MPa后进吸收塔脱CO_2，再经活性炭吸附塔脱硫后换热至200℃进入反应器，出反应器的混合物料经冷却后进行气液分离，未反应的气相循环回前系统。液相经过分离得到高纯度的二甲醚和甲醇产品，污水通过水处理回收利用。

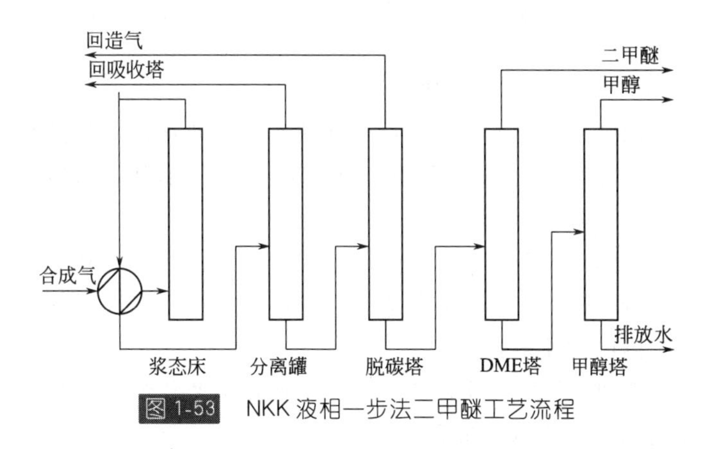

图1-53 NKK液相一步法二甲醚工艺流程

(4) ACPI液相一步法工艺 美国空气产品和化学品公司（APCI）在美国能源部资助下开发了液相一步法合成二甲醚工艺（图1-54），用于生产柴油替代燃料[72]。该公司在15t/d中试装置上对工艺进行了测试。反应器操作温度为200～350℃，压力为2.76～10.3MPa，浆态床中催化剂含量（质量分数）为10%～15%，催化剂平均粒度为140目，原料气空速为1000～15000h^{-1}，催化剂为CuO-

$ZnO-Al_2O_3/\gamma-Al_2O_3$。在该工艺中，合成气与循环气混合，经换热升温后进入浆态床反应器。反应器顶部出来的混合物经过换热降温后进入集油罐除去夹带的油和催化剂，然后进入分离塔。分离塔塔顶得到的含未反应原料以及少量甲醇和二甲醚的气相大部分循环回反应器，小部分用作吹扫气，并用甲醇洗涤回收吹扫气中夹带的二甲醚。回收液与二甲醚分馏塔所得到的二甲醚产品混合作为燃料级二甲醚产品出装置。分离塔底得到的液相物料经二甲醚分馏塔塔顶分离出二甲醚，塔底物料经甲醇分馏塔分离出甲醇，污水经处理后回用。

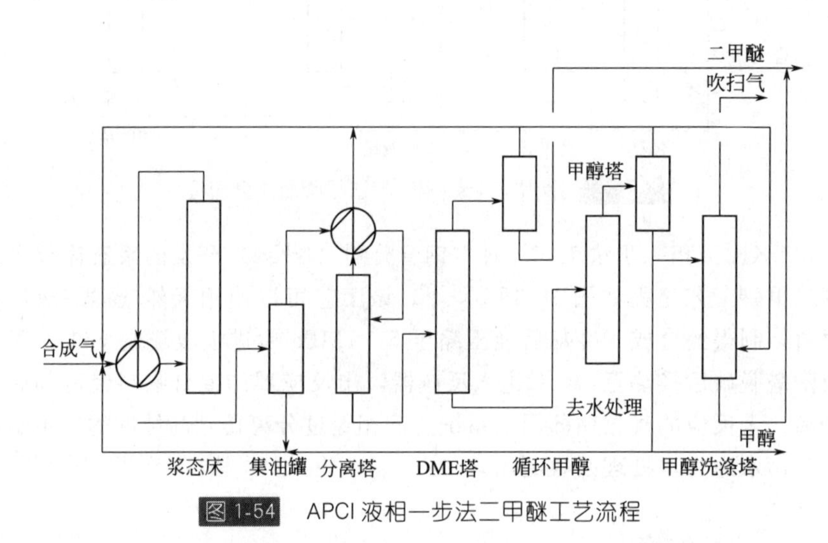

图1-54 APCI 液相一步法二甲醚工艺流程

1.5.4.5 合成气制二甲醚技术产业化现状

国内外两步法二甲醚生产技术均已成熟并实现工业化，单套装置规模已达到100万吨/年以上。两步法合成二甲醚技术的甲醇转化率可以达到75%～85%，二甲醚选择性大于99%，工艺成熟简单，对设备材质无特殊要求，基本上无“三废”及腐蚀问题，装置易于大型化，是目前国内外生产二甲醚的主要方法。国际上以德国鲁奇公司的技术具有代表性。国内以西南化工研究院的自主开发技术为代表，在国内已转让多套。

目前一步法合成二甲醚技术国内外均无工业化生产装置。国内一步法合成二甲醚技术研究遇到的主要问题如下。

① 原料利用率低。在一步法反应产物中每生成1分子二甲醚要同时生成1分子CO_2。早期普遍认为CO_2是副反应生成的，可以通过改进催化剂来避免CO_2的生成。但目前一些学者经过研究认为CO_2是主反应的产物。CO_2的利用价值很低，因此合成气的原料利用率仅有51%，导致成本高。

② 催化剂使用寿命短。目前使用的催化剂长期使用稳定性仍达不到工业化

要求。而且目前开发的双功能催化剂，其金属催化功能和酸催化功能的最佳反应温度范围不是完全匹配，温度低时金属催化功能达不到理想活性，提高反应温度会降低酸催化功能组分的稳定性，致使整个催化剂寿命缩短。目前所采用的催化剂寿命均不到 6 个月。

③ 产品分离难度大。一步法反应器出口的混合物料中含有 CO、H_2、CO_2、二甲醚、甲醇和水等，其中 CO_2 和二甲醚的沸点低，要采用吸收的办法，需要大量的吸收液循环，动力消耗大。另一个难题是 CO_2 与二甲醚的分离，为了避免外排的 CO_2 带走大量的二甲醚，必须进行精馏，而在 32℃以上无法用循环冷却水冷凝，只能用冷媒作为冷却介质，这就要消耗大量电力。

总之，一步法合成二甲醚技术目前尚不成熟，欲实现工业化应用尚需进一步研究。

参 考 文 献

[1] Yin H，Ding Y，Luo H，et al. The performance of C_2 oxygenates synthesis from syngas over Rh-Mn-Li-Fe/SiO_2 catalysts with various Rh loadings. Energy & Fuels，2003，17 (6)：1401-1406.

[2] 王辅臣，于广锁，龚欣，等. 大型煤气化技术的研究与发展. 化工进展，2009，28 (2)：173-180.

[3] 王旭宾. 德士古煤气化工程技术问题的探讨. 煤气与热力，2004，24 (4)：197-199.

[4] 贺永德. 现代煤化工技术手册. 北京：化学工业出版社，2004.

[5] 孙启文. 煤炭间接液化. 北京：化学工业出版社，2012.

[6] 于遵宏，王辅臣. 煤炭气化技术. 北京：化学工业出版社，2010.

[7] 许世森，张东亮，任永强. 大规模煤气化技术. 北京：化学工业出版社，2006.

[8] 王锦，贺根良，朱春鹏，等. 煤气化技术选择依据. 广州化工，2009，37 (5)：26-31.

[9] 于遵宏，龚欣，吴韬，等. 多喷嘴对置水煤浆（或粉煤）气化炉及其应用. CN98110616. 1. 1998.

[10] 刘海峰，王辅臣，于遵宏，等. 撞击流反应器内微观混合过程研究. 华东理工大学学报：自然科学版，1999，25 (3)：228-232.

[11] 汪寿建. Shell 煤气化关键设备设计探讨. 气体净化，2003，3 (5)：11-13.

[12] 王辅臣，吴韬，于建国，等. 射流携带床气化炉内宏观混合过程研究.（Ⅲ）过程分析与模拟. 化工学报，1997，48 (3)：337-346.

[13] 朱铭，徐道一，孙文鹏，等. 世界煤地下气化的快速发展. 自然杂志，2012，34 (3)：161-166.

[14] Linc Energy-Wikipedia. The free encyclopedia. 2011-04-10. http：//en. wikipedia. org/wiki/Linc _ Energy.

[15] 朱铭，徐道一，孙文鹏，韩孟，余学东. 世界煤地下气化的快速发展. 自然杂志，

2012，34（3）：161-180.

［16］徐建培，司千字，张兆响，等. 煤炭地下气化技术经济评价体系研究. 煤炭经济研究，1999，（9）：57-59.

［17］赵克孝，上官科峰，卢熹. 低碳经济背景下的煤炭地下气化技术. 洁净煤技术，2011，（6）：1-4.

［18］Bell D A，Towler B F，Fan M. Coal Gasification and its Applications. Elsevier，2011.

［19］Pirard J P，Brasseur A，Coeme A，et al. Results of the tracer tests during the El Tremedal underground coal gasification at great depth. Fuel，2000，（79）：471-478.

［20］Brasseur A，Antenucci D，Bouquegneau J M，et al. Carbon stable isotope analysis as a tool for tracing temperature during the El Tremedal underground coal gasification at great depth. Fuel，2002，（81）：109-117.

［21］Perkins G，Sahajwalla V. A mathematical model for the chemical reaction of a semi-infinite block of coal in underground coal gasification. Energy & Fuels，2005，(19)：1679-1692.

［22］梁杰，张彦春，魏传玉，等. 昔阳无烟煤地下气化模型试验研究. 中国矿业大学学报，2006，35（1）：26-27.

［23］张乾坤，李建伟. 煤炭低温氧化过程的动态模拟. 科技信息（学术研究），2008，（15）：1-6.

［24］Bohlbro H. An Investigation on the Kinetics of Conversion of Carbon Monoxide with Water Vapor over Iron Oxide Based Catalysts. 2nd Edtion. Copenhagen：Gellerup，1969.

［25］Podolski W F，Kim Y G. Modeling the water-gas shift reactions. Ind Eng Chem Res，1974，13（4）：415-421.

［26］Fott P，Vosolsobe J，Glaser V. Kinetics of the carbon monoxide conversion with steam at elevated pressures. Collect Czech Chern Commun，1979，（44）：652-659.

［27］Chinchen G C，Logan R H，Spencer M S. Water-gas shift reaction over iron oxide/chromium oxide catalyst.（Ⅱ）Stability of activity. Appl Catal，1984，12（1）：89-96.

［28］吕待清. B107中温变换催化剂反应动力学测试. 化肥与催化，1984，（4）：9-14.

［29］崔波. 低汽/气 LB 型中温变换催化剂宏观动力学研究. 化肥与催化，1988，（4）：1-4.

［30］邱世庭，潘银珍，丁自全，等. DG 中温变换催化剂本征动力学研究. 化肥与催化，1988，（3）：8-14.

［31］李杰，刘庆. B108 中温变换催化剂宏观动力学的研究. 燃料化学学报，1989，17（4）：337-343.

［32］刘全生，金恒芳. SB-5 型 Co-Mo 耐硫变换催化剂本征动力学的研究. 天然气化工，1992，17（5）：7-11.

［33］刘全生，金恒芳. 在 BX 型中温变换催化剂上 CO 变换反应本征动力学的研究. 内蒙古工业大学学报，1994，13（2）：20-28.

［34］牟占军，钟杰，刁丽彤，等. 铁系无铬型高温变换催化剂本征动力学研究. 工业催化，1998，（5）：32-37.

[35] 李绍芬，刘邦荣，高文新，等. 在工业催化剂上水煤气变换反应宏观动力学. 化工学报，1984，(4)：303-310.

[36] 潘银珍，朱子彬，徐懋生，等. 中温变换B110-2型催化剂宏观动力学研究. 燃料化学学报，1989，17 (2)：147-155.

[37] 魏广学，陈五平，荣桂安. 钴钼系催化剂一氧化碳加压变换反应动力学研究. 氮肥设计，1994，32 (3)：14-18.

[38] 陈卫，廖晓春，王迎春. QCS-04耐硫变换催化剂的加压宏观动力学研究. 工业催化，1998，14：63-67.

[39] 李建伟，李成岳. LB中温变换催化剂宏观动力学研究. 化工科技，2000，8 (3)：1-5.

[40] 段秀琴. 一氧化碳变换工艺与节能. 山西化工，2001，(21)：18-20.

[41]《化肥工业大全》编委会. 化肥工业大全. 北京：化学工业出版社，1988.

[42] 刘全生，张前程，马文平，等. 变换催化剂研究进展. 化学进展，2005，17 (3)：389-398.

[43] 牟占军，刁丽彤，刘全生，等. 铁系无铬型CO高温变换催化剂在常压系统中的工业应用. 化肥工业，2001，28 (3)：40-42.

[44] 林性贻，徐建本，郑起，等. 化肥催化剂现状与发展趋势. 工业催化，1998，6 (6)：37-41.

[45] 肖源弼. 国外高变催化剂的发展. 化肥工业，1992，(1)：10-12.

[46] 李速延，周晓奇. CO变换催化剂的研究进展. 煤化工，2007，(2)：31-34.

[47] 向德辉，刘惠云. 化肥催化剂实用手册. 北京：化学工业出版社，1992：142-217.

[48] 路春荣，李芳玲，宋晓军. 耐硫变换催化剂失活原因综述. 化肥工业，1999，(6)：9-12.

[49] 唐宏青. 低温甲醇洗净化技术. 中氮肥，2008，(1)：1-7.

[50] 陈丽华，李智. 栲胶法和NHD法脱硫的应用比较. 小氮肥，2011，39 (3)：14-16.

[51] 何建平. 炼焦化学产品回收与加工. 北京：化学工业出版社，2005.

[52] 郭汉贤，苗茂谦，张允强，等. 我国脱硫技术的回顾及展望. 煤化工，2003，(2)：51-54.

[53] 张清建，孔渝华，王先厚，等. EZ-2宽温氧化锌精脱硫剂的工业应用. 天然气化工，2006，(5)：41-43.

[54] 钱水林. 近期合成原料气精脱硫技术综述. 小氮肥设计技术，1996，(3)：21-26.

[55] 纪容昕. 我国脱硫技术的回顾及展望. 化学工业与工程技术，2002，23 (1)：29-34.

[56] 亢万忠. 活性MDEA与低热苯菲尔脱碳工艺技术比较. 大氮肥，1998，21 (1)：49-52.

[57] 冯云，孙亚非，朱丽萱，等. MDEA脱碳技术及应用. 泸天化科技，2005，(3)：191-193.

[58] 王波. 几种脱碳方法的分析比较. 化肥设计，2007，45 (2)：34-37.

[59] 孙守田，张再强. 变压吸附法脱除变换气中二氧化碳的技术总结. 氮肥技术，2012，

33 (1)：9-14.

[60] 刘清华，刘东方. 克劳斯硫回收装置的分析应用. 化肥工业，2008，35 (1)：69-70.

[61] 刁九华. SCOT 硫黄尾气处理技术改进综述. 气体脱硫与硫黄回收，2006，(2)：20-23.

[62] 唐宏青. 现代煤化工新技术. 北京：化学工业出版社，2009.

[63] 蔺华林，李克健，赵利军. 煤制天然气高温甲烷化催化剂研究进展. 化工进展，2011，30 (8)：1739-1743.

[64] 李大尚. 煤制合成天然气竞争力分析. 煤化工，2007，(6)：3-7.

[65] 孙启文，吴健民，张宗森，等. 煤间接液化技术及其研究进展. 化工进展，2013，32 (1)：1-12.

[66] 苏海全，张晓红，丁宁，等. 费托合成催化剂的研究进展. 内蒙古大学学报：自然科学版，2009，40 (4)：499-513.

[67] 尹国海. 我国乙二醇生产技术现状及市场前景. 中外能源，2012，17 (12)：62-68.

[68] 李新柱，陈瑶，陈吉强. 煤化工路线合成乙二醇技术研究进展. 煤化工，2007，(3)：15-18.

[69] 江镇海. 国内外合成气制乙二醇技术进展. 合成技术及应用，2010，25 (4)：27-30.

[70] 王志峰. 国内乙二醇技术现状及技术经济分析. 化肥设计，2011，49 (4)：7-10.

[71] 唐宏青，房鼎业. 合成气一步法制二甲醚基本工艺包设计简介. 大氮肥，2004，27 (2)：98-99.

[72] 梁生荣，何力，张君涛，等. 合成气一步法合成二甲醚的研究进展. 西安石油学院学报：自然科学版，2002，17 (1)：49-53.

第2章 Rh基催化剂上合成气直接制C_2含氧化合物

2.1 引言

1922年，德国学者Fischer和Tropsch发现，在添加碱金属的Fe催化剂上CO加氢可以生成烃类；随着反应压力提高到10.0MPa以上，产物中含氧化合物的选择性快速升高。研究发现，在合成甲醇的$ZnO\text{-}Cr_2O_3$催化剂中加入碱性助剂时，产物中异丁醇含量显著增加，由此首个异丁醇工厂在德国建立。20世纪40～50年代，由于中东、阿拉斯加和北海等地区大油田的发现，丰富而廉价的石油成为化学工业的主要原料，以煤炭为主要原料的合成气工艺变得不经济，因此，仅有少数科学家在从事合成气转化的研究，而且主要集中在理论方面。1973年，世界性的石油危机使人们认识到开发和利用非石油资源的重要性，从此，以煤炭和天然气为基础的合成气转化技术重新得到许多工业化国家的重视。

乙醇、乙醛和乙酸等C_2含氧化合物的应用十分广泛，且具有较高的经济价值，所以由合成气生产C_2含氧化合物的技术备受关注[1]。图2-1给出了由合成气制乙醇的路径。可以看出，由合成气出发，可以通过至少四个路径制得乙醇。

① 合成气制得甲醇，后者在Cu/Co催化剂作用下同系化生成乙醇。

$$CO(g) + 2H_2(g) \longrightarrow CH_3OH(g) \tag{2-1}$$

$$\Delta H_{298}^{\ominus} = -90.5\text{kJ/mol}，\Delta G_{298}^{\ominus} = -25.1\text{kJ/mol}$$

$$CH_3OH(g) + CO(g) + 2H_2(g) \longrightarrow C_2H_5OH(g) + H_2O(g) \tag{2-2}$$

$$\Delta H_{298}^{\ominus} = -165.1\text{kJ/mol}，\Delta G_{298}^{\ominus} = -97.0\text{kJ/mol}$$

② 甲醇羰基化制得乙酸，后者在Pt或Pd基催化剂作用下加氢得到乙醇。

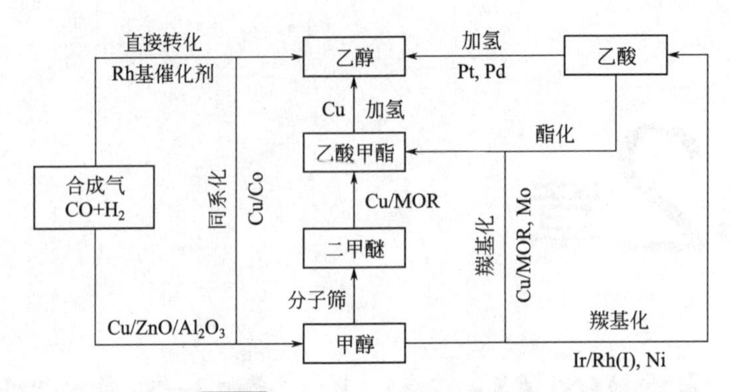

图 2-1 由合成气制乙醇的路径

$$CH_3OH(g) + CO(g) \longrightarrow CH_3COOH(g) \tag{2-3}$$

$$\Delta H^{\ominus}_{298} = -123.3kJ/mol，\Delta G^{\ominus}_{298} = -77.0kJ/mol$$

$$CH_3COOH(g) + 2H_2(g) \longrightarrow C_2H_5OH(g) + H_2O \tag{2-4}$$

$$\Delta H^{\ominus}_{298} = -41.7kJ/mol，\Delta G^{\ominus}_{298} = -19.9kJ/mol$$

③ 甲醇或二甲醚（DME）羰基化，或甲醇与乙酸进行酯化反应制得乙酸甲酯，后者在 Cu 基催化剂作用下氢解制得乙醇。

$$2CH_3OH(g) + CO(g) \longrightarrow CH_3COOCH_3(g) + H_2O(g) \tag{2-5}$$

$$\Delta H^{\ominus}_{298} = -139.0kJ/mol，\Delta G^{\ominus}_{298} = -87.9kJ/mol$$

$$2CH_3OH(g) \longrightarrow CH_3OCH_3(g) + H_2O(g) \tag{2-6}$$

$$\Delta H^{\ominus}_{298} = -23.51kJ/mol，\Delta G^{\ominus}_{298} = -16.51kJ/mol$$

$$CH_3OCH_3(g) + CO(g) \longrightarrow CH_3COOCH_3(g) \tag{2-7}$$

$$\Delta H^{\ominus}_{298} = -115.45kJ/mol，\Delta G^{\ominus}_{298} = -71.37kJ/mol$$

$$CH_3COOH(g) + CH_3OH(g) \longrightarrow CH_3COOCH_3(g) + H_2O(g) \tag{2-8}$$

$$\Delta H^{\ominus}_{298} = -15.79kJ/mol，\Delta G^{\ominus}_{298} = -10.9kJ/mol$$

$$CH_3COOCH_3(g) + 2H_2(g) \longrightarrow C_2H_5OH(g) + CH_3OH(g) \tag{2-9}$$

$$\Delta H^{\ominus}_{298} = -25.98kJ/mol，\Delta G^{\ominus}_{298} = -9.29kJ/mol$$

④ CO 加氢直接合成乙醇。

$$2CO + 4H_2(g) \longrightarrow C_2H_5OH(g) + H_2O(g) \tag{2-10}$$

$$\Delta H^{\ominus}_{298} = -255.61kJ/mol，\Delta G^{\ominus}_{298} = -122.48kJ/mol$$

上述四个途径中，前三个都依附于甲醇或乙酸工业，而合成气制甲醇和甲醇羰基化制乙酸都已实现大规模工业应用，且技术成熟。在世界范围内，特别是在我国甲醇和乙酸产能过剩，以甲醇或乙酸为起始原料制取乙醇技术正引起工业界和学术界的高度关注。但总体而言，由合成气直接制乙醇和乙酸等 C_2 含氧化合物过程可大大简化现有的生产工艺，具有显著的经济效益；从化学的原子利用率上看，CO 加氢制取 C_2 含氧化合物，尤其是生成乙酸的反应，其碳原子、氢原子和氧原子利用率均为 100%，明显优于传统的生成烃类的反应（即费托合成）；在学术意义上，不仅可以加深和丰富人们对合成气反应体系内在规律的认识，推动 C1 化学催化理论的发展，而且有可能开发出合成气转化的新工艺，蕴藏着潜在的应用价值，因而该过程长期以来受到特殊的关注。本章将详细介绍该过程的研究现状、主要成果和进展，其余途径将分章叙述。

2.2 合成气直接制乙醇等 C_2 含氧化合物的热力学分析

为了更好地理解、掌握和控制 CO 加氢生成 C_2 含氧化合物的反应过程，有必要对 CO 加氢制取乙醇等 C_2 含氧化合物的过程进行热力学分析。该过程主要涉及下列几个反应：

$$2CO(g) + 4H_2(g) \longrightarrow C_2H_5OH(g) + H_2O(g) \tag{A}$$

$$2CO(g) + 3H_2(g) \longrightarrow CH_3CHO(g) + H_2O(g) \tag{B}$$

$$2CO(g) + 2H_2(g) \longrightarrow CH_3COOH(g) \tag{C}$$

$$CO(g) + 3H_2(g) \longrightarrow CH_4(g) + H_2O(g) \tag{D}$$

$$2CO(g) + 5H_2(g) \longrightarrow C_2H_6(g) + 2H_2O(g) \tag{E}$$

$$2CO(g) + 4H_2(g) \longrightarrow C_2H_4(g) + 2H_2O(g) \tag{F}$$

表 2-1 为不同温度时上述各反应的焓变 $\Delta_r H^\ominus$ 和自由能变 $\Delta_r G^\ominus$。由表可见，各反应均为放热过程，且反应温度对各反应的焓变 $\Delta_r H^\ominus$ 的影响不大。一个反应在一定温度下能否自动进行，可根据该反应的自由能变 $\Delta_r G^\ominus$ 来判断。可以看出，在 298K 时各反应在热力学上都比较容易进行，其中以 CO 加氢生成乙烷和甲烷的反应最有利。随着反应温度的升高，$\Delta_r G^\ominus$ 越来越大；至 543K 以上时，生成乙醇、乙醛和乙酸等 C_2 含氧化合物反应的 $\Delta_r G^\ominus$ 变成正值，而生成甲烷和乙烷反应的 $\Delta_r G^\ominus$ 仍是负的。因此，在热力学上甲烷的生成最有利，而 C_2 含氧化合物的生成则极为不利。

表 2-1 不同温度各反应的焓变 $\Delta_r H^\ominus$ 和自由能变 $\Delta_r G^\ominus$[2] 单位：kJ/mol

反应	298K		543K		563K		583K		603K	
	$\Delta_r H^\ominus$	$\Delta_r G^\ominus$	$\Delta_r H^\ominus$	$\Delta_r G^\ominus$	$\Delta_r H^\ominus$	$\Delta_r G^\ominus$	$\Delta_r H^\ominus$	$\Delta_r G^\ominus$	$\Delta_r H^\ominus$	$\Delta_r G^\ominus$
A	−255.3	−122.2	−270.2	12.7	−271.2	23.9	−272.2	35.0	−273.1	46.2
B	−186.9	−87.3	−198.4	12.8	−199.1	21.0	−199.9	29.3	−200.7	37.6
C	−213.6	−102.0	−223.5	7.5	−224.1	16.4	−224.7	25.3	−225.2	34.2
D	−205.9	−142.0	−216.4	−76.6	−217.2	−71.1	−218.0	−65.7	−218.8	−60.3

续表

反应	298K		543K		563K		583K		603K	
	$\Delta_r H^\ominus$	$\Delta_r G^\ominus$	$\Delta_r H^\ominus$	$\Delta_r G^\ominus$	$\Delta_r H^\ominus$	$\Delta_r G^\ominus$	$\Delta_r H^\ominus$	$\Delta_r G^\ominus$	$\Delta_r H^\ominus$	$\Delta_r G^\ominus$
E	−346.9	−215.4	−364.5	−81.3	−365.8	−70.1	−367.0	−59.0	−368.2	−47.9
F	−210.1	−114.4	−223.8	−17.2	−224.8	−9.2	−225.8	−1.2	−226.8	6.8

通过上述各反应在不同温度下的平衡常数（由 $\Delta_r G^\ominus$ 值计算得到），可以得到温度、压力和 H_2/CO 比对各反应的 CO 平衡转化率的影响，结果如图 2-2 所示。可以看出，反应温度对生成甲烷和乙烷反应的 CO 平衡转化率几乎没有影响，而对 C_2 含氧化合物的生成影响较大，随着温度的升高，CO 平衡转化率明显下降。

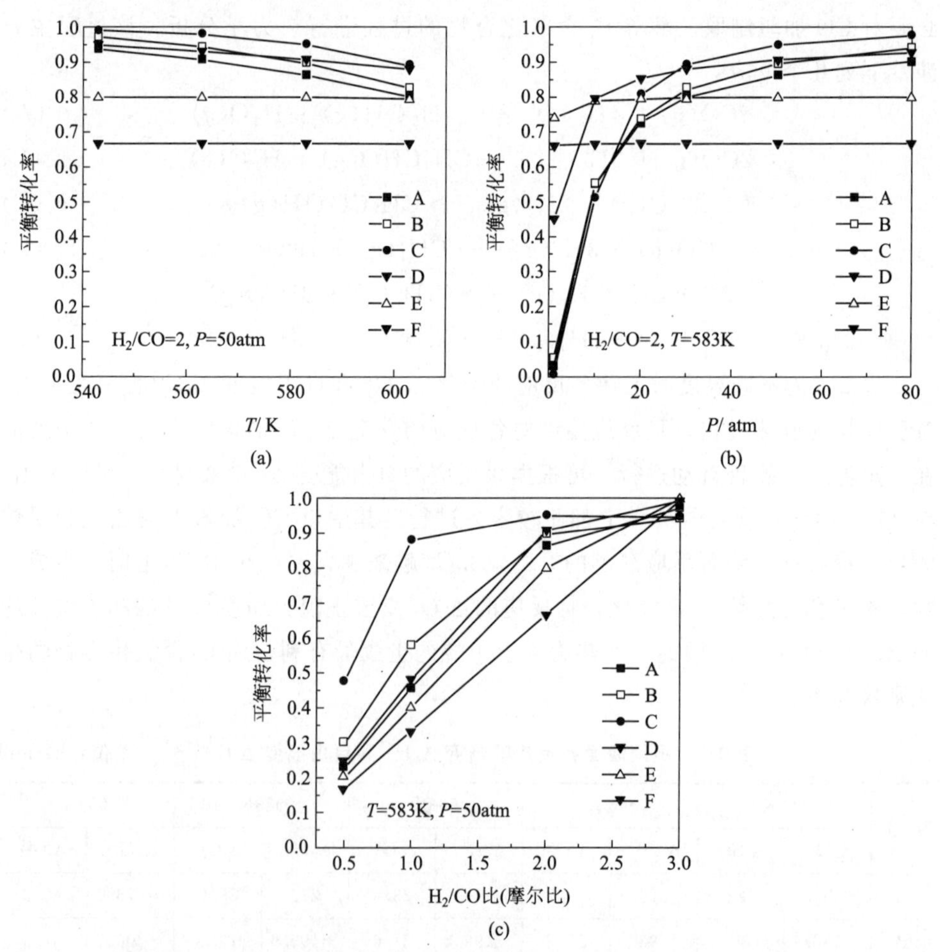

图 2-2 温度、压力和 H_2/CO 比对各反应的 CO 平衡转化率的影响[2]

反应压力对甲烷和乙烷生成反应的 CO 平衡转化率几乎没有影响，而生成乙醇、乙醛和乙酸的 CO 平衡转化率却随着压力由常压变化到 30atm❶ 时急剧上升，继续升高压力，CO 平衡转化率增幅明显减缓。另外还可以看到，高压在热力学上不利于加氢，因为随着压力升高，生成乙酸时 CO 平衡转化率最高，乙醛次之，乙醇最低，而在较低压力时，生成这三种 C_2 含氧化合物时 CO 平衡转化率相差无几。

由图 2-2 可见，CO 加氢生成乙醇、乙醛、乙酸和乙烯的反应在 H_2/CO 比超过 2 以后，其 CO 平衡转化率增加不大，而生成乙烷，特别是甲烷的 CO 平衡转化率随着 H_2/CO 比从 0.5 变化到 3 而直线上升，这说明在热力学上 CO 加氢可以完全转化为甲烷和乙烷。

综上所述，低温、高压以及不大于 2 的 H_2/CO 比在热力学上有利于乙醇等 C_2 含氧化合物的生成。然而，生成甲烷和乙烷等烃类反应的平衡常数远远大于生成 C_2 含氧化合物，从而导致乙醇等 C_2 含氧化合物的生成在热力学上处于极为不利的状态。因此，最重要和最有效的手段就是开发具有高选择性的催化剂，以及在动力学上抑制甲烷等烃类的生成，提高乙醇等 C_2 含氧化合物选择性和时空收率。

2.3 均相催化体系[3]

目前，用于合成气直接制乙醇等 C_2 含氧化合物的催化体系包括均相和多相，本节简要介绍其中的均相催化体系。早期文献报道的相关催化体系及其反应结果见表 2-2。可以看出，所报道的催化体系以 Rh 为活性组分，产物主要是乙二醇(EG) 或甲醇，而乙醇的生成活性和选择性都非常低，甚至没有乙醇生成。后来 UC 公司和 Texaco 公司都开发了以 Ru 为活性组分和以羧酸为溶剂的催化体系，其催化合成气转化反应的活性较高；随后 UC 公司的研究者在催化体系中加入极性溶剂和卤素，Texaco 公司则以熔化的硫酸盐为溶剂。总体而言，该催化体系上进行的 CO 加氢反应的主要产物是甲烷和甲醇，特别是加入少量 LiCl 时，生成甲烷和乙醇的摩尔比大于 2。

20 世纪 80 年代以后，尽管 Ru 基催化体系得到了改进，乙醇的生成活性和选择性有所提高，但都很难降低产物甲烷的选择性。当以溶于三丙基膦氧化物中的 $Ru_3(CO)_8$ 为催化剂，碘化物为助剂时，反应产物是甲醇、乙醇和甲烷，在 240℃和 28MPa 条件下，乙醇收率为 46g/(L cat·h)[4]。Texaco 公司以 RuO-Bu_4PI 为催化剂进行合成气制醇醚燃料反应，结果表明，在 220℃和 43.7MPa 条件下，乙醇选择性达 60%[5]。

---

❶ 1atm=101325Pa。

表 2-2 合成气直接制乙醇均相催化体系

公司或机构	催化体系	反应条件		主要产物	乙醇		
		温度/℃	压力/bar		TOF/[mol/(g Ru·h)]	STY/[g/(L cat·h)]	选择性/%
UC	Rh-THF	230	3400	EG，PG，MeOH，MF	—	—	—
UC	Rh-bipyridyl-THF	230	3400	EG，PG，MeOH，MF，EtOH	—	—	—
UC	Rh-2-PyOH-alkaline salt-TG	220	560	EG，MeOH，MF，EtOH	—	—	—
UC	Co-*p*-dioxide	182	300	MeOH，EtOH，PrOH，MF	—	—	—
UC	Rh-PyOH-*n*-PrOH	230	1750	EG，MeOH，MF	—	—	—
UC	Rh-3-PyOH-TG	230	1735	EG，MeOH	—	—	—
UC	Ru-THF	268	1300	MeOH，MF	—	—	—
Texaco	Ru-Bu_4POAc-AcOH	220	429	MeOH，EtOH	3	9	33
UC	Ru-LiCl-TG	260	880	MeOH，EtOH	19	35	35
UC	Ru-NMP	230	2000	MeOH，EtOH	非常低	非常低	非常低
Nat Dis	Ru-HCl-LiBr-NMP	250	315	MeOH，EtOH	27	46	42
UC	Ru-Me_4NI-Pr_3PO	210	875	MeOH，EtOH	21	118	48
Texaco	Ru-Bu_4PBr	220	280	MeOH，EtOH	4	约 23	33

注：1. MeOH 表示甲醇；EtOH 表示乙醇；PrOH 表示丙醇；MF 表示甲醛；EG 表示乙二醇；PG 表示丙二醇。
2. 1bar$=10^5$Pa。

研究表明，在均相合成气反应中，首先生成了甲醇中间体，然后进一步反应生成乙醇。基于此，日本 C1 工程研究组对 Ru 基催化体系进行了较为系统的研究，结果发现，在合适的催化剂和助剂作用下，可以很快发生甲醇转化为乙醇的反应，但很难提高产物乙醇的选择性。因此，他们认为，CO 加氢生成甲醇是反应的决速步骤，而甲醇转化为乙醇的步骤则决定了乙醇的选择性。在常用的溶剂、助剂添加物和适当的反应条件下，他们考察了一系列过渡金属络合物，发现各均相金属络合物的活性顺序为：Ru$>$Rh$\gg$Co$>$Os、Re、Ir$\gg$Fe。可见，Ru 和 Rh 的活性最高，尤其是 Ru，在 240℃时生成甲醇的 TOF 值大于 200mol/(g Ru·h)，但 Ru 催化甲醇转化为乙醇的活性较低。因此，他们对 Ru 基催化体系进行了系统的研究。

2.3.1 Ru 催化剂

日本 C1 工程研究组考察了各种溶剂、添加物及其酸的存在对均相 Ru 催化 CO 加氢生成乙醇反应活性和选择性的影响。

（1）溶剂的影响　研究发现，极性溶剂或无质子溶剂的使用对于中间体甲醇的生成是最有效的。Ru 物种可能参与了 CO 加氢生成甲醇反应。然而，在这些溶剂中，由于生成了乙醛、乙酸和相应的酯，使得甲醇转化为乙醇的反应速率很慢，乙醇选择性低。在低极性的溶剂中，尽管甲醇生成活性更低，但在络合阳离子的卤素助催化下，甲醇转化为乙醇的速率加快，而乙醛和其他副产物的生成速率变慢，从而使得乙醇选择性增加。由此可见，催化 CO 加氢生成甲醇的 Ru 物种与催化甲醇转化为乙醇的活性物种是不同的，因此，这两步反应所适宜的溶剂也会不同。低极性的溶剂可能更适合于该反应体系，但这只针对 Ru 体系，因为 Rh 在低极性溶剂的催化活性是很低的。

（2）卤化物助剂的影响　助剂的存在对 Ru 或 Rh 催化作用的发挥至关重要。对于 CO 加氢反应，许多种类的碱的加入可有效提高催化剂活性。由于络合阳离子的卤化物在低极性溶剂中的溶解度较高，因而比较适合用作该催化体系的助剂。其中双三苯基膦亚胺（PPN）卤化物具有较高的助催化效果，在 Ru-PPN-卤化物催化体系中，卤化物的种类的选择影响很大，结果如图 2-3 所示。可以看出：活性大小顺序为Cl＞Br＞I；乙醇选择性大小顺序为 I＞Br＞Cl，即很少量的碘化物就可大幅度提高乙醇选择性；两个卤化物同时使用时存在协同效应，如当同时加入氯化物和碘化物（或溴化物）时，乙醇生成活性和选择性大幅度提高。

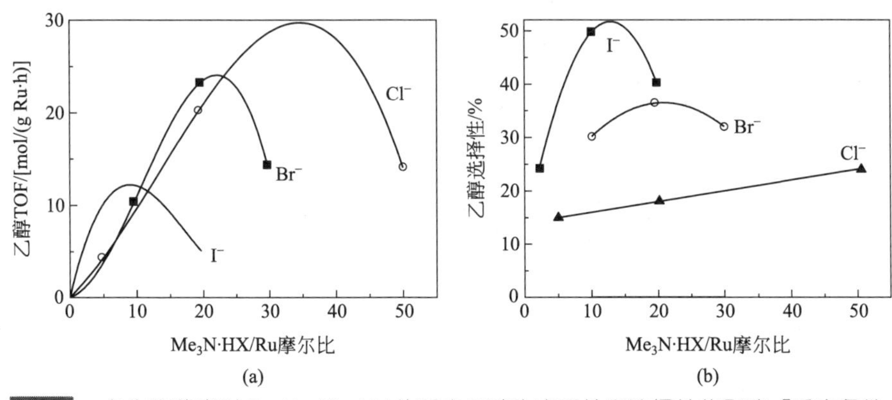

图 2-3　卤化物种类对 Ru-Me_3N · HX 体系中乙醇生成活性和选择性的影响［反应条件：$Ru_3(CO)_{12}$ 0.28mg，*N*-甲基吡咯烷酮 19mL，240℃，34MPa］

（3）酸的影响　在上述催化体系的基础上，卤酸（如 HCl、HBr 和 HI）或磷酸的加入可提高乙醇生成的活性和选择性，结果如图 2-4 所示。图中 H-MeOH 是反映甲醇的生成活性。由图可见，磷酸和卤酸添加导致乙醇生成活性增加的方式是不同的。相对少量 HCl 和 HBr 的加入就可提高反应速率，且使得甲醇生成活性增幅大于添加磷酸；磷酸添加量较高时可使反应速率达最高，但对甲醇生成活性影响不大。这些酸，尤其是磷酸的加入促进了甲醇同系化生成乙醇的活性；当同时加入磷酸和 HCl 使得反应速率达最大，为 200mol/(g Ru·h)。反应结束后，反应体系可检测到［$HRu_3(CO)_{11}$］$^-$（Ⅰ）和［$Ru(CO)_3Cl_3$］$^-$（Ⅱ）物种，其中，HCl 存在时，以体系中物种Ⅰ为主；磷酸存在时，则以物种Ⅱ为主。在可能的活性物种［$HRu(CO)_4$］$^-$作用下，HCl 和磷酸分别生成上述两个物种。可见，在该催化体系中，质子在甲醇生成反应中起着重要的作用。

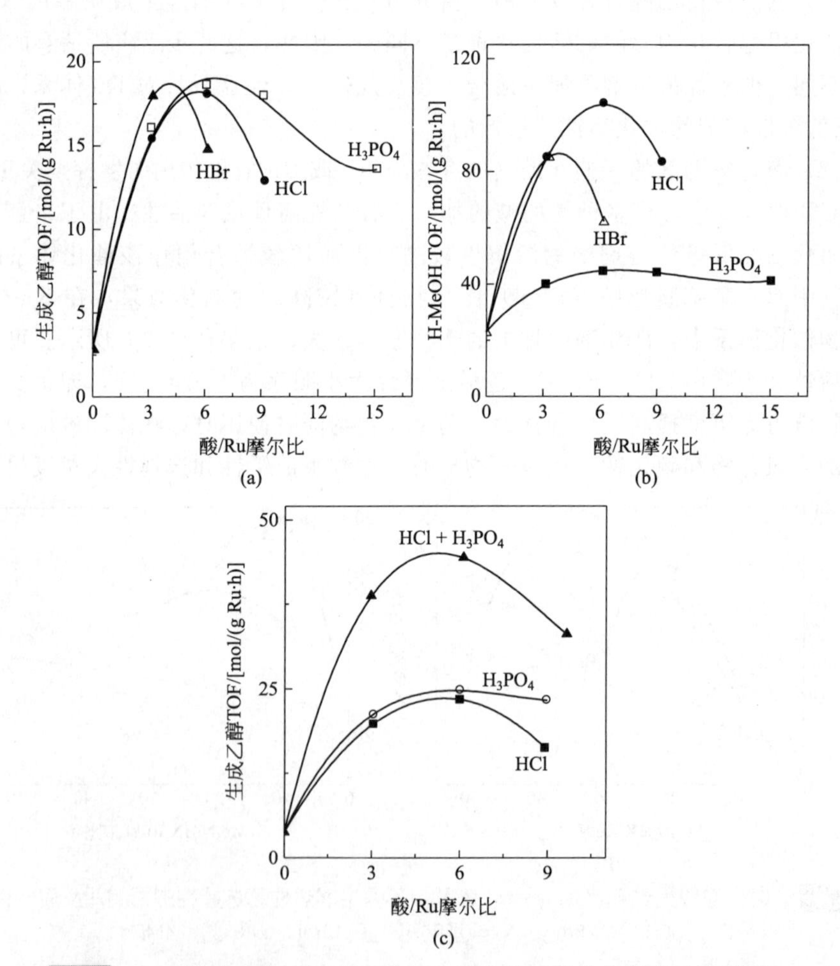

图 2-4 不同种类酸的加入对 Ru-PPNCl 催化体系性能的影响［反应条件：$Ru_3(CO)_{12}$ 0.28mg，PPNCl 3.5mmol，甲苯 19mL，240℃，37.7～40MPa，$CO/H_2=1$］

(4) 控制甲烷的生成　在上述催化体系上乙醇生成活性明显改善，但其选择性因大量甲烷的生成而变得很低。通过控制反应条件和催化体系组成可抑制甲醇的生成，且在反应中生成的甲醇通过循环进入反应器可以转化为乙醇。甲烷的生成很可能与一些多相的 Ru 物种有关。图 2-5 为 $Ru_3(CO)_{12}$-PPNX-H_3PO_4 催化体系中 CO 加氢生成甲烷和乙醇的关系。可以看出，高的乙醇生成活性总是伴随着高的甲烷生成活性，因此必须调变催化体系以打破这一关系。甲醇在均相 Ru 物种催化下可加氢生成甲烷，但通过降低催化剂加氢活性来抑制其生成，会影响乙醇的生成。

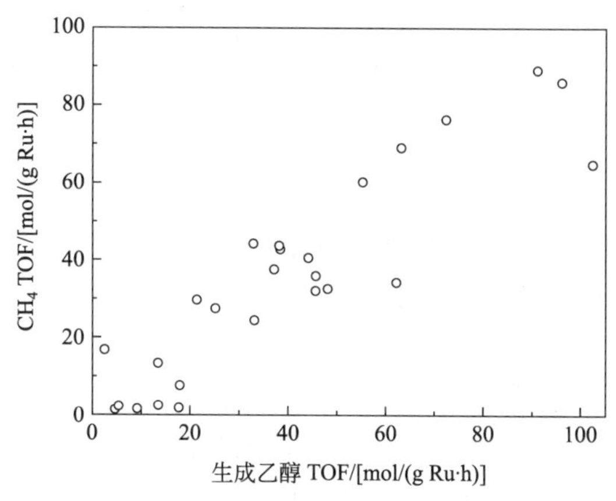

图 2-5　$Ru_3(CO)_{12}$-PPNX-H_3PO_4 催化体系中 CO 加氢生成甲烷和乙醇的关系（反应条件：溶剂为甲苯、二苯基醚或三丁基膦氧化物，240℃，34MPa，CO/H_2 = 0.5～2）

表 2-3 给出了添加一些羧酸对 Ru-PPNCl 催化体系上乙醇合成的影响。可以看出，各类羧酸的加入均提高了乙醇选择性，但有些使得乙醇生成活性下降。其中苯甲酸的加入虽然对乙醇生成活性影响不大，但显著提高了乙醇的选择性，其效果最佳，图 2-6 为苯甲酸加入量对 Ru 催化性能的影响。由图可见，当苯甲酸/Ru 摩尔比为 20～30 时，乙醇选择性达最高。可见，酸的存在可显著改变生成的甲烷/乙醇比。

表 2-3　羧酸的加入对 Ru-PPNCl 催化体系上乙醇合成的影响

项目		—	甲酸	乙酸	丙酸	苯甲酸	草酸	邻苯二甲酸酐	邻苯二甲酸	羟基苯甲酸
乙醇①	TOF/[mol/(g Ru・h)]	224	213	294	190	228	249	395	184	182
	选择性/%	39.4	46.3	54.0	53.3	61.2	45.8	51.7	52.4	50.9
乙醇/甲烷比		0.95	1.48	1.38	1.88	2.75	1.15	2.17	1.58	1.64

① 包括乙醛和乙酸酯。

综上可知，催化性能较好的催化体系为 Ru-PPNCl-PPNI-Me_3PO_4（Ph_2O 为溶剂），260℃时生成乙醇的 TOF 为 200mol/(g Ru・h)，但乙醇选择性仅为

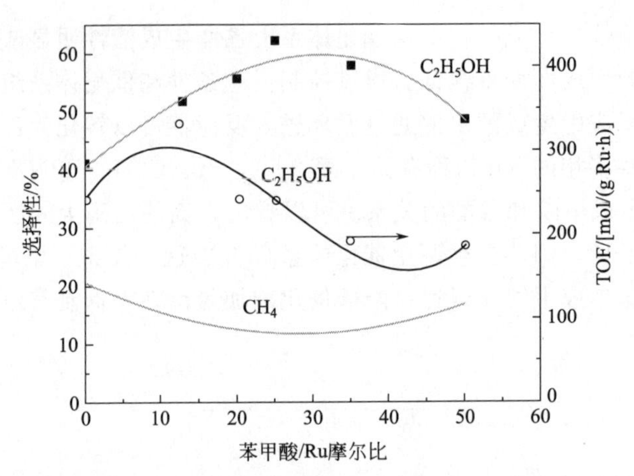

图 2-6 苯甲酸加入量对 Ru 催化性能的影响［反应条件：$Ru_3(CO)_{12}$ 0.28mg，PPNCl 3.5mmol，PPNI 1.68mmol，Me_3PO_4 0.84mmol，Ph_2O 10mL，260℃，34MPa，$CO/H_2=1$］

47%。在进行初步放大时，PPN 盐容易分解，生成的甲烷选择性也很高，从而造成后续分离的负担和合成气的浪费。

2.3.2 Ru-Co 催化体系

在上述 Ru 催化体系基础上，可进一步添加第二金属，以提高其催化活性和选择性。研究发现，Pt、Co 和 Cr 的效果好，而 Rh、Mn、Pd、Re、Zr、V、Ti 和 Al 的效果则较差，其中以 Co 的添加效果最好，且产物中乙酸的选择性较高。一般认为，Co 的存在使得 Ru 体系失活，与 Co 等摩尔的三苯基膦的加入促进了乙酸的生成；而在该体系中仅仅只有 Co 时是没有催化活性的。图 2-7 为 Co/Ru

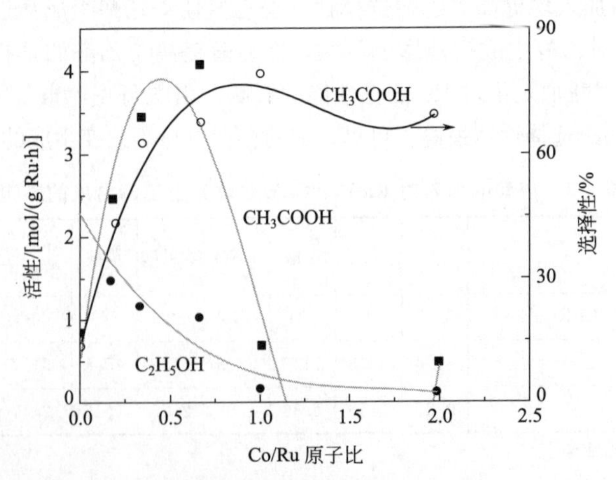

图 2-7 Co/Ru 比对 Ru-Co 体系中乙酸生成的影响［反应条件：$Ru_3(CO)_{12}$ 0.7mg，$Co_2(CO)_8$ 0.23g，$HpPh_3PBr$ 7.0mmol，PPh_3 0.23mmol，甲苯 10mL，220℃，29MPa，$CO/H_2=1$］

比对 Ru-Co 体系中乙酸生成的影响。可见，Co/Ru 比明显影响乙酸的生成，可使乙酸选择性达 70%以上；且在优化的反应条件下可达 80.8%（表 2-4）。

表 2-4　Ru-Co 体系中乙酸生成性能

催化剂	TOF/[mol/(g Ru·h)]	选择性/%	STY/[g/(L cat·h)]
Ru-Co-PPNCl-HCl-Me_3PO_4-Bu_3PO	57	69.5	50
Ru-Co-Me_3N·HBr-Me_3N·HI-NMP	10	80.8	9
Ru-Co-PPNCl-PPNI-Me_3PO_4-Et_3PO	226①	71.7①	176①

① 含乙酸和乙醇。

注：反应条件：220～260℃，34MPa，CO/H_2=1/2。

图 2-8 给出了 Ru-Co 体系合成气转化反应机理。可以看出，Co 对 CO 加氢反应没有催化活性，但促进了甲醇转化为乙酸反应的进行。如图 2-9 所示，只有 Co 在乙酸生成反应中具有较高的催化活性。

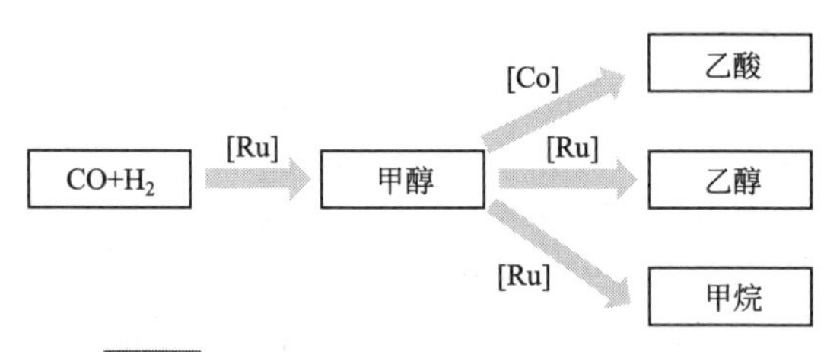

图 2-8　Ru-Co 体系合成气转化反应机理

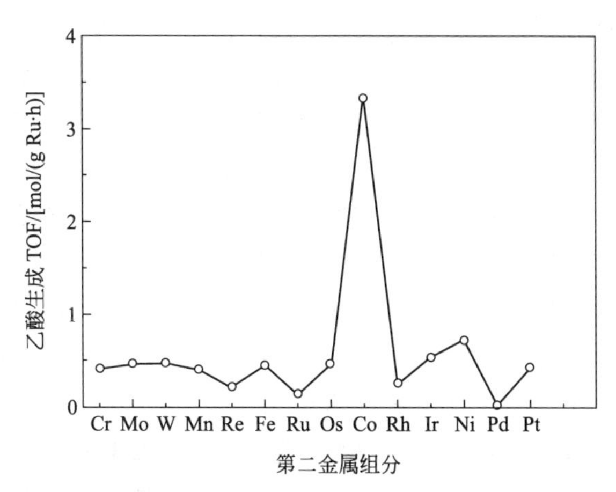

图 2-9　第二金属组分的添加对 Ru 体系性能的影响 [反应条件：$Ru_3(CO)_{12}$ 0.7mg，第二金属 0.23g，$HpPh_3PBr$ 7.0mmol，PPh_3 0.23mmol，甲苯 10mL，220℃，29MPa，CO/H_2=1]

尽管 Ru-Co 体系中生成甲烷的选择性很低，但乙酸的选择性较高。为了提高乙醇的选择性，可通过选择适当的添加物，其中乙酸的添加抑制体系中乙酸的生成使得乙醇选择性增加，但总活性有所下降，如图 2-10 所示。研究显示，乙醇选择性的增加并不是因为乙酸加氢活性的增加所致。进一步优化反应条件，几乎可完全抑制乙酸的生成，并将甲醇、乙酸和乙酸甲酯等副产物循环，最终使得乙醇选择性达到 70%以上。

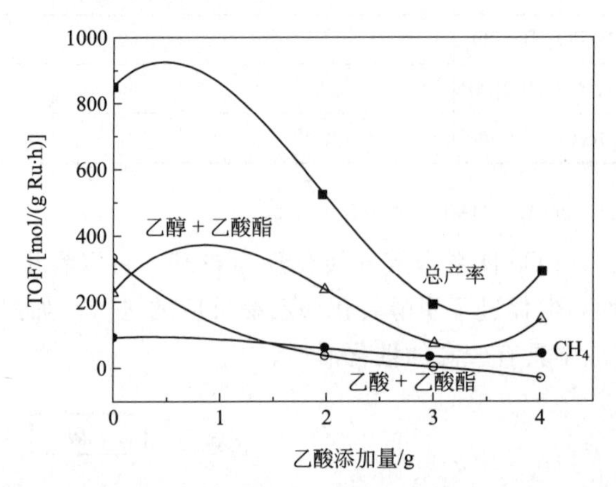

图 2-10 乙酸的添加对 Ru-Co 体系性能的影响［反应条件：$Ru_3(CO)_{12}$ 0.28mg，$Co_2(CO)_8$ 0.84mmol，PPNCl 3.5mmol，H_3PO_4 0.84mmol，Bu_3PO 10g，甲苯 10mL，220℃，35MPa，CO/H_2 = 1/2］

通过进一步筛选催化体系，最终可得到性能较好的催化体系为 Ru-Co-LiCl-Li_2CO_3-Bu_3PO。

总之，均相体系存在催化剂与产物分离困难、反应压力太高和醇收率低等缺点，因此，目前用于合成气制乙醇的催化体系仍以负载型的多相为主，它可分为非 Rh 基催化剂和 Rh 基催化剂。其中非 Rh 基催化剂包括改进甲醇催化剂（ZnO/Cr_2O_3基或 Cu/ZnO 基）、改进费托催化剂（如 Cu-Co 基）和 MoS_2基催化剂。由于非 Rh 基催化剂上吸附 CO 的解离能力要么很弱，要么很强，因此，在 CO 加氢反应中，要么初始 C—C 键很难生成，含氧产物中甲醇较多，要么一旦生成，由于链增长过快，而生成碳数分布较宽的醇，乙醇所占比例很低；而 Rh 基催化剂具有恰当的解离吸附和非解离吸附 CO 性能，表现出独特的初始 C—C 键生成特性，使得生成含氧化合物的碳数集中在 C_2上，因而在 CO 加氢反应中可以得到高的乙醇选择性，这是其他类型催化剂所无法比拟的，所以得到人们广泛而深入的研究，取得了较大进展。然而，Rh 资源匮乏，全世界每年的产量仅 20t，而且 70%用于汽车工业三效催化剂的制备。随着汽车工业的发展和其他领域 Rh 使用量增加，Rh 价格快速上升，几乎成为最昂贵的金属。因此，一直以来，特别是近些年来，非 Rh 基催化剂的研究也受到人们的高度重视。

本章将主要介绍多相 Rh 基催化剂体系及其催化的 CO 加氢制 C_2含氧化合物

反应性能和机理。

2.4　多相 Rh 基催化剂体系

1975 年，Bhasin 等[6]首次报道了负载型金属 Rh 基催化剂上 CO 加氢反应可高产率得到乙醇和乙醛等产物，自此，西欧和日本也积极开展这方面研究。其中日本在 1980—1987 年间实施了大型 C1 化学研究计划，合成气制乙醇是其中主要的项目，并研制出 Rh 含量为 4.5%的催化剂，C_2 含氧化合物的时空得率可达 380g/(kg cat · h)，并进行了 200mL 催化剂的 800h 放大模拟试验[3]。我国主要有中国科学院大连化学物理研究所和厦门大学等科研单位对此开展了长期和深入的研究。在完成小试和单管模试基础上，由中国科学院大连化学物理研究所、四川垫江天然气化工总厂和中国成达化学工程公司三方合作，在垫江天然气化工总厂完成了年产 30t 乙醇等 C_2 含氧化合物的中间试验。催化剂在中试装置运转 1000h 以上，活性和选择性未见变化，证明该过程可以长期连续操作。

2000 年以来，中国科学院大连化学物理研究所在 30t/a 工业放大试验的第一代催化剂的基础上，研发了新一代合成气制 C_2 含氧化合物的合成催化剂、加氢催化剂和分子膜脱水技术，完成了新一代合成催化剂立升级装量的实验室单管放大中试及 1500h 的稳定性考察，同时研发了粗产物的加氢催化剂及其反应工艺。本章绝大部分研究结果来自于日本 C1 工程研究组和中国科学院大连化学物理研究所。

大量研究表明，多相 Rh 基催化剂性能强烈依赖于制备时所采用的 Rh 前驱体、载体和助剂，以及制备、活化和反应条件。以下首先对构成多相 Rh 基催化剂的活性组分 Rh、载体和助剂分别进行简述。

2.4.1　Rh 催化剂

最常用的 Rh 前驱体是 $RhCl_3 \cdot xH_2O$ 和 $Rh(NO_3)_3$，其他的还有 $Rh_6(CO)_{16}$、$Rh_4(CO)_{12}$、$(NH_4)_3RhCl_6$、$HRhCl_4$ 和 H_2RhCl_5 等。当载体为过渡金属氧化物（如 V_2O_3）时，以酸性较强的 $HRhCl_4$ 或 H_2RhCl_5 为 Rh 前驱体制备的催化剂具有较高的活性和选择性；而以酸性较弱的 $Rh(NO_3)_3$ 或 $(NH_3)_4RhCl_6$ 为 Rh 前驱体制备的催化剂则较低[7]。这是由于酸性较强的前驱体在浸渍过程中可以将一部分载体溶解，形成对应的金属盐，后者和 Rh 前驱体在干燥过程中一起沉积到载体上（相当于共浸渍），起到了助剂的作用，所以催化剂性能增加。

以 $RhCl_3 \cdot xH_2O$ 为前驱体制得的催化剂经还原后通常残留有 Cl 元素，Cl 可起到助剂的作用，使催化剂活性增加[8]。但也有人认为，铑氯复合氧化物形成降低了 Rh 分散度，从而导致催化剂活性降低。Kip 等[9]分别以 $RhCl_3 \cdot xH_2O$

和 $Rh(NO_3)_3$ 为 Rh 的前驱体制备了 Rh/SiO_2 催化剂，结果发现，随着 Rh 含量（或 Rh 粒径）的增加，$RhCl_3/SiO_2$ 催化剂上 CO 加氢反应的 TOF 值增加，而 $Rh(NO_3)_3/SiO_2$ 催化剂的 TOF 值却保持不变。表征结果表明，这两类催化剂活性的差异并不是由于其中存在 Cl^- 或 NO_3^-，而很可能是由于 Rh 粒子的形貌不同所致。然而 Ojeda 等[10]同法制备了这两类 Rh/SiO_2 催化剂后却发现，这两种催化剂中 Rh 粒子形貌和尺寸的差别并不大，因而它们在 CO 加氢反应中的催化性能也基本接近；但 $RhCl_3/SiO_2$ 催化剂中 C_1 物种残留在载体表面，促进了氢溢流到载体表面，成为烯烃加氢反应的活性中心，使得烃类产物中烯/烷比更低。值得注意的是，上述研究对象仅限于非促进的 Rh 催化剂。

因此，江大好等[11]组合使用 Rh、Mn 和 Li 的硝酸盐和氯盐，制备了一系列不同 Cl 含量的多组分 Rh-Mn-Li/SiO_2 催化剂 A、B、C 和 D，结果见表 2-5，其中给出了催化剂浸渍后、干燥后和还原后其中的 Cl 含量。从中可以看出，干燥后催化剂含有较多的 Cl，并且从 A 到 D 逐渐增加；还原后各催化剂表面残余氯的含量均很低。表 2-6 给出了上述催化剂上 CO 加氢反应结果。由表可见，随着催化剂中氯含量的提高，在 CO 加氢反应中 CO 转化率和 C_2 含氧化合物选择性均有所提高。经分析发现，随着干燥后催化剂氯含量的增加，催化剂上 Rh 粒径分布越来越窄，Rh 的平均粒子尺寸略有增加；同时 Rh^+/Rh^0 比也随之增加，从而导致更适合于 C_2 含氧化合物合成的 Rh 粒子形貌、粒径及其分布形成。

表 2-5 制备 Rh-Mn-Li/SiO_2 催化剂所用金属前驱体及其不同阶段的 Cl 含量[11]

催化剂	金属前驱体			Cl 含量/%		
				浸渍样品	干燥样品	还原样品
A	$Rh(NO_3)_3$	$Mn(NO_3)_2$	$LiNO_3$	0	0	0
B	$Rh(NO_3)_3$	$MnCl_2$	LiCl	1.29	0.55	0.02
C	$RhCl_3$	$Mn(NO_3)_2$	$LiNO_3$	1.88	0.98	0.04
D	$RhCl_3$	$MnCl_2$	LiCl	2.75	1.26	0.05

表 2-6 不同氯含量的 Rh-Mn-Li/SiO_2 催化剂上 CO 加氢反应结果[11]

催化剂	CO 转化率/%	产物选择性/%						Y_{C_2oxy} /[g/(kg cat·h)]
		C_{2+}烃类	甲烷	乙醇	乙醛	乙酸	C_2oxy	
A	4.3	7.4	25.9	11.8	30.9	13.7	65.5	270.1
B	5.8	7.9	22.7	8.9	35.5	17.4	69.1	373.6
C	7.4	6.0	22.0	7.8	37.9	20.3	71.6	542.5
D	8.5	6.5	19.7	7.5	38.0	21.8	73.6	597.1

注：反应条件：280℃，5.0MPa，$H_2/CO = 2$，GHSV= $12500h^{-1}$。

也可将负载 Rh 原子簇催化剂用于 CO 加氢合成 C_2 含氧化合物反应中，引人注意的是，杂多核羰基原子簇合成技术的进展，使负载羰基簇催化剂的制备成为可能，研究金属羰基簇的催化行为具有深远的意义。金属羰基簇或它们的前驱体可视作合成气转化反应的活性中心。固体氧化物载体可以稳定一些金属的羰基簇，特别是在 CO 或合成气存在的条件下显示出良好的稳定性。这些材料在 CO 加氢反应中表现出良好的催化活性，产生非 Schulz-Flory 分布的产物。Kovalchuk 等[12]研究了多种 SiO_2 负载的 Rh-Fe 双核羰基簇催化剂，在 CO、Ar 或合成气中处理验证它们的稳定性，用金属负载量为 2%的 SiO_2 负载催化剂，在 300℃、5.0MPa、$CO/H_2=1$、空速 $1000h^{-1}$ 条件下进行反应。在 $RhFe_4C(CO)_{14}$［TEA］/SiO_2 催化剂上连续反应 5h 的产物选择性为：甲烷 24%，$C_2 \sim C_5$ 烃类 2%，C_{5+} 烃类<1%，甲醇 33%，乙醇 38%，C_{3+} 醇类 2%，比活性 267；而 $RhCl_3/SiO_2$ 催化剂的比活性为 68，且无醇产物。

尽管人们对前驱体的作用进行了大量的研究，并有了一定的认识，但由于催化体系本身的复杂性，对于一个具体的催化体系，到底选用哪一种前驱体效果最佳，尚需要通过实验来确定。另外，作为助剂的前驱体对相应 Rh 催化性能同样存在影响。

2.4.2 载体

载体最初被认为是一种惰性物质，可使催化剂的贵重组分高度分散，从而得到最有效利用，或者改善催化剂的力学性能。然而，实际上在某些反应和特定反应条件下，载体可贡献催化活性。这是由于对于给定金属，载体不仅影响负载金属的颗粒大小和形貌，而且影响金属颗粒的表面电子性质以及金属与载体接触部位的活性中心性质。应该说，这三种效应中只有后两者属于金属与载体相互作用，因为烧结和再分散等其他途径也能导致颗粒大小和形貌的变化，因此，载体引起颗粒大小和形貌变化是非特征性的，而其他变化则是载体的特征效应。可以看出，也正是由于在催化剂制备过程中，载体与催化剂组分相互作用而导致了载体效应，而其相互作用的程度取决于载体的性质和制备条件的选择。

作为载体，一般须具有以下特点：惰性；适宜的力学性能；反应条件下稳定性高；较高的比表面积；多孔性；价格低廉。目前工业上应用最广泛的是氧化铝，其次是氧化硅和活性炭，因为它们能基本满足上述条件。至于其他的，氧化镁机械强度低；氧化锌容易被还原；氧化铬容易脱水，它的酸性会导致副反应；氧化锆价格贵，但高温稳定；氧化钛的用途多局限于光催化。

对用于 CO 加氢制 C_2 含氧化合物的负载型 Rh 基催化剂而言，载体的影响很大，见表 2-7，载体不同，相应催化剂活性和选择性差别显著。这种影响可以是直接的，如在催化反应中它与金属直接接触；也可以是间接的，如载体影响金属或助剂的分散度和还原度，乃至催化性能。早期研究发现[13]，当Rh簇合物担载在强亲氧性金属氧化物，如La_2O_3、CeO_2、Nd_2O_3、Cr_2O_3、TiO_2或ThO_2上，可高选择性催化CO加氢生成乙醇；当载体为碱性金属氧化物，如ZnO和MgO等时，CO加氢产物基本上是甲醇；当载体为酸性氧化物，如Al_2O_3、V_2O_5、SnO_2或WO_3时，产物以甲烷及高碳烷烃为主。不过，这个分类是基于不加助剂时的反应结果；当加入助剂后，情况则发生很大的改变。另外，Rh基催化剂性能除了与载体酸碱性有关外，还与其可还原性、比表面积、孔径、表面基团及其活性，甚至其中微量杂质密切相关；而这些因素都会影响上述分类的准确性。可见，上述分类在实际应用中作用不大。下面对Rh基催化剂的常用载体分别加以介绍。

表2-7 不同载体负载的Rh基催化剂上CO加氢反应结果

催化剂	反应条件				X_{CO}/%	选择性/%					参考文献
	T/℃	P/MPa	GHSV/h^{-1}	H_2/CO		C_{2+} oxy	烃类	CO_2	甲醇	乙醇	
1%Rh/V_2O_5	220	0.1	—	1	4.5	—	50.5	6.0	6.2	37.2	[14]
Rh-Mo/ZrO_2	210	2.0	2400	1	10.0	—	34.0	20.0	—	16.0	[15]
Rh-Ce/SiO_2	350	0.1	300	1.7	—	—	50.9	—	3.0	45.0	[16]
Rh-Fe/Al_2O_3	270	1.0	5000	1	3.8	—	29.0	—	11.0	50.0	[17]
Rh-Li-Fe/TiO_2	270	2.0	9700	2	10.0	—	32.1	9.4	4.1	40.3	[18]
Rh/ZSM-5	426	1.0	600	1	56.0	26.0	74.0	—	—	—	[19]
5%Rh-Fe/SBA-15	300	1.0	4500	2	19.5	23.5	54.8	18.7	2.9	20.6	[20]
Rh-Mn-Li/CNTs	330	3.0	13000	2	8.3	41.3	27.3	23.3	1.1	31.4	[21]
$Rh/Zr_xCe_{1-x}O_2$	275	2.4	—	2	27.3	44.2	37.8	10.1	7.9	35.2	[22]
Rh-La-V/SiO_2	270	1.4	9000	2	7.9	19.1	—	3.1	5.0	51.8	[23]

2.4.2.1 硅胶

硅胶是最常用的氧化硅，为多孔性物质，具有大的比表面积和大的孔容，以及良好的稳定性和机械强度，广泛应用于工业生产和科学研究领域。在工业上，硅胶主要用作干燥剂；在色谱分析中，可用作色谱柱的载体；在催化领域中，则是一种常用的催化剂载体。在市场上硅胶有不同的品种和规格可供选择，也可用不同的后处理方法进行改性，从而应用于各个领域。硅胶的化学组成为$SiO_2 \cdot xH_2O$，属于无定形结构，其中的基本结构质点为Si—O四面体。硅胶的骨架就是由Si—O四面体堆积形成的。在堆积过程中，质点之间的空间即为硅胶的孔隙。硅胶中的水为结构水，它以羟基的形式和硅原子相连，而覆盖于硅胶的表面，它对负载金属的锚合和稳定起着重要作用。目前，在合成气制乙醇等C_2含氧化合物Rh基催化剂中，硅胶成为最频繁使用的载体，其负载的 Rh-Mn-Li 催化剂是性能最好，也是最有可能实现工业化应用的。

Bhasin 等[24]首次将硅胶负载的 Rh 基催化剂用于搅拌釜中合成气制乙醇反应中，其中在 2.5%Rh-0.05%Fe/SiO_2 催化剂上，在 300℃、7.0MPa 条件下，CO 加氢产物中，甲烷 49%，甲醇 2.8%，乙醇 31.4%，乙酸 9.1%，但甲醇和乙醇的收率仅为 50g/(L cat·h)。Holy 等[25]考察了 Co-Fe-Rh/SiO_2 催化剂上合成气制乙醇性能，在 278℃、6.3MPa、H_2/CO = 1 的条件下，CO 转化率达 6%，乙醇选择性达 30%，但生成的甲醇和丙醇选择性也分别为 25.3% 和 24.9%。日本 C1 工程研究组通过细致筛选，研制出 4.5%Rh-Mn-Li/SiO_2 催化剂，C_2 含氧化合物的时空得率可达 380g/(kg cat·h)，并进行了 200mL 催化剂的 800h 放大模拟试验[3]。大连化物所[26~31]也对较低 Rh 含量（1%～1.5%）的 Rh-Mn-Li/SiO_2催化体系进行了长期和卓有成效的研究，研发出 1%Rh-1%Mn/SiO_2催化剂，CO 加氢反应 1000h，所得乙醇、乙醛和乙酸的选择性分别达 34.8%、19.2%和 30.7%。随着研究的深入，该催化剂活性、选择性和稳定性得到很大改善，已成为最有可能实现工业化应用的体系之一，目前正在进行 10kt/a 合成气制乙醇工业示范装置的建设。表 2-8 给出了日本 C1 工程研究组和大连化物所报道的系列多组分促进的 Rh 基催化剂上 CO 加氢反应性能比较。可以看出，大连化物所开发的催化剂中 Rh 含量要低得多，且催化剂性能与日本 C1 工程研究组开发的催化剂接近。后面将详细介绍它们的研发过程。

表 2-8　日本 C1 工程研究组和大连化物所报道的系列硅胶负载 Rh 基催化剂上 CO 加氢反应结果

催化剂	Rh/%	T/℃	P/MPa	S/%	STY	参考文献
Rh-Fe-Ir/U	4.7	272	4.8	52	273g/(L·h)	[3]
Rh-U-Fe-Ir-Li	4.7	286	5.2	51	210g/(L·h)	[3]
Rh-Th-Fe-Ir	4.7	280	3.0	47	277g/(L·h)	[3]
Rh-Nb-Fe-Ir-Li	4.7	301	5.0	47	225g/(L·h)	[3]
Rh-V-Fe-Li	4.7	285	5.0	47	184g/(L·h)	[3]
Rh-Zr-Fe-Ir-Li	4.7	306	5.0	46	211g/(L·h)	[3]
Rh-Mn-Fe-Ir-Li	4.7	285	5.0	46	204g/(L·h)	[3]
Rh-Mn-Li-Zr	1.0	320	3.0	71	369g/(kg cat·h)	[27]
Rh-Mn-Li-Fe	1.0	320	3.0	56	458g/(kg cat·h)	[28]
Rh-Mn-Li-Ti	1.0	320	3.0	50	514g/(kg cat·h)	[29]
Rh-Mn-Li	1.5	280	5.0	73	633g/(kg cat·h)	[30]

注：参考文献 [3] 中 STY 为乙醇，其余为 C_{2+} 含氧化合物。

最近，硅胶负载的Rh基催化系统又重新引起人们的兴趣。Goodwin研究组详细地研究了硅胶负载的Fe、La或V促进的Rh基催化剂，在优化的CO加氢反应条件下，乙醇选择性可达51.8%，但反应活性较低[23]。厦门大学王野等[32]也研究了掺杂FeO_x的硅胶负载的Rh基催化剂上合成气制乙醇反应性能。结果表明，采用溶胶-凝胶法制备的FeO_x-SiO_2负载的Rh基催化剂上乙醇选择性可达37%，好于共浸渍法和全部采用溶胶-凝胶法制备的Rh-Fe催化剂。作者将催化剂良好的性能归结于较大的Rh-FeO_x界面、Rh^0与Rh^{3+}共存以及适宜的Rh粒径。由于载体孔径对负载的金属粒径有限制和调节作用，因此，Huang等[33]在含Mn前驱体的中孔纳米硅胶材料原位合成体系中，将单分散的粒径为2nm的Rh粒子加入其中制得Rh-Mn催化剂，并用于CO加氢反应中，结果发现，该催化剂活性和选择性明显好于浸渍法，其中乙醇和乙醛选择性可达74.5%，而甲醇很少，这是由于Mn与Rh粒子的紧密接触所致。另外，硅胶与催化剂各组分前驱体的介入方式也极大地影响其负载的Rh基催化剂性能。

Yu等[34]以采用Stöber法制得硅胶（SM）为载体，采用共浸渍法制备Rh-Mn-Li催化剂［Rh为1.5%，Rh：Mn：Li＝1.5：1.5：0.07（质量比）］，再用于CO加氢反应，并与商品硅胶进行了比较。结果表明，SM样品为单分散球体，平均粒径500nm，尽管其比表面积和孔容远低于商品硅胶（平均孔径接近），但Rh-Mn-Li/SM催化剂却表现出明显更高的活性和生成C_2含氧化合物选择性。其原因可能是，Rh与SM表面羟基存在特殊较弱的氢键作用，最终影响了Rh吸附CO性能，促进了CO解离和插入步骤的进行，使得催化剂具有更高的催化性能。该结果也表明，载体比表面积不是决定其负载催化剂性能的主要因素，然而该催化剂整体性能仍较低，CO_2和烃类选择性几乎达50%。

Rh基催化剂要求载体具有特定的孔径或窄的孔径分布，传统硅胶则满足不了这样的要求。可喜的是，近年来随着介孔材料制备技术的发展，成功地制备出多种有序度高和孔径大的介孔SiO_2（5～30nm），如SBA-15、SBA-16和FDU-1，为SiO_2载体的选择提供了更加广阔的空间。

基于硅胶在负载型Rh基催化剂中的广泛应用，后面将详细讨论硅胶物化性质对其负载的Rh基催化剂的影响，在此不再赘述。

2.4.2.2 氧化铝

氧化铝广泛用于冶炼金属铝、电子封装用衬底、磨料、结构材料、耐火材料、催化剂及其载体领域。人们已发现氧化铝存在15种以上不同形态的结构变体，按生成温度可分为低温氧化铝（ρ-Al_2O_3、χ-Al_2O_3、η-Al_2O_3及γ-Al_2O_3）和高温氧化铝（k-Al_2O_3、δ-Al_2O_3及θ-Al_2O_3）两大类。用作载体最重要的氧化铝是θ-Al_2O_3和γ-Al_2O_3。其中γ-Al_2O_3具备多孔性，高分散度，高比表面积，良好的吸附性、机械强度、热稳定性和表面酸性，可调的孔径及比表面积，并且通过控制制备条件可制得不同比表面积和孔容的 γ-Al_2O_3产品，常被称为活性 Al_2O_3，用作吸附剂和催化剂及其载体，是催化剂载体领域应用最为广泛的品种。

不加助剂的 Rh/γ-Al_2O_3催化剂上 CO 加氢生成 C_2 含氧化合物选择性很低，甲醇是主要含氧化合物，甚至没有含氧化合物生成。适量助剂，如 Mn 的加入可明显提高 3%Rh/Al_2O_3催化剂上 CO 加氢反应生成含氧化合物选择性，最高可达 50%，其中以乙醇为主[35]。当将 Rh/γ-Al_2O_3 催化剂在空气中高温（400～700℃）焙烧后，发现随着焙烧温度的升高，Rh 与载体之间相互作用增强，未还原的 Rh_2O_3物种数量增加，Rh 粒径开始变化不大，含氧化合物选择性也比较接近；超过 700℃后 Rh 粒径明显长大，含氧化合物选择性很低。由此可见，焙烧可以调节 Rh 与载体之间相互作用，使得有利于含氧化合物生成的 Rh^+ 物种比例增加，但也使得 Rh 粒径逐渐长大，且影响更为直接。

Al_2O_3具有较高的活性表面羟基密度，有利于形成负载金属氧化物的单覆盖层，从而优化金属 Rh 与助剂金属氧化物之间的相互作用。因此，Burch 等[17]则研究了不同 Fe 负载量的 2%Rh-Fe/Al_2O_3催化剂上 CO 加氢反应性能。发现当 Fe 负载量为 10%时，氧化铁在氧化铝表面形成单覆盖层，使其与 Rh 之间相互作用最佳，使得 Rh-FeO_x界面面积达最大，该界面之间提供的 CO 吸附模式影响了产物选择性，即有利于 C_2 含氧化合物生成的活性中心数量最多，因而此时乙醇选择性可达 50%以上。进一步研究发现[36]，Rh-Fe/Al_2O_3催化剂表面可能存在 Rh-Fe^{3+}-O 活性中心和单独 Fe 物种，前者与乙醇等 C_2含氧化合物的生成有关，而后者则影响甲醇选择性；载体焙烧温度可有效调节载体与 Rh 和 Fe 之间相互作用，从而改变了上述活性中心相对数量，乃至所制催化剂上 CO 加氢生成乙醇的反应性能。

另外，利用氧化铝较高的表面活性可制得活性组分分布不均匀的催化剂颗粒。这种分布对于受内扩散控制的催化反应而言是有利的。例如，将约 2mm 柱状氧化铝等体积浸渍于 $Fe(NO_3)_3$水溶液中时，经干燥后所得催化剂中活性组分的分布呈蛋壳型，即分布在载体的外层。形成这种分布则是由于 Fe^{3+} 加入载体孔道时与羟基化的氧化铝表面反应生成了 $Fe(OH)_3$，后者沉积于孔道的外层而阻止了浸渍液进入内层。如果增加浸渍液体积和延长浸渍时间，则活性组分的分布趋于均一。值得注意的是，尽管浸渍后得到活性组分分布均匀的催化剂颗粒，但在干燥过程中由于毛细管作用力的存在，使得浸渍液向颗粒外层移动，最终的催化剂颗粒中活性组分的分布却是不均匀的。将浸渍溶剂改为甲醇后，则可得到 Fe 组分分布均一的催化剂；另外，增加浸渍液黏度，如采用有机金属络合物作为前驱体也可达到这个目的[17]。总之，利用氧化铝特殊的表面性质，通过改变制备条件可以制得不同活性组分分布的催化剂颗粒，这是在催化剂放大的时候尤其要注意的问题。

总体而言，有关 Al_2O_3 负载 Rh 基催化剂用于合成气转化反应中的报道相对较少，其可能原因有以下几个。

（1）表面呈中性或弱碱性的载体有利于 C_2 含氧化合物的生成，而 Al_2O_3 属于酸性或弱酸性的载体，其表面存在 L 酸和 B 酸中心，因而不适合用作 Rh 基催化剂的载体。

（2）与硅胶相比，Al_2O_3 与强亲氧性助剂相互作用更强，因此，若要达到相同的助催化效果，所需的助剂量就更多；同时导致助剂在催化剂还原过程中不易被还原或迁移到铑晶粒表面，从而影响它对 Rh 的修饰和促进作用；也使得 Al_2O_3 中杂质对其负载的 Rh 基催化剂性能的影响要小得多。

（3）Al_2O_3 种类繁多，性能各异，只有选择到合适的 Al_2O_3、合适的处理方法和条件时，才能得到高活性和高选择性的催化剂，目前，尚缺少系统的研究。

2.4.2.3 碳材料

多孔碳材料由于具有很强的耐酸碱性和耐高温性、丰富的孔道结构和表面性质、独特的电子结构和吸附等性质而广泛用于吸附分离、净化和催化等领域。它一般具有较高的比表面积，可用于分散和稳定纳米级的金属小颗粒，通过燃烧载体即可将负载于其上的贵金属回收。活性炭（AC）是常用的催化剂炭载体之一，它是由许多芳环并有不同程度弯曲皱褶组成的片条状多孔性材料，由微晶石墨碳和无定形碳构成。它具有丰富的孔内表面、不饱和价和缺陷位。AC 颗粒内含有不同比例的大孔、中孔和微孔，但主要是微孔。根据生产原材料的材质，可将 AC 分为木质炭、果壳炭、煤质炭、竹炭和塑料炭等。随原料来源不同和制备方法的变化，其织构性质、颗粒形状、碱金属和碱土金属等杂质含量、硫含量、表面含氧基团（如羟基、酚基、羧基、醚基和内酯基等）的种类和数量以及石墨化的程度各异，构成一个庞大的家族。它们有良好的耐酸碱性和耐热性，作为吸附剂和催化剂载体得到广泛应用。

表 2-9 为椰壳炭、杏仁炭以及硅胶负载的 Rh-Mn-Li-Fe 催化剂上 CO 加氢反应结果。由表可见，AC 为载体的催化剂性能远低于硅胶，C_2 含氧化合物选择性和时空收率最高分别仅为 19.6%和 62.8g/(kg・h)。可能原因有：AC 含有 Fe、K、Ca、S、Cl、N、P 等众多杂质，而且一般洗涤很难将 S、P 等对催化反应是毒物的杂质清除干净；其表面基团多，在反应中可能催化某些副反应的发生；同时 AC 孔道多为微孔，不利于传质；比表面积非常高，Rh 高度分散，其粒径很小，不处于其适宜 CO 加氢反应的粒径范围，且反应后 Rh 粒径变化很大（2～6nm）。

表 2-9　AC 及 SiO_2 负载的 1%Rh-Mn-Li-Fe 催化剂上 CO 加氢反应结果[28]

载体	织构性质		CO 转化率/%	C_{2+} oxy 选择性/%	$STY_{C_{2+}\,oxy}$/[g/(kg cat·h)]
	孔径/nm	比表面积/(m^2/g)			
椰壳炭	2.0	1259.2	4.0	11.1	46.4
杏仁炭	2.5	862.2	4.4	19.6	62.8
硅胶	15.7	266.3	9.1	44.8	441.6

注：1. Rh : Mn : Li : Fe = 1 : 1 : 0.075 : 0.05。
2. 反应条件：320℃，3MPa，H_2/CO = 2，GHSV = 12000h^{-1}。

因此，人们将目光投到孔径较大、人工合成的碳材料上，其中碳纳米管(CNTs) 最引人关注。它是石墨烯片以一定的曲率卷曲后，形成具有规整的纳米级管腔结构的碳材料，管子一般由单层或双层组成，两端封闭，直径在0.33nm 到几十纳米之间，长度可达数微米。CNTs 强烈的表面效应，导致其比表面积、表面能和表面结合能迅速增加，从而表现出很高的化学活性。CNTs 管壁的官能团化、优良的电子传导性、对反应物种和产物特殊的吸附-脱附性能、特殊的管腔空间立体选择性、碳与金属催化剂的 SMSI 效应，以及 CNTs 由于量子效应而导致的特异性催化和光催化性质、强的氧化性和还原性等，都使人们对它在催化化学中的应用产生了极大的兴趣[40]。

石墨烯片在卷曲过程中，造成了通常意义上的 CNTs 石墨结构中大 π 键发生畸变，使电子密度由管内向管外偏移，从而在管内外形成一个表观电势差，从而导致 CNTs 呈现出有别于其他传统碳材料的独特的物化特性。催化作用的关键步骤涉及反应物分子与催化剂表面的电子传递。CNTs 的纳米级管腔不仅为纳米催化剂和催化反应提供了特定的几何限域环境，而且其独特的电子结构可调节对管内外催化剂的电子转移特性。最近发展了一种在 CNTs 孔道中高效组装催化活性组分的技术。它涉及新鲜制备碳管的清洁和化学剪裁，然后在管腔中填充催化剂粒子。具体方法是：在 CNTs 外表面控制沉积金属粒子（如银和铁等），通过其催化氧化在碳管表面引入缺陷，并进一步借助于超声波辅助的硝酸溶蚀，能够将微米尺度上的 CNTs 剪裁成 100～500nm 长短的片段，然后采用化学修饰并辅之以超声波技术，从而可实现对一些金属及金属氧化物纳米粒子在 CNTs 内高效(大于 75%) 地控制填充，其粒子尺寸可控制在 2～5nm。

CNTs 的限域效应对组装在其孔道内的金属和它的氧化物的氧化还原特性的调变作用，如可大大降低它们的还原温度，这对催化反应，尤其是涉氢反应具有重要意义。大连化物所包信和课题组[21]采用湿化学法及借助超声波和搅拌，首次将金属 Rh 和助剂 Mn、Li 和 Fe 等负载到 CNTs 管内或管外，制备了用于 CO 加氢反应的催化剂，结果见表 2-10。可以看出，当 Rh、Mn、Li、Fe 负载在 CNTs 管内时，催化剂活性显著增加，C_{2+} 含氧化合物选择性和 Rh 效率最高可分别达到41.3%和84.4mol/(mol Rh·h)，且在含氧化合物中乙醇含量高达76%，高于硅胶负载的催化剂。图2-11进一步给出了CNTs管内负载Rh-Mn催化剂的TEM照片和催化CO加氢反应活性随时间的变化。由图可见，催化剂组分基本上负载在CNTs的管内；负载在管内的Rh-Mn催化剂生成C_{2+}含氧化合物的活性随着反应时间的延长而明显上升，随后下降并稳定至30mol/(mol Rh·h)，但明显高于负载于管外的Rh-Mn催化剂。

表2-10 CNTs和硅胶负载的Rh基催化剂上CO加氢反应性能的比较[21]

催化剂	$Y_{C_2 oxy}$ /[mol/(mol Rh·h)]	CO转化率/%	产物选择性/%				
			烃类	CH_4	甲醇	CO_2	C_2oxy
Rh-Mn-in-CNTs	30.0	18.8	56.6	45.7	2.2	1.1	38.1
Rh-Mn-out-CNTs	1.8	1.8	40.8	27.1	14.2	13.6	23.8
Rh-Mn-Li-Fe-in-CNTs	84.4	8.3	27.3	15.7	1.1	23.3	41.3
Rh-Mn-Li-Fe-on-SiO_2	38.6	5.6	46.9	40.8	2.9	4.1	37.5

注：反应条件：320℃，3.0MPa，$H_2/CO=2$，GHSV $=12000h^{-1}$。

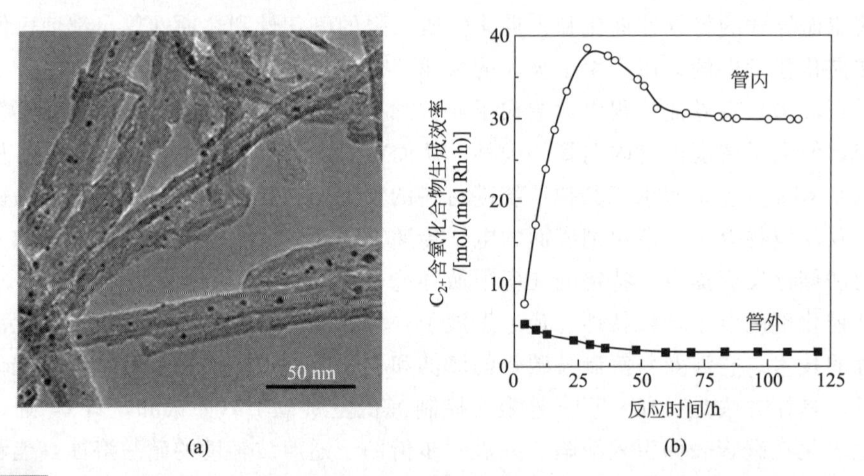

图2-11 CNTs管内负载Rh-Mn催化剂的TEM照片和催化CO加氢反应活性随时间的变化[21]

该课题组采用第一性原理、蒙特卡洛和密度泛函等方法进行理论计算和模拟，结果发现，碳管特殊的结构引起合成气分子在管内外分布的不均匀，H_2和CO分子在碳管腔内发生富集，且CO的富集程度比H_2高。与体相相比，CNTs管内的CO/H_2相对浓度比更高，因而有利于合成气转化反应，并可能改变反应的选择性，如图2-12所示。另外，CNTs外表面富电子，而内表面则是贫电子的，负载在CNTs管内的Rh、Mn更可能处于还原状态，当CO吸附于管内Rh上，在管内缺电子情况下相邻的亲氧性Mn物种更易于接受CO电子，与CO中

O 端作用，CO 中 C 端与 Rh 作用，形成倾斜式吸附物种，从而有利于 CO 解离（见 2.6 节）。因此，管内合成气转化反应活性更高。可见，在 CNTs 管内金属与石墨层之间相互作用和局部高的反应物浓度，以及孔道限制金属颗粒大小，使得负载于 CNTs 管内的活性组分表现出更高的催化性能。这就是所谓的 CNTs 的“纳米限域效应”。

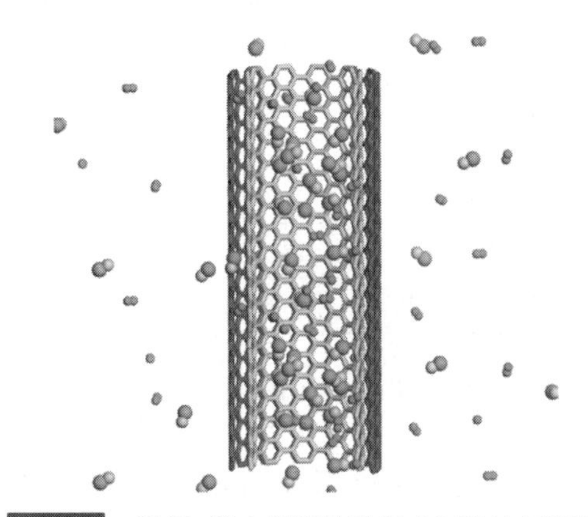

图 2-12　CNTs 管内和管外吸附 CO 和 H_2 示意图

1999 年韩国 Ryoo 首次采用硬模板法，以蔗糖为碳前驱体，介孔纯硅分子筛 MCM-48 为模板剂，合成了一种新型的结构有序的介孔碳（OMC）分子筛材料 CMK-1。此后，人们就使用各种不同结构的硅基介孔材料合成了一系列的 CMK-n（n = 1～5）的介孔碳材料。制备的 CMK 具有有序排列的纳米孔道结构，孔道均匀，且具有与模板相反的介观拓扑结构。随着合成技术迅速发展，品种不断增多，应用领域不断扩大，合成成本在不断降低。作为催化剂载体，OMC 具有较高的传质和传热效率，并能让反应物与催化活性组分之间有更充分的接触；其孔径可根据实际需要，通过选择合适的前驱体和制备方法进行调整；同时它还可根据实际情况调整亲水性；高的比表面积和大的孔隙率可高度分散活性相，及时移走反应热。

表 2-11 比较了硬模板法制得的 CMK-3 以及 CNTs、炭黑（CB）和 AC 负载的 Rh-Mn-Li-Fe 催化剂上 CO 加氢反应性能。可以看出，CNTs 负载的 Rh 基催化剂上 CO 转化率和 C_{2+} 含氧化合物的时空收率最高，只是 C_{2+} 含氧化合物选择性稍低于 CB 负载，但明显高于 CMK-3 和 AC。表中还给出了由 TEM 和 CO 化学吸附测得的 Rh 粒径，发现两者差别较大。这可能是因为 TEM 给出的只是催化剂局部信息，还有很多大的颗粒被包埋在炭壁中而未被观测到，而由 CO 化学吸附给出的 Rh 粒径则是平均值，且 CO 吸附也并不都是线式的，因而差别较大。可以看出，Rh 粒径处于 2～6nm 的催化剂性能较高。碳材料石墨化到较高程度时可导致更好的电子传导性，有利于 CO 分子和金属物种之间的电子转移，促进了 CO 活化，且金属与石墨层之间适宜的相互作用调节了活性位的状态，因此，石墨化程度更高的 CNTs 和 CB 负载的 Rh 基催化剂活性更高。如前所述，碳材料的形貌也是导致各催化剂性能差别的原因之一；CNTs 纳米管状限域作用使负载于其管内的金属 Rh 和助剂具有更高的活性。

表 2-11　不同炭载体负载的 Rh-Mn-Li-Fe 催化剂上 CO 加氢反应结果[37]

炭载体	Rh 粒径① /nm	Rh 粒径② /nm	CO 转化率 /%	产物选择性/%				
				C_{2+} oxy	CH_4	C_{2+} 烃类	甲醇	CO_2
CNTs	1.0～2.5	5.1	5.2	52.4	14.6	12.5	1.5	19.0
CB	2.0～4.0	6.7	4.0	59.0	16.2	11.4	2.6	10.8
CMK-3	1.0～2.5	12.7	3.5	39.6	27.6	9.2	3.1	20.6
AC	1.0～3.0	1.2	0.7	26.8	32.7	15.6	11.3	13.5

① 来自 TEM 结果。
② 来源 CO 化学吸附结果（假定 CO/Rh = 1）。
注：反应条件：3.0MPa，320℃，H_2/CO = 2，GHSV = 12000h^{-1}。

总之，CNTs 和 CB 由于具有良好的石墨化结构、合适的 Rh 分散度和 H_2 及 CO 在纳米管内的富集等特点而导致了其负载的 Rh 基催化剂性能较高。

采用硬模板法制备 OMC 的优势在于，可根据不同要求来控制孔结构、石墨化程度和微观形态；这种 OMC 材料以纳米短棒或纳米线阵列的形式存在，所以材料可能具有特殊的物理性质，如量子效应。但该法的缺点也同样很明显，受合成机理的限制，所得 OMC 的空间构型只能与硬模板相反，而无法实现真正意义上的复制；合成路线复杂，需额外步骤以制备和除去无机硬模板，耗时、昂贵，且带来环境污染；由于本身内在的缺陷，对整体成型材料的生成显得无能为力，因此工业应用受到限制。因此，人们积极寻找一种新的合成路线来代替硬模板法，利用有机-有机自组装作用设计有序介孔结构，以避免制备硬模板，一步得到整体成型的有序介孔聚合物材料，再经高温热解形成有序介孔碳材料，该法即为软模板法。

Chai 等[38]以嵌段共聚物 F127 为模板剂，酚醛树脂为碳前驱体，在酸性条件下采用软模板法制备了无定形的中孔碳（AMC），再进一步高温处理制得石墨化的 AMC（GMC），以及 HNO_3 处理后的 GMC（GMC-NA），并用于负载 1.0% Rh-Mn-Li-Fe 制得 CO 加氢制乙醇用催化剂，并与无孔炭黑（XC-72R）和 CNTs 碳材料，以及硅基材料硅胶和 SBA-15 的使用效果进行了比较，结果见表 2-12。可以看出，以 SiO_2 和 GMC 为载体时，催化剂上 CO 转化率、乙醇生成速率和选择性接近，但前者烃类选择性很高，使得乙醇和烃类比值很低，不过 CO_2 和甲醇选择性很低，其产物分布与中孔 SiO_2（SBA-15）接近。

表 2-12　不同载体负载的 1.0%Rh-Mn-Li-Fe 催化剂上 CO 加氢反应结果[38]

载体	Rh 平均粒径/nm		CO 转化率 /%	产物选择性/%						$S_{乙醇}$/$S_{烃类}$	$Y_{乙醇}$ /[mol/(mol Rh・h)]
	新鲜	反应后		CH_4	CO_2	C_{2+} 烃类	甲醇	乙醇	乙醛		
GMC	2.3±0.4	2.6±0.4	6.4	23.6	29.3	3.5	16.9	19.7	3.5	0.73	15.6
SiO_2	2.8±0.6	6.9±4.8	6.3	42.7	6.0	13.5	0.7	20.1	12.5	0.36	15.7

续表

载体	Rh 平均粒径/nm		CO 转化率/%	产物选择性/%						$S_{乙醇}/S_{烃类}$	$Y_{乙醇}$/[mol/(mol Rh·h)]
	新鲜	反应后		CH_4	CO_2	C_{2+}烃类	甲醇	乙醇	乙醛		
AMC	—	4.7±1.2	2.4	19.5	34.1	6.0	9.6	17.5	4.8	0.69	5.3
XC-72R	—	6.2±3.0	4.0	15.3	32.8	7.6	8.0	25.1	4.2	1.10	12.5
GMC-NA	—	3.3±0.6	5.7	24.7	25.4	2.6	12.6	26.2	4.3	0.96	18.6
SBA-15	—	—	5.6	40.8	4.1	6.1	2.9	约 24	约 5	0.51	约 25
MWCNTs	—	—	8.3	15.7	23.3	11.6	1.1	约 19	约 3	0.70	约 38

注：1. 反应条件：320℃，2.0MPa，18000mL/(g·h)，$H_2/CO=2$。
2. Rh 粒径由 TEM 照片统计而得。

对于几种不同炭载体，相应催化剂上 CO 转化率和乙醇生成速率大小顺序为：GMC＞XC-72R＞AMC。Rh-Mn-Li-Fe/AMC 催化剂中 Rh 粒径大于 Rh-Mn-Li-Fe/GMC 催化剂，表明 Rh 分散度要高得多，这是由于金属与石墨化碳之间强相互作用所致（AMC 是无定形的中孔碳），因而后者的活性更高。另外，孔道的限域作用也很明显，对于无孔的 XC-72R，尽管其比表面积与 GMC 接近，但由于它与活性组分之间相互作用较弱，Rh 粒子在反应过程中明显长大，因而也表现出比 Rh-Mn-Li-Fe/GMC 催化剂更低的活性和乙醇选择性。当 GMC 用 HNO_3 处理后，所得 GMC-NA 样品表面不稳定的含氧基团分解，使得碳材料与金属物种之间相互作用减弱，残留的表面基团使得拉电子效应减弱。因此，负载于其上的 Rh 粒子容易长大，在 CO 加氢反应中，尽管烃类选择性变化不大，但使得乙醇生成活性和选择性明显上升。

由此可见，炭载体的石墨化程度对其负载的 Rh 催化剂性能确实有很大的影响，因为它调节了金属与载体之间的相互作用和电子传递；而载体比表面积的影响则相对要小得多。

将金属引入 OMC 的骨架中，制得金属-OMC 复合材料，可增加金属活性中心的可接触性，还有可能起到择形效应，同时在一定程度上改变 OMC 的孔结构和表面形貌；嵌入金属的结构和形貌也会发生改变，从而在催化反应中起到某种协同作用。目前，制备该材料的方法较多。其中传统的吸附法、浸渍法和离子交换法制得材料中的金属与载体相互作用较弱，高温下容易团聚长大，在液相反应时金属组分容易流失。目前，主要制备方法是硬模板法和软模板法。它们与相应 OMC 制备的过程类似，只是在合成体系中加入金属前驱体，且以软模板法操作简易。但是该法在引入贵金属时，贵金属流失严重，大部分不能进入 OMC 骨架内。因此对于多组分催化剂，可以先将非贵金属组分嵌入 OMC 骨架中，然后采用浸渍法等方法将贵金属引入介孔孔道中。这样镶嵌在骨架中的非贵金属或许可作为贵金属的锚合点，在还原过程中可通过形成合金或金属物种之间相互作用将贵金属负载在 OMC 上。

因此，大连化物所宋宪根等[39]采用软模板法制备了适量 Mn、Fe 双金属掺杂的 OMC（MnFeOMC），其负载的 Rh 基催化剂表现出较好的 CO 加氢合成 C_2 含氧化合物催化剂的性能，明显优于以浸渍法引入 Mn、Fe 的催化剂，CO 转化率和 C_{2+} 含氧化合物选择性分别达 25.5%和 46.3%（表 2-13）。图 2-13 为各催化剂的 XRD 谱图。可以看出，各样品未出现 Rh 物种衍射峰，表明其高度分散到载体上，由 CO 化学吸附算得平均 Rh 粒径为 2.4～2.8nm，之间的差别很小；金属的掺杂，尤其是多金属的掺杂，使得 OMC 样品的石墨化程度有所下降。另外，在 MnFeOMC 样品中，Mn 与 Fe 之间存在较强的相互作用，形成了复合氧化物 $Fe_{0.099}Mn_{0.901}O$；负载了 Rh 之后，嵌入炭壁的金属物种在还原过程中与 Rh 发生较强的相互作用，从而可以形成更多倾斜式 CO 物种，促进 CO 的解离。当 Mn、Fe 两种助剂共同使用时，往往会存在协同效应，因而 Rh/MnFeOMC 催化剂表现出更高的活性和选择性。

表 2-13 金属掺杂的 OMC 负载 Rh 基催化剂上 CO 加氢反应结果[39]

催化剂	Rh 粒径① /nm	CO 转化率 /%	产物选择性/%					
			C_{2+} oxy	乙醇	CH_4	烃类	CO_2	甲醇
RhMnFe/OMC	2.4	3.2	38.0	24.0	41.8	47.6	4.5	9.9
RhFe/MnOMC	2.6	16.2	44.6	28.7	29.4	34.9	11.9	8.6
RhMn/FeOMC	2.8	15.5	41.9	28.8	27.7	34.7	16.4	7.0
Rh/MnFeOMC	2.5	25.5	46.3	34.5	30.7	38.5	11.5	3.7

① CO 化学吸附测得。

注：反应条件：5.0MPa，300℃，GHSV = $12000h^{-1}$，$H_2/CO = 2$。

另外，值得一提的是炭分子筛，它有独特的孔隙结构、表面和力学特性以及化学稳定性，在工业分离中广泛用作吸附剂，如 H_2/N_2 的分离、CH_4/CO_2的分离、焦炉气中 H_2的回收与精制等。炭分子筛用作催化剂载体具有如下优点：很强的耐酸碱性；很好的耐热性；孔径和表面疏水性可调；具有离子交换的性质；通过简便的燃烧即可回收担载的活性金属。将孔径较大和分布均一的炭分子筛作为载体制备的 Rh 基催化剂，可能有利于合成气催化转化乙醇等 C_2 含氧化

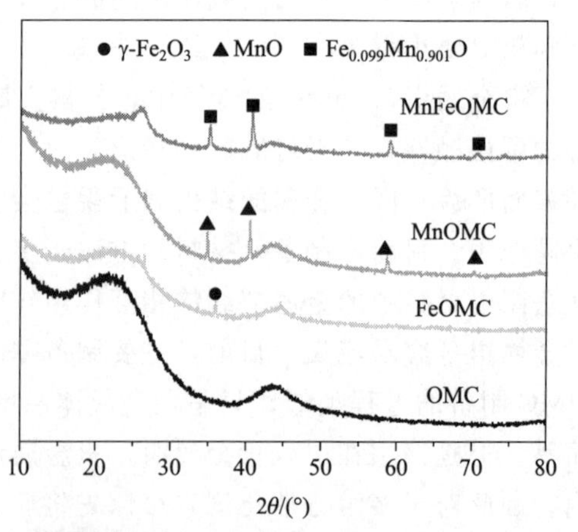

图 2-13 各金属掺杂的 OMC 负载 Rh 基催化剂样品的 XRD 谱图[39]

合物。不过，炭载体负载的 Rh 基催化剂上 CO 加氢除了生成 C_2 含氧化合物，还生成较多的 CO_2；且炭载体机械强度低，不易成型，在高温下易甲烷化。

2.4.2.4　TiO_2

TiO_2 载体是催化领域的一种新材料，由于金属与载体之间的强相互作用，其表面酸性可调，因此用 TiO_2 作为载体开发的催化剂具有活性高、低温活性好、热稳定性佳和抗中毒性强等特点，是继 SiO_2 和 Al_2O_3 之后的第三代载体。对多相催化剂而言，是一种十分理想的载体。20 世纪 70 年代以来，TiO_2 作为一种新型催化剂载体一直是国内外研究的一个热点。早期的商用 TiO_2 载体的比表面积较小，热稳定性和机械强度比 Al_2O_3 载体要差，其比表面积和抗压强度难以兼得，这些缺陷都制约了 TiO_2 载体的进一步发展。为了克服这些缺点，可以采用两种方法。一是开发 TiO_2-Al_2O_3 复合载体。TiO_2-Al_2O_3 复合载体可以通过不同方法制备，如共沉淀法、化学气相沉积法、浸渍法和混胶法等，所有这些方法均能制备出高比表面积的 TiO_2-Al_2O_3 复合载体，但不同的制备工艺对复合载体的表面结构和表面性能有很大的影响。二是深入研究 TiO_2 载体的成型工艺，设法提高 TiO_2 载体的抗压强度和比表面积。可能是因为涉及商业机密的原因，有关研究报道并不多，大多以专利的形式发表。

与氧化铝一样，由于 TiO_2 具有较高的表面羟基密度，有利于将负载金属氧化物锚合到载体表面，形成单覆盖层；一方面，它可与金属产生所谓的强相互作用（SMSI），影响负载金属晶粒大小，使催化剂活性和选择性发生很大的变化；另一方面，TiO_2 本身因活性高而起助剂的作用，影响催化剂的吸附和活化 CO 或 H_2 的性能。与 Rh/SiO_2 和 Rh/Al_2O_3 催化剂相比，由于 Rh/TiO_2 催化剂具有较高的催化 CO 分解或加氢反应活性，因而在甲烷化和水气变换反应中表现出更高的催化活性。Haider 等[41] 比较了 TiO_2 和 SiO_2 负载的 Rh-Fe 催化剂上合成气制乙醇反应性能，结果表明，在 270℃、20atm、WHSV = 8000mL/(g·h) 条件下进行 CO 加氢反应，当 Fe 负载量为 1%时，2%Rh-1%Fe/SiO_2 催化剂上乙醇选择性最高达 22%；而以 Rh/TiO_2 为催化剂时，Fe 负载量为 5%，乙醇选择性达最高，为 37%。这可能是由于 TiO_2 较强的表面活性，与金属助剂的相互作用要强于硅胶，因此要达到类似的催化效果，助剂则需更高的负载量；另外，Fe 与 Rh 的紧密接触是提高催化剂活性的关键。表 2-14 给出了 Li 或 Mn 助剂促进的 2%Rh-5%Fe/TiO_2 催化剂上合成气制乙醇反应性能。可以看出，Li 的添加明显提高了较低温度和压力条件下 CO 加氢反应性能，在适宜的反应条件下，乙醇生成收率及其选择性分别可高达 600g/(kg·h) 和 40%以上；Mn 的添加却使得活性增加，但含氧化合物选择性略有下降[18]。而在 2%Rh-5%Fe/SiO_2 催化剂上 CO 加氢生成了较多的烃类和 CO_2，这是由于对硅胶而言，Fe 含量过高所致。

表 2-14 Mn、Li 或 Fe 助剂促进的 2%Rh-5%Fe/TiO_2 催化剂上合成气制乙醇反应性能[18]

催化剂	CO 转化率/%	产物选择性/%				
		烃类	乙醇	甲醇	其他	CO_2
2%Rh/TiO_2	12.0	70.1	11.5	3.7	12.1	2.6
2%Rh-5%Fe/TiO_2	14.0	45.4	36.8	7.5	7.6	2.7
2%Rh-5%Fe/SiO_2	5.2	43.1	23.6	11.6	8.5	13.7
2%Rh-0.25%Li-5%Fe/TiO_2	10.0	32.1	40.3	4.1	13.8	9.4
2%Rh-0.5%Li-5%Fe/TiO_2	9.5	19.5	28.9	3.1	18.2	30.4
2%Rh-1%Mn-5%Fe/TiO_2	11.5	39.5	38.8	8.3	8.1	5.3

注：反应条件：0.25g 催化剂，2g 石英砂，270℃，2MPa，WHSV = 19200mL/(g·h)，H_2/CO = 2。

总体而言，TiO_2作为 Rh 基催化剂的载体时，由于其解离 CO 能力，催化活性较高，宜在较低的温度下使用；同时 TiO_2 与 Rh 之间存在较强的相互作用，有利于 Rh 的修饰，部分起到助剂的作用，使得乙醇选择性较高，但产物中烃类（尤其是 C_{2+} 烃类）和 CO_2的选择性要高于硅胶负载的 Rh 基催化剂。

2.4.2.5 分子筛

分子筛是一种结晶型的铝硅酸盐，其晶体结构中有规整而均匀的孔道，由［SiO_4］和［AlO_4］四面体单元交错排列而成的空间网络结构。在晶体结构中存在着大量的空穴，空穴内分布着可移动的水分子和阳离子，具有吸附、催化和离子交换三大特性。分子筛的吸附性能、催化性能随孔结构和孔大小的不同、可交换的阳离子性质及数量的变化和水含量的多少而变化。分子筛在化学工业中作为固体吸附剂，被其吸附的物质可以解吸，分子筛用后可以再生；还用于气体和液体的干燥、纯化、分离和回收。

分子筛种类按来源的不同分为天然沸石和合成沸石两种。常见的天然沸石有斜发沸石、丝光沸石、毛沸石和菱沸石等。天然沸石受资源限制，从 20 世纪 50 年代开始，大量采用合成沸石。

分子筛作为载体制备合成 C_2含氧化合物的 Rh 基催化剂的研究较少。Chang 等[19]将高硅铝比和经碱金属交换的无酸性 ZSM-5 分子筛浸渍于 Rh(NO_3)$_3$水溶液中，制备了 0.5%Rh/ZSM-5 催化剂，在 H_2/CO = 1（体积比）、426℃、1.0MPa、GHSV = 600h^{-1}条件下反应，CO 转化率达 56%，产物中烃类占 74%，含氧产物占 26%，液相产物中醇类占 65%。徐柏庆等[42]发现，2.9%Rh/NaY 催化剂在 1MPa、250℃、CO/H_2 = 1 和 GHSV = 15000h^{-1}条件下，合成气可选择性地转化成 C_2含氧化合物，其中乙酸占 90%，但催化活性较低。

马洪涛等[43]以全硅 MCM-41、Mn-MCM-41、NaY 分子筛和经纯化处理的粗孔硅胶（孔径 6～7nm）作为载体，采用传统浸渍法制备了 1.0%Rh-1.5%Mn 的负载型催化剂，在常压下用 H_2/CO = 2（体积比）混合气进行程序升温反应评价，发现以 NaY 分子筛为载体时，催化剂活性很低，甲烷及 C_2 含氧化合物的活性都不高；Mn-MCM-41 分子筛负载催化剂活性比全硅 MCM-41 分子筛负载催化剂略低。最近，北京化学所袁国卿课题组[20,44]尝试将改进法制备的有序介孔材料 SBA-15 用于负载 Rh-Fe 或 Rh-Mn 制成催化剂，但在合成气制乙醇反应中催化性能不高，且 Rh 负载量高达 5%。

与 SiO_2 相比，分子筛负载的催化剂性能较为逊色，可能的原因如下。

(1) 由于中性或弱碱性的催化剂有利于含氧化合物的生成，而铝硅酸盐分子筛都具有较强的酸性，因而影响催化剂的选择性。

(2) 铝硅酸盐含有的大量碱金属离子（如 Na^+）迁移覆盖在活性金属表面，降低了催化剂活性。

(3) 合成 C_2 含氧化合物的 Rh 基催化剂的适宜 Rh 粒径为 2～4nm，而通常分子筛的孔径小，负载于其上的金属 Rh 处于高分散的状态，粒径小，因而催化活性低。

(4) 一些纯硅分子筛的水热稳定性不佳，而反应过程中生成大量的水，从而影响催化剂稳定性。

但是，分子筛有序的结构、可调的孔径和酸碱性，有利于研究载体孔径或酸碱性对活性组分分布乃至催化剂性能的影响；更大孔径和良好水热稳定性分子筛的出现或许为制备出性能更好的催化剂提供新的机遇。

2.4.2.6 其他

掺杂金属的金属氧化物或复合氧化物用作 Rh 基催化剂的载体用于汽车尾气消除反应中的较多，但鲜见用于 CO 加氢反应中。基于 CeO_2 负载的金属催化剂中存在较强金属与载体相互作用而在许多反应中表现出较高的活性，Liu 等[22]采用共沉淀法制备了 $Rh/Ce_{1-x}Zr_xO_2$ 催化剂，用于 CO 加氢反应中，并与 SiO_2、ZrO_2、MgO 和 CeO_2 负载的 2%Rh 基催化剂（仅 Rh/SiO_2 催化剂采用浸渍法制得，其余均为共沉淀法）进行了比较，结果见表 2-15。可以看出，Rh/CeO_2 催化剂上 CO 转化率和乙醇转化率分别达 23.7% 和 25.4%，明显高于 SiO_2、ZrO_2、MgO 负载 Rh 基催化剂。这是由于 CeO_2 与 Rh 之间存在较强相互作用，对 CO 加氢生成乙醇等 C_2 含氧化合物非常重要的活性组分 Rh^0 和 Rh^+ 均能稳定地存在所致；同时该催化剂中 Rh 粒径均一也是其活性较高的原因之一。

表 2-15 不同载体负载的 2%Rh 基催化剂上 CO 加氢反应结果[22]

催化剂	CO 转化率/%	含氧化合物选择性/%						烃类选择性/%		CO_2 选择性/%
		甲醇	乙醇	C_{3+} 醇	乙醛	乙酯	其他	甲烷	C_{2+} 烃类	
Rh/SiO_2	10.1	3.3	16.2	1.1	13.3	4.6	3.9	42.9	12.5	2.2
Rh/ZrO_2	18.2	1.9	15.7	3.3	6.3	6.6	6.7	48.2	9.8	2.5

续表

催化剂	CO转化率/%	含氧化合物选择性/%						烃类选择性/%		CO_2选择性/%
		甲醇	乙醇	C_{3+}醇	乙醛	乙酯	其他	甲烷	C_{2+}烃类	
Rh/MgO	10.8	34.7	20.1	1.5	1.7	0.5	1.8	36.1	1.3	1.9
Rh/CeO_2	23.7	15.3	25.4	4.6	0.7	0.6	2.2	34.2	1.7	15.0
$Rh/Ce_{0.8}Zr_{0.2}O_2$	27.3	7.9	35.2	4.9	1.4	0.8	1.9	35.7	2.1	10.1

注：1. 反应条件：275℃，2.4MPa，$W/F=10g\cdot h/mol$，CO＝30%，H_2＝60%，N_2＝10%。
2. 其他含氧化合物包括乙酸甲酯、甲酸甲酯、甲酸乙酯、甲醚、甲乙醚、乙醚和乙酸。

还可以看出，Rh/SiO_2上生成的含氧化合物以C_2为主，甲醇很少；Rh/ZrO_2上生成的C_{2+}含氧化合物中的酯和醚的比例更高，这是由于ZrO_2的酸性高于SiO_2促进了产物的二次反应所致。相反，在碱性的CeO_2和MgO负载的Rh基催化剂上则生成以甲醇和乙醇为主的含氧化合物；其中前者因具有SMSI效应而具有更高的活性。当CeO_2中掺入适量ZrO_2形成固溶体$Ce_{0.8}Zr_{0.2}O_2$，在引入酸性的同时也使得催化剂表面Rh^+数量增加（载体可还原性增加所致），因此，相应Rh基催化剂上CO加氢反应表现出最高的活性和乙醇选择性，分别为27.3%和35.2%，且烃类选择性也较低。而当ZrO_2掺入量过低而使得催化剂酸性不足，不利于CHOH脱水形成CH_2物种，前者是形成甲醇的前驱物种，后者经CO插入是C_{2+}含氧化合物的前驱物种，因此甲醇选择性高而乙醇和甲烷选择性低，可见催化剂酸性对合成气形成C_{2+}含氧化合物很重要（反应机理示意图见图2-14，详见2.6节）；当ZrO_2掺入量过高，则多余的ZrO_2位于催化剂表面，酸性位过多而有利于CO加氢形成烃类和乙醛，使得乙醇选择性下降。由此可见，$Rh/Ce_{0.8}Zr_{0.2}O_2$催化剂具有较高的活性和乙醇选择性可归结为其适中的酸碱性以及较高的金属还原度所致，载体酸碱性也参与CO加氢的基元反应过程。结果也再次表明，载体的酸碱性、比表面积、孔径和可还原性均影响其负载的Rh基催化剂性能。

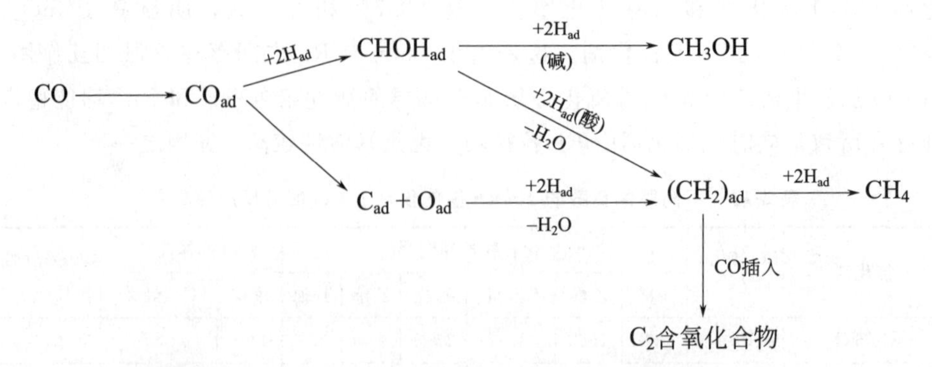

图2-14 Rh基催化剂上CO加氢生成C_{2+}含氧化合物路径示意图[22]

由此可见，$Ce_{1-x}Zr_xO_2$、CeO_2或 ZrO_2载体中 Ce 或 Zr 组分因与 Rh 有较强相互作用也起到助剂的作用，因而其负载的 Rh 基催化剂活性和选择性高于 SiO_2 和 MgO 作载体催化剂，但也由于载体具有一定储氧性能，体相中氧到催化剂表面氧化 CO，使得生成 CO_2的选择性也相对较高，而 SiO_2和 MgO 表面的或本身的活性较低，与金属相互作用相对较弱，主要起分散 Rh 的作用。

为了避免载体中杂质对催化剂性能的影响，Han 等[46]采用溶胶-凝胶法制备了 SiO_2、TiO_2以及复合氧化物 TiO_2-SiO_2，用于负载 Rh-Mn-Li 制得催化剂，它们在 CO 加氢反应中催化性能见表 2-16。可以看出，以复合氧化物 TiO_2-SiO_2为载体时，催化剂表现出最高的活性和 C_{2+} 含氧化合物选择性。作者认为是 SiO_2-TiO_2为载体的催化剂中 Rh 分散度更高，因此 Rh^+ 活性中心更多，以及更高的吸附和解离 CO 能力，适中的加氢活性所致。不难看出，该结果不但与众多文献报道的浸渍法制得催化剂性能很不相同，也与同样采用溶胶-凝胶法制得催化剂不同[32]。以 SiO_2、TiO_2为载体时，对应催化剂上生成非常多的 CO_2，其选择性高达 23.4%，催化性能也明显更低。这可能是由于该制备方法不当所致。

表 2-16 SiO_2、TiO_2和 TiO_2-SiO_2负载的 Rh-Mn-Li 催化剂上 CO 加氢反应结果[46]

催化剂	CO 转化率/%	产物选择性/%						
		CO_2	CH_4	甲醇	乙醛	乙醇	C_{2+}烃类	C_2oxy
Rh-Mn-Li/SiO_2	1.9	23.4	9.8	9.5	8.7	19.5	29.1	28.2
Rh-Mn-Li/TiO_2	1.4	27.8	10.0	8.5	7.7	14.9	31.0	22.6
Rh-Mn-Li/SiO_2-TiO_2	2.9	16.4	17.7	4.0	7.2	27.1	27.9	34.3

注：1. Rh ∶ Mn ∶ Li = 2 ∶ 1.5 ∶ 0.07（质量比）。
2. 反应条件：280℃，3MPa，GHSV = 10000mL/(g·h)，H_2/CO = 2。

水滑石类化合物（HT）是一类具有广阔应用前景的层柱状化合物，其理想分子式为 $Mg_6Al_2(OH)_{16}CO_3\cdot 4H_2O$。它具有酸碱双功能性，可通过调变 Mg/Al 比调变其酸碱性。经焙烧所得的复合金属氧化物仍是一类重要的催化剂和载体。焙烧后的产物有比其前驱体更大的比表面积、更强的碱性。以不同 Mg/Al 比的商品 Mg-Al 水滑石（HT）为载体，$Rh(NO_3)_3$为前驱体，采用浸渍法制备 Rh 基催化剂，用于 CO_x加氢反应中[45]，结果见表 2-17。可以看出，在 CO 加氢反应中，产物以甲醇、甲烷和乙醇为主，且随着 Mg/Al 比的增加，甲醇选择性增加，而乙醇和甲烷选择性下降，DME 选择性逐渐降至 0，但总醇选择性增加，在 Rh/HT（Mg30）催化剂上可达 74.3%，且没有除醇之外的含氧化合物生成。这是由于载体碱性因其中 MgO 含量增加而增强，而碱性载体是有利于醇类，特别是甲醇的生成。

当原料气中加入5%CO_2时，各催化剂上CO_x转化率均略有下降，但甲烷选择性显著上升，而甲醇选择性下降了10%左右，乙醇选择性略有增加，其增幅与载体中MgO含量有一定关联，即MgO含量越高，载体碱性越强，CO_x加氢生成乙醇选择性增加的幅度越低。另外，总醇选择性也随着原料气中CO_2的加入而下降，而醇以外的含氧化合物选择性却略有增加。可见，CO_2的加入相对有利于醇碳链的增加和醇之外其他含氧化合物的生成。

总体而言，复合氧化物载体负载的Rh基催化剂性能不高，生成的含氧化合物集中在C_2的比较少。这可能与载体酸碱性和可还原性密切相关。

表2-17 Rh/HT催化剂上CO_x加氢反应结果[45]

催化剂	原料气组成	温度/℃	CO_x转化率/%	产物选择性/%					
				CH_4	DME	甲醇	乙醇	总醇	总含氧化合物
Rh/HT (Mg30)	(1)	294	17.5	41.1	1.4	30.9	10.5	51.6	7.3
	(2)	295	13.1	47.3	1.4	29.1	14.2	45.0	7.7
Rh/HT (Mg50)	(1)	273	4.9	40.1	0	37.9	14.7	58.0	1.9
	(2)	272	1.6	47.0	0	29.3	15.2	50.0	3.1
Rh/HT (Mg70)	(1)	271	2.4	25.7	0	56.3	8.8	74.3	0
	(2)	272	2.5	38.8	0	46.5	9.0	58.3	2.9

注：1. Mg30、Mg50和Mg70表示水滑石中MgO含量分别为30%、50%和70%。
2. 原料气组成：(1) H_2 : CO : N_2 = 60 : 30 : 10；(2) H_2 : CO : CO_2 : N_2 = 57 : 24 : 5 : 14。
3. 反应条件：5.25MPa，5000mL/(g·h)。
4. 总含氧化合物中不包括醇。

2.4.2.7 小结

综上所述，各载体负载的Rh基催化剂性能存在较大的差别，即使是相同载体，其负载的Rh基催化剂性能也因研究者和制备方法的不同而不同，但总体而言，还是以硅胶最具应用前景。表2-18比较了各类不同载体负载的Rh-Mn催化剂性能及其Rh粒子的特性。可以看出，硅胶负载的Rh-Mn催化剂的性能是最优的。由XPS和TEM分别测得各催化剂反应前后Rh的电子特性及其粒径。结果表明，所有催化剂的Rh3$d_{5/2}$均接近其金属态（307.3eV），但反应后，仅硅胶负载的催化剂上Rh的电子态保持不变。另外，尽管TiO_2和活性炭负载的催化剂上Rh高度分散，而以硅胶为载体时，Rh粒径集中在2～6nm，但经合成气反应后，Rh粒径变化不大，而其他催化剂的均明显长大。这可能是由于硅胶具有适宜的织构性质和表面活性，使其与Rh及其助剂之间的相互作用适中，因而Rh具有适宜的分散度和还原度。总体上看，硅胶仍是目前最适宜用作合成气制C_2含氧化合物的催化剂载体。

表 2-18　不同载体负载的 Rh-Mn 催化剂上 CO 加氢反应性能及其 Rh 粒子特性[3]

载体	总活性/[mol/(L·h)]	乙酸选择性/%	$Rh3d_{5/2}$/eV		Rh 粒径①/nm	
			反应前	反应后	反应前	反应后
AC	0.07	—	—	—	测不到	50
TiO_2	0.48	2.1	307.45	307.36	测不到	测不到
Al_2O_3	2.36	12.6	307.45	307.50	3～6	3～10
SiO_2-Al_2O_3	1.91	4.5	—	—	2～10	2～10
分子筛	2.36	25.4	307.94	307.65	2～30	2～30
硅胶	6.42	23.0	307.75	307.75	2～6	2～7

① TEM 照片统计而得。

注：反应条件：300℃，5.0MPa，CO/H_2＝2，GHSV ＝ 10000h^{-1}。

2.4.3　助剂

助剂的加入使得催化剂在化学组成、所含离子的价态、酸碱性、结晶结构、表面构造、孔结构、分散状态和机械强度等方面可能发生变化，从而影响催化剂的活性、选择性和寿命等。有的时候助剂和载体所起的作用不易严格区分，较多数的载体也常常起助剂的作用，如 TiO_2 或 V_2O_5 等与活性组分 Rh 有较强相互作用的载体。助剂一般可分为织构助剂（textural promoter）和结构助剂(structural promoter)。织构助剂在催化剂中以很小颗粒形式存在，起到分隔活性组分微晶、避免其烧结和长大的作用，从而维持了催化剂的高活性表面不降低。结构助剂则会改变催化剂的化学组成，引起许多化学效应和物理效应。

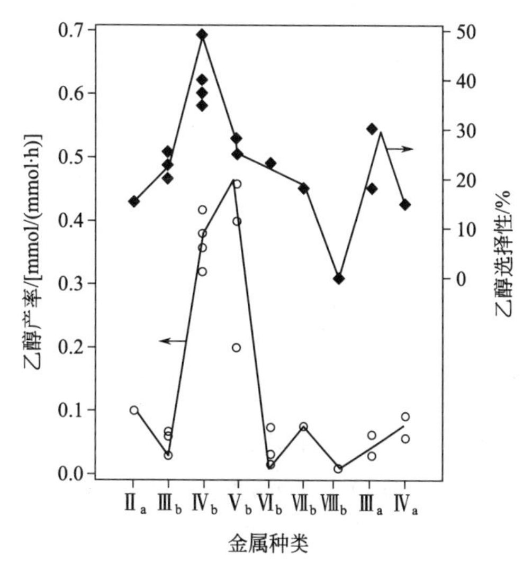

图 2-15　助剂的种类对 Rh/SiO_2 催化剂活性和选择性的影响[1,3]

对于 Rh 基催化剂而言，助剂基本上都属于结构助剂，它对催化性能的影响比载体更加显著，没有助剂的加入，Rh 只是一个甲烷化催化剂，只生成少量乙醛。图 2-15 给出了各类助剂对硅胶负载的 Rh/SiO_2 催化剂性能的影响。可以看出，Zr、Ti、V 等助剂可提高乙醇的生成活性，而 La、Ce 或 Y 则使催化剂表现出高的乙醇选择性；当添加 Li、Na、K 等第二助剂时，通过抑制催化剂加氢活性而提高了 C_2 含氧化合物的选择性。大连化物所罗洪原等[47]考察了 Sm 和 V 对 Rh/SiO_2 催化剂的助催化作用，发现在 280℃、3.0MPa、GHSV= $13000h^{-1}$ 的条件下，CO 转化率和乙醇选择性分别可达 5%和 30%，这是由于低价态的 V 提高了催化剂的加氢活性所致。Mo 等[48]研究了 La、V、Fc 等助剂的添加对 Rh/SiO_2 催化剂上 CO 加氢反应性能的影响。结果表明，催化剂中 Rh 与助剂紧密接触，并高度分散，助剂的加入阻碍了 Rh 的还原，并改变了催化剂吸附 CO 和 H_2 的性能；其中 La 可促进 CO 吸附和插入，而 V 则抑制了 CO 吸附和促进 CO 解离，Fe 的加入也抑制了 CO 的吸附，促进了加氢步骤的进行，因而在 1.5%Rh-0.8%Fe-2.6%La-1.5%V/SiO_2 催化剂上，于 230℃、1.8atm 条件下进行 CO 加氢反应时，乙醇选择性可达 34.6%。

值得一提的是，CNTs 不但可以单独用作负载 Rh 的载体，其本身也具有一定的催化作用，因此，它也可用作助剂。表 2-19 为采用共浸渍法制备的 CNTs 促进的 Rh-Ce-Mn/SiO_2 催化剂上 CO 加氢反应结果。结果表明，CO 加氢反应生成含氧产物的时空收率随 CNTs 加入量的增大而升高，至 10%时达最大，为 336.2g/(kg·h)。乙醇在含氧产物中的比例也随 CNTs 量的增大而先升高后降低，最大可达 67.8%，而乙醛和乙酸的选择性逐步降低。表征结果表明，随着 CNTs 加入量的增加，Rh 分散度提高，活性组分和助剂在表面更为富集，在催化剂表面强吸附的 H_2 或 CO 量增大，使催化剂加氢能力增强，因此反应活性和乙醇选择性提高。一般认为，在共浸渍法制备过程中，CNTs 与载体 SiO_2 的作用不会太强，基本上应是物理作用，因此 CNTs 有可能单独起到载体的作用，以分散催化剂各组分。

表 2-19 CNTs 促进的 Rh-Ce-Mn/SiO_2 催化剂上 CO 加氢反应结果[40]

CNTs 含量/%	CO 转化率/%	含氧化合物 STY/[g/(kg·h)]	含氧产物分布/%				
			甲醇	乙醇	乙酸酯	乙醛	乙酸
0	7.1	260.3	8.2	45.6	5.6	32.7	3.3
5	8.3	282.2	12.6	51.9	4.0	17.2	4.7
10	11.9	336.2	10.7	67.8	3.6	13.1	2.7
15	12.3	317.7	25.5	53.7	5.0	6.4	3.6

注：反应条件：330℃，5.0MPa，GHSV = $10500h^{-1}$，H_2/CO = 2，反应 4h 数据。

由于研究者的不同，其采用的助剂用量、添加方法、制备、活化过程和催化体系不同，导致对某些助剂的助催化作用有所差别，但大致上，Rh 基催化剂的助剂按作用可分为以下四类。

(1) Mn、Ti、Zr、V、Nb 和 Mo 等具有可变价的强亲氧性金属氧化物助剂，这类助剂经 H_2 还原以后，以低价氧化物的形式存在，可显著提高 Rh 基催化剂的活性，同时维持或提高 C_2 含氧化合物的选择性。

（2）Fe 和 Ir 等助剂具有转化乙醛和乙酸等含氧化合物为乙醇的作用，可以提高乙醇选择性，对 Rh 基催化剂活性的影响不大。

（3）碱金属如 Li、Na 和 K 等元素的氧化物作为助剂时，在 H_2 还原后不变价的碱金属离子可有效抑制烃类的生成，提高 C_2 含氧化合物的选择性，特别是乙酸的选择性，但往往使 Rh 基催化剂活性有所下降。

（4）La、Ce、Pr、Nd、Sm、Th 和 U 等稀土金属氧化物助剂可显著提高乙醇等 C_2 含氧化合物的选择性，并且稀土金属氧化物的可还原性与乙醇的选择性之间存在关联。

研究发现，助剂的作用具有叠合性，有些情况下，还具有协同效应。通过添加多种助剂，综合各种助剂的优点，可制得性能较好的 Rh 基催化剂，如 Rh-Mn-Li/SiO_2。后面将详细讨论助剂的作用机制和 Rh 基催化剂几种常见助剂的作用。

2.5 多助剂促进的 Rh 基催化剂

日本 C1 工程研究组研究了多种金属元素的助催化作用，根据研究结果，他们将助剂分为三类：大多数的ⅢB、ⅣB 和ⅤB 族金属氧化物，如 U、Th、Zr、Nb 和 V 是合成乙醇的良好助剂，可使乙醇生成活性增加 4 倍以上；Mn 和 Mg 可促进 C_2 含氧化合物的生成，如 Mn 的添加可使 C_2 含氧化合物的时空收率增加 10 倍，但产物中乙醇的选择性略低，因此这类助剂比较适合于催化 CO 加氢生成乙醛或乙酸；Mo 和 Fe 对 Rh 的助催化作用比较类似，它们的添加有利于甲醇和高碳醇类的生成。

上述助剂的分类和前面所述有所区别，这取决于筛选催化剂时所采用的制备、活化和反应评价的条件，甚至是原料的来源。该研究组认为，要想获得高性能的 Rh 基催化剂，必须考虑各类助剂的作用，研制多组分的 Rh 基催化剂体系。

接下来，我们以日本 C1 工程研究组和大连化物所开发的多组分促进的 Rh 基催化剂为例，来说明通过添加多种助剂来制备高性能的 Rh 基催化剂。

2.5.1 日本 C1 工程研究组研发的 Rh-U-Fe-Ir/SiO_2 [3]

该课题组研究发现，Mn、Fe、Zr 和 U 对 Rh 基催化剂上 CO 加氢生成乙醇的活性和选择性的影响极大。特别是，U 的添加可大大提高乙醇的生成活性。因此，他们通过添加其他的金属助剂，对 4.5%Rh-U/SiO_2 二元催化体系进行了改进。

表 2-20 给出了一系列改进的 4.5%Rh-U/SiO_2催化剂上 CO 加氢反应结果。可以看出，U 的加入使得 Rh/SiO_2催化剂上 CO 转化率增加了 10 倍以上（考虑到空速 SV 的不同），但产物分布变化不大。进一步添加 Fe，CO 转化率和乙醇选择性显著上升，分别达到 11.4%和 40.7%，其中乙醇选择性的上升对应着乙醛选择性的下降。可以认为，Fe 的添加使得乙醛加氢能力增加。再添加助剂 Ir，乙醇选择性进一步升至 53.5%，尽管 CO 转化率明显下降，但生成乙醇的 STY 却略有增加。少量 Li 的添加进一步使得乙醇 STY 增加，且其选择性基本保持不变。研究还发现，Rh-U-Fe/SiO_2催化剂优异的催化 CO 加氢合成乙醇反应性能是由于：Fe 的添加提高了催化剂的加氢性能；Ir 的添加则抑制了烃类的生成。需要指出的是，此处 Li 和 Ir 的助催化作用与其他研究者的结果有很大不同。因此，在研究助剂的催化作用的时候，需结合实际的催化体系、制备过程和反应评价条件。

表 2-20 改进的 4.5%Rh-U/SiO_2催化剂上 CO 加氢反应性能

催化剂	反应条件				CO 转化率/%	选择性/%					乙醇 STY/[g/(L·h)]
	P/bar	T/℃	H_2/CO	SV/h^{-1}		甲醇	乙醛	乙醇	乙酸	甲烷	
Rh	50	275	2	6600	0.7	9.7	22.6	29.0	8.4	25.8	5.0
Rh-U	50	275	2	10200	5.8	5.6	13.0	27.3	8.4	38.7	55.6
Rh-U-Fe	53	275	2	11000	11.4	5.6	2.9	40.7	5.4	38.6	174.2
Rh-U-Fe-Ir	50	275	1	12000	6.5	3.8	3.9	53.5	8.2	22.8	193.5
Rh-U-Fe-Ir-Li	50	275	2	12000	10.2	4.6	2.9	51.6	6.3	28.4	203.1

注：1. Rh : U : Fe : Ir : Li = 1 : 1 : 0.2 : 0.2 : 0.1（原子比）。

2. 乙醇中含乙酸乙酯；甲醇中含乙酸甲酯；乙酸中含乙酸酯。

3. 1bar = 10^5Pa。

图 2-16 考察了 Fe 的添加量对 Rh-U-Fe/SiO_2催化剂上 CO 加氢反应性能的影响。可以看出，随着催化剂中 Fe 含量的增加，乙醇生成活性和选择性逐渐增加，当 Fe/Rh 原子比达 0.3 时，催化剂性能较优。另外，乙醛和乙酸选择性则随着 Fe 含量增加而持续下降。可见，Fe 的加入促进了 C_2 含氧化合物加氢生成乙醇，且对甲烷的生成没有促进作用。

图 2-17 给出了催化剂中 Ir 含量对 Rh-U-Fe-Ir/SiO_2催化剂上 CO 加氢反应性能的影响。可以看出，Ir 的添加没有提高乙醇的生成活性，但却因为降低了甲烷生成活性而大大提高了乙醇的选择性。当 Ir/Rh 原子比超过 0.5 时，甲醇生成活性增加，而乙醛和乙酸乙酯的生成活性下降。结果表明，Ir 的加入大大抑制了催化剂的加氢活性，却提高了 Fe 助剂的活性，使得乙醇生成活性增加，而甲烷化反应活性降低。

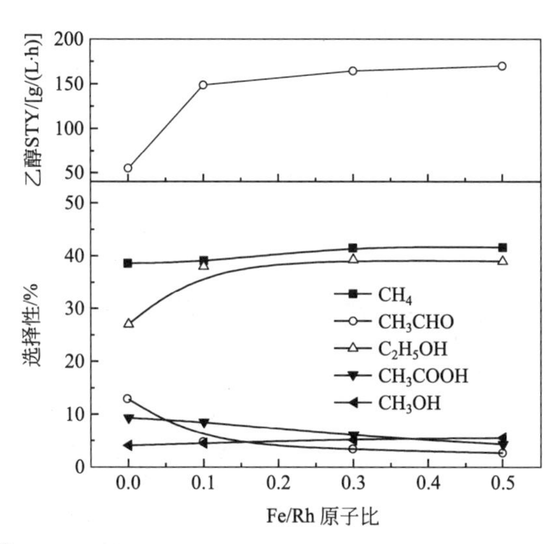

图 2-16　Fe 含量对 Rh-U-Fe/SiO_2 催化剂上 CO 加氢反应性能的影响

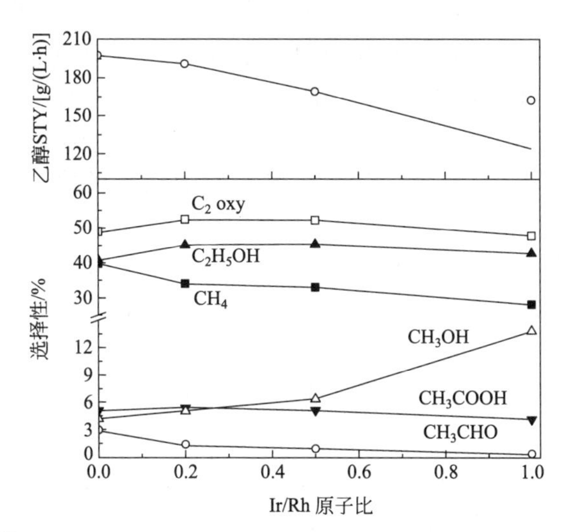

图 2-17　Ir 含量对 Rh-U-Fe-Ir/SiO_2 催化剂上 CO 加氢反应性能的影响

图 2-18 考察了 U 含量对 Rh-Fe-Ir-U/SiO_2 催化剂上 CO 加氢反应性能的影响。由图可见，随着 U 的添加及其含量的增加，甲烷和乙醇生成活性提高了 10 倍，但乙醛和甲醇的生成活性则逐渐下降。可以推断，助剂 U 的主要作用是促进 CO 中 C—O 键的解离。

综上所述，多组分促进的 Rh-Fe-Ir-U/SiO_2 催化剂中 U 的作用是促进了 CO 的解离，Ir 则抑制了催化剂的加氢能力，但有助于 Fe 作用的发挥，而 Fe 则促进了含氧化合物的加氢生成乙醇。

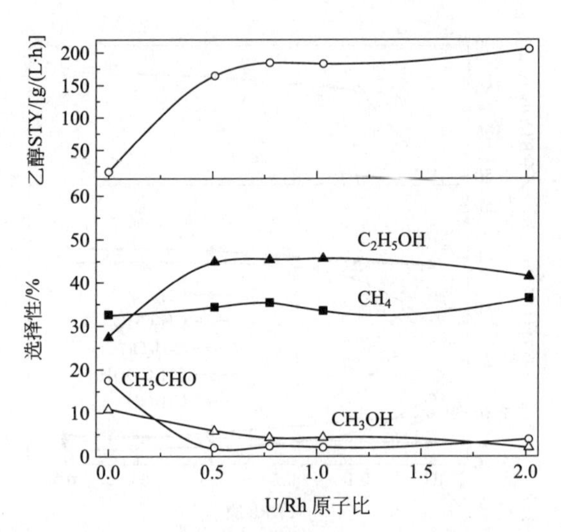

图 2-18 U含量对 Rh-Fe-Ir-U/SiO_2催化剂上 CO 加氢反应性能的影响

基于 UO_x与载体之间存在较强的相互作用，为了阐明这种相互作用对催化剂性能的影响，该课题组采用分步浸渍法制备了催化剂。先将硅胶浸渍于 $UO_2(NO_3)_2 \cdot 6H_2O$ 乙醇溶液中，干燥焙烧后用 2% $(NH_4)_2CO_3$水溶液于 80℃洗涤 2h。再经焙烧后，所得样品浸渍于 $RhCl_3$、$FeCl_3$、$IrCl_4$ 乙醇溶液中，从而制得催化剂样品。合成气转化反应结果表明，乙醇生成活性比共浸渍法制得的样品提高了近 1.3 倍。由此可见，UO_x与硅胶的相互作用有利于提高乙醇生成活性。类似地，分步浸渍法制得的 Rh-Ir/Fe-U/SiO_2催化剂也表现出较高的乙醇生成活性。总之，多组分催化剂中各活性组分的相互作用对 Rh 基催化剂性能的影响是很大的。

该课题组还研究其他多组分促进的 Rh 基催化剂，如前面表 2-8 所示，可以看出，这些催化剂上进行 CO 加氢反应，单程 CO 转化率为 6%～9%，乙醇选择性为 46%～53%，但烃类选择性也较高。另外，乙醇时空收率与所采用的助剂密切相关，大多数催化体系都含 Fe、Ir 或 Li 等，其适宜的含量也与具体的催化体系相关，需认真进行筛选和优化。其中改进的 Rh-U 催化剂上乙醇选择性最高，达 53%，因此，通过优化反应条件，可以将乙醇选择性提高到 60%以上。然而，一方面乙醇选择性的提高主要是以牺牲其他 C_2 含氧化合物选择性为代价的，产物中烃类选择性仍较高。另一方面，由于 C_2 含氧化合物中乙醇是还原程度最低的产物，降低催化剂加氢能力，使得乙醇和烃类生成活性，乃至 CO 转化率降低，从而提高整个 C_2 含氧化合物选择性。因此，需要很好地优化催化剂加氢活性，来提高催化剂效率。

2.5.2 大连化物所开发的 Rh-Mn-Li/SiO_2

如上所述，如果一味地提高乙醇选择性，将造成烃类选择性升高，因此，需要控制催化剂适当的加氢活性，尽量提高 C_2 含氧化合物的生成活性和选择性，然后再采用 Cu 基催化剂将这些 C_2 含氧化合物加氢，从而得到最终的产物乙醇。通过这条路径，可以最大限度地提高 CO 利用率，提高 Rh 效率。因此，日本 C1 工程研究组在 Rh-U-Ir-Fe/SiO_2 催化剂的基础上，开发了 C_2 含氧化合物选择性较高和稳定性更高的 Rh-Mn-Li-Ir/SiO_2 催化剂，但其中 Rh 负载量高达 4.7%，Rh 效率很低。因此，大连化物所着力于开发低 Rh 负载量的催化剂，以大大提高 Rh 效率和降低催化剂成本。下面简要介绍该低 Rh 负载量催化剂的开发。

为了最大限度地提高 Rh 效率，首先对 Rh-Mn-Li/SiO_2 催化剂中 Rh 含量进行了优化，结果见表 2-21 和图 2-19，表中同时给出了 Rh 效率。由表可见，在实验六个不同的反应温度下，Rh 效率都先随 Rh 负载量的增加而增加；Rh 效率在 Rh 负载量为 1%～2% 时达到最大值；特别是反应温度在 270～300℃ 范围内，Rh 含量为 1.5% 时，Rh 效率达最大值。因此，下面以 1.5%Rh/SiO_2 催化剂为基础，通过添加各类助剂，大大提高 Rh 催化剂性能。

表 2-21　Rh-Mn-Li/SiO_2 催化剂的 Rh 负载量对 Rh 效率的影响

T /℃	Rh 效率/[g/(g Rh·h)]					
	0.8%Rh	1.2%Rh	1.5%Rh	2%Rh	3.5%Rh	5%Rh
270	12.8	15.0	15.4	15.5	13.1	12.4
280	17.8	19.5	20.9	20.2	18.6	16.7
290	25.4	28.8	29.9	28.7	24.9	21.2
300	44.2	47.3	46.3	43.7	33.1	27.2
310	33.9	38.0	37.7	36.4	29.2	24.1
320	52.0	54.1	52.8	49.2	—	—

注：1. Rh : Mn : Li = 1 : 1 : 0.75，乙醇为浸渍溶剂。
2. 反应条件：300℃，5.0MPa，H_2/CO = 2，GHSV= 12500h^{-1}。

Mn 是 Rh 基催化剂最常用的助剂之一，因此表 2-22 和图 2-20 给出了助剂 Mn 含量对 1.5%Rh-Mn/SiO_2 催化剂 CO 加氢性能的影响。可以看出，非促进 Rh 基催化剂的活性和选择性都很低。在 Rh/SiO_2 催化剂中添加 0.15% 的 Mn 后，C_2 含氧化合物的时空收率和选择性都大大提高，分别从 62.6g/(kg cat·h) 和 25.5% 增加到 889.9g/(kg cat·h) 和 48.3%，催化剂的 Rh 效率也从 4.2g/(g Rh·h) 突变到 60.2g/(g Rh·h)。可见，助剂 Mn 不仅显著提高了 Rh 基催化剂活性，也提高了 C_2 含氧化合物选择性，这与众多文献结果有些不同。该结果再次表明，助剂所体现出来的助催化作用，与催化体系和反应条件密切相关。

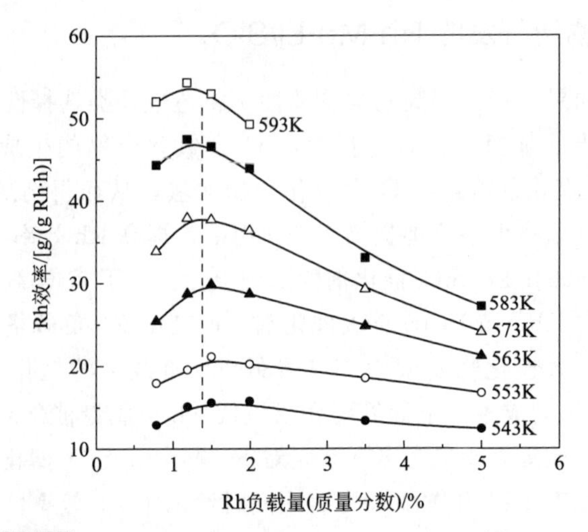

图 2-19 不同 Rh 负载量 Rh-Mn-Li/SiO_2 催化剂的 Rh 效率

表 2-22 Mn 负载量对 1.5%Rh-Mn/SiO_2 催化剂 CO 加氢性能的影响[30]

Mn 负载量/%	CO 转化率/%	产物选择性/%							$Y_{C_2 oxy}$/[g/(kg cat·h)]
		C_{2+} oxy	C_{2+} 烃类	CH_4	甲醇	乙醇	乙醛	乙酸	
0	2.6	25.5	8.7	63.9	1.82	11.0	7.7	3.9	62.6
0.15	19.4	48.3	9.8	41.5	0.39	15.4	19.7	8.4	889.9
0.375	20.3	49.0	9.9	40.9	0.24	12.7	22.4	8.6	997.3
0.525	25.1	49.2	9.9	40.7	0.22	11.7	22.2	9.4	1104.0
0.75	19.2	50.8	8.5	40.4	0.32	12.4	22.0	9.9	883.2
1.5	12.4	54.6	7.6	37.2	0.59	15.3	18.4	12.2	613.2

注：反应条件：573K，5.0MPa，$H_2/CO = 2$，GHSV= 12500h^{-1}。

随着 Mn 含量继续增加，C_2含氧化合物的选择性缓慢增加；而 CO 的转化率和 Rh 效率或者 C_2 含氧化合物的时空收率先是增加，并在 Mn 含量为 0.525%时达到最大值，分别为 25.1%、74.7g/(g Rh·h) 和 1104.0g/(kg cat·h)，然后随 Mn 含量继续增加而降低。以最大限度地提高催化剂 Rh 效率，兼顾 C_2含氧化合物选择性提高为原则，确定 Mn 负载量为 0.525%。

碱金属是合成气制醇类催化剂中最常用的助剂之一，其中 Li 是 Rh 基催化剂催化 CO 加氢制 C_2含氧化合物最常用的助剂，表 2-23 和图 2-21 给出了助剂 Li 负载量的变化对 Rh-Mn-Li/SiO_2 催化剂上 CO 加氢反应产品选择性的影响。图 2-22 给出了 Li 的负载量对 Rh-Mn-Li/SiO_2 催化剂生成 C_2 含氧化合物选择性的影响。可见，MeOH 和 C_{2+} 的选择性随 Li 负载量的变化而改变较小；但是 CH_4选择性

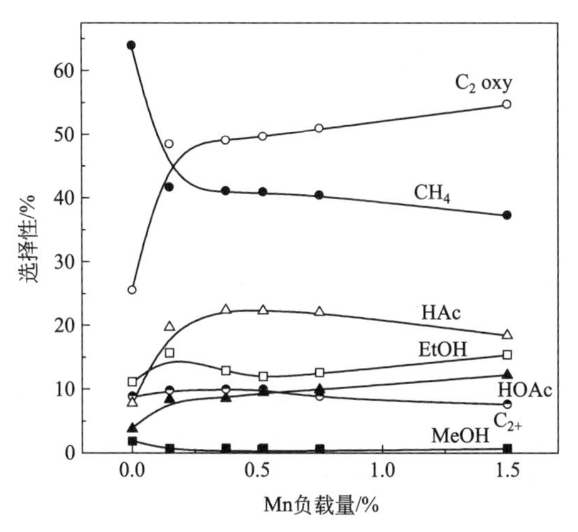

图 2-20　Mn 的负载量对 1.5%Rh-Mn/SiO_2 催化剂上 CO 加氢反应产品选择性的影响

随 Li 负载量的增加而显著下降，使得 C_2 含氧化合物选择性快速增加。所生成的 C_2 含氧化合物中，乙酸选择性随 Li 负载量的增加而明显增加，乙醛选择性在 Li 负载量为 0.0375%时出现极大值；而乙醇的选择性随着 Li 含量的增加而逐渐下降，至 0.375%时最低；随后又随着 Li 负载量的增加而增加。同样以最大限度地提高催化剂 Rh 效率，兼顾 C_2 含氧化合物选择性提高为原则，确定 Li 负载量为 0.0375%。

表 2-23　Li 负载量对 Rh-Mn-Li/SiO_2 催化剂 CO 加氢性能的影响[30]

Li 负载量/%	CO 转化率/%	产物选择性/%							$Y_{C_2 oxy}$ /[g/(kg cat·h)]
		C_2oxy	C_{2+}烃类	CH_4	甲醇	乙醇	乙醛	乙酸	
0	25.1	49.2	9.9	40.7	0.22	11.7	22.2	9.4	1104.0
0.0075	20.3	54.8	9.8	35.2	0.19	10.2	26.5	12.1	1008.3
0.0375	17.1	62.7	10.8	26.4	0.10	8.6	30.0	16.6	978.1
0.075	10.4	66.6	10.8	22.3	0.29	9.7	28.8	19.7	641.7
0.1125	8.7	69.9	9.4	20.0	0.61	11.4	26.1	23.4	572.8

注：反应条件：300℃，5.0MPa，H_2/CO = 2，GHSV= 12500h^{-1}。

表 2-24 给出了 Rh-Mn-Li/SiO_2催化剂 50h 稳定性实验的结果。经过 4h 的初始反应后，该催化剂一直保持着约 610g/(kg cat·h) 的 C_2 含氧化合物时空收率和 41g/(g Rh·h) 的 Rh 效率。其 Rh 效率远远超出了文献报道的相近反应条件下同类催化剂 15g/(g Rh·h) 的水平。该催化剂不仅能保持很高的活性和 Rh 效率，而且整个稳定性实验过程中始终维持着 71%左右的 C_2 含氧化合物选择性和不变的产品分布。

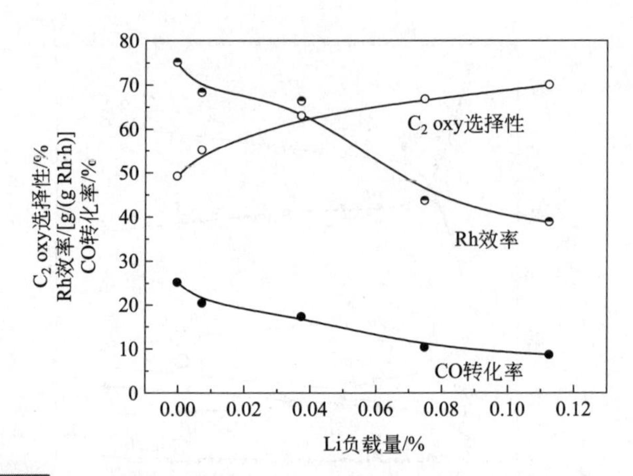

图 2-21 Li 的负载量对 Rh-Mn-Li/SiO_2 催化剂 CO 加氢性能的影响

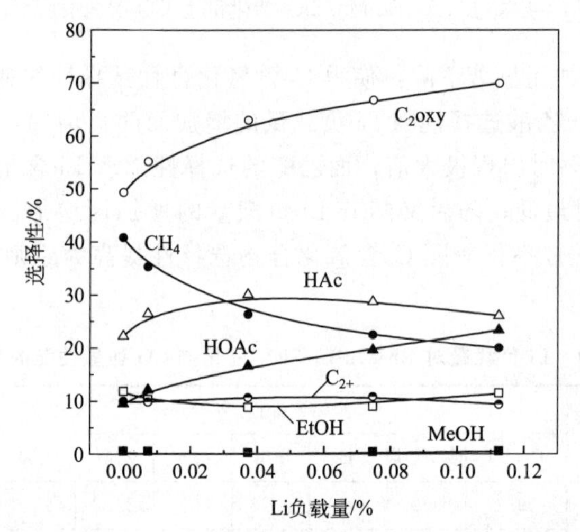

图 2-22 Li 的负载量对 Rh-Mn-Li/SiO_2 催化剂生成 C_2 含氧化合物选择性的影响

表 2-24 Rh-Mn-Li/SiO_2 催化剂 50h 稳定性实验的结果[30]

反应时间/h	CO 转化率/%	产物选择性/%					$Y_{C_2 oxy}$/[g/(kg cat·h)]	Rh 效率/[g/(g Rh·h)]
		烃类	乙醇	乙醛	乙酸	C_2oxy		
4.0	10.7	28.7	8.2	34.8	22.6	71.3	705.9	47.8
17.7	9.3	29.1	8.3	33.9	23.5	70.7	608.8	41.2
27.6	9.6	29.2	8.7	34.9	22.2	70.6	625.4	42.3
42.1	9.2	28.9	9.1	34.5	22.7	70.8	602.7	40.8
50.0	9.3	28.6	8.5	35.3	22.4	71.2	609.9	41.3

注：反应条件：280℃，5.0MPa，12500h^{-1}，H_2/CO = 2。

2.5.3 选择性合成乙酸的多组分催化剂体系

2.5.3.1 Rh 基催化剂

合成气直接制乙酸反应的 C 原子、H 原子和 O 原子经济性为 100%，这是人们梦寐以求的目标，但实现的难度很大。1978 年，Hwang 和 Taylor 公开的专利中采用 Rh/Ru 为催化剂，在 242℃、6.8MPa、$CO/H_2=3$ 条件下反应，乙酸选择性可达 33%[49]。日本 C1 工程研究组也对选择性合成乙酸的 Rh 基催化剂进行了较为详细的研究。他们首先对 2%Rh-M/SiO_2催化剂中助剂 M 进行了筛选，结果见表 2-25。根据这些助剂的助催化效果，可将其分为两类：一类是提高 C_2 含氧化合物选择性的，如 Mn、Mg 和稀土（如 Sc）；另一类则是提高乙酸生成活性的。其中可将第一类助剂分为三组：提高乙酸选择性的，如 Li 和 Ir 等；抑制甲烷生成的，如 Li 和 K 等；抑制高碳化合物生成的，如 Zr 和 Ir 等。

表 2-25 2%Rh-M/SiO_2催化剂中助剂 M 的筛选[3]

M	温度/℃	总活性/[mol/(g Rh·h)]	产物选择性/%				
			乙酸	乙醛	乙醇	甲烷	C_{2+}烃类
—	320	0.16	15.0	49.2	0.1	22.0	10.0
LiCl	320	0.35	26.3	35.2	2.8	14.3	21.4
KCl	319	0.09	22.0	39.7	0	17.9	20.4
$MgCl_2$	305	0.62	17.0	37.0	0.8	19.7	25.6
$ScCl_3$	320	0.66	11.4	21.3	9.5	38.4	15.7
$ZrCl_4$	313	0.56	17.4	14.2	13.3	41.1	14.0
$HfCl_4$	319	0.42	12.0	11.2	11.8	47.0	18.0
$CrCl_3$	320	0.43	11.7	32.7	3.3	38.7	13.6
$FeCl_3$	320	0.38	4.0	3.8	27.0	36.7	4.2
$IrCl_4$	320	0.28	14.8	49.7	5.3	21.4	4.4
V_2O_5	280	0.44	10.2	25.6	7.8	28.3	23.3
$Mn(NO_3)_2$	320	1.47	15.0	45.0	0.6	19.0	19.0

注：1. 反应条件：催化剂装量 30mL（约 12g），5.0MPa，进气流量 100L/h，$CO/H_2=2$。
2. M/Rh = 1/3（原子比）。

基于表 2-25 的研究结果，选取 Mn、Zr、Li 组合起来助催化 Rh 基催化剂，反应结果见表 2-26。可以看出，Mn 的加入大大提高了 Rh 基催化剂活性，而 Li 的存在则明显抑制了甲烷的生成；两者同时加入则使得生成乙酸的活性和选择性大大提高，表现出协同效应；再进一步加入 Zr，则甲烷和高碳化合物的生成受到明显抑制，最终使得乙酸选择性达到 53.2%。

表 2-26　3%Rh-Mn-Zr-Li/SiO_2催化剂上 CO 加氢反应性能[3]

催化剂组成（M/Rh 原子比）	温度/℃	总活性/[mol/(g Rh·h)]	产物选择性/%				
			乙酸	乙醛	乙醇	甲烷	C_{2+}烃类
无助剂	300	0.26	30.3	26.5	10.1	18.7	7.3
$MnCl_2$(1/3)	280	1.06	36.1	31.1	1.9	13.7	12.3
$ZrCl_4$(1/8)	300	0.46	33.5	12.8	17.1	24.3	4.8
LiCl(1/3)	300	0.27	47.4	24.2	5.4	9.4	5.4
$MnCl_2$(1/3)-$ZrCl_4$(1/8)	300	1.38	39.5	30.7	3.6	15.4	8.5
$MnCl_2$(1/3)-LiCl(1/3)	300	1.67	48.8	27.6	1.6	8.5	8.9
$MnCl_2$(1/3)-$ZrCl_4$(1/8)-LiCl(1/3)	300	1.66	46.8	29.7	3.2	10.4	6.3
$MnCl_2$(1/3)-$ZrCl_4$(1/8)-LiCl(2/3)	300	1.53	53.2	28.2	2.5	8.1	4.4

注：反应条件：Rh 含量 5%，催化剂装量 10mL（约 4g），10MPa，进气量 100L/h，$CO/H_2=2$。

对该 Rh-Mn-Zr-Li/SiO_2催化剂上 CO 加氢反应条件进行优化，发现适宜的温度和压力有利于提高乙酸选择性和时空收率，特别是随着合成气中 CO/H_2 比的增加，乙酸选择性可达到 65%以上，但其 STY 值下降，此时的反应条件为：300℃，10MPa，$CO/H_2=9$。另外，反应后催化剂上 Rh 粒径几乎不变。对 5% Rh-Mn-Zr-Li/SiO_2催化剂组分进行优化，结果见表 2-27。可以看出，当催化剂中Rh ：Mn ：Ir ：Li = 48 ：1：12 ：6（原子比）时，在适宜的反应条件下，乙酸选择性达到 67.2%。

表 2-27　5%Rh-Mn-Zr-Li/SiO_2催化剂上 CO 加氢反应性能[3]

Rh ：Mn ：Ir ：Li（原子比）	乙酸 STY/[g/(L·h)]	产物选择性/%					
		乙酸	乙醛	乙醇	C_3～C_4 oxy	甲烷	C_{2+}烃类
24 ：1：0：0	84	44.2	23.0	0	5.9	5.8	21.0
48 ：2：0：3	110	46.0	23.5	0	6.5	4.3	19.7
24 ：1：3：0	194	55.5	23.6	0	3.9	3.9	13.1
16 ：0：2：1	52	67.8	21.8	0.9	2.5	2.9	3.9
48 ：2：6：3	191	61.6	23.6	0	3.2	2.8	8.8
48 ：1：6：3	129	65.4	21.8	0.7	2.5	2.9	6.7
48 ：1：12 ：6	95	67.2	18.7	2.5	2.2	2.4	6.0

注：反应条件：催化剂装量 10mL，280℃，10MPa，GHSV = $10000h^{-1}$，$CO/H_2=9$，反应 4h 数据。

通过类似实验，其他性能较高的用于合成气制乙酸的多组分催化剂有 Rh-Mg-Li-（Ir 或 Ru-K）、Rh-Mn-Li-（Zr、Ir-Na、Ir-K 或 Hf）、Rh-Lu-Li-Ir-K 以

及 Rh-Sc-Li-Na。

一般而言，硫化物（如 H_2S）是 Rh 基催化剂的毒物，它能轻易地使催化剂失活。但如果用微量的 H_2S 处理合成气制乙酸的 7%Rh-Mn-Ir-Li/SiO_2 催化剂，可使乙酸选择性得到大幅度提升，而高碳副产物（包括烃类和含氧化合物）的生成则受到抑制，见表 2-28。可以看出，用 H_2S 毒化催化剂表面 6%的 Rh 原子，可使 C_2～C_6 烃类选择性下降一半，C_{3+} oxy 选择性从 9.5%降至 5.3%，而乙酸选择性则从 55.4%升至 63.9%。这是由于 S 选择性地吸附在 Rh 金属表面，大大降低了吸附于其上的桥式 CO 数量，而后者与高碳产物的生成密切相关，因而其生成受到抑制，最终导致乙酸选择性上升。然而这也是以牺牲催化剂总体活性为代价的，随着 H_2S/Rh 比的增加，催化剂活性急剧下降。

表 2-28　H_2S 的加入对 7%Rh-Mn-Ir-Li/SiO_2 催化剂性能的影响[3]

H_2S/Rh 原子比	CO 转化率 /%	产物选择性/%					乙酸 STY /[g/(L·h)]
		乙酸	乙醛	C_{3+} oxy	甲烷	C_2～C_6烃类	
0	6.4	55.4	19.1	9.5	3.2	11.1	450
0.004	4.5	63.9	20.4	5.3	3.0	5.9	359
0.006	3.0	67.2	20.2	4.2	2.8	3.8	260
0.011	1.9	69.4	19.9	3.4	2.8	2.3	171

注：1. Rh ∶ Mn ∶ Ir ∶ Li ＝ 48 ∶1∶6∶3。

2. 反应条件：催化剂装量 10mL，300℃，10MPa，GHSV ＝ 10000h^{-1}，CO/H_2＝ 9。

3. C_{3+} oxy 包含丙醛、丁醛和丙酸。

尽管日本 C1 工程研究组开发 Rh 基催化剂可使合成气直接制乙酸选择性高达 67%，但催化剂中 Rh 负载量也高达 7%，且由于在高的 CO/H_2比下操作，易使催化剂积炭而失活，其稳定性有待提高。大连化物所则在上述较低 Rh 含量的 Rh-Mn-Li/SiO_2催化剂的基础上，直接将其中 Li 含量由原来的 0.0375%增加至 0.11%，尽管该催化剂上 C_2含氧化合物的时空收率和 Rh 效率较低，但是 C_2含氧化合物的选择性高达 80%；其中乙酸选择性达到 33%（表 2-29），反应 50h 催化剂活性保持稳定。

表 2-29　1.5%Rh-0.525%Mn-0.1125%Li/SiO_2 催化剂的 CO 加氢反应性能[30]

反应时间 /h	CO 转化率 /%	产物选择性/%					$Y_{C_2 oxy}$ /[g/(kg cat·h)]	Rh 效率 /[g/(g Rh·h)]
		烃类	乙醇	乙醛	乙酸	C_2含氧化合物		
4.0	4.1	19.3	10.3	34.4	28.0	79.7	301.2	20.4
8.1	3.9	18.6	10.7	33.3	30.4	80.5	300.0	20.3
16.6	3.7	18.7	11.8	32.6	30.8	80.3	287.6	19.5

续表

反应时间/h	CO转化率/%	产物选择性/%					$Y_{C_2 oxy}$ /[g/(kg cat·h)]	Rh效率/[g/(g Rh·h)]
		烃类	乙醇	乙醛	乙酸	C_2含氧化合物		
28.6	3.5	18.9	11.2	31.6	32.7	80.1	269.3	18.2
39.5	3.4	19.0	11.9	29.9	33.9	79.9	258.6	17.5
50.1	3.4	19.1	11.1	30.8	33.0	79.8	262.2	17.7

注：反应条件：280℃，5.0MPa，$H_2/CO=2$，GHSV= $12500h^{-1}$。

另外，徐柏庆等[34]采用2.9% Rh/NaY作为催化剂，在1MPa、250℃、$CO/H_2=1$和GHSV = $15000h^{-1}$条件下进行CO加氢反应，发现合成气可选择性地转化成C_2含氧化合物，其中乙酸占90%，但催化活性较低。

陈维苗等[29]采用微乳液技术合成纳米大小的金属粒子，而且选用具有纳米尺度的纳米硅胶（NS）作为载体，制成双纳米尺度负载金属催化剂，来考察它们的CO加氢性能。所采取方法有：机械研磨法，即采用机械研磨将纳米Rh颗粒与纳米的载体结合在一起，制得催化剂PG1；微乳沉积法，即在采用微乳法制得Rh纳米粒子的同时，沉积到纳米硅胶上，所得样品为DEP1；微乳浸渍法，即在微乳液中将Rh的前驱体浸渍到纳米硅胶上，制得样品IMP2。同时为了比较，还采用普通浸渍法制得样品IMP1。

表2-30给出了用不同制备方法制得的Rh/NS催化剂CO加氢反应结果。由表可见，普通浸渍法虽然活性最高，但生成C_2含氧化合物的选择性却是最低的，为25.8%。与之相反，采用微乳浸渍法制得的催化剂IMP2虽然活性最低，CO转化率仅0.2%，但生成C_{2+}含氧化合物的选择性却是最高的，为75.5%，其中乙醛选择性达到58.5%，没有检测到乙醇的生成。值得一提的是，普通浸渍法制得催化剂的Rh负载量为1%，但微乳浸渍法制得的催化剂Rh负载量却很难达到1%，因为水溶液中Rh的浓度偏低。这是催化剂活性不高的原因之一。

表2-30　不同制备方法制得Rh/NS催化剂的CO加氢反应结果[29]

制备方法	CO转化率/%	$Y_{C_{2+} oxy}$ /[g/(kg·h)]	产物选择性/%					
			C_{2+}oxy	甲烷	甲醇	乙醇	乙醛	乙酸
IMP1	0.9	16.7	25.8	40.2	0	7.8	2.2	1.0
IMP2	0.2	12.0	75.5	20.4	1.8	0	58.5	13.7
PG1	0.3	17.7	50.1	32.9	0	5.8	3.1	31.1
DEP1	0.4	53.7	71.7	0	4.9	5.8	8.4	53.8

注：反应条件：300℃，3.0MPa，$12500h^{-1}$，$H_2/CO=2$。

采用机械研磨的方法将纳米Rh颗粒与纳米的载体结合在一起而制得的催化剂PG1的总体活性不及IMP1，但生成C_{2+}含氧化合物的选择性却比它高出1

倍，且乙酸选择性达到 31.1%。而采用微乳沉积法制得的催化剂 DEP1 却表现出最高的 C_{2+} 含氧化合物的时空收率，达到 53.7g/(kg cat・h)，其选择性也达到 71.7%，且未检测到甲烷的生成，同时乙酸选择性高达 53.8%。必须看到的是，虽然这些催化剂的活性非常低，但也为开发乙酸催化剂提供了一些启示。

2.5.3.2　非 Rh 基催化剂[3]

在此简要介绍一下用于合成气直接制乙酸的非 Rh 基催化剂，实际上，能用于该反应的非 Rh 基催化剂很少。表 2-31 给出一系列非 Rh 基催化剂上合成气反应结果。可以看出，硅胶负载的单金属催化剂几乎都不催化 CO 加氢生成乙酸，但有些催化剂上生成了乙酸酯和乙醛，其活性大小顺序为 Ru>Co>Fe> Mo、W，其中以 Ru 最有希望成为非 Rh 基乙酸合成催化剂。因此，表 2-32 考察了一系列助剂 A 促进的 2%Ru/SiO_2催化剂上 CO 加氢反应结果。由表可见，Ir 的添加显著提高了乙酸生成活性和选择性，而 Li 和 Pt 的添加则分别抑制了甲烷和高碳产物的生成；这些助剂的助催化效果与添加到 Rh 基催化剂上的很类似，它们都发挥着类似的作用。因此，表 2-33 则给出了多组分促进的 3%Ru/SiO_2 催化剂上合成气反应结果。由表可见，随着助剂 Ir、Li 和 Pt 的逐步加入，催化剂上乙酸生成活性和选择性逐步上升，其中 Li 的添加使得 3%$Ru-Ir/SiO_2$催化剂上乙酸选择性由 9.1%增加到 11.1%；再添加 Pt 则可使乙酸生成选择性和时空收率分别为 12.3%和 32.0g/(L・h)。

表 2-31　一系列非 Rh 基催化剂上合成气反应结果

M/SiO_2	T /℃	总活性 /[mol/(g・h)]	产物选择性/%					
			乙酸	乙醛	乙醇	C_{3+}oxy	CH_4	C_{2+}烃类
10%Cr	320	0.006	0	0	0	0	11.7	3.3
12%Mo	323	0.147	0.6	1.8	0	0.9	18.9	30.6
5%W	329	0.002	2.0	0	0	0	16.3	22.8
10%Mn	300	0.007	0	0	0	0	71.9	5.8
10%Fe	300	0.264	0	4.6	1.0	5.7	48.9	33.7
10%Co	300	0.076	0	6.9	0	12.2	19.4	56.0
10%Ni	300	0.004	0	0	0	0	77.5	0
2%Ru	288	0.269	0.7	18.6	0.4	15.2	11.6	50.9
10%Pd	300	0.088	0	0	0	0	2.1	0.2
5%Pt	305	0.051	0	0	0	0	3.3	0
2%Rh	320	0.093	15.9	40.8	9.3	0	27.8	1.4

注：反应条件：催化剂装量 10mL，5.0MPa，合成气进气量 35L/h，$CO/H_2=2$。

表 2-32 一系列助剂 A 促进的 2%Ru/SiO_2 催化剂上 CO 加氢反应结果

A	总活性 /[mol/(g·h)]	产物选择性/%					
		乙酸	乙醛	乙醇	C_{3+} oxy	CH_4	C_{2+} 烃类
—	1.09	0	15.2	0.6	15.1	6.6	50.5
LiCl	1.21	5.3	13.1	0	12.2	3.3	44.8
$MgCl_2$	1.35	1.3	11.7	2.3	14.5	10.1	52.8
$ZrCl_4$	0.54	0	13.2	2.9	16.2	16.4	45.9
V_2O_5	0.65	0	16.4	2.1	18.4	11.2	47.7
$CrCl_3$	1.75	0	12.6	0.5	13.1	10.4	55.2
$MnCl_2$	2.21	0	11.0	0.9	12.0	6.8	48.9
$CoCl_2$	2.61	0	12.0	0.8	12.9	4.9	45.4
$NiCl_2$	1.12	0	14.3	0.7	15.0	6.1	51.7
$PdCl_2$	0.25	0	20.2	0	20.2	17.4	36.1
$IrCl_4$	0.54	9.1	9.0	7.8	26.0	17.5	36.0
H_2PtCl_6	0.24	0	20.7	4.7	25.4	22.6	29.7

注：1. 反应条件：催化剂装量 10mL，300℃，7.5MPa，合成气进气量 75L/h，$CO/H_2=2$。
2. A/Rh 原子比为 1/3。

表 2-33 多组分促进的 3%Ru/SiO_2 催化剂上 CO 加氢反应结果

催化剂组成	反应温度 /℃	乙酸 STY /[g/(L·h)]	产物选择性/%					
			乙酸	乙醛	乙醇	C_{3+} oxy	CH_4	C_{2+} 烃类
Ru(1)-Li(1)	290	25.7	4.3	11.4	0	35.2	32.1	44.3
Ru(1)-Ir(1/3)	300	13.2	9.1	9.0	7.8	14.4	17.5	36.0
Ru(1)-Ir(1/3)-Li(1)	290	27.5	9.3	16.7	1.7	24.5	7.1	36.7
Ru(1)-Ir(2/3)-Li(1)①	300	31.0	11.1	16.9	3.2	19.9	8.7	35.5
Ru(1)-Ir(2/3)-Li(1)-Pt(1/3)	300	32.0	12.3	13.4	7.2	17.0	10.1	32.0

① 合成气进气量 120L/h。
注：反应条件：催化剂装量 10mL，7.5MPa，GHSV = $7500h^{-1}$，$CO/H_2=2$。

2.5.4 选择性合成乙醇的催化剂体系

在实际研究中人们也更多关注如何提高 Rh 基催化剂用于合成乙醇的活性和选择性。早期人们就发现，由分散在 La_2O_3、TiO_2、ThO_2、CeO_2 和 ZrO_2 上的 Rh 簇合物制得催化剂，在常压下进行 CO 加氢反应，生成乙醇的选择性可达 61%；采用以少量的 Fe、Th、U、Zn 和 Mn 的氧化物促进的 2.5%Rh/SiO_2 催化剂，在 300℃和 6.9MPa 条件下，能生成选择性为 36%的乙醇[50]；Zr、Pt、

Cr 或 Hg 等促进的 4.5%Rh/硅酸催化剂上乙醇选择性和时空收率最高分别达 70%以上和 420g/(L·h)[51]；将 4.2%Rh-Mg 负载在天然形成的镁硅酸盐上，所得催化剂上 C_2 含氧化合物选择性达 78.0%，其中乙醇占 60.5%，反应 322h 后 C_2 含氧化合物时空收率仍为 377g/(L·h)[52]。

上述早期的乙醇催化剂的选择性较高，但会使得烃类，特别是甲烷选择性较高，使得 CO 利用率大大降低，因此，采用两段法则可达到较好的效果，即先用高 C_2 含氧化合物选择性的催化剂，制得包括乙醇在内的 C_2 含氧化合物，然后采用加氢催化剂得到最终的产物乙醇。日本 C1 工程研究组则设计了组合催化剂法，即先采用具有很高的 C_2 含氧化合物选择性的 Rh-Mn-Li/SiO_2 催化剂，用于催化 CO 加氢生成 C_2 含氧化合物，再在加氢催化剂上，如 Rh-Fe/SiO_2、Pd-Mo/SiO_2 或 Cu-Zn/SiO_2，将 C_2 含氧化合物加氢成乙醇。表 2-34 给出了 Rh-Mn-Li//Rh-Fe 组合催化剂上 CO 加氢反应结果，其中 Rh-Mn-Li/SiO_2 催化剂中 Rh ∶ Mn ∶ Li = 1∶1∶0.5，Rh ∶ Fe = 1∶0.33（均为原子比），同时也给出了单个催化剂上 CO 加氢反应结果。

表 2-34　Rh-Mn-Li//Rh-Fe 组合催化剂上 CO 加氢反应结果[3]

催化剂	CO 转化率/%	产物选择性/%					
		甲醇	乙醛	乙醇 1（乙醇 2）	乙酸	C_2oxy	甲烷
Rh-Mn-Li	9.8	0	41.4	5.2（46.6）	21.7	73.7	19.2
Rh-Fe	3.7	61.6	0	13.1（13.1）	1.7	14.8	22.0
Rh-Mn-Li//Rh-Fe	9.6	0.6	4.1	41.2（45.3）	24.3	69.5	21.2
Rh-Fe//Rh-Mn-Li	10.4	13.4	25.5	13.1（38.6）	20.1	58.7	22.9

注：1. 反应条件：催化剂用量均为 10mL，5.0MPa，270℃，H_2/CO =2，进气量 120L/h。
2. 甲醇中包括乙酸甲酯；乙醇 1 中包括乙醇和乙酸乙酯；乙醇 2 中包括乙醛和乙醇；乙酸中包括乙酸和乙酸酯。

由表可见，Rh-Mn-Li//Rh-Fe 催化剂上 CO 加氢反应产物分布与单个催化剂的明显不同，甲醇与乙醛明显下降，乙酸变化不大，而乙醇成为主要的产物。这说明在 Rh-Mn-Li/SiO_2 催化剂上 CO 加氢生成的乙醛在 Rh-Fe/SiO_2 催化剂的作用下，于合成气气氛中有效地转化为乙醇。同时，也由于 Rh-Fe/SiO_2 催化剂上乙醛加氢反应，使得甲醇生成速率大大下降。当将这两个催化剂组合的顺序颠倒过来，甲醇和乙醛选择性急剧上升，而乙醇选择性大大下降。

由于 Fe 修饰的催化剂，如 Rh-Fe/SiO_2 和 Ir-Fe/SiO_2 在合成气气氛中具有较高的催化乙醛加氢反应性能，但对乙酸加氢的催化活性不高。这些催化剂对合成气制甲醇的催化活性较高，因此可将高性能的甲醇催化剂用作加氢催化剂。Pd 基催化剂，如 Pd-Fe/SiO_2 和 Pd-Mo/SiO_2 催化剂，对乙醛加氢也具有较高的催化活性，如将加氢催化剂换成 Pd-Mo/SiO_2 时，乙醇选择性可达 60%以上；但和 Rh-Fe/SiO_2 一样，对乙酸加氢的催化活性不高。基于 Cu-Zn 基或 Zn-Cr 基催化剂是工业上常用的高效甲醇催化剂，其中前者在合成气气氛中对乙酸加氢也具有较高的催化活性，因此，将 Rh-Mn-Li/SiO_2与 Cu-Zn/SiO_2催化剂组合起来，用于CO加氢制乙醇的反应中，结果见表2-35，它是两个反应器组合起来连续运行了500h的典型结果。可以看出，Rh-Mn-Li/SiO_2催化剂上CO加氢反应生成C_2含氧化合物的选择性高达87%，其中主要是乙醛和乙酸，乙醇很低；而在组合催化剂的作用下，乙醇选择性高达80%，在C_2含氧化合物中的比例为98%，主要的副产物为烃类（主要是甲烷）和CO_2。

表 2-35　Rh-Mn-Li/SiO_2//Cu-Zn/SiO_2组合催化剂上CO加氢反应结果[3]

催化剂	反应温度/℃	CO转化率/%	产物选择性/%				乙醇STY/[g/(L·h)]
			乙醛	乙醇	乙酸	乙酸乙酯	
Rh/Mn//Cu/Zn	258//277	1.5	0.3	80.6	0	2.2	229
Rh-Mn-Li/SiO_2	259	1.4	39.0	2.1	46.2	0	7
Cu-Zn/SiO_2	277	0	0	0	0	0	0

注：反应条件：5.0MPa，H_2/CO = 1.4。

必须指出的是，由于前段反应器中生成大量的乙酸，它对设备和Cu-Zn/SiO_2催化剂具有较强的腐蚀作用，不但使得催化剂稳定性大大降低，而且流失的Cu会影响下游产品质量。因此，从长远来看，还需选用其他的更加有效的乙酸加氢催化剂，并且在临氢气氛下进行。大连化物所将Pd/C催化剂用作下段加氢催化剂，则可以避免上述不足，该过程正在进行工业示范装置建设。

上述催化剂中Rh负载量均较高，Rh效率较低，因此，大连化物所在具有较高Rh效率和C_2含氧化合物选择性的1.5%Rh-Mn-Li/SiO_2催化剂的基础上，直接添加少量Fe，制得Rh-Mn-Li-Fe/SiO_2催化剂。见表2-36，少量Fe的添加造成CO和C_2含氧化合物的时空收率有所下降。但是产品C_2含氧化合物中，乙醇选择性随Fe含量的增加而显著增加，至0.038%Fe时达25.0%；而乙酸和乙醛的选择性分别由原来的33.6%和13.0%下降到18.7%和10.1%。可见，乙醇选择性的上升是以乙醛和乙酸选择性的下降为代价的；同时也表明，Fe的加入促进了乙醛和乙酸加氢生成乙醇。

表 2-36　Fe负载量对Rh-Mn-Li-Fe/SiO_2催化剂CO加氢性能的影响[30]

Fe/%	CO转化率/%	产物选择性/%							$Y_{C_2 oxy}$/[g/(kg cat·h)]
		C_2oxy	C_{2+}烃类	CH_4	甲醇	乙醇	乙醛	乙酸	
0	21.6	64.4	8.8	26.4	0.33	10.0	33.6	13.0	1240.0
0.011	20.8	62.6	8.7	28.5	0.13	15.8	26.7	12.6	1157.3
0.038	17.8	62.3	8.6	28.7	0.28	25.0	18.7	10.1	978.9

注：1. Rh =1.5%，Mn = 0.525%，Li = 0.038%。

2. 反应条件：300℃，5.0MPa，H_2/CO = 2，GHSV = 12500h^{-1}。

2.6 反应机理

2.6.1 概述

CO 加氢反应可生成包括烃类、甲醇、高级醇、醛类、羧酸和酯类等多种产物。该反应过程不仅涉及 C—O 键和 H—H 键的断裂，而且还有 C—C、C—H 和 O—H 的生成。为了解释这种复杂的反应过程，各种 CO 加氢生成 C_2 含氧化合物的反应机理相继出现，其中比较重要的有以下几种。

（1）甲醇同系化　Fischer Tropch 认为 C_2 含氧化合物的生成是甲醇的羰基化过程。反应式如下：

$$CO \xrightarrow{H_2} CH_3OH \xrightarrow{H_2} CH_3COOH \xrightarrow{H_2} CH_3CHO \xrightarrow{H_2} CH_3CH_2OH$$

（2）乙烯水合　CO 加氢反应生成烃类，烯烃通过水合反应转变成醇类。

（3）烯醇中间体缩合机理　反应式如下：

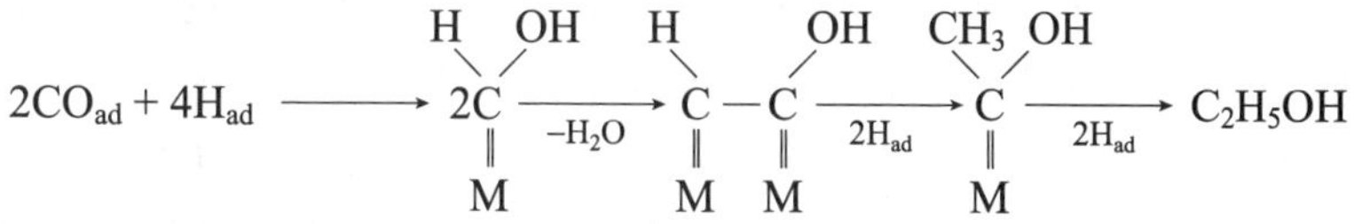

$$2CO_{ad} + 4H_{ad} \longrightarrow 2\underset{\underset{M}{\|}}{C}(H)(OH) \xrightarrow[-H_2O]{} (H)\underset{\underset{M}{\|}}{C}-\underset{\underset{M}{\|}}{C}(OH) \xrightarrow[2H_{ad}]{} (CH_3)\underset{\underset{M}{\|}}{C}(OH) \xrightarrow[2H_{ad}]{} C_2H_5OH$$

（4）CO 插入表面吸附的 CH_x（$x=1, 2, 3$）物种机理　就 Rh 基催化剂而言，CO 插入表面吸附的 CH_x 机理比较合理。

整个 CO 加氢反应可概括成以下 4 个步骤，如图 2-23 所示。

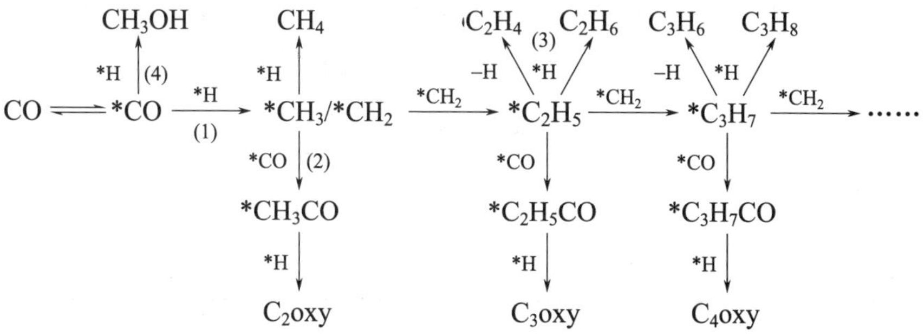

$$CO \rightleftharpoons {}^*CO \xrightarrow[(1)]{^*H} {}^*CH_3/{}^*CH_2 \xrightarrow{^*CH_2} {}^*C_2H_5 \xrightarrow{^*CH_2} {}^*C_3H_7 \xrightarrow{^*CH_2} \cdots\cdots$$

${}^*CO \xrightarrow[(4)]{^*H} CH_3OH$；${}^*CH_3/{}^*CH_2 \xrightarrow{^*H} CH_4$；${}^*CH_3/{}^*CH_2 \xrightarrow[(2)]{^*CO} {}^*CH_3CO \xrightarrow{^*H} C_2oxy$

${}^*C_2H_5 \xrightarrow{-H} C_2H_4$，${}^*C_2H_5 \xrightarrow{^*H} C_2H_6$（3）；${}^*C_2H_5 \xrightarrow{^*CO} {}^*C_2H_5CO \xrightarrow{^*H} C_3oxy$

${}^*C_3H_7 \xrightarrow{-H} C_3H_6$，${}^*C_3H_7 \xrightarrow{^*H} C_3H_8$；${}^*C_3H_7 \xrightarrow{^*CO} {}^*C_3H_7CO \xrightarrow{^*H} C_4oxy$

图 2-23　在 Rh 基催化剂上 CO 加氢生成 C_2 含氧化合物和烃类的各基元步骤

（1）CO 吸附、解离和加氢生成 CH_3/CH_2 物种，以及烷基链通过 CH_2 插入进行链增长。

（2）CO 转移和插入表面烷基键，形成表面酰基物种，随后加氢生成 C_2 含氧化合物。

（3）通过表面烷基中 α-H 的加成或 β-H 的消除形成烃类。

(4) 非解离吸附的CO直接加氢生成甲醇。

CO和H_2解离后，会在表面形成吸附态的C、H和O等物种，它们之间的反应形成CO_2和H_2O。

根据CO插入机理，用于合成气制C_2含氧化合物的催化剂必须具备以下性质：可以吸附和解离CO；解离CO的能力不能太强，从而保证CO插入的进行；适中的加氢性能，太强有利于甲烷和甲醇的生成，太弱则导致催化剂活性太低。

表2-37中细黑线左边金属对CO解离表现出高的活性，在27℃就能使表面吸附的CO发生解离，而吸附在黑线右边金属上的CO不发生解离。当反应温度升高时，金属对CO的解离情况也发生变化，但反应温度为200～300℃的情况下，左边界限右移到粗黑线所划区域。可以看出，在过渡金属中，Rh位于元素周期表中Ⅷ族金属的中间，其催化CO解离的活性低于Fe、Ru和Co，但强于Pd、Ir和Pt，活性适中，最适用于CO加氢制C_2含氧化合物的反应中。由于对CO活化特性的差异，不同的金属对CO加氢反应表现出不同的活性和选择性。如在Pd和Cu等对CO弱解离的催化剂上主要生成甲醇；而在Fe、Co和Ru等对CO强解离的催化剂上则主要生成烃类；在对CO解离适中的金属Rh基催化剂上与其他金属相比也表现出适中的烷基化活性。其甲烷化活性如下：Ru>Fe>Ni>Co>Rh≫Pd>Pt>Ir。此外，金属Rh基催化剂活化CO的类型可取决于反应条件（温度、压力、CO/H_2比等），即温度越高，CO的解离活性越大；而在加压下CO/H_2比越大，CO解离活性越低，而且加氢活化能也有变小的倾向。由于金属Rh的这些特性，兼备了作为从合成气高选择性地合成乙醇等含氧化合物催化剂的必备条件，因此，它被认为是合成C_2含氧化合物最理想的活性组分。这也是C_2含氧化合物合成催化剂的研究大多集中在Rh上的最主要原因。下面将讨论Rh基催化剂上CO加氢反应中与C_2含氧化合物形成密切关系的基元过程。

表2-37 过渡金属对CO的活化作用

Cr	Mn	Fe	Co	Ni	Cu
Mo	Tc	Ru	Rh	Pd	Ag
W	Re	Os	Ir	Pt	Au

解离活化←┈┈┈┈┈→非解离活化

——常温

——200～300℃

2.6.2 CO和H_2的吸附与活化

CO分子中含有14个电子，与N_2分子具有等电子结构，且分子中都具有三重键。由于C原子与O原子的电负性不同，使得CO的分子轨道能级与N_2分子有较大差别。CO 分子的电子组态为：$CO(1\sigma)^2(2\sigma)^2(3\sigma)^2(4\sigma)^2(1\pi)^4(5\sigma)^2(2\pi)^0$。

在 CO 分子中，三重键是由 2 个简并的 1π 轨道和 1 个 5σ 轨道构成的，C≡O 的键能为 1069kJ/mol，键长为 0.1129nm，伸缩振动频率为 $2143cm^{-1}$。对于 CO 参与的反应而言，主要有以下特征。

(1) 最高已占轨道（HOMO）上 5σ 孤对电子具有弱路易斯碱的性质，与强路易斯酸反应可生成加成物；与具有空轨道的某些过渡金属作用能形成金属羰基络合物。在络合物中，CO 的 5σ 孤对电子进入过渡金属的空轨道形成 σ 键；同时，过渡金属的 d 电子也可反馈到 CO 的 2π 空轨道上形成反馈 π 键。

(2) CO 的最低未占轨道（LUMO）上 2π 轨道是反键性的，当过渡金属的反馈电子进入该轨道时与形成的 σ 键共同作用，加强了 M—C 键，削弱了 C—O 键。由于不同的金属有不同的特性，所以形成的 M—C 键强度不同，对 C—O 键的削弱程度也不同。

H_2分子的键能（约 436kJ/mol）比通常的单键键能要大，H—H 键的伸缩振动频率为 $4393cm^{-1}$。除了具有还原性质外，H_2分子也可在过渡金属的表面上发生化学吸附；当 H_2分子在金属表面上发生化学吸附时，许多情况下是被解离成 H 原子；也可因金属电子向吸附的 H 原子转移，使解离吸附的 H 原子呈电负性；这种不同类型的氢吸附态，对金属的加氢能力会产生很大的影响。

在 CO 和 H_2参与的催化反应中，H_2的活化比较容易，在Ⅷ族金属上，H_2是解离吸附；不同过渡金属催化转化 CO 的能力有很大差别，关键在于它们对 CO 吸附和活化的能力不同。

CO 在催化剂表面的吸附是其活化和反应的必经步骤。一般认为，CO 在过渡金属上的吸附模型符合 Blyholder 模型，其活化的关键取决于金属吸附 CO 后对 C—O 键的削弱程度。

在金属对 CO 的吸附过程中，CO 的 4σ 轨道和 1π 轨道基本不参与成键，5σ 轨道上的电子虽然可以成键，但本身的电子转移对 C—O 键强度的影响并不显著。反馈到 CO 上的 $2\pi^*$ 反键轨道上的金属电子对 C—O 键的削弱起重要作用。因此，M—C 键的强度对 C—O 键强度有着很大的影响。M—C 键的强度与金属的 d 电子密度、晶胞参数和晶面指标以及 CO 的吸附位置等因素有关。人们将这些因素归结为“集团效应”和“配位效应”，而这些因素源于金属的结构和本性。

在不同金属表面上，CO 既可发生非解离吸附，也可发生解离吸附。对于非解离吸附，可以是线式吸附，也可以是桥式吸附。在线式吸附中，CO 分子垂直于金属表面，与金属键合的是 C 原子，而不是 O 原子。这是因为 CO 分子的 5σ 电子向金属空轨道转移，金属电子向 CO 的 $2\pi^*$ 反键轨道反馈电子作用的结果。

在多数Ⅷ族金属的（111）晶面上，CO 的线式吸附占有优势；但其他情况下，CO 可以呈桥式吸附，也可以发生解离，或者几种不同的吸附态同时存在。

根据光谱研究结果，CO 在金属 Rh 表面的吸附形式及其对应的红外吸收波数如图 2-24 所示。

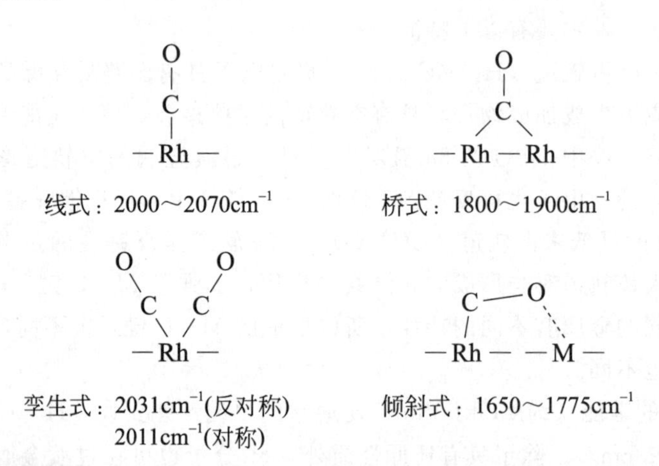

图 2-24　CO 在金属 Rh 表面的吸附形式及其对应的红外吸收波数

金属的性质和结构不同决定了其活化 CO 方式的多样化和复杂性。由于不同吸附态结构的 CO 可以参与不同的催化反应，从而生成不同的目标产物。如在 Co 或 Fe 基催化剂上 CO 加氢的主要产物是烃类（F-T 合成），在 Ni 基催化剂上很容易甲烷化，在 Co 或 Rh 基催化剂上也可高选择性地合成醇及其他含氧化合物等。

2.6.3　CO 的解离

有关 CO 解离的机理有两种：一种是 CO 中 C—O 键直接断裂而解离的 Sachtler 机理[53]；另一种是氢助 CO 解离的 Wang 机理[54,55]，即首先形成 H_2CO 物种，然后解离形成 CH_2 物种。

Sachtler 等[53]测得 Rh/SiO_2、$Rh\text{-}Ti/SiO_2$、$Rh\text{-}Zr/SiO_2$ 和 $Rh\text{-}Mn/SiO_2$ 等催化剂上 CO 开始发生歧化反应的温度分别为 210℃、182℃、175℃和 167℃，认为助剂的作用之一就是促进 CO 直接解离为 C 和 O。作者还用红外光谱研究了助剂对 Rh/SiO_2 催化剂上 CO 吸附方式的影响，结果表明，CO 线式吸附为 2040～2060cm^{-1}，桥式吸附在 1880～1890cm^{-1}处，在有亲氧性助剂的情况下，桥式吸附发生位移，而相应催化剂的线式吸附却没有。这与在 $AlBr_3$ 和 BF_3 以及 $\gamma\text{-}Al_2O_3$ 等路易斯酸上加成物反应中的羰基络合物是一致的，并被解释成为以 C 及 O 成键的 CO[56]。同样地，在 Pt-Ti 合金上 CO 的 C 同 Pt 成键，而 O 同 Ti 成键[57]。因此，在有助剂存在的情况下，CO 以倾斜式吸附在 Rh 及亲氧性助剂的表面，即 C 与 Rh 成键，O 与亲氧性助剂成键（图 2-32），亲氧性助剂的存在可促进 CO 的解离[53]。

氢助解离机理认为，吸附的 CO 首先加氢生成部分氢化物种（HCO 和 H_2CO），再进一步反应，C—O 键断裂，生成 M—CH_x 中间体。对于表面物种 CH_x 来说，有三种可能的形式，即 CH、CH_2 和 CH_3。有些人认为 CO 插入的是表面吸附的 M—CH_3 物种[58]，也有人认为 CO 插入的是表面吸附的 M ═CH_2（卡宾）物种[59,60]。蔡启瑞等[55,61]用 CH_3OD 和 D_2O 作为化学捕获剂证明，合成气制乙醇反应中，催化剂表面上 CH_2 比 CH_3 物种多，他们认为 CO 断键发生在 CO 向 CH_2 转化的过程中。

2.6.4 C_2含氧化合物中间体的形成

基于不同方法制备的 Rh 基催化剂而提出的 C_2 含氧化合物生成机理难免存在争议。蔡启瑞等[54]提出的合成气反应机理中，乙烯酮和乙酰基同时存在。他们分别采用同位素标记的 CH_3OD 和 D_2O 作为捕获剂进行化学捕获反应。其中，乙烯酮中间体和 CH_3OD 发生加成反应而后经重排得到 α-氘代乙酸甲酯（$CH_2DCOOCH_3$）；而乙酰基中间体与 CH_3OD 发生加成反应时，生成的中间体不能发生类似的重排反应，最终生成的是非氘代的乙酸甲酯。结果证实了乙烯酮和乙酰基中间体同时存在。在通常的反应条件下，乙烯酮很快加氢转化成乙酰基，即乙烯酮部分氢化反应是乙酰基的主要生成途径，而 CO 插入甲基的反应是乙酰基的次要生成途径。既然乙烯酮中间体的生成在乙酰基之前，由此可以认为，CO 插入卡宾反应是乙醇等 C_2 含氧化合物中初始 C—C 键形成的主要途径。

Orita 等[58]提出，CO 插入一个 M—CH_x 物种生成 C_2 含氧化合物中间体，许多研究结果也支持这个模型，这也是目前广为接受的。尽管如此，有关 C_2 含氧化合物，特别是乙醛和乙醇的形成机理仍然存在着争议。

Fukushima 等[62]采用原位红外技术对反应过程中产生的中间体进行了研究，他们认为，乙酰基可能是 C_2 含氧化合物的中间体，它形成了所有的 C_2 含氧化合物。当将乙醛添加到合成气中，有人确实发现乙醛转化成乙醇，其中间体是乙酰基[63]。然而，Orita 等[58]则没有发现类似现象，故认为乙醛中间体与乙醇不同，它是乙酰基与载体中氧反应转化为乙酸根以后形成的。但是，后来又发现乙酸根不是中间体，而是加氢累积的结果[72]。但值得注意的是，Orita 等[58]的实验是在 180℃、$p_{H_2}=24kPa$ 相对温和条件下进行的，而在该条件下乙醛生成乙醇的反应速率非常低。因此，他们没有发现乙醛加氢转化为乙醇的现象很可能是由于他们所采用的反应条件所致。

在总结了上述不同研究结果的基础上，Bowker[64]提出了乙酰基和乙酸根都可能是生成 C_2 含氧化合物的中间体，乙酰基的活性很高，在反应条件下的寿命很短，它加氢形成乙醛，进一步加氢形成表面乙氧基物种，最后得到乙醇；而乙酸根则比较稳定，它加氢则形成乙酸和表面乙醛，后者进一步加氢形成乙醇。如图 2-25 所示，在催化剂表面乙酸根有四种不同的吸附位置：前两种分别稳定在载体或助剂表面；第三种乙酸根处于氧化物助剂和 Rh 的界面上，氧化物提供一个 O 将乙酸根“锚定”；第四种乙酸根处于 Rh 晶粒表面，由表面吸附的 O 加以稳定。前两种乙酸根是惰性的，后两种为活性中间物种。一方面，由于载体和助剂的比表面积大于 Rh 晶粒的比表面积，所以前两种数量更多，从而遮盖了活性乙酸根的作用，使人们认为它是惰性的。另一方面，有活性的乙酸根物种可能源于表面乙酰基与助剂的相互作用，即被助剂稳定的乙酰基物种，或表面 CH_3 物种和 CO_2 的反应。另外，Arakawa 等[65] 也证实了这两种类型乙酸根的存在。证明该机理仍需进一步研究，特别是辨别有反应活性和惰性的乙酸根物种。

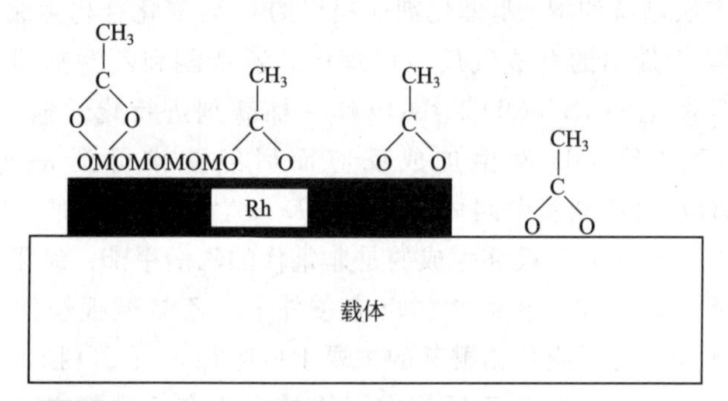

图 2-25 乙酸根在负载 Rh 基催化剂表面的存在状态[73]

Jackson 等[66] 采用 ^{13}CO、$C^{18}O$ 和 D_2 做同位素标记实验，发现当同位素被引入反应体系时，甲烷、乙醇及甲醇中没有发现同位素，但出现在乙醛的醛基中，因而他们提出了另一个不同的机理，即乙醛和乙醇来源于不同的中间体，乙醛源于表面乙酰基，而乙醇的生成则是表面 CH—OH 基团与 CH_2 物种反应并加氢的结果，其中 CH—OH 物种是生成甲醇的前驱态物种；另外，表面沉积的碳物种也起主要作用，可提供氢和 CH_2 物种。但他们也观察到，如果含同位素的产物慢慢从反应器出口减少，那么该实验方法的灵敏度就不够高。因此，有人认为，正是由于乙醇从反应器出口的排出速率慢才导致它与乙醛生成比例的差异，而不是由于它们来自不同的反应路径或中间体。不过，当在原料气中添加 CH_2Cl_2（CH_2 的来源）时，C_2 含氧化合物的生成速率增加，而添加 CH_3Cl 则不能[67]，在一定程度上支持了 Jackson 机理。

至于乙酸形成的机理，则是表面乙酰基的水合生成了乙酸；但也可能来源于修饰的 Rh 表面形成的乙酸根中间物种，因为存在于载体表面的乙酸根是没有活性的[68]。

2.6.5　反应机理的理论研究

计算化学是理论化学的一个分支，它主要应用已有的计算机程序和方法对特定的化学问题进行研究，例如总能量、偶极矩、四极矩、振动频率和反应活性等，并用以解释一些具体的化学问题。计算化学在研究原子和分子性质及化学反应途径等问题时，常侧重于解决以下两个方面的问题：为合成实验预测起始条件；研究化学反应机理和解释反应现象。密度泛函理论（DFT）是一种研究多电子体系电子结构的量子力学方法。DFT 理论在物理和化学上都有广泛的应用，特别是用来研究分子和凝聚态的性质，是凝聚态物理和计算化学领域最常用的方法之一。下面介绍了 Rh（111）上合成气制乙醇反应机理的理论研究结果，可帮助我们在分子水平上理解该反应的历程[69]。

通过对 Rh（111）上 CO 加氢生成乙醇、甲烷和甲醇各个可能的基元步骤的反应能垒 ΔE 和活化能 E_a 的计算，图 2-26 给出了最有可能的各基元过程。可以看出以下几点。

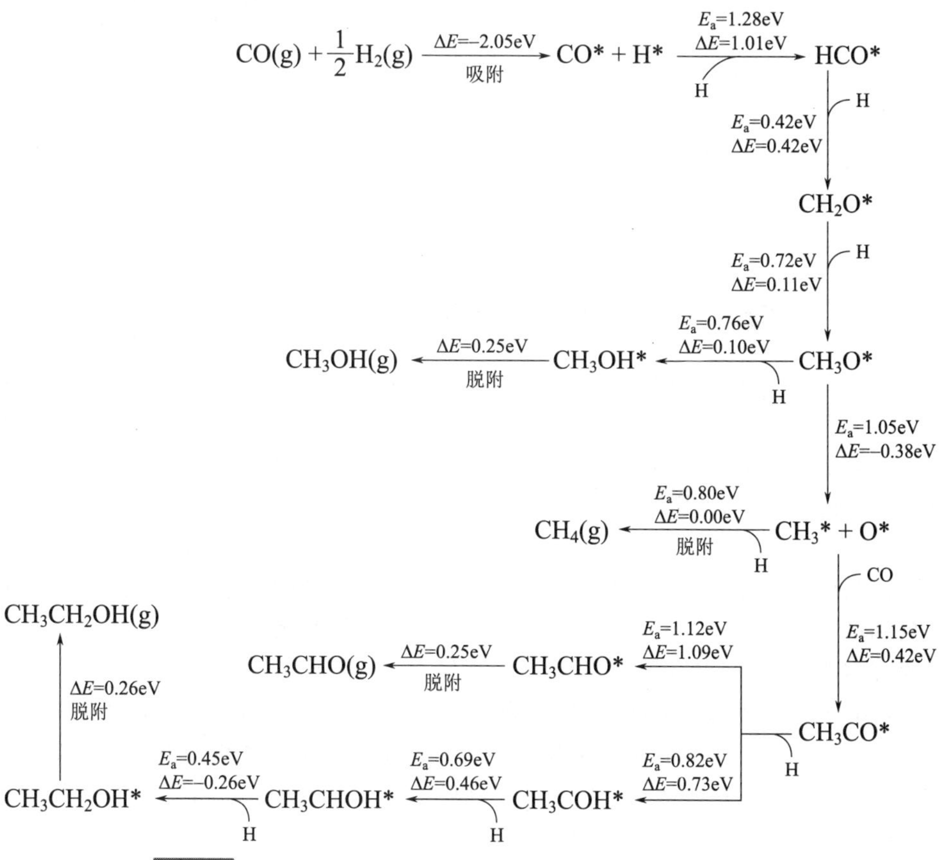

图 2-26　Rh（111）上 CO 加氢生成乙醇最可能的反应路径[69]

（1）有关CO解离。CO直接解离因能垒太高而不可能，因此是氢助解离，其中以第一步加氢最为困难，是这个反应的决速步骤，这主要是由于Rh与CO相互作用太强，从而导致Rh（111）低效率；另外，相对于HCO和CH_2O中间体，CH_3O中C—O键的断裂最为有利，但其能垒仍较高，CH_3O加氢生成甲醇的能垒则低得多。

（2）有关CO插入。该步骤是生成C_2含氧化合物前驱体的决速步骤，它与CH_3加氢生成甲烷是竞争反应，比较而言，后者在热力学上要容易得多，因此，Rh（111）对甲烷具有高选择性，而对甲醇和乙醇的选择性则很低。图2-27比较了这对竞争反应的能垒对甲烷、乙醇和甲醇选择性的影响。可以看出，降低CO插入CH_3的反应能垒，提高CH_3加氢的反应能垒，则可显著降低甲烷选择性和提高乙醇选择性。

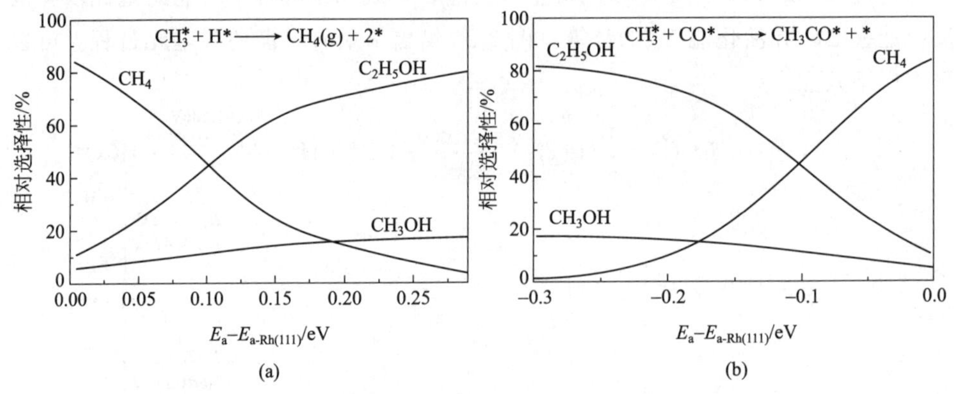

图2-27 CH_3^*加氢及其羰基化反应能垒对产物选择性的影响[69]

（3）有关生成乙醇的前驱体。尽管有人认为，乙醇可由乙醛加氢而来，但此处计算表明，CH_3CO生成CH_3CHO的能垒要比CH_3COH高，因此，乙醛加氢不是乙醇的生成途径。另外，也有人认为乙醇来自于CH_2CH_2O加氢，但此处研究结果认为，在Rh（111）上乙醇不可能来自于CH_2CH_2O加氢，而是CH_3CO。

因此研究认为，要想提高Rh（111）上乙醇生成选择性，需要降低CO吸附强度和增加吸附H_2的能力，降低加氢和CH_3O断裂的能垒，抑制甲醇生成。而这无疑需要选择适宜的载体和助剂。上述结果也与实验结果具有一致性。

Kapur等[70]则采用DFT理论研究了平台的Rh（111）面和阶梯的Rh（211）面上CO加氢生成含氧化合物各基元步骤的反应能垒和动力学，如C—H键、C—O键、C—C键或O—H键形成过程。通过比较各中间物种可能生成路径的反应能垒，以确定最有可能的路径，即能垒最低的。结果发现，在这两种Rh表面，甲醇的生成途径均为：$CO \longrightarrow CHO \longrightarrow CH_2O \longrightarrow CH_3O \longrightarrow CH_3OH$；对于 CO 解离，在 Rh 的阶梯面有利于进行 CO 直接解离，而在 Rh 的平台面上进行 H 助 CO 解离比较有利，其中涉及 CHOH 中间体。在这两种 Rh 表面上 CO 插入 CH_2 是 C—C 键形成最可能的途径，与上述的研究结果有所区别。其中在 Rh（111）面上进行 CH_2CO 加氢比较有利，涉及 CH_2CH_2O 中间体；而在 Rh（211）面上有利于 CH_3COH 中间体加氢形成乙醇。相对于吸附作用较强的 CH_3CO 中间体，在 Rh 表面上进行乙醛加氢生成乙醇在热力学上是不利的。总体而言，在低指数的 Rh 晶面上进行 CO 加氢生成含氧化合物是比较有利的。

通过这些理论研究可以看出，CO 加氢生成乙醇实际反应机理与催化剂中 Rh 的存在状态是密切相关的，因而也造成了文献中有关乙醇生成机理不一致的现象。

2.7 助剂的作用

2.7.1 金属（助剂）与载体相互作用

助剂性质对 Rh 基催化剂的活性和选择性的影响显著，这源自于 Rh 和载体以及助剂之间的相互作用。负载型金属催化剂在制备过程中都会发生金属与载体相互作用，这些作用最终影响催化剂性能。金属与载体相互作用可分为三种。第一种是这种相互作用局限在金属颗粒与载体的接触部位，在界面部位分散的金属原子可保持阳离子性质，它们会对金属表面原子的电性质乃至催化剂吸附和催化性能产生影响。这种影响与金属粒度关系很大。对小于 1.5nm 的金属粒子有显著影响，而对较大颗粒影响较小。第二种是当分散度特别大时，分散细小粒子的金属溶于载体氧化物的晶格，或生成混合氧化物，这样金属催化剂受到很大影响，这种影响与高分散金属与载体的组成关系很大。第三种是金属颗粒表面被来自载体氧化物修饰。这种修饰物可能与载体化学组成相同，也可能被部分还原。至于修饰的机理有两种说法。一种情况是在加入金属前驱体时，载体被溶解掉一些，而在除溶剂时这部分载体以无定形物质再沉淀下来；在接下来的制备过程中，如焙烧和还原，这些无定形的物质可能发生迁移，并造成与正在形成的金属或其他金属氧化物颗粒相互接触。另一种情况是在还原催化剂过程中，载体的某部位也被部分还原，并进一步迁移到正在增长的金属颗粒上面。金属氧化物物种在金属颗粒上的修饰，导致界面处表面金属原子电性质的改变，也可能在有金属氧化物黏附的金属颗粒的表面缝隙部位产生新的催化中心，从而影响催化剂性能。

金属与载体相互作用可在催化剂制备的各个步骤中发生。这些相互作用在最终催化剂样品中所遗留的程度及其对催化剂性能的影响程度，与催化剂最后制备中所用的金属和载体的组成、金属前驱体物种的加入方法以及焙烧和还原过程等因素是密切相关的。虽然这些相互作用还难以全部概括，但可以设想，如采用离子交换或有机金属前驱体与载体表面起反应的方式引入金属，并采用较为缓和的焙烧和还原条件，则金属与载体相互作用会最强。

Tauster 等[71]首先报道了金属与载体强相互作用（SMSI）效应的存在。他们发现 Rh/TiO_2催化剂经过高温还原后，CO 和 H_2的化学吸附受到强烈抑制。然而，TEM 和 XRD 结果显示，这些催化剂对 H_2和 CO 吸附能力的下降并不是由于金属的聚集；再经低温处理，又恢复了对 H_2和 CO 的吸附活性。他们认为是金属与载体 SMSI 作用的结果。当其他可被还原的氧化物如 V_2O_5和 La_2O_3等用作催化剂载体时，也发现了同样的现象。对于这种所谓的 SMSI 效应，现在被普遍接受的解释是，在高温还原的过程中形成了低价氧化物（对于 TiO_2来说这种低价氧化物有时是 Ti_4O_7），它覆盖了部分金属颗粒，降低了金属的有效面积，从而导致 H_2和 CO 的化学吸附量显著减少。这种 SMSI 状态下的金属催化剂性能有下列几种变化：对结构不敏感反应，如加氢反应，活性下降不到 1 个数量级，但使部分加氢的选择性增加；对结构敏感反应，如氢解反应，活性下降几个数量级；对 CO 加氢反应，活性提高约 1 个数量级，高级烃类选择性增加。

一方面，SMSI 效应可推广到那些可还原的氧化物作为助剂的情况，如 V_2O_5，当它被用作载体时存在 SMSI 效应。另一方面，当它被用作 Rh/SiO_2催化剂的助剂时，发现在催化剂的焙烧过程中能够形成 $RhVO_4$相，并且随后在 523K 的还原导致了 Rh 表面被 V_2O_3物相所覆盖，如图 2-28 中 B 和 E 所示。当 Al_2O_3被用作载体时，仅仅当 V/Rh 的值很高时，才能看到相似的现象。对于这些催化剂来说，Rh 可能位于层状的 V_2O_5上，经过还原后一些钒的氧化物可能迁移到铑粒子上，如图 2-28 中 C 和 F 所示。在具有低的 V/Rh 值的催化剂上，Rh 和 V_2O_3被认为是以孤立的颗粒存在于 Al_2O_3载体表面，这是由于钒的氧化物与 Al_2O_3载体之间具有强烈的相互作用[72]。一般认为，CO 的解离需要较大的金属颗粒，而插入过程则不需要。因此，当金属表面由于 SMSI 作用被部分覆盖，总的效果是活性金属被稀释了，从而抑制了甲烷的生成，提高了含氧化合物的选择性。

2.7.2 Rh-Mn-Li-Fe/SiO_2催化剂制备过程中各组分相互作用[28]

Rh 基催化剂普遍采用常规的浸渍法制备，尽管该法操作简单，但在制备过程（包括浸渍和后续的干燥等过程）中所发生的各种变化却是非常复杂的，特别是各活性组分间所发生的相互作用以及过程的操作条件，都会显著影响最终催化剂的性能。如果这些因素不考察清楚，即使简单的浸渍法，也很难达到较高的催化剂制备重复性。因此，尹红梅[28]采用 ^{29}Si CP NMR 和 UV-Vis 实验手段详细

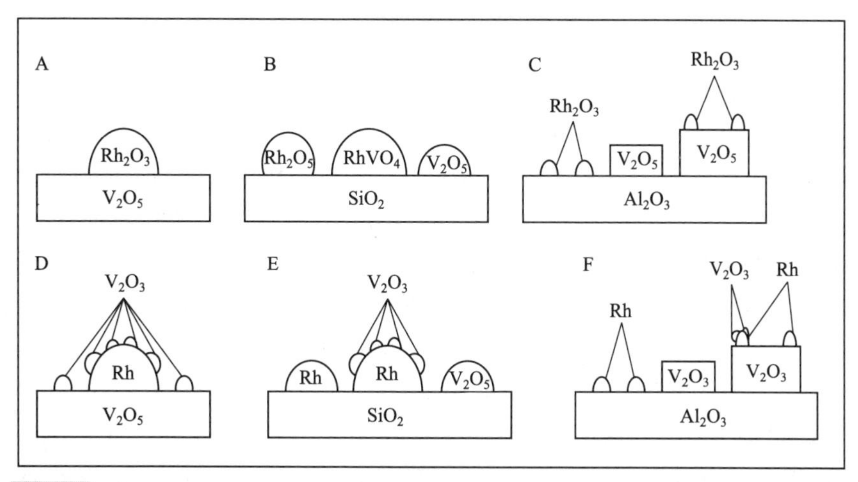

图 2-28　氧化钒、氧化硅和氧化铝负载，氧化钒作为助剂的催化剂经过 723K 焙烧（A、B 和 C），以及经过 523K 还原（D、E 和 F）后的表面状态

研究了在制备 SiO_2 负载的 Rh、Mn、Li、Fe 催化剂的过程中各浸渍组分与载体之间的相互作用。

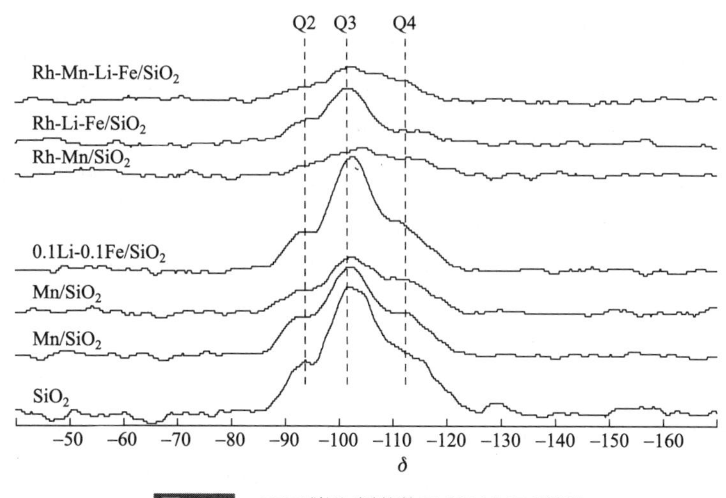

图 2-29　不同催化剂的 ^{29}Si CP NMR 谱图

图 2-29 给出载体 SiO_2 担载不同组分后的 ^{29}Si CP NMR 谱图。可见，未担载金属组分的 SiO_2 的 ^{29}Si CP NMR 谱图在 −102 处的主峰为与表面硅羟基相连的 Q3 物种［$Si(OSi)_3(OH)$］的共振信号，在其高场方向 −112 处的肩峰为 $Si(OSi)_4$ 物种，−92 的峰为与簇状硅羟基相连的 Q2 物种［$Si(OSi)_2(OH)_2$］的信号。担载了金属 Rh 后，Q2 和 Q3 处的谱峰强度降低，说明铑组分与载体表面的硅羟基的相互作用很强，可能有 Rh—O—Si 键生成，使活性金属 Rh 固定到载体

表面上，同时载体表面的羟基数量也相应减少。

在 SiO_2 上担载助剂 Mn 后，Q2 和 Q3 处的谱峰强度有显著降低，说明 Mn 组分与载体表面的硅羟基的相互作用比 Rh 与载体的硅羟基的作用更强，可能有 Mn—O—Si 键生成，使 Mn 物种固定到载体表面上，同时载体表面的羟基数量也相应减少。在 SiO_2 上担载了助剂 Fe 和 Li 之后，Q2 和 Q3 的谱峰强度稍有降低，并不明显，这可能是因为 Fe 和 Li 的负载量过低所致；同时，助剂 Fe 和 Li 也可能通过与载体 SiO_2 表面羟基作用而锚合到载体上。在 SiO_2 上共同担载 Rh-Mn、Rh-Li-Fe 及 Rh-Mn-Li-Fe 组分后，Q2 和 Q3 的谱峰强度大大降低，一方面这是由于各金属组分与载体 SiO_2 表面羟基发生作用的叠加结果；另一方面也可能是由于羟基与助剂的共同作用，使得活性组分 Rh 物种分散得更好。

$RhCl_3$ 溶液浸渍到 SiO_2 上分别在室温、50℃和 110℃干燥，并测定样品的 UV-Vis 谱图，如图 2-30（a）所示，为了比较，还给出了 $RhCl_3$ 溶液和 SiO_2 的谱图。400nm 及 500nm 左右的吸收峰可归属为 $RhCl_3$ 与 H_2O 的配位络合物的吸收峰。可见，在样品担载到载体 SiO_2 上并经干燥后，$RhCl_3$ 与 H_2O 的配位络合物的吸收峰显著地减弱。这可能是因为在干燥的过程中 $RhCl_3 \cdot 3H_2O$ 失水成为 $RhCl_3 \cdot (3-x)H_2O$ 所致。热分析结果显示，$RhCl_3 \cdot 3H_2O$ 在 60～70℃部分失水，在 95～120℃全部失水生成无定形的 $RhCl_3$，但 $RhCl_3 \cdot 3H_2O$ 等络合物的失水温度和它的来源及所处的状态有关。在室温和 50℃干燥后，$RhCl_3$ 水络合物的部分水配位基首先丢失，但此时样品上的 $RhCl_3$ 仍可被水溶解，说明 $RhCl_3$ 中的 Cl^- 基本保留。而样品在 110℃干燥后的 Rh 化合物很难溶解于水；同时，$RhCl_3$ 水络合物的吸收峰（500nm 附近）向长波方向移动，说明部分 $RhCl_3$ 水络合物结构发生了变化，$RhCl_3$ 可能已部分与载体发生相互作用转化成氧化物和氢氧化物；谱峰宽化说明随着干燥温度增加，金属 Rh 粒子变小。结合 NMR 结果可认为，Rh/SiO_2 经 110℃干燥后，Rh 会与羟基发生作用以 Rh—O—Si 的形式锚合而分散到载体上。

图 2-30（b）给出了 $Mn(NO_3)_2$ 溶液和 $Mn(NO_3)_2/SiO_2$ 样品在干燥过程中的 UV-Vis 谱图。可见，$Mn(NO_3)_2$ 在 200～350nm 区域呈现很强的紫外吸收峰，可归属为 $[Mn(H_2O)_6]^{2+}$ 的吸收峰。在干燥过程中，该吸收峰逐渐减弱，说明 $[Mn(H_2O)_6]^{2+}$ 物种逐渐减少；同时在 300～500nm 处出现了宽化的吸收谱峰，说明 Mn 的络合物配位形式发生了变化，可能与载体发生了作用，同时，Mn 物种的粒径也变小。当以氧化物为载体、过渡金属离子为活性组分来制备多相催化剂时，氧化物表面对过渡金属离子起着一种螯合作用，从而在液-固界面处形成一种顺式八面体型的络合物，这里的氧化物 SiO_2 表面通过如相邻的≡SiO—等基团提供一个双齿的超分子配体。在 Mn/SiO_2 体系中，可能也形成了一种稳定的 Mn^{2+} 的表面配合物，以水分子和表面羟基作为配体，并提出 Mn 通过表面羟基

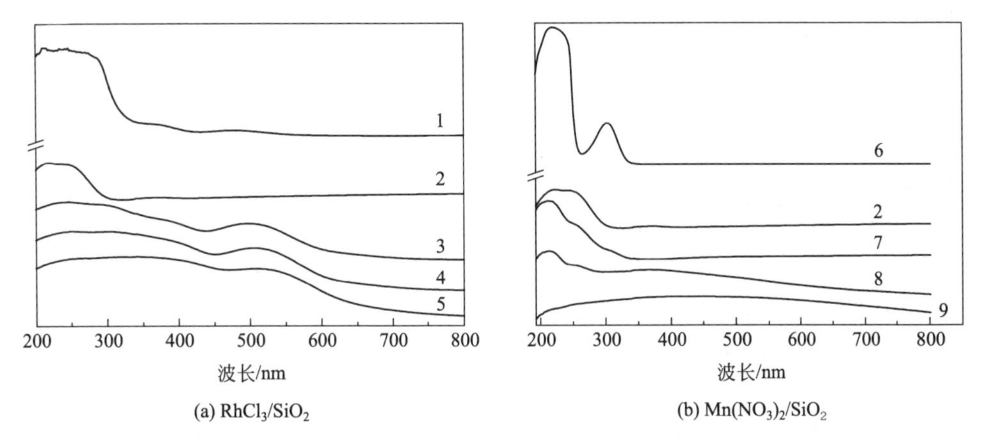

图 2-30　$RhCl_3/SiO_2$ 和 $Mn(NO_3)_2/SiO_2$ 干燥过程中的 UV-Vis 谱图

1—$RhCl_3$ 水溶液；2—硅胶；3—$RhCl_3/SiO_2$ 于室温干燥；4—$RhCl_3/SiO_2$ 于 50℃干燥；
5—$RhCl_3/SiO_2$ 于 110℃干燥；6—$Mn(NO_3)_2$ 水溶液；7—$Mn(NO_3)_2/SiO_2$ 于室温干燥；
8—$Mn(NO_3)_2/SiO_2$ 于 50℃干燥；9—$Mn(NO_3)_2/SiO_2$ 于 110℃干燥

以 Mn—O—Si 键锚合在载体表面的模型。前面 NMR 结果表明，Mn 物种可以通过与载体 SiO_2 表面的羟基作用生成 Mn—O—Si 键，从而促进了 Mn 物种在载体表面的分散。

硅胶担载的多种组分样品在 110℃干燥后的 UV-Vis 谱图，如图 2-31（a）所示。在 $RhCl_3/SiO_2$ 中加入了 $Mn(NO_3)_2$ 和 $LiNO_3$-$Fe(NO_3)_3$ 之后，谱峰强度逐渐减弱，特别是加入 $LiNO_3$-$Fe(NO_3)_3$ 之后，$RhCl_3$ 水络合物的吸收峰强度大大减弱，且向长波方向移动，谱峰严重宽化。谱峰位置有变化说明助剂的加入能与 Rh 组分发生相互作用，谱峰强度显著降低以及谱峰的宽化可能是由于助剂的加入促进了 $RhCl_3$ 水络合物与载体的相互作用，并通过与助剂和载体的相互作用促进了 Rh 组分在载体表面的分散，成为更细的金属粒子。

图 2-31（b）是硅胶及其担载不同组分的样品在 350℃用 H_2 还原后，以及 $RhCl_3$-$Mn(NO_3)_2$-$LiNO_3$-$Fe(NO_3)_3/SiO_2$ 经 110℃干燥的 UV-Vis 谱图。可以看出，还原处理后的 $RhCl_3/SiO_2$ 及 $RhCl_3$-$Mn(NO_3)_2$-$LiNO_3$-$Fe(NO_3)_3/SiO_2$ 样品的谱峰强度明显减弱，$RhCl_3$ 水络合物的特征峰全部消失，样品对紫外线基本没有什么吸收，表明 Rh 物种的配位结构发生了很大变化。这可能是由于在还原过程中 $RhCl_3$ 中的 Cl^- 和金属组分结合的结构水基本失去。此时样品中的 Rh 被完全还原成 Rh^0。一方面，载体表面的羟基很容易与 Cl^- 反应生成 HCl；另一方面，载体表面的 NO_3^- 物种可以通过载体表面的羟基作用生成 HNO_3^-，然后迅速分解为 H_2O、NO_2 和 O_2 而失去，具体反应过程可描述如下：

$$Cl^- + OH \longrightarrow O^- + HCl \tag{2-11}$$

$$4NO_3^- + 4OH \longrightarrow 4O^- + 4NO_2 + 2H_2O + O_2 \tag{2-12}$$

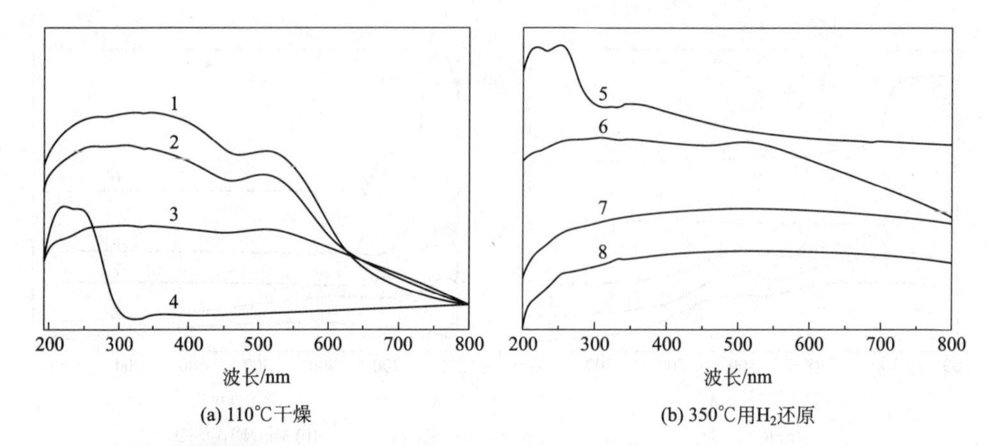

图 2-31 经 110℃干燥和 350℃用 H_2 还原后各样品 UV-Vis 谱图

1—$RhCl_3/SiO_2$；2—$RhCl_3$-$Mn(NO_3)_2/SiO_2$；3—$RhCl_3$-$Mn(NO_3)_2$-$LiNO_3$-$Fe(NO_3)_3/SiO_2$；4—SiO_2；5—SiO_2，350℃还原；6—$RhCl_3/SiO_2$，110℃干燥；7—$RhCl_3/SiO_2$，350℃还原；8—$RhCl_3$-$Mn(NO_3)_2$-$LiNO_3$-$Fe(NO_3)_3/SiO_2$，350℃还原

$$M^{n+} + nO^{-} \longrightarrow MO_n \quad (M = Rh,\ Mn,\ Li,\ Fe) \tag{2-13}$$

综上可见，在催化剂的制备过程中，其表面的活性组分与载体 SiO_2 表面的大量端位羟基作用而形成 M—O—Si 键（M = Rh，Fe，Mn），从而使活性组分分散到载体上。其中，助剂 Mn 和 Fe 与羟基的相互作用要强于 Rh 与羟基的作用，在催化剂浸渍和干燥过程中，助剂 Fe 在 SiO_2 表面高度分散，部分 Rh 通过锚定在 Fe 氧化物上而分散成为更细的颗粒。助剂 Mn 也可以和载体紧密结合，Mn 与 Rh 组分与载体 SiO_2 表面羟基之间的竞争结合，既可以使两者均得到较好的分散，而且 Rh 粒子被与载体 SiO_2 表面结合更牢固的 Mn 物种分割开并与之形成复合氧化物，这在 Rh 粒子被 H_2 还原为零价后尤为重要，可以起到分散并稳定 Rh 粒子的高温表面状态作用，使其在高温下不容易聚集。同时，助剂 Mn、Li 和 Fe 又可以通过与 Rh 粒子的紧密接触形成活性中心获得较好的助催化效果。

因此，催化剂不同制备及处理过程对催化性能的较大影响可能是由于金属组分、助剂与载体表面羟基相互作用发生变化造成了催化剂表面结构的不同所致。

一般认为，催化剂的活性和 C_2 含氧化合物选择性的提高来源于 Rh 粒子的表面被可还原氧化物助剂碎片的部分修饰。由于 Rh 和助剂（载体）之间的紧密接触而造成的催化剂活性的提高可以解释为 CO 加氢反应的几个基元步骤得到了促进。

2.7.3 助剂作用的本质

2.7.3.1 影响 CO 分子的吸附和解离

如前所述，在还原后的 Rh 基催化剂上，当有亲氧性金属氧化物助剂存在时，形成了一种倾斜式吸附的 CO 物种，取代了桥式物种，如图 2-32（a）所示，

CO 的碳端吸附在 Rh 上，而氧端吸附在助剂上，从而削弱了 C—O 键，促进了 CO 的解离。假设 CO 解离为整个反应的速率控制步骤，则催化剂活性增加。CO 解离的缔合式机理也认为，强亲氧性中心 M^{n+} 等的存在也促进了 CO 的解离，如图 2-32（b）所示，强亲氧性中心 M^{n+} 通过与甲酰基氧端的键合削弱了 C ═O 双键，大大加速了在 Rh 上甲酰基中间体的形成及其随后的氢解反应。

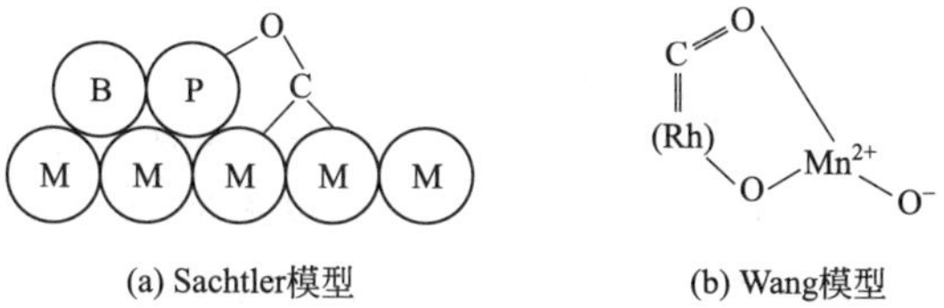

(a) Sachtler模型　　(b) Wang模型

图 2-32　亲氧性助剂如 MnO 存在下 CO 在 Rh 基催化剂上的吸附模型

2.7.3.2　影响加氢能力

Rh 金属上 CO 的吸附远强于 H_2，在合成气反应状态下的负载 Rh 基催化剂上，Rh 基金属表面 90％以上为吸附的 CO，只有极少量的 H_2。无助剂的 Rh/SiO_2上，CO 的反应级数一般小于 0，H_2的反应级数则大于 1，而过渡金属氧化物助剂的加入增大了 CO 的反应级数，减小了 H_2的反应级数。由于 CO 的解离或 CH_x 的生成需要 H 原子的参与，所以催化剂表面 H 原子浓度的增加，可显著提高反应活性。程序升温表面反应（TPSR）结果表明[74]，当催化剂表面 CO 覆盖度为 0.2～0.3 时，Rh/SiO_2催化剂解离 CO 能力最高。

综合研究结果，过渡金属氧化物助剂改变催化剂表面 H_2和 CO 相对浓度的机制为：增加了 Rh^+ 的数量，而 Rh^+ 对 CO 的吸附弱于 Rh，从而增加了催化剂表面 H 原子浓度[75]；助剂阳离子通过对吸附 CO 氧端的配位形成了低频 CO 吸附态，导致 CO 吸附强度降低[76]；助剂氧化物具有储存溢流氢的能力或形成表面羟基，使得表面 H 原子浓度提高[74]。

与过渡金属氧化物助剂不同，碱金属的加入增大了 H_2 的反应级数。H_2-TPD 结果表明[77]，引入碱金属的 Rh/SiO_2催化剂上吸附 H_2的数量急剧减少，同时乙醛加氢反应表明，Li 的引入减弱了催化剂的加氢能力。对 Rh-La-K/SiO_2体系的研究也证实[78]，碱金属的加入抑制了氢的溢流。可见，碱金属助剂减少了催化剂表面 H 原子的数量，从而降低了催化剂活性，增加了 C_2含氧化合物尤其是乙酸的选择性。可以认为，这类助剂抑制了氢助 CO 解离生成 CH_x 的进行，同时使生成的 C_2含氧中间物转化为加氢程度最低的乙酸。

2.7.3.3　电子效应

由于金属原子的屏蔽作用，少量传递的电子只能定域于金属-载体界面，所以氧化物助剂仅能调变金属-氧化物界面处 Rh 原子的电子状态。这与助剂金属阳离子和 Rh 之间可形成稳定的 M—O—Rh 的作用类似，即金属阳离子与 Rh 原子直接作用，增加并稳定了 Rh^+。

一般认为，H_2和 CO 的解离发生在 Rh^0上，生成 CH_x中间体；CO 插入则发生在 Rh^+上，Rh^+是生成含氧化合物的活性位。实验也发现，几乎不生成含氧化合物的 Rh/SiO_2催化剂上，Rh 状态与 Rh^0相似；而在可生成含氧化合物的 Rh/ZrO_2（TiO_2和 ZnO）催化剂中，Rh 状态与 Rh^+相似[79]。然而，在 C_2含氧产物选择性最高的 Rh-V/SiO_2催化剂上，用化学抽提法没有发现 Rh^+，因此认为，Rh^0才是生成 C_2含氧化合物的活性位，而 Rh^+与吸附在 Rh^0上 CO 的氧端作用，从而提高了 C_2含氧产物选择性，而助剂则可增加 Rh^+的数量。很多研究也发现，生成 C_2含氧化合物活性与 Rh 基催化剂上 Rh^+或 Rh^{n+}的数量没有直接联系。值得注意的是，当 Rh 物种与载体相互作用很强时，不能用溶剂抽提出来，因此，通过化学抽提法确定 Rh^+含量，并与含氧产物选择性关联的方法存在缺陷。也有人则折中地认为，不论是 Rh^0还是 Rh^+都是 CO 插入的活性位，且线式吸附在 Rh^+上 CO 的插入活性比吸附在 Rh^0位上的更高。

2.7.3.4 稳定 C_2含氧化合物中间体

助剂和合适的载体对含氧化合物的生成很关键。在甲酰化反应过程中，零价的 K 能够稳定甲酰基物种[80]；在生成甲醇或乙醇的催化剂中，表面含氧物种能和助剂或载体发生氧交换[81]。因此，可以认为，Rh 基催化剂中助剂或载体对表面含氧物种的稳定作用提高了含氧化合物的选择性。如在无助剂的 Rh 基催化剂上生成较多的乙醛，而添加助剂后主要生成乙醇，所以可认为这是助剂对羧酸基的稳定作用所致。

Trevino 等[82]提出了在 MnO 作为助剂的 Rh 基催化剂上合成气制备 C_2含氧化合物的新机理，含氧化合物的前驱物，$C_xH_yO_z$在与 Rh-MnO 邻近的 MnO 位上形成，而 Rh 的作用是形成并传递 CH_x物种和氢原子。在没有助剂的 Rh 基催化剂上，CO 插入反应活性很低。当 MnO 等助剂存在时，CO 插入反应则在 MnO 位上发生并形成了 $C_xH_yO_z$物种，该物种被证实为催化剂表面乙酸根物种。这被下列实验所证实：当没有 Rh 存在时，如果以卤代烃如 $CHCl_3$等作为烷基源，那么可以形成吸附在 MnO 上的 $C_xH_yO_z$物种，形成的 $C_xH_yO_z$物种可以在 MnO 上稳定存在，靠近 Rh 粒子边缘的 $C_xH_yO_z$物种能够被加氢生成含氧化合物如乙醇和乙醛等。图 2-33 表示了在 MnO 存在的情况下中间体的形成过程。

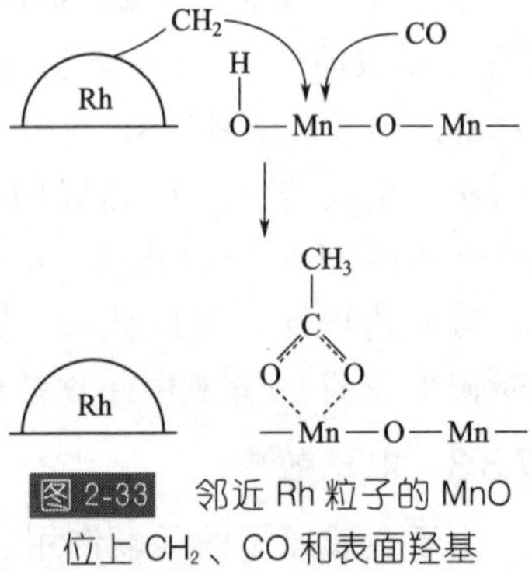

图 2-33 邻近 Rh 粒子的 MnO 位上 CH_2、CO 和表面羟基之间的相互作用[82]

通过红外光谱（FT-IR）实验的辨认，$C_xH_yO_z$ 物种归属为催化剂表面的乙酸根物种。可见，助剂 MnO 则通过稳定在 Rh 粒子上很容易分解的表面乙酸根物种来提高催化剂选择性。

综上可见，助剂对金属 Rh 的促进作用不只是某种单一的效应，而是多种效应的结合。

2.7.4　常用助剂的作用

2.7.4.1　Fe

Fe 是合成气直接制乙醇催化剂中非常有效的助剂之一，仅少量的 Fe 就显著提高 Rh 基催化剂上 CO 加氢生成乙醇的选择性。甚至有人断言，完全无 Fe 的 Rh 基催化剂上不太可能有乙醇的生成。研究发现[28]，当 Fe 含量很低时（0.01%～0.1%），Fe 物种主要以 Fe 氧化物的形式高度分散在载体表面，部分 Rh 物种锚定在 Fe 氧化物表面而形成 Rh-FeO_x-SiO_2 夹心结构，而且 Fe 物种与 Mn、Rh 组分紧密接触和相互作用，形成活性中心，促进了 C_2 含氧化合物的形成。当 Fe 含量增加时，一些 Fe 物种被还原成 Fe^0，与 Rh 形成合金，进而影响催化剂活性。

众多研究 Rh-Fe 催化剂的结果表明，Rh 与 Fe 的紧密接触是催化 CO 加氢生成乙醇的关键。图 2-34 为 Fe 含量对 Rh-Fe/Al_2O_3 催化剂上 CO 加氢反应性能的影响。由图可见，随着 Fe 含量的增加，CO 转化率和乙醇选择性逐渐升高，甲烷选择性却一直下降；至 10%时乙醇选择性可达 50%。Rh-FeO_x 间的紧密接触，使得两者界面面积增加；该界面处可容纳化学吸附的 CO，C 与 Rh 作用，而 O 与 Fe 离子作用，该吸附形式的 CO 对 CO 加氢生成乙醇反应至关重要。当 Fe 含量达 10%以上时，超过了载体单层分散 Fe 的容量，Rh-FeO_x 界面接触面积开始下降，乙醇选择性开始下降，而甲烷选择性则开始上升；随着 Fe 含量继续增加，可单独形成大颗粒的 Fe^0 活性位，成为费托反应的活性中心，使得高碳烃类选择性逐渐上升。

DFT 结果表明[69]，在 Rh（111）中加入 Fe 使得 Rh 的 d 能带中心向 Fermi 能级靠近了 0.20eV，从而导致催化剂表面的 CH_3 和 H 物种更加稳定，而对甲烷的影响非常小。因此，使得甲烷的生成能垒增加，从而抑制了其生成，最终导致乙醇生成速率和选择性增加，如图 2-35 所示。

另外，Fe 的作用就是促进加氢步骤的进行，使得甲烷和甲醇的选择性增加，在 Rh 基催化剂中 Fe 对乙醛加氢生成乙醇反应特别有效，使得乙醛选择性下降，而乙醇选择性明显上升；Fe 物种具有较好的催化水气变换反应性能，因此适当降低原料气 H_2/CO 比可起到提高反应性能的作用。例如，在原有的具有较高 C_2 含氧化合物选择性的 Rh-Mn-Li/SiO_2 催化剂基础上，加入 0.038%Fe，在催化剂活性略有下降的同时，乙醇选择性从 10%增加到 25%，这基本是以牺牲乙醛和

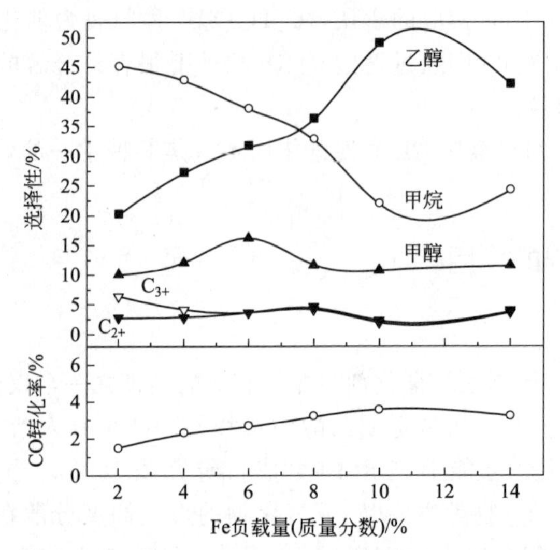

图 2-34 Fe含量对 $Rh\text{-}Fe/Al_2O_3$ 催化剂上CO加氢反应性能的影响[17] [反应条件：270℃，1.0MPa，$H_2/CO=2$，133mL/(g cat·h)]

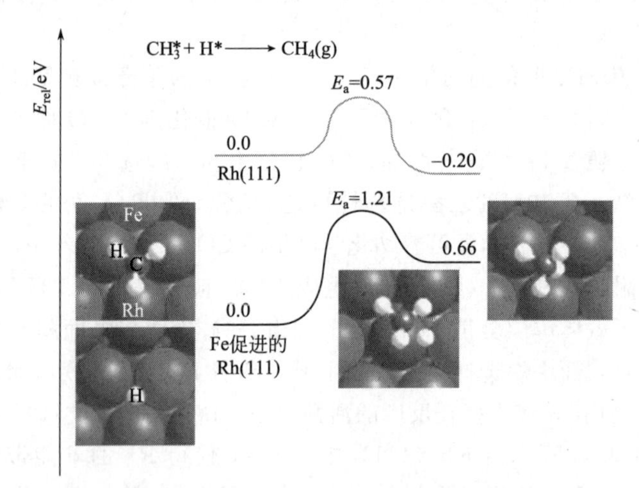

图 2-35 Rh（111）和Fe促进的Rh（111）上 CH_3 加氢生成甲烷的反应能垒 E_a 和反应能 ΔE[69]

乙酸选择性为代价的（表 2-30）。因此，可根据产品需要，对催化剂组成进行微调。

综上所述，Fe的助催化作用可概括为：与Rh紧密接触形成有利于 C_2 含氧化合物形成的活性位；可在独立的Fe位促进乙醛加氢生成乙醇；可稳定乙酰基，便于其转化为乙氧基而生成乙醇；或通过抑制桥式吸附CO而抑制CO解离；或改变Rh基催化剂的酸性（可明显降低甲烷生成速率）；或保持其在反应条件下的氧化态而有利于含氧化合物的生成；或抑制CO吸附和促进加氢步骤的进行；

或稳定了孪式吸附在 Rh 上的 CO，且在升温过程中仍然得到保留。因此 Fe 助剂具体的促进机制有赖于其负载量和所处的催化剂体系，需根据具体情况才能得出准确的结论。

2.7.4.2 碱金属

碱金属是合成气制醇类不可或缺的催化剂助剂。由于硅胶中含有较多杂质，其中就有 Na、K 等碱金属。它们的存在也起着类似助剂的作用，其助催化效果与添加碱金属一致。例如，硅胶中 Na 是对相应 Rh 基催化剂性能影响最大的杂质之一。Li、K 的助催化作用与 Na 很类似，对催化剂活性影响程度的大小顺序为 Na＜Li＜K，即 K 的影响最大，与它们的加氢活性顺序一致。这些碱金属助剂不仅影响所制 Rh 基催化剂的活性和选择性，而且对催化剂的稳定性影响也很大。图 2-36 给出了催化剂中 Na 含量对 Rh-Sc-Na/SiO_2催化剂稳定性的影响。可以看出，尽管 Na 的添加对甲烷和高碳化合物生成的稳定性影响不大，但是对乙醛和乙酸生成活性的稳定性影响很大，当 Na/Rh＜0.14 时，催化剂稳定性较高。因此碱金属是多组分 Rh 基催化剂不可缺少的助剂，但它的添加量必须精确地控制，才能提高催化剂活性、选择性和稳定性。当调节催化剂中碱金属含量时，还必须考虑到，在反应过程中，碱金属容易从催化剂表面流失。

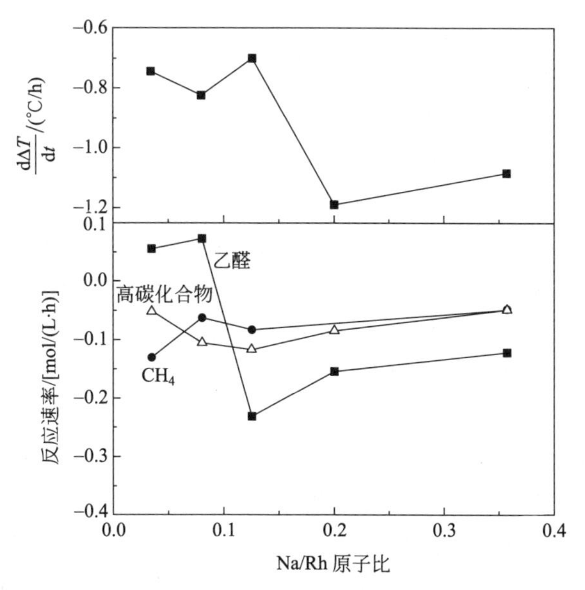

图 2-36 Na 含量对 Rh-Sc-Na/SiO_2催化剂稳定性的影响[3]（ΔT 表示催化剂床层与反应器外壁温度差，反映着催化剂整体活性；$\frac{d\Delta T}{dt}$表示反应 5h 内每小时 ΔT 的变化）

Li 通常起到提高 C_2 含氧化合物选择性，降低烃类，特别是甲烷选择性的作用，但往往会造成 CO 加氢活性的降低。Rh/TiO_2 催化剂具有较高的催化 CO 加氢生成乙醇反应性能，Li 的添加抑制了 Rh/TiO_2 催化剂上 CO 加氢反应中甲烷和甲醇的生成，从而进一步提高 C_2 含氧化合物的生成活性，这是由于 Rh 分散度增加致使 CO 解离能力下降所致[83]。Ngo 等[18] 制备了 Li 或 Mn 助剂促进的 2% Rh-5%Fe/TiO_2 催化剂，在较低温度和压力条件下，CO 加氢生成乙醇的时空收率和选择性分别可高达 600g/(kg・h) 和 40%以上；发现 0.25%Li 的添加虽然使得 CO 转化率从 14%降至 10%，但提高了乙醇选择性，同时大大降低了烃类选择性（表 2-15）。进一步研究发现，Mn 或/和 Li 的添加只是稍稍降低了 Rh/TiO_2 催化剂中 Rh 粒径，但没有证据表明它们起到了电子助剂的作用，同时发现，Rh 还原度越低，C_2 含氧化合物选择性越高[84]。

对于 Rh-Mn-Li/SiO_2 催化剂，Li 的存在减少了 Rh-Mn-Li/SiO_2 催化剂上能够解离 CO 活性位的数量，同时降低了催化剂解离 CO 的能力，从而造成 Rh 基催化剂上 CO 加氢活性的下降；增加了 Rh-Mn-Li/SiO_2 催化剂上 CO 插入活性位的数量，因此提高了其 C_2 含氧化合物的选择性。Li 对 Rh 基催化剂上 H_2 和 CO 吸附量的影响很小，这可能是因为有很大一部分 Li 没有与 Rh 发生相互作用，而是分散到了载体 SiO_2 上，而少部分 Li 覆盖在了 Rh 的表面，使 Rh 的还原变得困难。在不加 Li 的 Rh 基催化剂上，乙醛和丙烷生成活性之间存在很好的对应关系，表明两者来自于共同的中间物种——乙酰基；但 Li 的加入却打破了这种关系，表明 Li_2O 位于金属 Rh 表面，但可能不能像亲氧性助剂那样储氢，从而抑制了乙酰基，甚至乙醛的加氢。

综上所述，Li 的助催化作用可解释为：降低催化剂解离 CO 的能力，抑制烃类的生成，并提高乙醇的选择性；提高乙酸的选择性，同时降低乙醇的选择性，是合成气制乙酸的重要助剂之一；主要起电子性助剂的作用，通过抑制催化剂的加氢能力导致含氧化合物选择性升高；Li 可在一定程度上抑制 Rh-Mn 复合氧化物的形成，并增加硅胶表面 Rh^0 的浓度，Li 的存在还可能导致 H 从 Rh 溢流到载体上。

尽管碱金属或有机胺的加入可提高 Rh-Fe/Al_2O_3 催化剂上甲醇同系化反应制乙醇和乙酸甲酯反应性能，但这类助剂对 Rh-Fe/Al_2O_3 催化剂上 CO 加氢反应活性和选择性的影响不大，可能是由于助剂添加量不足所致。同时还发现，随反应时间的延长，乙醇选择性逐渐下降，而甲醇生成活性和选择性明显增加，表明 Fe 在催化剂中不稳定，在反应过程中不断被还原[85]。

与碱金属一样，碱土金属对 Rh/SiO_2 催化剂活性顺序为 Rh-Mg/SiO_2 > Rh-Ca/SiO_2 > Rh-Sr/SiO_2，与碱土金属的碱性强弱顺序一致，其中 Rh-Mg/SiO_2 催化剂活性高于 Rh-Li/SiO_2，但生成 C_2 含氧化合物选择性更低。一般而言，碱金

属对 Rh/SiO_2 催化剂选择性高于碱土金属促进的催化剂，其中以 Li 最为显著[3]。

总体上，Na、K 和 Cs 等碱金属和 Sr、Ba 等碱土金属助剂可中和催化剂表面酸性，从而抑制了异构化、脱水和积炭等副反应的发生；少量的添加通常会提高催化剂活性，但过高的负载量会堵塞催化剂表面活性位和使比表面积下降而失活。因此，它们都是合成气制醇类催化剂较为常见的助剂。

2.7.4.3 Ti

Ti 的氧化物用作助剂或载体对 Rh 基催化剂 CO 加氢生成 C_2 含氧化合物有较大的促进作用，但它在使催化剂活性得到提高的同时，也促进烃类，特别是长链烃类的生成，使 C_2 含氧化合物的选择性下降。究其原因，可能与 Ti 负载量多在 0.5%以上有关。表 2-38 考察了较低的 Ti 负载量对 1%Rh-Mn-Li-Ti/SiO_2 催化剂 CO 加氢性能的影响[29]。可以看出，0.0025%Ti 的加入使得 CO 转化率从 8.3%增加到 9.8%，C_2 含氧化合物的时空收率也从 283.1g/(kg cat·h) 增加到 353.9g/(kg cat·h)，C_2 含氧化合物选择性稍有增加，其中，乙醇的选择性略有下降，而乙醛和乙酸选择性稍有上升；至 0.02%时 C_2 含氧化合物的时空收率和选择性开始缓慢下降；达 0.3%时 C_2 含氧化合物的时空收率降到了 109.6g/(kg cat·h)，同时甲醇和乙醇的选择性明显上升，而乙醛的选择性显著下降。由此可见，Ti 负载量的增加是有利于醇类的生成；在烃类选择性上升的同时，CH_4 的选择性却从 39.8%降至 29.4%，表明 Ti 含量的增加有利于长链烃类的生成。值得注意的是，乙酸选择性不超过 2.0%。

表 2-38 Ti 负载量对 1%Rh-Mn-Li-Ti/SiO_2 催化剂 CO 加氢性能的影响[29]

Ti 负载量/%	CO 转化率/%	产物选择性/%							$Y_{C_{2+}oxy}$/[g/(kg·h)]
		C_{2+}oxy	烃类	CH_4	甲醇	乙醇	乙醛	乙酸	
0	8.3	40.4	59.0	39.1	0.6	19.5	13.3	1.4	283.1
0.0025	9.8	41.1	58.6	40.4	0.3	17.2	15.5	1.8	353.9
0.005	9.3	41.7	57.9	38.7	0.4	18.0	16.1	1.0	323.9
0.01	9.0	38.2	61.3	41.3	0.4	16.7	14.5	1.1	318.9
0.02	7.7	35.1	64.5	39.8	0.4	14.7	13.2	1.0	226.8
0.1	3.9	34.4	29.2	30.8	2.5	18.6	10.9	0.9	138.0
0.3	3.6	34.2	63.0	29.4	2.8	18.7	6.8	0.9	109.6

注：1. Rh : Mn : Li =1 : 2 : 0.075。
2. 反应条件：320℃，3MPa，$H_2/CO = 2$，GHSV = 12500h^{-1}。

有关 Ti 的促进机理仍有较多分歧，主要有以下两种：第一种，在 Rh 与助剂界面形成新的低频 CO 吸附物种，促进了 CO 解离，从而提高了催化剂的活性；第二种，对催化剂表面进行了修饰。

图 2-37 为不同 Ti 含量的 Rh-Mn-Li-Ti/SiO_2 催化剂的 TPR 谱图。由图可见，仅 0.0025% Ti 的添加使得 Rh-Mn-Li/SiO_2 催化剂的 TPR 谱图中还原峰位置和面积发生很大的变化，可以认为是加入的 TiO_x 削弱了 Rh-Mn 相互作用所致。由于 Rh-Mn 相互作用程度降低，Rh 的还原变得容易，Mn 的还原变得困难，2 个还原峰位置间距变大，即 Rh 和 Mn 的耗氢峰之间分离得更清晰，相互叠合的部分显著减少，导致 Rh-Mn 还原峰的面积明显下降；此时，C_2 含氧化合物的时空收率显著上升。而随着 Ti 负载量的进一步增加，Rh-Mn 之间的相互作用逐渐加强，2 个峰位置逐渐靠近，相互重合的比例上升，因而 Rh-Mn 峰的面积有所增加。但此时催化剂的 C_2 含氧化合物的时空收率及其选择性却下降。因此，Ti 对 C_2 含氧化合物生成有促进作用可能与它的加入改变了 Rh-Mn 相互作用有关，而且不同 Ti 负载量的 TiO_x/SiO_2 经焙烧后，TiO_x 参与 Rh-Mn-Li-Ti/SiO_2 催化剂组分间的相互作用中表现出的活泼性不同，因而削弱 Rh-Mn 相互作用的程度不一样，所得催化剂的性能就不同。

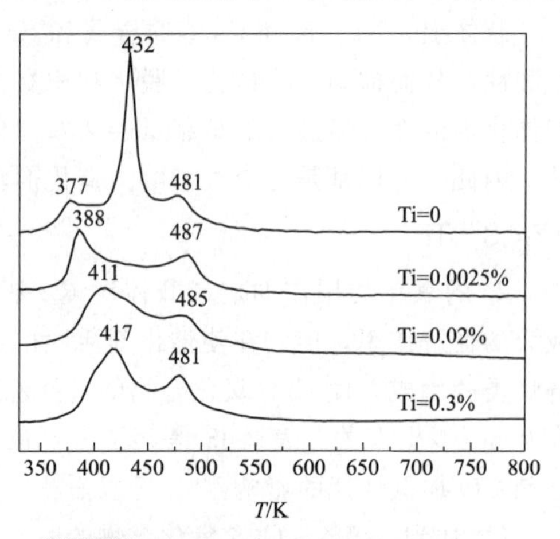

图 2-37 不同 Ti 含量 Rh-Mn-Li-Ti/SiO_2 催化剂的 TPR 谱图[29]

2.7.4.4 稀土元素

我国是举世公认的稀土资源大国，储量大、类型多、品种全、质量好和开采成本低，其产量稳居世界首位。因此，开发推广稀土应用对充分利用我国富有的稀土资源和推动稀土产业的发展，具有重要的社会和战略意义。

稀土元素由 17 种金属元素组成，具有独特的 4f 电子层结构、大的原子磁矩、很强的自旋轨道耦合等特性，决定了稀土元素及其化合物独特的性质，因此，它在工农业生产、医药及国防现代化建设等领域的应用日益广泛。稀土元素的实际应用是从催化剂开始的。稀土催化剂具有稳定性好、选择性高、加工周期短和很活泼的特点。从 20 世纪 60 年代起，以稀土为主体的一系列工业催化剂就开始应用于石油化工领域。近几年来，稀土在催化研究方面已取得了新的进展，如稀土在纳米材料、石油裂化、合成橡胶、催化燃烧和车用催化剂中都有重要的应用，并且其应用前景日益广阔。稀土氧化物（REO）作为载体和助剂也广泛用于 Rh 基催化剂中。

厦门大学的蔡启瑞等[16]研究了一系列负载量为 4.5%的 REO 助剂，如 La_2O_3、Nd_2O_3、CeO_2、Sm_2O_3 或 Pr_6O_{11} 对 2%Rh/SiO_2 催化剂 CO 加氢性能的影响，反

应条件为：220℃，1atm，$H_2/CO=1.69$。结果发现，其中 CeO_2 或 Pr_6O_{11} 的添加可使 C_2 含氧化合物选择性达 48%，作者认为这是助剂覆盖了部分 Rh 金属颗粒表面而抑制了 H_2 吸附，同时在 Rh-REO 界面处产生了新的活性位。

表 2-39 系统地研究了多种稀土元素促进的 1%Rh/SiO_2 催化剂上 CO 加氢反应性能。可以看出，REO 的加入均使得催化剂活性增加了 2～5 倍，C_2 含氧化合物选择性增加了 1.5～2 倍；不同的助剂对催化剂催化活性和选择性的影响有显著的差别，其中以 Y、La、Nd 和 Yb，尤其是 Sm 的影响比较显著，C_2 含氧化合物的时空收率和选择性分别为 176.1g/(kg・h) 和 53.9%。与 V 和 Mn 助剂相比，Y、La、Nd、Sm 和 Yb 助剂促进的催化剂活性相当；但以 Y、Nd、Sm 和 Yb 为助剂时，催化剂上乙酸选择性很高，其中 Rh-Sm/SiO_2 催化剂上乙酸选择性可达 28.4%。

表 2-39　稀土元素促进的 1%Rh/SiO_2 催化剂上 CO 加氢反应性能[86]

REO	CO 转化率/%	Y_{C_2oxy}/[g/(kg・h)]	产物选择性/%								
			C_2oxy	CH_4	C_2～C_6	甲醇	乙醛	乙醇	乙酸	乙酸甲酯	乙酸乙酯
—	1.7	37.4	22.3	56.5	17.0	4.3	2.1	6.3	12.2	0.5	0.4
V	4.0	147.7	41.8	36.6	14.0	7.6	2.3	20.8	11.4	3.9	2.0
Mn	2.8	134.6	54.1	35.3	4.6	6.0	5.2	21.7	14.2	5.6	6.9
La	3.3	132.3	45.2	24.9	22.1	7.8	2.5	23.2	8.7	5.6	4.4
Ce	1.9	95.0	54.1	34.1	7.7	4.0	3.4	17.3	19.1	6.6	7.8
Y	2.4	124.2	52.7	34.3	3.2	9.9	1.6	13.8	26.9	8.0	2.4
Gd	2.1	82.3	43.2	42.6	5.2	9.0	1.9	16.5	14.0	7.0	3.3
Yb	2.5	102.9	43.1	43.2	3.2	8.5	1.1	15.6	19.4	5.9	0.7
Dy	0.9	38.6	41.7	35.7	7.7	15.0	1.1	13.4	27.1	0.0	0.0
Nd	3.6	161.0	46.7	40.8	6.8	5.9	1.6	14.3	23.0	2.9	2.9
Sm	3.4	176.1	54.0	33.9	6.0	6.2	1.6	15.4	28.4	3.1	3.1
Eu	1.2	67.0	58.9	27.0	3.1	11.0	3.5	24.0	19.4	3.9	3.9
Er	2.3	75.3	37.2	46.7	7.1	9.0	2.0	16.2	8.6	3.2	3.2

注：反应条件：310℃，3.0MPa，GHSV = 13000h^{-1}，助剂负载量 0.5%。

值得注意的是，对 Rh/SiO_2 催化剂活性和选择性有显著影响的 RE 助剂（Y、La、Sm 和 Yb），RE^{3+} 的电子结构中外层电子轨道为全空（Y 和 La）和全满（Yb）等比较稳定的电子构型。图 2-38 给出了 Rh-REO/SiO_2 催化剂上 CO 加氢生成 C_2oxy 时空收率与 RE^{3+} 离子磁矩 μ 的关系。可以看出，随着 RE 元素原子序数的增加，C_2 含氧化合物时空收率与 RE 磁性变化相反，而 C_2 含氧化合物选择性则与之变化无明显规律。研究认为，助剂周围产生的静电场对 CO 等吸附分子产生某种影响，这种影响可以看成是一种中程作用力。助剂离子产生一个作用范围为几个分子的静电场，诱导吸附的 CO 分子能级发生变化，使得 CO 反键轨道的电子密度增加，削弱 C—O 键的强度；同时，这种静电作用还会影响 CO 分子偶级矩的变化，从而引起 CO 伸缩频率的变化，进而影响 CO 分子的吸附和解离，乃至反应活性。计算表明，当吸附达到饱和时，Ni 表面上一个 K 原子能影响到周围约 25 个分子。RE^{3+} 外层电子构型不同，作为助剂其周围产生的静电场不同，因此对 CO 加氢反应活性的影响也不同。

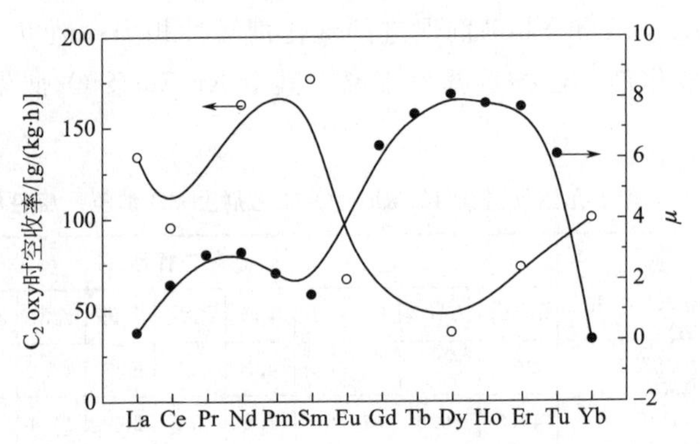

图 2-38 Rh-REO/SiO_2 催化剂上 CO 加氢生成 C_2oxy 时空收率与 RE^{3+} 离子磁矩 μ 的关系[86]

加入稀土 Sm 后，Rh/SiO_2 催化剂上 $n(CO)/n(Rh)$ 和 $n(H)/n(Rh)$ 分别从 0.67 和 0.42 升高至 0.81 和 0.90，表明 Rh 分散度显著增大，因此，Rh-Sm/SiO_2 催化剂上 CO 加氢反应活性的提高与此有关，但也不排除催化剂表面由于 Sm^{3+} 的存在产生的协同作用。不过，这种作用的本质还有待进一步研究证明。

将 V 加入 Rh/SiO_2 催化剂中，其吸附氢能力和加氢能力大大增强，CO 加氢反应的主产物是乙醇，而 Mn 的加入对催化剂的吸附氢能力和加氢能力影响较小，主产物是乙酸。比较而言，Rh-Sm/SiO_2 催化剂吸附氢能力和加氢能力均较小，在 CO 加氢反应中表现出高的生成乙酸选择性，与 Rh-Mn 催化剂相似。但是，Sm 的加入使得 Rh/SiO_2 催化剂上 CO 转化率提高了 1 倍，生成 C_2 含氧化合物时空收率增加了 4～5 倍，因此，仅凭 Sm 的加入使 Rh 分散度提高，还不足以解释反应活性和选择性如此大的变化，这必然与活性中心性质的变化相联系。也很可能与 Rh 和助剂之间存在协同作用有关。

作为 Rh 基催化剂的助剂，稀土元素中以 La 的研究较多，其促进机理有很多种说法：第一种是 La_2O_3 的加入使 Rh/SiO_2 催化剂上 CO 加氢生成烃类和含氧化合物的活性均增加，且发现 La_2O_3 的加入阻碍了 CO 的化学吸附，但对 H_2 的化学吸附几乎没有影响；第二种是 La_2O_3 的加入主要提高了催化剂表面氢浓度，从而提高催化活性；第三种是 La 作为一种结构助剂主要影响催化剂表面 M—C 键和 C—O 键的强度，从而导致催化剂活性的变化。

2.7.4.5 Mn

Mn 的加入能够显著提高 Rh 基催化剂的活性和选择性。研究发现[30]，通过形成 Rh-O-Mn 复合氧化物，助剂 Mn 的添加使 Rh 还原温度升高，并且增加和稳定了催化剂表面的 Rh^+ 物种，并可能抑制了 Rh 和 Mn 组分在载体表面的移动和聚集，从而提高了催化剂上 Rh 分散度；显著地提高了 Rh/SiO_2 催化剂的 CO 吸附量，而其 H_2 的吸附量剧烈下降，仅有原来的一半左右，或许导致在 CO 加氢时催化剂表面较高的 CO/H_2 浓度比，从而促进了 C_2 含氧化合物生成；Rh-O-Mn 复合氧化物的形成使得吸附于其上的 CO 解离变得容易。归纳起来，Mn 通过在 Rh-Mn 界面形成倾斜式吸附 CO 而促进了 CO 解离；或改变了 Rh 的电子性质，使得 CO 吸附减弱，H_2 吸附增强，最终导致反应速率增加；或充当拉电子作用，使得 Rh-Mn 界面处 Rh 处于部分氧化态，从而充当新的 CO 插入活性位。

Ma 等[87]采用 DFT 比较了 Mn 的加入对 Rh（111）面和 Rh（553）面上 CO 吸附和解离性能的影响。结果表明，C—O 键断裂能垒取决于产物生成能垒，且两者存在良好的线性关系；与 Rh（111）面相比，Mn 的加入使得 Rh（553）面上 CO 解离能垒下降了 1.60eV。总之，Mn 和 Rh 阶梯面的存在可明显促进 CO 的解离，这表明通过降低 Rh 粒径和添加 Mn 可提高合成气转化反应的活性，与实验结果是一致的。

Mei 等[88]结合实验和基于第一性原理的动力学模拟研究了硅胶负载的 Rh/Mn 合金催化剂上 CO 加氢生成乙醇反应。XPS、TEM 和 XRD 等表征结果都证实了催化剂中形成了 Rh/Mn 合金，是 C_2 含氧化合物的生成活性位。理论计算结果也表明，在还原性的反应气氛中，Rh/Mn 二元合金的热力学稳定性要高于 $Rh\text{-}MnO_x$ 混合氧化物。结果发现，助剂 Mn 与 Rh 形成了二元合金，尽管不影响甲烷生成能垒，且 CO 插入 CH_2 和 CH_3 的反应能垒仍较高，但却降低了 CO 插入 CH 反应能垒，从而使得乙醇等 C_2 含氧化合物的选择性增加。理论结果和实验结果吻合得较好。

另外，该研究组还将各类助剂 M 和 Rh 金属电负性的差值 $\Delta\chi$ 与 CO 插入基元反应的能垒进行了关联，结果如图 2-39 所示，计算时假定助剂 M 在反应时被还原到金属态（实际上有些助剂很难还原到金属态）。结果发现，CO 插入 CH 反应的活化能垒随着 $\Delta\chi$ 接近 0.7 而逐渐降低，然后又随着 $\Delta\chi$ 继续增加而上升；其中将 Ti 与 Rh 组成合金时，该能垒最低，预示着 Ti 可能是 Rh 基催化剂的较为适宜的助剂，可显著提高 CO 加氢反应生成的乙醇等 C_2 含氧化合物选择性和活性。当 $\Delta\chi$ 接近 0.7 时，CO 插入活性位形成的反应物种过渡态可稳定地存在于助剂位 $M^{\delta+}$ 上，后者作为 Lewis 酸位，而 $Rh^{\delta-}$ 作为 Lewis 碱位，使得反应物分子 CO 稳定存在于其上。当 $\Delta\chi$ 超过 0.7 时，Rh 与 CO 之间的键合更强，则不利于插入反应。

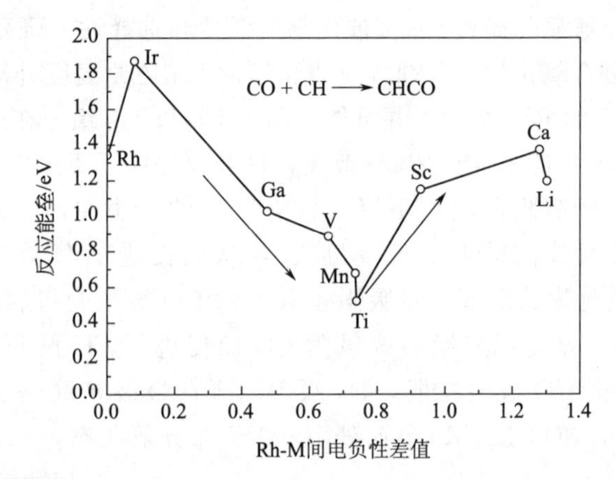

图 2-39 Rh/M 粒子上 CO + CH ⟶ CHCO 反应能垒与 Rh 和各类助剂 M 电负性差值 $\Delta\chi$ 的关系[88]

可以看出，Ti 和 V 与 Rh 的 $\Delta\chi$ 分别为 0.7 和 0.65，因此它们的加入有利于提高 Rh 基催化剂上 CO 加氢生成乙醇等 C_2 含氧化合物的选择性和活性，这与众多文献结果是一致的。结果还显示，对于三元催化剂体系，助剂与 Rh 的 $\Delta\chi$ 为 0.6～0.9 时，对反应较为有利，如 Rh-V-La/SiO_2 体系。因此，金属 Rh 与助剂 M 的电负性的差值可以指导我们选择适宜 Rh 基催化剂的助剂。

2.8 铑粒径效应

2.8.1 概述

金属催化反应可分为结构敏感反应和结构不敏感反应。前者是指反应速率对金属表面的微细结构变化敏感的反应，取决于晶粒大小和载体性质等，随着金属分散度 D 的增加，催化剂的比活性（如 TOF 值）增加、下降或有极值；后者则是指反应速率不受表面微细结构变化的影响，当催化剂制备方法、预处理方法、晶粒大小或载体改变时，TOF 值并不受影响，即 TOF 值与金属分散度 D 无关。一个反应在某一催化剂上是结构敏感反应，而在另一催化剂上则可能是结构不敏感反应；同一个催化剂上，有的反应是结构敏感反应，有的则是结构不敏感反应。

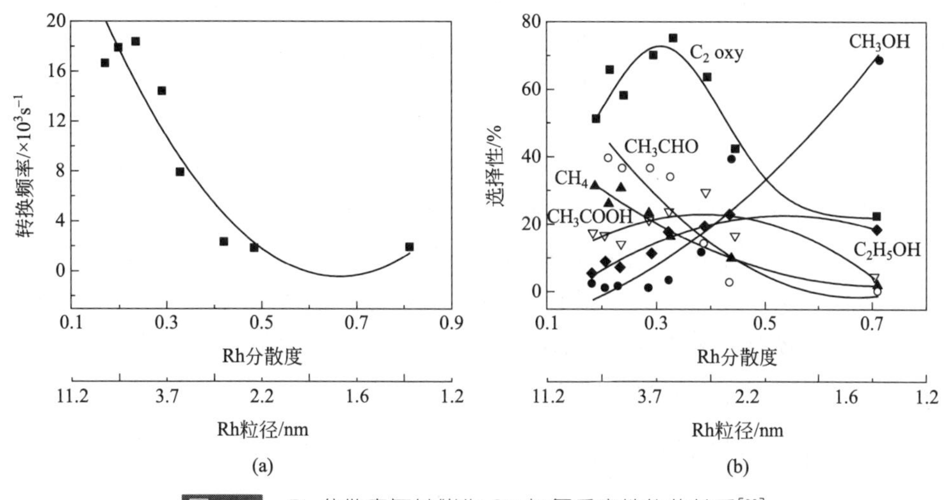

图 2-40　Rh 分散度与其催化 CO 加氢反应性能的关系[89]

CO 加氢生成 C_2 含氧化合物是一个结构敏感反应，活性组分 Rh 分散度或 Rh 粒子粒径对催化剂活性和选择性的影响很大。图 2-40 为 Rh 分散度与其催化 CO 加氢反应性能的关系，它是由采用水溶液浸渍法制得的一系列 Rh/SiO_2 催化剂上的 CO 加氢反应结果，通过改变 Rh 负载量（1.0%～30.0%）以得到不同 Rh 分散度的催化剂，图中还列出了相应催化剂上 Rh 粒径数据（TEM 测得，与 H_2 吸附数据一致）。由图可见，Rh 分散度对催化剂活性的影响很大。当 Rh 分散度大于 0.5 时，CO 转化数（TOF）随 Rh 分散度的变化而基本不变；当 Rh 分散度小于 0.5 时，CO 的 TOF 值随分散度降低而急剧增加；当 Rh 分散度达 0.25 左右时，CO 的 TOF 值达最大。Rh 分散度对 CO 加氢产物分布的影响也是非常明显，随着 Rh 分散度的增加，甲醇选择性明显增加；乙醛选择性在 Rh 分散度为 0.5 时达最大；而乙酸和乙醇选择性则在 Rh 分散度为 0.4～0.5 时达最大，此时 C_2 含氧化合物选择性最高；甲烷选择性则随着 Rh 分散度的增加而单调上升。可见，Rh 分散度为 0.3～0.5 时有利于 CO 加氢生成 C_2 含氧化合物，此时 Rh 粒径为 2～4nm。

不过 Underwood 等[90]发现，Rh/SiO_2 催化剂上 Rh 粒径对 CO 加氢反应总活性基本没有影响，但影响产物选择性。当 Rh 分散度很高时，甲醇和 C_2 含氧化合物的选择性也较高；Rh 分散度较低时，烃类选择性较高。Ojeda 等[91]采用微乳法合成了大小比较均匀的含 Rh 物种的微乳球，然后采用沉积法将微乳球分散在载体 Al_2O_3 表面（Rh 负载量约为 2%），并经 500℃焙烧，其中 Rh 粒子大小为 5～30nm。该催化剂用于 CO 加氢反应，发现 CO 转化率随着 Rh 粒子大小的增大而降低（从 4.6% 降至 2.0%），而 CO 的 TOF 值却增加。

随着研究的深入，寻找 Rh 金属粒子大小与 CO 吸附物种之间相互关系的工作也逐步展开。通过不同大小 Rh 粒子上 CO 程序升温脱附（CO-TPD）实验发现[92]，由于不同大小 Rh 粒子上 CO 的吸附活化能不同，导致了 CO 脱附峰的位置从 2nm 时的 542℃位移到 7nm 时的 227℃。不同粒径 Rh 金属上 CO 吸附的原位红外结果表明，较大 Rh 粒子上桥式吸附的 CO 比小粒子上形成的线式吸附的 CO 具有更高的解离活性，因而前者具有较高的 TOF 值。

综上所述，尽管研究结果略有分歧，但基本可以确定，CO 加氢生成 C_2 含氧化合物是一个结构敏感反应，适宜 C_2 含氧化合物合成的 Rh 粒径为 2～6nm，且 CO 解离一般需要较大的金属粒子，而 CO 插入过程则无须大的金属粒子。以下简述调节负载的 Rh 金属粒径的几种常见的方法。

2.8.2 调节 Rh 粒径的方法

2.8.2.1 载体织构性质和 Rh 负载量的选择与优化

在采用浸渍法制备负载型催化剂时，改变金属负载量或以适当温度焙烧可调节金属粒径。针对浸渍法制备 Pt/SiO_2 催化剂，Dorling 模型假设，所有硅胶孔内充满金属盐溶液，当水蒸发后，金属盐沉积在每个孔道内。表 2-40 为 S 系列硅胶样品的织构性质及其负载 4.53%Rh 的粒径，该系列硅胶孔容接近，其中 Rh 粒径数据为不同方法测得，如 H_2 和 CO 化学吸附、XRD 和 TEM，所测结果较为一致。可以看出，随着硅胶孔径的增加，Rh 粒径也越来越大，从孔径 9.0nm 时的 2.9nm 到孔径 50.7nm 时的 6.2nm。由此可知，载体孔径可有效调节负载于其上的 Rh 粒径。各硅胶孔的数目和由 H_2 吸附数据得到催化剂上 Rh 粒子的个数也列于表中，计算时假设孔和 Rh 粒子均为球形。由表可见，两者较为符合，表明 Dorling 模型适用于该催化剂体系。

表 2-40　S 系列硅胶样品的织构性质及其负载 4.53%Rh 的粒径[93]

硅胶样品	孔容/(mL/g)	平均孔径/nm	比表面积/(m^2/g)	孔数目/(10^{16}个/g)	Rh 粒径/nm				Rh 粒子数目/(10^{16}个/g)
					H_2 吸附	CO 吸附	XRD	TEM	
S-1	1.00	9.0	267	88.0	2.5	3.1	3.0	2.9	45.0
S-2	1.02	15.5	189	32.0	3.1	3.9	4.2	3.9	23.0
S-3	1.10	27.5	122	8.5	3.7	4.7	5.1	4.9	14.0
S-4	1.05	50.7	78	2.2	5.8	6.2	7.1	6.2	3.6

若以 S-3 硅胶样品为载体，负载不同负载量的 Rh，制得一系列催化剂，所测 Rh 粒径数据见表 2-41。由表可见，随着 Rh 负载量的增加，其粒径逐渐增加，而催化剂上 Rh 粒子个数变化不大，表明随着 Rh 负载量增加，数目不变的 Rh

粒子在长大。这也符合 Dorling 模型，该模型适用于金属盐与载体相互作用不大的体系，如 $RhCl_3$-SiO_2。

表 2-41　S-3 硅胶负载的不同负载量 Rh 的粒径数据[93]

Rh 负载量/%	Rh 粒径/nm			估计 Rh 粒子数目/(10^{16}个/g)
	H_2吸附	CO 吸附	XRD	
0.5	2.3	3.4	—	6.3
1.0	2.7	3.2	—	7.8
2.0	3.1	3.5	4.5	10.0
4.0	3.7	4.7	4.8	12.0
8.0	5.3	6.8	6.5	8.3
12.0	5.9	7.8	8.0	9.0

表 2-42　T 系列和 U 系列硅胶负载的 Rh 基催化剂[93]

硅胶样品	孔容/(mL/g)	平均孔径/nm	比表面积/(m^2/g)	Rh 负载量/%	平均 Rh 粒径/nm	
					H_2吸附	CO 吸附
T-1	0.35	11.0	88	1.57	2.2	2.7
T-2	0.42	15.2	88	1.88	3.6	4.4
T-3	0.84	14.1	239	3.69	2.4	2.7
U-1	0.38	13.6	114	1.78	2.6	3.3
U-2	0.58	15.2	194	2.69	2.9	3.9
U-3	1.37	16.6	318	6.10	3.6	4.2

根据 Dorling 模型，以 T 系列和 U 系列硅胶为载体，可以制得 Rh 负载量不同，但其粒径接近的催化剂，结果见表 2-42，这两个系列硅胶具有接近的孔径，但孔容不同。在制备催化剂时，保持浸渍溶液浓度不变，但溶液的量依载体孔容而定。

因此，根据 Dorling 模型，通过调节载体孔径和孔容及其金属负载量可以制得所需金属粒径的催化剂。在实际应用中，也常常将这两种方法结合起来以调控金属粒子的尺寸，或者根据某一特定硅胶载体孔结构匹配以合适的 Rh 负载量，从而获得最有利于 C_2 含氧化合物生成的 Rh 粒径。

江大好[30]以三种织构性质的 SiO_2 为载体，制备了一系列不同 Rh 负载量的 Rh-Mn-Li/SiO_2 催化剂（表 2-43），它们的 Rh 平均粒径（d_{Rh}）由 TEM 照片经统计得出，结果见表 2-44。可以看出，对于同一载体负载的催化剂，d_{Rh} 随着 Rh 负载量的增加而增加；而同一 Rh 负载量催化剂的 d_{Rh} 也随着硅胶孔径的增加而增加。

表 2-43 三种硅胶载体的孔结构性质

SiO_2	孔径/nm	比表面积/(m^2/g)	孔容/(cm^3/g)
SiO_2(Ⅰ)	11.5	359.5	1.04
SiO_2(Ⅱ)	14.7	265.0	0.98
SiO_2(Ⅲ)	18.3	207.3	0.95

表 2-44 各种载体和 Rh 负载量催化剂上 Rh 金属粒子的平均粒径

SiO_2	d_{Rh}/nm						
	0.8%Rh	1.2%Rh	1.5%Rh	2%Rh	3%Rh	5%Rh	7%Rh
SiO_2(Ⅰ)		2.0		2.3	2.7	3.5	4.2
SiO_2(Ⅱ)		2.4	2.7	3.1	3.6	4.5	
SiO_2(Ⅲ)	2.4	2.8	3.3	3.7	4.3	5.3	

表 2-45 是各 Rh-Mn-Li/SiO_2催化剂上 CO 加氢反应活性、选择性和 Rh 效率最高时的适宜 Rh 负载量。可以看出，尽管随着硅胶平均孔径的增大，所对应适宜的 Rh 负载量逐渐降低，但相应的 Rh 粒径范围却基本在 2～4nm。由此可见，载体孔径和 Rh 负载量是通过改变催化剂上 Rh 粒径来影响其催化性能。

表 2-45 载体孔径以及 Rh 负载量对 Rh-Mn-Li/SiO_2催化剂 CO 加氢性能影响的总结

项目		CO 转化率增加最快时	C_2oxy 选择性最大时	C_2oxy 的 STY 增加最快时	Rh 效率最大时
Rh 负载量/%	Rh-Mn-Li/SiO_2(Ⅰ)	3～5	2～4	3～5	4～6
	Rh-Mn-Li/SiO_2(Ⅱ)	2～3	1.2～2	2～3	2～4
	Rh-Mn-Li/SiO_2(Ⅲ)	1～2	0.8～1.5	0.8～2	1.2～2
d_{Rh}/nm		2.5～3.5	2～3	2.5～3.5	3～4

2.8.2.2 浸渍颗粒粒度

对于浸渍法制备的催化剂，通过改变 Rh 负载量来制得适当粒径的 Rh 粒子往往导致较高的 Rh 负载量和低的 Rh 效率；催化剂在高温下焙烧只能使得 Rh 粒子变大或被包埋，最终导致低的 Rh 分散度；而采用适当孔径的载体一般可以制得较为理想的 Rh 粒子大小，但是 Rh 粒径的分布往往较宽。同时，金属负载量、载体的孔径以及高温焙烧本身也可以直接影响催化剂的 CO 加氢性能。陈维苗[29]采用一个简易有效的方法来控制浸渍催化剂表面生成 Rh 粒子的大小，使用相同的金属负载量和完全一样的载体，且不需焙烧，但是改变了浸渍时载体的粒度，于室温浸渍分别制得 Rh-Mn-Li/SiO_2催化剂。

由 TEM 测得催化剂上 Rh 粒径，其粒径分布如图 2-41 所示。由图可见，当浸渍粒度为 14～20 目时，所制催化剂 K14 上 Rh 平均粒径在 2.9nm 左右，且分布很窄；至 20～40 目时，相应催化剂 K20 上 Rh 平均粒径为 2.7nm，但分布较宽，集中在 1.5nm 和 2.9nm 附近；至 40～60 目时，催化剂 K40 上 Rh 平均粒径为 4.0nm，且粒径分布更宽，粒径集中在 2.5nm 和 5.0nm 附近。可见，大颗粒硅胶浸渍所得催化剂上 Rh 粒径更均一，保持在 2～4nm。

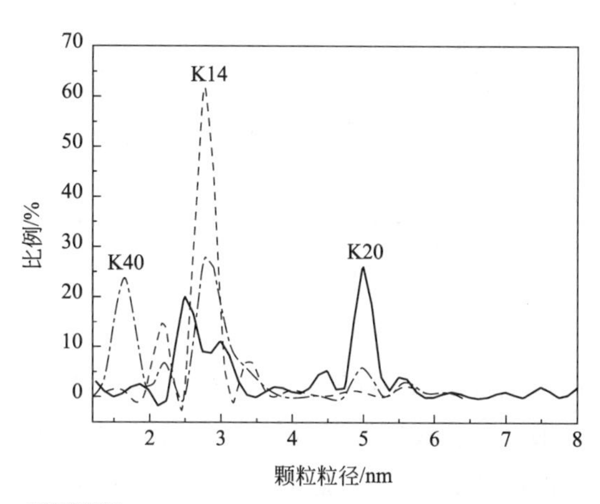

图 2-41 不同粒度浸渍的催化剂上 Rh 粒径分布

由这三种催化剂吸附 CO 的 FT-IR 谱图（图 2-42）可以看到，虽然催化剂上都出现三种吸附形态的 CO，即孪式（$2100cm^{-1}$ 和 $2030cm^{-1}$）、线式（$2060cm^{-1}$）和桥式（$1853cm^{-1}$），且以孪式为主，但各自的强度不一，其中 K14 上吸附 CO 的红外信号最强，这说明催化剂 K14 上 Rh 颗粒分散得最好，与

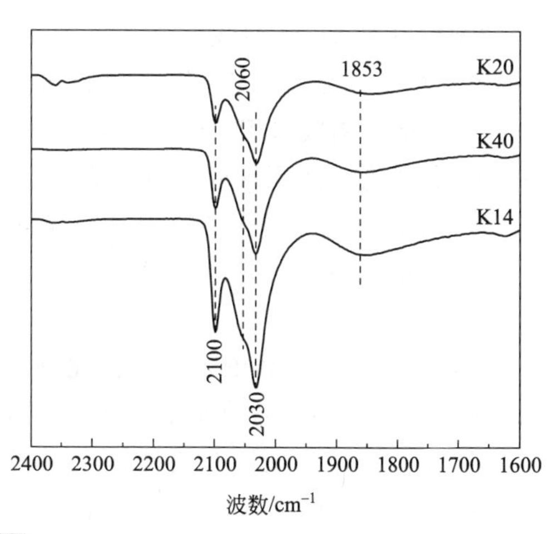

图 2-42 不同颗粒大小浸渍的催化剂吸附 CO 的 FT-IR 谱图

TEM结果一致。这说明催化剂K14上能够吸附CO的Rh粒子数目最多，我们可以推断出K14在反应过程中能够接触反应物的Rh粒子数目也是最多的。因此，见表2-46，对应的催化剂上CO加氢生成C_{2+}含氧化合物时空收率达618.4g/(kg cat·h)，其选择性也略增至54.6%，大大提高了Rh效率。

表2-46 浸渍时载体粒度对1.0%Rh-Mn-Li/SiO_2催化剂CO加氢反应性能的影响

催化剂	Rh粒径/nm	CO转化率/%	$Y_{C_{2+}\,oxy}$/[g/(kg cat·h)]	产物选择性/%						
				C_{2+} oxy	CH_4	C_{2+}烃类	甲醇	乙醇	乙醛	乙酸
K40	4.0	7.9	417.1	50.1	34.6	15.0	0.3	11.9	25.3	7.3
K20	2.7	8.4	338.6	49.2	36.7	13.8	0.3	13.4	23.7	6.0
K14	2.9	11.6	618.4	54.6	37.6	7.3	0.5	19.0	23.2	6.8

注：1. 催化剂装量1mL，Rh : Mn : Li =1 : 1 : 0.075。
2. 反应条件：300℃，3.0MPa，12500h^{-1}，H_2/CO = 2。

2.8.2.3 微乳液法

采用常规浸渍法很难得到Rh粒径分布窄的催化剂，因此制得催化剂的性能还有待于提高。由于采用微乳液法可以得到人们所需粒径且具有较窄分布的金属纳米粒子，因此微乳液法在制备C_2含氧化合物合成催化剂中有了很多的尝试。

微乳液通常是由表面活性剂、助表面活性剂（通常为醇类）、油（通常为碳氢化合物）和水（或电解质水溶液）组成的，透明或半透明，各向同性的热力学稳定体系。从宏观上看，它是均相的溶液，但从分子尺度上看，微乳液是由表面活性剂界面膜所稳定的液体微滴所构成的，体系是多相的。根据微乳液油水比例和连续相的不同，可以将微乳液分为水包油型（O/W型）、油包水型（W/O型）和双连续相型三种结构。图2-43为在给定浓度的表面活性剂下微乳液的微结构随温度和水浓度变化的情况。其中W/O型微乳液（又称反相胶束微乳液）被广泛用于各种材料尤其是纳米粒子的制备。在W/O型微乳液中，水核的尺度小（5～100nm）且彼此分离，因而不构成水相。因此，微乳液中存在的这种纳米尺度水核为纳米材料的制备提供了有效的模板或作为制备纳米材料的“微反应器”。1982年，Boutonnet等[94]首先报道了用氢气或肼还原微乳液水核中的金属盐制备单分散的金属Pt、Pd、Rh和Ir纳米颗粒（3～5nm），所得纳米颗粒具有较窄的粒径分布。

采用微乳液法也可以制备固载化金属纳米粒子催化剂，即通过直接向已经生成纳米金属粒子的微乳液中加入载体的前驱物，然后加入适当试剂在微乳液中生成载体。Tago等[95]则采用该法合成了具有相同金属粒子大小和不同金属负载量的Rh/SiO_2催化剂，并研究了其对CO加氢反应性能的影响。周树田等[96]则通过调节ω_0值（水与表面活性剂的摩尔比），采用微乳液法一步合成了

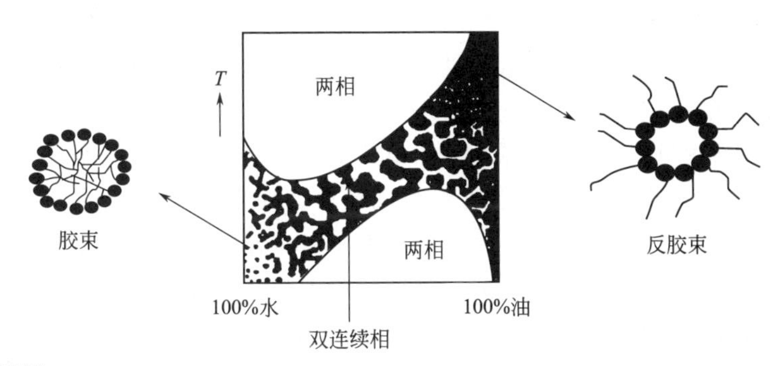

图 2-43　在给定浓度的表面活性剂下微乳液的微结构随温度和水浓度变化的情况

一系列相同 Rh 负载量，而 Rh 粒径不同的 Rh/SiO_2 催化剂。结果发现，该催化剂具有核壳结构，其中铑为核，SiO_2 为壳，Rh 粒子大小（1.8～5.0nm）对 CO 加氢反应性能具有显著的影响。当粒子大小为 3nm 时，CO 加氢反应活性存在最小值；随着粒子的进一步增大，CO 加氢反应活性上升。与浸渍法制备的催化剂相比，微乳液法制备的催化剂粒子大小均一；对负载量相同和平均粒子大小相同的两种催化剂，微乳液法合成的 Rh/SiO_2 催化剂对 CO 加氢反应具有较高的催化活性。

上述催化剂虽然在 CO 加氢反应中表现较好，但至少有部分 Rh 被包埋在载体中，使得 Rh 利用率降低。因此，人们尝试采用沉积法来制备负载 Rh 基催化剂，即让在微乳液中形成的纳米粒子直接沉积到载体上，这在一定程度上可避免 Rh 被包埋的问题。Ojeda 等[91]就报道了用该法制备 Rh/Al_2O_3 催化剂用于 CO 加氢反应。然而，这种方法在实际中很难得到广泛应用，其原因主要有以下三个方面：制备所需的液体悬浮物成本高，很不经济，过程中所需的试剂、材料很难重复使用；胶态的金属沉积到载体上缺少足够的金属与载体相互作用，导致其热稳定性较差；在金属沉积到载体过程中会聚集，从而导致较宽的粒径分布。因此 Abrevaya 等[97]提出用微乳液作为浸渍液来制备负载的纳米金属催化剂（微乳液浸渍法），Ru/Al_2O_3 催化剂用于 F-T 合成，已取得非常理想的结果。该方法通过保持反向胶束中金属离子在浸渍过程中处于未还原状态，从而避免上述这些问题。

陈维苗[29]通过添加助剂 Mn 和增加浸渍液中金属离子的浓度，采用微乳液浸渍法制备了一系列纳米硅胶（NS）负载的 Rh-Mn 催化剂，以期达到较高的金属负载量和较适宜的金属粒径来提高催化剂活性和选择性。

表 2-47 给出了载体加入量对用微乳液浸渍法制得的 Rh-Mn/NS 催化剂 CO 加氢性能的影响。由表可见，当载体加入量从 1.0g 增加到 1.6g 时，CO 转化率快速从 1.1%下降到 0.4%，生成 C_{2+} 含氧化合物的时空收率也从 42.5g/(kg cat・h)

下降到 21.7g/(kg cat・h)，但其选择性却快速上升。此时，甲醇和乙醇选择性达到最大，乙醛和乙酸选择性达到最小，说明此时催化剂加氢的活性较高。继续增加载体加入量，催化剂活性变化很小，但生成 C_{2+} 含氧化合物选择性却上升到 84.9%，而甲烷选择性急剧下降至零。由此可见，载体加入量的增加有利于提高 C_2 含氧化合物的选择性，尤其是乙酸的选择性，而对催化剂活性，特别是烃类的生成活性却有明显抑制作用。这可能是由于载体量的增加，在浸渍液中活性组分的量不变的情况下，导致催化剂金属负载量下降，从而活性下降。同时载体添加量的增多，使得 Rh 离子在催化剂表面吸附得更加分散，而导致最终生成的 Rh 粒子粒径更加均一，更加有利于 C_2 含氧化合物的生成。

表 2-47　载体加入量对用微乳液浸渍法制得的 Rh-Mn/NS 催化剂 CO 加氢性能的影响

NS /g	CO 转化率 /%	$Y_{C_{2+}\,oxy}$ /[g/(kg・h)]	产物选择性/%					
			C_{2+} oxy	甲烷	甲醇	乙醇	乙醛	乙酸
1.0	1.1	42.5	54.8	33.1	5.0	25.5	13.2	5.4
1.6	0.4	21.7	64.8	7.2	11.9	35.5	11.4	3.5
2.2	0.4	26.1	84.9	0	8.6	28.1	16.8	32.3

注：1. 接触时间 2h，水体积 1.5mL。
2. 反应条件：300℃，3.0MPa，12500h^{-1}，$H_2/CO = 2$。

表 2-48　载体与浸渍液接触时间对 Rh-Mn/NS 催化剂 CO 加氢性能的影响

接触时间 /h	CO 转化率 /%	$Y_{C_{2+}\,oxy}$ /[g/(kg・h)]	产物选择性/%					
			C_{2+} oxy	甲烷	甲醇	乙醇	乙醛	乙酸
1	1.6	51.6	47.2	40.7	5.4	26.2	11.9	0.4
2	1.1	42.5	54.8	33.1	5.0	25.5	13.2	5.4
3	0.6	33.4	71.3	17.4	3.7	32.6	22.0	1.1

注：1. NS 用量 1.0g，水体积 1.5mL。
2. 反应条件：300℃，3.0MPa，12500h^{-1}，$H_2/CO = 2$。

由表 2-48 可见，随着载体与浸渍液接触时间的延长，活性缓慢下降，CO 转化率从 1.6%降到 0.6%，但 C_{2+} 含氧化合物选择性却从 47.2%很快上升到 71.3%，甲烷选择性从 40.7%降到 17.4%，乙醛选择性缓慢上升。而甲醇、乙醇和乙酸选择性总体变化不大。Rh 和 Mn 两种金属离子与载体之间吸附平衡的时间不一致，因此随着接触时间的变化，吸附在催化剂表面的 Rh 和 Mn 两种离子的比例也在不断变化。从结果看，接触时间的增加、催化剂表面上 Rh 和 Mn 之间的比例以及分布更有利于 C_2 含氧化合物的生成，但金属负载量却很可能下降，导致活性降低。

水与表面活性剂 NP-5 的摩尔比 ω_0 与微乳液中小“水池”大小密切相关，而

“水池”大小直接影响形成 Rh 粒子的大小[9]。在此保持油相和 NP-5 的量与水相中金属离子浓度不变，通过改变水相体积来调变 ω_0。表 2-49 给出了 ω_0 对 Rh-Mn/NS催化剂 CO 加氢性能的影响。由表可见，当 ω_0 超过 6.2 时，活性很快上升，但 C_2 含氧化合物的选择性以及乙醛和乙醇的选择性却随着 ω_0 的增加而下降，而甲烷选择性明显上升。可能由于 ω_0 的增加而导致 Rh 负载量增加，同时由于小“水池”半径的增加而引起 Rh 粒径变大。这两个因素导致了催化剂的活性上升，而 C_2 含氧化合物的选择性下降。

表 2-49　ω_0 对 Rh-Mn/NS 催化剂 CO 加氢性能的影响

ω_0	CO 转化率/%	$Y_{C_{2+}oxy}$/[g/(kg·h)]	产物选择性/%					
			C_{2+}oxy	甲烷	甲醇	乙醇	乙醛	乙酸
4.1	1.1	44.9	56.6	31.2	3.2	28.8	17.0	2.6
6.2	1.1	42.5	54.8	33.1	5.0	25.5	13.2	5.4
8.2	3.8	107.6	40.1	52.0	1.4	24.6	8.8	3.0

注：1. NS 用量 1.0g，接触时间 2h。
2. 反应条件：300℃，3.0MPa，$12500h^{-1}$，$H_2/CO = 2$。

综上所述，采用微乳液浸渍制得的催化剂虽然可以达到较高的生成 C_2 含氧化合物的选择性，但活性依然很低。原因可能有：浸渍液中金属离子的浓度不够高而导致较低的金属负载量；预处理过程设计不当，未能完全除去催化剂表面的有机物质；形成的金属粒子在焙烧过程中长大或包埋；Rh 和 Mn 离子在纳米硅胶表面吸附的速率不一样，虽然水相中 Rh 与 Mn 的质量比为 1，但在最终催化剂中的比例很可能是不合适的；微乳液 ω_0 值选择不当，导致 Rh 粒径不合适；浸渍过程中的一些参数，如接触时间等还值得进一步优化；NP-5 中可能含有对催化反应有毒的元素，如 P。

与微乳液法类似，胶体化学可用于合成单分散和具有均一粒径分布（10nm 以下）以及可控形貌的纳米金属粒子。当在胶体溶液中制得金属纳米粒子后，可通过浸渍法将其分散到多孔载体中，如中孔氧化硅。然而一方面，常规浸渍法制得催化剂中金属在使用过程中很容易长大，导致金属粒径的分布很宽；另一方面，若需在催化剂中添加助剂的话，也很难保证它与活性组分的紧密接触。因此，Huang 等[33]先制得 PVP 稳定和粒径为 2nm 的 Rh 粒子乙醇溶液，然后加入水、CTAB、NaOH 和 $Mn(NO_3)_2$ 及氧化硅前驱体硅酸四乙酯，经水解、过滤、干燥和焙烧等步骤将氧化锰修饰的纳米 Rh 粒子嵌入中孔氧化硅纳米颗粒（MSN）骨架中，从而制得 Rh-Mn/MSN 催化剂。发现 Rh 粒子为 3nm，均一稳定地分布在 MSN 中，Rh-MnO_x 间紧密接触。该催化剂仍具有 MSN 的典型特点，高的比表面积和窄的孔径分布，因而在 CO 加氢反应中表现出比常规浸渍法制得催化剂更高的热稳定性和催化性能，在适宜的反应条件下，乙醇和乙醛选择性可达 74.5%，最大限度地抑制了甲醇的生成。

2.9 硅胶性质对其负载的 Rh 基催化剂性能的影响

2.9.1 杂质

在早期的研究中，有关硅胶负载的 Rh 基催化剂性能研究结果差别较大。这些分歧在人们揭示出商品硅胶中微量杂质的显著助催化作用后才得以澄清[98]。表 2-50 给出了不同类型硅胶负载的 4%Rh 催化剂上 CO 加氢反应结果。由表可见，在纯度较低的 Kieselgel-60 或 Grace 负载的 Rh 基催化剂上，CO 加氢生成 C_2 含氧化合物的选择性高达 69%，乙醇是主要的含氧产物，其选择性高达 50%；当以高纯的 Aerosil200 或 Philips 硅胶为载体时，催化剂上 CO 加氢主要产物是烃类，C_2 含氧化合物选择性显著下降，只有少量的乙醛产生，几乎没有乙醇生成。

表 2-50 不同类型硅胶负载的 4%Rh 催化剂上 CO 加氢反应结果[98]

载体	CO 转化率/%	产物选择性/%				Rh 粒径/nm
		甲烷	C_{2+} 烃类	乙醛	乙醇	
Kieselgel-60	5.0	20	11	20	49	3.7
Grace	1.6	26	10	14	50	3.3
Aerosil200	3.0	57	30	12	1	5.7
Philips	2.0	62	17	21	0	4.9

注：1. 催化剂装量 0.5g。
2. 反应条件：200℃，0.1MPa，$H_2/CO=2$，进气量 15mL/min。
3. Rh 粒径由 XRD 测得。

将纯度较低的 Kieselgel-60 经不同溶液，如水、2.5mol/L 或 12mol/L 的 HCl、14mol/L 的 HNO_3 水溶液在 100℃处理较长时间后，其中杂质可大幅度下降，结果见表 2-51。可以看出，当用浓 HCl 处理后，硅胶中 Fe 和 Na 含量分别下降至原来的 1/10 和 1/20，洗涤效果显著；且酸洗对硅胶的织构性质影响不大。由于这些杂质本身就是 Rh 基催化剂的有效助剂，从而掩盖所加助剂的真实作用，也造成文献报道中相关研究结果的差异。另外，在制备催化剂过程中，浸渍液呈酸性，能将 Pyrex 玻璃容器中的碱金属溶解到浸渍液中，最终沉积到催化剂表面，起到助剂或毒物的作用，从而影响实验结果的判断。因此，在制备催化剂时宜采用石英器皿。

表 2-51　Kieselgel-60 硅胶经不同方法洗涤效果的比较[98]

处理方法	杂质含量/(μg/g)		
	Na	K	Fe
未处理	1200	60	1000～1500
水	470	16	600
2.5mol/L HCl	350	30	420
12mol/L HCl	70	17	150

当 Kieselgel-60 和 Grace 经洗涤后，浸渍 $RhCl_3$ 水溶液制得催化剂，考察它们在 CO 加氢反应中的催化性能，结果见表 2-52。可以看出，含氧产物中乙醇选择性急剧下降，只有少量的乙醛产生，与高纯硅胶为载体的催化剂很接近。当以高纯的 Aerosil200 或 Philips 硅胶为载体，添加一定量的 NaCl 或 $Fe(NO_3)_3$ 为助剂，制得 Rh 基催化剂，其催化性能与未经处理的低纯度的 Kieselgel-60 和 Grace 负载的 Rh 基催化剂性能接近。由于各催化剂上 Rh 粒径基本处于 2～6nm，可忽略 Rh 粒径对催化剂性能的影响，因此，实验结果进一步证实了载体中杂质所起的作用。

表 2-52　经处理后硅胶负载的 4%Rh 催化剂上 CO 加氢反应结果[98]

载体	处理方法	CO 转化率/%	产物选择性/%				Rh 粒径/nm
			甲烷	C_{2+} 烃类	乙醛	乙醇	
Kieselgel-60	未处理	5.0	20	11	20	49	3.7
	2.5mol/L HCl	5.0	20	11	20	49	3.0
	12mol/L HCl	2.0	30	55	11	4	4.2
	14mol/L HNO_3	1.5	46	36	16	2	2.8
Grace	未处理	1.6	26	10	14	50	3.3
	12mol/L HCl	1.4	48	22	25	5	3.5

注：1. 催化剂装量 0.5g。
2. 反应条件：200℃，0.1MPa，$H_2/CO = 2$，进气量 15mL/min。
3. Rh 粒径由 XRD 测得。

很明显，在催化剂浸渍制备和还原活化过程中，硅胶中的金属杂质很容易迁移到 Rh 表面，从而对其负载的 Rh 基催化剂产生巨大的调变作用，且这些杂质的数量和种类随载体和催化剂制备条件以及反应条件的不同而有所差别，最终导致不同研究者在所谓“无助剂”的 Rh/SiO_2 催化剂上反应结果的差异。由于这些少量杂质能有效提高或降低催化剂活性和选择性，从而减弱或掩盖了添加助剂的作用，也导致了对金属氧化物助剂作用分类的不同。

表 2-53 为几种孔径非常接近的硅胶 S-1～S-5 的 X 射线荧光光谱（XRF）元素分析结果，它们负载的 Rh-Mn-Li 催化剂上 CO 加氢反应结果见表 2-54。可以发现，含杂质少的 S-3 和 S-5 负载的催化剂活性较高；而 S-1、S-2 和 S-4 中含有较多的 K 或 Al，这些都是催化剂活性的抑制剂，因而相应催化剂活性明显不如 S-3 和 S-5。与 S-2 比较起来，S-4 中 K 含量更高，故对应催化剂的活性更低，但 C_2 含氧化合物选择性比 S-2 高 4% 左右。可见，载体中 K 起到碱金属助剂的作用。

表 2-53　硅胶中的杂质含量[29]

硅胶	杂质含量(质量分数)/%			
	MgO	Al_2O_3	K_2O	CaO
S-1	—	0.317	—	—
S-2	0.057	0.093	0.134	—
S-3	0.097	0.091	—	—
S-4	0.071	0.401	0.187	0.053
S-5	0.053	—	0.084	—

表 2-54　硅胶中杂质对制成 1.0%Rh-Mn-Li/SiO_2 催化剂性能的影响[29]

硅胶	CO 转化率 /%	$Y_{C_{2+}\,oxy}$ /[g/(kg·h)]	产物选择性/%						
			C_{2+} oxy	CH_4	C_{2+} 烃类	甲醇	乙醇	乙醛	乙酸
S-1	7.5	252.9	36.6	43.0	19.5	0.9	19.7	9.7	1.7
S-2	7.9	293.0	39.1	42.8	36.9	0.6	18.0	11.8	3.9
S-3	11.7	421.5	39.3	45.4	36.3	0.3	19.0	11.3	4.5
S-4	7.9	274.4	35.8	44.4	36.1	0.5	13.2	13.1	5.1
S-5	9.6	376.7	45.0	42.4	44.2	0.2	16.0	20.5	2.8

注：1. Rh ∶ Mn ∶ Li ＝1∶1∶0.075。
2. 反应条件：593K，3.0MPa，12500h^{-1}，H_2/CO = 2。

将 Na、Mg、Al 和 Ti 等硅胶中常见的杂质元素添加到 Rh-Mn-Li/SiO_2 催化剂中，来考察它们对该 Rh 基催化剂性能的影响，结果见表 2-55。可以看出，Na、Al 和 Ti 的添加均使得催化剂的活性明显降低，但是 C_2 含氧化合物的选择性有所增加。其中 Mg 的添加却使催化剂活性和选择性都得到提高。总之，消除硅胶中有害杂质，控制硅胶中可起助剂作用的杂质含量，对配制浸渍液时加入助剂的量进行局部调整，可以达到更好的催化效果。

表 2-55　Al 和 Ti 等对 Rh-Mn-Li/SiO_2 催化剂 CO 加氢性能的影响[30]

催化剂	CO 转化率/%	产物选择性/%						Y_{C_2oxy} /[g/(kg cat・h)]
		C_2oxy	C_{2+}烃类	CH_4	乙醇	乙醛	乙酸	
0	8.1	71.2	8.4	20.1	9.1	36.0	18.7	493.9
0.075%Na	4.4	81.7	4.9	13.1	7.0	37.8	29.2	318.0
0.075%Mg	8.9	74.0	6.5	19.3	8.4	40.5	18.8	564.5
0.075%Al	3.9	75.5	5.3	18.6	14.6	34.2	18.6	250.6
0.075%Ti	4.6	78.5	4.5	16.7	9.0	32.6	20.1	314.1

注：反应条件：553K，5.0MPa，H_2/CO = 2，GHSV= 12500h^{-1}。

2.9.2　孔径

载体孔径显著影响负载于其上的金属颗粒大小，从而影响催化剂性能。表 2-56 给出了不同孔径硅胶（杂质完全相同）负载的 1.2%Rh-Mn-Li-Fe 催化剂 CO 加氢反应结果。由表可见，随着载体孔径的增加，C_{2+} 含氧化合物的时空收率从 235.4g/(kg cat・h) 持续上升到 381.5g/(kg cat・h)；至 20nm 左右时 C_{2+} 含氧化合物选择性达最大，为 61.5%。继续增加硅胶孔径，C_{2+} 含氧化合物选择性开始显著下降。此外，随着硅胶孔径的增加，甲醇和乙醇的选择性逐渐下降，乙醛和乙酸选择性却缓慢增加，而甲烷选择性变化不大。但孔径一旦超过 20nm 时，C_{2+} 烃类选择性快速上升，而甲烷在烃类产物中的比例以及 C_2 含氧化合物选择性下降。

表 2-56　硅胶孔径对其负载的 1.2%Rh-Mn-Li-Fe 催化剂上 CO 加氢反应性能的影响

孔径/nm	CO 转化率/%	$Y_{C_{2+}oxy}$ /[g/(kg・h)]	产物选择性/%						
			C_{2+}oxy	甲醇	C_{2+}烃类	甲醇	乙醇	乙醛	乙酸
16.8	4.7	235.4	58.4	29.4	11.1	1.1	32.2	14.3	3.2
17.0	5.3	284.2	60.7	27.7	10.2	0.8	31.1	15.2	6.8
19.9	5.8	323.3	61.5	27.6	10.8	0.7	30.1	16.7	7.1
25.5	8.3	381.5	55.4	28.5	15.5	0.6	24.5	16.9	7.6

注：1. Rh ∶ Mn ∶ Li ∶ Fe = 1∶1∶0.075 ∶0.05。
2. 反应条件：573K，5.0MPa，12500h^{-1}，H_2/CO = 2。

由此可见，采用大孔径的硅胶有利于催化剂活性的提高以及乙酸和乙醛的生成，但不利于乙醇的生成，即促进了催化剂的 CH_x 插入能力，而削弱了 CH_x 和其他基团的加氢性能。一般而言，大的孔径有利于大的或更多的 Rh 粒子的形成，同时还有利于消除内扩散的影响。因此，大孔硅胶是较合适的载体。

表 2-57 给出了不同硅胶经焙烧后，得到不同孔径硅胶样品的物化性质，再采用浸渍法制得 Rh-Mn-Ir-Li/SiO_2 催化剂，以考察 Rh 粒径及其分散度，它们之

间的关系如图 2-44 所示，各催化剂上 CO 加氢反应结果如图 2-45 所示。可以看出，Rh 粒径及其分散度受载体孔径的影响很明显，即硅胶孔径越大，Rh 粒径越大，其分散度越低。而 Rh 分散度则也明显影响催化剂上 CO 加氢反应活性和选择性，即 Rh 分散度低的催化剂上高碳产物生成活性高；低于 0.25 时，乙酸生成活性高。在高的 Rh 分散度时，催化剂活性随着 Rh 分散度增加而线性下降；超过 0.3 时则基本保持稳定。当 Rh 粒径为 4nm 时，乙酸的生成活性和选择性最高。可见，通过改变载体孔径和 Rh 负载量可控制所制催化剂上 Rh 粒径。除此之外，硅胶焙烧温度也会影响其表面羟基数量，如图 2-46 所示。结合起来看，催化剂性能受硅胶表面羟基的影响不大。其实，在这个研究对象中，Rh 粒径及其分散度受载体孔径的影响更大，因而没有体现出硅胶表面羟基的影响。而实际上，表面羟基也会影响 Rh 的分散，从而改变其催化性能，如下所述。

表 2-57　不同硅胶的物化性质

硅胶编号	焙烧温度/℃	孔径/nm	孔容/(mL/g)	Rh 分散度
A	300	8.8	0.62	0.375
	700	23.8	0.60	0.135
B	300	12.1	0.64	0.285
	700	14.9	0.63	0.215
C	300	11.8	0.67	0.273
	500	12.0	0.68	0.290
D	300	15.8	0.68	0.210
	700	18.6	0.68	0.178

注：7%Rh-Mn-Ir-Li/SiO_2，Rh : Mn : Ir : Li = 48 : 1 : 6 : 3（原子比）。

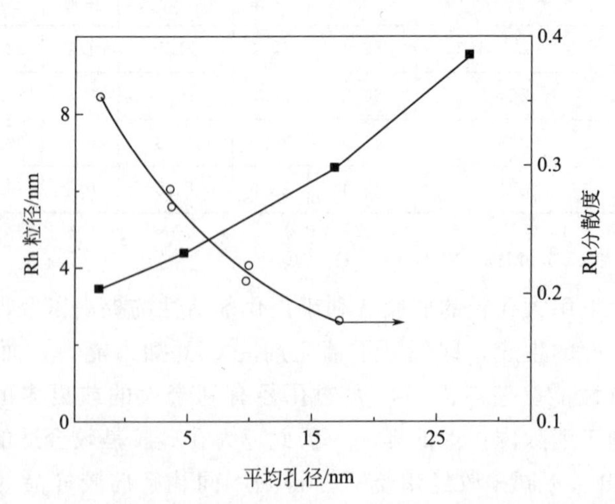

图 2-44　Rh 粒径及其分散度（CO 化学吸附测得）与载体硅胶孔径的关系[3]

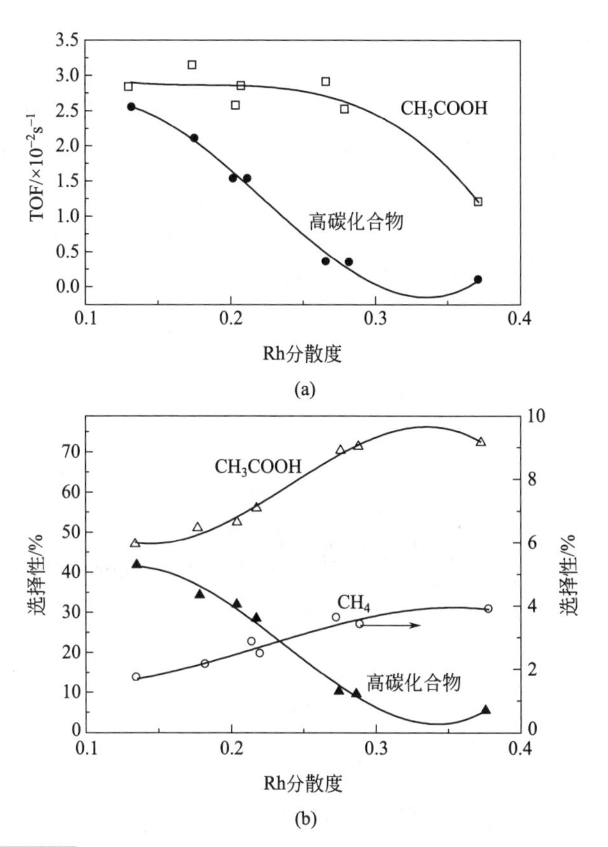

图 2-45 Rh-Mn-Ir-Li/SiO_2 催化剂性能与 Rh 分散度的关系[3]

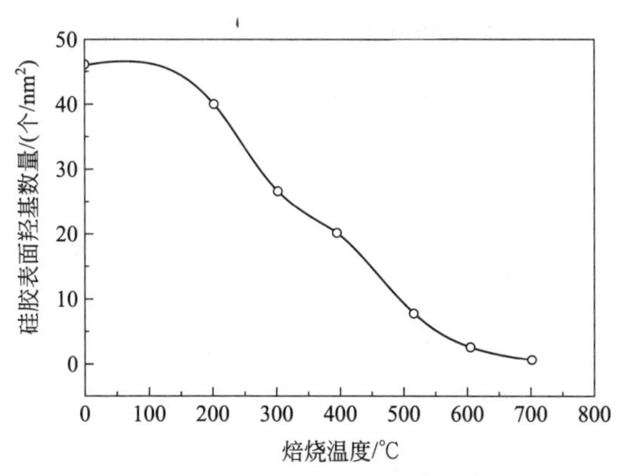

图 2-46 硅胶焙烧温度与其表面羟基数量的关系[3]

2.9.3 表面性质

除微量杂质和织构性质外，硅胶的表面性质对以其为载体的催化剂性能也有很大的影响。如前所述，硅胶中的结合水，以硅羟基的形式覆盖于硅胶表面，硅羟基可以分为四种：孤立硅羟基（isolated silanol）、孪生式硅羟基（geminal silanol）、氢键键合硅羟基（vicinal silanol）和内部硅羟基（internal silanol）。硅羟基在高温下会发生脱水反应，形成硅氧桥。图 2-47 为硅胶表面的各种硅羟基和硅氧桥的结构。

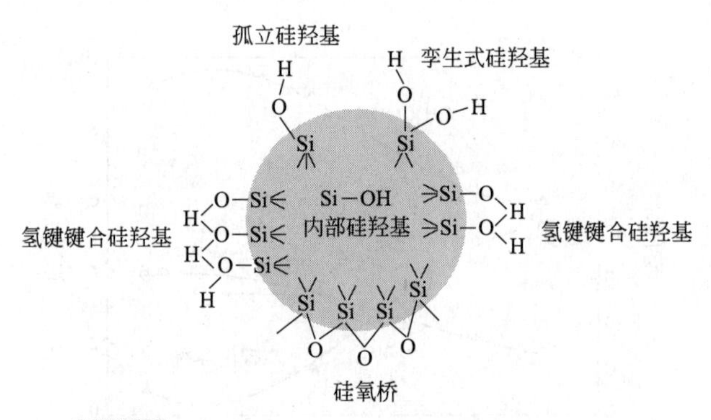

图 2-47 硅胶表面的各种硅羟基和硅氧桥的结构

硅氧桥也可以水合生成硅羟基，使表面恢复富羟基的状态。硅氧桥的水合反应如图 2-48 所示。硅胶的脱水温度不同，其恢复硅羟基所需的温度亦不同，一般而言，硅胶的焙烧温度越高，硅羟基越难恢复，即硅氧桥的水合过程所需的温度更高，时间更长。对于纯净的硅胶，即使其焙烧温度超过 1000℃，若能够在水中回流足够长的时间，其硅羟基都可以恢复。

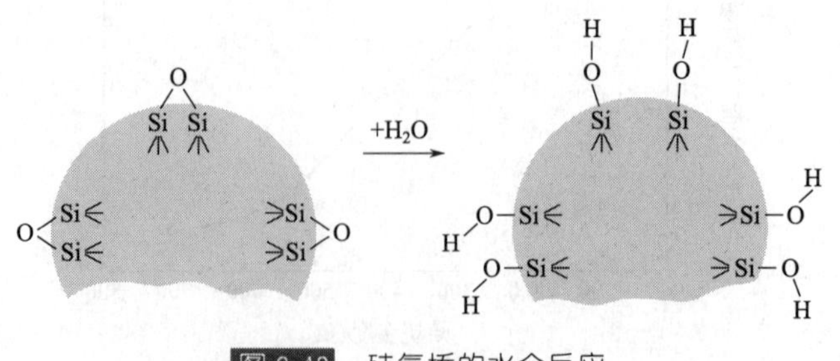

图 2-48 硅氧桥的水合反应

表面硅羟基的种类和数量可以对负载型催化剂的性能产生影响。采用不同温度预处理硅胶后，再制备 Ag/SiO_2 催化剂，考察它们在富氢条件下催化 CO 选择性氧化反应性能。结果发现，在一定的温度下焙烧 SiO_2 可以选择性地除去硅胶表面氢键键合的硅羟基，从而提高载体表面孤立羟基的比例，增加 Ag 的分散度，使催化剂的活性有所升高[99]。另外，也可采用不同有机溶剂对硅胶进行预处理，然后再制备催化剂，如分别使用乙酸、乙醇、丙醇和正丁醇对 Co/SiO_2 催化剂的载体进行预处理，有研究显示，经过载体预处理的催化剂具有更高的 F-T 合成活性[100]。

硅羟基还是硅胶表面的反应中心，它们可以通过与某些分子中的活性基团反应，使这些分子锚定在硅胶的表面。这种方法在硅胶的表面改性和均相催化剂多相化中都有广泛的应用。硅胶表面改性的方法主要有硅烷化和醚化。硅烷化反应是指硅烷化试剂与表面硅羟基反应，最后硅烷基取代氢被引入硅胶表面的反应。表面醚化反应是指醇或酚与表面硅羟基反应，最后烷基被引入硅胶表面的反应。图 2-49 描述了表面硅烷化（以三烷基氯硅烷为例）和表面醚化的反应过程。经过改性后，硅胶的表面性质发生了改变，这一改变对负载于硅胶上的催化剂的性能也有很大的影响。如大连化物所丁云杰课题组采用醚化和硅烷化对硅胶进行处理，再制备 Rh 基催化剂，进一步提高了其催化性能。

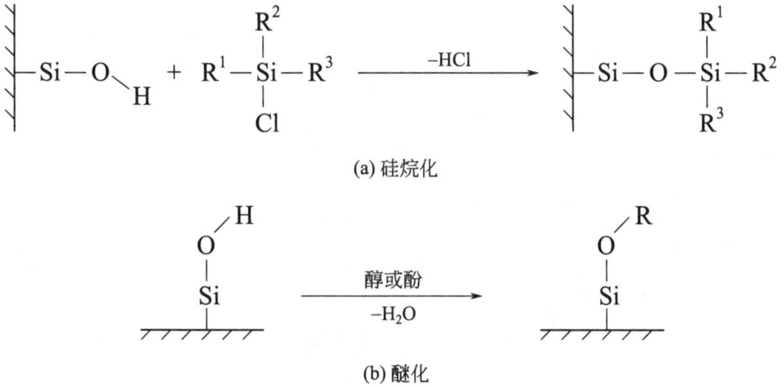

(a) 硅烷化

(b) 醚化

图 2-49　硅胶的表面改性

2.9.3.1　正构醇的醚化处理

江大好[30]先用不同正构醇 C_xOH（$x = 1 \sim 5$）处理硅胶并干燥焙烧后，再采用浸渍法制备 Rh-Mn-Li/SiO_2 催化剂，记为 Rh/S-C_xOH，其催化 CO 加氢反应结果见表 2-58。可以看出，在载体未经处理的 Rh/S 催化剂上 C_2 含氧化合物时空收率（$STY_{C_2 oxy}$）和选择性（$S_{C_2 oxy}$）分别为 493.6g/(kg cat · h) 和 71.2%。随着处理硅胶所用正构醇碳链长度的增加，$S_{C_2 oxy}$ 逐渐增至 78.1%，而 $STY_{C_2 oxy}$ 于 $x=4$ 时达最大，为 630.8g/(kg cat · h)。

表 2-58　载体醇类预处理对 1.5%Rh-Mn-Li/SiO_2 催化剂活性和选择性的影响[30]

催化剂	CO 转化率 /%	产物选择性/%						$STY_{C_2 oxy}$ /[g/(kg cat·h)]
		C_{2+}烃类	甲烷	乙醇	乙醛	乙酸	C_2oxy	
Rh/S	8.1	8.4	20.1	9.7	35.4	18.7	71.2	493.6
Rh/S-C_1OH	8.6	8.0	19.5	9.4	36.1	20.3	72.3	539.8
Rh/S-C_2OH	8.8	7.3	18.2	9.1	37.3	20.8	74.3	564.8
Rh/S-C_3OH	9.3	6.9	17.7	8.3	38.3	21.6	75.4	607.0
Rh/S-C_4OH	9.6	6.1	17.1	7.7	40.2	22.4	76.9	630.8
Rh/S-C_5OH	7.1	5.3	16.4	8.1	40.0	23.2	78.1	494.8

注：反应条件：553K，5.0MPa，H_2/CO = 2，GHSV = 12500h^{-1}。

TEM 和 CO 化学吸附结果表明，载体的醇类预处理提高了其负载催化剂上 Rh 分散度，且随着预处理时使用的正构醇碳数的增加而增强。

图 2-50 为各 Rh/S-C_xOH 催化剂吸附 CO 的 FT-IR 谱图。由图可见，随着载体预处理所用正构醇碳数的增加，相应催化剂上桥式吸附 CO（1800～1900cm^{-1}）和线式吸附（2065cm^{-1}）的吸收强度变化较小，而孪式吸附 CO（2100cm^{-1}和 2033cm^{-1}）的吸收强度明显增加。基于孪式吸附 CO 一般位于 Rh^+ 活性位上，而线式吸附 CO 形成于 Rh^0 位上，可以推断：各催化剂中 Rh^+/Rh^0 比随着处理载体所用醇碳数的增加而逐渐增加。因此，反应活性位数目，特别是 CO 插入活性位的增加必将促进 C_2 含氧化合物的形成，从而使 $STY_{C_2 oxy}$ 和 $S_{C_2 oxy}$ 增加。

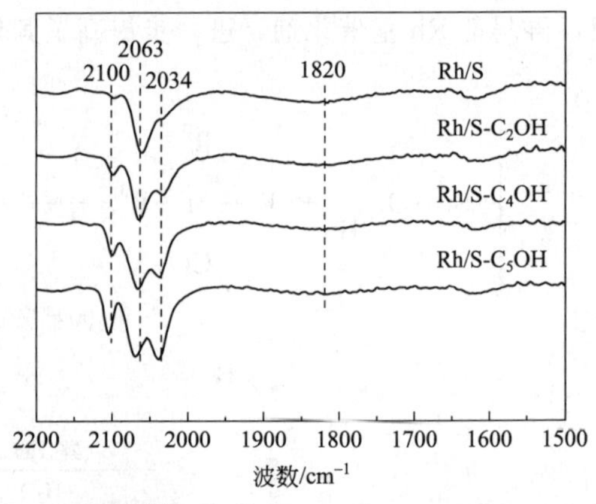

图 2-50　各 Rh/S-C_xOH 催化剂吸附 CO 的 FT-IR 谱图[30]

另外，Rh/S-C_5OH 催化剂上 $STY_{C_2 oxy}$ 的下降则可归因于 CO 的相对解离活性或表面 C 物种加氢生成 CH_x 活性过度下降，抑制了 CH_x 的生成，从而使得整个反应活性下降。

为了探寻载体醇类预处理如何改变了 Rh 分散度及其化学态，图 2-51 给出了母体硅胶和醇类预处理硅胶的 FT-IR 谱图。3743cm^{-1} 处谱带对应于孤立的 Si—OH；3100～3700cm^{-1} 处宽吸收谱带对应于通过氢键键合的 Si—OH，而

2800～3000cm^{-1}处几个吸收峰则对应于表面烷氧基的 C—H 的伸缩振动。与母体硅胶相比，经过醇类预处理，硅胶表面两种 Si—OH 的密度都明显下降，同时出现表面烷氧基物种。由此可见，在载体预处理的过程中，醇类分子能与 Si—OH 反应，从而嫁接到硅胶的表面上。还可以看到，不同正构醇处理的硅胶表面 Si—OH 的密度相近，意味着正构醇的碳链长度或者极性对其与 Si—OH 反应的影响较小。

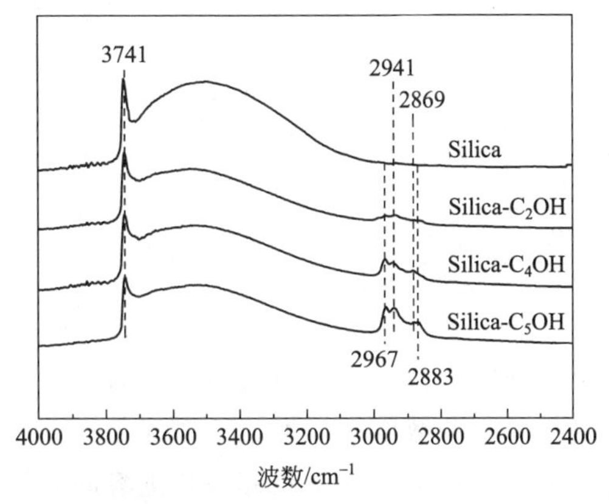

图 2-51　母体硅胶和醇类预处理硅胶的 FT-IR 谱图[30]

由于醇类可通过与硅胶表面 Si—OH 反应，使硅胶表面两种 Si—OH 密度都明显下降，同时出现表面烷氧基物种，导致硅胶表面疏水性增强。在疏水的硅胶表面，含金属前驱体的液滴在干燥过程的后期更易于发生收缩或碎裂，从而使金属前驱体更好地分散于载体表面，还原后金属的分散度因此提高。因此，醇类预处理载体负载的催化剂上 Rh 分散度增加，且随着处理所用正构醇碳链长度的增加，硅胶疏水性逐渐增加，导致 Rh 分散度也相应增加。另外，嫁接到硅胶上的烷氧基通过空间分隔作用不仅能阻止干燥或焙烧过程中金属前驱体的聚集，而且能进一步阻止催化剂还原过程中金属粒子的烧结。综上可见，表面烷氧基空间分隔作用或许也是经过醇类预处理载体的催化剂表面 Rh 分散度增加的重要原因，因此醇类预处理载体成为改进其负载催化剂性能的重要手段。

另外，采用低碳醇类代替水用作浸渍溶剂，也可达到上述效果。江大好[30]考察了甲醇、乙醇、异丙醇和水等常用浸渍溶剂对 Rh-Mn-Li/SiO_2催化剂活性和选择性的影响，以期进一步提高 Rh-Mn-Li/SiO_2催化剂的 CO 加氢性能，结果见表 2-59。由表可见，一方面，当以甲醇、乙醇和异丙醇为浸渍溶剂时，所制催化剂表现出较高的 C_2含氧化合物时空收率（$Y_{C_2 oxy}$），分别为 681.0g/(kg cat・h)、686.1g/(kg cat・h) 和 659.1g/(kg cat・h)；而以水溶液浸渍制备的催化剂上 $Y_{C_2 oxy}$较低，仅为 597.4g/(kg cat・h)。另一方面，以水和乙醇为浸渍溶剂的催化剂上 C_2含氧化合物选择性较高，分别高达 73.6%和 73.8%；而以甲醇和异丙醇为浸渍溶剂的催化剂上 C_2含氧化合物选择性较低，分别比以乙醇为浸渍溶剂的催化剂低出 8.3%和 3.4%。这样，以乙醇为浸渍溶剂的催化剂同时具有较高的 $Y_{C_2 oxy}$和 C_2含氧化合物选择性，催化性能最为优异。

表 2-59 浸渍溶剂对 1.5%Rh-Mn-Li/SiO_2 催化剂活性和选择性的影响[30]

浸渍溶剂	CO 转化率/%	产物选择性/%						$Y_{C_2 oxy}$/[g/(kg cat · h)]	Rh 粒径①/nm
		C_{2+}烃类	甲烷	乙醇	乙醛	乙酸	C_2oxy		
水	8.5	6.5	19.7	7.8	38.0	21.8	73.6	597.4	3.9
甲醇	11.0	7.4	26.9	10.4	32.8	16.7	65.5	681.0	2.7
乙醇	9.4	5.4	20.7	8.1	38.5	21.7	73.8	686.1	3.4
异丙醇	9.8	8.8	20.7	6.8	39.2	17.6	70.4	659.1	3.5

① 由 TEM 照片统计获得。

注：反应条件：280℃，5.0MPa，$H_2/CO = 2$，GHSV= $12500h^{-1}$。

表征结果显示，当以低碳醇类为浸渍溶剂时，使得活性组分 Rh 在催化剂表面富集及其分散度的增加，导致催化剂上总的活性中心数目增加，因而具有较高催化活性。这也是由于乙醇等有机溶剂能与硅胶表面的 Si—OH 反应嫁接到硅胶上，而嫁接到硅胶上的烷氧基通过空间分隔作用不仅能阻止干燥或焙烧过程中金属前驱体的聚集，而且能进一步阻止催化剂还原过程中金属粒子的烧结，最终改善了催化剂表面的 Rh 分散状况。另外，以水和乙醇为浸渍溶剂而制得的催化剂不但有着合适的 Rh 粒径，而且其分布较窄，其表面 Rh^+ 的相对数量较多，从而有利于 C_2 含氧化合物选择性的提高。

2.9.3.2 硅烷化处理

相对于表面醚化，材料表面硅烷化在催化剂的制备中有着更广泛的应用，但主要集中在均相催化剂的固载化，此外，还可用作硅胶载体的预处理手段，研究表面硅烷化对硅胶负载的催化剂性能的影响。李经伟[31]深入研究了载体硅烷化对 Rh-Mn-Li/SiO_2 催化剂上 CO 加氢反应性能的影响。

表 2-60 为不同硅烷化程度 SiO_2（四甲基氯硅烷，TMCS 为硅烷化试剂）负载的 Rh-Mn-Li 催化剂上 CO 加氢反应结果。可以看出，随着硅烷化程度的提高，各催化剂上 C_{2+} oxy 选择性和产物分布的变化很小，但其 STY 增加（RML/MS-2 除外）。

表 2-60 硅烷化程度对 Rh-Mn-Li/SiO_2 催化剂性能的影响[31]

项目		RML/SiO_2-OH	RML/MS-1	RML/MS-2	RML/MS-3	RML/MS-4
CO 转化率/%		5.7	6.7	7.8	7.2	8.2
产物选择性/%	C_{2+} oxy	74.0	73.6	70.2	73.3	73.1
	CH_4	18.8	18.8	19.1	19.3	20.3
	C_{2+}烃类	6.7	7.2	10.3	7.0	6.2
	甲醇	0.5	0.4	0.4	0.4	0.4

续表

项目		RML/SiO_2-OH	RML/MS-1	RML/MS-2	RML/MS-3	RML/MS-4
产物选择性/%	乙醇	7.9	8.1	9.0	9.5	10.0
	乙醛	35.8	35.2	31.9	34.8	34.3
	乙酸	24.4	25.9	24.6	24.4	24.2
STY/[g/(kg cat·h)]		400.8	467.6	504.1	487.2	564.1

注：1. 反应条件：553K，5.0MPa，$H_2/CO = 2$，GHSV = $12500h^{-1}$。
2. Rh : Mn : Li = 1.5 : 0.34 : 0.05，乙醇为浸渍溶剂。

RML/MS-1 和 RML/MS-2 催化剂的载体在硅烷化后都进行了焙烧，而其他的载体则没有。在焙烧的过程中，RML/MS-1 和 RML/MS-2 表面残留的羟基会发生脱水反应，形成硅氧硅键（—Si—O—Si—）。而后者在浸渍过程中会与浸渍溶剂乙醇发生反应而形成烷氧基。其过程如下所示：

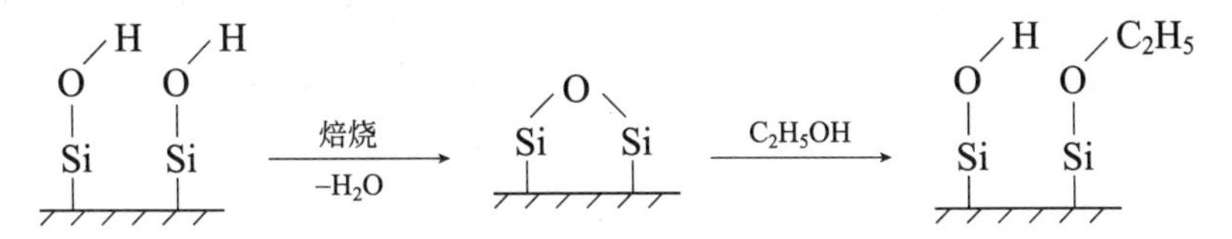

另外，提高硅胶焙烧温度促进了其表面硅羟基脱水形成更多的—Si—O—Si—，从而在浸渍的过程中生成更多的乙氧基，而后者的存在可提高金属分散度。这可能是导致 RML/MS-1 和 RML/MS-2 活性偏高的原因。

表 2-61　硅烷化程度对 Rh-Mn-Li/SiO_2 催化剂性能的影响（丙酮为浸渍溶剂）

项目		RML-OH	RML-1	RML-2	RML-3	RML-4
CO 转化率/%		5.4	5.4	5.7	6.3	6.7
产物选择性/%	C_{2+} oxy	68.7	69.6	73.1	72.1	72.9
	甲烷	18.6	18.0	17.1	17.8	17.3
	C_{2+} 烃类	11.8	11.6	9.1	9.4	9.1
	甲醇	0.9	0.8	0.7	0.7	0.7
	乙醇	26.0	21.0	20.5	23.2	24.5
	乙醛	15.2	17.3	19.9	17.9	17.2
	乙酸	21.6	25.5	27.1	25.6	26.0
时空收率/[g/(kg cat·h)]		345.4	358.1	395.3	431.6	459.8

注：1. 反应条件：280℃，5.0MPa，$H_2/CO = 2$，GHSV = $12500h^{-1}$。
2. Rh : Mn : Li = 1.5 : 0.34 : 0.05。

为了验证载体上的乙氧基是造成催化剂活性偏高的原因，可选用一种不会与硅羟基发生反应的浸渍溶剂来制备催化剂，并考察其活性与载体硅烷化程度之间的关系。由于硅烷化处理后的载体表面呈疏水性，所以需使用能够润湿疏水性表面的液体作为浸渍溶剂。除乙醇外，丙酮也可润湿疏水性表面，对各金属盐具有一定的溶解度，且不易与硅羟基发生反应。因此，以丙酮为浸渍溶剂，同法制备了一系列不同硅烷化程度 SiO_2 负载的 Rh 基催化剂 RML-OH、RML-1、RML-2、RML-3 和 RML-4，并在相同反应条件下对它们进行了评价，结果见表 2-61。可以看出，尽管变化的幅度不大，但 CO 加氢活性与 SiO_2 的硅烷化程度基本呈线性关系。这表明载体中乙氧基很可能就是造成 RML/MS-1 和 RML/MS-2 活性偏高的原因。

比较表 2-60 和表 2-61 可以发现，以乙醇为浸渍溶剂时，催化剂活性和 C_{2+} oxy的选择性都比以丙酮为浸渍溶剂的略高；硅烷化程度对乙醇系列活性的影响更大。图 2-52 还给出了这两种浸渍溶剂对所制催化剂上 C_2 含氧化合物分布的影响。由图可见，以乙醇为浸渍溶剂时，生成的 C_2 含氧产物中乙醛所占比例最高，约 50%，其次是乙酸所占比例，约 35%，而乙醇所占比例最小；当以丙酮为浸渍溶剂时，C_2 含氧化合物中乙醛所占比例降至最小，乙醇所占比例由 15.6%大幅度提高至 36.3%，乙酸所占比例略有升高。

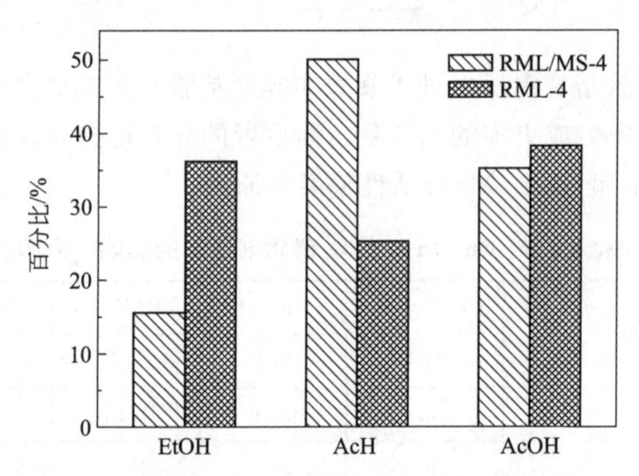

图 2-52 不同催化剂上乙醇（EtOH）、乙醛（AcH）和乙酸（AcOH）的产物分布[31]

此外，李经伟[31]还以 DMDCS 或 MTCS 对载体进行硅烷化处理。结果表明，相应 Rh 基催化剂 RML/MS-5 的活性和选择性降低，却提高了产物烃类的选择性和 C_2 含氧化合物的加氢程度。这可以从有机硅氧聚合物的“位阻效应”得到解释，如图 2-53 所示，被有机硅氧聚合物“覆盖”的 Rh 表面只能吸附 H_2，不能吸附 CO，无法参与 CO 加氢反应，从而导致催化剂上活性位的数量减少，所以活性降低。有机硅氧聚合物的“位阻效应”使被其“覆盖”的 Rh 表面起到“氢库”的作用，提高了催化剂的加氢能力，从而导致烃类选择性和 C_2 含氧化合物加氢程度的提高。另外，与 TMCS 相反，以 DMDCS 或 MTCS 对载体进行预处理都会降低 Rh 基催化剂的 CO 解离能力和减少 CO 解离活性位的数量。可见，

DMDCS 和 MTCS 对 Rh 基催化剂吸附和 CO 加氢性能的影响相近，只是 MTCS 的影响程度比 DMDCS 稍轻。

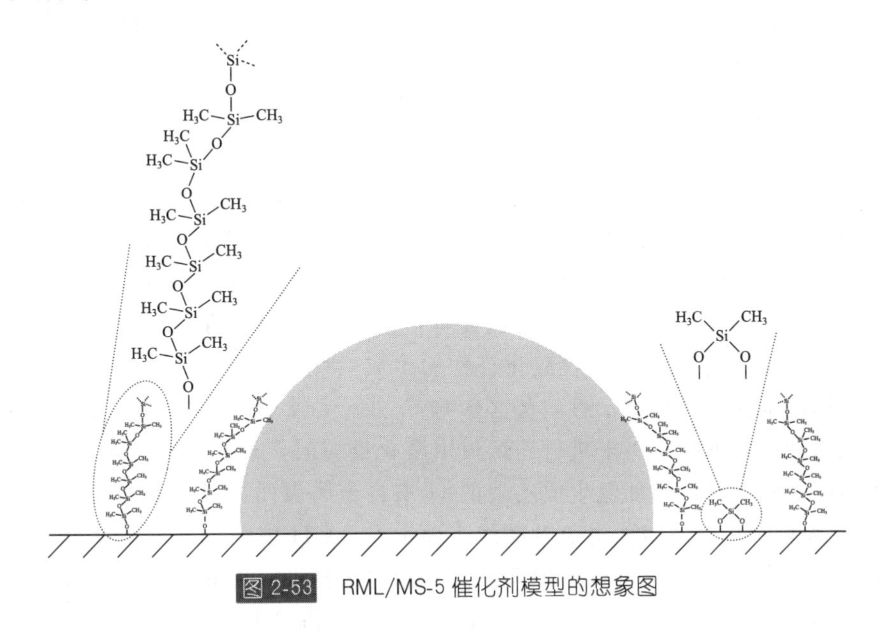

图 2-53　RML/MS-5 催化剂模型的想象图

2.10　提高 Rh 基催化剂性能的途径

2.10.1　形成 C_2含氧化合物主要基元过程的相互影响[2]

前面对 Rh 基催化剂体系及影响其性能的主要因素进行了详细的讨论，我们对这些内容进行较为本质的分析。

$$CO \xrightarrow{(1)} C \xrightarrow{+H(2)} CH_x \begin{cases} \xrightarrow{+H(2)} CH_4 \\ \xrightarrow{+CH_x(4)} C_nH_m \xrightarrow{+H(2)} C_{2+} \\ \xrightarrow{+CO(3)} CH_xCO \xrightarrow{+H(2)} C_2\ oxy \end{cases}$$

根据前面所述的 C_2含氧化合物生成机理，吸附的 CO 首先解离成 C，然后加氢形成烃类和含氧化合物共同的中间体 CH_x：(1) 直接加氢生成甲烷；(2) CO 插入生成 C_2含氧化合物的前驱物 CH_xCO；(3) CH_x插入进行链增长生成长链烃类。由此可见，与 C_2含氧化合物生成密切相关的主要有下列四种基元反应：(1) 吸附 CO 的解离；(2) 各类中间物和基团的加氢，其中包括 CO 解离形成的 C、

CH_x、CH_xCO以及C_nH_m；(3) CH_x的羰基化（即CO的插入）；(4) CH_x的插入。其中前三种是最重要的。由此可见，CO解离以及随后加氢生成CH_x的活性决定了整个催化剂的活性，而CH_x羰基化的反应速率直接影响C_2含氧化合物的生成活性和选择性。

从机理的示意图中可以看出，CO的解离与插入、CH_x的羰基化与加氢是两对最重要的竞争反应，它们之间相对反应速率的大小决定了C_2含氧化合物的生成活性和选择性。对于CO解离及其插入这对竞争反应，提高CO解离活性比较容易做到，而提高CO插入能力则相对较难，因此要优先考虑提高催化剂的CO插入的活性。然而对于CH_x的羰基化和加氢这对竞争反应则不同，CH_x的加氢反应是不期望的，却很容易发生。因此抑制CH_x的加氢活性必将促进其羰基化反应的发生，进而提高了C_2含氧化合物的生成活性和选择性。不幸的是，如果一味地抑制催化剂的加氢活性，势必影响C加氢生成CH_x的速率，最终导致低的催化活性。在Rh/SiO_2上进行乙烯氢甲酰化反应时，不同基团加氢所需H的来源不同。吸附的乙基加氢生成乙烷的H来自金属表面，而酰基加氢生成丙醛的H却来自于从金属表面溢流到载体表面上Si—OH中的H。碱金属的添加却能抑制金属表面处H的活性，因而提高了产物选择性。由此可见，通过选择性地抑制部分加氢反应的活性或平衡催化剂加氢活性和CO插入活性就可以提高目的产物的生成活性和选择性。

从以上分析不难看出，提高C_2含氧化合物生成活性和选择性主要可从以下几个方面来考虑：催化剂的CO解离活性和插入活性之间的平衡；保持催化剂恰当的加氢活性；保持催化剂表面上Rh粒子合适的大小和更多的数目，因为该反应是个结构敏感反应。

2.10.2 提高Rh基催化剂生成C_2含氧化合物性能的途径

基元反应的速率方程可表示为：$r = A_0 \exp(-E_a/RT) P_{CO}^x P_{H_2}^y$（式中，$A_0$为指前因子，$E_a$为活化能，$T$为反应温度，$P$为分压，$x$和$y$为反应级数），所以$A_0$（与反应活性位数目有关）、$x$和$y$值、$E_a$与反应速率密切相关。已有的Rh基催化剂上生成$C_2$含氧化合物动力学研究表明[15]：$x$为负值，$y$为正值；甲烷的生成活化能比$C_2$含氧化合物的生成活化能高。

由以上机理分析和该催化反应动力学的特点，我们认为提高Rh基催化剂生成C_2含氧化合物活性和选择性的主要途径有以下几个。

(1) 尽量采用低的反应温度和高的原料气空速。因为C_2含氧化合物的生成活化能要高于甲烷的生成活化能；高空速有利于CO插入而不利于CO解离和加氢反应。

(2) 尽量维持催化剂表面高的未解离的CO浓度和适中的H浓度。这样可最大限度地增加 CO 插入活性和保持适当的加氢反应的活性。采用高的反应压力、较低的反应温度以及添加助剂的方法可维持高的未解离 CO 的浓度，以保证 CO 插入反应能顺利进行。尽管表面 H 浓度越高，催化剂的活性越高，但不利于提高 C_2 含氧化合物的选择性。一般来说，过高的加氢活性总是导致低的 C_2 含氧化合物选择性。因此维持原料气中 $H_2/CO = 2$ 和添加助剂（如碱金属、V、Mn 和 Ti 等）来调变催化剂表面的 H 浓度或催化剂上不同基团的加氢活性。

（3）增加催化剂表面反应活性位的数量，并调变上述两对竞争反应活性位的相对数目，来达到调节两者的反应速率。增加 CO 插入与解离反应活性位的比值以及 CH_x 羰基化与 CH_x 加氢反应活性位的比值，势必会促进 C_2 含氧化合物的生成。而催化剂表面活性位的最终形成和分布与催化剂的制备过程和还原过程是密切相关的。助剂的加入也会创造新的 CO 插入活性位而促进 C_2 含氧化合物的生成。

（4）制备出适宜 Rh 粒径（2～6nm）的催化剂，且具有较窄的粒径分布，因为 CO 加氢制 C_2 含氧化合物是个结构敏感反应。

由此可见，提高 Rh 基催化剂生成 C_2 含氧化合物的活性和选择性的方法不外乎活性金属、载体、助剂的筛选和优化（详见 2.4 节、2.5 节、2.7 节、2.9 节）及下面所述及的制备和活化方法的选择，以及 2.11 节内容所要涉及的工艺条件的优化，本章主要内容正是围绕这几个方面而展开的。

2.10.3　催化剂制备和活化方法对其性能的影响

负载型 Rh 基催化剂常用的制备方法有浸渍法（共浸渍法和分步浸渍法）、沉积-沉淀法、共沉淀法、溶胶-凝胶法、离子交换法以及微乳液法。其中，离子交换法常用于分子筛类载体，金属负载量不易精确控制；沉淀法和溶胶-凝胶法操作过程稍有复杂，且容易造成活性组分的包埋，使得金属利用率下降；微乳液法可控制 Rh 粒径大小，但需加入表面活性剂和共溶剂，需高温去除，导致炭沉积和 Rh 粒径长大，同时也容易造成粒子包埋；而浸渍法操作简便，容易控制金属负载量，因而成为最常采用的制备方法。下面讨论浸渍、后续的干燥和还原条件的选择和优化。

表 2-62 考察了两种浸渍方法，室温浸渍法和真空浸渍法，以及两种差别较大的还原程序，慢还原（SR）和快还原（RR），对 1.2%Rh-Mn-Li-Fe/SiO_2 催化剂性能的影响。慢还原条件为：在 400℃（25℃/h）用 N_2-H_2（1∶1）混合气（SV = 1500h^{-1}）还原 4h；而快还原条件为：在 350℃（2℃/min）用 N_2-H_2（1∶1）混合气（SV = 4800h^{-1}）还原 1h。其中催化剂 A 为室温浸渍法制得，而催化剂 B 为真空浸渍法所制。

表 2-62 浸渍方法和还原条件对 1.2%Rh-Mn-Li-Fe/SiO_2 催化剂 CO 加氢性能的影响[2]

浸渍方法	还原方法	CO 转化率/%	$Y_{C_{2+}\ oxy}$/[g/(kg·h)]	产物选择性/%						
				C_{2+} oxy	CH_4	C_{2+}烃类	甲醇	乙醇	乙醛	乙酸
A	RR	4.7	343.9	83.6	11.2	4.5	1.4	22.6	20.7	29.8
B	RR	3.7	264.2	87.2	8.7	3.1	1.0	20.9	28.2	27.9
	SR	4.0	334.3	91.6	6.3	2.0	0.1	16.0	23.0	45.6

注：1. Rh : Mn : Li : Fe = 1 : 1 : 0.075 : 0.05。

2. 反应条件：280℃，5.0MPa，12500h^{-1}，H_2/CO = 2。

由表可见，与采用室温浸渍法制得的催化剂 A 比较，采用真空浸渍法制得的催化剂 B，其催化剂加氢活性下降，醇类和甲烷选择性下降，而乙醛选择性上升。如前所分析的那样，加氢活性的降低将导致其竞争反应，即 CO 插入反应活性的增加，从而使得 C_2 含氧化合物选择性上升，甲烷选择性下降，然而催化剂活性下降。当采用慢还原处理催化剂 B 时，催化剂的加氢活性进一步降低，乙酸选择性从 27.9%大幅度上升到 45.6%，甲烷、甲醇、乙醇和乙醛选择性则下降。因此，CO 插入反应活性进一步相对增加，最终使得生成 C_2 含氧化合物的选择性达到 91.6%，而甲烷选择性降至 6.3%，时空收率达到 334.3g/(kg cat·h)。由此可见，浸渍方法和还原条件是调节 CO 插入和加氢基元反应相对活性的有力工具。

日本 C1 工程研究组发现[3]，分步浸渍法制得的 Rh-Li/Mn/SiO_2 催化剂上生成 C_2 含氧化合物选择性要优于共浸渍法制得的 Rh-Li-Mn/SiO_2 催化剂；分步浸渍法制得的 Rh/Li-Mn/SiO_2 和 Rh-Mn/Li/SiO_2 催化剂活性也更高。由此可见，尽管浸渍法操作简单，但制备过程的影响因素也非常复杂，因此，在制备过程中，要严格控制和优化各种因素，以制得性能优异和重复性好的催化剂。

图 2-54 给出了干燥条件对 5%Rh-Lu-Ir-Li-K/SiO_2 催化剂性能的影响。随着催化剂在 40℃干燥时间的延长，催化剂表面残留的水含量（由热重测得）越来越低，对应催化剂上 Rh 粒径逐渐降低，至干燥 16h 时，Rh 粒径稳定在 5.0nm，此时在 CO 加氢反应中，催化剂表现出较高生成乙酸的选择性，尤其是活性；相对而言，对乙醛和烃类选择性的影响较小。由此可见，干燥条件直接影响催化剂中最终生成的 Rh 粒径大小，从而对 CO 加氢反应性能产生很大的影响。

催化剂干燥之后的焙烧也可能影响催化剂性能。焙烧改变了 Rh 和助剂 Mn、Li、Fe 间的相互作用强度，从而影响了催化剂的活性和选择性；调节焙烧温度可以使这种作用力处于合适的强度，实现 C_2 含氧化合物收率的最大化；焙烧温度过高则会导致金属组分团聚和分散度下降。因此，焙烧温度和时间必须进行优化。

图 2-55 给出了还原温度对 5%Rh-Lu-Ir-Li-K/SiO_2 催化剂性能的影响。可以看出，当催化剂在相对较低的温度 80℃或 150℃用 H_2 还原后，在 CO 加氢反应

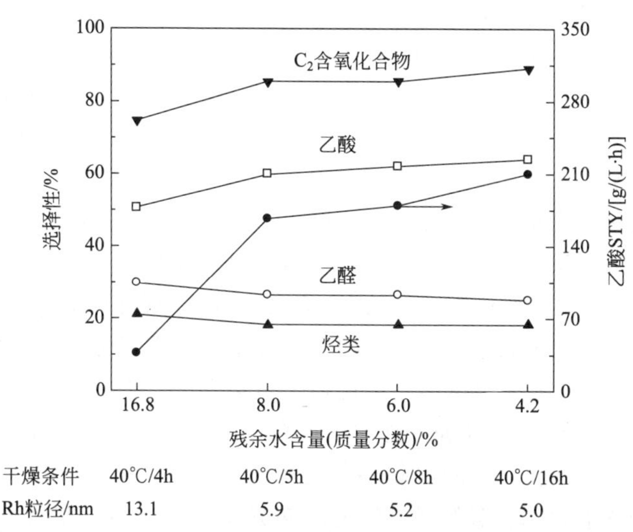

图 2-54　干燥条件对 5%Rh-Lu-Ir-Li-K/SiO_2 催化剂性能的影响[3]（反应条件：300℃，10MPa，进气流量 100L/h，CO/H_2 = 9。反应前催化剂用纯氢在 350℃还原 2h）

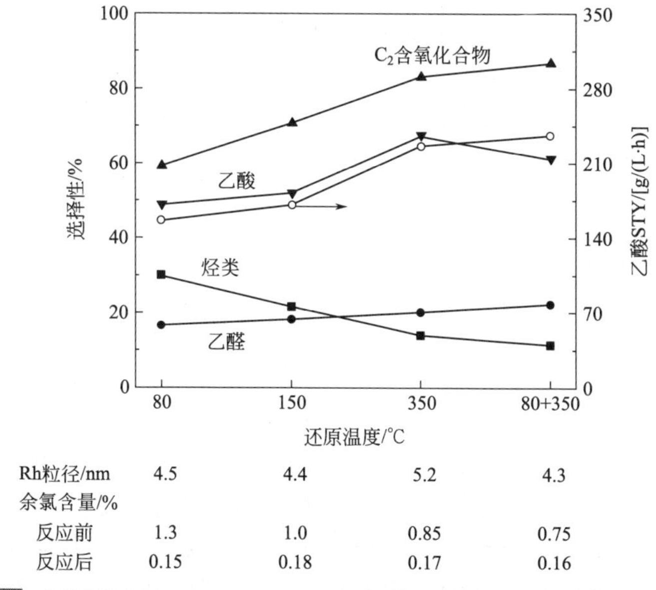

图 2-55　还原温度对 5%Rh-Lu-Ir-Li-K/SiO_2 催化剂性能的影响[3]（反应条件：300℃，10MPa，进气流量 100L/h，CO/H_2 = 9。制备条件 40℃干燥 16h，每个温度还原 2h）

中生成高碳产物，而乙酸的生成活性和选择性均较低；当还原温度达 350℃时，乙酸生成活性和选择性达最高。还可以看出，催化剂中残留的 Cl 含量随着还原温度的升高而下降，如 80℃还原后催化剂中余氯含量是 350℃还原后的 1.5 倍，可见，高温还原有利于催化剂中余氯的脱出，这也是高温还原导致催化剂性能较高的原因之一。可以推测上述催化剂中各组分还原的温度顺序为：Rh（80～120℃）＜Ir（160～270℃）＜Lu（160～180℃）≪K或Li（600℃）。Lu和Ir的还原温度对催化剂性能的影响很大。但不同温度还原的催化剂在反应后的余氯均较低，差别不大，表明随着反应的进行，余氯进一步从催化剂表面脱除。

另外，还原温度达350℃时，催化剂中Rh粒径也达到最大，为5.2nm；但先低温还原，后高温还原，可有效降低催化剂中Rh粒径。但总体而言，还原温度在80～600℃变化时对最终形成的Rh粒径（XRD测得）影响不明显。表2-63中还给出不同温度还原催化剂中金属Rh的结晶度，还有各自XRD谱图中金属Rh衍射峰强度与催化剂中Rh含量比值。可以看出，100℃还原得到催化剂中Rh结晶度明显低于300℃还原；还原温度在300℃以上而得到催化剂中Rh结晶度都很接近。由CO化学吸附测得各催化剂上CO/Rh比值，即Rh分散度也列于表中。由于该催化剂上吸附的CO有很多是孪式吸附的（红外测得），而这种类型的CO是吸附在粒径很小的Rh粒子上，表明低温还原时，形成的Rh晶粒非常细小，其粒径为1～1.5nm，而这一类Rh粒子在XRD中是检测不到的。先在低温100℃还原，再在较高的温度，如450℃还原后，催化剂性能可提高到与高温还原催化剂一致。这表明在反应条件下，这些细小Rh晶粒可以长大。因此，适宜的还原温度应在300℃以上。

表2-63 还原温度对Rh-Mn-Li-Ir/SiO_2催化剂性能的影响[3]

还原温度/℃	Rh粒径/nm	结晶度/%	CO/Rh比
100	3.6	8.2	0.382
300	3.8	12.6	0.337
450	3.9	11.5	0.325
先100后450	3.7	11.3	0.362

研究还发现[3]，还原用的H_2流速也对Rh-Mn-Li/SiO_2催化剂性能的影响很大。其催化CO加氢生成C_2含氧化合物选择性随着流速的增加而增加，C_{2+}烃类生成活性下降；C_2含氧化合物产率则有一极大值。这取决于载体孔结构和制备催化剂所使用溶剂剩余量。使用大孔载体，则C_{2+}烃类生成量大；但小孔载体则导致催化剂低活性。硅胶最优孔径在12.5nm左右。另外，随着还原H_2流速的增加，Rh粒径下降，最优粒径在4nm左右。由此可见，不论是载体孔径还是还原条件，对最终形成金属Rh粒径的影响都非常大。

2.11　Rh 基催化剂上 CO 加氢反应动力学

动力学数据可给出温度、压力和原料浓度等因素对反应速率影响的相关参数，是人们选择合适反应条件的理论依据；同时还可提供反应机理方面的信息。有关未促进的 Rh 基催化剂上 CO 加氢合成 C_2 含氧化合物的动力学研究较多，而助剂促进的 Rh 基催化剂的动力学数据少有报道。

2.11.1　工艺条件的影响

温度、压力、空速和原料气 H_2/CO 比等反应条件对 Rh 基催化剂 CO 加氢反应性能的影响很大。表 2-64 为反应温度对 1.5%Rh-Mn-Li/SiO_2 催化剂 CO 加氢性能的影响。由表可见，当反应温度由 270℃升到 300℃时，C_{2+} 含氧化合物时空收率从 439.9g/(kg cat·h) 增至 894.4g/(kg cat·h)，但其选择性由 74.1%降到 63.7%。这是由于随着反应温度的升高，一方面，表面吸附的 CO 解离速率加快，表面吸附的 CO 浓度减小，使得 CO 插入速率变慢，导致 C_2 含氧化合物的选择性下降；另一方面，CO 的解离速率和 CH_x 加氢速率加快，使得甲烷选择性急剧增加。

表 2-64　反应温度对 1.5%Rh-Mn-Li/SiO_2 催化剂 CO 加氢性能的影响[30]

温度/℃	CO 转化率/%	产物选择性/%						$Y_{C_2 oxy}$/[g/(kg cat·h)]
		C_2 含氧化合物	C_{2+} 烃类	CH_4	乙醇	乙醛	乙酸	
270	6.3	74.1	8.7	17.0	5.7	36.9	27.3	439.9
280	9.4	72.6	8.2	19.1	7.3	36.1	23.9	633.2
290	12.7	68.2	8.5	23.2	9.1	34.7	18.9	787.3
300	15.6	63.7	8.5	27.6	12.7	30.2	15.0	894.4

注：1. Rh : Mn : Li = 1 : 0.35 : 0.025。
2. 反应条件：5.0MPa，H_2/CO = 2，GHSV= 12500h^{-1}。

表 2-65 为反应压力对 1.5%Rh-Mn-Li/SiO_2 催化剂 CO 加氢性能的影响。由表可见，当反应压力由 5.0MPa 升至 8.0MPa 时，C_{2+} 含氧化合物时空收率由 447.8 g/(kg cat·h)增至 554.5g/(kg cat·h)，选择性由 70.8%增至 73.8%。这是由于高压有助于提高催化剂表面未解离吸附 CO 的浓度，从而促进了 CO 插入反应所致。

表 2-65　反应压力对 1.5%Rh-Mn-Li/SiO_2 催化剂 CO 加氢性能的影响[30]

压力/MPa	CO 转化率/%	产物选择性/%						$Y_{C_2 oxy}$/[g/(kg cat·h)]
		C_2 含氧化合物	C_{2+} 烃类	CH_4	乙醇	乙醛	乙酸	
5.0	6.9	70.8	7.7	21.1	9.8	34.7	21.6	447.8
6.0	7.2	71.7	7.6	20.6	9.4	33.8	23.0	473.5

续表

压力/MPa	CO转化率/%	产物选择性/%						$Y_{C_2 oxy}$/[g/(kg cat·h)]
		C_2含氧化合物	C_{2+}烃类	CH_4	乙醇	乙醛	乙酸	
7.0	7.8	72.4	7.0	20.5	9.4	32.7	24.3	517.4
8.0	8.4	73.8	8.0	19.0	9.0	31.4	25.6	554.5

注：1. Rh ∶ Mn ∶ Li = 1∶0.35 ∶0.025。
2. 反应条件：553K，H_2/CO = 2，GHSV= 12500h^{-1}。

表2-66是原料气空速对1.5%Rh-Mn-Li/SiO_2催化剂CO加氢性能的影响。由表可见，随着空速的增加，虽然CO转化率下降，但C_2含氧化合物的时空收率和选择性以及乙醛和乙酸的选择性缓慢增加，甲烷选择性降低。这可能是由于高的空速不利于提高催化剂表面H_2/CO的比率，从而相对促进了CO的插入反应，而抑制了表面CH_x等物种的加氢。

表2-66 原料气空速对1.5%Rh-Mn-Li/SiO_2催化剂CO加氢性能的影响[30]

GHSV/h^{-1}	CO转化率/%	产物选择性/%						$Y_{C_{2+} oxy}$/[g/(kg cat·h)]
		C_2含氧化合物	C_{2+}烃类	甲烷	乙醇	乙醛	乙酸	
10000	8.5	70.6	8.1	21.1	9.9	33.7	21.9	444.8
12500	7.0	71.1	8.1	20.6	8.9	35.9	21.9	458.7
15000	6.0	71.5	8.0	20.3	8.1	36.2	22.2	476.7
17500	5.2	71.6	8.0	20.2	7.8	36.7	22.6	482.7
20000	4.5	72.7	7.7	19.3	7.8	37.9	23.4	486.3

注：1. Rh ∶ Mn ∶ Li = 1∶0.35 ∶0.025。
2. 反应条件：280℃，5.0MPa，H_2/CO = 2。

表2-67考察了原料气中H_2/CO比对1.0%Rh-Mn-Li-Fe/SiO_2催化剂CO加氢性能的影响。可以看出，随着H_2/CO比的增加，CO转化率以及乙醇选择性增加，而乙醛和乙酸选择性有所降低。H_2分压的增加促进了CO解离生成CH_x物种以及中间物种的加氢反应，因而，乙醇和甲烷选择性提高，而乙醛和乙酸选择性下降；但过高的H_2/CO比使得甲烷等烃类选择性急剧升高。当H_2/CO=2时C_2含氧化合物选择性和时空收率达最大。

表2-67 原料气中H_2/CO比对1.0%Rh-Mn-Li-Fe/SiO_2催化剂CO加氢性能的影响[28]

H_2/CO比	CO转化率/%	产物选择性/%							$Y_{C_{2+} oxy}$/[g/(kg·h)]
		C_{1+}烃类	甲醇	乙醛	乙醇	乙酯	乙酸	C_{2+} oxy	
1	2.65	21.9	0.2	21.9	16.1	2.1	10.4	56.1	246.4
1.5	3.96	15.6	0.5	15.6	23.7	2.8	7.6	53.4	278.3

续表

H_2/CO 比	CO 转化率/%	产物选择性/%							$Y_{C_{2+}oxy}$/[g/(kg·h)]
		C_{1+}烃类	甲醇	乙醛	乙醇	乙酯	乙酸	C_{2+} oxy	
2	4.97	12.8	0.7	12.8	27.7	2.5	8.8	56.0	311.2
2.5	5.39	10.6	0.9	10.6	30.8	2.7	4.6	53.5	270.5
3	5.61	7.6	0.9	7.6	32.8	2.7	4.6	52.5	264.1
3.5	7.04	5.5	1.1	5.5	34.3	2.7	3.2	51.1	257.0

注：1. Rh ∶ Mn ∶ Li ∶ Fe = 1∶1∶0.075 ∶0.05。
2. 反应条件：588K，3.0MPa，GHSV = $12000h^{-1}$。

表 2-68 是还原温度对 1.0%Rh-Mn-Li-Fe/SiO_2催化剂 CO 加氢性能的影响。当催化剂的还原温度由 290℃升到 400℃时，催化性能以及产物分布和 C_2含氧化合物的选择性变化不大，总体而言，300～350℃还原 Rh 基催化剂比较适宜。

表 2-68　还原温度对 1.0%Rh-Mn-Li-Fe/SiO_2催化剂 CO 加氢性能的影响[28]

还原温度/℃	CO 转化率/%	产物选择性/%							$Y_{C_{2+}oxy}$/[g/(kg·h)]
		C_{1+}烃类	甲醇	乙醛	乙醇	乙酸乙酯	乙酸	C_{2+} oxy	
290	8.19	43.5	1.1	8.8	26.4	3.1	5.6	55.4	410.4
320	9.03	45.1	0.8	9.1	23.9	3.2	6.7	54.2	445.9
350	8.83	44.3	0.3	10.5	24.3	2.9	6.1	55.4	433.7
400	8.29	43.4	3.5	10.6	23.2	0.8	5.9	53.1	408.9

注：1. Rh ∶ Mn ∶ Li ∶ Fe = 1∶1∶0.075 ∶0.05。
2. 反应条件：3.0MPa，300℃，H_2/CO = 2，GHSV = $12000h^{-1}$。

表 2-69 给出了还原气体对 1.0%Rh-Mn-Li-Fe/SiO_2催化剂 CO 加氢性能的影响。当还原气体为 H_2时，催化剂活性很高，生成 C_2含氧化合物的选择性最高；当还原气体中加入 CO 时，催化剂的 CO 加氢生成 C_2含氧化合物的选择性降低；还原气体中 CO 比例越大，其生成 C_2含氧化合物的选择性越低；当所用的还原气体为纯 CO 时，CO 的转化率由 9.03%降至 2.42%，C_2含氧化合物的选择性由 54.2%降到 39.4%。这可能是由于还原气体中的 CO 在低温时会与催化剂中的 Rh 生成羰基铑，造成金属铑的流失，从而引起催化剂活性的降低。

表 2-69　还原气体对 1.0%Rh-Mn-Li-Fe/SiO_2催化剂 CO 加氢性能的影响[28]

还原气体	还原温度/℃	CO 转化率/%	产物选择性/%							$Y_{C_{2+}oxy}$/[g/(kg·h)]
			C_{1+}烃类	甲醇	乙醛	乙醇	乙酸乙酯	乙酸	C_{2+} oxy	
H_2	350	9.03	45.1	0.8	9.1	23.9	3.2	6.7	54.2	445.9
H_2/CO = 2	350	9.51	49.9	0.6	6.5	18.4	2.1	5.5	43.9	360.1

续表

还原气体	还原温度/℃	CO转化率/%	产物选择性/%							$Y_{C_{2+}oxy}$ /[g/(kg·h)]
			C_{1+}烃类	甲醇	乙醛	乙醇	乙酸乙酯	乙酸	C_{2+} oxy	
$H_2/CO=1$	350	6.49	51.2	1.1	6.7	19.2	2.2	4.8	41.9	256.2
CO	350	2.42	51.1	3.7	4.2	16.8	2.1	—	39.4	82.2

注：1. Rh ∶ Mn ∶ Li ∶ Fe = 1∶1∶0.075 ∶0.05。
2. 反应条件：3.0MPa，300℃，$H_2/CO=2$，GHSV = 12000h^{-1}。

2.11.2 动力学研究

2.11.2.1 1% Rh-Mn-Li-Fe/SiO_2催化剂[28]

大连化物所开发的低Rh负载量（1%）的Rh-Mn-Li-Fe/SiO_2体系具有较高的合成C_2含氧化合物的催化性能，因此，对其动力学进行了详细研究，提供了其主要产物的动力学参数。

各产物基于H_2和CO分压的动力学方程的表达式如下：

$$N = Ae^{-E_a/RT}P_{H_2}^{x}P_{CO}^{y} \tag{2-14}$$

即可用下式表达：

$$N = kP_{H_2}^{x}P_{CO}^{y} \tag{2-15}$$

式中，N是每摩尔Rh原子上各产物的生成速率；A是产物的指前因子；E_a是产物的活化能；x和y分别是对H_2和CO分压的反应级数。

主要产物的生成速率以时空收率表达；k、x和y值通过试差法得到；活化能E_a可根据阿伦尼乌斯经验式求得；指前因子A根据公式求得。

$$k = Ae^{-E_a/RT} \tag{2-16}$$

图2-56为乙醇、乙醛、CH_4和C_2含氧化合物的动力学方程的拟合结果。由图可见，乙醇和CH_4的拟合效果很好；乙醛和C_2含氧化合物在H_2分压低时的拟合效果也很好，但当H_2分压高时乙醛的生成速率下降，这可能是因为有部分乙醛发生加氢反应生成乙醇，因而，得到的乙醛动力学数据只适用于H_2分压较低的情况；C_2含氧化合物在H_2分压高时会发生加氢生成烷烃，因而其动力学参数也存在着与乙醛相似的情况。

表2-68和表2-69给出了Rh-Mn-Li-Fe/SiO_2上CO加氢反应主要产物的动力学参数。由表可见，各产物相对于H_2分压的反应级数x都为正值，其中，乙醛和乙醇分别为0.53和0.9，说明升高H_2分压更有利于乙醇的生成；另外，除了乙醛，其他产物对CO分压的反应级数y均为负值，表明CO分压降低有利于产物的生成。

Underwood[110]对SiO_2、La_2O_3、Nd_2O_3和Sm_2O_3担载的Rh基催化剂上CO加氢反应动力学进行了研究，发现各产物的动力学数据差别很大，他将这些差别

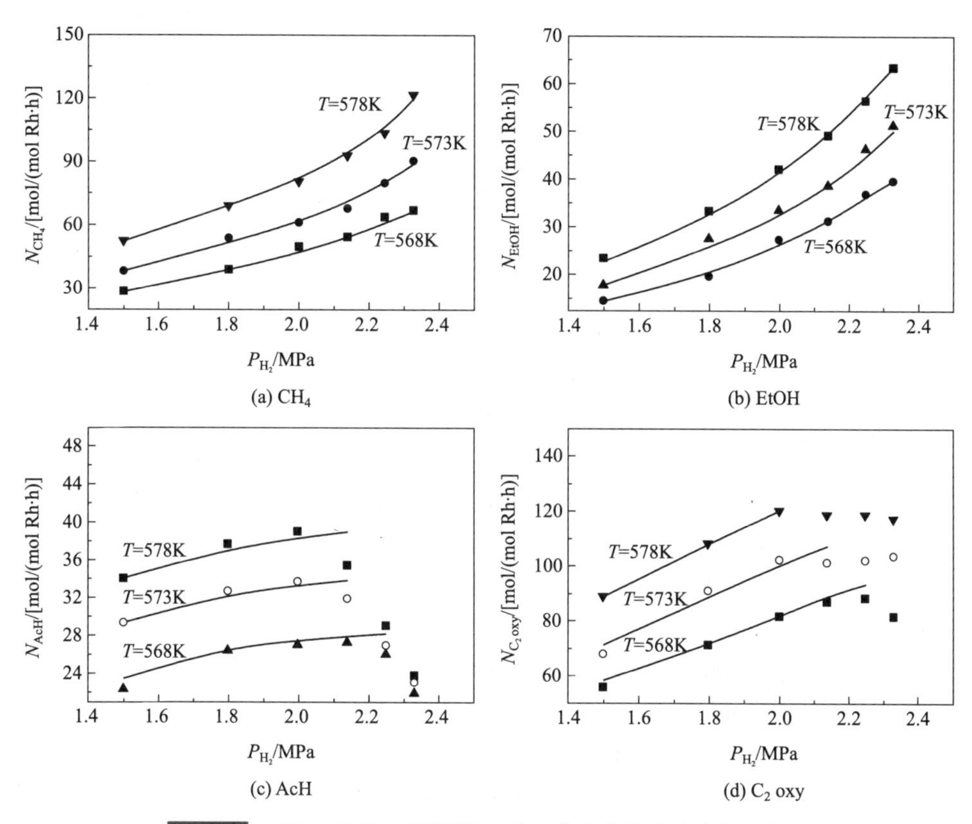

图 2-56　CH_4、乙醇、乙醛和 C_2 含氧化合物生成速率拟合结果

归因于金属与载体的相互作用；Orita[66] 对不同的 Rh 前驱物制得的催化剂进行了动力学研究，也发现了类似的差别，作者认为这是由于前驱物不同造成的；Gronchi[111] 报道了 La 助剂的加入能够影响 Rh 基催化剂的动力学数值。文献中有关各产物动力学数据的不同，可能是因为催化剂组成和制备方法等不同所致。

表 2-70 列出了一些主要产物的活化能 E_a。由表可见，乙醛的 E_a 为 21.5kcal/mol❶，低于乙醇的 E_a（30.3kcal/mol），因而低温有利于乙醛生成，而高温有利于乙醇生成；C_2 含氧化合物的总包活化能为 26.8kcal/mol，低于 CH_4 的 E_a（37.5kcal/mol），同理，低温有利于 C_2 含氧化合物的生成，高温有利于 CH_4 的生成。表 2-71 给出了乙醛、乙醇、C_2 含氧化合物、CH_4 和甲醇速率常数和指前因子。产物的生成速率不仅取决于速率常数和指前因子，同时也受到产物的活化能及 H_2 和 CO 分压的影响。

❶ 1cal＝4.1840J。

表 2-70 合成 CH_4、甲醇、乙醇和 C_2 含氧化合物的活化能和反应级数

CH_4			甲醇			乙醇			乙醛			C_2oxy		
E_a	x	y	E_a	x	y	E_a	x	y	E_a	x	y	E_a	x	y
37.5	0.79	−0.6	16.9	0.16	−0.1	30.3	0.9	−0.76	21.5	0.53	0.14	26.8	0.75	−0.23

表 2-71 CH_4、甲醇、乙醇和 C_2 含氧化合物的速率常数和指前因子

CH_4		甲醇		乙醇		乙醛		C_2oxy	
k	A	k	A	k	A	k	A	k	A
48.1	9.0×10^{15}	0.8	2.3×10^{6}	21.8	6.32×10^{12}	26.4	3.3×10^{9}	71.5	1.03×10^{12}

有关乙醇形成路径，大多数人认为，它是由乙醛二次加氢而成，因而认为两者来自于同一路径，在一个活性中心上生成。然而，这里的动力学研究发现，乙醇和乙醛的活化能差别很大，而且相应的动力学表达式也不相同，这意味着它们可能来自于不同的活性中间体，经由不同的反应路径而生成。最近，Gao 等[112]在固定床微分反应器中首次采用稳态同位素瞬态动力学方法研究了 Rh/SiO_2 催化剂上 CO 加氢反应生成含氧化合物和烃类之间的关系。结果发现，甲醇和甲烷的生成活性位完全不同，且 C_2 烃类不是来自于吸附的乙醛，然而，所有的 C_2 含氧产物与甲烷却共享至少一个中间体；同时作者也认为，乙醛加氢生成乙醇不是乙醇的主要来源。虽然，当 H_2 分压高时，在适当的催化剂上，会有部分乙醛发生加氢反应生成乙醇，但不应是乙醇的主要来源，也可能取决于所采用的催化剂体系和反应条件。有关乙醛和乙醇是否来自同一中间体，还需要更多的实验证据。

2.11.2.2 Mn、Li 或 Fe 促进的 2% Rh/SiO_2 催化剂[101]

动力学研究不仅可以提供反应速率相关数据，以及给反应机理研究提供证据，而且可揭示助剂的作用。表 2-72 比较了 Mn、Li、Fe 助剂促进的 2%Rh/SiO_2 催化剂上 CO 加氢生成各产物 CO 和 H_2 的反应级数。同上述 1%Rh-Mn-Li-Fe/SiO_2 催化剂一样，CO 级数大多是负的，表明 CO 优先吸附在 Rh 上，而抑制了 H_2 和中间体的吸附。生成甲烷的 CO 级数都是负的，表明它不是由 CO 直接生成，而是解离的 CO 物种，如 CH_x。CO 分压的增加可促进 CH_x 物种与吸附的 CO 反应生成 CH_xCO，最终形成 C_2 含氧化合物，而不是有利于甲烷的生成；同时也抑制了 H_2 的吸附，使得催化剂表面有效 H 浓度降低，从而抑制了甲烷的生成。随着生成烃类 C 数的增加，其对 CO 级数增加，表明高碳烃的生成来自于 CH_x，尤其是 Fe 作为助剂时。对于乙酸的形成，CO 分压的增加是有利于其生成的，尤其是 Li 作为助剂时，表明它的形成需要催化剂具有较低

的加氢能力，以抑制形成烃类和其他 C_2 含氧化合物；而 H_2 分压的升高总是有利于乙醇生成；乙醛的生成则介于乙酸和乙醇之间。这个顺序也反映了它们的加氢程度。

另外，Fe 的加入使得 CO 级数最接近于 0，表明 Fe 的作用是提高了催化剂表面 H 浓度，如充当溢流 H 的仓库；尤其是生成乙酸和丙烷的，表明催化剂的加氢能力足够它们生成。相反，Li 的加入则使生成甲烷的 CO 级数更负，乙酸的 CO 级数更正，表明 Li 能够抑制加氢，并提供生成乙酸的路径。

表 2-72　Mn、Li、Fe 助剂促进的 2%Rh/SiO_2 催化剂上 CO 加氢生成各产物的 CO 和 H_2 的反应级数

助剂	甲烷		乙烷		丙烷		乙醛		乙醇		乙酸	
	CO	H_2	CO	H_2	CO	H_2	CO	H_2	CO	H_2	CO	H_2
无	−0.93	1.03	−0.65	0.70	−0.13	0.30	0.19	0.52	−1.52	0.74	0.90	0.60
1%Fe	−0.35	0.79	−0.11	0.25	0.30	−0.01	0.45	−0.15	0.07	0.33	0.84	−0.01
0.034%Li	−1.15	0.79	−0.29	0.42	−0.10	−0.11	−0.10	0.42	−0.68	1.73	1.19	0.88
1%Mn	−0.82	0.75	−0.40	0.28	−0.32	−0.08	0.45	0.31	−0.66	0.44	0.85	0.40

2.11.2.3　Rh-La-V-Fe/SiO_2 催化剂

Gao 等[102]研究了 Rh-La-V-Fe/SiO_2 催化剂上 CO 加氢反应中甲烷和乙醇生成动力学方程，基于 $N = A e^{-E_a/RT} P_{H_2}^{x} P_{CO}^{y}$ 各动力学参数见表 2-73 和表 2-74。可以看出，各催化剂的 $x = -0.2 \sim 1.4$，$y = -0.8 \sim 0.6$，La 的加入使得各产物生成活化能增加，CO 级数更负，表明催化剂吸附 CO 能力增强；但对 H_2 的级数变化不大，表明 La 对催化剂加氢能力影响不大。V 的加入使得各产物对 CO 级数略更负，对 H_2 的级数更正，可见 V 的加入主要抑制了 H_2 的吸附，与其他文献报道的结果不同。这可能是催化剂制备条件不同所致，因为不同的制备条件导致不同的 Rh-V 相互作用，乃至不同的助催化作用。而 Fe 的加入使得各产物生成活化能和对 H_2 依赖程度减小，表明 Fe 的加入抑制了 CO 的吸附，并提高催化剂加氢能力和整个催化活性。可见，各助剂的作用是不同的。

表 2-73　Rh-La-V-Fe/SiO_2 催化剂上 CO 加氢生成甲烷、乙醇和 C_2H_x 的反应级数[102]

催化剂	CO 转化率		甲烷		乙醇		C_2H_x	
	x	y	x	y	x	y	x	y
Rh	0.55	−0.26	1.03	−0.67	1.02	−0.13	0.61	−0.35
RhLa	0.65	−0.49	0.97	−0.79	0.93	−0.54	0.47	−0.41
RhFe	0.58	0.03	0.69	−0.11	0.51	0.30	0.11	0.35

续表

催化剂	CO转化率		甲烷		乙醇		C_2H_x	
	x	y	x	y	x	y	x	y
RhV	0.84	−0.31	1.35	−0.71	1.09	−0.22	0.88	−0.41
RhLaV	0.88	−0.65	1.37	−0.74	1.17	−0.45	0.80	−0.40
RhLaFeV	0.75	−0.21	1.10	−0.55	0.94	−0.16	0.49	−0.25

表 2-74 Rh-La-V-Fe/SiO_2催化剂上CO加氢反应各生成物活化能 E_a[102]

催化剂	CO转化率/%	E_a/(kcal/mol)		
		甲烷	乙醇	C_2H_x
Rh	25.6	29.2	18.3	29.6
RhLa	27.4	31.6	24.2	30.2
RhFe	21.5	23.9	15.7	23.0
RhV	26.9	30.9	17.6	28.5
RhLaV	27.4	30.5	21.3	28.4
RhLaFeV	25.3	28.2	21.5	27.4

表2-75汇总了不同载体负载的Rh基催化剂上CO加氢生成乙醇和甲烷的动力学参数。对于乙醇和甲烷的活化能，不同体系也因研究者的不同而造成结果之间有所差异，但都是正值，且甲烷的更大，表明高温有利于乙醇，特别是甲烷生成速率的提高。这与实验结果的预期是一致的。对于乙醇和甲烷的反应级数，H_2的级数是正的，且大于CO的级数，后者一般接近0或是负值（有1个例外是正值）。这则是由于在Rh基催化剂上有利于CO的吸附而不利于H_2的吸附，因此抑制了需加氢步骤的乙醇和甲烷的生成。

表 2-75 不同载体负载的Rh基催化剂上CO加氢生成乙醇和甲烷的动力学参数（$N = Ae^{-E_a/RT}P_{H_2}^x P_{CO}^y$）

催化剂	温度/℃	压力/atm	乙醇				甲烷			
			A/$h^{-1}\cdot MPa^{-x-y}$	E_a/(kJ/mol)	x	y	A/$h^{-1}\cdot MPa^{-x-y}$	E_a/(kJ/mol)	x	y
1%Rh-Mn-Li/SiO_2[28]	295～305	30	6.3×10^{12}	126.7	0.90	−0.76	9.0×10^{15}	156.8	0.79	−0.60
3%Rh-Mo/Al_2O_3	250	30	—	101.7①	0.91	−0.47	—	135.2	1.02	−0.32
Rh-Li/TiO_2	120～220	1	—	87.9	—	—	—	117.2	—	—

续表

催化剂	温度/℃	压力/atm	乙醇				甲烷			
			A/h^{-1}·MPa^{-x-y}	E_a/(kJ/mol)	x	y	A/h^{-1}·MPa^{-x-y}	E_a/(kJ/mol)	x	y
1.4% Rh/ZrO_2	200～280	1～25	—	71.5～77.4	1.00	−1.00	—	116～132	0.45	−0.55
Rh/La_2O_3，MgO，ZrO_2	—	1	—	96	1.00	0.30	—	121	0.80	−0.40
4%Rh-8% Mn/SiO_2	200～250	1	—	60～125	—	—	—	120	—	—
2%Rh/ $SiO_2$②[101]	270	5～15	—	—	0.33～1.73	−1.52～0.07	—	—	0.75～1.00	−1.15～−0.35
Rh-La-V-Fe/SiO_2[102]	210～270	1.8	—	89.9	0.94	−0.16	—	117.9	1.10	−0.55

① 该值是针对所有 C_2 含氧化合物。

② 该催化剂加入了助剂 1% Fe、0.034% Li、1% Mn，所列数值是这些催化剂的范围。

2.11.3 反应条件的选择[1]

温度是合成气转化反应中最重要的控制指标之一，它对反应速率和产物选择性的影响都非常大。因此，为了使得乙醇选择性和收率达到最大，必须通过实验确定最优的反应温度。同时由于该反应属于强放热过程，所以必须严格地控制反应温度，严防因飞温而烧坏催化剂。因此，在工业上选择适当的反应器显得非常重要。

Hu 等[103]采用微通道反应器考察了 6%Rh-Mn/SiO_2 催化剂上生物质合成气制醇和 C_2 含氧化合物的反应性能。反应条件为：265～300℃，4.0～5.6MPa，H_2/CO = 2，GHSV = 3750h^{-1}。发现反应产物含有 CH_4、CO_2、甲醇、乙醇、C_{2+} 烃类和含氧化合物，其中乙醇和 CH_4 是主产物。随着反应温度从 280℃增至 300℃，CO 转化率从 25%增至 40%，但 CH_4 选择性从 38%升至 48%，且反应温度对反应选择性的影响比反应压力要大得多。当 H_2/CO 从 2 降至 1，CO 转化率和乙醇选择性下降，而 C_{2+} 烃类选择性上升。在 300℃、5.5MPa、3750h^{-1} 条件下，CO 转化率和乙醇选择性分别可达 40%和 44%。

然而，在实验室和单管实验中，绝大部分都采用固定床绝热反应器，而很少尝试浆态床反应器，如全混流反应器（CSTR）、鼓泡浆态床反应器（SBCR）以及流化床反应器。由于在实际应用中催化剂颗粒内温度与流过的气体温度差别较大，因此，流化床反应器比较适合于放大使用，该反应器采用非常小颗粒的催化剂，且移热方便，但催化剂磨损严重。总体而言，鼓泡浆态床反应器更适合于商业化应用，原因有以下几点：催化剂粉末放于高热稳定性的油中；移热方便；控温精确；设计制造和放大方便；催化剂装填和取出方便；可以将多种不同功能的催化剂混合在一起，如将少量甲醇催化剂和乙醇催化剂混合，可提高甲醇同系化生成乙醇的活性。

进料 H_2/CO 比的选择有赖于造气系统，该比值的不同将显著影响醇生成反应、甲烷化反应和水气变换反应性能。高比值有利于高碳的醇类和烃类生成；低比值则有利于低碳的醇类和烃类，以及加氢程度低的产物，如乙醛和乙酸的生成，但过低的比值容易导致催化剂积炭而失活。

在热力学上，高压有利于醇和甲烷的生成，而水气变换反应不受压力的影响，但其高限受制于造气系统所提供的压力。空速则是影响反应性能的另一非常重要的参数。高空速有利于醇的生成，而抑制了副反应的发生，但 CO 转化率降低。

值得注意的是，由高压 CO 与铁质钢瓶反应形成的气相羰基铁同载体中的微量杂质一样，也会显著调变负载 Rh 基催化剂性能。研究发现[104]，随合成气反应的进行，逐渐沉积于 Rh/SiO_2上的气相羰基铁，在仅 1h 内就能将反应的主要产物由甲烷变为甲醇，在反应 20h 内甲醇生成速率呈逐渐增加的趋势；其中生成乙醇的比例超过乙醛，明显表现出助剂 Fe 的作用。表 2-76 比较了羰基铁物种对 $2\%Rh/TiO_2$催化剂上 CO 加氢和 CO_2加氢反应性能的影响，实验中采用浸于干冰和丙酮混合物中的硅胶净化器以除去羰基铁，并先进行 CO 加氢反应，随后进行 CO_2加氢反应。可以看出，羰基铁的存在对 CO 加氢反应活性以及生成甲醇和乙醇选择性的影响不大，但使得甲烷选择性下降，乙烷和乙酸乙酯选择性升高。然而羰基铁的存在对 CO_2加氢反应活性的影响很大，CO_2转化率从 19.2%降至 7.9%，甲烷选择性下降伴随着 CO 选择性上升，同时还生成微量甲醇和乙醇等含氧化合物。尽管文献中关于羰基铁的具体作用有所不同，但它的影响是显而易见的。这也是文献中有关助剂作用存在分歧的主要原因之一。

表 2-76　羰基铁物种对 $2\%Rh/TiO_2$ 催化剂上 CO 加氢和 CO_2 加氢反应性能的影响[105]

原料气	CO是否净化	CO/CO_2转化率/%	产物选择性/%							
			CH_4	C_2H_6	C_3H_8	C_4H_{10}	乙醛	甲醇	乙醇	乙酯/CO
$CO+H_2$	否	4.7	34.6	11.4	21.7	9.3	3.8	2.4	11.3	5.5
$CO+H_2$	是	4.8	48.1	5.2	20.3	8.1	4.6	3.4	10.4	0
CO_2+H_2	否	7.9	72.7	4.3	4.1	1.0	0.7	0.8	1.9	14.5
CO_2+H_2	是	19.2	93.3	1.8	0.8	0	0	0	0	4.2

注：反应条件：270℃，2.0MPa，H_2/CO（CO_2）= 1，WHSV = 8000mL/(g cat·h)。

合成气存在痕量的 H_2S 和羰基铁不但对反应活性和选择性产生影响，而且都可以使催化剂快速失活，图 2-57 给出了合成气处理与 Rh-Mn-Zr-Ir/SiO_2 催化剂稳定性的关系。由图可见，未经处理的合成气进入反应器后，合成气制乙酸的时空收率随着反应进行快速下降；当采用活性炭除去原料气中的羰基铁后，催化剂稳定性明显改善；同时再加入脱氧剂以除去原料气中 H_2S 和微量 O_2后，催化剂稳定性进一步提高。除此之外，原料气中 Cl、氨或重金属（如 As、Se 等）等杂质也会影响反应性能，必须除去才能进入反应器。

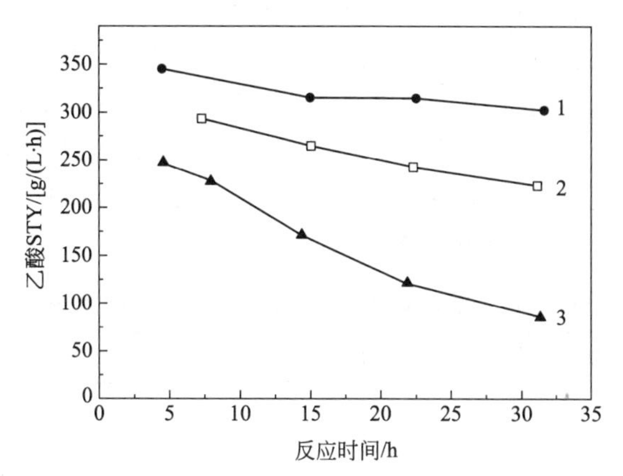

图 2-57　合成气处理与催化剂稳定性的关系[3]（Rh-Mn-Zr-Ir/SiO_2 催化剂，300℃，10MPa，100L/h，CO/H_2 = 9）

1—活性炭＋脱氧剂；2—活性炭；3—无

2.12　Rh 基催化剂的失活与再生[28]

2.12.1　引言

一个工业应用催化过程的经济性与催化剂的费用密切相关，它的催化剂能否再生利用，是影响催化剂费用的重要因素。廉价的金属催化剂，有的因活性金属的价格非常低廉而使用后废弃，如合成氨用的铁催化剂；有的因回收困难或找不到合适的方法而直接送去回收金属和重新制备催化剂，如合成甲醇的铜催化剂。对贵金属催化剂，一般希望尽可能地找到合适的再生方法，实现催化剂的循环利用，以减少贵金属的损耗和降低生产过程的催化剂成本。合成 C_2 含氧化合物的 Rh-Mn-Li/SiO_2 催化剂经过多年的研究已取得良好的结果，显示出较好的应用前景。由于 Rh 是一种价格昂贵且稀有的金属，所以在该催化剂的研究开发过程中催化剂再生方法的研究是一个值得重视的问题。

贵金属催化剂的再生方法因失活原因而异。在石油化工生产中经常遇到的是催化剂积炭和中毒失活，烧炭或升高温度用氢气吹扫是常用的再生方法。丁云杰课题组研究开发的1%Rh-Mn-Li/SiO_2催化剂是一种具有良好稳定性、活性和选择性的催化剂，在催化剂装量30L的中试过程中，经1996年的1000h连续运转，性能未见有明显变化，但中试结束后经过6年多的存放，再进行评价时发现催化剂活性显著地下降。

2.12.2 催化剂的失活

为了寻找活性下降的原因，对中试催化剂进行了一系列检测分析。表2-77给出了该催化剂及其经一系列处理后的XRF分析结果。由表可见，催化剂中试前后Rh和Mn含量变化不大，但其中As、Na、Mg、Fe、K、Ca和Cu等金属杂质含量上升，这可能是造成催化剂失活的原因之一。这些金属杂质很可能来自原料气和设备管道的腐蚀；经过乙苯热萃取或H_2还原等处理后，这些金属含量虽有所下降，但并没有恢复到原来的水平。

表2-77 新鲜催化剂和中试催化剂的XRF结果

组分名称	新鲜催化剂	中试催化剂	乙苯热萃取21h后	H_2，350℃，1h后	H_2，350℃，5h后
Rh	0.763	0.666	0.813	0.697	0.647
MnO	1.343	1.326	1.256	1.121	1.163
SiO_2	96.721	96.609	96.589	97.080	97.048
Cl	0.147	0.040	—	0.016	—
AsO_3	—	0.018	0.018	—	—
Na_2O	0.037	0.064	0.022	0.039	0.033
MgO	0.046	0.083	0.059	0.078	0.072
Fe_2O_3	0.057	0.129	0.065	0.109	0.117
Al_2O_3	0.082	0.094	0.188	0.136	0.139
K_2O	0.008	0.024	0.013	0.023	0.011
CaO	0.005	0.070	0.053	0.057	—
TiO_2	0.053	0.052	0.027	0.081	0.035
CuO	0.009	0.080	0.022	0.019	0.019
NiO	0.015	0.022	0.015	0.011	0.009
ZnO	0.005	0.070	0.012	—	0.004
Rb_2O	0.004	0.003	0.004	0.004	—
ZrO_2	0.011	0.013	0.010	0.009	0.010
CdO	0.012	—	0.021	—	0.014

H_2和CO吸附结果表明，中试催化剂放置6年后Rh分散度变化不大，说明

催化剂的失活并不是由于 Rh 粒子聚集导致颗粒变大造成的。

图 2-58 给出了不同催化剂的程序升温氧化（TPO）谱图。可见，新鲜催化剂上没有明显的谱峰，而中试催化剂及其经乙苯萃取 21h 后，在 400K 和 550K 左右有两个脱附峰。质谱检测表明，400K 处的峰可归属为催化剂表面乙醛、乙酸和 H_2O 的脱附，以及催化剂表面小分子有机物氧化生成 CO_2；550K 处有大量的 H_2O 及 CO_2脱出，这可能是表面残留的大分子有机物（如长链烃）经氧化、燃烧处理后生成 CO_2和 H_2O。还可以看出，中试催化剂经乙苯萃取 21h 后，其表面吸附的有机物有所减少，但并未完全除去。另外，TG-DTA 结果也证实了中试催化剂表面存在有机物。

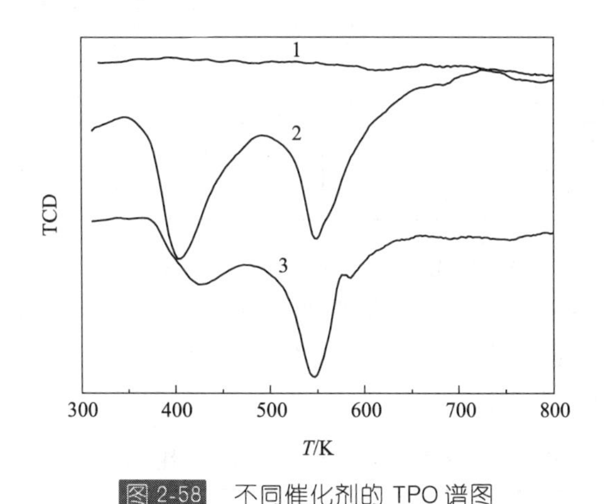

图 2-58　不同催化剂的 TPO 谱图

1—新鲜催化剂；2—中试催化剂；3—中试催化剂经乙苯萃取 21h

ESR 结果表明，催化剂在合成气以及反应后残存在催化剂表面物质的刻蚀下，催化剂表面各组分间的相互作用发生变化，催化剂表面的 Mn^{2+} 数量也大大提高。

综上可见，中试后催化剂放置 6 年后，其表面聚集了大量的乙醛、乙酸和烃类等有机物以及 As、Na、Mg、Fe、K、Ca 和 Cu 等金属杂质，催化剂表面的 Mn^{2+} 数量也大大提高。这说明催化剂经 1000h 连续实验并放置 6 年后，催化剂表面残留的 As、Na、Mg、Fe、K、Ca 和 Cu 等金属杂质以及乙醛、乙酸和烃类等有机物对催化剂长期刻蚀，催化剂表面可能发生了很大变化，这可能是导致催化剂失活的主要因素。

2.12.3　催化剂的再生

采用以下不同方法对上述催化剂进行了再生处理，以期恢复中试后催化剂活性。

（1）补加助剂　考虑到催化剂经中试并放置6年后，催化剂表面活性组分与助剂和载体之间的作用可能已发生了很大的变化，因此，对催化剂补加了助剂Mn和Li，然后进行CO加氢反应，结果见表2-78。可以看出，加入助剂Mn后，其催化活性虽有所上升，但C_2含氧化合物的时空收率却未见改善；加入助剂Li后，催化剂的活性和C_2含氧化合物的时空收率都有所下降；采取同时加入助剂Mn和Li的方法也没有明显的再生效果。

表2-78　添加助剂对失活催化剂再生性能的影响

助剂	添加量/%	CO转化率/%	产物选择性/%							$Y_{C_{2+}oxy}$/[g/(kg·h)]
			C_{1+}HC	甲醇	乙醛	乙醇	乙酯	乙酸	C_{2+}oxy	
未处理	0	6.70	63.9	1.1	4.4	23.8	1.8	1.9	35.0	252.3
Mn	2	9.66	74.0	2.5	0.4	19.4	1.0	0.3	23.4	237.6
Li	0.1	5.92	63.1	2.5	0.9	26.3	1.8	3.1	36.2	230.6
Mn-Li	0.1	7.65	68.5	1.8	0.8	22.1	1.7	1.5	26.7	241.0

（2）还原处理　采用H_2还原法以希望恢复催化剂中助剂与活性组分Rh的良好状态，从而达到再生的目的，结果见表2-79。可以看出，采用不同时间和温度对催化剂进行H_2处理后，催化剂合成C_2含氧化合物的选择性和时空收率虽有所增加，但是效果并不明显。

表2-79　H_2处理对失活催化剂再生性能的影响

温度/℃	时间/h	CO转化率/%	产物选择性/%							$Y_{C_{2+}oxy}$/[g/(kg·h)]
			C_{1+}HC	甲醇	乙醛	乙醇	乙酯	乙酸	C_{2+}oxy	
350①	1	8.90	48.6	0.6	13.1	22.3	3.2	4.9	50.8	368.0
350②	1	6.70	63.9	1.1	4.4	23.8	1.8	1.9	35.0	252.3
350②	2	7.09	62.5	1.0	2.7	23.4	1.3	4.8	36.4	284.4
350②	4	6.68	61.2	1.0	2.6	24.3	0.9	4.9	37.8	277.4
360②	1	7.10	62.8	0.9	4.6	23.0	1.3	4.6	36.3	284.7
370②	1	6.65	60.6	1.1	6.4	23.8	1.2	3.3	38.3	275.9

① 新鲜催化剂。
② 中试催化剂。

（3）含氧气体燃烧法　催化剂表面残留的乙醇、乙醛、乙酸以及大分子的烷烃覆盖催化剂表面的活性金属，从而造成失活，因而我们采用1%O_2-N_2处理催化剂，通过燃烧除去残存的有机物以达到再生的目的，结果见表2-80。可以看出，用1%O_2-N_2混合气在不同条件下处理后，催化剂的活性都有所提高，但是C_2含氧化合物的选择性却降低了。催化剂经200～300℃用1%O_2-N_2燃烧处理后，C_2 含氧化合物的时空收率有所上升，但却远不能达到新鲜催化剂的水平。

表 2-80　1%O_2-N_2 处理对失活催化剂再生性能的影响

处理温度/℃	处理时间/h	还原温度/℃	CO转化率/%	产物选择性/%							$Y_{C_{2+}\,oxy}$/[g/(kg·h)]
				C_{1+} HC	甲醇	乙醛	乙醇	乙酯	乙酸	C_{2+} oxy	
—	—	350	6.7	63.9	1.1	4.4	23.8	1.8	1.9	35.0	252.3
150	1	320	8.8	70.7	3.5	0.5	20.3	1.0	0.8	25.8	242.1
150	1	350	7.9	69.7	2.6	0.6	22.0	1.3	0.6	27.7	230.9
200	1	320	7.7	67.9	2.5	1.0	22.8	1.0	1.7	29.5	240.9
200	1	350	7.4	70.4	1.3	1.6	21.7	1.3	1.2	28.2	221.7
250	1	320	8.5	67.1	2.8	1.0	23.5	0.8	1.8	30.1	279.2
250	1	350	8.1	67.2	3.6	0.8	22.9	0.7	1.1	29.1	250.6
250	4	320	11.4	73.8	3.9	0.4	19.0	0.8	0.3	22.3	271.7
250	4	350	8.8	68.3	2.8	0.7	22.3	1.1	1.4	28.9	272.0
300	1	320	11.7	71.4	5.2	0.4	18.9	0.7	0.2	23.3	288.3
300	1	350	9.9	71.8	3.3	0.5	19.9	0.9	0.3	24.9	260.2

有趣的是，催化剂经氧化处理后，CO 加氢的产物中甲醇的分布明显提高，乙醛的选择性大大降低，而乙醇的选择性基本不变。表 2-81 给出了新鲜催化剂经同样处理后的反应结果。可以看出，处理后新鲜催化剂上 CO 加氢产物分布有类似的变化，甲醇提高、乙醛降低和乙醇不变。这可能是因为催化剂经氧化处理后，催化剂与助剂和载体之间的相互作用经高温的 1%O_2-N_2处理而发生了变化，使得生成乙醛的活性中心中毒，而生成乙醇的活性中心没有受到影响，这也支持了乙醛和乙醇是由不同的活性位产生的观点。

表 2-81　1%O_2-N_2 处理对新鲜催化剂性能的影响

催化剂处理条件	CO 转化率/%	产物选择性/%							$Y_{C_{2+}\,oxy}$/[g/(kg·h)]
		C_{1+} HC	甲醇	乙醛	乙醇	乙酯	乙酸	C_{2+} oxy	
—	8.90	48.6	0.6	13.1	22.3	3.2	4.9	50.8	368.0
氧化	8.27	64.9	3.5	0.8	21.1	1.0	1.1	31.6	304.7

注：催化剂经 1%O_2-N_2 300℃处理 1h 后再经 350℃ H_2还原 1h。

（4）有机溶剂萃取　选取乙苯作为萃取剂，从萃取塔出来的乙苯经加热沸腾和冷凝回流至萃取塔，循环萃取。从萃取塔进入正常循环开始计算萃取时间。萃取结束后，放出塔中溶剂，并用 N_2吹干，110℃干燥 6h，取出和评价。表 2-82

给出了失活后催化剂经乙苯萃取再生处理后的CO加氢反应性能。由表可见，经乙苯萃取后的催化剂上的C_2含氧化合物选择性显著增加，但活性有所降低，C_2含氧化合物的时空收率没有明显的提高。另外，随着萃取时间的增加，催化剂活性虽有所增加，但C_2含氧化合物选择性和时空收率下降。

表 2-82 溶剂萃取法对催化剂再生性能的影响

乙苯萃取时间/h	CO转化率/%	产物选择性/%							STY/[g/(kg·h)]
		C_{1+} HC	甲醇	乙醛	乙醇	乙酯	乙酸	C_{2+} oxy	
—	6.7	63.9	1.1	4.4	1.8	23.8	1.9	35.0	252.3
21	5.5	53.8	0.2	7.9	2.7	28.2	5.5	46.0	260.4
48	5.9	58.5	0.9	5.3	2.0	24.2	3.3	40.6	242.5

2.13 CO_2或CO + CO_2混合气加氢制乙醇

随着全球变暖等环境问题的日益突出及节能减排呼声的高涨，CO_2催化加氢制取液体燃料和化学品可减少温室气体的排放，充分发挥低碳经济的优势，因而备受关注。目前，该类反应相对成熟的路线有合成甲烷、烃类、甲醇、甲醛和甲酸等。但从综合效益来看，CO_2加氢制乙醇显然更有吸引力。另外，从煤炭和城市垃圾，特别是生物质出发，制得的合成气中CO_2浓度较高，后续的气体净化及重整变换流程十分烦琐，增加了设备投资、运营成本和能耗。因此，研究CO+CO_2混合气直接加氢制取乙醇具有节能降耗和保护环境的重要意义。本节主要介绍Rh基催化剂上CO_2或CO + CO_2加氢制乙醇的研究成果及面临的挑战。

2.13.1 热力学分析和反应机理

CO_2加氢制乙醇反应式如下式所示，并给出了相关焓变和自由能变。可以看出，该反应是个放热过程，且反应平衡常数较大，表明热力学上是有利的反应。

$$2CO_2(g) + 6H_2(g) \longrightarrow C_2H_5OH(g) + 3H_2O(g) \tag{2-17}$$

$$\Delta H^{\ominus}_{298} = -173.57\text{kJ/mol},\ \Delta G^{\ominus}_{298} = -65.43\text{kJ/mol},\ K_p = 2.946 \times 10^{11}$$

$$CO_2 + H_2 \longrightarrow CO + H_2O \tag{2-18}$$

$$2CO + 4H_2 \longrightarrow C_2H_5OH + H_2O \tag{2-19}$$

图2-59为CO_2加氢制乙醇反应各产物平衡浓度。由图可见，随着反应温度升高，乙醇和水的浓度减小，而CO_2和H_2的浓度增大。这表明降低温度有利于反应的正向进行，但过低温度显然不利于CO_2活化和反应速率的提高。

水气变换反应（$CO + H_2O \longrightarrow CO_2 + H_2$）是CO或$CO_2$加氢反应中最主要的副反应之一，在$CO_2$加氢反应中则会发生逆水气变换反应（$CO_2 + H_2 \longrightarrow$

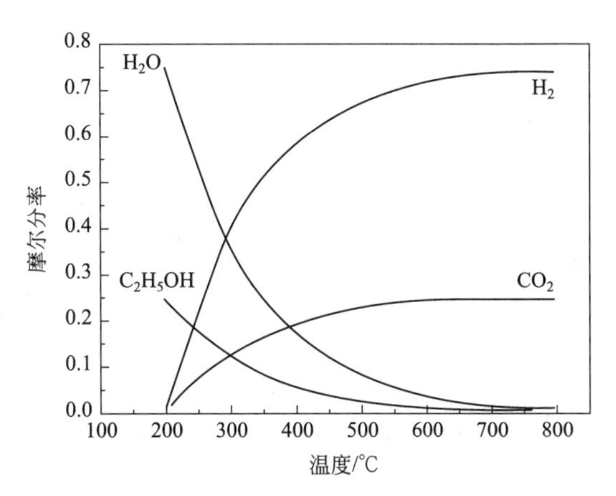

图 2-59 CO_2加氢制乙醇反应各产物平衡浓度[106]（H_2/CO_2 = 3，3.0MPa）

$CO + H_2O$)，即 CO_2还原生成 CO，这也是 CO_2加氢制乙醇反应的一个基元步骤，表明 CO 加氢和 CO_2加氢拥有共同的中间体。这两个反应都容易发生甲烷化反应，因为甲烷是热力学上最稳定的产物。图 2-60 为当甲烷允许或不允许生成时 CO + CO_2加氢制乙醇反应各产物平衡浓度。由图可见，当假定反应不生成甲烷时，于 400℃、3MPa 混合气加氢生成乙醇的平衡浓度还较高；而一旦假定反应生成甲烷，则反应生成乙醇的平衡浓度几乎是 0。这表明要想较高产率地生成乙醇，则必须在动力学上大大抑制热力学上有利的甲烷的生成。因此必须选择适宜的反应条件和研发出高效催化剂，才能获得较好的反应结果。

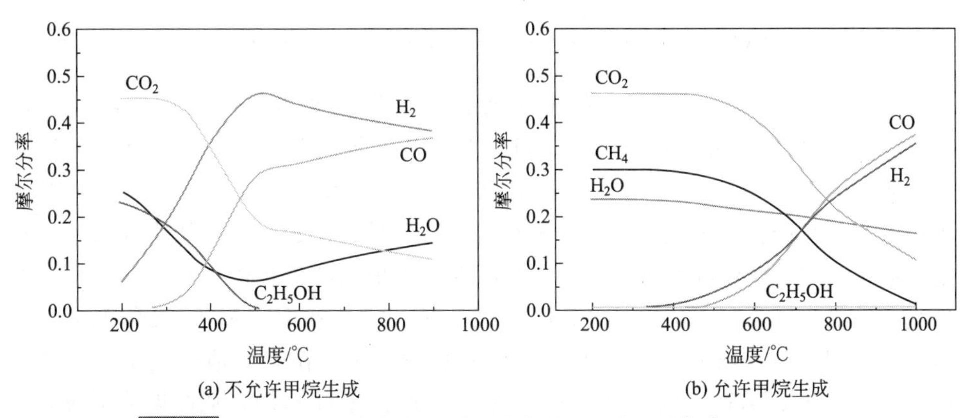

图 2-60 CO + CO_2加氢制乙醇反应各产物平衡浓度[106]（3.0MPa，H_2 = 49%，CO = 26%，CO_2 = 21%，H_2O = 4%）

图 2-61 为不同压力下 CO + CO_2加氢反应生成乙醇的平衡浓度，反应中假定有甲烷生成。可以看出，高压有利于乙醇生成，当反应温度在 700℃左右时达最大值。实验结果也表明，以 Rh/TiO_2为催化剂，在 300℃进行 CO_2加氢反应

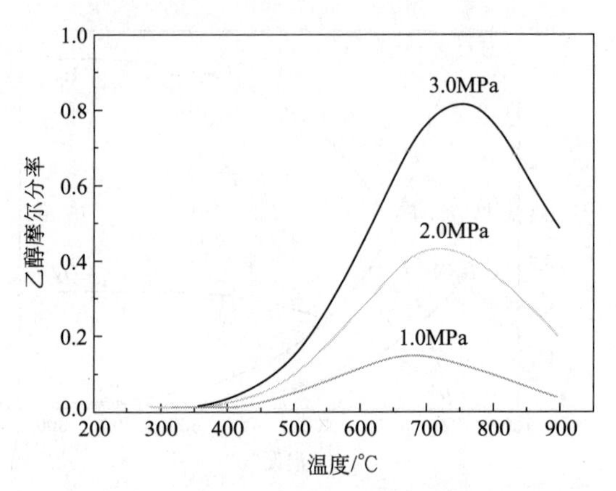

图 2-61 不同压力下 CO + CO_2加氢反应生成乙醇的平衡浓度[106]（允许甲烷生成，H_2 = 49%，CO = 26%，CO_2 = 21%，H_2O = 4%）

时，当反应压力从 1atm 增加至 10atm 时，生成乙醇的时空收率从 0 增至 0.44mol/(kg·h)。

有关 CO_2加氢制醇类，尤其是乙醇的反应机理的报道不多，人们的认识也不完全一致，其争议主要集中在 CO 在催化剂表面是否解离生成 CO 中间体。

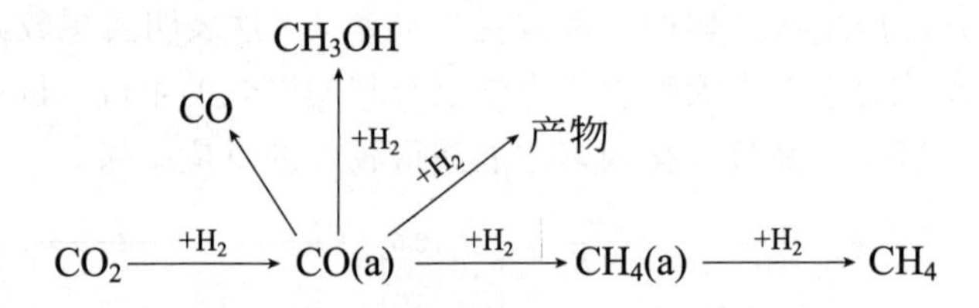

Kusama 等[107]认为，CO_2在催化剂表面首先经逆水气变换反应解离生成 CO，再加氢生成乙醇，后者的反应机理与 CO 加氢制乙醇的一致，并用红外光谱证明了在 Rh-Li/SiO_2催化剂上进行 CO_2加氢时有 CO 生成，并认为 CO_2解离生成的 CO 在催化剂表面的进一步解离是生成乙醇的决速步骤。此步骤在很大程度上取决于 Rh 在载体表面的分布情况，以及所采用的催化体系和反应条件。红外光谱结果也证明了 CO_2在 Rh-Mo/ZrO_2、Rh-Li/Y 和 Rh/Al_2O_3催化剂上会发生解离吸附而生成线式或桥式 CO。还发现，H_2的存在有力地促进了 CO 的形成，这是由于 CO_2初始吸附时形成的表面 O 原子与 H 作用，从而推动了吸附过程的进行。不过在非 Rh 催化剂上，如 Zn-Cr_2O_3或 Cu-Zn 催化剂上进行 CO_2加氢制乙醇反应时，CO_2不会解离成 CO，而是生成了甲酸盐物种。

由此可见，CO_2在贵金属催化剂上似乎更容易首先解离成 CO 中间体，再进行 H 和 CO 的插入而生成乙醇；而在非贵金属催化剂上，更多的实验证明 CO_2并不直接生成 CO，而是直接加氢生成甲醇，再由甲醇同系化反应生成乙醇。明确反应机理对科学地评价和改善催化剂性能和优化反应条件具有重要意义。

2.13.2　催化剂体系

早在 1942 年，日本的 Kyowa 公司采用 Fe-Cd-Cu 用于 CO_2 加氢反应，生成乙醇和丙醇等。随着全世界范围内石油价格的波动，人们对 CO_2 加氢制乙醇的研究热情也时高时低，不过最近随着全球气候变暖和石油资源日益枯竭而再次成为人们关注的热点。用于 CO_2 加氢制乙醇的催化剂主要分为多相的贵金属（Rh、Pd、Ru）催化剂和非贵金属（Fe、Cu、Co、Mo）催化剂。其中 Rh 基催化剂的研究最为广泛。

(1) 活性组分　Rh 前驱体对最终催化剂中 Rh 分散状态和 Rh 颗粒大小以及 Rh 与载体（或助剂）相互作用的影响很大。Rh 分散度、CO_2 转化率以及醇类选择性按所用 Rh 前驱体的顺序为：$Rh_2(Ac)_4 > Rh(NO_3)_3 > RhCl_3$[108]。

Kusama 等[109]研究发现，随着 Rh 负载量上升，Rh 粒径增加，尽管 Rh/SiO_2 催化剂上 CO_2 加氢反应活性变化不大，但产物选择性变化较大。Rh 负载量为 1%～5%时，主产物是 CO；Rh 负载量为 10%时，主产物为甲烷，但均没有乙醇生成。这是由于低负载量时，生成的 CO 很难进一步解离，同时没有加入助剂，因此很难生成乙醇，这与 CO 加氢结果是一致的。可见，活性组分 Rh 主要决定 CO_2 在催化剂表面吸附和解离状态。

(2) 助剂　助剂是影响催化剂活性及选择性最重要的因素之一。常用的助剂包括碱金属、第四周期 d 区金属和稀土金属等。其中碱金属的助催化本质是影响活性组分的电子性质及改变载体表面酸碱性；而其他两类助剂则可在载体表面形成新的活性位，加速 CO_2 的吸附、解离和插入。

Kusama 等[110]考察了 28 种助剂对 $5\%Rh/SiO_2$ 催化剂上 CO_2 加氢反应性能的影响。结果发现，只有 Li 可在使 CO_2 转化率降低不多的情况下将乙醇选择性提高到 15.5%；Fe 为助剂时，CO_2 转化率和乙醇选择性分别为 10.4%和 3.2%；而其他助剂加入，反应主产物仍为甲烷和 CO，几乎没有乙醇生成。他们还考察了 Co 的助催化作用，发现当 Co/Rh 原子比为 0.5 时，CO_2 转化率明显增加，甲醇和乙醇选择性最高，分别为 19.9%和 1.4%。这是由于此时 Co 与 Rh 在载体表面并未形成合金所致，而是单独存在的，从而在一定程度上增加了载体表面活性位的数量。

以 Y 分子筛为载体，制备了 Li/RhY 催化剂，并用于 CO_2 加氢反应中，结果如图 2-62 所示。可以看出，甲醇和乙醇产率均随着 Li 含量的增加而增加，且 CO 产率也随之增加，但反应活性下降。这可能是由于 CO_2 解离吸附形成的 CO 脱附所致。而不加助剂的催化剂上反应产物只有甲烷。

Gogate 等[105]制备了 Rh/TiO_2 和一系列 $Rh-Fe/TiO_2$ 催化剂，分别用于 CO_2

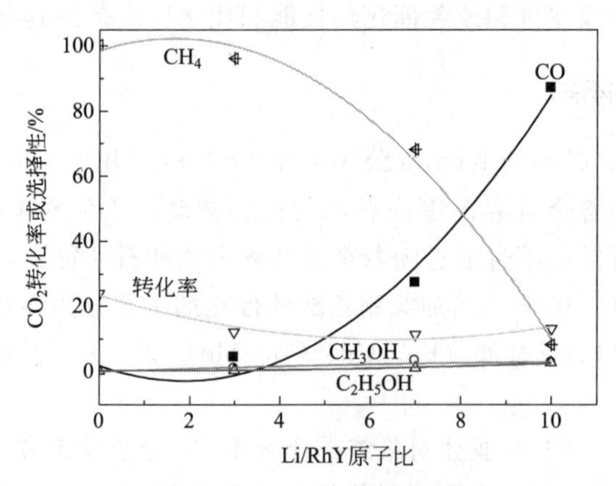

图 2-62 Li/RhY 催化剂上 CO_2 加氢反应[111,112]（H_2/CO_2 = 3，3MPa，250℃，100mL/min）

加氢和 CO + CO_2 混合气加氢反应中。对于单纯的 CO_2 加氢反应，不加助剂就无法得到乙醇，Fe 的加入虽然使得 CO_2 转化率明显上升，但主产物仍为甲烷，它只是一个甲烷化催化剂，乙醇选择性仅为 6.41%；而 Fe/TiO_2 催化剂只催化逆水气变换反应。对于混合气加氢反应，见表 2-83，当以 2%Rh-2.5%Fe/TiO_2 为催化剂，CO_2 的加入使乙醇选择性由单纯 CO 加氢时的 27.2%升至 29%；而在 2%Rh-10%Fe/TiO_2 和 2%Rh-1%Fe/SiO_2 催化剂上，CO_2 的加入则使乙醇选择性下降，且均导致反应活性降低。卢振举等[113]制备了 Rh-V/SiO_2 催化剂用于 CO_2 加氢反应中，CO_2 转化率为 7.9%，甲醇和乙醇选择性分别可达 28.1%和 25.1%。

表 2-83 负载的 Rh-Fe 催化剂上 CO 或 CO + CO_2 加氢反应结果[105]

催化剂	H_2 : CO : CO_2	CO 转化率/%	产物选择性/%								
			CH_4	C_2H_6	C_3H_8	C_4H_{10}	乙醛	甲醇	乙醇	正丙醇	乙酯
2%Rh-2.5%Fe/TiO_2	10 : 10 : 0	13.80	38.50	3.50	6.03	1.50	10.70	2.05	27.20	0	10.60
	10 : 5 : 5	10.50	45.20	3.83	5.34	0.93	6.21	2.71	29.00	0	6.78
	10 : 0 : 10	9.16	57.20	2.60	2.40	1.18	0.55	1.26	6.41	28.40 (CO)	
2%Rh-10%Fe/TiO_2	10 : 10 : 0	6.23	33.90	7.04	8.75	2.85	3.73	9.68	30.30	0	3.78
	10 : 5 : 5	5.00	38.30	8.16	9.51	2.35	2.37	9.11	26.40	0	3.77
2%Rh-1%Fe/SiO_2	10 : 10 : 0	5.62	32.20	6.88	10.20	2.58	3.13	9.70	28.50	6.78	0
	10 : 5 : 5	4.42	38.30	9.45	13.90	2.87	2.20	8.29	20.20	4.80	0

注：反应条件：270℃，20atm，20mL/min，WHSV = 8000mL/(g cat·h)。

综上可见，不加助剂的 Rh 基催化剂无法催化 CO_2 加氢得到乙醇；碱金属的加入有利于乙醇的生成，但会降低反应活性，其中 Li 的助催化效果较好；第四周期 d 区元素作为助剂可大幅度提高 CO_2 转化率，但对乙醇选择性的影响不大。

（3）载体 常用于 CO_2 加氢制乙醇催化剂的载体有 MgO、TiO_2、ZnO、SiO_2、ZrO_2、Ln_2O_3 和分子筛等。研究表明，弱酸性及表面羟基丰富的载体有利于乙醇和高级醇的生成，如 SiO_2 和分子筛。与分子筛相比，SiO_2 负载的催化剂活性较低，但乙醇选择性更高。这是由于硅胶表面有丰富的羟基，更有利于 CO_2 在催化剂表面发生解离吸附而生成乙醇，因而成为最常用的载体。

Inoue 等[114]考察了 MgO、TiO_2、ZrO_2 和 Nb_2O_5 负载的 Rh 基催化剂上 CO_2 加氢反应性能。结果表明，TiO_2 的效果最好。Iizuka 等[115]也研究了载体效应，发现 Rh/ZrO_2 催化剂活性最高，240℃ 时 CO_2 转化率可达 85%，但由于未加助剂，产物主要是甲烷或 CO。

宋宪根[116]采用 Fe 修饰的 OMC 负载 Rh 制得催化剂，用于催化 CO_2 加氢反应中，反应结果见表 2-84，表中 Fe/R 比为软模板法制备 FeOMC 时 Fe 与间苯二酚（R）的投料摩尔比。由表可见，随着 Fe/R 比从 0 增加到 0.025，乙醇选择性和时空收率达最大，而甲醇选择性和时空收率达最小，但产物基本以 CO 和甲烷为主，且没有醛和羧酸类产物生成。这可能与反应气中 CO_2 浓度、CO_2 与 CO 在催化剂表面的竞争吸附以及水蒸气对催化剂的氧化程度有关。

表 2-84 不同 Fe/R 比制得的 FeOMC 样品负载 2%Rh 催化剂上 CO_2 加氢反应结果[116]

Fe/R	CO_2 转化率/%	产物选择性/%			
		乙醇	甲醇	CO	CH_4
0.1	6.5	2.4	14.8	55.4	27.4
0.05	6.1	3.9	8.9	69.1	17.8
0.025	4.1	8.9	6.1	44.2	40.6
0.01	4.9	6.1	6.5	43.3	43.7
0	5.6	3.1	12.4	68.1	16.2

注：反应条件：260℃，5.0MPa，GHSV = $6000h^{-1}$。

另外，Inui 等[117,118]认为，CO_2 加氢制乙醇催化剂可以是多种催化功能的组合，还原 CO 至 CO_2，催化 C—C 键形成和 OH 的插入，因此设计了一系列负载型 Rh 基催化剂、Fe 基费托催化剂和 Cu 基甲醇催化剂，通过物理混合或双层反应器将这些催化剂以不同方式组合，用于 CO_2 加氢制乙醇的反应中，乙醇收率可高达 300～500g/(L·h)。

2.13.3 反应条件的影响

为了提高乙醇选择性，除了选择合适的催化剂体系，还要选择适宜的反应条件，其中反应温度的影响最大。由热力学分析可知，产物中乙醇和水的含量随着温度的升高而逐渐下降，至350℃时，乙醇平衡含量不到10%。另外，升高压力有利于醇类生成；增加空速会降低CO_2转化率，但会提高产物时空收率；较高的H_2/CO_2比有利于乙醇和高级醇生成，适宜比值为3。

Kusama等[110]考察了温度、压力和H_2/CO_2比对5%Rh-Li/SiO_2催化剂性能的影响，得到较优的反应条件为：240℃，5MPa，$H_2/CO_2=3$。此时乙醇选择性最高；低温时气体产物为甲烷，高温反应时则为CO；升高压力抑制了甲烷的生成，并提高了乙醇选择性；H_2/CO_2比值越高，甲烷和甲醇选择性越高。

图2-63给出了反应温度和重量空速（WHSV）对2%Rh/TiO_2催化剂上CO_2加氢反应性能的影响。可以看出，随着反应温度升高，CO_2转化率和甲烷选择性上升，CO选择性逐渐下降，表明甲烷选择性的增加是以CO转化率下降为代价的；而乙醇选择性有一个最优值。还可以看出，随着接触时间的增加，CO_2转化率和CO选择性先上升后下降，甲烷选择性则刚好相反，先下降后上升；而乙醇选择性一直很低，几乎没有什么变化。

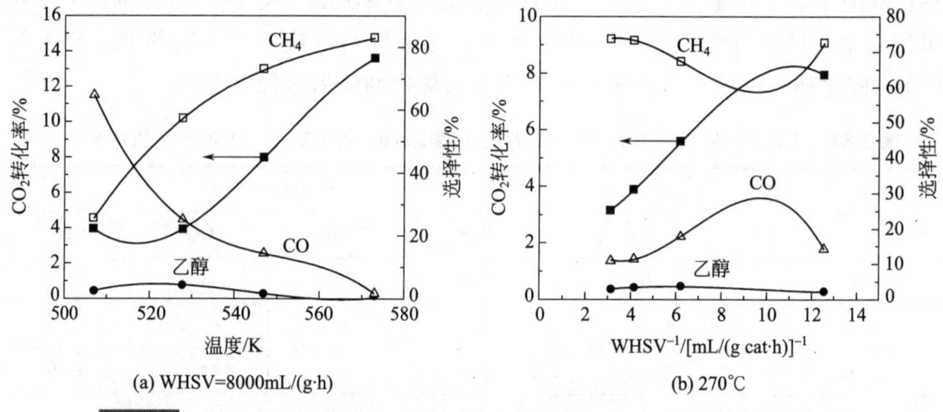

图2-63 反应温度和重量空速（WHSV）对2%Rh/TiO_2催化剂上CO_2加氢反应性能的影响[105]（反应条件：20atm，$H_2/CO_2=1$）

Rh基催化剂上CO加氢和CO_2加氢反应机理有些不同，特别是CO_2加氢反应在更低的温度下进行比较有利。图2-64比较了2.3%Rh/ZrO_2催化剂上CO加氢和CO_2加氢生成甲烷反应速率。可以看出，两个反应只有甲烷生成，且CO_2加氢反应速率更高。对于ZrO_2、Al_2O_3、SiO_2和MgO负载的2.3%Rh催化剂，CO_2加氢反应活化能总是低于CO加氢，表明在上述载体上，于给定温度下CO_2解离更快。动力学研究也发现，对CO的反应级数接近0，而对CO_2的反应级数接近0.4，表明CO可作为H_2吸附的毒物，从而限制了反应速率的提高。

如前所述，几乎所有文献都关注于CO加氢或CO_2加氢，而混合气加氢则非常少。研究混合气浓度对反应结果的影响比较重要，而生物质来源的合成气中

CO 和 CO_2的浓度比较接近，而且其中水分也会影响反应性能。图 2-65 为 CO_2浓度对 1%Rh-Mo/ZrO_2（Rh/Mo = 1）催化剂上 CO 加氢反应性能的影响。由图可见，当混合气中 CO 浓度较低时，甲醇和乙醇收率逐渐增加，至 5%～10%时两者达最高，随后则随着 CO_2浓度的增加而下降。这可能是由于逆水气变换反应所致，生成了较多 CO 参加反应生成醇类；当 CO_2浓度较高时，其吸附较强，占据在活性位上，导致甲烷化反应加剧，使得醇类收率下降。由图 2-64 也可见，CO_2加氢更易甲烷化，因此当其浓度较高时，甲烷选择性高，而醇类选择性低。当 CO_2浓度达到 20%时，甲醇和乙醇收率以及转化率均明显下降，表明醇类选择性几乎不变，此时逆水气变换反应加剧，生成更多的 CO 强吸附在活性位上，从而抑制了醇类反应的进行。

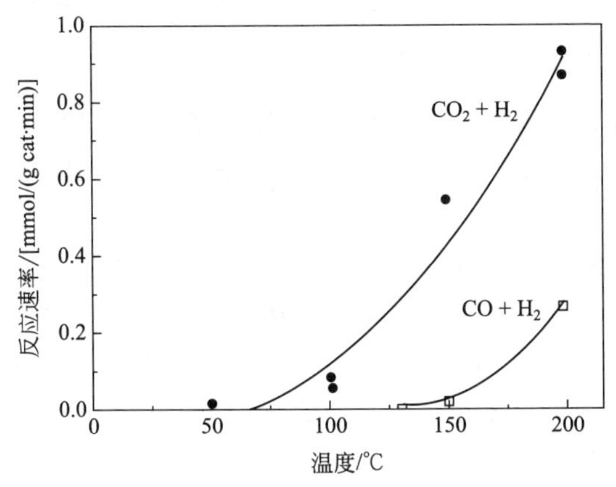

图 2-64　2.3%Rh/ZrO_2催化剂上 CO 加氢和 CO_2加氢生成甲烷反应速率[115]（循环反应器 60Torr❶ H_2，15Torr CO，0.25g 催化剂）

当在 5%Rh-Li/Y 催化剂上进行 CO_2加氢反应时加入 1.8%CO，甲烷选择性从 15%升至 40%，乙醇选择性则从 0 升至 13%，这就是由于 CO 的吸附强于 CO_2所致，因此，催化剂表面的 C 原子和 O 原子覆盖度增加，促进了甲烷化和 CO 插入步骤的进行。Li 的加入稳定了 Rh 簇合物，从而对产物选择性产生了影响[111,112]。

从长远来看，以 CO_2为碳源进行加氢制乙醇是可行的，具有原料来源广泛、资源利用率高、环境友好和经济效益好等优点，有着广阔的综合利用前景。尤其是，该乙醇生产过程可形成 CO_2的闭合循环，将会对维持地球温室气体平衡起到积极的作用。但该过程反应活性和乙醇选择性很低，主要生成甲烷和 CO 等副产物；同时该过程需采用昂贵的纯氢，生成每摩尔乙醇的同时产生 3mol 的水，

---

❶ 1Torr＝133.322Pa。

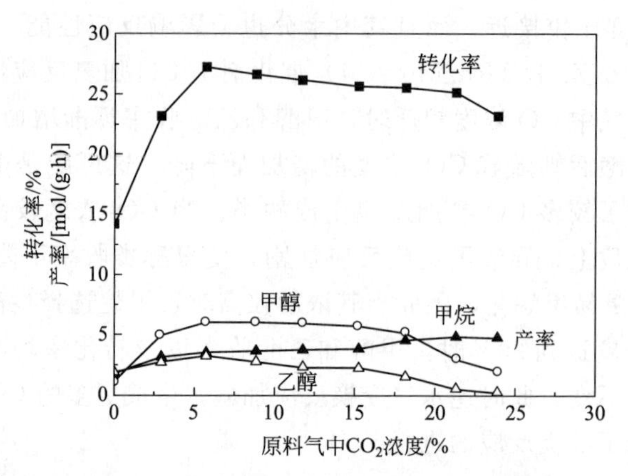

图 2-65 CO_2浓度对 1%Rh-Mo/ZrO_2（Rh/Mo = 1）催化剂上 CO 加氢反应性能的影响[119]（反应条件：230℃，2MPa，GHSV = 2400h^{-1}）

这无疑增加了分离工序的负担。因此，未来研究的重点应放在含有 10%～30% CO_2-CO 混合气加氢制乙醇的反应机理上，开发出高效的催化体系，这样更具有现实意义。

经四十余年的研究，对负载 Rh 催化剂上合成气制乙醇等 C_2 含氧化合物反应体系的特性、反应机理、助剂和金属与载体相互作用的认识，已取得长足进展。就工业前景而言，Rh 基催化剂上合成气制乙醇尚存在催化活性不够高的问题，产物中还有 10%以上的烃类生成。另外，Rh 储量有限、价格昂贵，也对该过程的工业化前景造成阴影，除非能极大地提高 Rh 效率和降低 Rh 负载量。另外，尝试具有类贵金属催化剂用于合成气制乙醇反应中也是另一发展方向，如 Co_2C、Co_2P、MoP 等。比较而言，低碳醇的合成似乎更具有吸引力，可将该过程与甲醇同系化结合起来以提高乙醇收率，因为这两个过程所用催化剂类似，即负载在氧化物上的碱金属促进的 Cu、Zn、Co、Mo 等碱性金属催化剂，特别应注意 Cu-Co、Co-Mo、MoS_2或 Co 促进的 MoS_2等催化剂，目前这些催化剂上总醇收率为 100～600g/(kg・h)，但也生成较多的烃类（尤其是甲烷）和 CO_2，从而降低总醇和乙醇的选择性。

也有人指出[1]，目前主要的挑战就是研制出由合成气制富乙醇的低碳醇高效催化剂，系统开发实验过程和研究过程集成可有效提高合成气制乙醇过程的效率，如将合成和分离步骤有效地集成到煤的间接液化工厂，该工厂涉及气化、气体提纯和合成气转化等过程。

参 考 文 献

[1] Subramani V，Gangwal S K. A review of recent literature to search for an efficient catalytic process for the conversion of syngas to ethanol. Energy Fuels，2008，22：814.

[2] 陈维苗，丁云杰，江大好，等. 改善 Rh 基催化剂上 CO 加氢生成 C_2 含氧化物性能的本质及途径. 催化学报，2006，27：999.

[3] Progress in C1 Chemistry in Japan. Amsterdam：Elsevier，1989.

[4] Maitlis P M. Metal catalysed CO hydrogenation：Hetero- or homo-，what is the difference. J Mol Catal A，2003，204：55.

[5] Lin J J，Knifton J F. Ethanol by homologation of methanol. US4374285. 1983.

[6] Bhasin M M，Charleston W V. Verfahren zur herstellung von athanol aus synthese gas. DE2503204. 1975.

[7] van der Lee G，Schuller B，Post H，et al. On the selectivity of Rh catalysts in the formation of oxygenates. J Catal，1986，98：522.

[8] Jackson S D，Brandreth B J，Winstanley D. Carbon-monoxide hydrogenation over silica-supported rhodium catalysts - the effect of the rhodium precursor. J Chem Soc Faraday Trans I，1988：1741.

[9] Kip B J，Hermans E G F，Prins R. 9th Int Congress on Catal. Ottawa：1988：821.

[10] Ojeda M，Lopez Granados M，Rojas S，et al. Influence of residual chloride ions in the CO hydrogenation over Rh/SiO_2 catalysts. J Mole Catal A，2003，202：179.

[11] Jiang D H，Ding Y，Pan Z，et al. Roles of chlorine in the CO hydrogenation to C_2-oxygenates over $Rh\text{-}Mn\text{-}Li/SiO_2$ catalysts. Appl Catal A，2007，331：70.

[12] Kovalchuk V I，Mikova N M，Chesnokov N V，et al. Mixed iron-rhodium carbidecarbonyl clusters on oxide supports：Chemistry and catalysis of syn-gas reactions. J Mol Catal A，1996，107：329.

[13] Ichikawa M，Shikakura K，Kawai M. Proceedings of Symposium. Dalian：1982.

[14] Gronchi P，Tempesti E，Mazzocchia C. Metal dispersion dependent selectivities for syngas conversion to ethanol on V_2O_3 supported rhodium. Appl Catal A，1994，120：115.

[15] Marengo S，Martinengo S，Zanderighi L. Symposium on octane and cetane enhancement processes for reduced-emission motor fuels. San Francisco：1992.

[16] Du Y H，Chen D A，Tsai K R. Promoter action of rare earth oxides in rhodium/silica catalysts for the conversion of syngas to ethanol. Appl Catal，1987，35：77.

[17] Burch R，Hayes M J. The preparation and characterisation of Fe-promoted Al_2O_3-supported Rh catalysts for the selective production of ethanol from syngas. J Catal，1997，165：249.

[18] Ngo H，Liu Y，Murata K. Effect of secondary additives（Li，Mn）in Fe-promoted Rh/TiO_2 catalysts for the synthesis of ethanol from syngas. React Kinet Mech Catal，2011，102：425.

[19] Chang C D，Lang W H. Catalyst for synthesis gas conversion to oxygenates. US4344868A. 1982.

[20] Chen G，Guo C，Huang Z，et al. Synthesis of ethanol from syngas over iron-promoted Rh immobilized on modified SBA-15 molecular sieve：Effect of iron loading. Chem Eng

Res Des，2011，89：249.

［21］ Pan X L，Fan Z L，Chen W，et al. Enhanced ethanol production inside carbon-nanotube reactors containing catalytic particles. Nat Mater，2007，6：507.

［22］ Liu Y，Murata K，Inaba M，et al. Synthesis of ethanol from syngas over Rh/$Ce_{1-x}Zr_xO_2$ catalysts. Catal Today，2011，164：308.

［23］ Subramanian N D，Gao J，Mo X，et al. La and/or V oxide promoted Rh/SiO_2 catalysts：Effect of temperature，H_2/CO ratio，space velocity，and pressure on ethanol selectivity from syngas. J Catal，2010，272：204.

［24］ Bhasin M M，Bartley W J，Ellgen P C，et al. Synthesis gas conversion over supported rhodium and rhodium-iron catalysts. J Catal，1978，54：120.

［25］ Holy N L，Care T F. Ethanol and *n*-propanol from syngas. Appl Catal，1985，19：219.

［26］ Lin P Z，Liang D B，Luo H Y，et al. Synthesis of C_{2+}-oxygenated compounds directly from syngas. Appl Catal A，1995，131：207.

［27］ 王毅. Rh基催化剂用于合成气制C_2含氧化合物的研究．大连：大连化学物理研究所. 1999.

［28］ 尹红梅. 铑基催化剂上CO加氢制备C_2含氧化合物的研究．大连：大连化学物理研究所. 2003.

［29］ 陈维苗. CO加氢合成C_2含氧化合物Rh基催化剂的研究. 大连：大连化学物理研究所. 2005.

［30］ 江大好. CO加氢制备C_2含氧化合物Rh基催化剂研究. 大连：大连化学物理研究所. 2007.

［31］ 李经伟. SiO_2表面硅烷化及其在负载型Rh、Co基催化剂CO加氢反应中的应用. 大连：大连化学物理研究所. 2010.

［32］ Wang J，Zhang Q，Wang Y. Rh-catalyzed syngas conversion to ethanol：Studies on the promoting effect of FeO_x. Catal Today，2011，171：257.

［33］ Huang Y，Deng W，Guo E，et al. Mesoporous silica nanoparticle-stabilized and manganese-modified rhodium nanoparticles as catalysts for highly selective synthesis of ethanol and acetaldehyde from syngas. Chem Cat Chem，2012，4：674.

［34］ Yu J，Mao D S，Lu G Z，et al. Enhanced C_2 oxygenate synthesis by CO hydrogenation over Rh-based catalyst supported on a novel SiO_2. Catal Commun，2012，24：25.

［35］ Ojeda M，Granados M L，Rojas S，et al. Manganese-promoted Rh/Al_2O_3 for C_2-oxygenates synthesis from syngas：Effect of manganese loading. Appl Catal A，2004，261：47.

［36］ Chen W M，Ding Y J，Song X G，et al. Promotion effect of support calcination on ethanol production from CO hydrogenation over Rh/Fe/Al_2O_3 catalysts. Appl Catal A，2011，407：231.

［37］ Fan Z L，Pan X L，Chen W，et al. Catalytic conversion of syngas into C_2 oxygenates over Rh-based catalysts—Effect of carbon supports. Catal Today，2009，147：86.

[38] Chai S H，Howe J Y，Wang X，et al. Graphitic mesoporous carbon as a support of promoted Rh catalysts for hydrogenation of carbon monoxide to ethanol. Carbon，2012，50：1574.

[39] Song X G，Ding Y J，Chen W M，et al. Bimetal modified ordered mesoporous carbon as a support of Rh catalyst for ethanol synthesis from syngas. Catal Commun，2012，19：100.

[40] 黄利宏，储伟，洪景萍，罗仕忠，等. 碳纳米管对Rh-Ce-Mn/SiO_2催化剂催化CO加氢合成含氧化合物性能的影响. 催化学报，2006，27：596.

[41] Haider M A，Gogate M R，Davis R J. Fe-promotion of supported Rh catalysts for direct conversion of syngas to ethanol. J Catal，2009，261：9.

[42] 徐柏庆，Sachtler W M H. Rh/NaY催化剂上合成气选择一步生成乙酸. 高等学校化学学报，1999，12：794.

[43] Ma H T，Yuan Z Y，Wang Y，et al，Temperature-programmed surface reaction study on C_2-oxygenate synthesis over SiO_2 and nanoporous zeolitic material supported Rh-Mn catalysts. Surf Interface Anal，2001，32：224.

[44] Chen G，Guo C，Zhang X，et al. Direct conversion of syngas to ethanol over Rh/Mn-supported on modified SBA-15 molecular sieves：Effect of supports. Fuel Processing Technol，2011，92：456.

[45] Wang K，Cook R A. Production of alcohols from synthesis gas. US20070004588. 2007.

[46] Han L，Mao D，Yu J，et al. Synthesis of C_2-oxygenates from syngas over Rh-based catalyst supported on SiO_2，TiO_2 and SiO_2-TiO_2 mixed oxide. Catal Commun，2012，23：20.

[47] Luo H Y，Zhang W，Zhou H W，et al. A study of Rh-Sm-V/SiO_2 catalysts for the preparation of C_2-oxygenates from syngas . Appl Catal A，2001，214：161.

[48] Mo J，Gao J，Umnajkaseam N，et al. La，V，and Fe promotion of Rh/SiO_2 for CO hydrogenation：Effect on adsorption and reaction. J Catal，2009，267：167.

[49] Hwang H Shinn，Taylor Paul D. Catalyst for production of acetic acid. US4101450. 1978.

[50] Ellgen P C，Bhasin M. Two-carbon atom compounds from synthesis gas with minimal production of methanol. US4162262. 1979.

[51] Leupold E I，Schmidt H J，Wunder F，et al. Ethanol from synthesis gas . US4442228. 1980.

[52] Wunder F，Arpe H J，Leupold E I，et al. Oxygen-containing carbon compounds from synthesis gas. US4224236. 1979.

[53] Sachtler W M H，Ichikawa M. Catalytic site requirements for elementary steps in syngas conversion to oxygenates over promoted rhodium. J Phy Chem，1986，90：4752.

[54] 汪海有，刘金波，蔡启瑞 . 合成气制乙醇催化反应机理述评 . 分子催化，1994，(8)：472.

[55] 汪海有，刘金波，许金来，等. 铑催化合成气制乙醇反应中CO断键途径的研究. 分子催化，1994，(8)：111.

[56] Horwitz C P，Shriver D F. C- and O-bonded metal carbonyls：Formation，structures，and reactions . Adv Organometal Chem，1984，23：219.

[57] Anderson A B, Onwood D P. Carbon monoxide adsorption on (111) and (100) surfaces of the Pt_3Ti alloy. Evidence for parallel binding and strong activation of CO. Sci Tech Aerosp Rep, 1985, 23: 1.

[58] Orita H, Naito S, Tamaru K. Mechanism of formation of C_2-oxygenated compounds from CO + H_2 reaction over SiO_2-supported Rh catalysts. J Catal, 1984, 90: 183.

[59] Takeuchi A, Katzer J R. Ethanol formation mechanism from CO + H_2. J Phy Chem, 1982, 86: 2438.

[60] Daroda R J, Blackborow J R, Wilkinson G. Synthesis of 2-carbon compounds by homogeneous fischer-tropsch type reactions. J Chem Soc Chem Commun, 1980: 1098.

[61] Wang H Y, Liu J P, Fu J K, et al. Study on the mechanism of ethanol synthesis from syngas by in-situ chemical trapping and isotopic exchange-reactions. Catal Lett, 1991, 12: 87.

[62] Fukushima T, Arakawa H, Ichikawa M H. High-pressure Ir spectroscopic evidence of acetyl and acetate species directly formed in CO-H_2-conversion on SiO_2-supported Rh and Rh-Mn catalysts. J Chem Soc Chem Commun, 1985, 7: 29.

[63] Underwood R P, Bell A T. Lanthana-promoted Rh/SiO_2: Ⅱ. Studies of CO hydrogenation. J Catal, 1988, 111: 325.

[64] Bowker M. On the mechanism of ethanol synthesis on rhodium. Catal Today, 1992, 15: 77.

[65] Arakawa H, Fukushima T, Ichikawa M, et al. High pressure in situ FT-IR study of CO hydrogenation over Rh/SiO_2 catalyst. Chem Lett, 1985, (14): 23.

[66] Jackson S D, Brandreth B J, Winstanley D A. Mechanistic study of carbon monoxide hydrogenation over rhodium catalysts using isotopic tracers. J Catal, 1987, 106: 464.

[67] Favre T L F, Vanderlee G, Ponec V. Heterogeneous catalytic insertion mechanism of the C_2 oxygenate formation. J Chem Soc Chem Commun, 1985: 230.

[68] Ichikawa M, Sekizawa K, Shikakura K, et al. Metal-support interaction of Rh_4-Rh_{13} carbonyl clusters impregnated on Ti- and Zr-oxide-containing silica and their catalytic activities in the conversion of CO-H_2 to ethanol. J Mol Catal, 1981, 11: 167.

[69] Choi Y, Liu P. Mechanism of ethanol synthesis from syngas on Rh (111). J Am Chem Soc, 2009, 131: 13054.

[70] Kupur N, Hyun J, Shan B, et al. Ab initio study of CO hydrogenation to oxygenates on reduced Rh terraces and stepped surfaces. J Phys Chem C, 2010, 114: 10171.

[71] Tauster S J, Fung S C. Strong metal-support interactions: Occurrence among the binary oxides of groups ⅡA-ⅤB. J Catal, 1978, 55: 29.

[72] Kip B J, Smeets P A T, van Grondelle J, et al. Hydrogenation of carbon monoxide over vanadium oxide-promoted rhodium catalysts. Appl Catal, 1987, 33: 181.

[73] 汪海有，刘金波，傅锦坤，等. 催化合成气合成乙醇的铑基催化剂中助剂锰的作用本质研究. 分子催化，1993，(7)：252.

[74] Luo H Y, Zhou H W, Lin L W, et al. Role of vanadium promoter in Rh-V/SiO_2 catalysts for the synthesis of C_2-oxygenates from syngas. J Catal, 1994, 145: 232.

[75] van den Berg F G A, Glezer J H E, Sachtler W M H. The role of promoters in CO/H_2 reactions: Effects of MnO and MoO_2 in silica-supported rhodium catalysts. J Catal, 1985, 93: 340.

[76] Stevenson S A, Lisitsyn A, Knozinger H. Adsorption of carbon monoxide on manganese-promoted rhodium/silica catalysts as studied by infrared spectroscopy. J Phys Chem, 1990, 94: 1576.

[77] Chuang S C, Goodwin J G, Wender I. Investigation by ethylene addition of alkali promotion of CO hydrogenation on Rh/TiO_2. J Catal, 1985, 92: 416.

[78] Gallaher G R, Goodwin J G, Huang C S, et al. XPS and reaction investigation of alkali promotion of Rh/La_2O_3. J Catal, 1993, 140: 453.

[79] Kawai M, Uda M, Ichikawa M. The electronic state of supported Rh catalysts and the selectivity for the hydrogenation of carbon-monoxide. J Phys Chem, 1985, 89: 1654.

[80] Freiks I L C, de Jong-Versloot P C, Kortbeek A G T G, et al. The possible role of potassium-stabilized formyl species in the gas-phase carbonylation of alkenes on potassium-promoted ruthenium/γ-alumina catalysts. J Chem Soc Chem Commun, 1986: 253.

[81] Kikuzono Y, Kagami S, Naito S, et al. Selective methanol formation from atmospheric CO and H_2 over novel palladium catalysts. Chem Lett, 1981: 1249.

[82] Trevino H, Hyeon T, Sachtler W M H. A novel concept for the mechanism of higher oxygenate formation from synthesis gas over mno-promoted rhodium catalysts. J Catal, 1997, 170: 236.

[83] Egbebi A, Schwartz V, Overbury S H, et al. Effect of Li promoter on titania-supported Rh catalyst for ethanol formation from CO hydrogenation. Catal Today, 2010, 149: 91.

[84] Schwartz V, Campos A, Egbebi A, et al. EXAFS and FT-IR characterization of Mn and Li promoted titania-supported Rh catalysts for CO hydrogenation. ACS Catal, 2011, 1: 1298.

[85] 陈维苗，丁云杰，宋宪根，等. 助剂促进的 Rh-Fe/Al_2O_3催化剂上 CO 加氢制乙醇反应性能. 催化学报，2012，33：1007.

[86] 张伟，罗洪原，周焕文，等. 稀土助剂促进的 Rh/SiO_2催化剂上 CO + H_2反应合成C_2含氧化合物的研究. 天然气化工，1998，23 (6)：1.

[87] Ma X F, Su H Y, Deng H Q, et al. Carbon monoxide adsorption and dissociation on Mn-decorated Rh (111) and Rh (553) surfaces: A first-principles study. Catal Today, 2010, 160 (1): 228.

[88] Mei D, Rousseau R, Kathmann S M, et al. Ethanol synthesis from syngas over Rh-based/SiO_2 catalysts: A combined experimental and theoretical modeling study. J Catal, 2010, 271 (2): 325.

[89] Arakawa H, Takeuchi K, Matsuzaki T, et al. Effect of metal dispersion on the activity and selectivity of Rh/SiO_2 catalyst for high pressure CO hydrogenation. Chem Lett, 1984: 1607.

[90] Underwood R P, Bell A T. Influence of particle size on carbon monoxide hydrogenation over silica- and lanthana-supported rhodium. Appl Catal, 1987, 34: 289.

[91] Ojeda M S, Rojas S, Boutonnet F J, et al. Synthesis of Rh nano-particles by the microemulsion technology-particle size effect on the $CO + H_2$ reaction. Appl Catal A, 2004, 274: 33.

[92] Belton D N, Schmieg S J. Effect of Rh particle size on CO desorption on Rh/alumina model catalysts. Surf Sci, 1988, 202: 238.

[93] Hamada H, Funaki R, Kuwahara Y, et al. Systematic preparation of supported Rh catalysts having desired metal particle size by using silica supports with controlled pore structure. Appl Catal, 1987, 30: 177.

[94] Boutonnet M, Kizling J, Stenius P, et al. The preparation of monodisperse colloidal metal particles from microemulsions. Colloids Surf, 1982, 5: 209.

[95] Tago T, Hanaoka T, Dhupatemiya P, et al. Effects of Rh content on catalytic behavior in CO hydrogenation with Rh-silica catalysts prepared using microemulsion . Catal Lett, 2000, 64: 27.

[96] 周树田，潘秀莲，包信和. 微乳法制备的负载型铑催化剂粒子大小对CO加氢反应性能的影响. 催化学报，2006，27 (6)：474.

[97] Abrevaya H, Targos W M. Microemulsion impregnated catalyst composite and use thereof in a synthesis gas conversion process. US4714692. 1987.

[98] Nonneman L E Y, Bastain A G T M, Ponec V, et al. Role of impurities in the enhancement of C_2-oxygenates activity over supported rhodium catalysts. Appl Catal, 1990, 62: 23.

[99] Qu Z P, Huang W X, Zhou S T, et al. Enhancement of the catalytic performance of supported-metal catalysts by pretreatment of the support. J Catal, 2005, 234 (1): 33.

[100] Zhang Y, Hanayama K, Tsubaki N. The surface modification effects of silica support by organic solvents for fischer-tropsch synthesis catalysts. Catal Commun, 2006, 7: 251.

[101] Burch R, Fetch M I. Kinetic and transient kinetic investigations of the synthesis of oxygenates from carbon monoxide/hydrogen mixtures on supported rhodium catalysts. Appl Catal A, 1992, 88: 77.

[102] Gao J, Mo X, Goodwin J G. La, V, and Fe promotion of Rh/SiO_2 for CO hydrogenation: Detailed analysis of kinetics and mechanism. J Catal, 2009, 268 (1): 142.

[103] Hu J, Wang Y, Cao C, et al. Conversion of biomass-derived syngas to alcohols and C_2 oxygenates using supported Rh catalysts in a microchannel reactor. Catal Today, 2007, 120: 90.

[104] Burch R, Petch M I. Investigation of the synthesis of oxygenates from carbon monoxide/hydrogen mixtures on supported rhodium catalysts. Appl Catal A, 1992, 88: 39.

[105] Gogate M R，Davis R J. Comparative study of CO and CO_2 hydrogenation over supported Rh-Fe catalysts. Catal Commun，2010，11：901.

[106] Spivey J J，Egbebi A. Heterogeneous catalytic synthesis of ethanol from biomass-derived syngas. Chem Soc Rev，2007，36：1514.

[107] Kusama H，Okabe K，Sayama K，et al. CO_2 hydrogenation to ethanol over promoted Rh/SiO_2 catalysts. Catal Today，1996，28：261.

[108] Kusama H，Bando K K，Okabe K，et al. CO_2 hydrogenation reactivity and structure of Rh/SiO_2 catalysts prepared from acetate，chloride and nitrate precursors. Appl Catal A，2001，205：285.

[109] Kusama H，Bando K K，Okabe K，et al. Effect of metal loading on CO_2 hydrogenation reactivity over Rh/SiO_2 catalysts. Appl Catal A，2000，197：255.

[110] Kusama H，Okabe K，Sayama K，et al. Ethanol synthesis by catalytic hydrogenation of CO_2 over $Rh-Fe/SiO_2$ catalysts. Energy，1997，22：343.

[111] Bando K K，Soga K，Kunimori K，et al. Effect of Li additive on CO_2 hydrogenation reactivity of zeolite supported Rh catalysts. Appl Catal A，1998，175（1-2）：67.

[112] Bando K K. Characterization of Rh particles and Li-promoted Rh particles in Y zeolite during CO_2 hydrogenation—A new mechanism for catalysis controlled by the dynamic structure of Rh particles and the Li additive effect. J Catal，2000，194（1）：91.

[113] 卢振举，林培滋，冯喜云. CO_2+H_2制含氧化合物的研究. 分子催化，1993，7：156.

[114] Inoue T，Iizuka T，Tanabe K. Hydrogenation of carbon dioxide and carbon monoxide over supported rhodium catalysts under 10 bar pressure . Appl Catal，1989，46（1-2）：1.

[115] Iizuka T，Tanaka Y，Tanabe K. Hydrogenation of CO and CO_2 over rhodium catalysts supported on various metal oxides . J Catal，1982，76（1）：1.

[116] 宋宪根. Rh 及 Fe 族磷化物催化剂 CO 加氢和 Co 基催化剂乙烯氢甲酰化研究. 大连化学物理研究所. 2012.

[117] Inui T，Yamamoto T. Effective synthesis of ethanol from CO_2 on polyfunctional composite catalysts. Catal Today，1998，45（1-4）：209.

[118] Inui T，Yamamoto T，Inoue M，et al. Highly effective synthesis of ethanol by CO_2 hydrogenation on well balanced multi-functional FT-type composite catalysts. Appl Catal A，1999，186（1-2）：395.

[119] Marengo S，Martinengo S，Zanderighi L. Studies under transient conditions of CO hydrogenation over Rh catalysts using an automatized microreactor. Chem Eng Sci，1992，47：2793.

第3章 Rh基催化剂合成乙醇工业化研究进展

3.1 日本“C1化学项目”合成乙醇单管试验研究

日本通产省产业技术综合研究所（AIST）在1980—1986年期间通过“从CO和其他化学品生产基础工业化学品新技术研究开发项目”（简称C1化学项目）资助相模中央化学研究所（Sagami Chemical Research Center）、协和发酵工业株式会社（Kyowa Hakko Kogyou Company，Limited）和东曹株式会社（Tosoh Corporation）等学术机构及企业合作开展了合成气制乙醇技术的研究开发，其中的研究重点是由合成气制乙醇催化剂技术及工艺过程研究[1]。该项目在实验室小试装置上考察了Rh-Mn-Li/SiO_2催化剂对合成气转化生成C_2含氧化合物过程的催化性能[2]，再利用Cu-Zn/SiO_2催化剂将上述过程得到的除乙醇之外的绝大部分C_2含氧化合物进行催化加氢处理，目的是将其中的大部分乙醛、乙酸等副产物通过加氢转化为目标产物乙醇。该项目在小试研究基础上进行了200mL催化剂装量的固定床单管放大试验，通过放大试验与小试结果的对比分析研究了该反应过程可能存在的放大效应，并对产品分离纯化过程的概念性方案进行了试验，得到符合产品质量标准的纯度为95%的工业乙醇产品；对影响过程放大的因素进行了考察，并在单管放大试验装置上进行了反应动力学研究，得到了装置进一步放大设计所需要的反应速率等数据；对循环气中的气相组分对转化率和选择性的影响也进行了考察，并进行了800h稳定性试验，根据单管放大试验结果提出了一种合成气制乙醇的新过程。

3.1.1 单管试验装置

图3-1是合成气制乙醇固定床单管放大试验反应装置示意图。单管试验分别使用了内径为25mm和34mm的两根管式反应器，高度为2.6m，材质为316L低碳钢。反应器和预热器带有导热油加热装置。Rh基催化剂和加氢催化剂可以分别装填在同一根反应管的上部和下部，也可以分别单独装填在相互串联的两个反应管中。合成气作为反应原料首先进入铑基催化剂床层，生成以乙醇、乙醛和乙酸等C_2含氧化合物为主的混合物，再经加氢以得到更多的乙醇。反应器出口物料经冷却后进行气液分离。气相和液相分别采样用气相色谱分析组成，用来计算合成气转化率和产品选择性。由于气相中既含有未反应的原料气，又含有不凝副产物，因此将部分气相循环回反应器入口，部分气相物料排出系统来维持气相中反应物的浓度保持稳定。

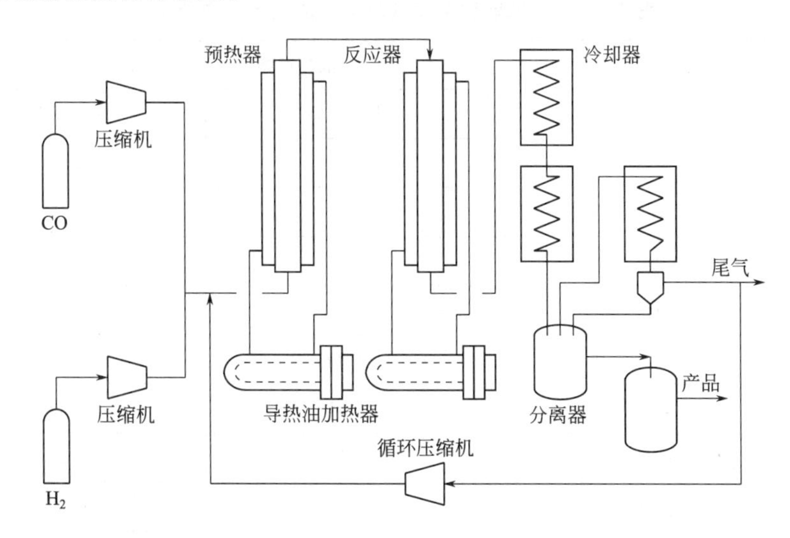

图3-1 合成气制乙醇固定床单管放大试验反应装置示意图

3.1.2 合成乙醇单管试验

3.1.2.1 合成乙醇单管试验产物分布

在反应初期，催化剂初活性和产物选择性随反应时间变化明显，当反应80～200h后催化剂性能趋于稳定，因此反应过程进行至100h后开始取样分析，以得到反应性能处于稳定时间段时催化剂的性能数据，便于对不同催化剂进行对比及优化反应条件。反应过程中每小时分析一次气相组成，液相产物则每收集4～24h取样分析一次。

单管试验的一项重要研究内容是考察反应器放大以及未反应的原料气循环对产物分布的影响。表3-1是小试试验和单管试验得到的液相产物分布。小试试验采用冷水吸收产物的方法，所以无法准确知道反应生成的水量。在处理反应数据时假设小试液相产品中水的含量与单管相同。通过表3-1给出的数据可以看出，单管放大试验与小试试验的产物分布有所不同，但差别不大。在醇类产物中，丙醇的生成量增加被归因于循环气中的少量乙醇进入催化剂床层进一步反应的结果。单管放大试验分析出有乙酸丙酯和乙酸丁酯生成，不过不能确认这是否是分析仪器灵敏度提高的结果。单管放大试验还分析出有乙缩醛生成，并且对单管放大试验产物进行精馏分离后还分析出痕量的戊醛和丙酮。乙酸是分析到的唯一的有机酸。可以看到催化剂可选择性生成 C_2 含氧化合物，这与常规的费托合成催化剂差别很大。

表 3-1 小试试验和单管试验得到的液相产物分布

产物	液相产物分布(质量分数)/%	
	小试试验	单管试验
H_2O		38.58
CH_3OH	0.09	0.15
C_2H_5OH	55.69	55.32
C_3H_7OH	0.66	1.21
C_4H_9OH	0.30	0.47
CH_3CHO	0.51	0.29
CH_3COOH	0.79	0.21
C_2H_5CHO		痕量
CH_3COOCH_3		痕量
$CH_3COOC_2H_5$		3.41
$CH_3COOC_3H_7$		0.09
$CH_3COOC_4H_9$		0.03
$CH_3CH(OC_2H_5)_2$		0.01

注：1. 催化剂：Rh-Mn-Li/SiO_2//Cu-Zn/SiO_2。
2. 反应条件：2.2MPa，265℃，SV=20000h^{-1}。

气相产物中主要是甲烷，此外还有 C_2～C_5 烃类生成，随着碳数增加，烃选择性显著降低。烃类产物中大部分是饱和烃，说明所使用的加氢催化剂催化加氢活性很高，气相产物中没有发现支链烃生成。

从产物中含氧化合物以及烃类的分布判断，反应过程中在催化剂表面生成了中间过渡物种“CH_x”，并且看起来“CH_x”偶合的速率比“CH_x”发生 CO 插入反应的速率慢，导致通过另一个反应中间过渡物种“CH_xCO”生成 C_2 含氧化合物的选择性很高。反应过程有 CO_2 生成，通过与小试结果进行对比，认为 CO_2 的生成是 CO 和 H_2O 在加氢催化剂表面通过水气变换反应生成的。

试验发现，随着反应的进行，乙酸酯加氢活性逐渐下降，CO_2 生成量也逐渐下降。单独的试验表明，对乙酸酯有较高加氢活性的催化剂也有较高的生成 CO_2 副产物的活性，表明 CO_2 的生成和乙酸酯加氢是在相同的加氢催化剂活性位上进行的。表 3-2 是小试试验和单管试验结果对比。

表 3-2 小试试验和单管试验结果对比

项目		小试试验	单管试验
反应条件	温度/℃	265	265
	压力/atm	20	22
	空速/h^{-1}	20000	20000
CO 转化率/%		5.3	3.9
选择性/%	CH_3CHO	0.7	0.4
	C_2H_5OH	68.5	72.7
	C_3H_7OH	0.9	1.8
	CH_3COOH	0.8	0.2
	$CH_3COOC_2H_5$	4.0	4.7
	CH_4	19.5	17.0
EtOH 时空收率/[g/(L • h)]		213	200

注：1. 催化剂：Rh-Mn-Li/SiO_2//Cu-Zn/SiO_2，H_2/CO=2.5。
2. 取样时反应时间：单管 118h，小试 21h。
3. 1atm=101325Pa。

由于单管放大试验装置温度的精确控制以及反应热移出效果好，与小试结果相比，在单管放大试验装置上甲烷的选择性低，乙醇的选择性高。单管放大试验装置的乙醇收率低于小试结果，这也许是由于单管放大试验装置取样时反应已处于稳定状态，而小试取样时处于反应初期，反应初活性较高引起的。总之，单管放大试验与小试试验的结果没有显著的区别。

3.1.2.2 催化剂性能测试

对 15 种催化剂在单管放大试验装置上进行了催化剂性能测试。其中 Rh-Mn-Li/SiO_2 和 Cu-Zn/SiO_2 的催化剂组合表现出最高的转化率和最高的乙醇选择性。这与小试得出的结论是一致的。单管放大试验上测试得到的 15 种催化剂活性顺序与小试也一致。表

3-3给出了部分代表性结果，可见单管放大试验结果与小试试验结果基本吻合。

表 3-3 单管放大试验及小试试验部分代表性结果对比

项目	单管	小试	单管	小试	单管	小试	单管	小试
Rh 催化剂	Rh-Mn-Li/SiO_2						Rh-Sc-Li/SiO_2	
加氢催化剂	Cu-Zn		Cu-Zn/SiO_2		Pd-Mo/SiO_2		Pd-Mo/SiO_2	
反应温度/℃	280		265		280		280	
CO 转化率/%	4.6	5.1	3.9	5.3	4.3	5.3	2.6	4.3
乙醇选择性/%	68.6	65.0	72.7	68.5	61.7	54.9	57.9	56.9
EtOH 时空收率/[g/(L·h)]	235	228	200	213	225	194	150	173

注：反应条件：2.0MPa，SV＝20000～24000h^{-1}。

组合催化剂的活性主要取决于Rh催化剂，但产物分布与加氢催化剂有很大关系。图3-2给出了Rh-Mn-Li/SiO_2与不同加氢催化剂组合得到的产物选择性，表明乙醇前驱物的加氢转化情况因加氢催化剂的不同而不同。例如以Pd或Ir为加氢催化剂时对乙醛加氢生成乙醇有较好的催化活性，但对乙酸及乙酸乙酯加氢活性较差。相反，铜催化剂对乙酸及乙酸乙酯加氢活性较好，在商品化Cu-Zn催化剂上几乎所有的乙酸都被加氢生成乙醇。虽然CO和H_2的存在对铜催化剂的还原作用导致催化剂强度下降，但使Cu-Zn/SiO_2催化剂情况得到了很好的改善。Rh-Mn-Li/SiO_2和Cu-Zn/SiO_2的组合显示出很好的催化剂性能，后面单管放大试验都使用了该催化剂组合。

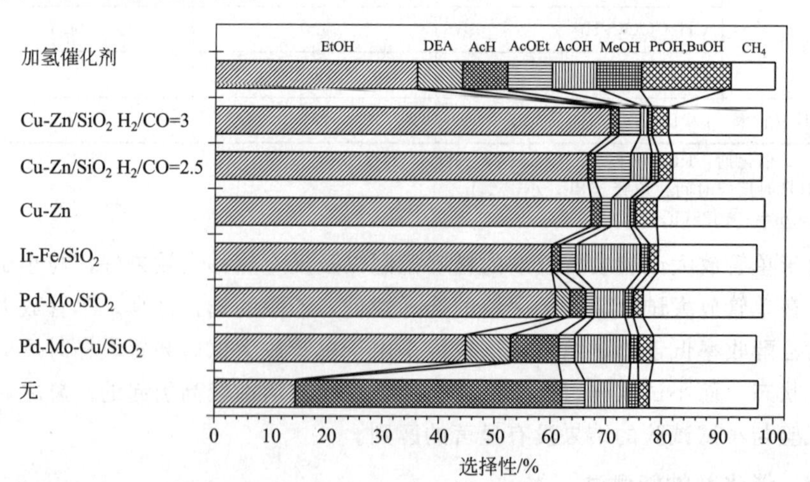

图 3-2 Rh-Mn-Li/SiO_2与不同加氢催化剂组合得到的产物选择性（催化剂：Rh-Mn-Li/SiO_2//Cu-Zn/SiO_2；反应条件：2.0～3.0MPa，280℃，H_2/CO＝2.5）

3.1.2.3 单管放大试验装置上反应条件优化试验

单管放大试验还考察了各种反应条件对反应结果的影响，试验结果见表 3-4。

表 3-4 单管放大试验反应条件的影响

反应条件	乙醇收率	乙醇选择性	乙酸选择性	CH_4选择性
温度由低至高	升高	降低	降低	升高
压力由低至高	升高	降低	升高	降低
CO/H_2由低至高	降低	降低	升高	降低
SV 由低至高	先升高后平稳	缓慢升高	缓慢降低	缓慢降低

试验得到的规律与小试基本相似，不同的催化剂影响趋势有所不同。优化的反应条件为：反应温度 280℃，合成气压力 2.0MPa，$H_2/CO=2.5$，$SV=16000h^{-1}$。在进行反应条件优化试验时，Rh 催化剂与加氢催化剂的反应温度相同，并且 CO 转化率大于 5%。在小试装置上也对反应条件进行了优化，以高乙醇选择性和乙醇收率为目标，不考虑 CO 转化率的高低。在单管放大试验装置上对小试优化得到的反应条件也进行了考察，H_2/CO 很低，反应温度较低，并且空速高（表 3-5）。较低的反应温度和 H_2/CO 降低了甲烷选择性，因此乙醇和 C_2 含氧化合物选择性较高，乙醇选择性达到 80%，乙醇在液相中的浓度达到 60%（表 3-6）。

表 3-5 小试试验和单管试验结果对比

项目		小试试验	单管试验
温度/℃	Rh	275	270
	Cu	272	268
压力/atm		60	60
H_2/CO		1.4	1.4
空速/h^{-1}		48000	41000
CO 转化率/%		1.8	1.4
选择性/%	C_2H_5OH	76.8	79.1
	CH_4	12.0	10.2
	C_2-O	79.4	82.2
EtOH 时空收率/[g/(L·h)]		244	196

注：1. 催化剂：Rh-Mn-Li/SiO_2（200mL），Cu-Zn/SiO_2(350mL)。
2. 1atm=101325Pa。

表 3-6 液相产物分布

产物	液相产物分布/%	
	280℃，4.0MPa，$H_2/CO=2.5$，$SV=16000h^{-1}$	260℃，6.0MPa，$H_2/CO=1.4$，$SV=41000h^{-1}$
C_2H_5OH	52.40	60.40
H_2O	39.30	34.00
CH_3OH	0.46	0.85
CH_3CHO	0.84	0.26
C_3H_7OH	1.32	1.42
C_4H_9OH	0.50	0.37
CH_3COOH	1.36	0.24
$CH_3COOC_2H_5$	3.70	1.68

对空速的影响也进行了考察，小试结果如图 3-3 所示。小试装置上空速增加时乙醇时空收率增加，表明反应受扩散控制。产物分布也有所变化，甲烷选择性增加，乙酸选择性降低，乙醇以及 C_2-O 选择性变化不大。图 3-4 是单管放大试验装置上合成气空速对反应的影响，空速从 $8000h^{-1}$ 增加至 $16000h^{-1}$ 时，其变化趋势与小试基本一致。进一步增加空速则变化不明显，说明空速高于 $16000h^{-1}$ 时反应为非扩散控制。

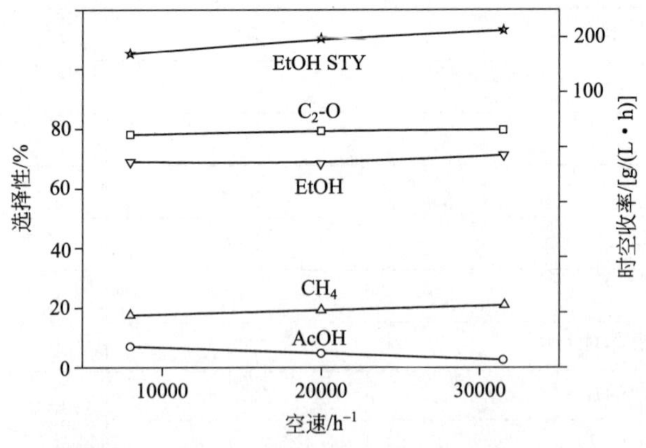

图 3-3 小试合成气空速对反应的影响（催化剂：$Rh\text{-}Mn\text{-}Li/SiO_2//Cu\text{-}Zn/SiO_2$；反应条件：2.0MPa，270℃，$H_2/CO=2.5$）

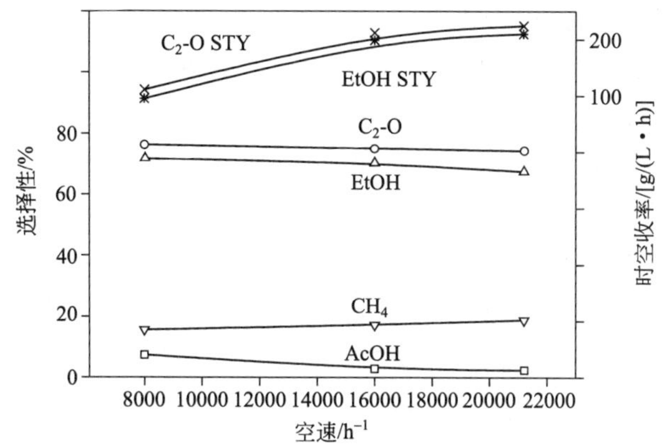

图 3-4　单管放大试验装置上合成气空速对反应的影响（催化剂：$Rh-Mn-Li/SiO_2//Cu-Zn/SiO_2$；反应条件：4.0MPa，280℃，$H_2/CO=2.5$）

3.1.3　反应器放大的影响因素

对于工业装置来说，大尺寸反应器的设计是关键。为了给工业化反应器设计提供依据和参考，对单管放大试验装置反应器放大的影响因素进行了考察。

3.1.3.1　线速度以及扩散的影响

装置生产规模的放大需要增加反应器的直径以及高度，但这通常会带来反应的变化。表 3-7 列出了不同反应器直径和催化剂床层高度时的反应结果。在合成气空速为 8000h^{-1}的情况下，反应器直径和床层高度对反应的影响很明显，但当空速为 16000h^{-1}时这种影响较小。单独的扩散效应不能解释这些现象，所以在小试装置上进行了更详细的考察。

表 3-7　不同反应器直径和催化剂床层高度时的反应结果

项目	指标				
反应器内径/mm	38.4	25.0	25.0	25.0	38.4
床层高度/mm	370	970	970	1940	370
气相线速度/(cm/s)	8.1	21.6	10.8	12.6	5.4
催化剂体积/mL	200/200	200/200	200/200	400/400	200/200
反应温度/℃	280	280	280	280	280
合成气空速/h^{-1}	16000	16000	8000	8000	8000
CO 转化率/%	5.8	5.0	9.5	11.1	6.6
乙醇选择性/%	70.5	66.8	61.7	66.3	71.1
乙醇时空收率/[g/(L·h)]	193	194	142	184	104

注：1. 催化剂：$Rh-Mn-Li/SiO_2//Cu-Zn/SiO_2$。
2. 反应条件：4.0MPa，CH_4含量 40%，$H_2/CO=2.5$。

图3-5是小试试验装置上空速及合成气线速度对反应的影响。在线速度较低时，空速对乙醇生成速率的影响很明显，空速增加，乙醇的生成速率也增加。在线速度较高时，空速变化对乙醇生成速率的影响很小。空速超过20000h^{-1}时线速度的变化对乙醇的生成速率几乎没有明显影响。从上述试验结果推测，反应过程中生成了不稳定的中间过渡物种，并且一些产物很难从催化剂表面脱附出来。当气体线速度较低时，难脱附的产物覆盖了催化剂表面的活性位，并且由于停留时间长，不稳定的中间过渡物种自身发生分解或与其他非目的产物发生二次反应，抑制了主产物的生成。

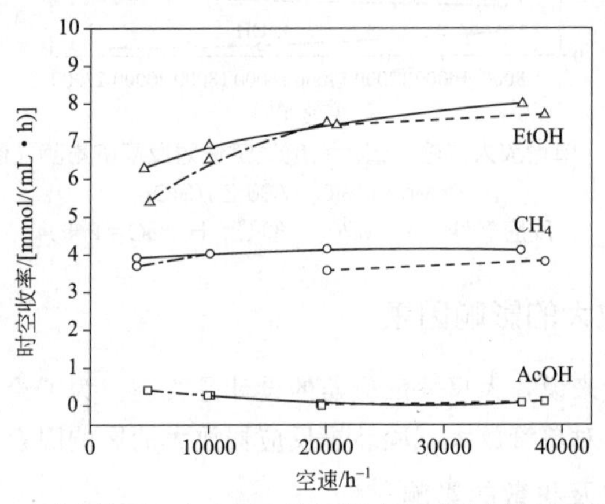

图3-5 小试试验装置上空速及合成气线速度对反应的影响［Rh-Mn-Li/SiO_2（2mL）//Cu-Zn/SiO_2（2mL）；2.0MPa，270℃，H_2/CO＝2.5。虚线：LV＝22.3cm/min；实线：LV＝44.7cm/min；点划线：LV＝89.3cm/min］

图3-6是用甲烷稀释原料气对反应的影响。在保持合成气分压不变的情况下，通过加入甲烷等惰性气提高气体空速时并没有增加乙醇的生成速率，说明产物的脱附可能是通过加氢反应实现的。

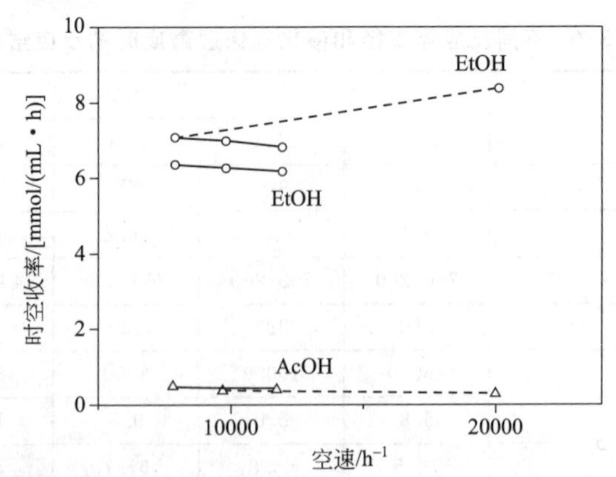

图3-6 用甲烷稀释原料气对反应的影响［Rh-Mn-Li/SiO_2（2mL）//Cu-Zn/SiO_2（2mL）；2.0MPa，270℃，H_2/CO＝2.5。实线：CO-H_2；虚线：CO-H_2-CH_4］

在小试装置上的研究表明，上述在 Rh 催化剂表面发生的反应没有直接受到装在 Rh 催化剂床层下面的加氢催化剂的影响。

3.1.3.2 Rh 催化剂上的反应速率方程

根据前面的试验结果，在接近优化的反应条件下催化剂表面反应是反应的速率控制步骤，因此可以测出速率方程用于反应器的设计。试验在小试装置上进行。催化剂为 Rh-Mn-Li/SiO_2，在进行动力学研究之前催化剂在单管试验装置上运行了较长时间，使催化剂达到稳定状态。试验得到的各种产物的生成速率方程列于表 3-8。其中，乙醛、乙醇和甲烷的生成速率与氢气分压正相关，与 CO 分压负相关。乙烯的生成速率与 H_2 和 CO 分压无关，说明乙烯是某些中间物种分解产生的。生成乙酸的活化能估值偏低，说明在该反应条件下乙酸的生成速率受扩散控制。

表 3-8　Rh-Mn-Li/SiO_2 上的生成速率方程

$\frac{d(AcH)}{dt}=kP_{H_2}^{0.4}P_{CO}^{-0.4}$	$k=9.40\times10^{7}e^{-18700/RT}$	$\left(\frac{mol}{h\cdot L}\right)\left(\frac{kg}{cm}\right)^{-0.02}$
$\frac{d(EtOH)}{dt}=kP_{H_2}^{1.7}P_{CO}^{-1.8}$	$k=4.706\times10^{17}e^{-45460/RT}$	$\left(\frac{mol}{h\cdot L}\right)\left(\frac{kg}{cm}\right)^{0.13}$
$\frac{d(AcOH)}{dt}=kP_{H_2}^{-0.1}P_{CO}^{1.4}$	$k=9.96\times10^{-5}e^{7460/RT}$	$\left(\frac{mol}{h\cdot L}\right)\left(\frac{kg}{cm}\right)^{-1.28}$
$\frac{d(CH_4)}{dt}=kP_{H_2}^{1.1}P_{CO}^{-0.9}$	$k=4.889\times10^{13}e^{-34260/RT}$	$\left(\frac{mol}{h\cdot L}\right)\left(\frac{kg}{cm}\right)^{-0.24}$
$\frac{d(C_2H_6)}{dt}=kP_{H_2}^{1.3}P_{CO}^{-0.9}$	$k=1.4\times10^{17}e^{-48000/RT}$	$\left(\frac{mol}{h\cdot L}\right)\left(\frac{kg}{cm}\right)^{-0.37}$
$\frac{d(C_2H_4)}{dt}=kP_{H_2}^{0}P_{CO}^{0}$	$k=4.54\times10^{6}e^{18130/RT}$	$\left(\frac{mol}{h\cdot L}\right)\left(\frac{kg}{cm}\right)^{-0.014}$

3.1.4 循环气组分的影响

由于 CO 的单程转化率很低，未反应的合成气需要循环回反应器，其中的气态副产物如甲烷以及乙醛蒸气会循环回反应器，在单管放大试验中反应器入口约含 50%的甲烷。为了考察循环气组成对反应的影响，在原料气中添加了适量其他组分。表 3-9 给出了原料气中加入甲烷时的反应结果。甲烷的加入导致乙酸和乙酸酯的浓度增加，其他产物分布变化不明显。

表 3-9 原料气中加入甲烷的影响

项目	指标			
CH_4转化率/%	11.3	35.4	8.1	45
反应温度/℃	272	272	265	265
反应压力/MPa	2.0	3.0	2.2	4.0
合成气分压/MPa	1.9	2.0	2.0	2.0
合成气空速/h^{-1}	23000	16000	24200	13500
CO 转化率/%	5.0	6.1	3.9	6.2
乙醇选择性/%	68.5	71.5	72.7	69.1
乙酸乙酯选择性/%	5.0	6.5	4.7	7.4
丙醇选择性/%	2.2	2.3	1.8	2.1
甲烷选择性/%	19.4	15.2	17.0	16.6
乙醇时空收率/[g/(L·h)]	201	194	200	180

注：1. 催化剂：Rh-Mn-Li/SiO_2//Cu-Zn/SiO_2（200mL/200mL）。
2. 反应条件：气体总空速 27000h^{-1}。

原料气中甲烷浓度较高时，乙醇的时空收率稍有下降。在小试装置上考察了除甲烷以外其他组分对反应的影响。当原料气中加入适量的乙醛或乙酸乙酯，几乎都被加氢生成乙醇。当在原料气中加入一定量的乙醇，则乙醇不发生加氢反应。当在原料气中加入一定量的烯烃，则其中绝大部分被加氢生成对应的烷烃，其余烯烃有可能通过催化剂的氢甲酰化功能生成多一个碳的醇。在原料气中加入乙酸不利于乙醇和甲烷的生成（图 3-7）。但当停止加入乙酸后，乙醇和甲烷的生成速率完全恢复。如果乙酸仅仅是加入 Rh 催化剂上，则乙醛的生成量稍有增加，乙醇和甲烷的生成量减少。

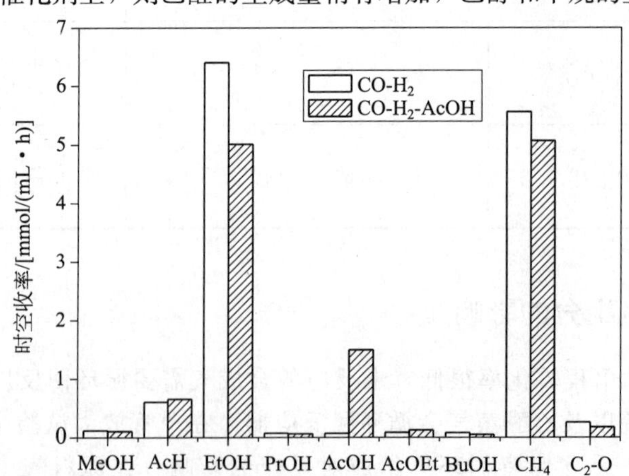

图 3-7 原料气中添加乙酸对产物生成速率的影响［Rh-Mn-Li/SiO_2（1:0.03:0.3）1.2mL，Pd-Mo/SiO_2（0.5:0.07）0.24mL，280℃，2.0MPa，H_2/CO＝3，SV＝20000h^{-1}］

通过对上述反应结果的分析，结合原料气线速度对反应速率的影响，可以认为，反应过程中生成的乙酸容易吸附在催化剂活性位上，阻止反应的进行。因此，为了提高催化剂的活性，需要采取有效的方法促进乙酸的脱附。

3.1.5 催化剂稳定性试验

在经过优化的反应条件下，在单管放大试验装置上考察了反应进行 800h 过程中催化剂性能的变化（图 3-8）。在反应进行约 100h 后催化剂性能进入稳定阶段，之后各产物选择性基本恒定。反应过程中乙醇的时空收率逐渐降低，乙酸和乙酸酯的生成量逐渐增加。从催化剂活性下降的速率推测，如果反应进行 1 年，生成乙醇的活性相比稳定阶段将下降 15%，相当于反应温度降低约 10℃。通过优化升温程序以及改进合成气净化技术将提高催化剂的稳定性。除了 Rh 金属粒子与新鲜催化剂相比有所长大之外，没有观察到催化剂在反应过程中发生其他明显变化，说明反应过程中没有发生催化剂组分的流失。反应过程中 H_2 和 CO 的物料平衡分别为 98% 和 97%。新鲜合成气反应后的乙醇收率为 67%，甲烷收率为 17%。约 7% 的原料气转化为其他含氧化合物，其中主要是乙酸乙酯和丙醇。约 5% 的原料气经尾气排放。

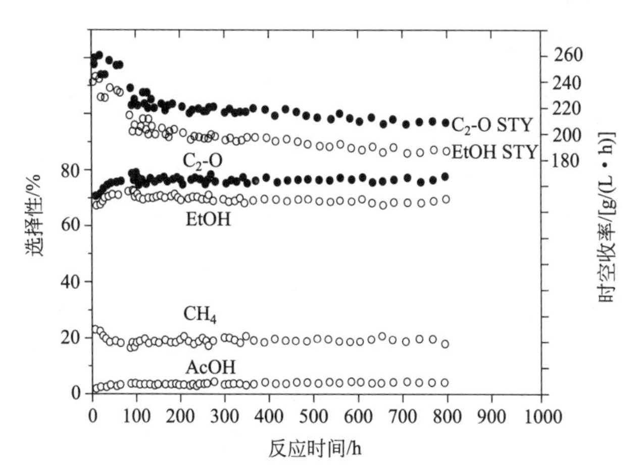

图 3-8 Rh-Mn-Li/SiO_2//Cu-Zn/SiO_2 催化剂稳定性试验结果［Rh-Mn-Li/SiO_2（200mL），反应器内径 25mm，最高反应温度 280℃；Cu-Zn/SiO_2（200mL），反应器内径 38.4mm，最高反应温度 280℃；总压 4.0MPa，合成气分压 2.0MPa，CH_4 分压 1.8MPa，CH_4 含量 45%，H_2/CO＝2.5，气体总空速 32000h^{-1}，合成气空速 16000h^{-1}］

3.1.6 合成气制乙醇过程流程

在上述研究结果基础上建立了合成气制乙醇过程流程，如图 3-9 所示。

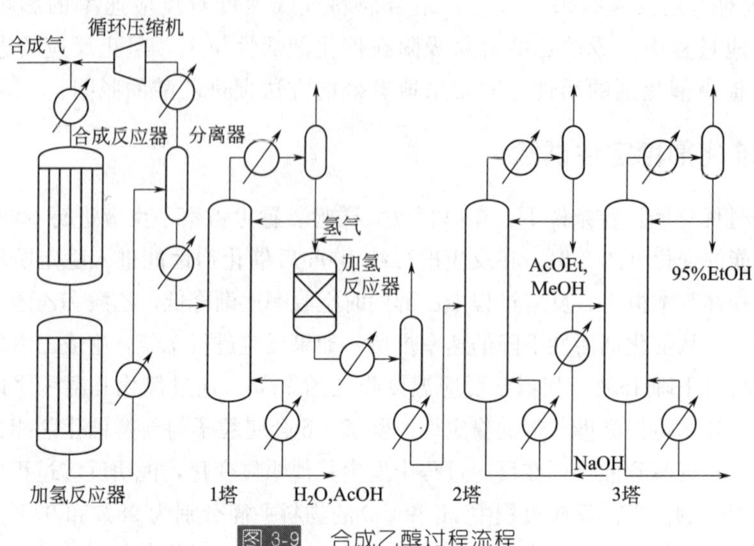

图 3-9 合成乙醇过程流程

3.1.6.1 合成与加氢

为便于更换催化剂以及实现合成与加氢两步反应条件的单独控制，Rh 催化剂和加氢催化剂分别装在不同的反应器中。由于合成气在 Rh 催化剂上的反应放热剧烈，为强化移热效果，采用固定床列管式反应器。反应管为细管，增加了线速度，并且有利于换热。壳层为高压蒸汽或其他热介质，用来吸收反应放出的热量，对热介质带出的反应热的回收利用方案需进一步研究。加氢反应器与合成反应器的结构形式相同。

3.1.6.2 分离纯化

分离纯化工艺包括三个精馏塔和一个加氢反应器，可以得到 95％的乙醇产品。产品乙醇通过精馏从其他液相产品中分离出来。由于液相中乙醇浓度较高，精馏过程能耗较大。通过三个精馏塔和一个加氢反应器，得到 95％的乙醇水溶液。进一步得到无水乙醇可以用脱水和共沸蒸馏技术。在第一个精馏塔中，含水的重组分从塔底引出，轻组分从塔顶引出进入装有 Ni 催化剂的加氢反应器，其中的醛和缩醛在加氢反应器中被加氢生成相应的醇。加氢后的物料进入 2 塔，塔顶引出的轻组分中含有 85％的乙酸乙酯，可通过进一步分离生产纯乙酸乙酯。2 塔塔底重组分加入适量 NaOH 使酯水解，然后进入 3 塔。3 塔塔顶得到 95％的乙醇水溶液，塔底主要是少量丙醇、乙酸酯、丁醇以及水。单管放大试验得到的液相产品通过上述分离技术可以得到符合 95％乙醇产品标准的乙醇产品。

3.1.6.3 存在的问题

存在的问题如下。

（1）由于合成过程的 CO 单程转化率很低，绝大部分未反应的原料气需进行循环，因此压缩机能耗以及冷却和预热能耗很高。

（2）由于合成过程生成的甲烷大部分在系统中循环，为维持合成气有效分压，需提高系统总压。

（3）反应产物在高压下进行气液分离。从能量利用效率的角度考虑，吸收塔比冷凝器对节能更有利。但为简化流程，该单管放大试验装置采用了冷凝的方式。

（4）分离过程中由于轻组分存在共沸问题，分离困难。通过优化精馏条件可以尽可能减少乙醇的损失。

对进一步工业放大来说，这些都是需要考虑的问题。

虽然该工作对反应生成的污水的处理以及生产无水乙醇的技术方案没有进行试验，但是污水可以经过简单的精馏后用经过生物发酵的活性淤泥进行处理。生产无水乙醇的技术也是成熟的，不需要在实验室进行试验。

3.2　大连化学物理研究所第一代 Rh 基催化剂 30t/a 工业性中试

3.2.1　0.2L 级催化剂装量单管试验装置

从 1992 年开始，中国科学院大连化学物理研究所设计建造了催化剂装量为 200mL 的单管模试装置，其核心的反应器为带有导热油循环夹套 ϕ25mm×3000mm 单管固定床反应器及尾气循环压缩系统，导热方式为通过导热油换热的方式。在此单管模试装置上，一共进行了十余次运转试验，其中催化剂稳定性试验连续运转超过了 1000h。

在这十余次单管模试中，对小试筛选出来的低铑含量的催化剂进行了催化剂放大制备，考察了催化剂粒度对传热和传质性能以及催化性能的影响，研究了反应温度、反应压力、合成气空速和尾气循环量等反应参数对催化剂反应活性、目标产物选择性和产品分布的影响。也考察了物料平衡、反应器床层分布、产品收集和反应系统材质等的影响以及催化剂在尾气循环条件下的寿命试验。取得了十分丰富的试验数据和操作经验，为工业性中试的流程、设备及工艺参数提供了充分必要的试验依据。图 3-10 为单管试验装置示意图。试验所用的合成气是采用甲醇分解而得来的合成气，其中 H_2/CO 的体积比为 2。经压缩机压缩后送到高压气柜中储存，从高压气柜中出来的合成气经压力控制器调节到合成反应所需的压力，经高压流量计计量后，通过预热器进入反应器，反应器中心有可滑动热电偶以测量反应器床层的温度分布。从反应器出来的气体经冷凝器冷凝，并在气液分离器中分离。所得液体产物定量收集，定时产出，并用气相色谱进行定量分析。未反应的合成气及轻烃类大部分经循环压缩机与新鲜气一起进入预热器，一小部分经色谱分析后计量放空。

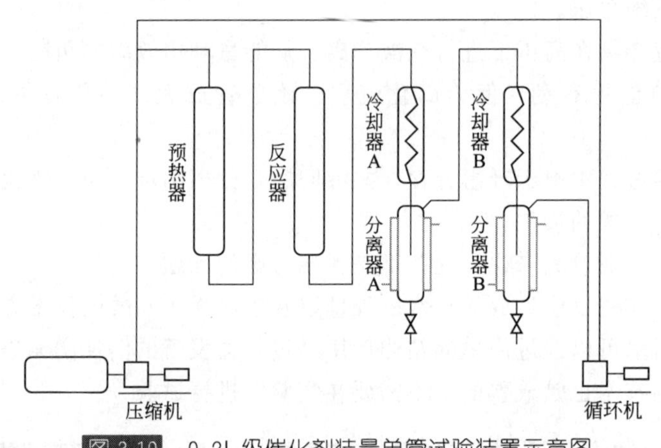

图 3-10　0.2L 级催化剂装量单管试验装置示意图

3.2.2　合成气制 C_2 含氧化合物催化剂

采用不同的 SiO_2 载体、不同 Rh 含量以及不同助剂等制备低 Rh 催化剂的实验室小试样品，并研究了催化性能的影响。在催化剂配方组合和筛选过程中，还开展了催化剂的表征及应用基础研究。在大量催化剂制备及反应考察的基础上，最终确定一种 Rh 含量为 1%，由 Rh-Mn 为主要组分，并负载于经过特殊处理的 SiO_2 载体和添加有特定助剂的低 Rh 催化剂。经过对大量重复制备和反应进行考察，证明这种催化剂具有非常良好的制备和反应的重复性。同时经过对连续 1000h 小试的稳定性进行考察，证明所研制的催化剂具有较高的 C_2 含氧化合物时空得率和选择性，较好的稳定性，均达到预期目标。并在此基础上，进行了催化剂的放大研制，放大倍数超过 100 倍。经过对多次反复放大制备的催化剂进行反应评价，证明了放大制备催化剂的性能与小试筛选的催化剂性能相同，说明放大研制的重复性较好。

3.2.3　合成气制 C_2 含氧化合物反应工艺

合成气制 C_2 含氧化合物反应工艺为连续气固相固定床反应工艺，CO 加氢的放热量较大，反应温度高，因蒸汽压高而不能采用水的蒸发汽化来移热的方式，采用高温导热油移热的方式，反应器带有导热油循环夹套。

通过单管模试研究，优化了反应条件，同时还获得以下有意义的结果。

低 Rh 含量催化剂的放大制备的重复性较好，单管反应系统在催化剂填充、温度分布、反应移热和控制、产品的收集等方面都显著优于微反应器系统，其活性和选择性的数据更有科学性和可靠性。总的来说，催化剂及反应工艺的放大不但没有产生负面的放大效应，反而有利于催化剂性能的发挥。

低 Rh 催化剂的产品分布具有突出的优点，甲醇的生成量几乎可以忽略。而 C_2 含氧化合物主要是由乙醇、乙醛和乙酸构成的。其中，乙醇含量占 35%，乙酸占 32%，乙醛占 20% 左右，这样的产品分布已明显突破了 F-T 合成中的 Schulz-Flory 产品分布规律的限制。

到目前为止，除了我国的研究开发工作外，只有日本进行了类似规模的研究，日本的催化剂装量与我国的单管模试的规模相同，同为 200mL 催化剂装量。日本模试的反应条件与我国的相类似，因此，具有一定可比性。与日本的催化剂 Rh 含量相比，我国的催化剂 Rh 负载量只是日本的 2/9，按单位重量的 Rh 计算的时空得率，我国的结果比日本的催化剂高 3～4 倍。表明我国的研究结果处于国际同类研究的先进水平。

3.2.4 列管式固定床工业性中试装置

30t/a 的工业性中试是由中国科学院大连化学物理研究所与四川垫江天然气化工总厂及中国成达化学工程公司合作进行的。其中大连化学物理研究所负责提供对中试流程及装置设计的基础关键性设计参数和资料，以及中试所需的 30L 催化剂的放大研制；成达化学工程公司负责中试流程及装置的设计；而垫江天然气化工总厂负责在该厂建设中试装置并进行运转操作。中试的运转试验由合作三方在中试现场共同进行。

工业性中试的主要目的是通过使用天然气经水蒸气重整产生的工业性合成气原料，在模拟工业条件下，对大批量放大研制的低 Rh 催化剂的活性、选择性和稳定性进行考察，对反应操作参数进行优化，以及对工艺流程及设备进行工程研究。图 3-11 为列管式固定床工业性中试装置示意图。

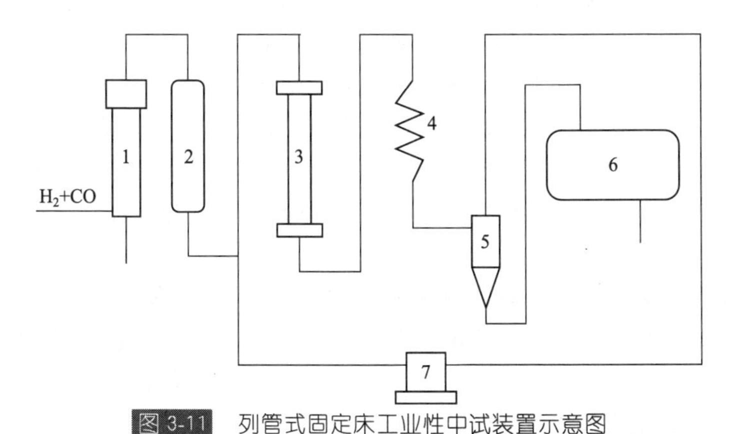

图 3-11 列管式固定床工业性中试装置示意图

1—膜分离器材；2—净化器；3—合成塔；4—冷凝器；5—气流分离器；6—储罐；7—循环机

3.2.5 合成气制 C_2 含氧化合物催化剂放大研制

低 Rh 催化剂在单管模试放大成功的基础上，进行了为工业性中试装置试验提供立升规模的催化剂放大研制试验，本次的放大倍数在 100 倍左右。在这一放大研制过程中着重解决了两个重要的关键问题：一是研究并解决了由金属 Rh 制备 $RhCl_3$ 以及自制的 $RhCl_3$ 作为原料制备催化剂，为以后的工业性示范装置的催化剂放大研制提供了原材料的保证；二是研究并解决了由于催化剂颗粒放大而引起的制备催化剂金属分布的不均匀性。

3.2.6 合成气制 C_2 含氧化合物反应工艺条件优化

（1）对原料气净化技术进行研究。垫江厂的工业性合成气是由天然气经蓄热炉水蒸气重整产生的。其中含有多种对催化剂性能有毒害作用的微量杂质。因此，对工业性合成气的净化技术的研究是本次工业性中试的主要研究内容之一。由于工业性合成气中含有 0.5～1.0μL/L 硫化物，必须将硫含量脱除到 $20\mu L/m^3$ 以下。除了硫化物，工业性合成气中还含有铁和镍的羰基物、氧气、氯离子和水分，所以在装置中增加了脱除羰基物、氧气和氯离子的吸附剂，成功地完成了合成气的净化。

（2）合成气中 H_2/CO 比的调节。工业性合成气中 H_2/CO 比为 3～4，高的 H_2/CO 比有利于加氢能力的提高，不利于目标产物的选择性。采用中空纤维膜分离器来达到调节 H_2/CO 比的目的。通过使用膜分离器可以方便、灵活地调节 H_2/CO 比，因此可以在一定程度上调节催化剂生成乙醇、乙醛和乙酸的选择性，并增加过程操作的灵活性。

（3）反应系统大量反应热的及时移出是反应器温度控制的关键。工业性中试采用的是列管式固定床反应器，它是由 28 根 ϕ25mm×3000mm 的反应管组成的，反应管外用导热油循环移热及保温。由于合成乙醇的反应是强放热反应，因此如何控制及调节导热油循环系统，保证催化剂床层温度分布的均匀性，特别是在开车过程中如何进行平稳升温，以避免飞温，是本次工业性中试的成败与否的关键。试验结果表明，采用预热导热油的方法，可以有效控制温度的上升速度，达到平稳开车。同时，导热油循环系统能够有效地将反应热及时、快速地从反应器中移走。

（4）催化剂装填及反应条件的考察。列管式反应器要求所有反应管内的催化剂装填状态达到均匀一致，才能保证反应管的阻力降相同。催化剂装填方法必须保证上述特殊要求。并掌握压力、温度、尾气循环及新鲜气补充和 H_2/CO 比调节等操作参数对催化剂反应性能的影响。

（5）反应系统的稳定运转试验。在对工艺流程和反应工程的多个关键性问题进行考察，并克服一系列技术的困难之后，开始进行工业性中试系统的稳定运转操作试验。在反应总压为 8.0～8.2MPa，床层出口温度为 310～312℃，空速为 $16000h^{-1}$，新鲜原料气为 50～60m^3/h，H_2/CO 比为 2.0～2.4 的条件下，连续运转 1026h。代表性的结果是 C_2 含氧化合物时空得率为 310g/(kg·h)，C_2 含氧化合物选择性为 73.5%（质量分数），碳平衡为 102%，在 C_2 含氧化合物中乙醇占 36%，乙酸占 33%，乙醛占 20%。重复了实验室小试结果。

参 考 文 献

[1] Satoshi Arimitu，Kazuaki Tanaka，Toshihiro Saito//Chapter 3：Vapor phase production of ethanol directly from synthesis gas. Progress in C1 Chemistry in Japan. Tokyo：The Research Association for C1 Chemistry，1991：143-201.

[2] 谢光全．日本合成气制醋酸研究概况. C1 化学与化工，1989，(1)：34-39.

第4章 合成气制乙醇等含氧化合物的非 Rh 基催化剂体系

4.1 合成气制乙醇等含氧化合物的非 Rh 基催化剂

合成气制乙醇等含氧化合物（包括 C_{2+} 含氧化合物）的非 Rh 基催化剂研究大致有三类：合成气直接制取乙醇等含氧化合物的过渡金属（非 Rh 基）多相催化剂；合成气合成乙醇的均相催化剂体系；合成气间接法合成乙醇的催化剂体系。

4.1.1 合成气直接制取乙醇等含氧化合物的过渡金属多相催化剂

4.1.1.1 CO 和 H_2 的吸附与活化

CO 和 H_2 在催化剂表面进行化学吸附与活化是 CO 加氢催化反应的必经步骤，因此首先研究 CO 和 H_2 在金属表面的吸附与活化。

H_2 分子中 H—H 键的键能为 436kJ/mol。H_2 的吸附与活化比较容易，在Ⅷ族金属上，H_2 很容易发生解离吸附，大都生成活泼的 H 原子，也可因金属电子向吸附的 H 原子转移，使解离吸附的 H 原子呈电负性。这种不同类型的氢吸附态，对金属的加氢能力产生一定的影响[1]。

CO 分子中，C 与 O 的化学键为三键，C≡O 的键能为 1069kJ/mol。在不同的过渡金属上，CO 的吸附与活化状态不同。CO 活化的关键取决于金属吸附 CO 后对 C—O 键（碳-氧键）的削弱程度。CO 在不同的金属表面上，既可发生解离型吸附，也就是碳-氧键断裂，CO 发生解离，生成 C 原子和 O 原子，也可发生非解离型吸附，即以分子态形式吸附在金属表面。对于非解离型吸附，可以是直线式吸附，也可以是架桥式吸附[1]。这些不同的吸附态具有不同的反应性能。

在元素周期表中，过渡金属中ⅣB～ⅠB 族的许多金属均可对 CO 发生吸附作用，吸附热是衡量吸附强度的重要标志，不同过渡金属对 CO 的活化能力还取决于吸附态和解离活化能。室温下不同过渡金属上 CO 的吸附性质见表 4-1[1]。

表 4-1　室温下不同过渡金属上 CO 的吸附和活化

项目	ⅣB	ⅤB	ⅥB	ⅦB	Ⅷ			ⅠB
元素	Ti	V	Cr	Mn	Fe	Co	Ni	Cu
吸附类型	D	D	D	D	D	M	M	M
ΔH_a/(kJ/mol)	627.6	—	—	334.7	167.4	188.3	188.3	41.8
E_d/(kJ/mol)	10.4	7.1	17.6	13.8	66.5	97.9	97.9	—
$-\Delta H_{f,c}$/(kJ/mol)	188.3	117.2	4.2	16.7	−20.9	−16.7	−37.7	不稳定
项目	ⅣB	ⅤB	ⅥB	ⅦB	Ⅷ			ⅠB
元素	Zr	Nb	Mo	Tc	Ru	Rh	Pd	Ag
吸附类型	D	—	D	—	M	M	M	—
ΔH_a/(kJ/mol)	606.7	543.9	334.7	—	125.5	188.3	188.3	83.7
E_d/(kJ/mol)	0	0	24.3	87.4	181.6	206.3	244.8	—
$-\Delta H_{f,c}$/(kJ/mol)	213.4	142.3	12.6	—	不稳定	不稳定	不稳定	不稳定

注：1. 吸附类型：M 表示分子态吸附；D 表示解离型吸附。

2. ΔH_a表示多晶金属上 CO 的吸附热概略值；E_d表示 C—O 键解离活化能的计算值；$\Delta H_{f,c}$表示单个碳化物生成热值。

从表 4-1 可以看出，CO 在金属表面上的吸附类型与吸附热大小相关，吸附热越大，吸附键能越强，对 CO 的 C—O 化学键削弱程度越大，使得 CO 越容易发生解离。在ⅣB～ⅦB 族的 Ti、V、Cr、Mn、Zr 和 Mo 等金属上，具有较大的吸附热，CO 发生解离型吸附；在Ⅷ族的 Fe、Co、Ni、Ru、Rh 和 Pd 金属上，CO 的吸附热为中等吸附热，CO 的吸附既可是解离型吸附，也可是非解离型吸附；而在ⅠB 族的 Cu 和 Ag 金属上，CO 的吸附热较小，CO 的吸附变得困难。ⅣB～ⅠB 族金属，在元素周期表左侧的金属有利于使 CO 发生解离，此时，CO 的吸附热较大，金属碳化物的生成反应热是放热的，M—C 键较强，能量较低，CO 的解离活化能较小。右侧的金属在热力学和动力学上都不利于 CO 的解离，吸附热较小，金属碳化物稳定性差，其生成反应是吸热过程，CO 的解离活化能较大，只能形成非解离型吸附。

ⅠB 族金属对 CO 的吸附热虽然较低，但其与Ⅷ族金属具有形成合金的能力，可增强 CO 在金属表面的吸附，调节原有的 CO 吸附性质。

4.1.1.2 合成气直接制取乙醇等含氧化合物的过渡金属催化剂的研究

根据上述 CO 在过渡金属中的吸附与活化态，以及 CO 在金属表面的吸附热值，在Ⅷ族以及ⅠB 族金属（通过添加其他金属调节 CO 的吸附）上，CO 的吸附热为中等吸附热，CO 能够进行吸附与活化，从而使得 CO 有可能在以Ⅷ族和ⅠB 族金属制备的催化剂上进行加氢催化反应。

在Ⅷ族以及ⅠB 族金属中，只有 Rh 金属催化合成气制乙醇等含氧化合物的活性和选择性较高，其他单金属催化合成气合成乙醇等含氧化合物的性能很低。例如，Co 和 Ru 金属通常用于合成碳数分布广泛的烃类化合物，其合成乙醇的收率很低；Fe 基催化剂主要用于合成以烃类为主的产物，醇类化合物占有一定的比例，其中乙醇的选择性较低；Ni 是甲烷化催化剂，主要用于合成气制取甲烷；Re、Ir、Pt 及 Pd 基催化剂显示了一定的合成甲醇选择性；Cu 基催化剂具有良好的合成甲醇选择性。

基于单种金属催化 CO 加氢合成乙醇等含氧化合物的性能较差，因此，需采用两种或两种以上Ⅷ族和ⅠB 族过渡金属，或采用其他金属作为助剂调节Ⅷ族和ⅠB 族中金属的性质，研制非 Rh 基合成乙醇等含氧化合物催化剂。

早在 20 世纪 80 年代，人们就开始探索合成气制乙醇等含氧化合物的非 Rh 基催化体系研究。Takeuchi 等尝试采用 Re 以及碱土金属来改性 Co 金属，研制合成乙醇等含氧化合物的催化剂[2]。在 523K、2.1MPa 和 $2000h^{-1}$ 的反应条件下，Co-Re-Sr/SiO_2（Co、Re 和 Sr 质量负载量为 5%、5%和 5%）催化剂上 CO 的转化率为 5.0%，合成乙醇的选择性为 20.5%，生成乙醇等含氧化合物的选择性达到 25.0%，生成甲醇的选择性为 2.8%，生成 CH_4 和 C_2～C_8烃的选择性分别为 18.2%和 39.3%。而未采用助剂调变的 Co/SiO_2 催化剂上 CO 转化率为 23.0%，虽然生成乙醇等含氧化合物的选择性达到 1.2%，但是其中合成乙醇的选择性仅为 0.7%。可见，采用 Re 和 Sr 助剂调变后，生成乙醇等含氧化合物的选择性大大增加，但是催化剂的活性显著降低。与 Rh 基（如 Rh-Mn-Li-Fe）催化剂相比，其合成乙醇的活性和选择性明显较低。Takeuchi 等还开展了 Co-Ru-Sr/SiO_2催化剂上合成乙醇等含氧化合物性能的研究[3]。研究表明，在上述相同反应条件下，其与以上 Co-Re-Sr/SiO_2催化剂上合成乙醇等含氧化合物的性能大致相当。进一步研究发现，添加 Ru 可以提高 Co 的还原度，从而提高催化剂的活性。采用不同的 Ru 源，催化剂性能差异明显。与 $RuCl_3$相比，$Ru_2(CO)_2$作为 Ru 源所研制的催化剂具有更高的催化性能。碱土金属助剂可以起到抑制催化剂钴物种生成氧化钴的作用，从而提高了催化剂合成乙醇等含氧化合物的选择性。

不同 Co 源对 Co 基催化剂合成乙醇等含氧化合物产生重要影响。Matsuzaki[4]等以 $Co_2(CO)_8$为前驱物，在无氧条件下研制了 SiO_2负载的高分散金属态 Co 的催化剂（Co/SiO_2）。在 493K、2.1MPa 和 2000h^{-1}的反应条件下，CO 的转化率为 10.5%，合成乙醇等含氧化合物的选择性为 5.6%，C_{3+}含氧化合物的选择性为 10.2%。而以硝酸钴、氯化钴或乙酸钴为前驱物制备的 Co/SiO_2几乎没有含氧化合物生成。通过添加不同的碱金属以及碱土金属助剂，催化剂上活性有所降低，合成烃的选择性受到抑制，合成含氧化合物的选择性得到提高，其中，合成乙醇等含氧化合物的选择性显著增加。作者认为生成醇的活性中心是高分散的金属态的 Co。Kumar 等报道了不同钴前驱物制备的 Co-Re-Zr/SiO_2催化剂上 CO 加氢反应性能[5]。研究发现，Co-Re-Zr/SiO_2催化剂上具有合成乙醇等含氧化合物的活性。以硝酸钴为前驱物制备催化剂的反应活性明显高于以乙酸钴制备催化剂的反应活性。Kumar 认为这主要源于不同温度下（室温和反应温度）以硝酸钴制备的催化剂上吸附活化 CO 的数量更多。

Kintaichi 等开展了一系列非 Rh 基催化剂上 CO 加氢合成乙醇等含氧化合物性能的研究[6~8]。在 553K、5.1MPa、2000h^{-1}和 $H_2/CO=2$ 的反应条件下，Co-Ir/SiO_2催化剂上乙醇等含氧化合物的选择性达到 35.0%，合成乙醇的选择性为 27.0%，生成甲醇的选择性为 23%，生成丙醇的选择性较低（1.8%）。然而该催化剂的活性较低，CO 的转化率仅为 2.0%。对于碱金属调变的 Ru-Ir/SiO_2催化剂，在 553K、5.0MPa、2000h^{-1}和 $H_2/CO=2$ 的反应条件下，Ru-Ir-Li/SiO_2催化剂上 CO 的转化率只有 2.0%，而合成乙醇等含氧化合物的选择性高达 38.4%（其中，合成乙醇的选择性为 22.7%，合成乙醛的选择性为 10.8%），甲醇的选择性为 3.6%。在 300℃温度下，其 CO 的转化率升至 6.5%，合成乙醇等含氧化合物的选择性为 29.1%。研究发现，不同碱金属助剂促进生成乙醇等含氧化合物的选择性的作用依次为：Li＞Na＞K＞Rb＞Cs。研究发现，在硅胶负载的非 Rh 基（Ru、Pd、Os、Ir 和 Pt）催化剂中，采用共浸渍法制备的 Ir 和 Ru 双金属催化剂上合成乙醇等含氧化合物的选择性最高。催化剂上 CO 加氢反应性能以及 CO 吸附性能的研究结果表明，Ir-Ru 合金中的两种元素均为 CO 加氢活性组分，采用不同的催化剂制备方法以及不同的 Ir 负载量，对催化剂的催化性能具有较大的影响，添加 Li 助剂可促进 Ir-Ru/SiO_2双金属催化剂 CO 加氢反应性能，在 280℃温度下，合成乙醇等含氧化合物的选择性高达 38.4%。

Homs 等[9]在 598K、2.0MPa 和进气速率为 4800mL/(g cat·h) 和 $H_2/CO=1$的反应条件下，发现 Pd-Zn/SiO_2［含量（质量分数）分别为 2.53%、0.52%］双金属催化剂上 CO 加氢具有一定的合成乙醇等含氧化合物的性能，CO 的转化率达到 9.8%，合成乙醇等含氧化合物（乙醛和乙醇）的选择性为 14%。原位漫反射红外光谱（DRIFT）以及在线质谱分析研究表明，催化剂上合成的乙醛与表面活性位上乙酸盐物种相关，乙醛再经加氢反应生成乙醇。

Chuang 等用程序升温反应（TPR）和 X 射线光电子谱（XPS）研究了用于 CO 加氢合成含氧化合物的 Na-Mn-Li 催化剂[10]。发现采用共沉淀法制备的 Na-Mn-Li催化剂，经过还原后 Na 物种迁移到催化剂表面上，在 CO 加氢反应过程中 Ni 和 Mn 物种又迁移至催化剂表面。这主要是由于催化剂表面上吸附的 CO 分子很容易解离生成 C 原子和 O 原子，催化剂表面处于氧化状态，使得催化剂表面组分进行重构。S. S. C. Chuang 认为催化剂表面上 CO 弱吸附解离中心以及甲烷化活性位的协同作用生成了乙醇等含氧化合物。

过渡金属磷化物催化剂在很多加氢反应（如加氢脱硫和加氢脱氮等）中表现出了类贵金属性质，加氢性能优异，具有代替类贵金属催化剂的潜力。近年来，人们开始探索其在 CO 加氢合成乙醇等含氧化合物的性能。Zaman[11,12] 等报道了过渡金属磷化物 MoP 催化剂的合成气催化反应性能。发现 MoP/SiO_2 催化剂上 CO 加氢催化反应的产物主要是烃类产物；而采用 K 助剂促进的 K-MoP/SiO_2 催化剂性能明显改善，CO 转化率得到提高，且随着 K 助剂含量的增加，生成 CH_4 的选择性受到抑制，合成 C_{2+} 含氧化合物的选择性显著增加，合成气反应的产物主要为含氧化合物，其中大部分是乙醛、丙酮和乙醇组分。在 548K、8.3MPa、3960h^{-1} 和 $H_2/CO=1$ 的反应条件下，在 5%K-10%MoP/SiO_2 催化剂上，生成 CH_4 的碳数选择性仅为 9.7%，合成 C_{2+} 含氧化合物的碳数选择性高达 63%，其中，乙醇等含氧化合物的碳数选择性接近 40%，为 39.2%（生成乙醛的选择性为 20.5%，生成乙醇的选择性为 15.3%）。宋宪根[13,14]等采用程序升温还原反应方法研制了一系列不同金属/P 比例的 Fe、Co 和 Ni 的过渡金属磷化物催化剂。研究发现，P 物种和 Co 物种之间作用力最强，Ni 物种次之，Fe 物种最弱，磷化钴催化剂具有较佳的 CO 加氢活性和生成 C_{2+} 含氧化合物的选择性，见表 4-2。在 553K、5.0MPa 和 $H_2/CO=2$ 的反应条件下，三种 Co/P 摩尔比不同的 Co_xP/SiO_2（x 为 Co/P 摩尔比）催化剂上，CO 加氢反应活性依次为：$Co_2P/SiO_2 < Co_4P/SiO_2 < Co_8P/SiO_2$。在这三种催化剂上，CO 加氢反应生成的主要产物是 C_{2+} 含氧化合物，在 Co_2P/SiO_2 催化剂上，C_{2+} 含氧化合物的选择性达到 45%，非常接近 Rh 基催化剂的反应结果，在 Co_4P/SiO_2 催化剂上，C_{2+} 含氧化合物的选择性可以达到 37.7%，接近无助剂促进的 Rh 基催化剂的含氧化合物选择性。催化剂表面上 Co 物种是 CO 加氢反应生成 C_{2+} 含氧化合物的活性中心。

表 4-2　不同金属/P 比例的磷化物的 CO 加氢性能

催化剂	CO 转化率/%	选择性/%					
		CH_4	$C_{2+}H$	MeOH	EtOH	Other C_{2+} oxy	CO_2
Fe_2P/SiO_2	2.0	25.1	14.5	30.1	7.4	15.1	7.8
Fe_4P/SiO_2	6.5	29.4	20.4	19.4	9.9	10.2	10.7
Fe_8P/SiO_2	11.5	33.1	25.5	10.6	9.8	5.7	15.3
Fe/SiO_2	19.2	32.4	42.8	2.7	2.0	2.0	18.1
Co_2P/SiO_2	2.3	26.7	10.0	13.3	9.5	35.2	5.3
Co_4P/SiO_2	5.3	33.8	15.8	7.1	13.2	24.5	5.6
Co_8P/SiO_2	8.7	44.2	23.4	4.5	9.4	13.2	5.3
Co/SiO_2	17.5	19.3	74.1	1.0	2.0	1.6	2.0
Ni_2P/SiO_2	1.3	27.1	12.6	45.4	6.7	3.1	5.1
Ni_4P/SiO_2	2.5	38.5	8.6	44.4	4.3	1.2	3.0
Ni_8P/SiO_2	4.6	40.4	7.3	42.8	4.2	1.3	4.0
Ni/SiO_2	14.5	80.2	5.2	2.2	0.9	0	11.5

注：1. 反应条件：$T = 553K$，$P = 5.0MPa$，$GHSV=5000h^{-1}$，$H_2/CO=2$。

2. $C_{2+}H$ 包括 C_2 及其以上的烃类，Other C_{2+} oxy 包括乙醛、丙醛、丁醛、丙醇和丁醇等其他少于 5 个碳原子的含氧化合物及其以上的烃类。

4.1.2　合成气合成乙醇的均相催化剂体系

甲醇均相催化同系化法生产乙醇是合成气均相催化合成乙醇工艺中最重要的反应之一。由于合成气合成甲醇已实现了广泛的工业化生产，甲醇与合成气同系化反应生产乙醇，可看成是合成气均相催化合成乙醇的一条路径。1951 年 Wender[15] 等发现，在 $[Co(CO)_4]_2$ 均相催化剂的催化作用下，在 453K 和 32.5MPa 条件下，甲醇与合成气同系化反应生成乙醇的选择性达到 39%。在此基础上，人们进行了广泛而深入的研究，催化剂从 Co 到 Ru，再扩展到 Co-Ru 双金属络合物，以提高合成乙醇的选择性[16~18]。一些含氧化合物溶剂（如甘醇二甲醚、*N*-甲基四氢吡咯、环丁砜和乙酸）、碘化物和离子液体（Bu_4PBr）被用作促进剂。例如，以 $Ru_3(CO)_{12}$ 络合物作为催化剂、碘化物作为促进剂的均相催化剂体系可用来合成甲醇、乙醇和甲烷。在 513K 和 28.5MPa 条件下，合成气合成乙醇的时空产率为 46g/(L cat・h)。另外，德士古公司报道了一条合成气制醇-醚的工艺，采用 RuO 为催化剂，并添加了 Bu_4PI，在 493K 和 45.1MPa 条件下，合成乙醇的选择性达到 60%[18]。采用不同的催化剂和助剂对催化剂合成乙醇的性能有重要的影响，甲醇转化率最低为 10%，最高可达 100%，生成乙醇的选择性最高可达 90%。反应生成的副产物主要是乙酸、高级醇和甲烷。在所报道的催化剂中，RuO_2-Bu_4PI-CoI_2 体系显示了较佳的催化性能，在 473K 和 28.7MPa 条件下，合成乙醇的选择性达到 56%，甲醇的转化率高达 80%[18]。甲醇转化率和生成乙醇的选择性可通过添加季鏻盐或季铵盐得到进一步提高。

美国阿贡国家实验室的研究者近来报道了一条新的选择合成乙醇的工艺[19]，包括以下步骤：水蒸气裂解生物质生产合成气；采用商业化的 Cu/ZnO 催化剂合成甲醇；在 $HFe(CO)_4$ 络合物催化剂上甲醇先羰基化和再加氢生成乙醇。反应温度为453～493K，反应压力为 30MPa。催化反应速率控制步骤是 CO 插入反应中的 $Fe(CO)_4$ 络合物（以 1-甲基-2-吡咯作为溶剂）亲核反应步骤。该反应最主要的优势是反应没有生成水和其他醇类，制取的乙醇产物纯度较高。该反应的总包反应如下：

$$CH_3OH\ (g) + 2CO(g) + H_2(g) \longrightarrow C_2H_5OH\ (g) + CO_2(g)$$

由于产物中没有水，省去了从水-醇共沸体系中将乙醇分离出来的复杂分离步骤，且反应使用非贵金属催化剂，因此具有巨大的经济性。当然，其反应压力为高压，反应条件苛刻，尤其是使用的 $Fe(CO)_4$ 络合物催化剂有毒，是实现工业化生产需要着重考虑或克服的难题。

4.1.3 合成气间接法合成乙醇的催化剂体系

天津大学马新宾等[20]在合成乙二醇工艺的基础上成功研发了合成气间接法制取乙醇的新路径，如图 4-1 所示。

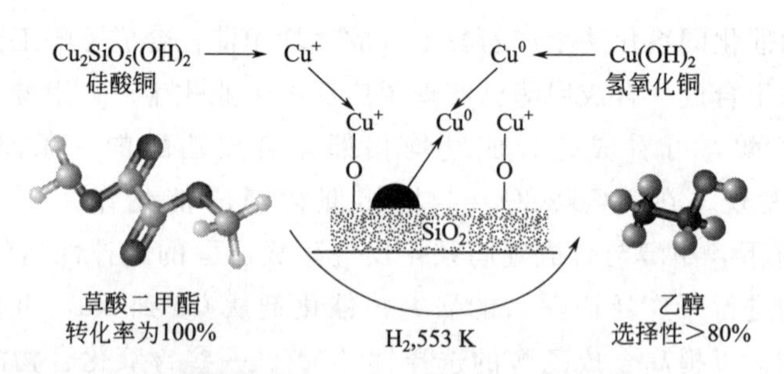

图 4-1 合成气间接法合成乙醇路径

该方法成功地采用 Cu/SiO_2 催化剂催化合成气高收率地（约 83%）制取乙醇。与上述直接转化合成气工艺不同，该方法是间接利用合成气，即草酸二甲酯参与反应，分步利用合成气中的一氧化碳和氢气。首先利用一氧化碳（合成气中的组分之一）与甲醇和氧气进行氧化偶联的方法制备草酸二甲酯，然后将其与

H_2（合成气中的另一组分）在 Cu/SiO_2催化剂的作用下催化加氢生成乙醇和甲醇。经过精馏分离后，得到乙醇产品，副产物甲醇再与一氧化碳和氧气进行氧化偶联反应生成草酸二甲酯，进行循环利用，这样就实现了合成气间接法合成乙醇的新过程。2010 年，甲醇与一氧化碳和氧气进行氧化偶联反应实现了年产 1 万吨/年规模的工业化生产，因此，研究的重点主要在于 Cu/SiO_2催化剂上草酸二甲酯催化加氢反应生成乙醇和甲醇的步骤。

研究发现，采用氨蒸发水热处理法制备的 Cu/SiO_2具有独特的层状结构，在还原过程中催化剂表面上高分散的 CuO 和 $Cu_2(SiO_5)(OH)_2$物种经过还原活化分别形成了 Cu^0 和 Cu^+ 两种活性中心，从而制得了双功能催化剂。研究表明，Cu^0是初始活性中心，催化剂的活性主要与 Cu^0 活性位密度相关，Cu^+ 主要促进了中间物种的转化，从而促进了反应的进行。通过调节 Cu^0/（Cu^0+Cu^+）的比例，可以获得高的活性，在 Cu^0/（Cu^0+Cu^+）为 0.33 时，催化剂合成乙醇的转换频率（TOF）接近 $18h^{-1}$。更有意义的是，该催化剂具有高的稳定性能，在 200h 反应过程中催化剂上草酸二甲酯转化率（100%）和生成乙醇选择性（约 83%）基本保持不变。

虽然，对于合成气制乙醇等含氧化合物的非 Rh 基催化剂体系，人们开展了大量研究，取得了一定的进展，但是，此类非 Rh 基催化剂体系还存在不少问题，具体表现为：所研究的非 Rh 基催化剂上 CO 加氢生成乙醇等含氧化合物的催化反应性能远低于 Rh 基催化剂上的反应性能，工业应用前景不强；甲醇均相催化同系化法生产乙醇具有较高的活性和选择性，然而反应条件苛刻，均相催化剂的处理及其与产品的分离比较复杂，这些问题若不解决难以实现其工业化的应用；Cu/SiO_2催化剂上合成气间接法合成乙醇初步显示了较高的活性和选择性，但仍需在催化剂机理和应用方面做进一步的研究工作。

以上尝试开展研究的非 Rh 基催化剂用于 CO 加氢合成气转化生成含氧化合物中，除乙醇等含氧化合物之外，大都含有一定量的甲醇、丙醇和丁醇等其他含氧化合物。考虑到合成气制乙醇等含氧化合物的主要目的之一是以煤/天然气/生物质为资源经合成气生产乙醇燃料，而从合成气合成的 C_1～C_5低碳混合醇，除含有一定量的乙醇之外，其混合物也可直接用作汽车燃料。几十年来，该工艺成为碳一化学领域重要的研究方向之一，引起了人们很大的兴趣。下面阐述合成气制 C_1～C_5低碳混合醇，并从获取高乙醇收率和选择性的角度对催化剂体系及其 CO 加氢性能进行探讨。

4.2　合成气制乙醇和低碳混合醇（C_1～C_5醇）

低碳醇，或称低碳混合醇，一般是指 C_1～C_5 的醇类混合物，C_2以上醇（C_{2+}

醇）又称高级醇。C_1～C_5低碳混合醇的应用十分广泛，主要概括如下[21～24]。

(1) 清洁汽油添加剂　随着汽车快速进入家庭，因各种车辆排放造成的环境污染日益严重。目前全球普遍采用甲基叔丁基醚（MTBE）作为汽油添加剂，但研究发现，MTBE 污染饮用水，对人类有致癌作用。低碳混合醇具有很高的辛烷值，其防爆和抗震性能优越，与汽油可掺混，是替代 MTBE 的清洁燃料添加剂。

(2) 液体燃料和代油品　低碳混合醇可以直接作为优质燃料，虽然其热值略低于汽油和柴油，但是由于醇中氧的存在，其燃烧比汽油和柴油充分，尾气排放中有害物质较少，是环境友好燃料。

(3) 化学产品及化工原料　低碳混合醇还可作为高附加值化学产品和大宗化工生产的原料。近年来低碳醇的化工应用前景逐步看好，低碳醇经分离可得到乙醇、丙醇、丁醇和戊醇等经济价值较高的醇类产品。

4.2.1 热力学分析

由合成气制混合醇所涉及的反应相当复杂，除了高级醇（C_{2+} 醇）合成（HAS）反应，主要还伴随 Fischer-Tropsch（F-T）合成反应、甲醇合成反应和水煤气变换（WGS）反应，合成产物中除了醇类以外，还有烃、CO_2 和 H_2O 等副产物。一些主要的反应及其过程的自由能变化与温度的关系如下[25,26]。

(1) 甲醇合成反应

$$CO + 2H_2 \longrightarrow CH_3OH$$

$$\Delta G^{\ominus} = -113.791 + 0.2434T \text{ (kJ/mol)}$$

(2) HAS 反应

$$nCO + 2nH_2 \longrightarrow C_nH_{2n+1}OH + (n-1)H_2O$$

$$\Delta G^{\ominus} = -160.070n + 46.279 + (24.945n - 0.600)T/100 \text{ (kJ/mol)}$$

(3) F-T 合成反应

$$nCO + (2n+1)H_2 \longrightarrow C_nH_{2n+2} + nH_2O$$

$$\Delta G^{\ominus} = -160.070n + 146.609 + (24.945n - 0.600)T/100 \text{ (kJ/mol)}$$

$$nCO + 2nH_2 \longrightarrow C_nH_{2n} + nH_2O$$

$$\Delta G^{\ominus} = -160.070n + 73.580 + (24.945n - 14.320)T/100 \text{ (kJ/mol)}$$

(4) 水煤气变换反应

$$CO + H_2O \longrightarrow CO_2 + H_2$$

$$\Delta G^{\ominus} = -35.503 + 3.125T/100 \text{ (kJ/mol)}$$

一个反应在一定温度下能否进行，可根据该反应的自由能变化 $\Delta G^{\ominus}$ 来判断。表 4-3 列出了不同温度下各反应的 $\Delta G^{\ominus}$ 值。根据热力学理论，吉布斯自由能变化值越负的反应进行的可能性越大，由表 4-3 可见，在相同的温度条件下，n 值相同的三种产物（高级醇、饱和烃和烯烃）在热力学上的有利顺序为：$C_nH_{2n}>C_nH_{2n+1}OH>C_nH_{2n+2}$。

表 4-3　反应的 $\Delta G^{\ominus}$

产物	n	$\Delta G^{\ominus}$/(kJ/mol)		
		473K	493K	523K
CH_3OH	1	1.3	6.2	13.5
$C_nH_{2n+1}OH$	2	−40.7	−30.9	−16.1
	3	−82.8	−68.0	−45.7
	4	−124.9	−105.0	−75.3
	5	−167.0	−142.1	−104.9
	6	−209.0	−179.2	−134.5
	7	−251.1	−216.3	−164.1
	8	−293.2	−253.4	−193.7
C_nH_{2n+2}	1	101.7	106.6	113.9
	2	59.6	69.5	84.3
	3	17.5	32.4	54.6
	4	−24.5	−4.7	25.0
	5	−66.6	−41.8	−4.6
	6	−108.7	−78.9	−34.2
	7	−150.8	−116.0	−63.8
	8	−192.9	−153.1	−93.4
C_nH_{2n}	2	−79.5	−72.4	−61.7
	3	−122.2	−110.1	−91.9
	4	−164.9	−147.8	−122.1
	5	−207.6	−185.5	−152.4
	6	−250.2	−223.2	−182.6
	7	−292.9	−260.9	−212.8
	8	−335.6	−298.5	−243.0
WGS		−20.7	−20.1	−19.1

高级醇 $\Delta G^{\ominus}$随温度 T 的变化关系式为：

$$\left[\frac{\delta\Delta G^{\ominus}}{\delta T}\right]_n=24.945n-0.0060$$

温度升高，$\Delta G^{\ominus}$值增加，热力学上对醇的生成不利；随醇含碳原子数增加，温度对 $\Delta G^{\ominus}$影响更大。

高级醇 $\Delta G^{\ominus}$随碳原子数 n 的变化关系式为：

$$\left[\frac{\delta\Delta G^{\ominus}}{\delta n}\right]_T=-160.070+0.24945T$$

当 $T<641.7\text{K}$ 时，n 增加，$\Delta G^{\ominus}$减小，即在此温度以下，高碳数的醇较低碳数的醇热力学更容易生成；当 $T>641.7\text{K}$ 时，n 增加，$\Delta G^{\ominus}$增加，从热力学上看，易形成碳原子数较少的醇。因此，为了增大高碳醇的选择性，反应温度最好不超过 641.7K。

CO 加氢合成醇与烃反应均为体积收缩反应，高的反应压力有利于平衡向产物方向移动。对于不同的反应，可以通过产物体积数与反应物体积数的比值来衡量体系压力对各相关反应的影响，得到以下顺序：

$$C_nH_{2n+1}OH=CH_3OH(1/3)>C_nH_{2n}[(n+1)/3n]>$$
$$C_nH_{2n+2}[(n+1)/(3n+1)]>CO_2$$

因此，高压有利于提高醇的选择性。总压对于产物的平衡组成及 CO 和 H_2 转化率影响的基本趋势是，提高压力，CO 和 H_2转化率显著提高，产物中各醇组分（包括水和 CO_2）的含量也相应提高。通常高的 CO 分压有利于 CO 插入和碳链增长，导致产物中高级醇选择性提高，高的 H_2分压容易导致产物中甲醇和烃的生成。

4.2.2 合成气制备低碳醇催化剂体系

CO 催化加氢合成低碳混合醇的研究始于 20 世纪 20 年代。自 20 世纪 70 年代石油危机以后，这方面的研究取得了较大进展。归纳起来讲，目前国际上已开发出以下几类催化性能较好的催化剂体系：改性合成甲醇催化剂、改性费托合成催化剂（Co、Fe 和 Ru 等）、改性非硫化的 Mo 基催化剂、改性 MoS_2基催化剂。

4.2.2.1 改性合成甲醇催化剂

目前工业上合成甲醇使用两种不同类型的催化剂：一种是高温合成甲醇无铜的 Zn-Cr 催化剂；另一种是低温合成甲醇 Cu-ZnO/Al_2O_3催化剂。乙醇以及其他高级醇是合成甲醇过程中的副产物，特别是以 Na_2CO_3和 NaOH 作为碱源，采用共沉淀法制备催化剂，微量的碱金属离子残留在催化剂中，其催化 CO 加氢制甲醇的产物中含有一定量的 C_{2+} 醇[27]。而且生成高级醇的活性和选择性随着碱金属杂质含量的增加而增加。此发现促进了一类新催化剂的研制，即碱金属助剂改性合成甲醇 Zn-Cr 和 Cu-ZnO/Al_2O_3催化剂为合成高级醇催化剂的研制。

(1) 改性高温合成甲醇Zn-Cr催化剂 此类催化剂由Zn-Cr等（另外还包括Mn-Cr和Zn-Mn-Cr）氧化物高温合成甲醇催化剂中加入碱金属助剂改性制得[28~33]。反应条件较为苛刻，温度为623～723K，压力为12.5～30MPa。在该类催化剂上的主要产物为甲醇和异丁醇，同时产物中含有少量的乙醇。不同碱金属Li、Na、K和Cs及其负载量对于催化剂合成C_{2+}高级醇会产生一定影响。随着催化剂中碱金属（K或Cs）添加量的增加，合成异丁醇的收率不断增加[34]。此外，添加少量的Pd可以进一步提高合成异丁醇的选择性[35~37]。然而，在高温操作条件下，在合成醇类产品的同时，反应生成了大量的烃副产物。合成的副产物主要是醛、醚、酮和烃类，还有相当数量的CO_2。在$H_2/CO=1$时，CO_2生成量很多，但生成烃和水量较少；在$H_2/CO=2$时，甲醇含量明显提高，同时有大量的水和烃。随催化剂种类和操作条件的不同，醇在液体产物中的分布是：甲醇41%～66%（质量分数），异丁醇15%～38%（质量分数）[28]。

意大利Snamprogetti公司将这一技术发展为MAS工艺，并进行了工业化示范。

(2) 改性低温合成甲醇$Cu-ZnO/Al_2O_3$催化剂 在$Cu-ZnO/Al_2O_3$低温甲醇合成催化剂中加入碱金属，可促进C_{2+}醇的生成。一般认为，Cu-ZnO为双功能催化剂，Cu为主要活性中心，起活化解离吸附H_2作用，ZnO也起一定的作用，Al_2O_3是结构助剂，起分散活性组分、防止活性组分烧结等作用。该催化剂反应条件温和，但活性组分铜在较高温度下容易烧结失活，易被硫化物或氯化物毒害。

该类催化剂的制备方法一般是以Al_2O_3（或Cr_2O_3）为载体，采用共沉淀法制备催化剂前驱体，再采用浸渍法，将K或Cs等碱金属引入催化剂中。其催化反应条件为548～583K和5.3～10.6MPa。Klier等[38~42]对K和Cs等助剂在Cu基催化剂中的作用进行过深入的研究。无论是对于Cu-ZnO二元催化剂，还是$Cu-ZnO/M_2O_3$三元催化剂，碱金属含量都有一个最佳值，在此条件下，CO转化速率较快，且C_{2+}含氧化合物的选择性最高[43]。

在碱金属促进的$Cu-ZnO/Al_2O_3$催化剂上，合成气反应生成的主要产物是C_1～C_6直链醇和支链醇，副产物是少量的其他含氧化合物和烃类。在所报道的文献中[36,44~47]，合成乙醇的时空收率取决于不同的催化剂类型和反应条件，基本上为20～70mg/(g cat·h)，见表4-4。Xu等[48,49]报道了一种$Cu-ZnO/MgO-CeO_2$合成高级醇催化剂。$MgO-CeO_2$可以增强催化剂的碱性，促进醇-醛缩合二次反应，从而提高了合成气合成高级醇的选择性，主要是提高了合成异丁醇的选择性。

表 4-4 部分改性高温合成甲醇和低温合成甲醇催化剂上合成气转化生成乙醇和低碳混合醇性能

催化剂	反应条件				X_{CO} /%	醇 STY /[mg/(g cat·h)]			烃 STY /[mg/(g cat·h)]	参考文献
	温度 /K	压力 /MPa	GHSV /h^{-1}	H_2/CO		C_1-OH	C_2-OH	总醇		
K_2O-Pd-ZrO_2-ZnO-MnO①	673	25.9	99000	1.0	—	1331	320.0	2012	—	[44]
4%Cs-ZnO-$Cr_2O_3$②	678	7.8	18000	0.75	4.5	173.4	2.7	288.1	19.7	[45]
3%Cs-5.9%Pd-ZnO-$Cr_2O_3$③	713	10.7	—	1.0	19.0	60.0	5.0	196.0	228.0	[46]
3%K-5.9%Pd-ZnO-$Cr_2O_3$③	713	10.7	—	1.0	14.0	54.0	8.0	221.0	111.0	[36]
3%Cs-Cu-ZnO-$Cr_2O_3$②	598	10.7	5450	0.75	19.7	268.0	20.0	433.2	24.0	[45]
3%Cs-Cu-ZnO-$Cr_2O_3$②	598	10.7	12000	0.75	13.8	844.5	59.1	1193	21.3	[45]
3%Cs-Cu-ZnO-$Cr_2O_3$②	598	10.7	18000	0.75	11.7	1200	68.7	1547	18.5	[45]
4%Cs-Cu-ZnO-$Cr_2O_3$②	548	10.7	3200	0.45	—	271.0	24.6	322.6	—	[47]
3%Cs-Cu-ZnO-$Cr_2O_3$②	583	10.7	5450	0.45	20.2	231.0	22.3	334.7	15.8	[45]

① 连续搅拌浆态床反应器进行反应的数据，其他数据为固定床反应器进行反应的数据。

② 摩尔分数。

③ 质量分数。

注：1. X_{CO}表示 CO 转化率，STY 表示时空收率。

2. C_1-OH 表示甲醇，C_2-OH 表示乙醇。

Xu 等[50,51]报道了 Fe 助剂改性的 $CuMnZrO_2$ 合成高级醇催化剂。采用共沉淀法制备 $CuMnZrO_2$ 催化剂前驱体，再采用浸渍法或共沉淀法将 Fe 助剂添加到催化剂中。催化剂各元素的摩尔比为 Cu : Mn : Zr : Fe＝1 : 0.5 : 2 : 0.1。在 583K、64MPa 和 H_2/CO＝2（摩尔比）的反应条件下，CO 转化率达到了 45%，生成总醇的选择性为 26%。在 C_{2+} 高级醇中，乙醇分布最高。当 CO 转化率从 25%增加到 50%，乙醇分布从 12%增加到 15%。

德国 Lurgi 公司在 Cu-ZnO/Al_2O_3 催化剂基础上，通过添加碱金属和对孔结构的改进，开发了 Octamix 工艺合成低碳醇[52]。与高温合成甲醇催化剂改进的工艺相比，低温合成甲醇催化剂改进后，产物中的甲醇含量更高，醇产物的平均碳数减少，生成烃类和醚类副产物较多。由于原料气中 H_2/CO 比较高，因此产物中生成大量 CO_2 和 H_2O 几乎是不可避免的。从合成低碳醇角度考虑，由于变换反应的存在，在高 H_2/CO 摩尔比条件下，生成 CO_2 比生成 H_2O 更为容易。在高级醇产物中，除了乙醇和异丁醇外，还有正丙醇生成。

4.2.2.2 改性费托合成催化剂（Co、Fe 和 Ru 等）

Co、Fe 和 Ru 等是典型的 F-T 合成催化剂的组分，这类催化剂在 CO 加氢反应中还表现出了另一种共性，即在添加过渡金属和金属离子助剂进行改性的条件下，催化剂上 CO 加氢反应生成低碳混合醇[53]。添加的过渡金属包括 Cu、Mo、Mn、Re 和 Ru，添加的碱金属主要是 Li、K、Ca 和 Sr[54~69]。金属助剂的性质、前驱体种类、负载量以及碱金属离子的类型对于调控合成醇的活性和选择性都会产生重要的影响。

在 Co 基催化剂上合成醇的研究非常活跃，其中，改性 Cu-Co 基催化剂由于具有较好的活性和优异的碳链增长能力，成为最受关注的催化剂。此类催化剂中最具代表性的是法国石油研究所（IFP）研制的 Cu-Co 基催化剂[70,71]。该催化剂组成的通式为 $Cu_xCo_yM_zA_w$，其中，M 为 Cr、Fe、V、Mn 以及稀土，A 为碱金属。这类催化剂用柠檬酸盐或用金属硝酸盐共沉淀法制备，随后再以浸渍法负载碱金属助剂，经焙烧变为尖晶石相，还原后尖晶石相消耗完毕，Cu 与 Co 形成均匀的金属簇类结构。该类催化剂典型的反应条件是：5～15MPa，493～623K，4000～8000h^{-1}，H_2/CO 摩尔比可调控在较宽的范围内。该类催化剂也适合用于生物质制合成气（原料混合气中 CO_2 含量约 19%）。

表 4-5 [70,71]列出了 IFP 专利催化剂的合成混合醇性能。由表可见，Cr、Mn、Fe、La 和 K 助剂调变的 Cu-Co 基催化剂具有较高的合成乙醇的活性和选择性，其合成乙醇收率高于合成甲醇收率或高于合成甲醇与 C_{3+} 醇收率之和，合成乙醇的时空收率达到 100～300mg/(g cat·h)，是改性钴基催化剂（碱金属等助剂改性的钴催化剂）上合成乙醇收率的 3～6 倍。然而，该类催化剂上 CO 加氢反应的同时生成了大量的 CH_4 以及 C_{2+} 烃，但公开的专利未给出生成烃和 CO_2 选择性的相关数据。

表 4-5　IFP 专利 Cu-Co 基催化剂上合成气转化生成乙醇和低碳混合醇性能

催化剂	反应条件				醇 STY /[mg/(g cat·h)]			烃 STY /[mg/(g cat·h)]	参考文献
	温度/K	压力/MPa	GHSV/h^{-1}	$H_2/(CO+CO_2)$	C_1-OH	C_2-OH	总醇		
$Cu_{1.0}Co_{1.0}Cr_{0.8}K_{0.09}$+黏结剂	523	6.2	4000	2.0	76	125	316	—	[70]
$Cu_{1.0}Co_{1.0}Cr_{0.8}K_{0.09}$+黏结剂	523	12.4	4000	2.0	130	244	640	—	[70]

续表

催化剂	反应条件				醇 STY /[mg/(g cat·h)]			烃 STY /[mg/(g cat·h)]	参考文献
	温度/K	压力/MPa	GHSV/h^{-1}	H_2/($CO+CO_2$)	C_1-OH	C_2-OH	总醇		
$Cu_{1.0}Co_{1.0}Cr_{0.8}K_{0.09}$+黏结剂	523	12.4	8000	2.0	208	341	729	—	[70]
$Cu_{1.0}Co_{0.7}Zn_{0.3}Cr_{0.8}K_{0.09}$	523	12.4	4000	2.0	81	119	250	—	[71]
$Cu_{1.0}Co_{1.0}Cr_{0.5}La_{0.3}K_{0.09}$	523	12.4	4000	2.0	87	149	376	—	[71]
$Cu_{1.0}Co_{1.0}Cr_{0.5}Mn_{0.8}K_{0.12}$	523	12.4	4000	2.0	79	135	327	—	[71]
$Cu_{1.0}Co_{1.0}Fe_{0.8}K_{0.12}$	523	12.4	4000	2.0	62	128	296	—	[71]

注：1. STY 表示时空收率。

2. C_1-OH 表示甲醇，C_2-OH 表示乙醇。

IFP 催化剂上 CO 加氢得到的产物主要为 C_1～C_6 的直链正构醇，异构醇含量很低。副产物主要为 C_1～C_6 烃，产物分布符合 ASF 方程。与改进的甲醇合成催化剂相比，IFP 催化剂要求的反应温度（523K）和反应压力（6.0MPa）均较低，原料气的 H_2/CO 比也较低，CO 加氢生成醇选择性较高。尤其是当采用柠檬酸蒸发法制备催化剂时，CO 加氢生成醇选择性更高，产物中二甲醚副产物的含量则明显下降。该催化剂被认为是最具工业化前景之一的催化剂，目前已进行了中试研究。

Courty 等[72]研究了碱促进的 Cu-Co-Cr 三元催化剂的组成对选择性的影响，并给出了主产物随催化剂组成变化的分布图，如图 4-2 所示。在富 Cu 区和富 Cr 区，主要得到甲醇，且富 Cu 区催化剂的活性很高；在富 Co 区，F-T 行为占主导，且生成大量的甲烷；在中间的某一区域（$1\leqslant Cu/Co\leqslant 3$ 和 $Co/Cr\geqslant 0.5$），催化剂具有相当高的活性，且主要得到低碳醇。同时还发现，随着 Co/Cu 比的增加，高级醇的收率增加，但 Cr/Co 比的增加降低了催化剂活性，提高了生成甲醇选择性。

原位 XRD 对 Cu-Co 模型催化剂的研究表明，Cu-Co 固溶体是高级醇合成的活性相[73～76]。为了获得高选择性的催化剂，对 Cu-Co 尖晶石结构催化剂、Ranny Cu-Co 催化剂以及不同方法制备的 Cu-Co 改性催化剂进行过大量的研究，Kiennemann 等还用探针分子和化学捕获方法对 Cu-Co 模型催化剂上高级醇合成

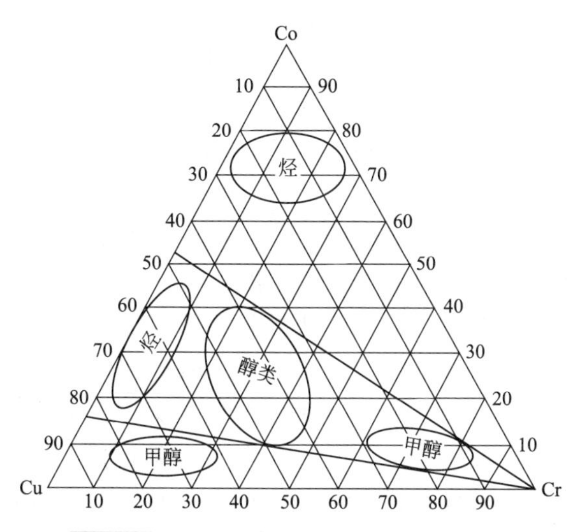

图 4-2　IFP 催化剂产物随组成变化分布图

的反应机理进行了研究[77]，并认为 CO 插入过程可能是高级醇生成的关键步骤。

采用 $Co_2(CO)_8$ 和乙酸钴制备改性钴基催化剂，金属 Co 的分散度更高，合成醇的性能较高，特别是 Co 和添加的助剂都采用羰基化合物或乙酸盐，其合成醇的性能更高。经改性的费托合成催化剂上生成产物仍以包括甲烷在内的烃类化合物为主，其烃/醇比的比例≥1。醇类主要是直链醇，烃类组分和醇类组分都符合 Anderson-Schulz-Flory（ASF）分布。

在 IFP 的早期工作之后，许多后续研究结果被大量报道。研究发现，合成醇的选择性主要取决于所采用的过渡金属和碱金属助剂的种类，并且合成醇的活性和选择性与催化剂的物化性质，如金属粒子的粒径、分散度和氧化性质相关，高度分散的 Cu、Co 纳米粒子和 Cu-Co 之间的协同作用对高选择性地合成醇起到至关重要的作用。最近 Tien-Thao 等[78,79]研究了 $LaCo_{1-x}Cu_xO_{3-\delta}$ 催化剂，在 548K 和 7.1MPa 条件下，$LaCo_{1-x}Cu_xO_{3-\delta}$ 钙钛矿型催化剂上 CO 加氢反应生成的产物主要为烃类（生成烃类的选择性约为 50%）和 $C_1 \sim C_7$ 醇的混合物，其中，乙醇在醇中的分布为 5%～10%。发现当 $x=0.3$ 时，催化剂有最好的活性和低碳醇选择性，且用机械研磨法制备的 $LaCo_{0.7}Cu_{0.3}O_3$ 性能优于传统的柠檬酸法，添加碱金属 Li、Na、K、Rb 和 Cs 都可以提高催化剂的选择性。碱助剂可以提高催化剂合成乙醇的选择性，其中，K 调变的催化剂合成乙醇的选择性最高。研究发现，位于钙钛矿晶格上外层的 Cu 活性位上 CO 加氢生成了甲醇和甲烷产物，而钙钛矿晶格上八面体配位上的 Cu 活性位上 CO 加氢生成了醇类产物。

4.2.2.3　改性非硫化的 Mo 基催化剂

自 1973 年 Levy 等报道ⅥB 族金属碳化物具有类贵金属的催化特性以来，金属碳化物尤其是碳化钼作为一类新型催化材料引起了人们的极大关注。碳化钼（Mo_2C）被誉为“准铂催化剂”，并具有廉价及抗积炭等优点。Mo_2C 催化剂具有较好的 CO 加氢反应性能，但主要产物为轻质烷烃。近年来，研究发现，采用碱金属和过渡金属调变的 Mo_2C 催化剂具有催化合成气转化生成混合醇的性能。

近年来，孙予罕等[80,81]报道了 K 助剂促进的、Co 和 Ni 修饰的 β-Mo_2C 催化剂上合成气转化生成低碳混合醇的性能，见表 4-6。未加修饰或改性的 β-Mo_2C 上 CO 转化率达到 58%，主要生成了 CO_2 和烃类产物。添加 K 助剂，K-β-Mo_2C 催化剂上 CO 转化率降至 23%，但生成醇的选择性显著增加，其中，乙醇在醇类产物中的分布达到 40%。采用 Ni 修饰 K-β-Mo_2C 催化剂，生成醇的选择性和 CO 转化率都得到明显提升，CO 转化率增加至 73%，生成醇的选择性为 23%，乙醇在醇类产物中的分布为 40%。而采用 Co 修饰催化剂，其合成烃的选择性增加，而合成醇的选择性基本不变。研究发现，Ni 和 Co 的添加都促进了催化剂上合成产物碳链的增长，特别是促进 C_1 物种转变生成了 C_2 物种。

表 4-6　部分改性非硫化的 Mo 基催化剂上合成气转化生成乙醇和低碳混合醇性能

催化剂	反应条件				X_{CO} /%	碳数选择性/%					醇 STY /[mg/(g cat·h)]	参考文献
	温度/K	压力/MPa	GHSV/h^{-1}	H_2/CO		HC	CO_2	C_1-OH	C_2-OH	C_{3+}-OH		
K-β-Mo_2C①	573	8.3	2000	1.0	23.4	23.9	49.6	9.5	11.1	5.7	—	[81]
K-Ni-β-Mo_2C①	573	8.3	2000	1.0	73.0	25.8	50.9	6.0	9.4	7.2	—	[81]
K-Co-β-Mo_2C-10②	573	8.3	2000	1.0	36.7	61.4	—	11.3	13.9	24.0	134.4	[80]
K-Co-β-Mo_2C-4③	573	8.3	2000	1.0	62.9	70.2	—	8.6	11.5	9.7	145.7	[80]
1%K-$CoMo_4$ 超细	573	6.2	10000	2.0	27.5	56.9	—	21.6	13.1	8.4	390.5	[82]
1%K-$CoMo_4$ 超细	573	6.2	10000	2.0	37.5	51.5	—	23.4	12.1	13.0	624.4	[82]
1%K-$CoMo_{10}$ 超细	573	6.2	10000	2.0	23.7	59.7	—	20.7	12.7	6.9	267.0	[82]

① K/Mo=0.2，以 K_2CO_3 作为 K 源。
② Mo/Co=10。
③ Mo/Co=4。
注：1. X_{CO}表示 CO 转化率，STY 表示时空收率。
2. C_1-OH 表示甲醇，C_2-OH 表示乙醇，C_{3+}-OH 表示 C_3 及 C_3 以上醇。

改性非硫化的 Mo 基催化剂还包括金属 Mo 基催化剂。孙予罕等[82]在 K 负载量保持 1%（质量分数）的条件下，调变 Mo 和 Co 元素的摩尔比，研究了 Co-Mo-K 催化剂体系合成低碳混合醇的性能。在 573K、6.4MPa、$10000h^{-1}$和 H_2/CO 摩尔比为 2 的反应条件下，Mo/Co 比为 1～7 的催化剂具有最佳的催化剂性能，其合成低碳混合醇的时空收率高达 624g/(kg cat·h)，接近 IFP 的 Cu-Co 基催化剂性能。在以上反应条件下，总醇的选择性为 48%，CO 单程转化率为 37.5%，生成乙醇的选择性为 25%。Li 等[83]发现，K 改性的活性炭负载的 Mo 基催化剂（Mo-K/AC）上生成乙醇的选择性达到10%～15%。

4.2.2.4 改性 MoS_2基催化剂

MoS_2最初作为加氢脱硫和加氢脱氮催化剂在石油化工领域中广为应用。1984 年，美国 Dow 化学公司和联碳化学公司分别发现，由碱金属掺杂的 MoS_2 基催化剂可以催化转化合成气为低碳直链混合醇[84～86]。这种催化剂的前驱物可以是氧化态，也可以是硫化态。纯相 MoS_2用于合成气转化时，主要生成甲烷等烃类产物，而碱助剂的添加极大地抑制了催化剂上烃的生成和促进了醇类产物的生成，生成醇的选择性得到大幅度提高。大量的研究结果[87～90]表明，催化剂的活性相与 Mo 的存在状态有关。这类催化剂的最大优势在于催化剂具有独特的抗硫性能，并且不易积炭，因而能在较高硫含量（20～100μL/L）和较低 H_2/CO 比（0.7～1）的原料气下使用。

对于该类催化剂，碱金属的掺杂至关重要。若选择适当的碱金属添加量并优化相关的操作条件，总醇选择性可达到 75%～90%，其中，甲醇的含量可在相当宽的范围内调变；产物的水含量相当低，约为 0.2%，而现有的其他方法一般则高达 8%。所得混合醇的辛烷值可达 120，可适用于汽油添加剂。

卞国柱等[91]研究了硫化态 Co-K-Mo/γ-Al_2O_3催化剂中钴的存在形式与催化剂合成醇活性的联系，发现钴钼相互作用较强时，合成醇的活性也较高。近年来，山西煤炭化学研究所在 MoS_2 基催化剂上做了大量工作，发现了 Fe、Co 和 Ni 等助剂可提高 Mo 基催化剂合成低碳混合醇的活性[92,93]。

表 4-7 列出了 MoS_2基催化剂的组成和合成低碳混合醇的性能。可见，Dow 化学公司专利技术获得了约 40%的生成乙醇的选择性（未包括 CO_2 的选择性）[86]。而其他发表的文献显示，催化剂组成和反应条件不同，生成乙醇的选择性也不同，其变化的范围为 10%～30%。该类催化剂上生成的 C_{3+} 高级醇为线性 α 醇，生成醇的时空产率为 100～400mg/(g cat·h)，低于 Cu-Co 基催化剂上生成醇的收率［300～750mg/(g cat·h)］以及非硫化的 Mo 基催化剂上生成醇的收率［140～650mg/(g cat·h)］。

表 4-7 部分 MoS_2 基催化剂上合成气转化生成乙醇和低碳混合醇性能

催化剂	反应条件				X_{CO} /%	碳数选择性/%					醇 STY /[mg/(g cat·h)]	参考文献
	温度/K	压力/MPa	GHSV/h^{-1}	H_2/CO		HC	CO_2	C_1-OH	C_2-OH	C_{3+}-OH		
MoS_2(Dow)	568	7.5	1300	1.0	29.2	14.5	—	227	40.7	17.4	—	[86]
$KCoMoS_2$/C-1②	603	5.2	4800	2.0	14.5	72.6	—	11.1	10.6	5.6	108	[95]
$KCoMoS_2$/C-4③	603	5.2	4800	2.0	11.7	58.1	—	18.7	13.2	8.0	150①	[95]
$KCoMoS_2$/C-16④	603	5.2	4800	2.0	8.7	60.7	—	19.6	16.1	5.6	96①	[95]
$K_2CO_3CoMoS_2$	543	15.0	2546	1.1	10.4	12.7	1.7	48.2	29.6	7.8	25①	[96]
$LaKNiMoS_2$	593	8.2	2500	1.0	33.5	34.0	—	7.5	18.5	40.0	170	[98]
$K_2CO_3NiMoS_2$	593	8.2	2500	1.0	55.6	52.6	—	6.2	15.4	25.8	153①	[99]
$K_2CO_3NiMoS_2$	553	8.2	2500	1.0	20.6	36.6	—	10.8	27.2	25.4	102	[99]
$Cs_2CO_3CoMoS_2$/白土	593	14.3	4000	1.1	28.7	31.3	—	10.8	30.3	22.0	—	[97]
$K_2CO_3CoMoS_2$/白土	593	14.3	4000	1.1	31.9	36.0	—	13.5	23.1	21.6	—	[97]

① 时空收率单位 mL/(L cat·h)。
② Mo/Co=1。
③ Mo/Co=4。
④ Mo/Co=16。
注：1. X_{CO}表示 CO 转化率，STY 表示时空收率。
2. C_1-OH 表示甲醇，C_2-OH 表示乙醇，C_{3+}-OH 表示 C_3及 C_3以上醇。

Li 等[94]采用 Co 助剂调变活性炭负载的 K-MoS_2/AC 催化剂。他们发现，Co 的添加促进了催化剂上总醇的生成，并且生成乙醇和高级醇（C_{2+}醇）的选择性随着 Co 添加量的增加而有所增加，当 Mo/Co 比为 0.5 时，乙醇和高级醇的选择性较高。Iranmahboob 等[95,96]报道了 Co 促进的活性炭或白土负载的 MoS_2 基催化剂上合成高级醇的性能。该类催化剂具有较高的合成乙醇的选择性。表征结果表明，催化剂中存在 Co_3S_4 和 Co_9S_8 晶相。其中，Co_9S_8 没有催化活性，其含量随着制备过程中的老化时间延长而增加，使得催化剂活性下降。采用 Cs 助剂调变的催化剂中 Co_9S_8 含量高于 K 调变的催化剂中 Co_9S_8 含量，从而使得 K 调变的催化剂具有较高的合成醇的活性和选择性。白土负载的 K-Co-MoS_2 催化剂上合成乙醇的时空收率高达 130mg/(g cat·h)。

孙予罕等[97,98]报道了 Ni 促进的 K_2CO_3改性的 MoS_2 合成低碳醇催化剂。Ni 的添加抑制了催化剂上醇类产物的生成，随着 Ni 添加量的增加，生成醇的选择性不断降低，而生成烃的选择性增加，这主要是由于 Ni 金属是一类甲烷化催化剂。然而，Ni 的添加降低了催化剂上合成甲醇的选择性，增加了 C_{2+} 醇的选择性，尤其是增加了合成乙醇的选择性。通过对催化剂动力学的研究，发现 Ni 的添加降低了催化剂上合成醇的表观活化能，尤其是降低了合成 C_1～C_3醇的表观活化能，而生成丁醇的表观活化能却表现出增加的趋势。Ni 活性中心不仅催化合成气生成甲烷[99]，还具有促进 CO 插入和生成醇类产物的催化作用。通过添加 La 助剂，可以极大地抑制 Ni 的甲烷化作用，La 促进的 Ni-K_2CO_3-MoS_2 催化剂上合成混合醇的选择性高达 66%（未包括 CO_2的选择性），其中，生成乙醇的选择性为 18%。La 的作用主要归结于和 Ni 产生强相互作用，提高了催化剂表面上 Ni 金属的分散度。

目前来说，MoS_2 基催化剂被认为是用于合成气转化生成混合醇和乙醇的最有前景的催化剂之一。MoS_2 基催化剂还具有以下优点。

（1）耐硫　实际上合成气中需要添加 50～100μL/L H_2S 以维持催化剂的硫化态。这样可以减少催化剂硫中毒的风险，降低从合成气中脱硫的费用。

（2）抗积炭　即使在 H_2/CO 摩尔比低于 2 的反应条件下，相对于其他催化剂，MoS_2 基催化剂上积炭也较弱。

（3）醇选择性高　合成醇为线性醇，生成的乙醇选择性高。

（4）对 CO_2不敏感　相对于其他合成醇催化剂，MoS_2 基催化剂对于合成气中 CO_2不敏感。

常规制备 Mo_2S 基催化剂的方法是将（NH_4）$_2MoS_4$进行热解或还原制得。近来，人们采用新技术制备了纳米尺度的 MoS_2 基催化剂，提高了催化剂的性能。Yoneyama 和 Song 等[100]在 H_2气氛和 350～400℃条件下，在添加一定量水的正十三烷有机溶剂中置入（NH_4）$_2MoS_4$，进行热解制得非负载型的 MoS_2 类催化剂，发现其催化萘加氢活性明显高于常规方法制备的 MoS_2 的性能。Powerenercat 专利公开了超声波制备的纳米尺度的 MoS_2 类催化剂，其粒径基本控制在 100nm 以下。在 573K 和 14.2MPa 反应条件下，合成混合醇的时空收率达到 400mg/(g cat・h)[101]。

4.2.3　碱助剂的作用

Na、K、Cs、Sr 和 Ba 等碱助剂被广泛应用于多种催化剂体系，如 Fe 基费托合成催化剂体系、Cu-Zn 基、ZnO-Cr_2O_3基以及 MoS_2 基合成低碳混合醇催化剂体系，在调变催化剂的活性和选择性及提高催化剂的稳定性等方面发挥重要的作用[102,103]。碱助剂的添加可以中和载体的酸性，由此可以抑制催化反应过程中的异构化反应、脱氢反应和积炭等不希望发生的副反应。在Fe基费托合成催化剂中添加K助剂，还可以促进碳链的增长，提高产品中烯烃的选择性。

一般认为，在CO加氢反应中，CO分子解离吸附与生成烃类产物相关，而非解离吸附的CO分子有利于生成醇类产物[25]。在合成醇的催化剂中，添加碱助剂能够减弱催化剂活化氢的能力和阻碍活性位上解离吸附CO，由此降低了CO与催化剂表面的作用。非解离吸附的CO被直接加氢生成醇类产物。不同碱助剂促进催化剂上生成高级醇的选择性的次序为Li＜Na＜K＜Cs＜Rb，与其碱性强度次序一致，催化活性的变化则相反。碱土金属如Sr和Ba等也被用作合成醇催化剂的助剂。添加少量碱助剂可以提高反应速率，而负载过量碱助剂则覆盖在催化剂活性位上，并降低了催化剂BET比表面积，使得催化剂的活性降低。

图4-3、图4-4和图4-5分别给出了碱负载量对于Cu-ZnO基、MoS_2基和Co基催化剂生成乙醇和混合醇的选择性的作用[104~106]。结果显示，随着K_2CO_3负载量的增加，Cu-ZnO基催化剂上生成乙醇的选择性表现出下降的趋势，生成甲醇的选择性最初减少，K_2CO_3为1%（质量分数）时达到最低。而生成C_{3+}醇的选择性，如1-丙醇、1-丁醇和异丁醇的选择性变化规律与生成甲醇的选择性的变化趋势恰恰相反。在醇类产物之中，添加碱助剂显著地增加了异丁醇的选择性。类似的现象也发生在ZnO-Cr_2O_3基高温合成甲醇催化剂体系中，当碱助剂添加量为1%～3%（质量分数），生成异丁醇的选择性达到最大。Aquino和Cobo[107]发现，Al_2O_3负载的Cu-Co催化剂上合成C_1～C_5线性醇的产率随着碱添加量的增加而降低。Tien-Thao等[79]发现，Cu-Co钙钛矿催化剂中存在少量Li、Na、K、Rb和Cs杂质，合成C_1～C_2醇的产率略有下降。在所有碱助剂中，添加K助剂可以获得较高的合成乙醇的收率。

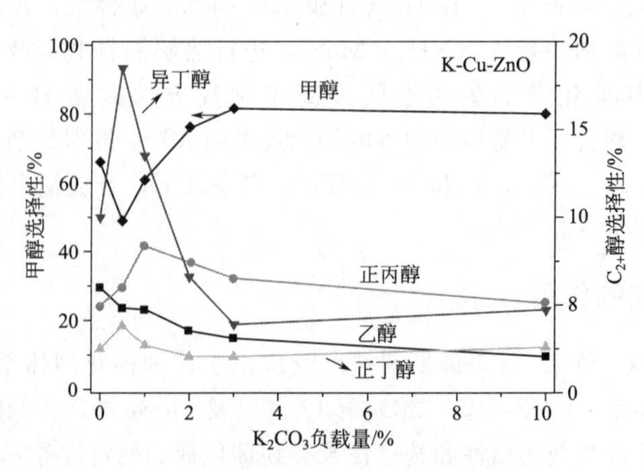

图4-3 碱助剂（K_2CO_3）负载量对Cu-ZnO基催化剂上合成醇选择性的影响

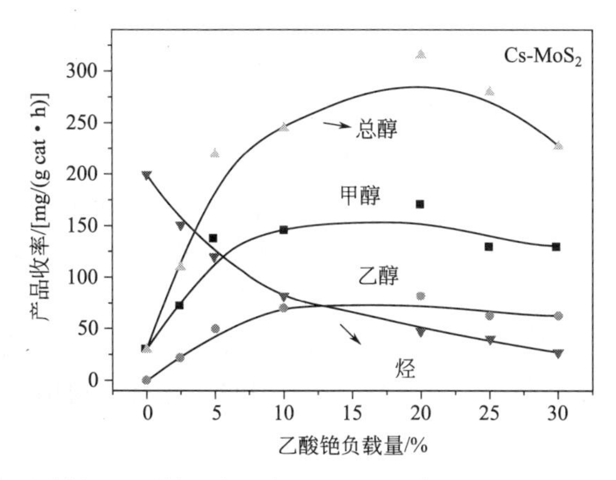

图4-4 碱助剂（乙酸铯）负载量对 MoS_2 基催化剂上合成醇收率的影响

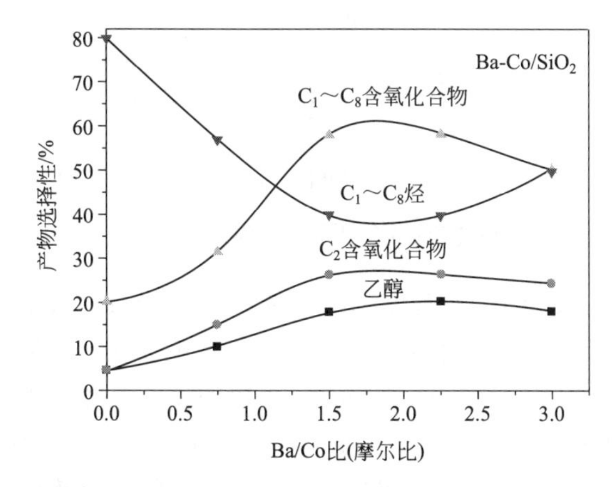

图4-5 Ba/Co摩尔比对Ba调变的 Co/SiO_2 费托合成催化剂上产物收率的影响

与Cu-Zn基催化剂和 $ZnO\text{-}Cr_2O_3$ 基催化剂相反，随着碱助剂含量的增加，改性费托合成催化剂（如 Co/SiO_2[105]、$Co\text{-}Mo/Al_2O_3$[108]）和 MoS_2 基催化剂[106]上合成低碳混合醇和乙醇的选择性表现出增加的趋势。在这些催化剂体系中，添加碱助剂可以提高烃的生成，促进醇等含氧化合物的生成。

4.2.4 CO加氢生成混合醇的反应机理

CO加氢生成混合醇的反应机理比较复杂。CO加氢合成低碳醇包含一些重要的基元反应步骤[103,109]，即CO和 H_2 的吸附、C—O键和H—H键的解离、O—H键和C—C键的形成及链增长中间体的生成等。从反应物分析，要使反应有效进行必须使表面吸附的CO和 H_2 得以充分活化。从产物分析，低碳醇中含有烃基和醇羟基，烃基的形成要求C—O键断裂，而醇羟基则要求C—O键保留。催化剂所使用的金属和助剂的类型不同，大致有不同步骤，如 CO 吸附（解离和非解离）。

目前低碳醇机理主要以产物分布和链增长方式来划分。改性高温合成甲醇催化剂上主要为富含异丁醇的支链混合醇，Smith 和 Anderson[41] 提出的机理较合理地解释了产物中异丁醇的高选择性，基本代表了这一类反应的机理，如图 4-6 所示。他们认为第一步是 CO 加氢形成一个表面中间体，该表面中间体类似甲醇，CO 的 α 插入生成 C_2 醇，这是一个慢步骤。正丙醇可由 CO 的 α 插入和 β 添加得到，异丁醇和 2-甲基-1-丁醇主要由 CO 的 β 添加生成，并认为 β 添加的速率较 α 插入快。由于空间位阻，异丁醇发生 CO 的 β 添加变得困难，所以甲醇和异丁醇的选择性较高。

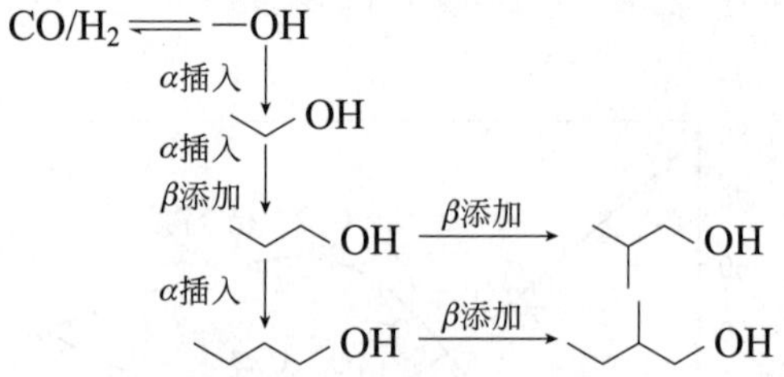

CO/H_2 ⇌ —OH
α插入
OH
α插入
β添加
OH　β添加　OH
α插入
OH　β添加　OH

图 4-6 CO 加氢合成醇反应网络

对于改性费托合成 Cu-Co 基催化剂，催化剂由于自身具有较强的链增长能力，产物为符合 ASF 分布的直链正构混合醇，普遍认为反应机理同碱金属改性的甲醇合成催化剂不同。1987 年 Xiaoding 提出的反应机理[25] 是包含 F-T 组元催化剂中最具代表性的一种，如图 4-7 所示，其与碱金属改性的甲醇合成催化剂体系主要区别在于链增长实现方式不同，改性 F-T 催化剂上链增长是通过 CH_x 插入实现的，CO 的插入代表链终止而不是链增长；而改性甲醇合成催化剂上是通过 CO 插入来实现链增长。

Xu 的机理认为反应体系中同时存在三类反应，即 F-T 反应、合成醇反应和水煤气变换反应，构成一个相互影响的反应网络。根据此机理，高级醇的生成需要 CO 插入正在增长的碳链上，这就要求 F-T 合成活性中心和非解离吸附 CO 的活性中心均匀分布且距离较近。

F-T 反应和合成醇反应是一对竞争反应，醇和烃来自于同一中间物种 C_nH_z。生成产物中烃和醇谁占主导取决于上述表面活性中间物种所处的表面环境情况。如在 Cu-Co 催化体系中，由 Co 活性位完成 CO 解离吸附，并将生成的表面碳物种经加氢、链增长而形成一种部分加氢的表面碳氢物种 C_nH_z，C_nH_z 物种进一步加氢得到烯烃和烷烃，C_nH_z 物种先进行 CO 插入再加氢则生成醇，由此可见，反应时如周围有足够多的 Cu 活性位提供非解离吸附的 CO，并催化其插入上述

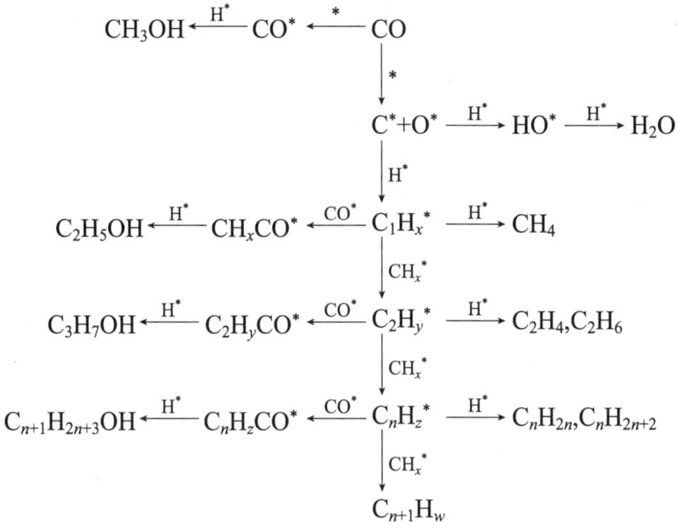

$$CH_3OH \xleftarrow{H^*} CO^* \xleftarrow{*} CO$$

$$CO \xrightarrow{*} C^*+O^* \xrightarrow{H^*} HO^* \xrightarrow{H^*} H_2O$$

$$C^*+O^* \xrightarrow{H^*} C_1H_x^* \xrightarrow{H^*} CH_4$$

$$C_2H_5OH \xleftarrow{H^*} CH_xCO^* \xleftarrow{CO^*} C_1H_x^*$$

$$C_1H_x^* \xrightarrow{CH_x^*} C_2H_y^* \xrightarrow{H^*} C_2H_4,C_2H_6$$

$$C_3H_7OH \xleftarrow{H^*} C_2H_yCO^* \xleftarrow{CO^*} C_2H_y^*$$

$$C_2H_y^* \xrightarrow{CH_x^*} C_nH_z^* \xrightarrow{H^*} C_nH_{2n},C_nH_{2n+2}$$

$$C_{n+1}H_{2n+3}OH \xleftarrow{H^*} C_nH_zCO^* \xleftarrow{CO^*} C_nH_z^*$$

$$C_nH_z^* \xrightarrow{CH_x^*} C_{n+1}H_w$$

图 4-7　改性 F-T 合成催化剂上混合醇生成机理

部分加氢的表面物种的金属-烷氧基键，则生成的醇为主要产物，否则上述中间物种主要经进一步加氢而变成烃类。水煤气变换反应调节反应过程中的原料气 H_2、CO 和 CO_2 间的比例，并影响到催化剂表面上金属氧化态和还原态的比例，从而影响催化剂的总体反应性能。

对于 Mo 基催化剂，在非硫化的 Mo 基催化剂上，除甲醇以外的其他高级醇符合 ASF 分布，而碱改性的 MoS_2 催化剂上所有碳数的醇产物都符合 ASF 分布，而这一区别说明两者的反应机理可能不同[110]。

非硫化的 Mo 基催化剂，如碳化钼催化剂表面上有两种活性位，如图 4-8 所示[111]。两种不同的活性位分别为低价态的碳化钼物种（Mo-Ⅰ，Mo^0 ～ Mo^{2+}）和高价态的碳化钼物种（Mo-Ⅱ，Mo^{4+}～Mo^{5+}）。低价态钼中心上 CO 解离吸附并加氢形成表面烷基物种，是链增长中心；而高价态钼中心上 CO 非解离吸附，是成醇活性中心。两种活性中心产生协同作用，CO 加氢催化合成低碳醇。

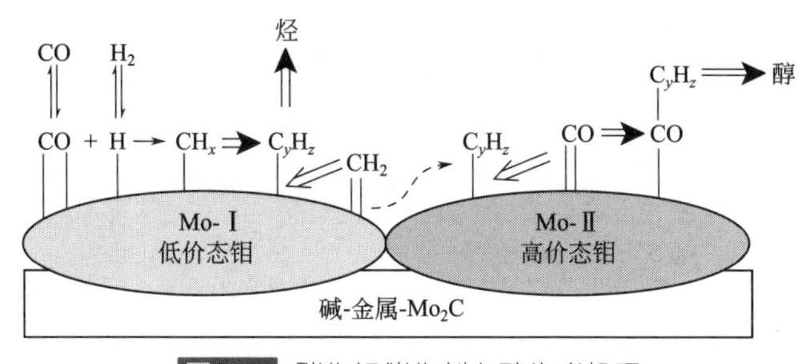

图 4-8　碳化钼催化剂上醇生成机理

对于碱改性的 MoS_2 催化剂，^{13}C-NMR 研究表明[112]，链增长是通过经典的 CO 插入实现的，在此基础上，Smith 等[113]提出了 K/MoS_2 催化剂上直链醇的机理网络，并应用于 $K/Co/MoS_2$ 和 $K/MoS_2/C$ 催化剂，此后 Park 等[114]建立了包括详细表面反应的机理网络（图 4-9）来说明硫化态钼系催化剂上低碳醇生成，这是到目前为止有较明确实验证据支持的机理。碱金属钾盐促进作用的本质在于通过与 MoS_x 组分发生相互作用生成新的 Mo-S_x-K 活性相，从而改变了 CO 加氢的反应途径。

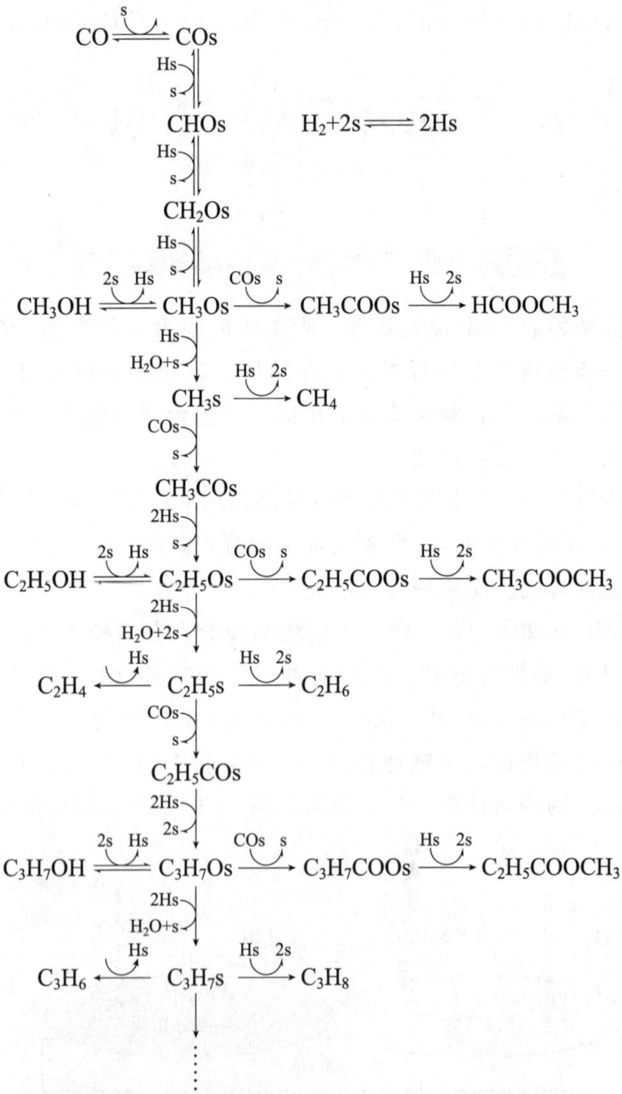

$$CO \xrightleftharpoons{s} COs$$
$$COs \xrightleftharpoons[s]{Hs} CHOs \qquad H_2+2s \rightleftharpoons 2Hs$$
$$CHOs \xrightleftharpoons[s]{Hs} CH_2Os$$
$$CH_2Os \xrightleftharpoons[s]{Hs} CH_3Os$$
$$CH_3OH \xrightleftharpoons{2s \quad Hs} CH_3Os \xrightarrow{COs \quad s} CH_3COOs \xrightarrow{Hs \quad 2s} HCOOCH_3$$
$$CH_3Os \xrightarrow[H_2O+s]{Hs} CH_3s \xrightarrow{Hs \quad 2s} CH_4$$
$$CH_3s \xrightarrow[s]{COs} CH_3COs$$
$$CH_3COs \xrightarrow[s]{2Hs} C_2H_5Os$$
$$C_2H_5OH \xrightleftharpoons{2s \quad Hs} C_2H_5Os \xrightarrow{COs \quad s} C_2H_5COOs \xrightarrow{Hs \quad 2s} CH_3COOCH_3$$
$$C_2H_5Os \xrightarrow[H_2O+2s]{2Hs} C_2H_5s$$
$$C_2H_4 \xleftarrow{Hs} C_2H_5s \xrightarrow{Hs \quad 2s} C_2H_6$$
$$C_2H_5s \xrightarrow[s]{COs} C_2H_5COs$$
$$C_2H_5COs \xrightarrow[2s]{2Hs} C_3H_7Os$$
$$C_3H_7OH \xrightleftharpoons{2s \quad Hs} C_3H_7Os \xrightarrow{COs \quad s} C_3H_7COOs \xrightarrow{Hs \quad 2s} C_2H_5COOCH_3$$
$$C_3H_7Os \xrightarrow[H_2O+s]{2Hs} C_3H_7s$$
$$C_3H_6 \xleftarrow{Hs} C_3H_7s \xrightarrow{Hs \quad 2s} C_3H_8$$
$$C_3H_7s \longrightarrow \cdots$$

图 4-9 碱改性硫化态 MoS_2 催化剂合成低碳醇机理

4.2.5 甲醇同系化法制备乙醇和低碳醇

在合成气直接制备低碳混合醇催化反应过程中，从 C_1 物种生成 C_2 物种形成 C—C 键的步骤是速率控制步骤。为了提高 C_1 物种的反应活性，将甲醇和乙醇等低碳醇加入合成气中，其与合成气反应生成的 C_1 物种生成 C_{2+} 高级醇。在合成异丁醇的催化反应过程中，这种方法被广为采用，通过在合成气中添加甲醇，反应产物的碳链得以增加，合成乙醇的选择性和收率明显提高。

甲醇同系化制备乙醇的研究最早可追溯到 1951 年 Wender 等开展的羰基钴均相催化剂的相关工作，这已在前面进行了阐述。随着该项研究工作的进行，大量专利公开了用于甲醇同系化合成乙醇的均相催化剂和液相多相催化剂。此部分内容侧重于多相催化剂的研究工作。1979 年，Bartish 等[115]研究了多相钴基催化剂上甲醇同系化合成乙醇，催化反应在液相中进行，反应温度为 453～473K，压力为 35.7MPa，H_2/CO 的摩尔比为 1～2，合成乙醇的收率可达 7%～10%，选择性高于 70%。Iglesia 等[116]报道了 Cs 改性 Cu-ZnO-Al_2O_3 和 K 改性 Cu-MgO-CeO_2 催化剂上甲醇同系化反应性能。结果显示，Cs 改性的催化剂上乙醇的收率为 17mg/(g cat・h)，为合成 1-丙醇和异丁醇收率的数量级，而且乙醇的收率随着反应停留时间的延长而增加。K 改性催化剂上合成乙醇的性能低于 Cs 改性的催化剂。

表 4-8 列出了文献中部分固定床多相催化剂上甲醇同系化合成乙醇和低碳混合醇性能。在试验条件下，生成乙醇的收率基本上为 18～50mg/(g cat・h)，明显低于表中催化剂上生成乙醇的收率。然而，在一定的反应条件下，甲醇与合成气共进料有利于提高乙醇等高级醇的选择性。另外，可通过在合适的试验条件下进行甲醇同系化反应进一步提高合成乙醇的收率。对于特定的催化剂类型，需要对于其反应条件进行详细考察和优化来确定。

表 4-8　部分固定床多相催化剂上甲醇同系化合成乙醇和低碳混合醇性能

催化剂	反应条件					X_{CO} /%	STY/[mg/(g cat・h)]				参考文献
	温度/K	压力/MPa	GHSV/h^{-1}	H_2/CO	CO/MeOH		C_2-OH	C_3-OH	iC_4-OH	Other oxy	
ZrO_2/ZnO/MnO/K_2O/Pd	673	25.9	99000	1.0	6.9	—	48.0	69.0	258.0	41.0	[117]
ZrO_2/ZnO/MnO/K_2O/Pd①	673	25.9	99000	1.0	15.8	—	271.0	171.0	172.0	28.0	[117]
Cs-Cu/ZnO/Al_2O_3	538	2.1	5050	1.0	77.0	<1	18.4	7.2	4.4	—	[118]

续表

催化剂	反应条件					X_{CO}/%	STY/[mg/(g cat·h)]				参考文献
	温度/K	压力/MPa	GHSV/h^{-1}	H_2/CO	CO/McOH		C_2-OH	C_3-OH	iC_4-OH	Other oxy	
Cs-Cu/ZnO/Cr_2O_3	548	7.8	约 3500	0.45	约 8	—	34.3	14.8	18.2	16.2	[119]

① 连续搅拌高压釜反应，其他为固定床反应器。

注：1. X_{CO}表示 CO 转化率，STY 表示时空收率。

2. C_2-OH 表示乙醇，C_3-OH 表示丙醇，iC_4-OH 表示异丁醇，Other oxy 表示含氧化合物。

合成气制低碳混合醇工艺匹配甲醇同系化制备乙醇工艺，可以显著提高合成气合成乙醇的收率和选择性。

4.2.6 合成气合成乙醇和低碳混合醇的反应器设计

合成气制乙醇反应是强放热反应，反应路径不同，合成每摩尔乙醇的反应热变化范围为－270～－70kJ/mol（图 4-10）。在反应过程中，反应生成的热量必须从反应体系中取出，使得反应高活性和高选择性地进行，也确保催化剂能保持高稳定性，因此合适的反应器设计是获取高收率和高选择性合成乙醇的关键。大部分实验室小试和放大规模的合成乙醇研究采用固定床反应器，只有少数的研究采用浆态床反应器，如连续搅拌反应器（continuous stirred-tank reactor，CSTR）和浆态床鼓泡反应器（slurry bubble column reactors，SBCR）。一些合成高级醇的中试反应装置为配备级间冷凝的固定床绝热反应器。

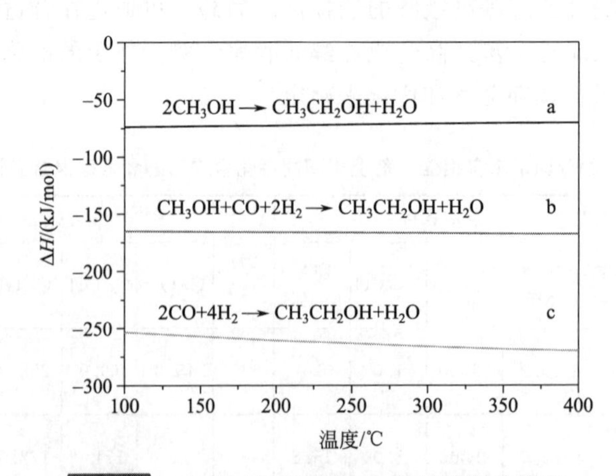

图 4-10 合成气合成乙醇不同反应路径的焓变

a—甲醇双分子反应；b—甲醇还原羰基化反应；c—合成气直接合成乙醇

有研究对于同一催化剂（$ZrO_2/ZnO/MnO/K_2O/Pd$）在相同反应条件下，不同固定床反应器和连续搅拌反应器中合成乙醇的收率进行了对比（表 4-9）[117]。无论是合成气直接合成乙醇还是甲醇同系化反应合成乙醇，采用连续搅拌反应器合成乙醇的收率是固定床反应器合成乙醇的 5～10 倍。而且，固定床反应器两种反应生成的高级醇主要是异丁醇，而乙醇是连续搅拌反应器两种反应生成的主要产物。采用连续搅拌反应器也降低了生成甲醇的产率。这些结果表明，对于合成气转化生成乙醇反应来说，浆态床反应器具有显著的优点。造成两种反应器在催化反应性能上存在差异的主要原因是浆态床反应器更有利于取热以及物料返混，由此促进甲醇的连串反应，从而降低了甲醇的收率，提高了乙醇的收率。

表 4-9　固定床反应器和连续搅拌反应器中 $ZrO_2/ZnO/MnO/K_2O/Pd$ 催化剂上合成乙醇收率的比较①

醇	乙醇收率/[g/(L cat·h)]							
	固定床反应器				连续搅拌反应器			
	合成气直接合成		甲醇同系化反应		合成气直接合成		甲醇同系化反应	
	$27500h^{-1}$	$99000h^{-1}$	$275000h^{-1}$	$99000h^{-1}$	$27500h^{-1}$	$99000h^{-1}$	$275000h^{-1}$	$99000h^{-1}$
甲醇	1541	3770	②	③	467	1331	④	④
乙醇	17	60	12	48	134	320	128	271
1-丙醇	26	75	20	69	75	179	80	171
异丁醇	272	377	109	258	79	150	97	172
2-甲基丁醇	39	61	20	41	20	32	20	28

① 反应条件：温度为 673K；压力为 25.9MPa；$H_2/CO=1$（摩尔比）。
② 甲醇添加到合成气中的进料量为 10.5g/h。
③ 甲醇添加到合成气中的进料量为 10.3g/h。
④ 甲醇添加到合成气中的进料量为 4.5g/h。

浆态床反应器是强放热反应工业化生产的主要选择。与固定床反应器相比，浆态床反应器具有以下优点[120]。

(1) 传热好　催化剂处在浆态液之中，取热容易，反应温度易于控制，单程转化率更高。

(2) 传质好　催化剂粒径小，可消除内扩散控制的影响。

(3) 易于放大　反应器设计简单，可从实验室 CSTR 放大至中试规模的 SBCR。

(4) 催化剂装量大　催化剂装量大，使得反应器尺寸更小，可最大限度消除传质控制。

(5) 催化剂加料和取料操作简单　可在线进行加入催化剂、取出催化剂。

(6) 可加入多种催化剂　可加入两种或两种以上催化剂，实现不同的反应目的。

(7) 有利于提高催化剂活性和寿命　由于浆态液持续地冲刷催化剂的表面，可在一定程度上起到再生的作用，提高催化剂的活性和寿命。

4.2.7 低碳混合醇工艺现状

自1975年法国IFP首先提出合成低碳混合醇方法以来，经过二十余年的研究，目前合成低碳醇的工艺中具有代表性的有MAS工艺、Octamix工艺、IFP工艺和Sygmol工艺[121]。

(1) MAS工艺　采用Zn-Cr催化体系，意大利Snamprogetti公司在1979年建立了中试装置，1982年建成15kt/a示范装置[122]，这也是目前CO加氢合成低碳醇过程的唯一工业化工艺[123]。

(2) Octamix工艺　采用Cu-Zn催化体系，由德国Lurgi公司在Cu-ZnO/Al_2O_3催化剂基础上，通过添加碱金属和对孔结构的改进开发而来。现已通过了单管模试。

(3) IFP工艺　由法国石油研究所开发，采用Cu-Co催化体系，从1975年开始研究，1984年在日本建成7000桶/a中试装置。

(4) Sygmol工艺　由美国Dow化学公司和联碳化学公司开发，采用MoS_2基催化体系，1985年通过1t/d、6500h中试考察。

在合成气直接合成低碳醇催化剂研究与工艺技术开发方面，国内也有十几个单位从事这项工作。这些单位包括北京大学、清华大学、天津大学、华东理工大学、华南理工大学、华东石油大学和郑州大学等高等院校以及山西煤炭化学研究所、大连化学物理研究所、西南化工研究院和南京化学工业公司研究院等。其中，山西煤炭化学研究所开发的Zn-Cr催化剂1988年通过工业侧线模试鉴定，Cu-Co催化剂也通过1000h工业侧线模试鉴定。清华大学和南京化学工业公司等对类似于Octamix工艺的改性Cu-Zn催化剂进行了开发研制，清华大学研制出改性Cu-ZnO-MgO（K）催化剂[112]，南京化学工业公司进行了700h模试考察。北京大学和厦门大学等开展了Sygmol工艺Mo系催化剂的研制[124]。

国内外对四种有代表性的催化剂及与之相应的工艺开发数据列于表4-10。

表 4-10　不同工艺路线合成混合醇的研究结果

项目		MAS		Octamix		IFP		Sygmol	
催化剂体系		Zn-Cr-K		Cu-Zn-M-K		Cu-Co-M-K		MoS_2-M-K	
研究单位		意大利 Snamprogetti	山西煤炭化学研究所	德国 Lurgi	清华大学	法国 IFP	山西煤炭化学研究所	美国 Dow	北京大学
操作条件	温度/K	623～693	673	543～573	563	563	563	563～583	513～623
	压力/MPa	12～16	14	7～10	5	6	8	10	6.2
	空速/h^{-1}	3000～15000	4000	2000～4000	4000	4000	4500	5000～7000	5000
	H_2/CO（摩尔比）	0.5～3	2.3	1～1.2	1～1.3	2～2.5	2.6	1.1～1.2	1.4～2
活性	CO 转化率/%	17				21～24	27	20～25	10
	时空收率/[mL/(mL·h^{1})]	0.25～0.3	0.21～0.25		0.3～0.6	0.2	0.2	0.32～0.56	
选择性	粗醇水含量(质量分数)/%	20		0.3	0.3	5～35		0.4	
	CO 成醇选择性/%	90	95		95	65～76	76	85	80
	C_{2+}醇/总醇/%	22～30		30～50	15～27	30～60		30～70	
液体产物组成①	甲醇含量(质量分数)/%	70	75	59.7	83.6	41	49.4	40	38
	乙醇含量(质量分数)/%	2		7.4		30	33.3	37	41
	丙醇含量(质量分数)/%	3		3.7		9	10.8	14	12
	丁醇含量(质量分数)/%	13	异丁醇	8.2	16.4	6	4.1	5	4
	C_{5+}醇/%	10	12～15	10.4		8	1.6	2	3.5
开发现状		工业化	模试	模试	小试	中试	模试	中试	小试

①质量分数。

在上述工艺中，MAS工艺最为成熟，其次是IFP工艺。Sygmol工艺的催化剂具有独特的抗硫性，该工艺及IFP工艺的产物中C_{2+}醇含量较高，最有工业应用前景。Octamix工艺采用低压铜基催化剂体系，是对MAS工艺的改进，而且与Sygmol工艺一样，其产物水含量很低，因此产物脱水能耗也最低。

目前，由合成气制低碳混合醇工艺的合成醇时空产率为100～600mg/(g cat·h)[120]，低于合成气合成甲醇的时空产率1300～1500mg/(g cat·h)；且生成的醇中C_{2+}醇（C_2～C_5混合醇）分布不高（60%左右），其中乙醇分布较低（低于40%），甲醇比重较大，达到40%左右。研制高活性、高乙醇选择性和高C_{2+}醇选择性、低甲醇选择性的合成气制低碳醇催化剂和工艺仍将是该领域研究的重点[125]。

4.3 合成气直接合成高碳醇

高碳伯醇一般是指碳数≥6的伯醇，是合成表面活性剂、洗涤剂、增塑剂及其他多种精细化工产品的重要基础原料。高碳醇及其衍生物具有单位产值高和附加值高等优良性能，在国民经济的各个领域中得到了广泛的应用，其中偶数碳高碳直链伯醇的市场售价为15000～20000元/t，奇数碳高碳直链伯醇的市场售价为40000～50000元/t。据报道，全球高碳醇工业发展很快，近年来全球高碳醇的需求量年均增长量为3.1%，全球高碳醇的需求量从1998年的150万吨/年增至2010年的210万吨/年。我国高碳醇市场前景广阔，尤其是随着我国国民经济的迅猛发展，人民生活水平的日益提高，对高碳醇系列产品及其衍生物产品的需求也在逐步增加。

4.3.1 高碳醇的生产方法

工业生产高碳醇的传统方法很多[126,127]，主要有两类：一类是以天然油脂为原料的转化法生产合成醇，主要有油脂加氢法和脂肪酸加氢法两种，然而，在我国不具备工业性油源规模，无法实现大规模生产；另一类是以石油衍生物产品为原料的化学合成法生产合成醇，生产路线之一是采用三乙基铝催化剂，即乙烯原料经过三乙基铝链增长反应及氧化、水解和精馏等工艺生产洗涤剂醇。该方法三乙基铝催化剂消耗量大，成本高，生产灵活性差，并且存在工艺流程长和技术复杂的缺点。另一种生产方法是以均相钴膦金属有机化合物为催化剂，高碳烯烃、一氧化碳和氢气在该催化剂的作用下生成直链和支链高碳醛，再经加氢生成高碳醇。目前90%以上的增塑剂醇均采用此法生产，但高碳醇质量低于齐格勒法。南非Sasol公司的F-T合成过程，除了生产马达燃料外，其副产的α-烯烃经分离后与H_2/CO一起在催化剂的作用下进行氢甲酰化反应，生成的醛进一步加氢得到产物高碳伯醇，但流程复杂，目标产物选择性差[128]。

由合成气制高碳醇的报道很少，Exxon 公司[129]在 1985 年的专利报道显示，在铊作为助剂的 Fe 催化剂上 CO 加氢可以生成 C_1～C_{19} 直链混合醇。在 200℃、$H_2/CO=1$、8.2atm，$150h^{-1}$ 的条件下反应时，CO 转化率为 40%～47%，CO_2 选择性为 11%～18%，碳氢化合物的选择性为 82%～89%。在有机物中 C_1～C_{19} 醇占 28.1%～33.4%，其中，C_6～C_{12} 醇占有机物总量的 4.7%～8.1%。Exxon Mobile 公司[130] 2002 年报道在 Co-Cu-Mg-K 催化剂上由合成气得到了 C_1～C_{11} 醇，在 280℃、$H_2/CO=2$、60bar、$4800h^{-1}$ 的条件下反应时，CO 转化率为 2.6%～7.6%，C_1～C_{11} 醇占碳氢化合物的 14%～48%，但有大量 CO_2 生成，CO_2 选择性最高可达 65%。

4.3.2 合成气一步法直接合成高碳醇催化剂体系

大连化学物理研究所丁云杰等[131～136]开发了活性炭负载钴基催化剂上合成气直接制液体燃料联产高碳伯醇（C_2～C_{18} 醇）的新催化剂体系和催化反应过程。该技术突破了目前国内外广泛研究的合成气制低碳醇（C_1～C_5 醇）工艺路线，也突破了合成气制高碳烯烃，经过分离，氢甲酰化制高碳醛，最后加氢制高碳伯醇的多步合成的传统技术路线。该技术拥有工艺简单、设备投资少、产品附加值高和经济性高等优点，其合成液体产物中烃类产物（主要为石脑油与柴油）与高碳混合伯醇的质量比在 1∶1 左右，甲醇选择性低（在液相有机产物中比重只占 2%～4%），固态烃的选择性低于 5%，气态烃的选择性可控制在 20%左右。液体产品经萃取-精馏分离，可将其中的烃类和醇类产品分离出来，其中，烃类为石脑油和柴油产品，醇类产品可分为 C_2～C_5 低碳醇、C_6～C_9 增塑剂醇和 C_{10}～C_{18} 洗涤剂醇产品。

相比较于合成气制低碳混合醇（C_1～C_5 醇）工艺，合成气直接制液体燃料联产高碳伯醇（C_1～C_5 醇）工艺的产品中除了乙醇等低碳混合醇之外，还包括石脑油和柴油产品，尤其是包括了高附加值的 C_6～C_9 增塑剂醇和 C_{10}～C_{18} 洗涤剂醇，大大提高了合成气工艺的经济性。

该工艺醇类和烃类产物分别符合 ASF 分布[137]，如图 4-11 所示。在有机液相产物中（醇和 C_{5+} 液相有机产物），乙醇组分的分布最高，达 10%左右。醇和烃的链增长概率（α）相近，分别为 0.67 和 0.70。相似的 α 说明 15Co/AC 上醇和烃来自相同的中间体，符合 Xiaoding[103] 提出的机理。

焦桂萍等[137]采用高分辨透射电镜（HRTEM）研究了反应前、反应后的活性炭负载钴基催化剂，如图 4-12 所示。在反应前，粒子的晶格间距为 2.040Å❶，对应金属 Co 的（111）晶面。在反应后的催化剂上，除了金属 Co，通过高分辨

❶ 1Å=0.1nm。

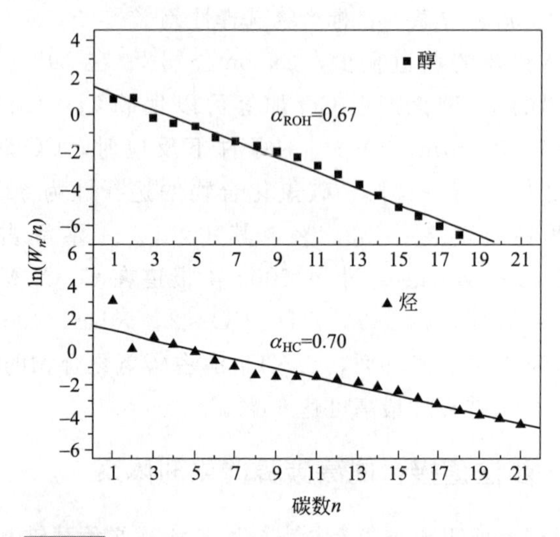

图 4-11 活性炭负载钴基催化剂上产物 ASF 分布

透射电镜观察到大量直径在 15nm 左右的核-壳结构的粒子。内层晶格间距为 3.117Å 和 2.112Å，分别对应 Co_2C 的（011）和（111）晶面；外层晶格间距多数为 2.040Å，也存在极少数为 2.454Å 的区域，分别对应 Co 的（111）晶面和 CoO 的（110）晶面。这证明内层物种为 Co_2C，外层主要为金属 Co，且 Co_2C 和金属 Co 紧密相邻。这些结果表明，Co_2C 是在反应过程中形成的，高碳醇的生成与 Co_2C 活性位相关，该催化剂的活性中心为紧密相邻的金属 Co 和 Co_2C。

Co_2C 最早由 H. A. Bahr 和 V. Jessen[138]于 1930 年发现。在 CO 气体碳化的条件下，金属 Co 在 226～230℃经过 500h 反应后生成 Co_2C。在 F-T 合成反应的条件下，在长达数千小时的反应后，少量金属 Co 生成了 Co_2C。有研究认为，F-T 合成失活似乎和 Co_2C 有关[139]，但可以确定的是，失活的主要原因在于反应过程中金属 Co 缓慢转化成了氧化态 Co 以及和载体生成了硅酸钴或铝酸钴[140]。然而，有研究表明，Co_2C 有优越的催化生成醇的性能。Xu 和 Volkova 等[103,141]研究发现，Cu-Co 催化剂催化的 F-T 合成产品中除了烃类产品外，还含有较多 C_1～C_6 醇。研究表明，Cu 助剂具有显著促进金属 Co 生成 Co_2C 的作用，CO 在 Co_2C 上形成了非解离吸附活化，这种非解离吸附活化的 CO 分子与金属 Co 催化生成的中间物种烯烃进行反应，发生 CO 插入反应，再经加氢反应生成了醇类物质。

焦桂萍等[137,142]研究了 La 助剂对活性炭负载 Co 基催化剂 CO 加氢合成高碳醇的影响，见表 4-11。La 含量由 0 升至 0.5%时，CO 转化率由 13.5%升至 21.4%，但继续增加 La 含量，CO 转化率降低。由此可见，适量 La 添加以后，可以明显提高催化剂的活性。并且 La 的添加对催化剂的选择性也产生显著影响。在 15Co/AC 上，生成的产物中总醇的选择性仅为 19.5%，当添加 0.1%的

La 以后，醇的选择性升高至 30.4%，添加 0.5%的 La，醇的选择性进一步升高至 34.1%，但进一步增加 La 含量，醇的选择性略有下降，但仍远远高于未添加 La 的催化剂。

表 4-11　不同 La 含量对 15Co/AC 催化剂 CO 加氢反应性能的影响

La 含量（质量分数）/%	X_{CO} /%	选择性(碳数)/%				醇分布/%		
		C_1～C_4烃	CO_2	C_{5+}烃	醇	MeOH	C_2～C_5-OH	C_6～C_{18}-OH
0	13.5	54.5	3.3	22.5	19.5	8.6	46.4	45.0
0.1	16.8	43.4	2.2	24.0	30.4	7.2	51.9	40.9
0.5	21.4	41.8	1.5	22.6	34.1	7.7	58.1	34.2
1.0	16.9	42.3	2.0	21.6	33.9	9.1	59.6	31.3
2.0	8.0	43.7	2.1	22.2	31.7	10.3	65.0	24.8

注：反应条件：$H_2/CO=2$；3.0MPa；GHSV=1500h^{-1}。

La 的加入对液相产物分布也有影响，如图 4-13 所示。变化规律与醇的选择性随 La 含量的变化规律类似，添加 0.5%的 La 以后，液相中醇的含量由原来的 54.1%提高到 67.5%，继续提高 La 含量，液相产物中醇含量不再增加。

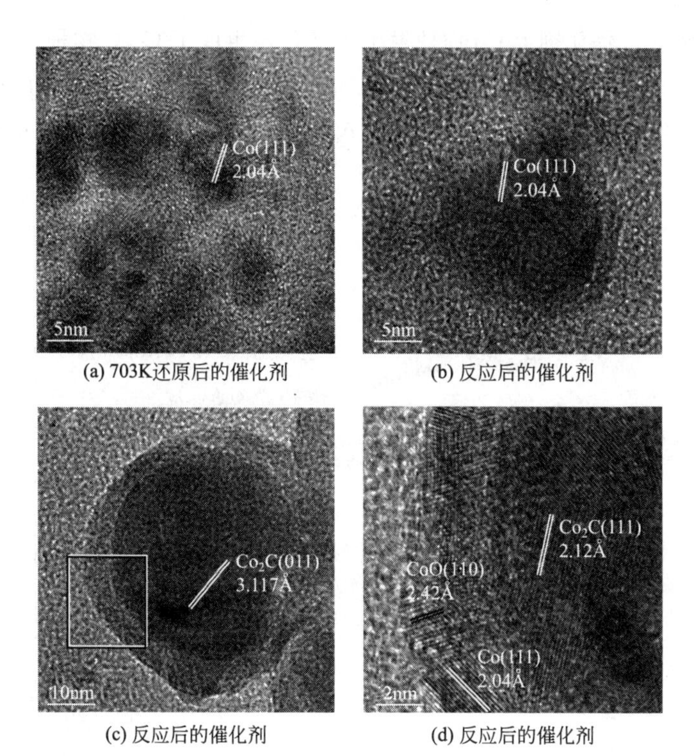

(a) 703K还原后的催化剂　(b) 反应后的催化剂

(c) 反应后的催化剂　(d) 反应后的催化剂

图 4-12　反应前后活性炭负载钴基催化剂上高分辨透射电镜图

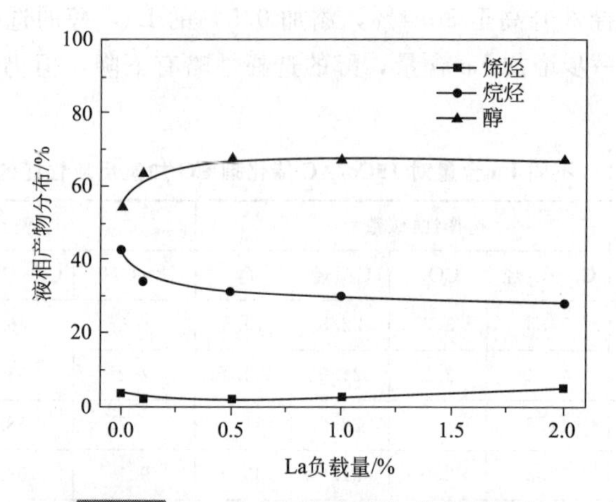

图 4-13 La 含量对液相产物分布的影响

XRD 谱图（图 4-14、图 4-15）显示，15Co/AC 催化剂在氩气保护下经 623K 焙烧后，Co 物种主要以 Co_3O_4形式存在。经 673K 氢气还原 4h 后，存在金属钴和氧化钴两种形态，且在活性炭载体上分散得较好。反应后催化剂的 XRD 谱图与反应前明显不同，除了金属 Co 和 CoO 的衍射峰外，还出现了 Co_2C 的衍射峰，这说明在反应过程中，催化剂上 Co 物种发生了变化，生成了 Co_2C 物种。并且随着 La 含量的增加，催化剂的 XRD 谱图上 Co_2C 的衍射峰变强。这说明 La 助剂的加入促进了 Co_2C 的形成。与醇的选择性数据关联再次表明，Co_2C 晶相的存在有利于高碳醇的生成。

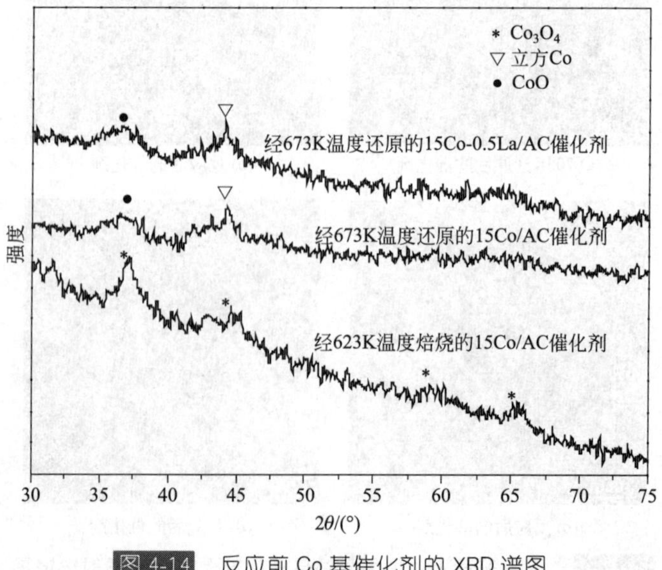

图 4-14 反应前 Co 基催化剂的 XRD 谱图

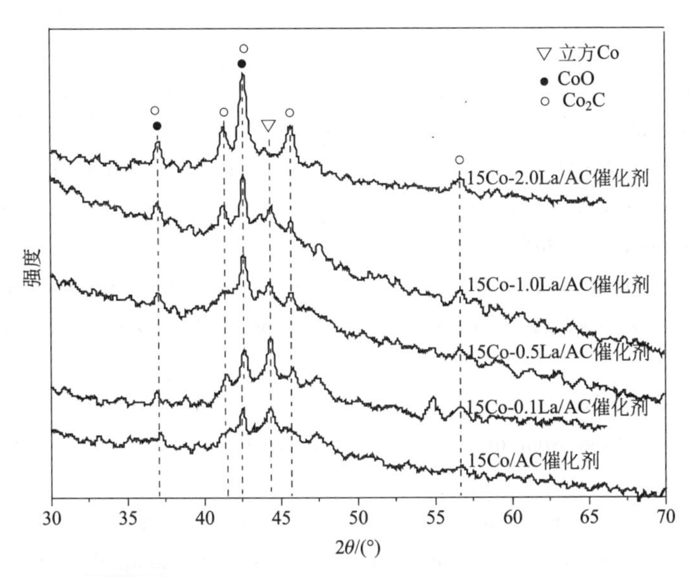

图 4-15　反应后 15Co-xLa/AC 催化剂的 XRD 谱图

刘化章等[143]报道了硝酸预处理活性炭对 Co-Zr-La/AC 催化剂上 CO 加氢生成高碳醇反应性能的影响。经硝酸处理后，硝酸表面羟基和内酯基酸性基团数量增加，同时催化剂中 Co 和 Co_2C 晶相衍射峰强度也发生变化，使得催化剂上 CO 加氢的活性得到提高，但生成高碳醇的选择性有所下降。用适宜浓度的硝酸处理活性炭，相应催化剂上金属态 Co 和 Co_2C 较为适宜，提高了 C_{6+} 高碳醇的分布。

Lebarbier 等[144]运用理论计算结合反应数据证明，较高的 Co_2C/Co 比例能够提高醇的选择性。在高分散的 Co 粒子上更容易形成 Co_2C，因此提高催化剂上高碳醇的选择性的关键是提高 Co 粒子的分散度。

裴彦鹏等[145]报道了 Li 助剂对 Co/AC 催化剂上 CO 加氢制直链混合伯醇反应性能的影响。添加 Li 抑制了 C_1～C_4气态烃的生成，提高了 C_{5+} 烃和直链混合伯醇的选择性，但催化剂活性下降。这主要是由于 Li 的加入抑制了 Co^{2+} 物种的还原，降低了反应速率控制步骤强吸附 CO 的解离能力。Li 也促进了 Co_2C 物种的生成，提高了液相有机产物中醇的比重。

参 考 文 献

[1] [日] 催化学会编 . C1 化学——创造未来的化学 . 陆世维译 . 北京：宇航出版社，1990：6.

[2] Takeuchi K，Matsukaki T，Arakawa H，et al. Synthesis of ethanol from syngas over Co-Re-Sr/SiO_2 catalysts. Appl Catal，1985，18 (2)：325.

[3] Takeuchi K，Matsukaki T，Arakawa H，et al. Synthesis of C_2-oxygenates from

syngas over cobalt catalysts promoted by ruthenium and alkaline earths. Appl Catal，1989，48 (1)：149.

[4] Matsuzaki T，Hanaoka T A，Takeuchi K H，et al. Oxygenates from syngas over highly dispersed cobalt catalysts. Catal Today，1997，36 (3)：311.

[5] Kumar N，Wu H Y，Spivey J J. Characterization of Cobalt-Rhenium Based Catalysts for Conversion of Syngas to Oxygenates. Abstracts of Papers. 242nd ACS National Meeting & Exposition. Denver，CO：2011.

[6] Hamada H，Kuwahara Y，Kintaichi Y，et al. Selective synthesis of C_2-oxygenated compounds from synthesis gas over iridium-ruthenium bimetallic. Catalysts Chem Lett，1984，9：1611.

[7] Kintaichi Y，Kuwahara Y，Hamada H，et al. Selective synthesis of C_2-oxygenates by carbon monoxide hydrogenation over silica-supported cobalt-iridium catalyst. Chem Lett，1985，9：1305.

[8] Kintaichi Y，Ito K，Hamada H，et al. Hydrogenation of carbon monoxide into C_2-oxygenated compounds over silica-supported bimetallic catalyst composed of Ir and Ru. Sekiyu Gakkaishi，1998，41 (3)：66.

[9] Araña J，Homs N，Sales J，et al. Bimetallic Pd-Zn silica-supported catalyst for CO hydrogenation. In situ DRIFT study. J Molecul Catal A：Chem，2000，164 (1-2)：297.

[10] Chuang S S C，Pien S I，Ghosal K，et al. Carbon monoxide hydrogenation over Na-Mn-Ni catalysts：Effects of catalyst preparation methods on the C_{2+} oxygenate selectivity. Appl Catal，1991，70 (1)：101.

[11] Zaman S F，Smith K J. Synthesis gas conversion over MoP catalysts. Catal Commun，2009，10 (5)：468.

[12] Zaman S F，Smith K J. A study of K-promoted MoP-SiO_2 catalysts for synthesis gas conversion. Appl Catal A，2010，378 (1)：59.

[13] Song X G，Ding Y J，Chen W M，Dong W D，Pei Y P，Zang J，Yan L，Lu Y. Synthesis and characterization of silica-supported cobalt phosphide catalysts for CO hydrogenation. Energy & Fuels，2012，26 (11)：6559.

[14] 宋宪根 . Rh 及 Fe 族磷化物催化剂 CO 加氢和 Co 基催化剂乙烯氢甲酰化研究 . 大连：中国科学院大连化学物理研究所，2012.

[15] Wender I，Friedel R A，Orchin M. Ethanol from methanol. Science，1951，113：206.

[16] Dombeck B D. Roles of metal carbonyl complexes in the homogeneous hydrogenation of carbon monoxide. J Organomet Chem，1989，372 (1)：467.

[17] Maitlis P M. Metal catalysed CO hydrogenation：Hetero- or homo-，what is the difference. J Mol Catal A：Chemical，2003，204-205：54.

[18] Lin J J，Knifton J F. (Texaco Inc.) . US4374285. 1983.

[19] Rathke J W，Chen M J，Klinger R J，et al. Proceedings of the 2006 Meetings of the

DOE/BES Catalysis and Chemical Transformations Program. Cambridge, MD: 2006.

[20] Gong J L, Yue H R, Zhao Y J, et al. Synthesis of ethanol via syngas on Cu/SiO_2 catalysts with balanced Cu^0-Cu^+ sites. J Am Chem Soc, 2012, 134 (34): 13922.

[21] Stelmachowski M, Nowicki L. Fuel from the synthesis gas—The role of process engineering. Appl Energy, 2003, 74 (1-2): 85.

[22] Beretta A, Micheli E, Tagliabue L, et al. Development of a process for higher alcohol production via synthesis gas. Ind Eng Chem Res, 1998, 37 (10): 3896.

[23] Herman R G. Advances in catalytic synthesis and utilization of higher alcohols. Catal Today, 2000, 55 (3): 233.

[24] 刘昌俊，许根慧．一碳化工产品及其发展方向．化工学报，2003，54 (4): 524.

[25] Xu X D, Doesburg E B M, Scholten J J F. Synthesis of higher alcohols from syngas—Recently patented catalysts and tentative ideas on the mechanism. Catal Today, 1987, 2 (1): 125.

[26] 蔡启瑞，彭少逸，等．碳一化学中的催化作用．北京：化学工业出版社，1995.

[27] Smith K J, Anderson R B. The higher alcohol synthesis over promoted copper/zinc oxide catalysts. Can J Chem Eng, 1983, 61 (1): 40.

[28] Tronconi E, Cristiani C, Ferlazzo N. Synthesis of alcohols from carbon oxides and hydrogen. Ⅴ. Catalytic behavior of pure chromium, zinc, manganese oxides towards carbon monoxide/hydrogen. Appl Catal, 1987, 32 (1-2): 285.

[29] Forzatti P, Cristiani C, Ferlazzo N. Synthesis of alcohols from carbon oxides and hydrogen. ⅩⅧ. Preparation chemistry, phase transformations and catalytic behavior of unpromoted manganese-chromium-oxygen systems in the synthesis of alcohols from carbon monoxide and hydrogen. Appl Catal, 1990, 57 (2): 253.

[30] Lietti L, Botta D, Forzatti P. Synthesis of alcohols from carbon oxides and hydrogen. Ⅷ. A temperature-programmed reaction study of butanal on zinc-chromium oxide. J Catal, 1988, 111 (2): 360.

[31] Cristiani C, Forzatti P, Lietti L, et al. Preparation chemistry and phase transformations in the zinc-manganese-chromium-oxygen system. Solid State Ionics, 1989, 32-33 (1): 112.

[32] Forzatti P, Tronconi E, Busca G, et al. Oxidation of methanol to methyl formate over vanadium-titanium oxide catalysts. Catal Today, 1987, 1 (1-2): 209.

[33] Tronconi E, Lietti L, Forzatti P. Higher alcohol synthesis over alkali metal-promoted high-temperature methanol catalysts. Appl Catal, 1989, 47 (2): 317.

[34] Minahan D M, Epling W S, Hoflund G B. Higher-alcohol synthesis reaction study. Ⅴ. Effect of excess ZnO on catalyst performance. Appl Catal A: General, 1998, 166 (2): 375.

[35] Hoflund G B, Epling W S, Minahan D M. An efficient catalyst for the production of isobutanol and methanol from syngas. Ⅺ. K- and Pd-promoted Zn/Cr/Mn spinel (excess ZnO).

Catal Lett，1999，62 (2-4)：169.

[36] Epling W S，Hoflund G B，Minahan D M. Higher alcohol synthesis reaction study. Ⅵ：Effect of Cr replacement by Mn on the performance of Cs- and Cs，Pd-promoted Zn/Cr spinel catalysts. Appl Catal A：General，1999，183 (2)：335.

[37] Chaumette P，Courty P，Kiennemann A，et al. Evolution of alcohol synthesis catalysts under syngas. Ind Eng Chem Res，1994，33 (6)：1460.

[38] Klier K，Herman R G，Young C W. Direct synthesis of 2-methyl-1-propanol. Prep Amer Chem Soc Div Fuel Chem，1984，29 (5)：273.

[39] Calverley E M，Anderson R B. Synthesis of higher alcohols over promoted copper catalysts. J Catal，1987，104 (2)：434.

[40] Nunan J G，Bogdan C E，Klier K，et al. Higher alcohol and oxygenate synthesis over cesium-doped copper/zinc oxide catalysts. J Catal，1989，116 (1)：195.

[41] Smith K J，Anderson R B. A chain growth scheme for the higher alcohols synthesis. J Catal，1984，85 (2)：428.

[42] Elliott D J，Pennella F. Mechanism of ethanol formation from synthesis gas over copper oxide/zinc oxide/alumina. J Catal，1988，114 (1)：90.

[43] Elliott D J，Pennella F. Formation of ketones in the presence of carbon monoxide over cupric oxide/zinc oxide/alumina. J Catal，1989，119 (2)：359.

[44] Verkerk K A N，Jaeger B，Finkeldei C，et al. Recent developments in isobutanol synthesis from synthesis gas. Appl Catal A：General，1999，186 (1-2)：407.

[45] Beretta A，Sun Q，Herman R G，et al. Production of methanol and isobutyl alcohol mixtures over double-bed cesium-promoted $Cu/ZnO/Cr_2O_3$ and ZnO/Cr_2O_3 catalysts. Ind Eng Chem Res，1996，35 (5)：1534.

[46] Epling W S，Hoflund G B，Minahan D M. Reaction and surface characterization study of higher alcohol synthesis catalysts. Ⅶ. Cs- and Pd-promoted 1 ∶ 1 Zn/Cr spinel. J Catal，1998，175 (2)：175.

[47] Campos-Martin J M，Fierro J L G，Guerreri-Ruiz A，et al. Promoter effect of cesium on C—C bond formation during alcohol synthesis from CO/H_2 over $Cu/ZnO/Cr_2O_3$ catalysts. J Catal，1996，163 (2)：418.

[48] Xu M，Gines M J L，Hilmen A，et al. Isobutanol and methanol synthesis on copper catalysts supported on modified magnesium oxide. J Catal，1997，171 (1)：130.

[49] Xu M，Iglesia E. Initial carbon-carbon bond formation during synthesis gas conversion to higher alcohols on K-Cu-Mg_5CeO_x catalysts. Catal Lett，1998，51 (1-2)：47.

[50] Xu R，Yang C，Wei W，et al. Fe-modified $CuMnZrO_2$ catalysts for higher alcohols synthesized from syngas. J Mol Catal A：Chemical，2004，221 (1-2)：51.

[51] Xu R，Wei W，Li W，et al. Fe-modified $CuMnZrO_2$ catalysts for higher alcohols synthesized from syngas：Effect of calcination temperature. J Mol Catal A：Chemical，2005，234 (1-2)：75.

[52] Schneider M，Lochloef K，Bock O.（Sued Chemie Ag）. EP0152809A2. 1985.

[53] Subramani V，Gangwal S K. A review of recent literature to search for an efficient catalytic process for the conversion of syngas to ethanol. Energy & Fuels，2008，22 (2)：814.

[54] Inoue M，Miyake T，Takegami Y，et al. Alcohol synthesis from syngas on ruthenium-based composite catalysts. Appl Catal，1984，11 (1)：103.

[55] Razzaghi A，Hindermann J，Kiennemann A. Synthesis of C_1 to C_5 alcohols by carbon monoxide + hydrogen reaction on some modified iron catalysts. Appl Catal，1984，13 (1)：193.

[56] Fujimoto K，Oba T. Synthesis of C_1-C_7 alcohols from synthesis gas with supported cobalt catalysts. Appl Catal，1985，13 (2)：289.

[57] Takeuchi K，Matsuzaki T，Hanaoka T，et al. Alcohol synthesis from syngas over cobalt catalysts prepared from dicobalt octacarbonyl. J Mol Catal，1989，55 (1-3)：361.

[58] Xu X，Mausbeck D，Scholten J J F. Study of the stability of copper/cobalt catalysts for the synthesis of higher alcohols from syngas. Catal Today，1991，10 (3)：429.

[59] Pereira E B，Martin G. Alcohol synthesis from syngas over nickel catalysts：Effect of copper and lithium addition. Appl Catal A：General，1993，103 (2)：291.

[60] Wilson T P，Kasai P H，Ellen P C. The state of manganese promoter in rhodium-silica gel catalysts. J Catal，1981，69 (1)：193.

[61] Mouaddib N，Perrichon V，Martin G A. Characterization of copper-cobalt catalysts for alcohol synthesis from syngas. Appl Catal A：General，1994，118 (1)：63.

[62] Chu W，Kieffer R，Kiennemann A，et al. Conversion of syngas to C_1-C_6 alcohol mixtures on promoted $CuLa_2Zr_2O_7$ catalysts. Appl Catal A：General，1995，121 (1)：95.

[63] Fraga M A，Jordao E. Alcohol synthesis over bulk aluminum-nickel-copper based catalysts from syngas. React Kinet Catal Lett，1998，64 (2)：331.

[64] Llorca J，Homs N，Rossell O，et al. Highly dispersed cobalt in $CuCo/SiO_2$ cluster-derived catalyst. J Mol Catal A：Chemical，1999，149 (1-2)：225.

[65] Volkova G G，Yurieva T M，Plyasova L M，et al. Role of the Cu-Co alloy and cobalt carbide in higher alcohol synthesis. J Mol Catal A：Chemical，2000，158 (1)：389.

[66] Aquino A，Cobo A. Synthesis of higher alcohols with cobalt and copper based model catalysts：Effect of the alkaline metals. Catal Today，2001，65 (2-4)：209.

[67] Boz I. Higher alcohol synthesis over a K-promoted $Co_2O_3/CuO/ZnO/Al_2O_3$ catalyst. Catal Lett，2003，87 (3-4)：187.

[68] de la Pena O' Shea V A，Menendez N N，Torner J D，et al. Unusually high selectivity to C_{2+} alcohols on bimetallic CoFe catalysts during CO hydrogenation. Catal Lett，2003，88 (3-4)：123.

[69] Zhang H，Dong X，Lin G，et al. Carbon nanotube-promoted Co-Cu catalyst for highly efficient synthesis of higher alcohols from syngas. Chem Commun，2005，40：5094.

[70] Sugier A，Freund E.（Institut Francais du Petrole）. US4122110. 1978.

[71] Sugier A, Freund E. (Institut Francais du Petrole) . US4291126. 1981.

[72] Courty P, Durand D, Freund E, et al. C_1-C_6 Alcohols from synthesis gas on copper-cobalt catalysts. J Mol Catal, 1982, 17 (2-3): 241.

[73] Cosimo J I D, Apesteguia C R. Preparation of ternary copper/cobalt/aluminum catalysts by the amorphous citrate process. Ⅰ. Decomposition of solid amorphous precursors. J Catal, 1989, 116 (1): 71.

[74] Sheffer G R, Ling J S. Effect of preparation parameters on the catalytic nature of potassium promoted copper-cobalt-chromium higher alcohol catalysts. Appl Catal, 1988, 44 (1-2): 153.

[75] 王峰云，张慧，辛勤，等．不同方法制备的 Cu-Co 低碳醇合成催化剂的比较研究．Ⅰ．吸附态 CO 的红外光谱．催化学报，1994，15 (2)：79.

[76] 王峰云，黄家升，徐奕德，等．不同方法制备的 Cu-Co 低碳醇合成催化剂的比较研究．Ⅱ．H_2-TPD、CO-TPD 及 CO/H_2 TPSR 的研究．催化学报，1994，15 (6)：426.

[77] Kiennemann A, Diagne C, Hindevmann J P. Higher alcohols synthesis from carbon monoxide＋hydrogen on cobalt-copper catalyst: Use of probe molecules and chemical trapping in the study of the reaction mechanism. Appl Catal, 1989, 53 (2-3): 197.

[78] Tien-Thao N, Alamdari H, Zahedi-Niaki M H, et al. $LaCo_{1-x}Cu_xO_{3-\delta}$ perovskite catalysts for higher alcohol synthesis. Appl Catal A: General, 2006, 311: 204.

[79] Tien-Thao N, Zahedi-Niaki M H, Alamdari H, et al. Effect of alkali additives over nanocrystalline Co-Cu-based perovskites as catalysts for higher-alcohol synthesis. J Catal, 2007, 245 (2): 348.

[80] Xiang M, Li D, Li W, et al. Synthesis of higher alcohols from syngas over K/Co/β-Mo_2C catalysts. Catal Commun, 2007, 8 (3): 503.

[81] Xiang M, Li D, Li W, et al. Potassium and nickel doped β-Mo_2C catalysts for mixed alcohols synthesis via syngas. Catal Commun, 2007, 8 (3): 513.

[82] Zhang Y, Sun Y, Zhong B. Synthesis of higher alcohols from syngas over ultrafine Mo-Co-K catalysts. Catal Lett, 2001, 76 (3-4): 249.

[83] Li X, Feng L, Liu Y, et al. Higher alcohols from synthesis gas using carbon-supported doped molybdenum-based catalysts. Ind Eng Chem Res, 1998, 37 (10): 3853.

[84] Kinkade N E. (Union Carbide Corp.) . WO8503073. 1985.

[85] Xie Y C, Naasz B M, Somorjai G A. Alcohol synthesis from Co and H_2 over molybdenum sulfide. The effect of pressure and promotion by potassium carbonate. Appl Catal, 1986, 27 (2): 233.

[86] Stevens R R. (Dow Chemical Co.) . US4882360. 1989.

[87] Tatsumi T, Muramatsu A, Yokota K, et al. Active species and mechanism for mixed alcohol synthesis over silica-supported molybdenum catalysts. Stud Surf Sci Catal, 1988, 36: 219.

[88] 马晓明，林国栋，张鸿斌．碳纳米管促进的 Co-Mo-K 硫化物基催化剂用于合成气制

低碳混合醇．催化学报，2006，27（11）：1019.

[89] 孙中海，伏义路，鲍骏．还原温度对超细 K-Co-Mo 合成低碳醇催化剂结构的影响．分子催化，2004，18（6）：430.

[90] 李忠瑞，伏义路，姜明，等．硫化态 Co-Mo-K/AC 合成醇催化剂的 EXAFS 研究．燃料化学学报，2001，29（2）：149.

[91] Bian G Z, Fu Y L, Ma Y S. Structure of Co-K-Mo/γ-Al_2O_3 catalysts and their catalytic activity for mixed alcohols synthesis. Catal Today, 1999, 51（1）: 187.

[92] Qi H J, Li D B, Yang C, et al. Nickel and manganese Co-modified K/MoS_2 catalyst: High performance for higher alcohols synthesis from CO hydrogenation. Catal Commun, 2003, 4（7）: 339.

[93] Xiang M L, Li D B, Li W H, et al. K/Fe/β-Mo_2C: A novel catalyst for mixed alcohols synthesis from carbon monoxide hydrogenation. Catal Commun, 2007, 8（1）: 88.

[94] Li Z R, Fu Y L, Bao J, et al. Effect of cobalt promoter on Co-Mo-K/C catalysts used for mixed alcohol synthesis. Appl Catal A: General, 2001, 220（1-2）: 21.

[95] Iranmahboob J, Hill D O. Alcohol synthesis from syngas over K_2CO_3/CoS/MoS_2 on activated carbon. Catal Lett, 2002, 78（1-4）: 49.

[96] Iranmahboob J, Toghiani H, Hill D O. Dispersion of alkali on the surface of Co-MoS_2/clay catalyst: A comparison of K and Cs as a promoter for synthesis of alcohol. Appl Catal A: General, 2003, 247（2）: 207.

[97] Li D B, Yang C, Qi H J, et al. Higher alcohol synthesis over a la promoted Ni/K_2CO_3/MoS_2 catalyst. Catal Commun, 2004, 5（10）: 605.

[98] Li D B, Yang C, Li W H, et al. Ni/ADM: A high activity and selectivity to C_{2+}OH catalyst for catalytic conversion of synthesis gas to C_1-C_5 mixed alcohols. Top Catal, 2005, 32（3-4）: 233.

[99] Sehested J, Dahl S J, et al. Methanation of CO over nickel: Mechanism and kinetics at high H_2/CO ratios. J Phys Chem B, 2005, 109（6）: 2432.

[100] Yoneyama Y, Song C. A new method for preparing highly active unsupported Mo sulfide. Catalytic activity for hydrogenolysis of 4-（1-naphthylmethyl）bibenzyl. Catal Today, 1999, 50（1）: 19.

[101] Jackson G R, Mahajan D.（Powerenercat Inc.）. US6248796. 2001.

[102] Lee J S, Kim S, Kim Y G. Electronic and geometric effects of alkali promoters in CO hydrogenation over K/Mo_2C catalysts. Top Catal, 1995, 2（1-4）: 127.

[103] Herman R G. Advances in catalytic synthesis and utilization of higher alcohols. Catal Today, 2000, 55（3）: 233.

[104] Smith K J, Anderson R B. The higher alcohol synthesis over promoted copper/zinc oxide catalysts. Can J Chem Eng, 1983, 61（1）: 40.

[105] Takeuchi K, Matsuzaki T, Hanaoka T, et al. Alcohol synthesis from syngas over cobalt catalysts prepared from $Co_2(CO)_8$. J Mol Catal, 1989, 55（1）: 361.

[106] Santiesteban J G，Bogdan C E，Herman R G，et al. Mechanism of C_1-C_4 Alcohol Synthesis over Alkali/MoS_2 and Alkali/Co/MoS_2 Catalysts//Phillips M J，Ternan M，Eds. Proceedings of the 9th International Congress on Catalysis. 1988：561.

[107] Aquino A，Cobo A. Synthesis of higher alcohols with cobalt and copper based model catalysts：Effect of the alkaline metals. Catal Today，2001，65 (2-4)：209.

[108] Storm D A. The production of higher alcohols from syngas using potassium promoted Co/Mo/Al_2O_3 and Rh/Co/Mo/Al_2O_3. Top Catal，1995，2 (1-4)：91.

[109] Chuang S C，Tian Y H，Goodwin J G，et al. The use of probe molecules in the study of CO hydrogenation over SiO_2-supported Ni，Ru，Rh，and Pd. J Catal，1985，96 (2)：396.

[110] Atsushi M，Takashi T，Tominaga H. Active species of molybdenum for alcohol synthesis from carbon monoxide-hydrogen. J Phy Chem，1992，96 (3)：1334.

[111] Xiao K，Bao Z H，Qi X Z，et al. Advances in bifunctional catalysis for higher alcohol synthesis from syngas. Chin J Catal，2013，34 (1)：116.

[112] Santiesteban J G，Bogdan C E，Herman R，et al. Porc 9th Int Congr Catal，1989，2：561.

[113] Smith K J，Herman R G，Klier K. Kinetic modeling of higher alcohol synthesis over alkali-promoted copper/zinc oxide and molybdenum sulfide catalysts. Chem Eng Sci，1990，45 (8)：2639.

[114] Park T Y，Nam I S，Kim Y G. A kinetic analysis of mixed alcohol synthesis from syngas over K/MoS_2 catalyst. Ind Eng Chem Res，1997，36 (12)：5246.

[115] Bartish C M. US4171461. 1979.

[116] Xu M，Iglesia E. Carbon-carbon bond formation pathways in CO hydrogenation to higher alcohols. J Catal，1999，188 (1)：125.

[117] Verkerk K A N，Jaeger B，Finkeldei C，et al. Recent developments in isobutanol synthesis from synthesis gas. Appl Catal A：General，1999，186 (1-2)：407.

[118] Lachowska M. Synthesis of higher alcohols. Enhancement by the addition of methanol or ethanol to the syngas. React Kinet Catal Lett，1999，67 (1)：149.

[119] Campos-Martin J M，Fierro J L G，Guerreri-Ruiz A，et al. Promoter effect of cesium on C—C bond formation during alcohol synthesis from CO/H_2 over Cu/ZnO/Cr_2O_3 catalysts. J Catal，1996，163 (2)：418.

[120] Subramani V，Gangwal S K. A review of recent literature to search for an efficient catalytic process for the conversion of syngas to ethanol. Energy & Fuels，2008，22 (2)：814.

[121] 应卫勇，曹海发，房鼎业. 碳一化工主要产品生产技术. 北京：化学工业出版社，2004.

[122] Raffaele D P，Alberto P，Vincenzo L. (Snamprogetti). GB2076423. 1984.

[123] Paggini A，Sanfilippo D，Pecci G，et al. Implementation of the Methanol Plus Higher Alcohols Process by Snamprogetti，Enichem，Haldor Topsøe A/S "MAS Technology".

Symp Int Carbur Alcool 7th. Paris：Technip，1986：62-67.

[124] 刘金尧，夏云菊，孙乃健，等 . $CO+H_2$合成低碳混合醇 Cu/ZnO/MgO（K）催化剂的研制及其催化性能考察 . 煤化工，1992，60 (3)：11.

[125] 段连运 . 全国 C1 化学第五届学术会议论文集（下集）. 北京：1989：5.

[126] 姜淑兰，张威 . 高碳醇的生产方法 . 河北化工，1994，2：31.

[127] 赵建民 . 高碳醇市场及其发展状况 . 化工科技市场，2001，8：9.

[128] Betts M J，Dry M E，Geertsema A，et al. (Sasol Technology Ltd.). US6756411. 2004.

[129] Franklin W J，Richard M A，Pirkle J C. (Exxon Research and Engineering Co.). US4504600. 1985.

[130] Buess P，Caers R F I，Frennet A，et al. (Exxon Mobil Chemical Patents Inc.). US6362239B1. 2002.

[131] Ding Y J，Zhu H J，Wang T，et al. (Dalian Institute of Chemical Physics，Chinese Academy of Sciences，CNOOC New Energy Investment Co.，Ltd.). US7670985B2. 2007.

[132] Ding Y J，Zhu H J，Wang T，et al. (Dalian Institute of Chemical Physics，Chinese Academy of Sciences，CNOOC New Energy Investment Co.，Ltd.). US7468396B2. 2008.

[133] 丁云杰，朱何俊，王涛，等 .（中国科学院大连化学物理研究所，中海油新能源投资有限责任公司）. CN101310856. 2010-10-13.

[134] 丁云杰，朱何俊，王涛，等 .（中国科学院大连化学物理研究所，中海油新能源投资有限责任公司）. CN101311152. 2010-12-1.

[135] 焦桂萍，丁云杰，朱何俊，等 . 还原温度对 Co-La-Zr/AC 催化剂合成气制高碳混合醇性能的影响 . 催化学报，2009，30 (2)：92.

[136] 焦桂萍，丁云杰，朱何俊，等 . 活性炭负载钴基催化剂上合成气制混合醇 . 催化学报，2009，30 (8)：825.

[137] 焦桂萍 . 合成气制 α-混合醇改性费托催化剂的研究 . 大连：中国科学院大连化学物理研究所，2009.

[138] Bahr H A，Jessen V. Dissociation of carbon monoxide on cobalt. Ber，1930，63：2226.

[139] Nagai M，Zahidul A M，Matsuda K. Nano-structured nickel-molybdenum carbide catalyst for low-temperature water-gas shift reaction. Appl Catal A：General，2006，313 (2)：137.

[140] Khodakov A Y，Chu W，Fongarland P. Advances in the development of novel cobalt fischer-tropsch catalysts for synthesis of long-chain hydrocarbons and clean fuels. Chem Rev，2007，107 (5)：1692.

[141] Volkova G G，Yurieva T M，Plyasova L M，et al. Role of the Cu-Co alloy and cobalt carbide in higher alcohol synthesis. J Mol Catal A：Chem，2000，158 (1)：389.

[142] Jiao G P，Ding Y J，Zhu H J，et al. Effect of La_2O_3 doping on syntheses of C_1-C_{18} mixed linear α-alcohols from syngas over the Co/AC catalysts. Appl Catal A：General，2009，

364 (1-2)：137.

[143] 吕兆坡，唐浩东，刘采来，等．酸处理活性炭对其负载的 Co-Zr-La 催化剂上 CO 加氢制高碳醇反应性能的影响．催化学报，2011，32 (7)：1250.

[144] Lebarbier V M，Wei D，Kim D H，et al. Effects of La_2O_3 on the mixed higher alcohols synthesis from syngas over Co catalysts：A combined theoretical and experimental study. J Phys Chem C，2011，115 (35)：17440.

[145] 裴彦鹏，丁云杰，臧娟，等．Li 助剂对 Co/AC 催化剂上 CO 加氢制直链混合伯醇反应性能的影响．催化学报，2012，33 (5)：808.

第5章 合成气经甲醇羰基化及其加氢制乙醇

5.1 甲醇合成技术

1923年，德国巴斯夫（BASF）公司的两位科学家Mittash和Schneider采用CO和H_2在300～400℃的温度和30～50MPa的压力下，通过Zn-Cr催化剂合成甲醇，并于当年建立了第一套年产300t甲醇的工业装置。1966年英国ICI公司研制成功Cu-Zn-Al催化剂后，推出ICI低压甲醇合成工艺，在所属Billingham工厂建立了工业化装置。1971年德国Lurgi公司成功开发出采用活性更高的Cu-Zn-Al-V催化剂的另一著名低压法工艺——Lurgi工艺。此后，世界各大公司竞相开发了各具特色的低压法工艺技术。由于低压法合成甲醇操作压力低，导致设备体积庞大，不利于甲醇生产的大型化，所以又发展了压力为10～15MPa的甲醇合成中压法工艺。与高压法工艺相比，低压法工艺在投资和综合技术经济指标方面都具有显著优势，因此从20世纪70年代后建设的大中型甲醇装置基本上采用中低压合成工艺。不论何种甲醇合成工艺技术，都是在合适的反应条件下，利用催化剂将合成气（主要成分为CO和H_2）转化为甲醇。

5.1.1 合成气制甲醇化学

甲醇合成系统中常含有CO、CO_2、H_2、CH_3OH、CH_4和N_2等组分，合成甲醇是一个复杂的化学反应体系，反应体系中存在多个化学反应，合成甲醇的主要化学反应为CO和H_2在多相催化剂上的反应，其反应如下：

$$CO + 2H_2 \longrightarrow CH_3OH(g) - 90.8kJ/mol \quad (5\text{-}1)$$

反应气体中还有 CO_2时，发生以下反应：

$$CO_2 + 3H_2 \longrightarrow CH_3OH(g) + H_2O(g) - 49.5kJ/mol \quad (5\text{-}2)$$

$$CO_2 + H_2 \longrightarrow CO + H_2O(g) + 41.3kJ/mol \quad (5\text{-}3)$$

甲醇合成的反应过程中，除生成甲醇外，还有其他一些副反应的发生，下面列出一些主要的副反应。

生成烃类的副反应如下：

$$CO + 3H_2 \longrightarrow CH_4 + H_2O \quad (5\text{-}4)$$

$$2CO + 2H_2 \longrightarrow CH_4 + CO_2 \quad (5\text{-}5)$$

$$2CO + 5H_2 \longrightarrow C_2H_6 + 2H_2O \quad (5\text{-}6)$$

$$3CO + 7H_2 \longrightarrow C_3H_8 + 3H_2O \quad (5\text{-}7)$$

$$nCO + (2n+1)H_2 \longrightarrow C_nH_{2n+2} + nH_2O \quad (5\text{-}8)$$

$$CO_2 + 4H_2 \longrightarrow CH_4 + 2H_2O \quad (5\text{-}9)$$

生成醇类的副反应如下：

$$2CO + 4H_2 \longrightarrow C_2H_5OH + H_2O \quad (5\text{-}10)$$

$$3CO + 3H_2 \longrightarrow C_2H_5OH + CO_2 \quad (5\text{-}11)$$

$$3CO + 6H_2 \longrightarrow C_3H_7OH + 2H_2O \quad (5\text{-}12)$$

$$4CO + 8H_2 \longrightarrow C_4H_9OH + 3H_2O \quad (5\text{-}13)$$

$$CH_3OH + nCO + 2nH_2 \longrightarrow C_nH_{2n+1}CH_2OH + nH_2O \quad (5\text{-}14)$$

生成醛类的副反应如下：

$$CO + H_2 \longrightarrow HCHO \quad (5\text{-}15)$$

生成醚类的副反应如下：

$$2CO + 4H_2 \longrightarrow CH_3OCH_3 + H_2O \quad (5\text{-}16)$$

$$2CH_3OH \longrightarrow CH_3OCH_3 + H_2O \quad (5\text{-}17)$$

生成酸类的副反应如下：

$$CH_3OH + nCO + 2(n-1)H_2 \longrightarrow C_nH_{2n+1}COOH + (n-1)H_2O \quad (5\text{-}18)$$

生成酯类的副反应如下：

$$2CH_3OH \longrightarrow HCOOCH_3 + 2H_2 \quad (5\text{-}19)$$

$$CH_3OH + CO \longrightarrow HCOOCH_3 \quad (5\text{-}20)$$

$$CH_3COOH + CH_3OH \longrightarrow CH_3COOCH_3 + H_2O \quad (5\text{-}21)$$

$$CH_3COOH + C_2H_5OH \longrightarrow CH_3COOC_2H_5 + H_2O \quad (5\text{-}22)$$

生成碳的副反应如下：

$$2CO \longrightarrow C + CO_2 \quad (5\text{-}23)$$

由于 CO、CO_2和 H_2合成甲醇的反应是强放热且体积缩小的可逆反应，从热力学上说，提高反应压力和降低反应温度有利于生成甲醇的反应。升高温度可以使甲醇合成反应的速率加快，同时催化剂也需要一定的活性温度，因此甲醇合成存在一个适宜的温度。另外，甲醇合成反应温度升高，副反应会增多，生成的粗甲醇中有机杂质等组分的含量也会增多，易给后续的粗甲醇精馏工序带来困难。

从反应式（5-1）和反应式（5-2）可以看出，氢气与一氧化碳合成甲醇的摩尔比为 2，氢气与二氧化碳合成甲醇的摩尔比为 3，当反应体系中一氧化碳和二氧化碳都有时，对原料合成气中氢碳比应保持在 2.05～2.15，即：

$$\frac{n(H_2)-n(CO_2)}{n(CO)+n(CO_2)}=2.05\sim2.15$$

由天然气、煤或重油等不同原料和不同工艺得到的粗合成气组成中氢碳比往往偏离化学反应计量比，因此需要通过合适的补碳或转换/变换工艺，使得合成气在进入甲醇反应器之前具有合适的氢碳比。在实际工业生产中，往往保持略高的氢碳比，这是由于过量的氢不仅有利于减少羰基铁和高级醇的生成，而且有利于延长甲醇合成催化剂的寿命。

5.1.2　合成气制甲醇催化剂

甲醇合成是化学工业中最重要的催化反应过程之一，自从 CO 加氢合成甲醇工业化以来，合成催化剂和合成工艺不断研究改进。甲醇合成工业的进展，很大程度上是由高性能合成催化剂的研制成功及其活性的改进带来的。

德国 BASF 公司是第一家实现工业化生产甲醇的公司，也建立了世界上第一套工业规模的合成氨装置，因此甲醇合成工艺的发展一开始就与合成氨工业的发展紧密相连，特别是合成氨和合成甲醇都属于高温高压下进行的可逆和放热催化反应。然而，合成甲醇是比合成氨更复杂的化学反应过程，合成甲醇需要克服更多的属于化学本质的困难。合成氨过程中，氢和氮的分子反应只有生成氨气而没有其他的副反应；而合成甲醇过程中，一氧化碳和氢气有许多除了生成甲醇外的其他化学反应，并且在 CO 与 H_2 的诸多反应之中，生成甲醇是热力学上最不利的反应之一。因此，为开发出使化学反应趋向生成甲醇的高活性和高选择性催化剂，诸多研究者们进行了大量的研究和探索。

虽然从目前已报道的研究来看，存在多种甲醇合成催化剂，包括锌铬、铜系、钼系、合金和贵金属等不同活性中心的催化剂，或是按合成工艺区分的气相合成或液相合成催化剂等，但是目前在工业上使用的催化剂只有锌铬和铜基催化剂。

5.1.2.1　锌铬催化剂

锌铬（ZnO/Cr_2O_3）催化剂是一种高压固体催化剂，由德国 BASF 公司于 1923 年首先研制成功。锌铬催化剂活性较低，为获得较高的催化活性和转化率，操作温度为 320～410℃，操作压力为 25～35MPa，因此被称为高压催化剂。由于锌铬催化剂的耐热性、抗毒性以及机械强度都比较好，且催化剂使用寿命长、使用范围广和操作控制容易，在1966年以前世界上几乎所有的甲醇合成厂家均采用该催化剂。但是锌铬催化剂中Cr_2O_3的含量高达10%，且是重要的污染源，因而被逐渐淘汰[1]。

5.1.2.2 铜基催化剂

随着合成气净化技术的改进，出现了使用铜基催化剂的甲醇合成技术。自1966年英国ICI公司推出新一代的$CuO/ZnO/Al_2O_3$甲醇合成催化剂和1977年德国Lurgi公司推出活性更高的$CuO/ZnO/Al_2O_3/V_2O_5$催化剂后，形成了低温（220～280℃）和低压（5.0～10.0MPa）操作的甲醇合成技术，目前绝大多数甲醇合成工厂均使用铜基催化剂。甲醇合成工厂采用优化的合成工艺之后，甲醇的生产活性可达1kg/(L·h)，选择性可达99.5%。在正常操作条件下，工业用甲醇合成催化剂的使用寿命可达3～5年[2]。

铜基催化剂的主要制备方法有沉淀法、球磨法、复频超声法、火焰燃烧法、真空冷冻干燥法和碳纳米管促进法等。由于沉淀法操作过程简单和制得的催化剂性能优越，因此铜基甲醇催化剂的工业生产一般采用共沉淀法。

近年来，人们针对不同的催化体系提出了不同的甲醇合成反应机理，并对活性中心、中间物种和速控步骤等做了大量研究工作，提出了许多较为合理的观点，但由于表征技术的局限性、反应本身的复杂性和反应中间物种难以捕捉以及反应机理受催化剂结构影响等原因，仍然没有一个统一的观点。目前已经证实甲醇催化剂中的铜结晶是催化剂的活性中心，但对合成过程中铜活性中心状态主要有以下几种观点。

(1) Cu^0为活性中心，最具代表性的是由Chinchen等[3]于20世纪80年代提出的，许多研究者也通过XPS、XAES、ESR、EXAFS和DRIFT等表征手段进行了研究[4~7]。

(2) Cu^+为活性中心，在早期的甲醇合成研究中由Klier等[8,9]提出。

(3) Cu^0-Cu^+或$Cu^{\delta+}$（$0<\delta<1$）为活性中心[10,11]。

甲醇合成催化剂中的铜结晶可以达到约60%，但由于铜结晶易在反应过程的高温状态下烧结，因此需要在催化剂中加入足够的耐热氧化物以防止铜烧结。ZnO的作用就是为了形成较高的铜金属比表面积和防止铜结晶烧结成块。ZnO还可以与Al_2O_3反应生成尖晶石结构，形成坚固的载体。此外，为了增加甲醇合成催化剂的活性和选择性，通常还需要加入B、Mg、V、Cr和Ce等助剂。根据加入助剂的不同，铜锌催化剂可以分为3个系列：$CuO/ZnO/Al_2O_3$体系；$CuO/ZnO/Cr_2O_3$体系；其他铜锌系列催化剂，如$CuO/ZnO/SiO_2$和$CuO/ZnO/ZrO_2$等。

其中以铜锌铝系和铜锌铬系催化剂应用最多。但由于铬对人体有毒，实际上

$CuO/ZnO/Cr_2O_3$体系的催化剂已逐渐被淘汰。几种工业用甲醇合成催化剂的配方和常用的工业催化剂组成见表5-1和表5-2。

表5-1　合成甲醇铜锌铝系和铜锌铬系催化剂[2]

生产商	Cu原子/%	Zn原子/%	Al原子/%	其他/%
IFP	45～70	15～35	4～20	Zr：2～18
Syntix	20～35	15～50	4～20	Mg
BASF	38.5	48.8	12.9	
Shell	71	24		稀土氧化物约5
Sud Chemie	65	22	12	
DuPont	50	19	31	
United Catalyst	62	21	17	
Haldor Topsφe	>55	21～25	8～10	

表5-2　合成甲醇铜锌铝系和铜锌铬系催化剂[12]

组分（质量比）		温度/K	压力/MPa	空速/h^{-1}	产率/[kg/(L·h)]	公司
$CuO/ZnO/Al_2O_3$	12 ：62 ：25	503	20	10000	3.29	BASF
	12 ：62 ：25	503	10	15000	2.09	BASF
	24 ：38 ：38	496	5	12000	0.70	ICI
	60 ：20 ：8	496	5	40000	0.50	ICI
	66 ：17 ：17	548	7	200mol/h	4.75	DuPont
$CuO/ZnO/Al_2O_3/V_2O_5$	59 ：32 ：4 ：5	628	5	9000	1.00	Lurgi
$CuO/ZnO/Cr_2O_3$	31 ：38 ：5	503	5	10000	0.76	BASF
	40 ：40 ：20	523	4	6000	0.26	ICI
	24 ：38 ：38	496	8	10000	0.77	ICI
	15 ：48 ：37	523	14	10000	1.95	Mitsubishi
	60 ：30 ：10	523	10	9800	2.28	Mitsubishi

5.1.2.3　低温液相合成甲醇催化剂

20世纪70年代以后，低温液相甲醇合成新工艺被开发成功。相比气相合成甲醇工艺，低温液相合成具有单程转化率高（可达90%以上）、生产成本低、产品质量好、反应条件温和等特点。

甲醇合成为放热反应，从热力学上讲，低温有利于反应的进行，所以若能找到一种低温下活性很高的催化剂，同时又能及时移走反应热，就能大幅度提高CO的单程转化率。甲醇液相合成工艺使用了液相溶剂来解决反应热的吸收和取出问题，使甲醇的合成反应在恒温条件下进行。由于催化剂分散在液相介质中，可以具有大的比表面积，因此可以加速甲醇合成反应过程，并降低反应温度和反应压力。这种催化剂体系主要是由过渡金属盐（或络合物）和碱金属（或碱土金属）的醇盐（如 NaOMe 和 KOBu）及溶剂或稀释剂组成的。

低温低压催化剂中的金属盐有乙酸镍、乙酸钯、乙酸钴、乙酸铼和乙酸钌等，相应被称为镍系、钯系、钴系及铼钌系催化剂。其中镍系催化剂活性最高，转化率也高，但是乙酸镍容易挥发且毒性大，于是 BNL 开发出铜系催化剂，由亚铜盐与醇盐组成，催化活性和选择性与镍系催化剂十分相似，但在产物甲醇生成的情况下，会变为非均相体系。催化剂中的醇盐应用最多的是醇钠和醇钾，包括 C_1～C_6 的醇盐。低温低压催化剂中的金属盐、金属和醇盐均有各自不同的催化作用，金属盐对合成甲酸甲酯有催化作用，而醇盐对甲酸甲酯氢解成甲醇有催化作用。

低温低压催化剂合成甲醇分两步进行，第一步甲醇在催化剂金属醇盐的催化作用下与 CO 进行羰基化反应，第二步甲酸甲酯在催化剂金属盐的催化作用下氢化分解成两分子的甲醇，其化学反应如下：

$$CH_3OH + CO \longrightarrow HCOOCH_3 \tag{5-24}$$

$$HCOOCH_3 + 2H_2 \longrightarrow 2CH_3OH \tag{5-25}$$

以上反应不应有 CO_2 和 H_2O 的存在，否则容易使催化剂中毒，生成惰性的 CH_3OCOO^- 和 $HCOO^-$，其反应如下：

$$CH_3O^- + H_2O \longrightarrow HCOO^- + 2H_2 \tag{5-26}$$

$$CH_3O^- + CO_2 \longrightarrow CH_3OCOO^- \tag{5-27}$$

因此液相反应催化剂对反应气要求与铜基催化剂等不一样，需要精制 CO_2 和 H_2O。1993 年日本学者 Ohyama 对液相催化剂的活性做了对比，结果表明，CO 转化率最高可达 90%，甲醇选择性大于 99%，副产物仅为甲酸甲酯和二甲醚。

几种代表性的低温低压液相合成甲醇催化剂列于表 5-3。

表 5-3 低温低压液相合成甲醇催化剂[12]

低温低压液相催化剂			温度/K	压力/MPa	选择性/%	转化率/%	公司
金属或金属盐	醇盐	溶剂					
$Ni(CH_3COO)_2$	CH_3ONa	四氢呋喃	353～393	<2	99.9	88.2	BNL
$Ni(CH_3COO)_2$	CH_3ONa	三甘醇二甲醚	353～393	<2	99.4	86.9	BNL
$Pd(CH_3COO)_2$	CH_3ONa	三甘醇二甲醚	353～393	<2	97.4	0.28	BNL

续表

低温低压液相催化剂			温度/K	压力/MPa	选择性/%	转化率/%	公司
金属或金属盐	醇盐	溶剂					
$Co(CH_3COO)_2$	CH_3ONa	三甘醇二甲醚	353～393	<2	2.62	5.22	BNL
Cu-Cr、Fe	CH_3ONa	惰性溶剂	373～453	3～6.5	>95		SINTEF
Cu、ZnO	CH_3ONa	矿物油	323～458	5～10	80～90		LPMEOH
$Ru_3(CO)_{12}$	HI 或 BF_4				50		[13]
$HRu(PPh_3)_4$	HI 或 BF_4		323～473	10～15	>99		[13]
$Re_2(CO)_{10}$	HI 或 BF_4		323～473	10～15	>99		[13]

总的来看，低温合成甲醇工艺主要有以下优点。

(1) 单程转化率高。合成甲醇是强放热反应，温度越低，达到相同的 CO 转化率所需的压力越小。铜和镍系低温催化体系的单程转化率均高于 90%，甲醇产物分离后的尾气可以不用循环而直接作为燃料气使用。

(2) 允许合成气中含有大量惰性气体，允许使用氮气含量大于 40%的原料气。

(3) 不要求原料气中含有 CO_2，因此可以不用醇/水分离过程。

(4) 容易移除合成反应过程产生的大量热量。液相反应中的溶剂同时还可以充当冷却剂，蒸发时带走热量，并将热能转变成电能，冷凝后循环使用，这样可以节约冷却水的用量。

(5) 镍系催化剂耐硫中毒性能好。

表 5-4 是低温液相合成甲醇法与气相合成甲醇法的试验数据比较，可以看出，低温液相合成的操作压力和稳定性均低于气相技术，而转化率却明显高于气相合成。据估计，用合成气生产甲醇，液相合成甲醇路线可比气相合成甲醇路线在经济上有较大的节约空间[2]。

表 5-4　低温液相合成甲醇法与气相合成甲醇法的试验数据比较

项目	低温液相合成法	气相合成法
反应温度/℃	110	265
操作压力/MPa	1.0	5.1
CO 平衡转化率/%	94	61
CO 实际转化率/%	90	16
每摩尔产物未反应 CO/mol	0.11	5.25
每摩尔产物需加 CO/mol	1.11	6.25
回收 95%产品时分离器温度/℃	73	25

对于甲醇合成反应，如果反应的压力降至5MPa，则要求催化剂具有更高的低温活性。反之，如果压力提高至10MPa以上，在高浓度CO条件下，则要求催化剂应具有高的热稳定性，否则就难以保证催化剂有足够的寿命。大型装置催化剂装填量大，为保证获得高的产率和降低装置的负荷，充分利用催化剂的使用空间，要求催化剂有更高的活性、耐热性、长寿命、低的堆积密度和收缩率。所以提高已有催化剂的低温活性和热稳定性，是当前甲醇催化剂研究的主攻方向。随着甲醇合成生产中使用不同的合成反应器、不同的合成原料气和不同的操作条件，有必要研制与之相适应的催化剂。

5.1.3 甲醇合成工艺

甲醇合成工序的目的是将造气至净化工序制得的主要含有CO、CO_2和H_2的新鲜原料合成气，在一定温度和压力下进行合成反应生成粗甲醇，并经过精馏生产出商品甲醇。经过造气、变换和净化等一系列工序后制得的新鲜原料气在合成工序中如果不能充分利用来生产甲醇，对物料和能量都是很大的损失，所以甲醇合成是甲醇生产的关键工序，甲醇合成塔又是合成工序的关键设备。合成工序的设备和管路在高压下操作，为了安全、防爆和防漏，对设备的设计、制造和生产的操作和管理都提出了较高的要求。合成前的上游工序都是为了满足合成工艺要求而配置的，所以合成技术的发展变化，又必然会影响全局。

甲醇合成工艺流程有多种专有技术，其发展的过程与新催化剂的应用以及净化技术的发展密不可分。最早的甲醇合成是应用锌铬催化剂的高压工艺流程，反应温度为200～410℃，反应压力为25～35MPa，此工艺的特点是技术成熟，但投资及生产成本较高。自从铜基催化剂的发现以及脱硫净化技术解决后，出现了低压工艺流程。代表性的低压法有英国ICI公司和德国Lurgi公司的低压甲醇合成工艺技术，反应温度为200～300℃，反应压力为4～5MPa。由于低压法操作压力低，导致设备体积较为庞大，不利于生产规模大型化，所以又在低压法的基础上发展中压甲醇合成工艺流程，操作压力在10MPa左右。另外，还有将合成氨与甲醇联合生产的联醇工艺流程。从生产规模看，目前世界上甲醇装置日趋大型化，大型甲醇生产装置单系列可达2500t/d、3000t/d（100万吨/年）和5000t/d（165万吨/年），甚至更大，如神华煤制油化工有限公司包头煤化工分公司于2010年建成的单系列甲醇装置是目前世界上最大的煤制甲醇单系列生产装置，可达180万吨/年。从生产流程上看，新建甲醇厂普遍利用中压和低压流程。

可以提供合成甲醇工艺专利的主要公司有JM Synetix公司（其前身即为

ICI公司，其低压甲醇工艺是甲醇工业化生产的一次革命）、Lurgi公司、MGC（Mitsubishi Gas Chemical）公司和Haldor Topsφe公司等。这些甲醇专利商中以JM Synetix公司和Lurgi公司甲醇专利技术的市场占有率最高，分别超过世界甲醇专利市场份额的60％和25％。JM Synetix公司下属又有7个专利分包商，分别是Davy Process Technology、Uhde、Jacobs、Toyo、Linde、Chiyoda和Technip公司。这些公司都具有低压甲醇合成技术，其中以Davy公司的市场份额占有率最高。ICI公司经过多次重组后，于2003年7月成为JM Catalyst公司，原来的ICI-LPM甲醇合成工艺和ICI-LCM甲醇合成工艺就分别改称为JM Catalyst LPM甲醇合成工艺和JM Catalyst LCM甲醇合成工艺。

以下为几种典型的甲醇合成工艺技术。

5.1.3.1 JM Catalyst公司的LPM甲醇合成工艺

JM Catalyst公司的低压甲醇合成工艺包括合成气生产、甲醇合成和甲醇精馏三个工序，这几个工序之间有密切的物流循环、大量的热量回收和换热过程。下面主要介绍其甲醇合成部分。JM Catalyst公司LPM甲醇合成工艺流程如图5-1所示。

甲醇合成反应器采用单台冷激型转化器，它是一个分段绝热反应器。过程气体是轴向流动，催化部分为四层，各层间以菱形分散系统喷入冷激气调节反应温度。其优点是结构简单，易于大型化。反应器内装有铜基催化剂。2/3未预热的合成气作为冷激剂注入反应器。反应器出口气体温度250℃，通过在换热器E-210降至191℃，并预热循环饱和器进水。反应气体再经换热器E-202冷至141℃，经空气冷却器E-209冷至74℃，在冷凝器E-207冷至38℃，并在粗甲醇罐V-201得到粗甲醇，未反应合成气经压缩机K-202返回甲醇转化器。少量放空气体在洗涤塔C-201中回收残留甲醇，进入粗甲醇闪蒸罐V-202。粗甲醇先在热交换器E-301中加热到54℃，然后进入轻组分塔C-301，在塔顶将轻馏分脱除，回流比为50∶1。塔底物料进入甲醇产品塔C-302，回流比为1.3∶1。

5.1.3.2 JM Catalyst公司的LCM甲醇合成工艺

此甲醇合成工艺包括JM Catalyst的气体加热式重整（AGHR）技术和两段甲醇合成技术。JM Catalyst的两段甲醇合成技术采用气体冷却式反应器作为主反应器，水冷式反应器作为补充反应器。冷却水是来自饱和塔的高压水，可以有效地将反应热转化为相当于5.0MPa的蒸汽，同时使合成反应器出口温度不超过240℃。

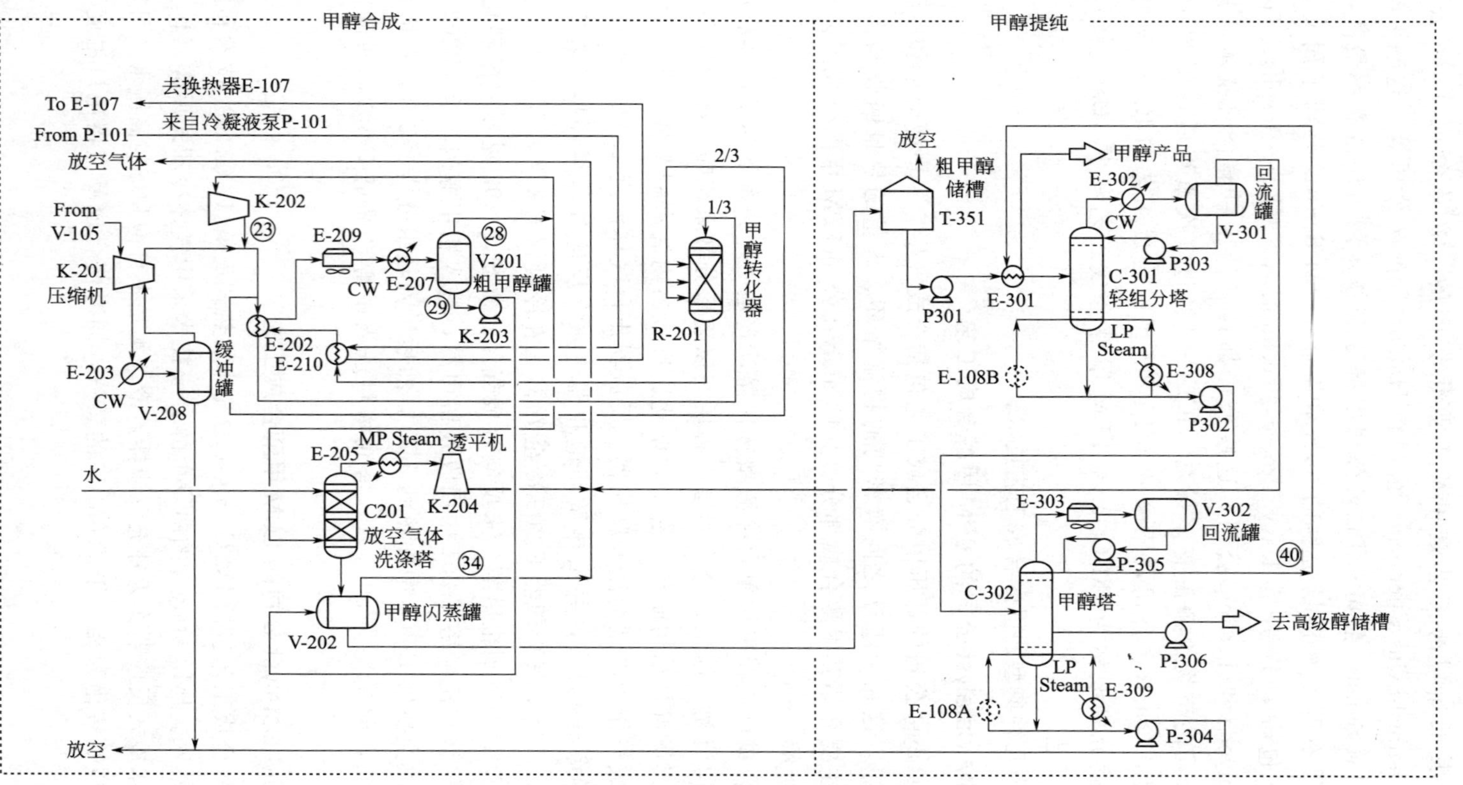

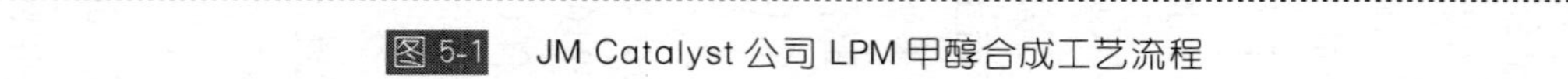
图 5-1 JM Catalyst 公司 LPM 甲醇合成工艺流程

5.1.3.3 Davy公司的改进低压甲醇合成工艺

Davy公司改进低压甲醇合成工艺流程如图5-2所示。

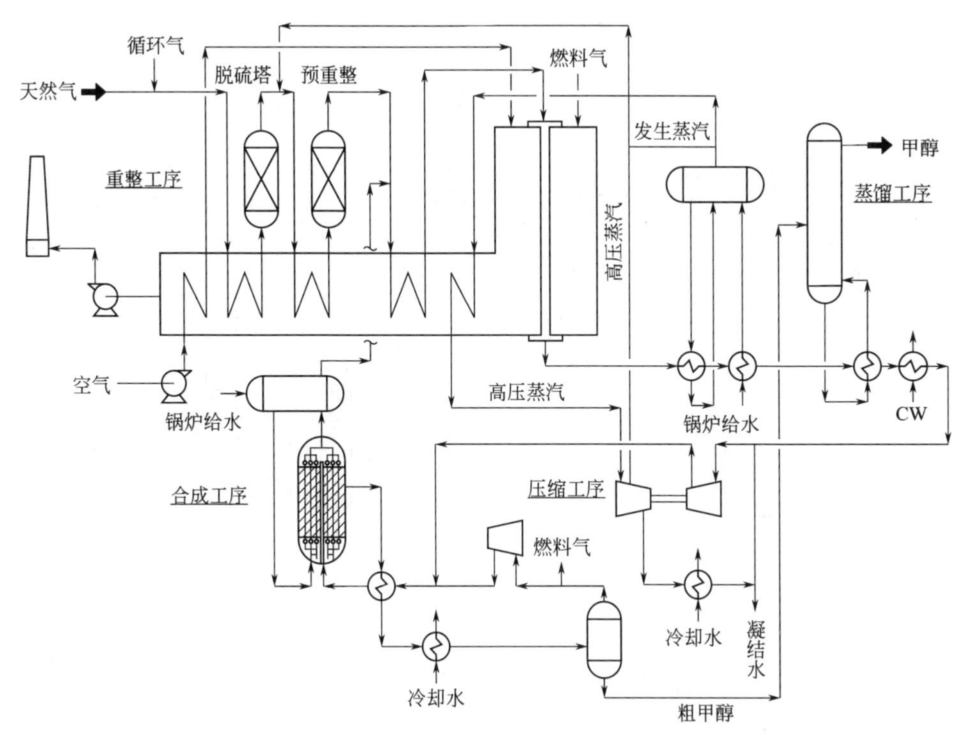

图5-2 Davy公司改进低压甲醇合成工艺流程

利用天然气和蒸汽重整制得的合成气进入蒸汽驱动的两级离心式压缩机升压后，与循环气混合。经过换热升温后进入合成反应器。合成气通过中心管以径向流动进入催化剂床层。床层温度是靠控制蒸汽压力来调节的。发生的中压蒸汽用作重整炉的进料。从反应器出来的气体经过换热和冷却后依次进入冷凝器和粗甲醇分离器。分出甲醇-水混合物的未转化气体通过循环压缩机循环回至合成反应器。

5.1.3.4 鲁奇（Lurgi）公司的大型甲醇工艺

德国鲁奇公司的大型甲醇工艺的主要工艺的特点是采用催化预重整和用氧自热式重整流程生产合成气，单系列两段甲醇合成（图5-3）。单系列甲醇合成的规模可达5000t/d。

其甲醇合成反应器由水冷和气冷两个反应器组成（图5-4）。Lurgi公司认为，这种组合方式解决了热力学和动力学的矛盾。水冷反应器只装载1/3催化剂，但反应温度高（260℃），可使50%合成气在其中反应，余下合成气在气冷反应器中进行，因温度较低（220～225℃），更有利于化学平衡。另外，循环比降低一半，能耗下降一半，从而可大幅度降低甲醇生产成本。

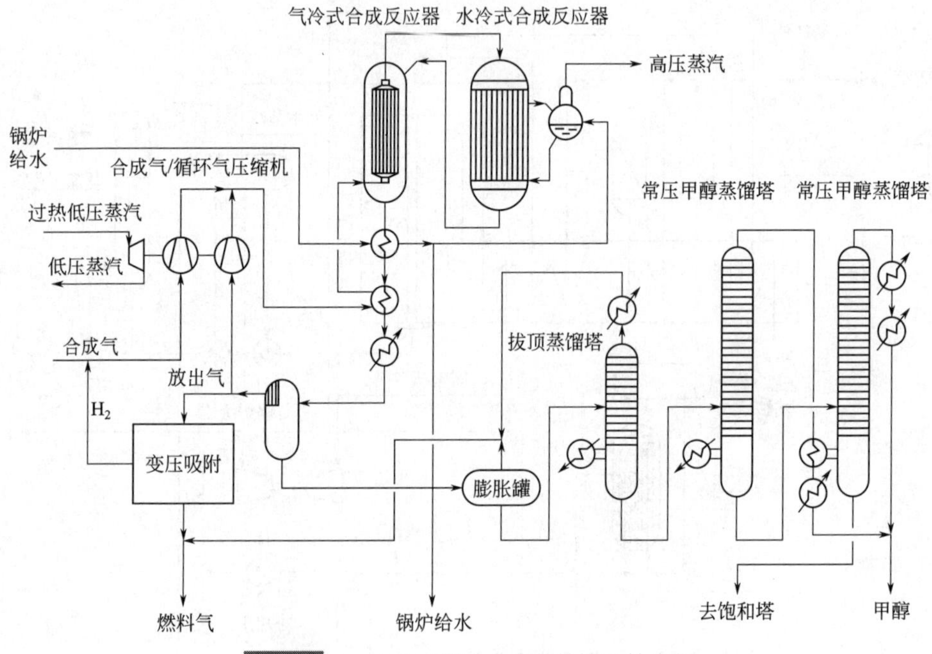

图 5-3 Lurgi 公司甲醇合成和精馏工艺流程

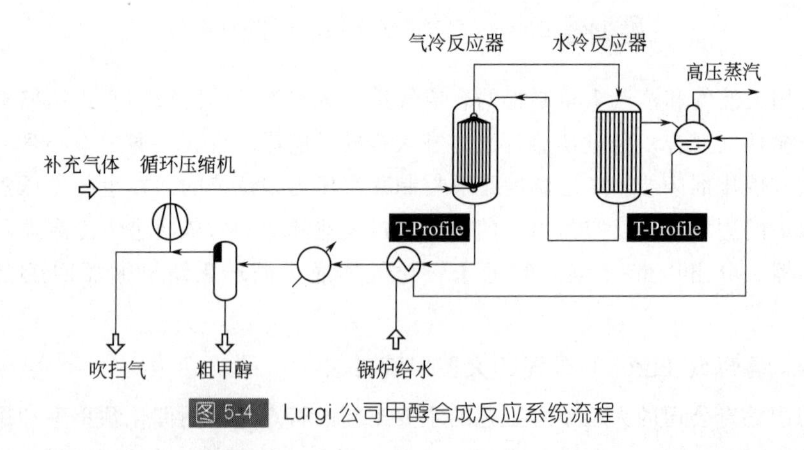

图 5-4 Lurgi 公司甲醇合成反应系统流程

5.1.3.5 TEC 甲醇合成工艺

日本东洋公司和三井化学公司联合开发了 TEC 甲醇合成技术，采用了多段直接冷却径向流动合成反应器，称为 MFR 反应器，在特立尼达和多巴哥的一套甲醇装置改造工程中安装了 TEC 的甲醇合成反应器，投入运行后，达到了预期效果。

其他甲醇专利商的甲醇合成工艺也各有其特点，如 Topsϕe 的甲醇合成采用 3 台串联反应器，并且进行反应器之间的冷却，以保证其规模的经济性，按照该公司提出的“收集（collect）、混合（mix）和分配（distribute）”概念，3 台串联反应器可确保上部床层气体的交叉混合和与淬冷气的完全混合以及混合气在下个床层的平均分配，从而使催化剂得到更有效利用。另外，Topsϕe 为防止甲醇合成催化剂的中毒，还推出一种牌号为 MG-901 保护甲醇合成催化剂，新开发的 MK-121 甲醇合成催化剂比 MK-101 的初期活性高出 10%。四家甲醇专利商的甲醇合成工艺设计参数比较（2500t/d）见表 5-5。

表 5-5　四家甲醇专利商的甲醇合成工艺设计参数比较（2500t/d）

项　目		Lurgi	ICI/Synetix	Topsϕe	TEC[26]
甲醇合成转化器类型		两段，铜基催化剂；一段，水冷，管内催化剂，二段，气冷，管外催化剂	一段急冷型，铜基催化剂	三段绝热反应器，铜基催化剂	径向流，铜基催化剂
收率/[kg/(L·h)]		1.90	0.74	0.77	1.90
进口压力/MPa		9.1	7.8	7.8	9.7
操作温度/℃		一段 250～271，二段 225～267	182～250	一段 182～270，二段 241～271	232～260
CO 单程转化率（摩尔分数）/%		63	47	52	39
CO 选择性（摩尔分数）/%	甲醇	99.56	99.56	99.56	99.56
	二甲醚	0.08	0.08	0.08	0.08
	高级醇	0.34	0.34	0.34	0.34
	其他	0.02	0.02	0.02	0.02

总的来说，甲醇合成的生产规模大型化是近年来甲醇生产的重要发展趋势。目前已经建成生产的大型甲醇工厂的规模已达单套合成装置 180 万吨/年，规划中的大型甲醇工厂规模可达 3000 万吨/年（9000t/d）。在大型甲醇生产中，甲醇合成反应器和工艺过程对于降低投资费用和生产成本至关重要。目前掌握大型甲醇生产技术的专利商，其甲醇生产流程大致相同，但反应器形式和结构以及工艺过程细节略有差异，也各有其自身特点。

5.2 甲醇羰基化合成乙酸技术

5.2.1 概述

乙酸是一种重要有机化工原料和溶剂，可以合成多种有机化工原料、合成材料及精细化学品。由乙酸可以衍生出几百种下游产品，例如乙酸可以用于制取乙酸乙烯的单体（VAM）、氯乙酸、对苯二甲酸、乙酸纤维、乙酸酐、聚乙烯醇、金属乙酸盐及乙酸酯等[14,15]。乙酸广泛用于有机合成、医药、农药、印染、食品、轻纺、黏合剂和涂料等众多工业部门，因此，乙酸工业的发展与国民经济各部门密切相连。乙酸的生产与消费日益引起各国普遍重视，生产技术不断得到改进，是近几年世界上发展比较快的重要研究领域[17~19]。

我国乙酸工业起步较晚。1953 年，上海试剂一厂建成了我国第一套乙醇法工业化乙酸装置。后来国内陆续引进了 4 套乙烯法乙酸装置[20]。1996 年 8 月，上海吴泾化工总厂引进英国 BP 化学公司技术建成投产第一套甲醇低压羰基化法乙酸装置，规模为 10 万吨/年，标志着我国乙酸工业进入一个新的发展时期。1997 年，江苏索普集团有限公司采用我国自行研制的技术建成投产第一套甲醇低压羰基化法的乙酸装置，1998 年转入正常生产，规模为 10 万吨/年。1998 年，英国 BP 化学公司与四川维尼纶厂合资建设的甲醇羰基化法乙酸生产装置建成投产，规模为 15 万吨/年。2006 年，兖矿集团有限公司利用西南研究设计院专利技术建成一套甲醇低压羰基化法制乙酸的装置，规模为 20 万吨/年。从 2006 年至今，国内几大甲醇低压羰基化法乙酸生产厂家纷纷扩产改造或者新建装置，产能迅速扩大。

目前，乙酸工业化合成工艺主要包括以下几类方法：烷烃类及轻质油氧化法、甲醇羰基化法、乙醛氧化法和天然气综合氧化法等，其中甲醇羰基化法在世界范围内应用得较为广泛。现在世界上最大的乙酸生产公司主要有 Acetex 公司、Millenium 公司、Daicel 公司、BP-Amoco 公司及 Celanese 公司等，这类世界级的乙酸生产企业拥有乙酸生产能力占到全世界生产总量的 80%左右。

因为乙酸衍生产品一直处于非常高的需求状态，所以与乙酸关系紧密的下游产品行业也得到了比较好的发展，如乙酸乙烯、乙酸酯和 PTA 等产业都到了产能扩展的快速增长时期。正是由于乙酸的下游产品（乙酸酯、对苯二甲酸、乙酸乙烯/乙酸乙烯酯、乙酸酐、乙酸纤维素和氯乙酸）的强力拉动，导致乙酸的需求也在迅速增长[16]。根据海关统计，我国进口的乙酸主要来自赛拉尼斯和 BP 两大公司，占到我国进口量的 80%[17]。预计在未来几年，我国乙酸衍生产品需求量将会继续增加，其中需求增长比较快的是乙酸酯和对苯二甲酸，与此同时，乙酸乙烯/乙酸乙烯酯、乙酸酐和乙酸纤维素等的需求量也在快速增长过程中。我国是生产和消费乙酸的大国，随着经济的发展，国内外乙酸市场今后会稳步扩大，乙酸工业发展前景乐观[18]。

5.2.2　乙酸的性质和应用

5.2.2.1 乙酸的性质

乙酸的结构简式为 CH_3COOH（图 5-5），官能团为羧基。在水果或植物油中主要以其化合物酯的形式存在；在动物的组织内、排泄物和血液中以游离酸的形式存在。普通食醋中含有 3%～5%的乙酸。乙酸是无色液体，有强烈刺激性气味。熔点 16.6℃，沸点 117.9℃，相对密度 1.0492（20/4℃），密度比水大，折射率 1.3716。纯乙酸在 16.6℃以下时结成冰状的固体，所以常称为冰醋酸，溶于水、醚和甘油，不溶于二硫化碳。在古代文献中，就已有乙酸的记载，在许多植物和动物体系中都发现有以稀溶液形式存在的乙酸，在海水或雨水中也发现有乙酸的存在[21,22]。乙酸水溶液的凝固点随乙酸的质量分数的变化而变化。在常温下乙酸能与水及多种有机溶剂相容，它是许多树脂、油脂和酯的非常好的溶剂。同时，乙酸还可以和很多种有机物形成二元共沸物。

图 5-5　乙酸分子式 $C_2H_4O_2$

5.2.2.2　乙酸的应用

乙酸是非常重要的有机化工原料，它是一种典型的脂肪族一元羧酸，具有一元羧酸典型的化学性质，分子结构中有羧基和烷基，能与卤素、氨和醇等发生化学反应，构成新的物质，乙酸的这些化学性质在化学工业中得到广泛应用。乙酸在有机合成工业中用于制造乙酸乙酯、乙酸丁酯、乙酸戊酯、乙酸乙烯、乙酸铅、乙酸钙、乙酸钠、乙酸钴、乙酸锰、乙酸锌和一氯乙酸等多种化工产品。在染料工业中用于制造士林桃红、盐基青莲和靛蓝染料等。在医药工业中用于制造阿斯匹林、烟酸、维生素 B_1、乙酰胺和黄连素等多种药物。

(1) 乙酸与金属盐合成金属乙酸盐　乙酸是弱酸，其酸性比碳酸略强，很多金属的氧化物和碳酸盐能够溶解于乙酸生成简单的金属乙酸盐。这些金属乙酸盐都有重要用途，如乙酸钠盐可用于分析试剂、肉类防腐、缓冲剂、媒染剂、染料合成和电影胶片洗印等。其反应如下：

$$CH_3COOH + NaOH \longrightarrow CH_3COONa + H_2O \tag{5-28}$$

$$2CH_3COOH + 2Na \longrightarrow 2CH_3COONa + H_2 \tag{5-29}$$

$$2CH_3COOH + Na_2CO_3 \longrightarrow 2CH_3COONa + CO_2 + H_2O \tag{5-30}$$

$$CH_3COOH + NaHCO_3 \longrightarrow CH_3COONa + CO_2 + H_2O \tag{5-31}$$

因此，乙酸的水溶液对金属的腐蚀性很强，10%左右的乙酸水溶液腐蚀性最强，常用的食醋和工业冰醋酸的腐蚀性都比较低，这为工业生产和家庭烹饪带来方便。

(2) 乙酸和醇类的酯化反应　在没有催化剂的情况下，乙酸和醇类非常容易反应生成酯，酯化反应过程中生成等分子的水，其反应如下：

$$CH_3COOH + ROH \longrightarrow CH_3COOR + H_2O \tag{5-32}$$

乙酸与甲醇在浓硫酸存在下加热，生成具有香味的乙酸甲酯。乙酸甲酯在国际上逐渐成为一种成熟的产品，用于代替丙酮、丁酮、乙酸乙酯和环戊烷等。美国的伊士曼公司在2005年时，就用乙酸甲酯代替丙酮溶剂，因为乙酸甲酯不属于限制使用的有机污染排放物，可以达到涂料、油墨、树脂和胶黏剂厂家新的环保标准。

用氧的同位素示踪，可以知道上述反应过程中，乙酸与醇类发生反应，生成酯和水。酸与醇作用生成酯和水的反应称为酯化反应。

(3) 乙酸和氯气的氯代反应　乙酸能在光催化的作用下与氯气发生光氯化反应，生成α-氯代乙酸，氯原子取代乙酸的α-氢类似于自由基的连锁反应，可生成多个氯原子的取代衍生物，其反应如下：

$$CH_3COOH + Cl_2 \longrightarrow CH_2ClCOOH + HCl \tag{5-33}$$

$$CH_3COOH + 2Cl_2 \longrightarrow CHCl_2COOH + 2HCl \tag{5-34}$$

$$CH_3COOH + 3Cl_2 \longrightarrow CCl_3COOH + 3HCl \tag{5-35}$$

2-氯乙酸是由冰醋酸与氯气在硫黄催化作用下反应生成粗氯乙酸，然后冷却、结晶和过滤而制得。氯乙酸用于农药、医药和染料的中间体。农药工业中用于生产乐果、除草剂2,4-D、2,4,5-T、硫氰乙酸和α-萘乙酸。医药工业中用于合成咖啡因、巴比妥、肾上腺素、维生素B_6和氨基乙酸。染料工业中用于生产靛蓝染料。也可用于生产羧甲基纤维素和有色金属浮选剂等的原料，以及用于分析化学色层分析试剂，还可直接用作除草剂。

(4) 乙酸分子间脱水生成乙酸酐　两分子乙酸发生分子间脱水反应生成乙酸酐，其反应如下：

$$2CH_3COOH \longrightarrow (CH_3CO)_2O + H_2O \tag{5-36}$$

乙酸酐用作乙酰化剂，以及用于药物、染料和乙酸纤维制造。

(5) 乙酸和醇醛的缩合反应　以硅铝酸钙钠或负载氢氧化钾的硅胶为催化剂时，乙酸与甲醛缩合生成丙烯酸，其反应如下：

$$CH_3COOH + HCHO \longrightarrow CH_2{=}CHCOOH + H_2O \tag{5-37}$$

丙烯酸是重要的有机合成原料及合成树脂单体，是聚合速率非常快的乙烯类单体。大多数用以制造丙烯酸甲酯、丙烯酸乙酯、丙烯酸丁酯和丙烯酸羟乙酯等丙烯酸酯类。丙烯酸及丙烯酸酯可以均聚及共聚，其聚合物用于合成树脂、合成纤维、高吸水性树脂、建材和涂料等工业部门。

(6) 乙酸和不饱和烃的酯化反应　乙烯、氧气和乙酸通过钯-乙酸锂、氯化钯、氯化铜等催化剂可以生成乙酸乙烯酯，其反应如下：

$$CH_2=CH_2+\frac{1}{2}O_2+CH_3COOH \longrightarrow CH_2=CHOOCCH_3+H_2O \tag{5-38}$$

乙酸乙烯酯主要用于生产聚乙烯醇树脂和合成纤维。其通过自身聚合，或者与其他的单体共聚可生产多种共聚物，它们都有重要的工业用途，广泛用作黏结剂、建筑涂料、纺织品上浆剂、整理剂和纸张增强剂，以及用于制造安全玻璃灯。乙酸乙烯酯与乙醇和溴反应制得溴代乙醛缩乙二醇。这是药物甲硫咪唑的中间体。

(7) 乙酸的酰化和胺化反应　乙酸和三氯化磷反应生成乙酰氯，和氨反应生成乙酰胺，其反应如下：

$$3CH_3COOH+PCl_3 \longrightarrow 3CH_3COCl+P(OH)_3 \tag{5-39}$$

$$CH_3COOH+NH_3 \longrightarrow CH_3CONH_2+H_2O \tag{5-40}$$

(8) 乙酸的分解反应　乙酸在燃烧时发出淡蓝色的火焰，燃烧的产物是二氧化碳和水。乙酸在光照的条件下也可以发生分解反应，生成甲烷、二氧化碳和一些游离基团，其反应机理比较复杂。

(9) 乙酸的其他用途　乙酸也可作为涂料工业的极好溶剂。乙酸是食醋的重要成分，也可用作溶剂及制取乙酸盐、乙酸酯（乙酸乙酯、乙酸乙烯酯）和维尼纶纤维的原料[23]。

5.2.3 甲醇羰基化合成乙酸技术

5.2.3.1 甲醇分子的化学键与活化机理

甲醇分子中，碳原子和氧原子都处于 sp^3 杂化状态，氧原子的两对未共用电子对占据两个 sp^3 杂化轨道，剩下两个 sp^3 杂化轨道分别与氢及碳结合，如图 5-6 所示。

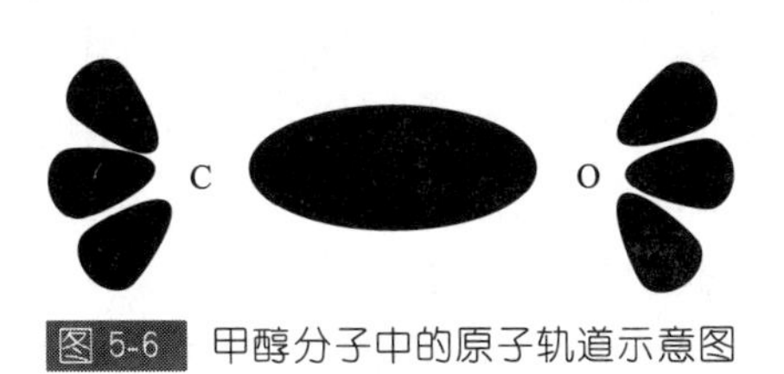

图 5-6　甲醇分子中的原子轨道示意图

甲醇分子中各原子性质和键参数如下：

键长/nm　　C—H 0.1082，C—O 0.1401，O—H 0.0940

键能(298K)/(kJ/mol)　　C—H 391，C—O 378，O—H 428

电负性　　C 2.5，H 2.1，O 3.5

在甲醇分子中，氧的电负性比碳强，氧原子上的电子云密度较高，所以甲醇分子具有较强的极性。甲醇的化学性质主要由羟基决定，同时也受到甲基的影响。甲醇分子中C—O键和O—H键均为极性键，由于羟基的影响，羟基连接的碳上的α-H比较活泼，容易被氧化或脱氢。由于乙酸分子中包括一个甲氧基基团，因此甲醇分子在吸附活化过程中必须有选择性地活化RO—H，断裂形成CH_3O和H。

5.2.3.2 羰基化反应热力学和动力学分析

甲醇羰基化制乙酸化学反应为：

$$CH_3OH + CO \longrightarrow CH_3COOH \tag{5-41}$$

乙酸可以和甲醇继续反应生成乙酸甲酯，其反应为：

$$CH_3COOH + CH_3OH \longrightarrow CH_3COOCH_3 + H_2O \tag{5-42}$$

乙酸甲酯继续发生羰基化反应生成乙酸酐，其反应为：

$$CH_3COOCH_3 + CO \longrightarrow (CH_3CO)_2O \tag{5-43}$$

所以，在甲醇羰基化反应中，控制一定的条件，还可以制备乙酸酐。

以下针对甲醇羰基化制乙酸体系，进行热力学分析。表5-6列出了各物质的热力学函数。

表5-6　各物质的热力学函数

物质	$\Delta_r G^{\ominus}_{m,298K}$ /(kJ/mol)	$S^{\ominus}_{m,298K}$ /[J/(mol·K)]	$\Delta_r H^{\ominus}_{m,298K}$ /(kJ/mol)
CH_3OH	−166.27	126.8	−238.66
CO	−137.168	197.674	−110.525
CH_3COOH	−389.8	159.4	−484.5

反应焓变：

$$\Delta_r H^{\ominus}_{m,\ 298K} = \Delta_f H^{\ominus}_m(CH_3COOH) - \Delta_f H^{\ominus}_m(CO) - \Delta_f H^{\ominus}_m(CH_3OH)$$
$$= -484.5 + 110.525 + 238.66 = -135.3\text{kJ/mol}$$

$$\Delta_r G^{\ominus}_{m,\ 298K} = \Delta_f G^{\ominus}_m(CH_3COOH) - \Delta_f G^{\ominus}_m(CO) - \Delta_f G^{\ominus}_m(CH_3OH)$$
$$= -389.8 + 137.168 + 166.27 = -86.4\text{kJ/mol}$$

$$\Delta_r S^{\ominus}_{m,\ 298K} = \Delta_f S^{\ominus}_m(CH_3COOH) - \Delta_f S^{\ominus}_m(CO) - \Delta_f S^{\ominus}_m(CH_3OH)$$
$$= 159.4 - 197.674 - 126.8 = -165.1\text{J/(mol·K)}$$

由上述结果可知，反应的吉布斯自由能为负值，说明在标准状态下，甲醇羰基化反应平衡趋向生成乙酸；反应的熵变是负值，说明此反应自发进行的程度较小。$\Delta_r H^{\ominus}_{m,298K}$是负值，说明该反应是个放热反应，即降低温度，平衡向产物方向移动，平衡常数（$K^{\ominus}$）随反应温度升高而减小（$K^{\ominus}_{298}=3.9\times10^{15}$，$K^{\ominus}_{498}=2.1\times10^{9}$）。因此，降低反应温度和增加压力有利于提高羰基化的平衡转化率，所以反应温度不宜过高[24]。由于反应活化能非常高，所以该反应过程必须在催化剂的作用下才有可能实现。

甲醇羰基化合成乙酸反应分为高压法和低压法。高压法以羰基钴为主催化剂，碘甲烷为助催化剂，在约 250℃和 70MPa 下进行反应；低压法以三碘化铑为主催化剂，碘甲烷为助催化剂，在反应温度为 175～200℃、反应总压力为 3MPa、CO 分压为 1～1.5MPa 下进行。两种方法的催化原理基本相似，都有一个主催化剂循环和一个助催化剂循环，虽然都采用Ⅷ族过渡金属为主催化剂，但是因具体金属元素不同，活性、中间体、反应动力学和反应速率控制步骤都不同，它们的反应动力学特征见表 5-7[25]。可见，高压法对甲醇为一级，对 CO 为二级，而低压法对甲醇和 CO 均为零级。

表 5-7　反应动力学特征

项目	高压法				低压法			
反应物	CH_3OH	CO	I	Co	CH_3OH	CO	I	Rh
反应级数	1	2	1	（变态）	0	0	1	1

5.2.3.3　羰基化反应机理

甲醇羰基化合成乙酸反应分为高压法和低压法，它们的反应机理也分为高压法反应机理和低压法反应机理，其中，低压法反应机理还分为羰基铑-碘催化机理和铱-碘催化机理。

（1）高压甲醇羰基化法　1880 年，德国 A. Geuther 和 O. Froelich 等在研究甲醇钠和一氧化碳反应时，发现在产物中有微量的乙酸生成[26]。1941 年，BASF 公司的 W. Reppe 等发现在卤素或卤素化合物存在时，金属羰基化合物对羰基化反应有明显的催化作用。在此基础上，BASF 公司成功开发了羰基钴-碘催化剂的甲醇高压羰基化制乙酸工艺，在 53MPa、250℃时，收率以 CH_3OH 计为 90%，以 CO 计为 70%[27]。BASF 高压法的化学原理由主催化剂和助催化剂的两个循环组成，如图 5-7 所示。

以反应方程式表示时，整个催化循环如下：

$$Co_2(CO)_8 + H_2O + CO \longrightarrow 2HCo(CO)_4 + CO_2 \tag{5-44}$$

$$CH_3OH + HI \rightleftharpoons CH_3I + H_2O \tag{5-45}$$

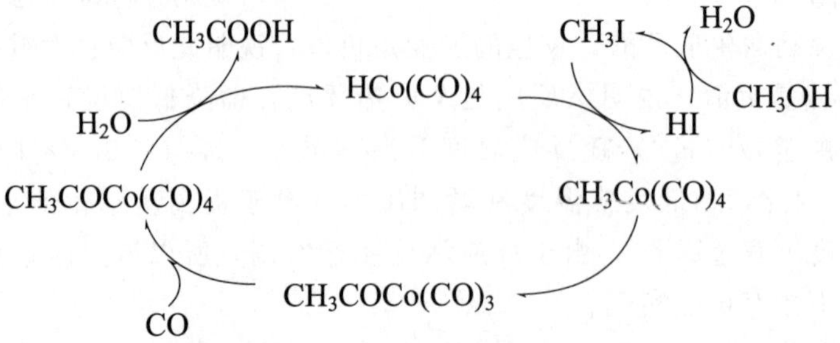

CH_3COOH　$HCo(CO)_4$　CH_3I　H_2O　CH_3OH

H_2O　HI

$CH_3COCo(CO)_4$　$CH_3Co(CO)_4$

$CH_3COCo(CO)_3$

CO

图 5-7 钴-碘催化甲醇羰基化反应机理

$$HCo(CO)_4 \rightleftharpoons H^+ + [Co(CO)_4]^- \tag{5-46}$$

$$[Co(CO)_4]^- + CH_3I \longrightarrow CH_3Co(CO)_4 + I^- \tag{5-47}$$

$$CH_3Co(CO)_4 \longrightarrow CH_3CO{-}Co(CO)_3 \tag{5-48}$$

$$CH_3CO{-}Co(CO)_3 + CO \rightleftharpoons CH_3CO{-}Co(CO)_4 \tag{5-49}$$

$$CH_3CO{-}Co(CO)_4 + HI \longrightarrow CH_3COI + H^+ + [Co(CO)_4]^- \tag{5-50}$$

$$CH_3COI + H_2O \longrightarrow CH_3COOH + HI \tag{5-51}$$

在上述的反应中，使用羰基钴催化剂，为了在高温下稳定 $[Co(CO)_4]^-$ 物种，必须保持一氧化碳分压很高，从而决定了此反应必须在极其苛刻的反应条件下来进行[28]。

(2) 低压甲醇羰基化法　羰基铑-碘催化剂在甲醇合成乙酸体系中的使用是 Monsanto 公司的 F. E. Paurik 和 J. F. Roth 在 1968 年首次报道的，该催化剂在温和条件下具有较高的催化活性和选择性，反应温度为 175～200℃，反应压力在 6.8MPa 以下，产物以甲醇计的收率可以达到 99%，因此被称为低压甲醇羰基化法[25]。目前，甲醇羰基化法生产乙酸的工艺主要是塞拉尼斯公司的 AO Plus 工艺及 BP 公司的 Cativa 工艺[29]。低压甲醇羰基化法和高压法的合成工艺原理相似，都需要主催化剂和助催化剂的循环，催化剂体系分为铑-碘和铱-碘两种。

铑-碘催化剂在催化甲醇低压羰基化制乙酸时多为可溶性的铑化合物（主催化剂）及碘化物（助催化剂）。铑的来源是铑的化合物，如三碘化铑、三氯化铑和三氧化铑等；助催化剂一般为氢碘酸或碘甲烷等，其原理如图 5-8 所示[30,31]。

铑基催化剂体系中由铑、一氧化碳和碘共同构成催化剂活性中间体二碘二羰基铑，铑催化剂比钴催化剂更容易和碘甲烷反应，且生成的 $[CH_3Rh(CO)_2I_3]^-$ 比 $CH_3Co(CO)_4$ 更活泼，更容易发生一氧化碳的插入反应，而且乙酰碘更容易从 $[MeRh(CO)_2I_3]^-$ 中消去，因此铑催化剂比钴催化剂活性高。在全部反应中，碘甲烷与铑络合物的加压氧化反应速率最慢，是整个反应的控制步骤。其化学反应方程及反应速率方程如下[32]：

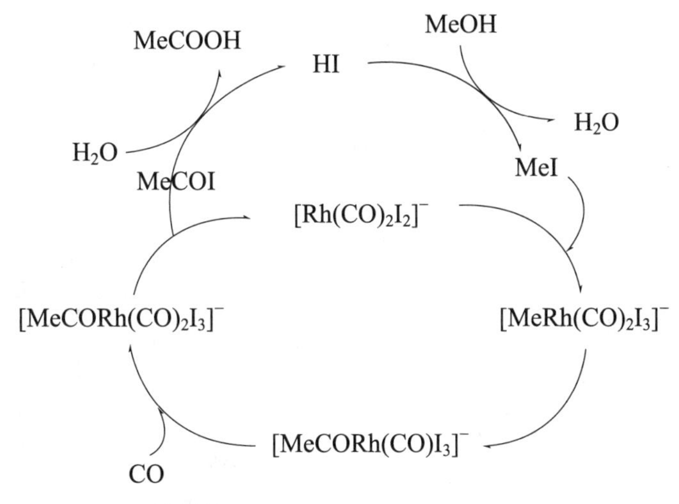

图 5-8　铑-碘催化甲醇羰基化反应机理

$$CH_3I + [Rh(CO)_2I_2]^- \longrightarrow [CH_3Rh(CO)_2I_3]^- \tag{5-52}$$

$$[CH_3Rh(CO)_2I_3]^- \rightleftharpoons [CH_3CORh(CO)I_3]^- \tag{5-53}$$

$$[CH_3CORh(CO)I_3]^- + CO \longrightarrow [CH_3CORh(CO)_2I_3]^- \tag{5-54}$$

$$[CH_3CORh(CO)_2I_3]^- \rightleftharpoons [Rh(CO)_2I_2]^- + CH_3COI \tag{5-55}$$

$$CH_3COI + H_2O \rightleftharpoons CH_3COOH + HI \tag{5-56}$$

$$CH_3OH + HI \rightleftharpoons CH_3I + H_2O \tag{5-57}$$

铱-碘均相催化体系的催化机理比铑-碘均相催化体系的催化机理复杂，它也是除铑以外，Ⅷ族过渡金属中对甲醇低压羰基化法制乙酸效果较佳的金属，其铱-碘均相催化反应体系的机理如图 5-9 所示[33]。

研究表明，铱基催化体系中存在的三价的铱（Ⅲ）物种是 $[MeIr(CO)_2I_3]^-$ 和 $[Ir(CO)_2I_4]^-$，前者具有活性，后者不具有活性[16]。在参与甲醇羰基化反应之前，后者需要先被还原为 $[Ir(CO)_2I_2]^-$。其实，在铑基催化体系中，类似的不具活性的 $[Rh(CO)_2I_4]^-$ 也是存在的，但是其更易被还原。

铱基与铑基体系的催化机理主要差别在于决速步骤。铱基体系中，碘甲烷对 $[Ir(CO)_2I_2]^-$（1b）的氧化加成反应是快速的，而由 $[MeIr(CO)_2I_3]^-$（2b）经由 $[MeIr(CO)_3I_2]$（3b）到 $[MeCOIr(CO)_2I_2]$（4b）的一氧化碳迁移插入过程，是慢速步骤。对于碘甲烷的氧化加成来说，铱基体系要比铑基体系快得多，对于一氧化碳的迁移插入则正相反。研究表明，k_{Rh}/k_{Ir} 对于碘甲烷的氧化加成反应约为 1 ∶ 150，而对于一氧化碳的迁移插入反应则为 $(1\times10^5 \sim 1\times10^6)$ ∶ 1[34]。因而，通过提高 $[MeIr(CO)_2I_3]^-$ 中一氧化碳的迁移插入速率可以提高铱基催化体系的

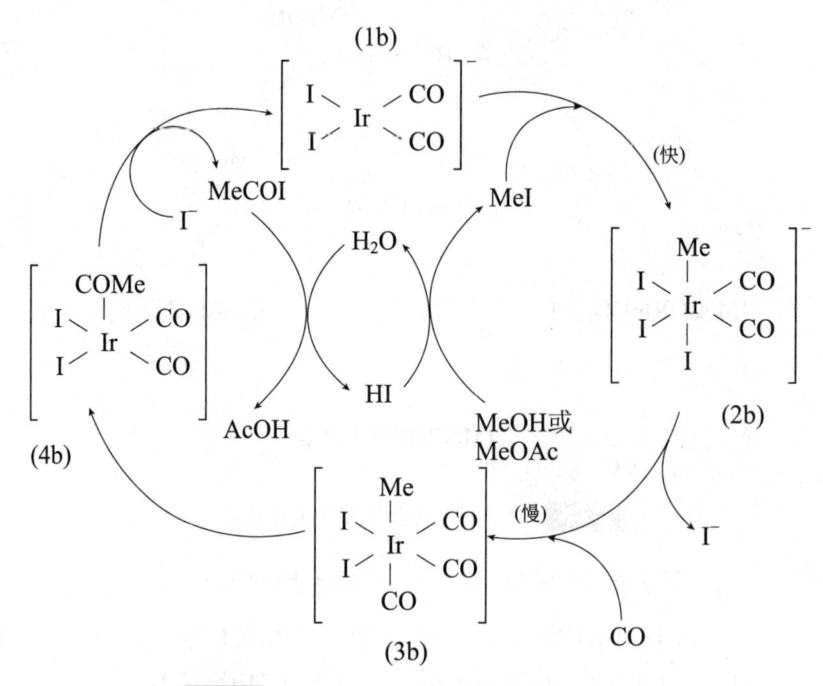

图 5-9 铱阴离子配合物催化甲醇羰基化机理

活性及选择性。

5.2.4 甲醇羰基化合成乙酸合成工艺

乙酸工业化合成工艺主要包括烷烃类及轻质油氧化法、甲醇羰基化法、乙醛氧化法和天然气综合氧化法等，其中甲醇羰基化合成技术是生产乙酸最先进的方法，新建的乙酸生产装置，90%以上采用的是羰基化合成工艺，此方法已成为世界上生产乙酸的主要方法[35,36]。甲醇羰基化合成乙酸工艺确立了碳一化学含氧化合物的产业优势，从此，乙酸及其衍生物的工艺和技术创新成为研究人员研究的发展方向[37]。甲醇羰基化合成技术的典型工艺主要有 BASF 高压工艺、Monsanto/BP 工艺、Celanese 低水含量工艺、BP 公司的 Cativa 工艺、UOP/Chiyoda Acetica 工艺和西南化工研究设计院工艺。各工艺催化的主要条件和催化剂见表 5-8。

表 5-8 羰基化制备乙酸的主要条件和催化剂

项目	BASF	Monsanto	AO Plus	BP Cativa
催化剂	Co-HI	Rh-CH_3I	Rh-LiI	Ir-CH_3I
反应温度/℃	250	180～200	180	190

续表

项目	BASF	Monsanto	AO Plus	BP Cativa
反应压力/MPa	70.0	3.0	3.5	2.8
水含量/%		14～15	4～5	<8
甲醇转化率/%	90	99	99	99

5.2.4.1 BASF 高压工艺

1913 年，德国 BASF 公司最早发现了甲醇羰基化反应制备乙酸，但直到 20 世纪 50 年代末期，耐腐蚀的钼镍合金出现后才建成第一套中试装置。1960 年，BASF 在德国的路德维希港建成 3.6kt/a 的第一套甲醇羰基化制乙酸装置，并陆续扩大生产能力至 64kt/a [38]，催化剂为碘化钴（CoI_2），BASF 合成工艺反应温度约 250℃，反应压力高达 68.9MPa，乙酸选择性以甲醇计为 90%，以 CO 计为 70%，通过五塔蒸馏可得纯度为 99.8%的乙酸产品，副产物有甲烷、二氧化碳、乙醇、乙醛、丙酸、乙酸酯和 α-乙基丁醇等。该工艺开发成功后共建成过两套装置：一套属于德国 BASF 公司，另一套属于美国 Borden 化学公司。但是，由于该方法存在操作压力高、需采用昂贵的耐腐蚀材料、副产物多及精制流程复杂等缺点，目前只有德国 BASF 装置仍在运行。

BASF 合成工艺流程如图 5-10 所示。

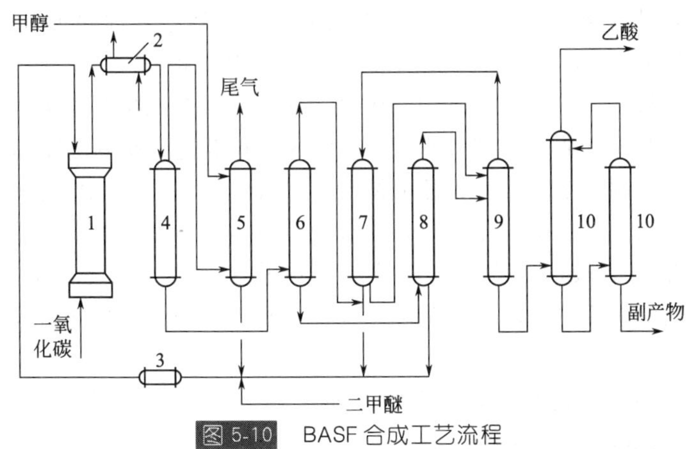

图 5-10 BASF 合成工艺流程

1—反应器；2—冷却器；3—预热器；4—低压分离器；5—尾气洗涤塔；6—脱气塔；7—分离塔；8—催化剂分离器；9—共沸蒸馏塔；10—精馏塔

5.2.4.2 Monsanto/BP 工艺

1968 年，美国 Monsanto 公司的 F. E. Paulik 等宣布开发出应用于甲醇羰基化制备乙酸的高活性铑系催化剂，这是从 C_1 原料制备 C_2 化学品进程中的一个里程碑[39,40]。该工艺使用添加碘化物的铑基金属均相催化剂，甲醇和一氧化碳不断输入液相反应器中，反应器中有水、乙酸、碘甲烷、碘化氢和铑催化剂络合物等。在反应中甲醇与碘化氢迅速地形成碘甲烷，再与一系列铑络合物和一氧化碳反应之后，生成乙酸。该工艺反应条件十分温和，在反应温度为180℃、反应压力为3.5MPa条件下，产物以甲醇计收率为99%，以CO计为90%，从而被称为低压法，相应将BASF法称为高压法。

1986年，Monsanto公司将甲醇制乙酸技术出售给BP公司，经BP公司进一步开发改进后向全球发放专利技术许可，形成了目前生产能力占主导地位的Monsanto/BP工艺[41]。自此，采用单纯的铑-碘催化剂体系先后建立了20多套装置，装置建设材料多选用的是锆-702。该工艺采用反应、闪蒸、三塔分离和尾气吸收等基本流程。未转化的一氧化碳留在反应器的上部，经冷却分离后，在闪蒸之前回收其凝液。气相进入洗涤塔先用甲醇原料洗涤，洗涤塔底部的物流回到反应器，吹除未转化的一氧化碳。而从反应器引出的物流进入一个绝热单级闪蒸罐里进行闪蒸，此过程是在减压下操作。闪蒸罐将进入的部分物料气化，一方面生成了乙酸，另一方面释放出反应产生的热量。闪蒸罐中的液相含有均相催化剂，并回到反应器。反应工艺采用20倍于反应器进口甲醇量的循环物料。Monsanto工艺正常操作时水含量为14%～15%（质量分数），当水含量低于8%（质量分数）时，HI直接与$[Rh(CO)_2I_2]^-$生成对甲醇羰基化活性差的$[Rh(CO)_2I_4]^-$物种，该物种是不溶性的RhI_3前驱体[42,43]。工艺上采用高速的母液循环泵，将其迅速送入一氧化碳分压充足的反应器中，即使形成RhI_3也能溶解变成活性组分$[Rh(CO)I_2]^-$。因此，大循环物料和闪蒸工艺是Monsanto工艺反应体系的特点。分离方法采用了脱轻、脱水和成品三塔基本流程及用乙酸吸收尾气，加上脱烷和脱丙酸装置构成了Monsanto工艺。反应副产物主要是二氧化碳和氢气等，副产物甚微。粗乙酸浓度高，提纯简单；催化剂寿命长，运转可靠；无严重污染。但铑基催化剂存在铑金属价格昂贵，发生水煤气重整反应，副产物丙酸含量相对较高，乙酰基碘化物与碘化氢作用生成乙醛，同时分解出RhI_3，使催化剂失活等缺陷，这些缺陷促使人们不断地开发更廉价高效的甲醇羰基化催化剂。

Monsanto/BP工艺流程如图5-11所示。

5.2.4.3 Celanese低水含量工艺

由于在Monsanto工艺中，反应体系中必须有高质量分数的水（14%～15%）才能使催化剂具有足够高的活性和稳定性[44]，但是反应中大量水的存在使后续的乙酸精馏成为能耗最大的步骤，同时也限制了装置产能的扩大。1978年，Hoechse公司即现今的Celanese公司在Texas的Clear Lake建成一套用Monsanto工艺的大型乙酸生产装置。为了降低操作费用，Celanese公司在1980

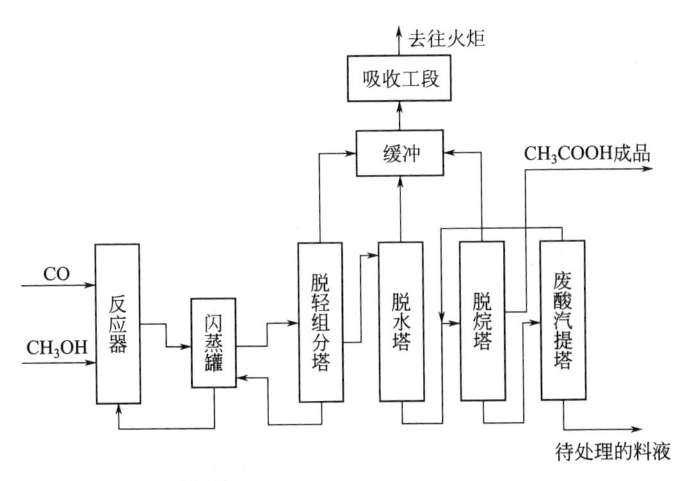

图 5-11 Monsanto/BP 工艺流程

年开发了低水含量工艺，推出了 AO Plus 法（酸优化法）技术专利，大大改进了 Monsanto 工艺[45]。AO Plus 工艺[46]通过添加高浓度的无机碘化物（主要是碘化锂）来提高铑催化剂体系的稳定性。碘化锂与碘甲烷助剂添加后，允许反应器中的水含量大大降低至 4%～5%，同时又可保持体系具有较高的反应速率，从而使新工艺的分离成本得以大大降低。

Celanese 低水含量工艺相比传统的 Monsanto 工艺的优势在于装置产量，单位产品的公用工程消耗和投资成本降低。其缺点是高浓度的碘盐导致设备腐蚀增加，产品中残留碘盐量升高，高碘浓度能够引起乙酸下游应用过程中的催化剂中毒，如乙酸乙烯单体（VAM）的生产中导致催化剂中毒，因而必须脱除[47]。为克服乙酸产品中高碘化物浓度的问题，Celanese 公司开发出从乙酸中分离微量碘化物杂质的 Silverguard 工艺，该工艺中金属盐配位的聚合物树脂与卤化物杂质反应，并从卤化物溶液中沉淀出，该新方法的特点是可一步移除卤化物杂质，不必再增加蒸馏与回收工序[48]。1998 年，Celanese 公司用这项新技术改造 Clear Lake 装置，使用银离子交换树脂将产品中碘离子由传统脱碘含量的 20～40μg/L 降低到 2μg/L，产量由 100 万吨/年提高到 120 万吨/年。Celanese 公司于 2009 年底将其位于南京的乙酸工厂产能提高 1 倍，使该厂乙酸产能达 120 万吨/年，Celanese 公司还指出采用公司新开发的 AO Plus2 工艺，仅需少量投资就可将南京工厂的产能提升到 150 万吨/年。AO Plus2 工艺是 Celanese 公司在其 AO Plus 工艺的基础上发展而来的，可应用于已建及新建设施[46]。

5.2.4.4 BP 公司的 Cativa 工艺

1986 年，BP 公司从 Monsanto 公司购买了基于铑系催化剂的甲醇羰基化法制乙酸技术[49]，在此后的多年中该公司一直在寻求对这项技术进行改进。到

1996年，BP公司宣布开发成功了基于甲醇羰基化制乙酸的Cativa新工艺。该工艺主要以铱为主催化剂，碘甲烷为助催化剂，少量的水、乙酸甲酯、铼、钌、锂、锇、镉和铟等为促进剂的催化剂体系，与传统铑系催化工艺相似，新型铱催化剂在适当温度和压力下，反应速率和目的产品选择性均较高。

Cativa工艺具有以下优势[48,50]：由于铱的价格明显低于铑，催化剂自身成本大幅度降低，所以在经济上更有竞争力；铱催化体系活性高于铑催化体系；反应副产物少；可在较低水含量（小于5%）条件下操作（Cativa工艺不到8%，Monsanto工艺为14%～15%）；同样装置产能最多可增加75%，改进传统的反应过程，削减生产费用高达30%，节减扩建费用50%；该技术可用于现有装置改造，可在较低投资情况下增加装置产能；此外，因水浓度降低，CO利用效率提高，蒸汽消耗量大大减少，精馏费用大幅度降低。该工艺于1995年末在Sterling公司位于Texas城的装置实现工业化。该装置经新工艺改造后，产能从28万吨/年增加到45万吨/年。1997年第三季度，韩国Ulsan的BP/Samsung合资装置用该工艺改造原有装置，产能从21万吨/年提高到了35万吨/年。此外，BP公司位于英格兰Hull的甲醇羰基化乙酸装置也于1998年改为用Cativa工艺，产能增加了10万吨/年。

新建的羰基化合成乙酸装置，采用铑-碘催化剂体系的约占一半，另一半为铱-碘催化剂体系。未来乙酸的羰基化合成工艺将会更多地采用铱-碘催化剂体系。

5.2.4.5 UOP/Chiyoda Acetica 工艺

由于均相催化体系固有的催化剂难分离、活性金属流失等问题，研究者们做了大量的工作，目的是将均相催化剂体系改为多相催化剂体系。对于甲醇羰基化反应来说，催化剂固定在固体载体上以后，催化剂就易于从反应母液中分离出来。

1997年，日本Chiyoda公司和UOP公司联合开发了Acetica工艺，它采用多相负载催化剂和鼓泡塔反应器进行甲醇羰基化[51,52]。该工艺使用添加有碘甲烷助剂的聚乙烯吡啶树脂负载的铑系催化剂，在反应温度170～190℃、压力3.5～4.0MPa条件下进行反应，以甲醇和一氧化碳为原料，甲醇和一氧化碳经泡沫塔反应器进行羰基化反应而生成含有杂质的乙酸，然后经精制而得到成品乙酸。该工艺于1999年通过运转一套中试装置证实其性能。贵州有机晶体化学品集团公司是首家被授权使用UOP/Chiyoda Acetica工艺的企业，2002年已签订36kt/a乙酸的首套工业化装置合同，该装置已在2009年投产[53]。

UOP/Chiyoda Acetica工艺的重要特征是使用了多相催化剂体系，其中活性Rh络合物以化学方法固定在聚乙烯吡啶树脂上。与传统的可溶性铑催化剂相比，其固定化催化剂可获得高产率，据称乙酸产率（以甲醇计）高于99%；催化剂处理容易，无须分离并回收铑；反应器在低水含量（3%～8%）条件下运行，可抑制副产物生成；反应器内 HI 浓度低，腐蚀问题小[54]。该工艺的另一特点是采用泡罩塔环管反应器，而传统工艺采用搅拌槽反应器，因此，消除了搅拌塔式反应器的密封问题，操作压力可增加到 6.2MPa。为保持最佳一氧化碳分压，允许使用低纯度的一氧化碳。低纯度的一氧化碳又可降低原料费用和投资成本。而且催化剂磨损小，并可获得高气/液传质速率。此外，可通过反应器热交换剂回收反应热，并用作蒸馏塔所需的热源。日本 Chiyoda 公司认为，该工艺中的催化剂浓度高于传统工艺，传统工艺的催化剂浓度受其溶解性的限制，这能使反应器尺寸缩小 30%～50%，还可减少副产品约 30%。Chiyoda 公司预计，该工艺的投资成本和操作成本均比传统工艺降低 20%以上[55]。此外，UOP 还开发出了专利碘化物分离技术，可降低乙酸产品中碘化物含量到 1～2μg/L。

5.2.4.6　西南化工研究设计院工艺

为了加快我国乙酸工业的发展，西南化工研究设计院从 1972 年开始，进行了甲醇羰基化合成乙酸有关技术方面的研发[56]；1978 年，深入研究了反应过程中甲醇转化率与溶液中铑羰基络合物稳定性的关系，提高转化率可以使 $[Rh(CO)_2I_2]^-$ 络合物向稳定性较好的 $[RhCOI_4]^-$ 和 $[RhCOI_5]^-$ 等多碘羰基络合物转化，因而在反应器后加了一个转化釜，实现了用蒸发的方法取出产品乙酸。此工艺经过长时间循环运转试验的验证，申报了中国发明专利并获授权，成为国内甲醇低压羰基化法生产乙酸技术的代表。分离工艺仍为三塔流程，吸收工艺将吸收剂乙酸改为甲醇。该工艺于 2006 年在兖矿集团有限公司建设了 20 万吨/年的乙酸装置并工业化应用成功。该工艺与 Monsanto 工艺相比具有以下优点：增加转化反应釜，可使不稳定的铑羰基络合物向热稳定性较好的络合物转化；采用蒸发流程，使反应器的生产能力提高，能耗降低；尾气吸收采用甲醇为吸收剂，吸收效果好、产品质量好和对设备腐蚀小。低压甲醇羰基化制乙酸流程如图 5-12 所示。

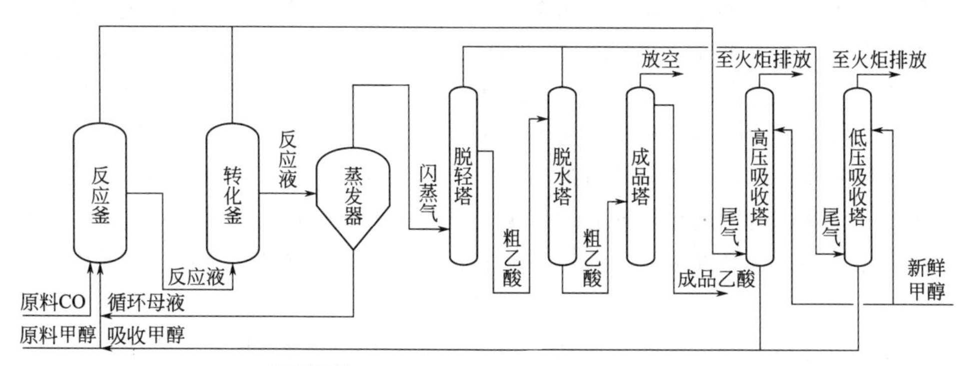

图 5-12　低压甲醇羰基化制乙酸流程简图

5.2.5 甲醇羰基化合成乙酸的催化剂

5.2.5.1 甲醇羰基化合成乙酸的主催化剂

甲醇羰基化合成乙酸的合成工艺路线总是随着催化剂技术的发展而不断进步的，其催化剂体系总体来说可以分为两大类：一类是 Koch 羰基化反应路线中的酸性催化剂体系；另一类是 Reppe 羰基化反应路线中的羰基金属化合物催化剂体系[57]。

酸性催化剂体系是 Celanese 公司在 20 世纪 20 年代开发的，以 BF_3/H_3PO_4 为主催化剂，用铜和银为助催化剂，在高温高压的条件下，直接用甲醇和一氧化碳反应生产乙酸，并且对其生产工艺进行了中试，由于对反应条件和反应设备的要求过于苛刻，因此没有得到大规模工业应用。但是 Koch 的酸性催化剂体系不需要加入碘甲烷和碘盐，甚至可以在催化反应中不用加入卤素和卤化物，这使得 Koch 的酸性催化剂体系仍然受到人们的关注[58]。

德国 BASF 公司的 Reppe 等在 20 世纪 40 年代发现，Ⅷ族金属羰基化合物在有卤素或含卤素的化合物存在的情况下，对甲醇的羰基化反应有显著的催化作用，试验的三种金属的催化活性顺序是：Ni＞Co＞Fe。在 BASF 公司成功开发了钴-碘催化体系的高压羰基化合成乙酸的技术后，由于操作压力过高、腐蚀严重等条件的限制，这种生产乙酸的技术也仅仅推广了部分的应用[59]。

美国 Monsanto 公司 1968 年开发了可溶性羰基铑为主催化剂和碘化物为助催化剂的催化剂体系，用于甲醇低压液相羰基化制取乙酸，该催化剂在甲醇羰基化合成乙酸的反应体系中显示了更高的催化活性，在温和反应条件下，反应温度 175～200℃、压力 2.8～6.8MPa 时，催化速率达到 1.1×10^3 mol/(mol Rh·h)，羰基化选择性大于 99%，对低压甲醇羰基化制乙酸有着非常重要的意义[39]。

随后的几年里，国际上纷纷开展了低压均相羰基化的研究和工业化。作为羰基化的主体金属，相关文献报道最多的就是周期表中Ⅷ族过渡金属。过渡金属及接近过渡金属的某些金属常用来作为催化剂的主要组分[60]。过渡金属 Co、Ni、Fe、Rh 和 Ir 的化合物都能催化甲醇羰基化反应合成乙酸，这些过渡金属的共同特点是外层有八电子的 d 轨道，容易形成配位作用。这里真正的催化物种是这些金属的羰基化合物，而不是该过渡金属化合物的本身，它可被视为羰基化反应作用物及一氧化碳的供应源，或者可以说，是由一氧化碳转换而来的中间体。其中根据催化活性、选择性以及反应条件的实施情况，铑的羰基化合物占据着非常重要的地位。

铑是Ⅷ族的过渡金属元素，处于元素周期表中的第五周期，最外层电子层结构 $4d^85s^1$。铑由于有 4d 电子，且成键轨道中 d 轨道占到了 50%，因此在绝大多数的催化反应中往往体现出极其优良的催化性能。在甲醇羰基化合成乙酸的催化循环中，铑原子与一氧化碳配位基之间主要以 d 轨道成键。该催化剂中，还可以是化合物分子或有机基团按一定的价键状态和过渡金属中心相结合。液相羰基化中，配体通常是氧族、氮族的碱性化合物分子或有机基团。液相反应中，离子键结合配体形成的可溶性铑催化剂活性相对较高；季铵盐配体要优于非季铵盐配体，曾有人研究了季铵化五配位体，发现该结构更容易被碘甲烷亲核进攻，且该配体的羰基化速率达到二碘二羰基铑催化剂的 10 倍以上。而有些胺化物配体，由于与铑之间形成了对称的多齿强配位络合物，且因为位阻，活性很低。非对称配位键和离子键的活性优于简单吸附型或螯合环。按配位场理论，中心金属与配位体发生配位后，金属的五重简并 d 轨道能级会发生分裂，高能与低能轨道间的能量差与络合物的稳定性存在一定的关系。对一般的催化规律而言，中心金属离子与配位体的络合既不能太强也不能太弱。因为螯合环配位时，铑与配位体的作用太强；而简单吸附时，铑与配位体的作用又太弱，这对反应物和产物在催化活性中心的转移不利。从空间结构上考虑，络合物中的配体结构应当以适中为宜，以便在催化剂上留下适当的空间位置，便于反应物与产物的进出。Ⅷ族过渡金属化合物用作催化剂时，同一种金属随其前驱体化合物的组成不同和结构不同，表现出的催化活性差异也比较大[24]。例如，在 [$RhCl(CO)(PEt_3)_2$] 和 [$Rh(CO)_2I_2$]$^-$ 作为催化剂进行甲醇羰基化的催化反应时，发现前者的催化速率约为后者的 2 倍[34]。

由于铑催化剂的价格比较高，且催化反应后的铑回收比较难，回收费用较高，人们逐渐开发了其他的催化主体金属。1966 年，BP 公司实现了铱-碘络合催化羰基化合成用于乙酸工业生产，这就是所谓的 Cativa 工艺铱催化剂。就甲醇低压羰基化制备乙酸而言，铱-碘络合催化剂比铑-碘络合催化剂具有以下优点：催化剂所用的贵金属铱比铑便宜很多；助催化剂碘甲烷的使用量比铑催化体系少，铱-碘络合物在羰基化反应体系中溶解性好，稳定性比铑催化剂好。但是铱-碘催化剂体系的配方复杂。

虽然铑和铱的羰基化合物被认为是羰基化反应催化剂的首选主体金属，但为了寻找更便宜的主体金属，铑和铱以外的其他金属对羰基化反应的催化活性，也一直在大量研究中。据报道[61]，目前研究最多的仍是Ⅷ族过渡金属，如镍基催化剂（三苯基膦羰基镍或四羰基镍）、羰基钴及双金属钴（钴-钌、钴-铁和钴-铬）化合物等。这些催化体系，无论是催化活性，还是反应条件，都处于劣势，故研究进展比较缓慢，仍未获得可工业化的结果。

5.2.5.2 甲醇羰基化合成乙酸的催化剂配体

提高催化剂活性的关键是改变决速步骤，对铑-碘络合催化剂而言，就是 [$Rh(CO)_2I_2$]$^-$ 对碘甲烷的亲核取代反应。提高 [$Rh(CO)_2I_2$]$^-$ 亲核能力的方法是增加金属铑中心的富电子性，即用易供电子物种取代碘或一氧化碳的配位位置，使得催化循环更容易进行。报道中具有强供电子能力的含氮或氧族元素的有机配体较多。例如，Baker 等发现二膦硫化物［$Ph_2PCH_2P(S)Ph_2$］作为配体催化甲醇羰基化反应时，其反应活性约为 Monsanto 催化剂的 8 倍[62]。Hinnenkamp 等利用五价的Ⅴ族氧化物，如三甲氧基膦［$(MeO)_3P$］、三丁基膦（Bu_3P）和三乙氧基膦［$(EtO)_3P$］，对铑催化体系进行研究，不仅增加了乙酸的产率，还能保持 Rh（Ⅰ）活性物种的稳定性[63]。在液相催化体系中，以离子键结合配体形成的可溶性铑催化剂有着比较高的催化活性。

然而，对铱-碘络合催化剂而言，碘甲烷对［$Ir(CO)_2I_2$］$^-$的氧化加成反应是快速的，而由［$MeIr(CO)_2I_3$］$^-$经由［$MeIr(CO)_3I_2$］到［$MeCOIr(CO)_2I_2$］的一氧化碳和碘离子迁移插入过程，是慢速步骤，为决速步骤。Haynes 等研究了含磷供电子配体促进铱（Ⅲ）物种［$MeIr(CO)_2I_3$］$^-$诱导一氧化碳的迁移插入反应，即加速其决速步骤的速率。以 $P(OMe)_3$ 为配体得到的中间体［$Ir(COMe)(CO)I_2L_2$］，可大幅度提高反应速率，从而进一步证实了一氧化碳的迁移插入反应为铱基催化体系的决速步骤[64]。Lee 等合成了含磷、硫螯合键及邻位碳硼烷键的四配位金属环状化合物催化剂［(Cab)M(cod)］（其中，M＝铑或铱，cod＝1,5-环辛二烯，Cab＝碳硼烷膦基硫醇盐）[65]，其活性要高于 Monsanto 催化体系，且稳定性很高。

5.2.5.3 甲醇羰基化合成乙酸的助催化剂

对于甲醇羰基化合成乙酸反应，卤素及卤化物被认为具有助催化的作用[66,67]，卤素及卤化物中助催化作用按递减的顺序排列是：碘＞溴＞氯。在铑-碘络合体系中，碘甲烷在第一个催化循环中就参与了乙酰碘的形成。在 $Rh(CO)_2I_2$中，碘的极化度更高、成键能力更强、电负性更强和氧化还原电位更低，这就使得 $Rh(CO)_2I_2$ 的氧化加成反应更容易进行和更容易释放出乙酰碘，从而完成循环，但卤素会严重腐蚀反应设备。

碘甲烷与 $Rh(CO)_2I_2$发生氧化加成反应，生成乙酰碘，这是一个较慢反应。当有大量碘存在时，五配位的存在和盐效应更有利于过渡态的形成和稳定，从而使得反应快速进行。研究认为乙酸的羰基化反应中，反应速率对碘甲烷为一级或近似一级，因此，碘甲烷在反应液中保持在一个较高的浓度，有利于第一个催化循环的进行。

5.2.5.4 甲醇羰基化合成乙酸的促进剂

甲醇羰基化合成乙酸的促进剂主要有三类：锌、镉、汞、镓和铟等金属的简单碘配合物；钨、铑、钌、铼和锇等金属的羰基-碘配合物[68,69]；碱金属和碱土金属的碘化物，铁、镍、钴、铬和钼的碘化物，促进剂中优先选择金属锂或钠的碘化物[70,71]。这些助催化剂既能单一使用，也能够复合使用。研究表明，碱金属离子是甲醇羰基化合成乙酸的良好促进剂。碱金属与催化剂活性组分 $Rh(CO)_2I_2$ 的形成无关，而是参与到了第二个催化循环历程。在铑基催化体系中加入 Ru、Li 和 Ce 的碘化物及乙酸锂、*N*-甲基咪唑碘化物和 Lewis 酸（铬和铝等金属化合物）都可提高反应活性，且 Li^+ 是较好的选择。自 1980 年后，在实际的 Monsanto 生产工艺中添加碱金属钠或锂的碘化物，其目的是用以降低反应体系的水含量。在低含水体系中，可减少因水煤气转换产生的副产物，从而达到降低原料消耗，减少分离步骤的成本。

Pearson 等[72]的研究表明，铱基催化体系中一氧化碳的迁移插入反应的速率可以由添加 Lewis 酸（二碘化锡）或甲醇而得到极大提高。原因是甲醇或二碘化锡活化了 Ir—I 键而有利于一氧化碳的迁移插入，即促进了一氧化碳对碘离子配体的取代，从而使一氧化碳的迁移插入更容易进行。Baker 等利用铬、汞和锌作为促进剂，使铱基催化剂得以稳定，从而增加乙酸的产率[73]。Baker 等用金属钌与锇的化合物为促进剂，使甲醇羰基化催化体系中金属铱的用量减少[74]。此体系既减少了催化剂的用量，又保持了羰基化速率，而且还降低了副产物丙酸的产生。Cheung 等[75]研究了季鏻碘化物和季铵作为促进剂及稳定剂的多金属催化体系（铱-铑）的羰基化行为。结果表明，催化剂的稳定性得到了一定的提高，在反应过程中并没有发现催化剂的沉淀现象，并且提高了催化剂的活性，同时减少了副产物（如乙醛等）的产生。另外，有报道称[76,77]金属铝和铼等也可作为铱基催化剂的促进剂。这些金属可能与铱有协同作用，进而可提高铱基催化剂的活性和稳定性。

5.3　乙酸加氢制乙醇技术

近年来，工业上从合成气经甲醇合成乙酸技术已成熟且成本低廉，并可实现大规模生产，同时由乙酸催化加氢制乙醇是一条过程简单、节能高效、乙醇选择性高和副产物少的工艺路线，显示出较好的经济效益和社会效益，因此乙酸催化加氢合成乙醇的反应备受关注。

乙酸催化加氢转化为乙醇的关键技术是高效催化剂的研制。由于乙酸较醛、酮和酯等其他羰基化合物更稳定，反应活化能更高，需在高温高压下进行，且乙酸对金属有较强的腐蚀性，所以反应相对更加困难。催化剂研发的主要目标是提高乙酸的转化率和乙醇的选择性、降低反应温度和操作压力及提高反应的可控性。目前，乙酸加氢制乙醇通常采用负载型金属催化剂，即以多孔材料为载体，将金属颗粒通过浸渍法或沉积法高度分散负载在载体上。活性组分多为Ⅷ族 Ru、Pd 和 Pt 等贵金属以及 Cu、Co 和 Ni 等非贵金属；催化剂载体则多选用活性炭、氧化铝和二氧化硅等多孔材料，或者将其进行化学处理，制得改性负载型催化剂。对于乙酸加氢反应，催化剂需要在反应条件下，长时间抵御乙酸的腐蚀，保持物理性能和力学性能的稳定。

到目前为止，乙酸催化加氢制取乙醇常用催化剂根据其活性组分的不同主要可分为钌系、钯系和铂系以及非贵金属等几大类。最近，有关金属磷化物和碳化物作为活性组分也有报道。

5.3.1 Ru基加氢催化剂体系

一般来说，贵金属催化剂较其他非贵金属催化剂活性高，性能稳定，不易受反应物和产物的侵蚀而流失，被认为是乙酸加氢的良好催化剂。国外对Ru基催化剂研究较早且主要集中在乙酸水溶液催化加氢，国内尚未见相关报道。

早在20世纪50年代，人们就发现在水相中乙酸在RuO_2催化剂作用下可以转化为乙醇[78]。在150～170℃、70～95MPa条件下，乙醇的收率是88%；而在20MPa条件下，乙醇的收率仅为40%。苛刻的操作条件限制了商业化的应用。

1980年，M. Blanchi等报道采用$H_4Ru_4(CO)_8(PBu_3)_4$均相催化剂进行乙酸加氢[79]。在180℃，反应48h，乙酸转化率是37.4%，产物全部是乙酸乙酯；而在200℃，反应48h，乙酸转化率为69.5%，产物中乙酸乙酯和乙醇的摩尔比为72∶28。

1984年，美国塞拉尼斯公司公开了$RuCl_3$或$Ru(CO)_5$和金属卤化物路易斯酸$FeCl_3$或$SnCl_2$复合均相催化剂催化乙酸加氢合成乙醇研究结果[80]。在H_2/CO压力为20.7～31.7MPa，温度为220℃，采用$RuCl_3/FeCl_3$复合催化剂，反应进行18.35h后，乙酸乙酯在产物中百分含量是46%，C_{2+}含氧化合物的生成速率是13.1mol/(mol Ru·h)，时空收率（STY）是0.33mol/(L·h)。但是，CO_2的生成速率是13.0mol/(mol Ru·h)，显示出较高的水气变换反应活性。另外，通过对比试验发现，体系中没有加入金属卤化物，主要是进行CO加氢反应，产物中乙酸乙酯的生成速率仅为0.17mol/(mol Ru·h)。

欧洲专利报道[81]，在反应温度230℃、压力1.0MPa条件下，采用Ru/TiO_2催化剂催化乙酸加氢，乙酸的转化率为32.7%，产物中乙酸乙酯的选择性达到98%，而乙醇的选择性仅为2%。

最近，H. Olcay等采用Ru/C、Pt/C、Pd/C、Rh/C、Ir/Al_2O_3、雷尼镍和雷尼铜等不同类型负载催化剂对乙酸在水相加氢反应进行了研究[82]。结果发现，乙酸的转换频率（TOFs）由强到弱的顺序为：Ru＞Rh≈Pt＞Pd≈Ir＞Ni＞Cu。Ru/C催化剂在温度160℃、压力5.17MPa条件下，乙醇的选择性可达到80%，然而乙酸的转化率仅为20%。

可见，钌基催化剂虽然研发较早，但催化性能并不理想，由于低的乙醇收率，至今没有实现工业化，只停留在实验室研究阶段。

5.3.2　Pd 基加氢催化剂体系

Pd 基催化剂可以催化乙酸以及其他羧酸加氢制乙醇和相应的醇。美国杜邦公司报道采用 Pd-Re 催化剂对马来酸或马来醛加氢进行了研究。而英国 BP 公司对 C_2～C_{12} 羧酸加氢转化为相应的醇或酯的催化剂及反应工艺进行了报道，并已发表了许多专利，取得了一些卓有成效的研究成果。

20 世纪 80 年代，BP 公司公开了乙酸和丙酸气相加氢制乙醇或丙醇的催化剂研究方法[83,84]。催化剂活性组分是 Pd、Ru、Pt、Rh、Os 和 Ir 的Ⅷ族贵金属中的一种或几种和另一种或几种金属助剂 Re、Ag 和 Cu 等，其中 Pd 和 Ru 是最佳活性金属。载体为活性炭、石墨化炭、硅胶、氧化铝和硅铝分子筛，其中以大比表面积的石墨化炭或活性炭性能最佳。该催化剂要求贵金属质量分数占催化剂的 0.5%～5.0%，而第二种金属 Re 的质量分数为 1%～10%。反应温度为 200～220℃，乙酸转化率为 52.1%，选择性为 93%。

BP 公司还报道了在高温高压下将 C_2～C_{12} 羧酸加氢转化为相应的醇或酯的催化方法[85]。此外，BP 公司又报道了采用 Ag-Pd-Re/活性炭催化剂将乙酸或酸酐加氢转化为乙醇或乙酸乙酯的方法以及乙酸和丙酸水溶液在 Pd-Re/HSAG（高比表面积石墨化炭）催化剂上加氢转化为乙醇和丙醇的催化过程[86]。

随后，BP 公司又公开了 Pd 基合金催化剂将羧酸转化为相应醇或酯的催化方法[87]。该催化剂可以明显降低烷烃的选择性。还详细介绍了 Pd 基合金催化剂的制备方法、载体的选择、反应条件，并比较不同合金催化剂的催化性能。据报道 Re 改性的 Pd-Ag 合金负载在 HSAG 上具有最佳催化性能，反应试验数据见表 5-9。

表 5-9　不同合金催化剂对羧酸加氢反应性能的评价数据

催化剂	反应温度/℃	C_2含氧化合物收率/[kg/(kg cat·h)]	选择性/%		
			C_2含氧化合物	甲烷	乙烷
2.5%Pd-5%Re/HSAG	232	1.07	91.7	4.3	4.0
1.0%Cu-2.5%Pd-5%Re/HSAG	230	0.72	94.7	1.9	3.4
1.7%Au-2.5%Pd-5%Re/HSAG	231	1.11	93.2	2.7	4.1
1.7%Ag-2.5%Pd-5%Re/HSAG	231	0.98	94.5	1.9	3.6
3.3%Ag-2.5%Pd-5%Re/HSAG	231	1.01	94.2	2.3	3.5

最近，中国科学院大连化学物理研究所和江苏索普集团有限公司合作开发了一种将含有醇、醛、酸以及酯等混合物水溶液加氢转化为相应醇类的催化剂和方法[88,89]。催化剂活性组分为贵金属 Re、Ru 和 Pd 中的一种或几种；助剂是 Ag、

Ni和Cu中的一种或几种；载体采用活性炭、Al_2O_3和SiO_2等。在反应温度150～280℃、压力3.0～25.0MPa、液体空速0.1～4.5h^{-1}条件下，可以高效地将原料转化为相应的醇类。此后，他们又报道了乙酸气相加氢制取乙醇催化剂和反应工艺条件[90~93]。催化剂由主活性组分、助剂和载体三部分组成。主活性组分为贵金属Pd和/或Pt。助剂是Au、Ag、Fe、Re、Cu和Ru等金属或氧化物中的一种或几种。载体选用活性炭、石墨或多壁纳米碳管（MWNTs）。在固定床反应器中，反应温度为240℃，氢气压力为8.0MPa，H_2/乙酸＝20（摩尔比），乙酸液体空速为0.8h^{-1}，乙酸可高活性和高选择性地转化为以乙醇为主要产物的产品，试验数据见表5-10。在1000h运行过程中，催化剂活性和选择性基本保持不变。

表5-10　乙酸加氢在不同催化剂上转化为乙醇评价结果

催化剂	乙酸转化率/%	选择性/%					
		乙醇	乙醚	乙醛	乙烷	甲烷	乙酸乙酯
1.5%Pd-5.0%Re-2.0%Au/椰壳炭	99.9	96.9	0.1	0.3	1.3	0.1	1.3
1.5%Pd-5.0%Re-2.0%Ag/椰壳炭	99.8	98.4	0.1	0.3	0.8	0.1	0.3
1.5%Pd-5.0%Re-2.0%Ru/椰壳炭	99.9	98.5	0.1	0.1	1.1	0	0.2
1.5%Pd-5.0%Re-2.0%Ag/MWNTs	98.6	96.7	0.1	0.2	0.6	0.1	2.3

从上述介绍来看，人们对乙酸加氢生成乙醇Pd基催化剂研发以及反应工艺报道较多，但对催化剂的反应机理以及加氢作用本质却鲜有报道。V. Pallassana采用非线性密度泛函理论对乙酸氢解制乙醇在Pd（111）、Re（0001）单晶和Pd-Re合金上的反应路径进行了研究[94]。结果表明，在Pd表面乙酸发生氢解反应最有利的路径是首先形成乙酰基活性物种，这是整个反应的速控步骤，接着加氢生成乙醛，乙醛进一步加氢形成乙醇。一方面，Pd金属对乙醇有较高的选择性，但不容易活化C—O键；另一方面，Re金属很容易使乙酸C—O键活化，同时对乙酸的βC—O裂解也有较高的催化活性，因此整个反应过程乙醇的选择性很低。而Pd-Re形成的合金（$Pd_{0.66}Re_{0.33}$）可以有效活化C—O键并抑制βC—O裂解，是优良的乙酸加氢制乙醇催化剂。

5.3.3 Pt基加氢催化剂体系

Pt和Pd对乙酸的加氢活性都很高，但其选择性和催化特性却有所不同。

W. Rachmady等详细研究了Pt负载在TiO_2、SiO_2、η-Al_2O_3以及Fe_2O_3上催化乙酸气相加氢的反应行为[95]。反应在温度150～300℃、H_2压力100～700Torr以及乙酸压力7～50Torr条件下进行。试验结果表明，不同的金属氧化物载体对反应活性和产物的选择性有很大影响。以 TiO_2 为载体的催化剂具有最高的催化活性和乙醇的选择性（70%），而负载在 SiO_2 载体上得不到乙醇，见表5-11。作者认为乙酸加氢的催化性能与金属和载体之间相互作用无关，与贵金属Pt的分散度也无关，只取决于乙酸在金属氧化物载体上的吸附行为。通过本征动力学进一步研究，得出了合适的动力学方程。依据动力学方程，认为该反应符合L-H机理，Pt金属是 H_2 解离的活性中心，而金属氧化物是乙酸分子吸附活化生成乙酰基的活性中心。活泼氢通过溢流到氧化物载体上与活性物种乙酰基作用，生成乙醛、乙醇和乙烷。

表5-11　乙酸加氢的催化性能

催化剂	温度/℃	转化率/%	选择性/%						
			乙醛	乙醇	乙烷	乙酯	二氧化碳	一氧化碳	甲烷
0.69%$Pt/TiO_2$①	174	5.9	0	59	14	27	0	0	0
0.69%$Pt/TiO_2$②	170	5.6	0	51	20	29	0	0	0
2.01%$Pt/TiO_2$②	147	5.0	0	70	16	14	0	0	0
0.78%Pt/η-Al_2O_3	250	4.7	0	8	10	4	5	33	40
0.49%Pt/SiO_2	238	2.0	0	0	0	0	0	50	50
1.91%Pt/Fe_2O_3	250	4.0	80	20	0	0	0	0	0

① 高温还原，773K，2h。
② 低温还原，473K，2h。
注：$P_{HOAc}=14Torr$，$P_{H_2}=700Torr$。

W. Rachmady等进一步采用漫反射红外傅里叶变换光谱（DRIFTS）、程序升温脱附（TPD）以及程序升温还原（TPR）等表征手段探讨在 Pt/TiO_2 和 Pt/SiO_2 催化剂表面上乙酸加氢吸附活性物种反应行为[96]。结果表明，在 Pt/TiO_2 催化剂上，H_2 在Pt表面上形成吸附氢与乙酸在 TiO_2 表面上产生的乙酰基相互反应生成乙醛，接着进一步加氢生成乙醇；而在 TiO_2 表面上形成的乙酸盐在反应过程中是非常稳定的，不是生成乙醇的活性中间物种，只有超过227℃才可能被活化加氢生成乙醛。反应路径如图5-13所示。而在 Pt/SiO_2 催化剂上，由于不能生成活性物种乙酰基以及乙酸盐物种，只能得到乙酸的分解产物甲烷、二氧化碳以及一氧化碳。

随后，该研究小组又报道了乙酸气相加氢在负载型Pt-Fe催化剂上的催化反应性能[97]。通过采用浸渍法制备Pt-Fe/SiO_2 和Pt-Fe/AC催化剂，并采用了穆斯堡尔谱、H_2-O_2-H_2-O_2 滴定以及漫反射红外光谱等手段对催化剂进行了表征。研究结果表明，少量Pt加入Fe/SiO_2 中提高了Fe的还原度，增加了反应活性和转换频率（TOFs），消除反应的诱导期，降低了表观活化能并保持高的乙醛选择性（70%）；随着Pt含量增加，乙醇的选择性也增加，当Pt/Fe接近0.5

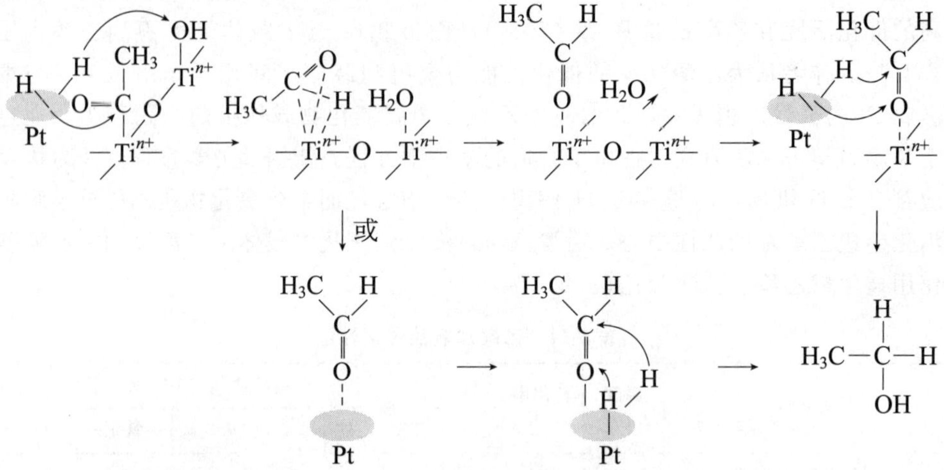

图 5-13 Pt/TiO_2催化剂上乙酸加氢生成乙醇主要反应路径

时，乙醇选择性达到最大值；Pt 含量继续增加，乙醇和乙醛的选择性缓慢下降，而甲烷、二氧化碳和一氧化碳总选择性大幅度提高。此外，文献还报道了 Pt 引入 Fe/AC 可以阻止催化剂失活，可能是 Pt 的存在抑制了 Fe 碳化物的生成。

R. Alcala 采用本征动力学和 DFT 量化计算研究了乙醇和乙酸在 Pt-Sn/SiO_2催化剂上催化转化行为[98]。试验结果表明，Pt-Sn 催化剂有利于乙醇脱氢生成乙醛，Sn 的加入可以抑制乙醇分解生成 CO、CH_4和C_2H_6。另外，研究还发现 Pt-Sn 催化剂可选择性使乙酸还原生成乙醇、乙醛和乙酸乙酯；而 Pt/SiO_2催化剂有助于使乙醇和乙酸分解为甲烷和一氧化碳。通过 DFT 量化计算以及^{119}Sn 穆斯堡尔谱和 CO 微分吸附量热等方法研究认为，Sn 的引入在 Pt-Sn/SiO_2催化剂表面形成Pt_3Sn（111）合金，Pt_3Sn（111）合金的存在使活性物种C_2OH_x的 C—O 键和 C—C键的过渡态裂解活化能比 Pt（111）高 25～60kJ/mol，而 C—H 键和O—H 键的裂解活化能以及CH_3CO—OH 裂解活化能仅有少量的增加。

2009 年，美国塞拉尼斯公司公开了 Pt-Co 负载在石墨化炭或硅胶上由乙酸气相合成乙醇的催化过程[99]。文献报道采用 10%Co-1%Pt/SiO_2催化剂，在温度 250℃、压力 2.2MPa、空速 2500h^{-1}条件下，乙酸转化率是 71%，乙醇选择性是 96%。

2010 年以来，美国塞拉尼斯公司连续报道利用 Pt-Sn 催化剂从乙酸直接生产乙醇的研究。专利涵盖了由乙酸气相选择性加氢生产乙醇的催化剂制备和反应工艺过程[100～104]。该发明采用的催化剂是负载在氧化硅、石墨化炭、硅酸钙或铝硅酸盐等上的 Pt-Sn 双金属催化剂，并适当添加一种或多种金属助剂，这些金属助剂选用了钯、铱、铼、钌、铬、铜、钼、钨、钒和锌等。反应温度为 225～

275℃，压力为 1.0～2.5MPa，H_2/乙酸摩尔比为 5～20，催化剂显示出较高的转化率和乙醇选择性。

2012 年，中国科学院山西煤炭化学研究所李德宝公开了一种低 Pt 负载量的乙酸加氢制备乙醇的催化剂及制备方法[105]。Pt 负载量是 0.3%～0.5%（质量分数），Ag 负载量是 0.02%～2.8%（质量分数），助剂的负载量是 0～0.5%（质量分数）。载体为三氧化二铝、分子筛、二氧化钛、氧化锆或硅藻土等，首先通过 3-氨丙基三乙氧基硅烷改性，然后再浸渍金属，这样可以克服浸渍法制备催化剂活性组分难以在载体表面高度分散的缺点，还可以降低催化剂前驱体在高温焙烧过程中烧结的程度。在温度 200～300℃、压力 1.0～3.5MPa、乙酸液体空速 0.5～3h^{-1}、H_2/乙酸摩尔比为 5～50 条件下，乙酸转化率大于 90%，乙醇选择性大于 85%，催化剂表现出良好的反应性能。

5.3.4 其他催化体系

除了以上的钌系、钯系和铂系贵金属催化剂，其他非贵金属以及类贵金属也用于乙酸催化加氢反应。

J. Cressely 等报道了 Co、Cu 和 Fe 分别负载在 SiO_2 上乙酸加氢还原行为[106]。反应温度为 200℃，在 6.85%Co/SiO_2 催化剂上，乙醇选择性为 42.7%，甲烷选择性是 33.5%，而乙酸转化率仅为 17.6%；对于 8.7%Cu/SiO_2 催化剂，当反应温度为 275℃，乙醇选择性为 32.1%，乙酸转化率为 26.6%，当反应温度增加到 300℃，乙酸转化率为 38.3%，而乙醇选择性仅为 14.7%；对于 Fe 基 SiO_2 催化剂，几乎得不到乙醇，产物仅仅是丙酮和二氧化碳。作者认为，乙酸选择性加氢合成乙醛和乙醇需要反应物在催化剂表面发生解离吸附形成乙酰基活性物种，而产物的选择性取决于活性中间体在不同催化剂表面形成状况以及稳定性。

德国 BASF 公司公开了在较高温度和压力下，乙酸在 Co 基催化剂上气相加氢制乙醇的催化过程[107]。该发明提供的适宜加氢的催化剂活性组分是：Co 的质量分数是 71%，Cu 的质量分数是 18.5%，Mn 的质量分数是 7.5%，Mo 的质量分数是 3%；载体为 SiO_2 或 Al_2O_3。液体乙酸直接由泵引入反应器中气化进行反应，避免在催化剂床层有乙酸液体生成，这样可以大幅度降低乙酸对催化剂和床层的腐蚀。在反应温度 250℃、氢气压力 27MPa 条件下，乙醇收率是 97%，在连续运行 30d 后，催化剂仍保持较高的稳定性；而在液相条件下（200℃ 和 40MPa），乙醇收率是 81%，5d 后收率降到 63%。

杨永宁等针对未精制的 F-T 合成油品氧含量较高的问题，进行了加氢脱氧精制研究，以期提高油品的质量[108]。在试验中，他们以乙酸为模型化合物，研究了 Fe 或 Mo 改性 Ni/γ-Al_2O_3 负载型催化剂对乙酸分子中 C—C 键和 C—O 键的断裂、加氢脱氧活性和产物选择性的影响。原料为质量分数是 4%的乙酸庚烷溶液，在温度200～280℃、压力4.0MPa、液体体积空速1.5h^{-1}条件下进行加氢反应。结果表明，Fe和Mo助剂的加入可促进NiO的还原，提高NiO的分散度及表面NiO的含量，因而提高催化剂的活性。在200℃下，乙酸转化率可达95%以上，当温度升至260℃时，乙酸转化率接近100%。进一步研究发现，未经改性Ni/γ-Al_2O_3催化剂在低温下有利于乙酸乙酯的生成，提高温度有利于C—C键的断裂，生成甲烷；而加入Fe或Mo可增强催化剂的加氢性能，活化C—O键并部分抑制C—C键的断裂；在产物选择性上，Fe助剂可以提高催化剂表面溢流氢的数量，有利于生成乙醇，在200℃乙醇产率可达40.96%，而Mo助剂在提高了溢流氢的数量的同时还使催化剂产生更强的酸性和更多的酸量，因此更有利于乙烷生成。

吕恩静等采用X射线衍射、乙酸程序升温表面反应、NiO-漫反射红外光谱和乙酸（或乙醇）-漫反射红外光谱等多种现代物理表征手段，研究了乙酸加氢脱氧反应中Mo对Ni/γ-Al_2O_3催化剂的物化性质、乙酸加氢产物、活性位及乙酸（或乙醇）吸附形态的影响，详细探讨了Mo改性Ni催化剂反应作用机理[109]。结果表明，Mo的加入可提高活性组分NiO的分散度，且能抑制乙酸C—C键的断裂；Mo的加入可提供氧空穴，以促进乙酸C—O键及中间产物乙醇C—O键的断裂，显著提高了Ni催化剂的加氢活性和产物C_2H_6的选择性。Mo助剂的引入改变了乙酸的吸附形态，使乙酸加氢的催化作用机理发生了改变。在Ni催化剂上主要是Langmuir-Hinshelwood型作用机理，而在Ni-Mo催化剂上则是Mars-van Krevelen型和Langmuir-Hinshelwood型两种机理并存。

2012年，李德宝等公开了一种成本低廉、活性高和乙醇选择性高的金属磷化物催化剂用于乙醇催化加氢反应[110,111]。该发明的催化剂是由过渡金属磷化物和载体组成的，过渡金属可为Ni、Co、Fe、W、V、Mo、Nb、Cr或Ta中的一种或几种，含量是6%～24%，载体为三氧化二铝、分子筛、二氧化钛、氧化锆或硅藻土等，含量是76%～94%。还提供了催化剂具体的制备方法。首先，将过渡金属化合物和磷酸氢二钠按催化剂组成的化学计量比加入去离子水中，其中过渡金属化合物与去离子水和载体比例为0.15～8.2g：10～30mL：10～20g，接着经过干燥，在400～650℃空气中焙烧处理3～6h，然后在400～800℃氢气气氛下处理3～8h，降温使用0.5%～2%氧气钝化2～5h，得到备用催化剂。在温度200～300℃、压力1.0～3.5MPa、乙酸液体空速0.5～3h^{-1}、H_2/乙酸摩尔比为5～50条件下，乙酸转化率大于90%，乙醇选择性大于90%。随后，李德宝等又公开了乙酸在负载型碳化钴催化剂上转化为乙醇的催化行为[112]。该发明的催化剂是由活性金属组分为Co的碳化物，助剂为Mo、Ni或W的碳化物以及载体组成的。催化剂质量分数为：碳化钴8.0%～23.0%，碳化钼和碳化镍或碳化钨1.0%；载体75.1%～91.0%。试验是在与上述相同反应条件下进行，乙酸转化率大于 90%，乙醇选择性大于 90%，催化剂稳定性高，反应副产物低，显示出良好的应用前景。

从文献报道来看，贵金属特别是 Pd 和 Pt 是较理想的乙酸加氢催化剂，而为了降低反应苛刻度，提高乙酸的转化率及乙醇的选择性，还需进一步研发新的催化剂体系。开发粒径小、分布窄、低负载量且在相对温和条件下能使乙酸活化的负载型贵金属催化剂，将是后续开发的重点。此外，开发具有较高催化活性和选择性的非贵金属或类贵金属催化剂以降低催化剂成本，也是将来一个发展方向。

总之，乙酸催化加氢制乙醇的反应为乙醇生产提供了一条新的合成路线，同时又是典型的有机催化加氢反应之一，对其他羧酸加氢合成相应的醇类具有重要意义，也为加氢催化剂研发提供了广阔的应用前景。

5.3.5 Pd 催化剂乙酸加氢反应动力学

乙酸催化加氢反应复杂，首先，乙酸催化还原生成乙醛，乙醛进一步加氢得到乙醇，未反应的乙酸和乙醇生成乙酸乙酯，乙醇分子间脱水形成乙醚。此外，乙酸脱羧基生成分解产物甲烷和二氧化碳，乙酸加氢发生脱羰基反应生成甲烷、一氧化碳和水。因此，研究乙酸在 Pd/C 催化剂上制乙醇的加氢反应动力学，得出动力学方程，可为乙酸气相加氢制乙醇工业反应器的设计提供基础，得到决定该反应的关键因素，从而寻找出最合适的反应配比，以期实现工业上经济高效生产。采用在固定床等温积分反应器中，考察温度 T、压力 P 和乙酸液相体积空速 LHSV、氢气与乙酸摩尔比四个因素对乙酸催化加氢反应性能的影响。以 Langmuir-Hinshelwood 型动力学方程形式建立以乙酸分压和氢气分压表示的动力学模型，采用参数估值方法获得动力学的模型参数。

动力学模型选取均匀表面吸附的 Langmuir-Hinshelwood 控制步骤模型，又称 L-H 模型。模型要点为：气固相催化反应过程由反应物在催化剂表面上活性位的化学吸附、活性吸附态组分的表面反应和反应产物脱附三个串联步骤组成，若其中某一步骤的阻滞作用最大，则总催化反应过程的速率取决于这个步骤的速率，其他非速率控制步骤均认为达到平衡。研究发现，Pd 基催化剂上乙酸加氢生成乙醇的反应路径为：乙酸解离形成表面中间体乙酰基，乙酰基加氢生成中间产物乙醛，这两步是整个乙酸加氢反应过程的控制步骤。乙醛在富氢反应条件下进一步加氢形成乙醇。

以反应物乙酸为关键组分，反应速率以气相中各组分分压来表示，得到如下形式的反应速率表达式：

$$r_{\mathrm{HOAc}}=-\frac{\mathrm{d}N_{\mathrm{HOAc}}}{\mathrm{d}W}=\frac{kP_{\mathrm{HOAc}}P_{\mathrm{H_2}}^{1/2}}{(K_1P_{\mathrm{H_2}}^{1/2}+K_2P_{\mathrm{HOAc}}/P_{\mathrm{H_2}}^{1/2})(1+K_3P_{\mathrm{HOAc}})} \qquad (5\text{-}58)$$

式中，k 为乙酸加氢反应的速率常数；K_i 为表面反应各组分的吸附平衡常数。其表达式如下：

$$k = k_0 \exp[E_a/(RT)]$$

$$K_i = \exp[a_i + b_i/(RT)] (i=1, 2, 3)$$

对于等温积分反应器，反应器中乙酸浓度从入口到出口沿轴向不断变化，因此，要得到反应器出口条件，需使用一定的积分方法从反应器入口开始计算，龙格库塔法是常采用的数值积分方法。

由反应动力学速率表达式可计算反应器出口乙酸转化率 $X_{HOAc,c}$。具体计算方法如下：

$$r_{HOAc} = -\frac{dN_{HOAc}}{dW} = \frac{N_{HOAc, in} dX_{HOAc}}{dW} \tag{5-59}$$

$$X_{HOAc, c} = \int_0^w \frac{r_{HOAc}}{N_{HOAc, in}} dW \tag{5-60}$$

以反应器出口处乙酸转化率的实验值与模型计算值之差的平方和作为参数估值的目标函数，其形式如下：

$$S = \sum_{j=1}^{M} (X_{HOAc, out, j} - X_{HOAc, out, c})^2 \tag{5-61}$$

采用马夸特算法结合通用全局算法，以实验数据进行参数估值，当目标函数值达到最小时，得到的模型参数为：

$$k = 0.7250 \exp[-4.6207 \times 10^4/(RT)]$$

$$K_1 = \exp[-6.8237 - 1.1747 \times 10^4/(RT)]$$

$$K_2 = \exp[-1.1398 \times 10^2 + 4.0399 \times 10^5/(RT)]$$

$$K_3 = \exp[10.3766 - 2.9580 \times 10^4/(RT)]$$

对所选取的动力学模型进行统计检验，结果见表 5-12。

表 5-12　动力学模型检验结果

M_p	$M-M_p$	ρ^2	F	$F_{0.05} \times 10$
8	17	0.9979	1009.9	25.5

表中 ρ^2 为决定性指标，其计算公式如下：

$$\rho^2 = 1 - \sum_{j=1}^{M} (X_j - X_{j,c})^2 / \sum_{j=1}^{M} X_j^2 \tag{5-62}$$

F 为回归均方和与模型残差均方和之比，其计算公式为：

$$F = \frac{\left[\sum_{j=1}^{M} X_j^2 - \sum_{j=1}^{M} (X_j - X_{j,c})^2\right] / M_p}{\sum_{j=1}^{M} (X_j - X_{j,c})^2 / (M - M_p)} \tag{5-63}$$

$F_{0.05}$为显著水平 5%相应自由度下的 F 值，可通过查表获得。一般认为 $F>F_{0.05}\times 10$、$\rho^2>0.9$ 时，模型是合适的。由模型统计检验结果表明，动力学方程是适宜的。

总之，在温度 160～240℃、压力 3～7MPa、乙酸液相体积空速 0.3～0.7h^{-1}、氢气与乙酸摩尔比为 5～22 范围内，乙酸转化率及乙醇选择性均随反应温度升高而增加，温度为 240℃时，乙酸转化率接近平衡转化率；增加反应压力，乙酸转化率及乙醇选择性随之增加；提高乙酸液相体积空速，乙酸转化率略有降低，乙醇选择性有增加的趋势；氢气与乙酸摩尔比对乙酸转化率影响不大，提高摩尔比有利于生成乙醇。因此，可以认为，在考察条件范围内，较高反应温度和压力下可得到较高的乙酸转化率和乙醇选择性。

采用 60～80 目的 Pd 基催化剂，在上述条件范围内，研究了乙酸催化加氢反应的动力学行为。以 Langmuir-Hinshelwood 型动力学方程形式建立了以各组分分压表示的动力学模型，采用参数估值的方法得到动力学的模型参数。

$$r_{\mathrm{HOAc}}=-\frac{\mathrm{d}N_{\mathrm{HOAc}}}{\mathrm{d}W}=\frac{kP_{\mathrm{HOAc}}P_{\mathrm{H_2}}^{1/2}}{(K_1P_{\mathrm{H_2}}^{1/2}+K_2P_{\mathrm{HOAc}}/P_{\mathrm{H_2}}^{1/2})(1+K_3P_{\mathrm{HOAc}})} \quad (5\text{-}64)$$

式中：

$$k=0.7250\exp[-4.6207\times 10^4/(RT)]$$
$$K_1=\exp[-6.8237-1.1747\times 10^4/(RT)]$$
$$K_2=\exp[-1.1398\times 10^2+4.0399\times 10^5/(RT)]$$
$$K_3=\exp[10.3766-2.9580\times 10^4/(RT)]$$

符号说明：K 为吸附平衡常数；k 为反应速率常数；LHSV 为液相体积空速，h^{-1}；M 为实验组数；M_p 为参数个数；N 为摩尔流量，mol/h；P 为压力，MPa；R 为气体通用常数，8.314J/(mol·K)；RE 为相对误差，%；r 为本征反应速率，mol/(g·h)；S 为选择性，%；T 为温度，K；t 为温度，℃；W 为催化剂质量，g；X 为转化率，%。

下标：c 为模型计算值；EtOAc 为乙酸乙酯；EtOH 为乙醇；g 为气体；HOAc 为乙酸；in 为反应器进口；l 为液体；out 为反应器出口。

5.3.6　乙酸加氢制乙醇工业化进展

2008 年以前，国内企业大都采用乙烯法和乙醇法生产乙酸，生产成本高导致乙酸市场价格高。随着国内企业逐步掌握相关技术，乙酸成为中国重要煤化工产品之一。伴随着行业的快速发展，产能迅速过剩，价格低迷不振。2011 年我国乙酸产量约为 420 万吨，产能利用率为 66%。据亚化咨询统计，截至 2012 年 6 月，中国羰基化合成工艺乙酸产能（含外资企业）为 635 万吨/年，正在试车的山东华鲁恒升 60 万吨/年装置和河南煤化集团煤气化公司 20 万吨/年装置投产后，2012年我国乙酸产能将达715万吨[113~116]。考虑到仍有数个煤基乙酸装置处于建设和规划中，2015年我国乙酸年产能可能超过千万吨规模，而传统乙酸下游产业链疲软，乙酸酯、乙酸乙烯、PTA和乙酸酐等下游需求增长缓慢，亟须拓展新的下游产品。随着技术的进步和市场形势的发展，乙酸加氢制乙醇成为值得考虑的选择[117~120]。

美国Celanese公司开发了使用基础碳氢化合物为原料生产燃料和工业用乙醇的TCX技术，并于2011年7月公布第三方工程专家Fluor公司和Worley Parsons公司所做的独立分析报告。报告指出，TCX技术将可以满足40万吨/年工厂的产能和效率目标。2012年3月Celanese公司宣布获准在中国南京生产工业乙醇。通过优化和升级其位于南京化学工业园内现有的一体化乙酰基装置，Celanese公司使用TCX技术将形成26万～28万吨/年的乙醇产能，生产装置有望在近期启动。

国内企业和科研机构也在积极开发乙酸加氢制乙醇技术，包括乙酸经乙酸酯加氢制乙醇（间接法）和乙酸直接加氢制乙醇两种。

西南化工研究设计院从2008年开始开展乙酸酯化加氢制乙醇的研发工作，先后完成了小试、单管模试和中试。研发了新型乙酸酯加氢催化剂，探索了最佳的乙酸酯加氢的工艺条件。2012年4月，该设计院与河南顺达化工科技有限公司正式签订20万吨/年乙酸酯化加氢制乙醇工业示范装置合作协议。该项目总投资5亿元，2013年底建成投产。

2012年5月，上海浦景化工技术有限公司开发的600t/a乙酸直接加氢制乙醇中试项目正式开工建设，2012年下半年完成投料试车。据浦景化工公开资料显示，乙酸直接加氢制乙醇技术，乙酸转化率大于99%，乙醇选择性大于92%，时空产率大于850g/(kg cat・h)，乙醇产品综合成本低于6000元/t。

2012年12月26日，中科院山西煤炭化学研究所610课题组开发的乙酸加氢合成乙醇技术成功在小店基地完成中试并实现平稳运行，实现了催化剂与工艺的全面验证。这一中试项目规模为50t/a，采用工业型非贵金属催化剂，乙酸转化率大于99.8%，乙醇选择性大于99.5%。乙酸加氢合成乙醇是煤经甲醇和乙酸制乙醇技术的核心单元，技术中试的完成，标志着山西煤化所煤制乙醇技术取得重大突破。

乙酸加氢合成乙醇技术的关键是耐酸腐蚀性催化剂和低成本工艺的开发。目前，国内外公开的催化剂以贵金属催化剂为主，工艺过程包含乙酸乙酯分离及其二次加氢以得到乙醇。山西煤化所610课题组经数年研究，开发成功了高选择性的非贵金属催化剂，并围绕其特点形成了乙酸加氢一步合成乙醇的简洁工艺，缩减了分离环节，大幅度降低固定投资和操作成本，与国内外公开报道的同类技术相比极具优势。目前该技术已申请或获得相关专利7项，形成了涵盖催化剂和合成工艺等环节的较为完整的技术体系。此技术的工业示范与产业化应用工作正有序推进中。

参 考 文 献

[1] Natta G，Colombo U，Pasquon I. Catalysis. 68th. New York：Reinhold，1957.

[2] 陈俊武，李春年，陈香生．石油替代综论．北京：中国石化出版社，2009.

[3] Chinchen G C，Waugh K C，Whan D A. The activity and state of the copper surface in methanol synthesis catalysts. Applied Catalysis，1986，25（1）：101-107.

[4] Fleisch T H，Mievill R L. Studies on the chemical state of Cu during methanol synthesis. Journal of Catalysis，1984，90（1）：185-172.

[5] 陈宝树，赵九生，等．由 XPS 研究 CO_2 在低压甲醇合成中的作用．分子催化，1989，8（4）：253-259.

[6] 沈百荣，韩继红，孙琦，等．EXAFS 研究合成甲醇催化剂 $Cu/ZnO/M_xO_y$．高等学校化学学报，1997，18：2038-2040.

[7] 丛昱，包信和，张涛，等．CO_2 加氢合成甲醇的超细 $Cu\text{-}ZnO\text{-}ZrO_2$ 催化剂的表征．催化学报，2000，21（4）：314-318.

[8] Herman R G，Klier K，Simmons G W，et al. Catalytic synthesis of methanol from CO/H_2：Ⅰ. Phase composition，electronic properties and activities of the $Cu/ZnO/M_2O_3$ catalysts. Journal of Catalysis，1979，56（1）：407-429.

[9] Klier K. Methanol synthesis. Advances in Catalysis，1982，31：243-313.

[10] Kulkami G U，Rao C N R. EXAFS and XPS investigations of Cu/ZnO catalysts and their interaction with CO and methanol. Topics in Catalysis，2003，22（3-4）：183-189.

[11] Nakamura J，Chinjima T U，Kanai Y，et al. The role of ZnO in Cu-ZnO methanol synthesis catalysts. Catalysis Today，1996，28：223-230.

[12] 王桂轮，李成岳．以合成气合成甲醇催化剂及其进展．化工进展，2001，（3）：42.

[13] Ohyama S. 205th National Meeting. America Chemical Society. 1993.

[14] 王俐．世界醋酸工业发展近况．化工技术经济，2006，24（10）：6-12.

[15] 贲宇恒，刘昌俊，等．C1 化学产品合成醋酸的研究．化学工业与工程，2004，21（2）：96-100.

[16] 王茜．甲醇羰基化合成醋酸技术进展．化学工程与装备，2012，7：125-127.

[17] Noriyuki Y，Satoru K，Makoto Y，et al. Recent advances in processes and catalysts for the production of acetic acid. Applied Catalysis A：General，2001，(221)：253-265.

[18] 宋勤华．醋酸及其衍生物．北京：化学工业出版社，2008：74-78.

[19] 陈冠荣，等．化工百科全书：第 18 卷．北京：化学工业出版社，1998：787-798.

[20] 龙建平．醋酸生产工艺选择．贵州化工，2003，28（2）：3-10.

[21] 刘光启，等．化学化工物性数据手册：有机卷．北京：化学工业出版社，2002：614-630.

[22] 巍文德．有机化工原料大全：中卷．第 2 版．北京：化学工业出版社，1999：

285-291.

[23] 夏求真．化工百科全书（第 2 集）．北京：化学工业出版社，1991：717.

[24] 殷元骐．羰基合成化学．北京：化学工业出版社，1995：143-177.

[25]《化工百科全书》编辑部．化工百科全书：第 2 卷．玻璃——氮化物．北京：化学工业出版社，1991：714-745.

[26] Rane V H，Rodemerck U，Baerns M. Oxidative conversion of propane to acrylic acid and acetic acid over mixed oxide catalysts. Joural of Chemical Technology and Biotechnology，2006，81 (3)：381-386.

[27] Walter R，Ludwigshafen D，Herbert F，et al. (Badische Anilin- & Soda-Fabrik Aktiengesellschaft) . US2789137. 1956.

[28] Hohenschutz H，Von K N，Himmele W. Acetic acid process. Hydrocarbon Processing，1966，45 (11)：141-144.

[29] Bernard C J. (BP Chemicals Limited) . EP0087870. 1985.

[30] Foster D. On the mechanism of a rhodium-complex-catalyzed carbonylation of methanol to acetic acid. Am J Chem Soc，1976，98 (3)：846-848.

[31] Forster D，Singleton T C. Homogeneous catalytic reactions of methanol with carbon monoxide. J Mol Catal，1982，17 (2-3)：299-314.

[32] 谢克昌，李忠．甲醇及其衍生物．北京：化学工业出版社，2002：364-370.

[33] 郑修成，张守民，黄唯平，等．甲醇羰基化制醋酸铱基催化剂体系的研究．有机化学，2003，(23)：613-618.

[34] Rankin J，Benyei A C，Cole-Hamilton D J，Poole A D. A highly efficient catalyst precursor for ethanoic acid production：[$RhCl(CO)(PEt_3)_2$]；X-ray crystal and molecular structure of carbonyl-diiodo (methyl) bis (triethylphosphine) rhodium (Ⅲ). Chemical Communications，1997：1835-1836.

[35] 武金锋，刘伟，王进兵．甲醇低压羰基法合成醋酸技术进展．化学工业，2009，27 (9)：38-41.

[36] 王茜．甲醇羰基化合成醋酸技术进展．化学工程与装备，2012，7：125-127.

[37] 王俐．甲醇羰基化制醋酸技术进展．精细石油化工进展，2011，12 (6)：32-37.

[38] 李好管，同慧芳．醋酸工业现状及发展．煤化工，2001，95 (2)：10-15.

[39] Paulik F E，Roth J F. Novel catalysts for the low-pressure carbonylation of methanol to acetic acid. J Chem Soc，Chem Commun，1968，(12)：1578.

[40] Roth J F，Craddock J H，Hershman A，et al. Low pressure process for acetic acid via carbonylation of methanol. Chem Technol，1971，1 (10)：600-605.

[41] Scates M O. (Celanese International Corporation) . US7223886. 2007.

[42] 潘平来，柳忠阳，王晓筠，等．铑配合物催化甲醇羰基化反应的性能和机理．催化学报，1996，17 (1)：45-49.

[43] 王亦飞，沈才大，等．甲醇低压羰基合成醋酸的均相复合催化剂开发．华东理工大学学报，1997，23 (1)：33-38.

［44］章小林．合成醋酸生产中碘甲烷的危害及其脱除研究．气体净化，2004，4（4）：153-154.

［45］Noriyuki Y，Satoru K，Makoto Y，et al. Recent advances in processes and catalyst for the production of acetic acid. Applied Catalysis A：General，2001，15（3）：255-257.

［46］Celanese to double capacity of acetic acid plant in China. Chem Week，2009，171（14）：19.

［47］王俐．世界醋酸工业发展近况（续一）．国内外石油化工快报，2008，38（6）：1-5.

［48］王俐．甲醇羰基化制醋酸技术进展．精细石油化工进展，2011，12（6）：32-37.

［49］王瑞锋．醋酸工业生产方法及其深加工．辽宁化工，1997，26（6）：316-318.

［50］Cativatm B P. Technology for acetic acid. Acetic Acid，2001，12（4）：1-26.

［51］山田浩之．醋酸．化学经济（日），2003，50（4）（3 月临时增刊号）：59-61.

［52］渡边正夫．醋酸．化学经济（日），1999，46：58.

［53］贵州水晶集团建成世界首套低压法羰基合成醋酸装置．化工科技市场，2009，32（10）：65.

［54］颜廷邵，徐荣．甲醇羰基化生产醋酸技术进展．江苏化工，2000，28（9）：19-21.

［55］Parkinson G. Commercialization is set for an acetic acid process. Chem Eng，2002，109（11）：17.

［56］王晓东．甲醇羰基化合成醋酸技术新进展及我国现状．成都：西南化工研究设计院，2006.

［57］李郑飞．甲醇羰基化制醋酸均相催化体系的研究．重庆：重庆大学硕士学位论文，2011.

［58］蒋大智，任宝升．醋酐羰基合成研究新进展．煤化工，2001，95（2）：21-23.

［59］［日］加藤顺，小林博行，村田义夫．碳一化学工业生产技术．金革，王骥，张俊甫，张在明译．北京：化学工业出版社，1990：269-270.

［60］蒋大智，李小宝，王恩来，等．气相法羰基合成的新型碳复合材料载体催化剂．化学通报，1996，11：33-34.

［61］Moser W R，Marshik-Guerts B J，Okrasinski S J. The mechanism of the phosphine-modified nickel-catalyzed acetic acid process. Journal of Molecular Catalysis A：Chemical，1999，143（1-3）：71-83.

［62］Baker M J，Giles M F，Orpen A G，et al. *Cis*-［$RhI(CO)(Ph_2PCH_2P(S)Ph_2)$］：A new catalyst for methanol carbonylation. Journal of the chemical society. Chemical Communications，1995：197-198.

［63］Hinnenkamp J A，Hallinan N.（Quantum Chemical Corporation）. US5817869. 1998.

［64］Haynes A，Pearson J M，Vickers P W，et al. Model reactions of a carbonylation catalyst：Phosphite induced migratory CO insertion in $[MeIr(CO)_2I_3]^-$. Journal of the chemical society. Inorganic Chimica Acta，1998，270：382-391.

［65］Lee H S，Bae J Y，Ko J J，et al. Novel bimetallic group 9 metal catalysts containing P,S-chelating o-carboranyl ligand system for the carbonylation of methanol. Chemistry Letters，

2000，(6)：602-603.

[66] Lapportee S J，Toland W G，Rafael S，et al.（Chevron Research Company）. US3927078. 1975.

[67] Renner J M，Scott R N，Gavin D F，et al.（Olin Corporation）. US4406807. 1983.

[68] Law D J.（BP Chemicals Limited）. WO2003104179. 2003 .

[69] Key L A，Payne M J，Poole A D.（BP Chemicals Limited）. WO2004026805. 2004.

[70] Ditzel E J，Sunley J G，Watt R J.（BP Chemicals Limited）. EP0849248B1. 1996.

[71] Law D J，Poole A D，Smith S J，et al.（BP Chemicals Limited）. WO2003106396. 2003.

[72] Pearson J M，Haynes A，Morris G E，et al. Dramatic acceleration of migratory insertion in $[MeIr(CO)_2I_3]^-$ by methanol and by tin（Ⅱ）iodide. Journal of the chemical society. Chemical Communications，1995：1045-1046.

[73] Baker M J，Garland C S，Giles M F，et al.（BP Chemicals Limited）. US5696284. 1997.

[74] Baker M J，Garland C S，Giles M F，et al.（BP Chemicals Limited）. EP0752406. 1997.

[75] Cheung H C，Sibrel E C，Tanke R S，et al.（Celanese International Corporation）. US6211405B1. 2001.

[76] Hunt A，Sunley J G.（BP Chemicals Limited）. GB2337751. 1999.

[77] Giles M F，Sunley J G.（BP Chemicals Limited）. GB2298200. 1996.

[78] Carnahan J E，Ford T A，Gresham W F，et al. Ruthenium-catalyzed hydrogenation of acids to alcohols. J Am Chem Soc，1955，77（14）：3766.

[79] Blanchi M，Menchi G，Francalanci F，et al. Homogeneous catalytic hydrogenation of free carboxylic acids in the presence of cluster ruthenium carbonyl hydrides. J Organometal Chem，1980，188（1）：109.

[80] McGinnis J L.（Celanese Co.）. US4480115. 1984.

[81] Gillian P，Kenneth Alan M，Peter John P.（BP Chemicals Limited）. EP0372847A2. 1989.

[82] Olcay H，Xu L J，Xu Y，et al. Aqueous-phase hydrogenation of acetic acid over transition metal catalysts. Chem Cat Chem，2010，2（11）：1420.

[83] Kitson M，Williams P S.（BP Chemicals Limited）. EP0198681A2. 1986.

[84] Kitson M，Williams P S.（BP Chemicals Limited）. US4804719. 1989.

[85] Kitson M，Williams P S.（BP Chemicals Limited）. US4777303. 1988.

[86] Kitson M，Williams P S.（BP Chemicals Limited）. US4990655. 1991.

[87] Kitson M，Williams P S.（BP Chemicals Limited）. US5149680. 1992.

[88] 宋勤华，邵守言，凌晨，等.（江苏索普集团有限公司/中国科学院大连化学物理研究所）. CN102020532A. 2011.

[89] 丁云杰，王涛，刁成际.（中国科学院大连化学物理研究所/江苏索普集团有限公司）. CN102085479A. 2011.

[90] 丁云杰，王涛，吕元.（中国科学院大连化学物理研究所/江苏索普集团有限公司）. CN102228831A. 2011.

[91] 宋勤华，邵守言，胡宗贵.（江苏索普集团有限公司/中国科学院大连化学物理研究

所）. CN102229520A. 2011.

[92] 丁云杰，王涛，严丽．（中国科学院大连化学物理研究所）. CN102688758A. 2012.

[93] 丁云杰，严丽，王涛．（中国科学院大连化学物理研究所）. CN102690170A. 2012.

[94] Pallassana V，Neurock M. Reaction paths in the hydrogenolysis of acetic acid to ethanol over Pd（111），Re（0001），and PdRe alloys. J Catal，2002，209（2）：289.

[95] Rachmady W，Vannice M A. Acetic acid hydrogenation over supported platinum catalysts. J Catal，2000，192（2）：322.

[96] Rachmady W，Vannice M A. Acetic acid reduction by H_2 over supported Pt catalysts：A DRIFTS and TPD/TPR study. J Catal，2002，207（2）：317.

[97] Rachmady W，Vannice M A. Acetic acid reduction by H_2 on bimetallic Pt-Fe catalysts. J Catal，2002，209（1）：87.

[98] Alcala R，Shabaker J W，Huber G W，et al. Experimental and DET studies of the conversion of ethanol and acetic acid on PtSn-based catalysts. J Phys Chem B，2005，109（6）：2074.

[99] Johnston V J，Chapman J T，Chen L Y，et al.（Celanese International Co.）. US7608744B1. 2009.

[100] Johnston V J，Chen L Y，Kimmich B F，et al.（Celanese International Co.）. US2010/0197485A1. 2010.

[101] Johntson V J，Chen L Y，Kimmich B F，et al.（Celanese International Co.）. US7863489B2. 2011.

[102] Weiner H，Johnston V J，Potts J L，et al.（Celanese International Co.）. WO2011/056595A1. 2011.

[103] Horton T，Jevtic R，Johnston V J，et al.（Celanese International Co.）. WO2011/097190A2. 2011.

[104] Horton T，Jevtic R，Johnston V J，et al.（Celanese International Co.）. WO2011/097223A2. 2011.

[105] 李德宝．（中国科学院山西煤炭化学研究所）. CN102614914A. 2012.

[106] Cresscely J，Farkhani D，Deluzarche A，et al. Evolution des especes carboxylates dans le lanre des syntheses CO-H_2 . Reduction de l′acide acetique sur systems Co，Cu，Fe. Mater Chem Phy，1984，11：413.

[107] Schuster L，Mueller F J，Anderlohr A，et al.（BASF Aktiengesellschaft）. US4517391. 1985.

[108] 杨永宁，张怀科，吕恩静，等. Fe 和 Mo 助剂对 Ni 基催化剂加氢脱氧性能的影响. 分子催化，2011，25（1）：30.

[109] 吕恩静，张怀科，杨永宁，等．助剂 Mo 对 Ni 基催化剂加氢脱氧催化作用机理的影响．分子催化，2012，26（4）：333.

[110] 李德宝，肖勇，陈从标，等．（中国科学院山西煤炭化学研究所）. CN102600871A. 2012.

[111] 李德宝，肖勇，陈从标，等.（中国科学院山西煤炭化学研究所）.CN102631941A. 2012.

[112] 李德宝，肖勇，陈从标，等.（中国科学院山西煤炭化学研究所）.CN102688768A. 2012.

[113] Weissermel K，Arpe H J . Industrial Organic Chemistry. 4th. Weinheim：Wiley，2003：171-174.

[114] 王俐 . 醋酸生产技术进展 . 石油化工，2005，34（8）：797-801.

[115] 王玉和，贺德华，徐柏庆 . 甲醇羰基化制乙酸 . 化学进展，2003，15（3）：215-221.

[116] 周颖霏，钱伯章 . 醋酸生产技术进展及市场分析 . 化学工业，2010，28（9）：19-45.

[117] 李军，等 . 我国发展燃料乙醇的基础条件与前景 . 石油科技论坛，2009，28（4）：72.

[118] 史济春，曹湘洪 . 生物燃料与可持续发展 . 北京：中国石化出版社，2007.

[119] 张福琴，边思颖，边钢月，等 . 燃料乙醇行业面临的形势及其技术展望 . 石油科技论坛，2010，(3)：15-19.

[120] 李扬，曾健，王科，胡玉容，范鑫，袁小金，许红云 . 乙酸酯化合成乙醇工艺及经济性分析 . 精细化工原料及中间体，2011，(11)：6-10.

第6章 合成气经甲醇羰基化及其酯化加氢制乙醇

6.1 概述

目前，合成气制甲醇已成功实现大规模商业应用，因此，以甲醇为原料，制取乙酸、乙醇等有机含氧化合物在国民经济建设和资源战略上具有重要意义。20世纪70年代，孟山都公司甲醇均相羰基化合成乙酸是大规模商业化成功应用的实例，此后逐渐成为最主要的乙酸生产方法。90年代后期，英国BP公司成功地将Cativa催化法商业化，比孟山都法更绿色高效。近几年，随着我国煤制甲醇工业的迅猛发展，甲醇产能已经严重过剩，已有足够的甲醇通过上述过程制得乙酸，目前我国已成为乙酸生产第一大国。2011年我国乙酸产能突破700万吨，乙酸产量为425万吨，乙酸装置平均开工率仅为60%，表观消费量356万吨。预计到2015年，我国乙酸产能将突破1000万吨，届时乙酸的消费需求将达到538万吨，且消费仍主要集中在聚对苯二甲酸、乙酸乙烯、乙酸酯、氯乙酸、双乙烯酮、农药和医药中间体等领域，产能增长过快与需求量相对滞后的矛盾将更加突出，乙酸的供应大大过剩，其价格已大大低于乙醇，这为采取乙酸或乙酸酯化加氢制乙醇创造了原料优势，具备大规模应用的发展条件。

由于乙酸加氢所用催化剂为担载量较高的Pt或Pd等贵金属，催化剂成本高；同时，反应压力较高、乙酸腐蚀等问题更加严重，造成设备和管道选材困难，进一步增加投资成本；提高乙酸转化率将导致加氢产物中乙酸乙酯的生成量增加，因而很有可能增加一道反应工序将其进一步加氢生成乙醇。

因此，如果将乙酸先酯化生成乙酸酯或提高甲醇羰基化过程的副产物乙酸甲酯比例，在廉价的Cu基催化剂作用下，进行加氢即可制得乙醇，从而有效避免了乙酸加氢制乙醇过程的不足。另外，该过程中酯化工艺较为成熟，催化剂成本低，选材容易，不失为一种煤制乙醇的新路径。

6.2 乙酸酯的制备

6.2.1 酯化法

酯化反应是一类有机化学反应，所合成的有机羧酸酯是一种重要的化工中间体原料，广泛应用于高档涂料、香料、清洗剂、增塑剂、医药及农药中间体等领域，在有机化工生产中发挥着不可或缺的重要作用。该反应所采用的原料一般为羧酸和醇，直接进行酯化反应。但随着石油化工工业的迅速发展，烯烃已经成为广泛使用的基础化工原料。羧酸与烯烃直接酯化合成羧酸酯的工艺，由于直接利用了丰富而廉价的烯烃资源，不需醇作为中间体，因而可以大幅度降低羧酸酯的生产成本。羧酸与烯烃加成合成羧酸酯这一原子经济型反应，因其明显的经济优势也越来越受到关注。另外，当用直接酯化法不能取得良好效果时，常用酯交换法来合成目的产物。

酯化反应常采用催化剂提高酯化反应效率。工业上大多使用硫酸为催化剂，但硫酸腐蚀性强，化学性质活泼，酯化过程中不可避免发生炭化和聚合等多种副反应，后处理程序复杂，且产生大量废酸，造成环境污染。为了克服上述缺点，近年来国内研究机构相继开发了多种环境友好的催化剂，如固体超强酸、杂多酸、分子筛、阳离子交换树脂及离子液体等，取得了良好的酯化效果。采用非均相固体酸的催化酯化反应工艺，具有腐蚀设备小、副反应少、后处理简单、产品质量好和不污染环境等优点。另外，该反应受化学平衡限制，因此需通过除水来打破反应平衡，以提高反应效率。可见，催化剂和反应工艺的设计和选择是酯化反应制乙酸酯的重要步骤。下面分别就催化剂体系和反应工艺两个方面来介绍酯化法生产乙酸酯。

6.2.1.1 催化剂体系

6.2.1.1.1 液体酸催化

均相浓硫酸催化醇（或烯烃）酸酯化是传统的乙酸酯合成工艺，所用催化剂浓硫酸价格低廉且催化效果好，但存在以下无法克服的缺点：由于它的脱水氧化作用，有不饱和化合物、羰基化合物及其他氧化产物生成，并导致酯产品着色，产品精制麻烦；此外，伴随着酯化反应还易发生醚化反应，给产品后处理带来困难；反应产物要经过碱洗、水洗才能除去硫酸而无法回收再用，不仅工艺复杂，而且排放含酸废水，严重污染环境；硫酸的强腐蚀性导致生产设备要求较高。采用固体酸催化剂可有效解决上述不足，因此逐渐成为研究的热点，由于此类催化剂与反应物处于不同相，因而反应后处理方便，通常采用简单的过滤就可实现催化剂的回收使用。

6.2.1.1.2　固体酸催化剂[1]

（1）固体超强酸　固体酸的研究始于20世纪70年代，如SbF_5和$AlCl_3$等强L酸负载于多孔氧化物、石墨及高分子等载体上，制得固体超强酸，但是L酸与载体间相互作用主要为物理吸附作用，使用过程中活性组分易流失而失去超强酸的性质。此外，其耐高温能力差。1979年Hino等首先报道了SO_4^{2-}/M_xO_y型固体超强酸的制备方法。与传统酸催化剂相比，它具有酸强度高、无污染、可连续循环重复使用、用量少和制备容易等优点，在500～600℃下仍保持活性和稳定性，优于含卤素的固体超强酸，同时也克服了液体强酸的弊端。目前SO_4^{2-}/M_xO_y型固体超强酸催化剂已在酯化和烷基化等合成反应中得到工业化应用。

在SO_4^{2-}/ZrO_2型超强酸作用下，在30～60℃就可进行酯化反应合成乙酸甲酯、乙酸乙酯、乙酸丙酯和乙酸丁酯，其中乙酸乙酯收率可达93%，第二次使用后酯的产率只降低了2%。高鹏等[2]采用低温沉淀陈化法制备了复合固体超强酸SO_4^{2-}/ZrO_2-TiO_2催化合成乙酸乙酯，所制催化剂S损失降低，因而其活性和稳定性较高。张琦等[3]还采用机械混合法和浸渍法制备了SO_4^{2-}/ZrO_2-TiO_2催化剂，在乙酸乙酯合成的反应中结果很好。黎先财等[4]通过改进水热法制得的SO_4^{2-}/ZrO_2催化剂具有较长的使用寿命，且乙酸酯化率可达99.1%。将Fe_2O_3纳米粉体经一定浓度的H_2SO_4浸泡活化后，制得纳米固体超强酸SO_4^{2-}/Fe_2O_3，将其用于催化酯化制乙酸乙酯反应中，得到较好结果，其制备条件是：H_2SO_4浓度2.5mol/L，浸泡时间1h，活化温度167℃，活化时间1h，所得固体超强酸粒径小于50nm。在催化剂用量为乙酸质量的5%、乙醇与乙酸的摩尔比为3∶1的条件下反应3.5h，乙酸转化率高于80%。

虽然用固体超强酸催化剂取代硫酸可缓解直接酯化法的设备腐蚀和污染问题，但酯化反应并不需要SO_4^{2-}/M_xO_y型强酸中心，且SO_4^{2-}/M_xO_y也不是酯化的优良催化剂，因为在SO_4^{2-}/M_xO_y型固体超强酸中，SO_4^{2-}/ZrO_2最稳定，但其活性和选择性低，而活性和选择性高的SO_4^{2-}/TiO_2又容易流失SO_4^{2-}而失活。

总体而言，这类催化剂目前尚处于实验室开发阶段，阻碍其工业应用的主要原因是失活。导致失活的因素有：高价态的S被还原；SO_4^{2-}溶剂化流失；催化剂表面结焦积炭；亲核基团或分子进攻超强酸中心等。其中结焦积炭是主要失活原因。通常采用灼烧法烧去表面积炭，使其重新暴露活性位而得以再生。另外，虽然 SO_4^{2-}/M_xO_y 型固体超强酸酸性强，但由于比表面积小，酸中心密度低，总酸量比液体酸小，从而限制了其应用范围；而有的固体酸酸性太强，常引起积炭现象，导致催化剂失活，使用寿命缩短。活性组分易流失，失活快，成本高。因此，目前主要的研究方向是增加固体酸比表面积，提高固体酸表面酸量和酸强度，增加催化剂活性；加强对其催化机理、活性位形成机理、酸位结构及表征的研究，提高催化剂比活性，延长催化剂使用寿命和降低其成本，实现环境友好的绿色催化新工艺也将是今后研究的重点。

（2）强酸性离子交换树脂催化剂　强酸性离子交换树脂是一种高分子磺酸，含有可被阳离子交换的 H^+，起到类似无机酸的作用。作为固体酸催化剂，它具有不腐蚀设备、不污染环境、反应条件温和及副产物少等优点，还具有易分离（过滤或倾析）、易回收和再生等特点。强酸性离子交换树脂已用于制备联苯乙酸乙酯、乳酸乙酯、乙酸异丁酯等，且反应速率快，可大幅度减少副产物醚的生成，从而提高反应选择性，减少“三废”排放。对脂肪酸与烯烃的加成生成酯的反应结果表明，各催化剂活性顺序为：大孔强酸性树脂＞硅钨酸固体催化剂＞二氧化硅＞磷酸硅藻土＞凝胶型强酸性树脂。在实际应用中，大孔树脂和凝胶树脂应用于一系列酯化反应都取得较好结果，尤其是 Amberlyst 系列和 Dowex 系列的树脂在催化中独树一帜。凝胶型树脂作为一类均相高分子凝胶结构的离子交换树脂，常用于极性溶剂及水溶液中。大孔树脂内部具有毛细孔结构，是一类非均相凝胶结构树脂，受溶剂影响较小，在溶剂中的溶胀度比凝胶型树脂小。Amberlyst-15 还可催化 C_1～C_5 羧酸和 C_3～C_{22} 烯烃的酯化反应生成二级酯；在乙酸、异丁烯和水共存的情况下，它可使异丁烯生成醇的同时，与乙酸反应生成乙酸叔丁酯。

在阳离子交换树脂催化作用下，酸和醇的酯化反应不但对反应温度要求低，而且副产物少，产率高。在酸与正丁醇的酯化反应中，比较了 Amberlyst-15、Amberlyst-35、Amberlyst-39 和 HZSM-5 的催化性能，发现 Amberlyst 系列树脂表现出优异的催化性能。Rohm & Hass 公司及 BASF 公司设计的 Kvaerrner 流程就是用树脂来催化马来酸酐与乙醇的双酯化反应合成马来酸二乙酯，该流程减少了废液排放，解决了传统方法造成的污染问题，故在工业上得到推广使用。该反应产率可达 99.8%，选择性为 99%。固定床 Amberlyst IR-120 在催化乙酸与乙醇的酯化反应中也表现出较高的活性和选择性。

树脂同样适用于酯交换反应，如在大孔强酸性树脂 Amberlyst-15 作用下，酮酸酯的酯交换反应很容易进行。还有烯丙酸环己酯与正丁醇或 2-乙基己醇进行酯交换反应，乙酰乙酸乙酯及其衍生物与各种空间结构的伯醇的酯交换反应。

Suwannakarn 等[5]以 SAC-13 为催化剂，研究了 90～140℃时气化的小分子羧酸和短链醇（如甲醇和乙醇）的反应机理。研究表明，醇在催化剂酸中心上的竞争吸附会阻碍反应的进行，但温度高于 100℃时反应的控制步骤会发生改变。

作为离子交换树脂的一种，全氟磺酸树脂 Nafion 已广泛用于有机合成中。它也可用作液相或气相的酯化反应中。饱和羧酸和醇的混合物在 95～125℃通过 Nafion 树脂，接触 5min 即可获得高产率的酯。伯醇和仲醇酯化产率较高，但叔醇酯化产率较低，主要原因是叔醇在反应中易脱水生成烯烃。在非极性溶剂或气相反应中，Nafion 的催化活性因比表面积太小而大大降低。有人将纳米级 Nafion 颗粒嵌入多孔高比表面积的氧化硅中，从而充分表现出固体酸催化剂的优点，其比表面积可达 150～500m^2/g，在催化己酸和正辛醇的酯化反应中表现出较高的产率和选择性。酯化反应大多在极性溶剂中进行，Nafion 能很好地抗溶胀，单纯用它也有较高的催化活性。

一般而言，离子交换树脂的全交换容量、比表面积和孔体积较高，其催化活性较高。但该催化剂使用温度较低，在反应过程中易溶胀而失去原有性能，同时在储运过程中应避免其中 H^+ 与其他金属离子替换而失去催化作用。

（3）分子筛催化剂　分子筛催化剂的酸性中心来自于硅铝氧桥上的羟基和非骨架铝上的羟基，表现为 B 酸和 L 酸，并具有不同的酸强度。与其他固体酸相比，它具有较宽的可调变的酸性中心和酸强度分布；比表面积大，孔分布均匀，孔径可调，对反应原料和产物有良好的择形性；结构稳定，且机械强度高，可高温活化再生后重复使用；对设备无腐蚀，生产过程中不污染环境。另外，酯化反应产生的水会吸附于分子筛的酸中心上，使其催化性能降低。因此，适用于酯化反应的分子筛应既具有适宜的酸强度，又最大限度地抑制醇的醚化和脱水等副反应的发生。

分子筛作为酯化催化剂的研究始于 20 世纪 70 年代末。1981 年前苏联的研究者对乙酸与乙醇和异丙醇在 H 型丝光沸石等催化剂上的酯化反应进行了研究。1982—1984 年美国专利连续报道了羧酸与烯烃或炔烃加成制备羧酸酯的研究。较为有趣的是，不管双键在烯烃分子中的位置如何，总是选择性地生成甲基羧酸酯。1988 年捷克专利报道，将苄醇分别与等摩尔的乙酸、丁酸和戊酸混合，以庚烷为溶剂，在丝光沸石存在下进行回流，分别制得相应的苄酯，产品纯度为 99.5%～99.9%。国内用沸石做催化剂用于酯化反应的研究始于 20 世纪 80 年代中期，所用催化剂也是天然或合成的丝光沸石、β 沸石、ZSM-5 沸石以及 Y 沸石等。1991 年赵振华等进行了 HM、HY 和 HZSM-5 催化剂上酯化合成丙酸酯的研究，在这三种沸石上，丙酸正丁酯的产率分别是 69.7%、81.9%和 85.7%。另外，Sn 或 Mg 改性硅磷酸铝分子筛等用于酯化反应中也见诸报道，取得较好的结果。运用 Al^{3+} 交换蒙脱土的层间反应，乙烯与乙酸可进行酯化反应生成乙酸乙酯。

与经典的分子筛相比，介孔分子筛具有较大的孔径，且其分布窄，并可在1.5～10nm之间调节，具有较大的比表面积，可高达1000m^2/g以上，长程结构有序，孔隙率高，表面富含不饱和基团以及较高的热稳定性和水热稳定性等。它可以处理较大的分子或基团，因而在催化大分子的反应方面开辟了天地。Jermy等[6]研究了气相条件下Al-MCM-41中孔分子筛催化乙酸与各种脂肪醇的酯化反应。由于这种分子筛的疏水性，使得酯化反应向右进行，从而提高了反应活性。用TEOS-Zr-HAD-H_2O-乙醇体系合成了Zr-HMS介孔分子筛，脱除模板剂后用0.5mol/L硫酸处理和高温焙烧3h，制得SO_4^{2-}/Zr-HMS介孔分子筛超强酸催化剂，用于苯酐和正丁醇酯化反应。结果表明，在Zr和SO_4^{2-}含量远远低于SO_4^{2-}/ZrO_2的条件下，SO_4^{2-}/Zr-HMS催化剂活性仍高于SO_4^{2-}/ZrO_2。采用水热法和后合成法制备含磺酸基的介孔分子筛SBA-15-SO_3H，它对十八碳烯酸与甲醇的酯化反应具有较高的活性，其中的磺酸基在反应过程中也具有较高的稳定性；类似的还有HMS-SO_3H、MCM-SO_3H，它们可用于多元醇的酯化反应中。Yu等合成了介孔含Zr分子筛Zr-MCM-41，然后用硫酸进行修饰，得到SO_4^{2-}/Zr-MCM-41介孔分子筛，且具有良好的长程有序性和结晶度；SO_4^{2-}已进入分子筛骨架内部，形成了强酸中心。在乙酸松油酯合成反应中，该催化剂表现出比H_2SO_4、SO_4^{2-}/ZrO_2、HY和HZSM-5更高的活性和选择性；同时，该催化剂还具有良好的再生性能。

但总的来说，介孔分子筛酸性较弱，因孔壁处于无定形状态而导致水热稳定性欠佳；同时，它也和其他分子筛催化剂一样，容易积炭失活，还需根据不同的反应体系来调节分子筛的酸量和酸强度。

(4) 杂多酸催化剂　自从20世纪70年代日本成功地把杂多酸催化丙烯水合实现工业化以来，杂多酸（盐）作为有机合成和石油化学工业中的催化剂受到人们的广泛关注。杂多酸是一种具有确定组成的含氧桥的多核高分子配合物，类似于分子筛的笼形特征，对多种有机反应表现出很好的催化活性，其酸性比超强酸弱，比分子筛强。因杂多酸能与非水介质极性溶剂生成“假液相”均相体系，具有较强的酸性，且后处理方便，因而能满足酯化反应的要求。

杂多酸虽属于固体强酸，但由于其“假液相”行为，且其在含氧有机物中的溶解度较大且稳定，因此在酯化反应中仍是均相催化，目前常用于酯化反应的杂多酸有磷钨酸、硅钨酸、磷钼酸和钨锗酸等。其催化活性基本与其在溶液中的酸强度一致，顺序为：磷钨酸＞硅钨酸＞磷钼酸。在酸醇均相酯化反应中，杂多酸的催化活性比硫酸高得多，反应选择性好，不腐蚀设备，对环境污染小。当以磷钨杂多酸为催化剂进行乙酸与乙醇酯化反应，在酸醇比为（2～2.5）：1、磷钨酸用量为酸质量的2%～2.5%条件下反应4h，酯化率达94.6%以上。固体杂多酸不仅在非极性介质（或反应物）中具有较高的催化活性，而且在水、醇、羧酸等极性溶剂或反应物中也常常表现出高活性[7]。

杂多酸盐催化剂可由杂多酸与可溶性金属碳酸盐加热反应制得，根据其水溶性和比表面积的大小可分为 A 组盐和 B 组盐。A 组盐包括 Na^+ 等半径较小的阳离子所形成的杂多酸盐，其性质与杂多酸接近，比表面积小，且溶于水。B 组盐包括 NH_4^+、K^+、Rb^+ 和 Cs^+ 等半径较大的阳离子所形成的杂多酸盐，其比表面积大，且不溶于水，酸强度高，因而是较为理想的固体酸催化剂。其中以磷钨酸的 Cs 盐的研究最为深入，调节磷钨酸和碳酸铯的摩尔比进行反应，可制得 x 在 0～3 范围内变化的 $Cs_xH_{3-x}PW_{12}O_{40}$ 酸式盐。另外，硅钨酸三乙醇胺不溶于醇，在醇酸比为 3 ∶ 1、催化剂用量为 0.4%条件下反应 4h，羟基苯甲酸与乙醇和丁醇酯化反应的酯化率达 91.6%，催化剂使用 5 次仍具有较高活性。

上述杂多酸均相催化显示出一系列优点，但杂多酸在含氧有机物中溶解度较大，从而造成催化剂与产品酯的分离和回收利用困难，且有一定的损失，而杂多酸价格较贵，再加上杂多酸的比表面积仅为 $1\sim10m^2/g$，因此，在实际应用中需要将杂多酸（盐）负载在合适的载体上，以解决催化剂分离回收的问题和提高其比表面积。常用的负载方法有浸渍法、吸附法、溶胶-凝胶法和水热分散法。杂多酸与载体间相互作用本质上是属于酸碱中和，其作用程度的大小直接影响负载牢固度和催化剂活性。由此可见，杂多酸的负载与载体酸碱性密切相关。载体表面碱性太强，则会大大减弱催化剂酸性，因此，氧化铝、氧化镁等碱性较强的载体不适于负载杂多酸，而中性和酸性载体，如氧化硅、活性炭、氧化钛、膨润土和离子交换树脂等则比较适合。在非极性反应体系中，氧化硅负载杂多酸催化剂的活性最高；而在极性溶剂中，活性炭负载的稳定性最好。El-Wahab 等[8]制备的 10%PMo_{12}/SiO_2 催化剂在乙酸乙酯合成反应中，乙酸乙酯产率可达 65%，再加入 NaOH、KOH 后，可使产率增至 75%。Verhoef 等[9]发现，PW_{12}/MCM-41 和 SiW_{12}/MCM-41 两种催化剂在正丙醇与己酸的液相酯化反应和乙酸与正丁醇的气相酯化反应中的催化活性很高。段颖波将硅钨酸负载于活性炭上进行液固相酯化反应合成乙酸乙酯，酯化率达 99.3%。韩文爱等则将活性炭负载的磷钨酸用于乙酸乙酯的合成，酯化率为 91%。王恩波等将磷钨酸和硅钨酸负载于活性炭上，采用液相连续法合成乙酸乙酯，产品中粗酯含量达 95%以上，选择性接近 100%。一般而言，活性炭负载磷钨酸催化剂活性高于氧化硅和氧化钛催化剂，也比硫酸高得多。可见，活性炭负载杂多酸对酯化反应具有良好的催化活性，是一种很有前途的新型催化剂。

但杂多酸在反应过程中易流失，导致其重复使用性能下降。因此，杂多酸催化剂在酸度均匀化、负载牢固度等方面还有待于提高。

（5）离子液体催化体系　常温下呈液态的离子液体作为绿色反应介质或催化剂，近年来备受关注。在离子液体中进行酯化反应，可提高催化剂活性和选择性，且与传统方法相比具有明显优势。产物酯不溶于离子液体，易于分离；离子液体经高温脱水处理可重复使用。邓友全等研究了在离子液体［bPy］Cl-$AlCl_3$中的一系列羧酸与不同醇的酯化反应，此时离子液体兼具催化剂和溶剂的作用，此时反应速率比硫酸快，在相对较低的温度下即可获得更高的转化率[9,10]。尽管金属卤盐类离子液体催化乙酸与不同醇的酯化反应活性和产物选择性都比同条件下硫酸作为催化剂时高，但此类离子液体对水和空气都不稳定，相比之下，质子酸型离子液体对水和空气稳定，因而在酯化反应中的应用更受关注。Zhu 等[11]将 B 酸性离子液体［Hmin］BF_4用于催化醇酸酯化反应。乙酸和丁醇在离子液体中 110℃反应 2h，产率可达 97%，催化剂连续使用 8 次后，转化率仍达 94%。由于离子液体与水相溶，而与产物酯不溶，反应平衡有利于酯的生成。该离子液体合成简单，只需进行简单的酸碱中和反应。

针对酸催化、反应可逆和过程有水生成的酯化反应的特点，设计开发具有特定溶解性的功能化酸性离子液体作为特定酯化反应的催化剂或溶剂，有望提高反应效率和简化工艺。但要想真正实现工业化，还须进一步降低催化剂成本。

表 6-1 比较了不同酸催化剂上乙酸乙酯合成反应性能。总的来说，固体酸催化剂研究最多，具有应用前景，但催化剂寿命短，成本高，与现有工艺不适应，工业化进展缓慢。作为环境友好的溶剂和催化剂，酸性和溶解性可调的离子液体应用于醇酸酯化反应时，兼具了均相催化剂的高效和多相催化剂的易分离的优点，且可重复使用，具有替代传统硫酸的潜力。

表 6-1 不同酸催化剂上乙酸乙酯合成反应性能的比较

催化剂类型	产物	反应条件	酯化率/%	参考文献
浓硫酸	乙酸乙酯		68.6	[12]
固体超强酸 SO_4^{2-}/TiO_2	乙酸乙酯	110℃，醇酸体积比 1.5 ∶ 1，3h	94.8	[13]
LaZSM-5 沸石分子筛	乙酸乙酯	催化剂用量 7%，100～110℃，酸醇比 2.5 ∶ 1，2.5h	94.0	[14]
D072 离子交换树脂	乙酸乙酯	60℃，酸醇比 1 ∶ 1，2h	70.0	[15]
D072 离子交换树脂	乙酸甲酯	60℃，醇酸比 1.3 ∶ 1，2.5h	72.3	[16]
磷钨酸	乙酸乙酯	84～90℃，酸醇比 1.4 ∶ 1，回流比 4，1.4h	82.0	[17]
［Emim］HSO_4离子液体	乙酸乙酯	n(催化剂)∶n(反应物) = 1 ∶ 5，40℃，1h	76.8	[18]

6.2.1.2 反应工艺[19]

6.2.1.2.1 传统工艺

对小批量生产来说，间歇酯化较为灵活。如乙酸丁酯的生产，其工艺流程如

图 6-1 所示。

乙酸、丁醇及少量相对密度为 1.84 的硫酸催化剂均匀混合反应数小时使反应趋于平衡，然后不断地蒸出生成水以提高收率。由于乙酸丁酯的沸点较低，它将随水蒸气蒸出，并在分离层中分为两层，下层水可不断放掉。当不能再蒸出水时，可认为酯化反应已达到终点。这时，分馏塔顶部的温度升高，同时少量的乙酸进入冷凝器中。向釜中加入 NaOH 溶液中和残留的少量酸，静置放出水层，然后用水洗涤，最后蒸出产物乙酸丁酯，纯度 75%～85%，残留的是丁醇。大部分羧酸与醇进行的酯化过程都可以采用上述间歇酯化工艺。

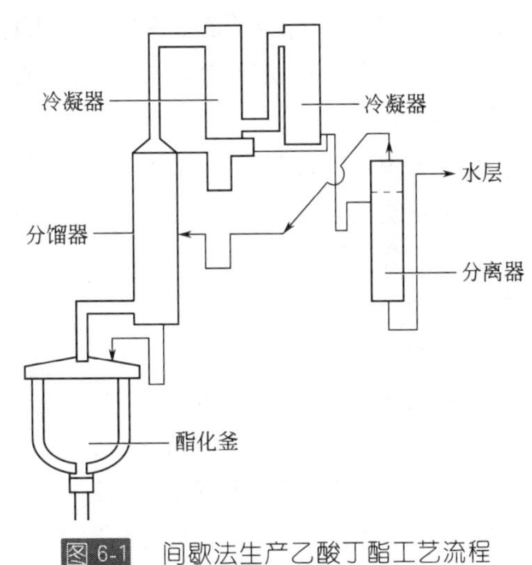

图 6-1　间歇法生产乙酸丁酯工艺流程

对于大规模生产，一般用连续酯化工艺生产酯，如乙酸乙酯，其工艺流程如图 6-2 所示。

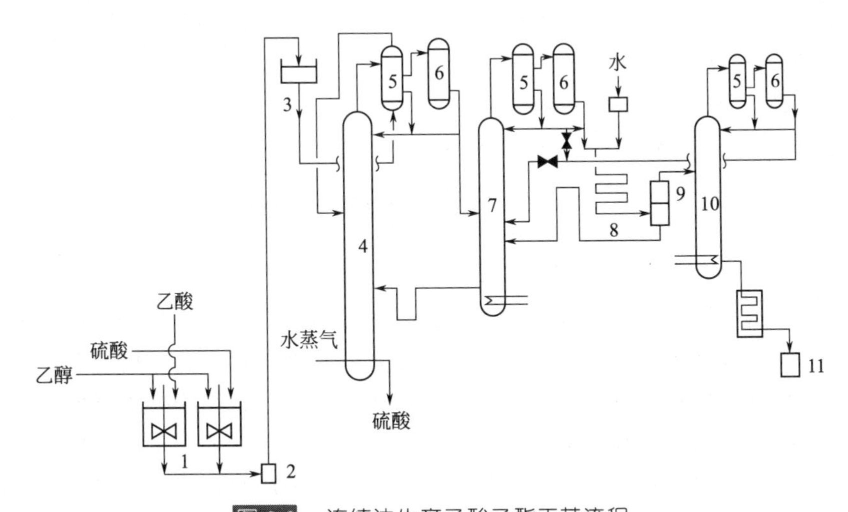

图 6-2　连续法生产乙酸乙酯工艺流程

1—混合器；2—泵；3—高位槽；4—酯化反应塔；5—回流分凝器；6—全凝器；7—酯蒸出塔；8—混合盘管；9—分离器；10—酯干燥塔；11—产品储槽

乙酸与硫酸及过量乙醇在混合器内搅拌均匀，用泵输送到高位槽，物料经预热器进入酯化反应塔的上部。塔的下部用水蒸气直接加热，生成的酯与醇、水形成三元共沸物向塔顶移动，而含水的液体物流由顶部流向塔底。从塔底排出含硫酸废水，中和后排放。塔顶逸出的水蒸气通过分凝器，部分凝液回流入酯化反应塔，其余的凝液与全凝器凝液合并后进入酯蒸出塔，此塔底部间接加热，塔顶蒸出的是含酯83%、醇9%及水8%的三元共沸物，塔顶温度为70℃。共沸物中添加水，经混合盘管后进入分离器，液体便分成两层，上层含有乙酸乙酯93%、水5%及醇2%。下层液体再回到酯蒸出塔，以回收少量的酯及醇。含水、醇的粗酯进入干燥塔，此塔顶蒸出的是三元共沸物，可以与蒸出塔顶物料合并处理。塔底得到的便是含量为95%～100%的乙酸乙酯成品。

由于乙酸甲酯-甲醇（$x_{乙酸甲酯}=0.66$）和乙酸甲酯-水（$x_{乙酸甲酯}=0.92$）共沸物体系，产品难以纯化，为了分离乙酸甲酯-甲醇共沸物，人们采用常压和真空精馏塔或萃取塔。典型的工艺包括2个反应器和8个精馏塔，这使得工艺流程非常复杂，且投资较高，其传统工艺流程如图6-3所示。另外，为了保持较高的乙酸转化率，而使另一反应物，如醇大量过量。

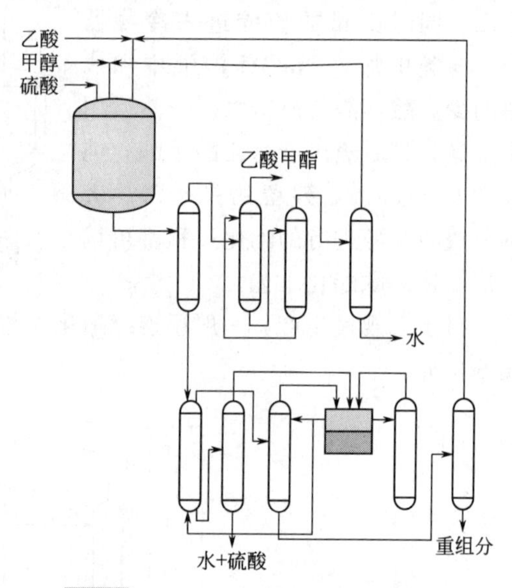

图6-3 硫酸酯化法生产乙酸甲酯的传统工艺流程

图6-4还列举了其他几种不同类型的酯化反应装置。前三种采用酯化釜，其容积较大，采用夹套或内蛇管加热。反应物料连续进入反应器，在其中沸腾，共沸物从反应体系中蒸出。第一种只带有回流冷凝器，水可直接由冷凝器底部分出，而与水不互溶的物料回流进反应器中。第二种带有蒸馏柱，可较好地由共沸混合物中分离出生成水。第三种将酯化器与分馏塔的底部连接，分馏塔本身带有再沸器，大大提高了回流比和分离效率。这三种类型的装置适用于共沸点低、中、高的不同情况。最后一种反应器为塔板式。每一层塔盘可看成一个反应单元，催化剂及高沸点原料（一般是羧酸）由塔顶送入，另一种原料则严格地按原料的挥发度在尽可能高的塔层送入。液体及水蒸气逆向流动。这一装置特别适用于反应速率较低以及蒸出物与塔底物料间的挥发度差别不大的体系。

6.2.1.2.2 反应精馏法

为了克服传统工艺的弊端，20世纪80年代Eastman Kodak公司开发了一个用于生产高纯及超高纯乙酸甲酯的反应精馏工艺。尽管该反应受到化学平衡不利的限制，但在反应蒸馏塔内用接近化学计量比的甲醇和乙酸，仍可得到高纯的产品。整个过程被集成在一个塔内，这样就消除了对复杂蒸馏塔系统和乙酸甲酯-甲醇共沸物循环的需求。

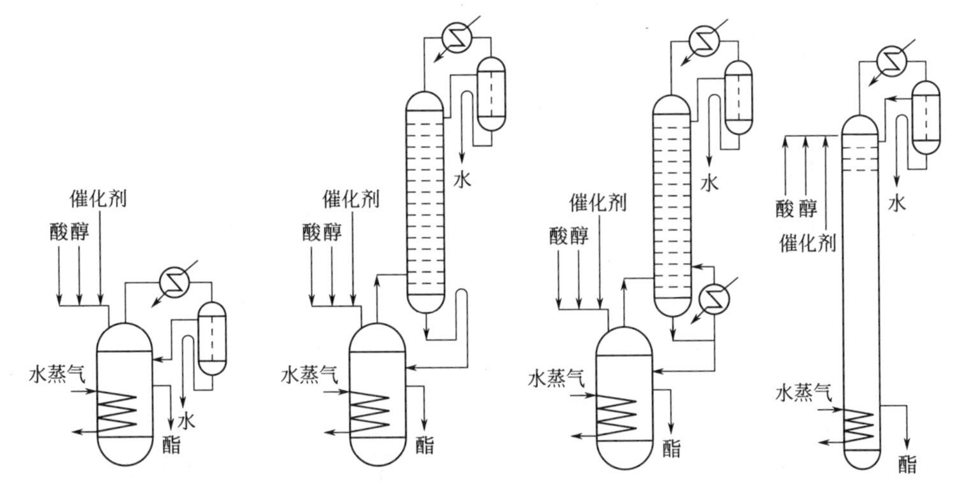

图6-4　配有蒸出共沸物的液相酯化装置示意图

如图6-5所示，在酸催化剂作用下，乙酸由反应精馏塔的精馏段中上部加入，催化剂由塔精馏段的顶部加入，甲醇从塔精馏段的中下部加入。乙酸与甲醇在反应精馏塔内逆流接触。乙酸进料位置以上为乙酸甲酯的精馏段，以下为萃取精馏段，乙酸既是反应物，又是萃取剂，塔顶连续移走产品，塔釜连续除水。

位于田纳西州的Eastman Kodak公司的一个反应精馏塔装置，每年可生产18万吨高纯的乙酸甲酯，甲醇转化率和乙酸转化率分别达99.5%和99.8%，产品纯度为99.5%。后来该公司对原有工艺进行改造，即通过萃取精馏段上方加入乙酸酐，使塔顶乙酸甲酯的纯度达99.7%。

以诸如Amberlyst离子交换树脂等非均相催化剂来替代传统硫酸作为催化剂，也可采用反应精馏法来生产乙酸酯，其工艺流程如图6-6所示。湖南长岭石化的李庆华等[20]以各种型号的强酸性阳离子交换树脂为催化剂，采用反应精馏法让乙酸与烯烃（如丙烯或异丁烯）在固体酸催化剂表面上逆流接触，经催化酯化生产相应的乙酸酯，反应结果见表6-2。不难发现，在适宜的树脂催化剂和反应条件下，乙酸转化率保持在较高水平，乙酸酯选择性均在96%以上。所制乙酸酯在Cu基催化剂作用下高活性和高选择性生成相应的醇。通过烯烃与乙酸反应生成乙酸酯，再加氢生成醇的过程，不少已经实现或正在实现工业化，详见6.3节。

由此可见，除了乙酸甲酯外，反应精馏也可用于生产其他酯类，如乙酸乙酯、乙酸异丙酯和乙酸仲丁酯等。另外，该工艺还用于回收水溶液中的乙酸和其他羧酸。

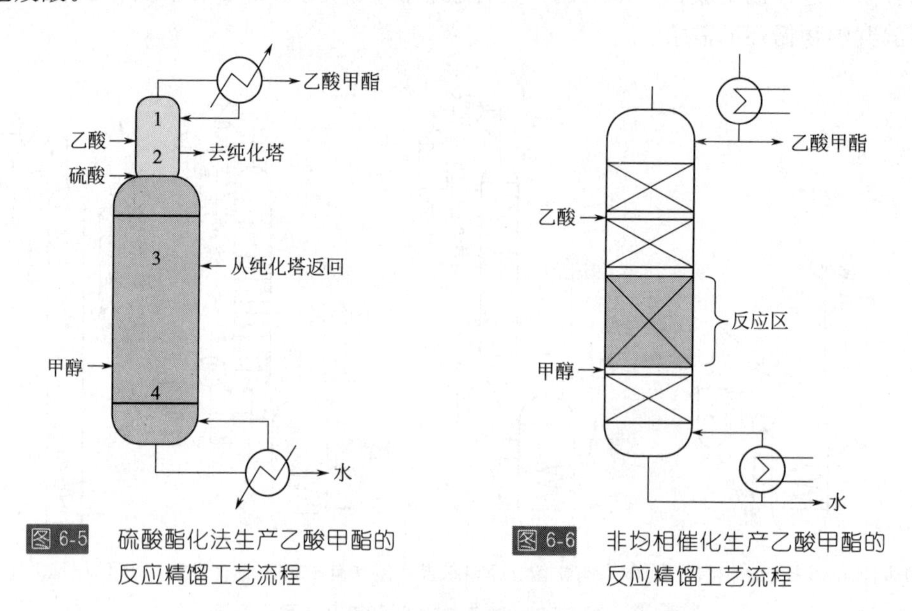

图6-5 硫酸酯化法生产乙酸甲酯的反应精馏工艺流程

图6-6 非均相催化生产乙酸甲酯的反应精馏工艺流程

表 6-2 乙酸与烯烃催化蒸馏合成乙酸酯

项目	乙烯	丙烯	异丁烯	异戊烯	环己烯
树脂型号	DNW-Ⅱ	A-16W	D72	NKC-9	D002
塔顶温度/℃	50	70	65	75	90
反应段中段温度/℃	70	90	80	100	120
塔釜温度/℃	120	140	150	170	200
塔顶压力/MPa	0.4	0.5	0.7	0.2	0.8
回流比	0.2	8	3	5	4
酸烯比	5 : 1	1.2 : 1	0.8 : 1	3 : 1	0.2 : 1
乙酸空速/h^{-1}	5.0	0.2	4.0	1.0	2.5
乙酸转化率/%	54.3	82.2	87.4	68.3	92.3
乙酸酯选择性/%	99.7	99.3	99.4	97.8	96.1

6.2.1.2.3 蒸发薄膜直接酯化法

膜反应器也可用于酯化反应中，其中全蒸发膜反应器（PVMR）将反应和分离结合在一个单元内。在该单元内，反应液中一个或多个产物（一般为水）与膜一侧接触，并优先透过膜，经加热成蒸汽从膜的另一侧除去，从而推动酯化反应平衡向右进行。该反应器有如下优点：在反应的同时除去一个产物，从而促进转化；抑制副反应；可以用化学计量比进行高活性转化；反应的热可用于分离。因此，该工艺具有低投资、低能耗和高转化率。有报道将 PVMR 用于乙酸与乙醇的酯化反应中，方法如下：将 PVMR 操作在半模式下进行酯化反应，发现膜渗透率、膜面积和反应混合物的体积都是重要的操作参数；将 Nafion 管既用作催化剂，也用作渗透膜，用于乙酸与甲醇或正丁醇的酯化反应中。结果发现，乙酸甲酯的产率可超过化学平衡值的 73%～77%。也有采用分子筛膜用于乙酸乙酯的合成。

Assabumrungrat 等[21]研究了 PVMR 的操作模式对其中进行的甲醇和乙酸酯化反应的影响。所考察的操作模式包括半模式的 PVMR、柱塞流的 PVMR 和连续搅拌釜式的 PVMR，采用 Amberlyst-15 为催化剂，PVA 为膜，该膜分离乙酸和乙酸甲酯的效率很高，但对甲醇很低。不同操作模式具有不同的流动特性，他们通过调节反应速率和渗透速率，使反应表现出不同的活性。柱塞流的 PVMR 性能总体上要优于连续搅拌釜式的 PVMR。高选择性膜的使用是反应器达到高性能的关键。由于该法考虑了流体的流动对酯化反应的影响，发展前景远大。

综上可见，由于酯化反应属于可逆反应，生成水的除去是提高酯化率的主要方法，也是酯化工艺的重要步骤，常用的方法还有以下几种。

(1) 加入能与水形成共沸物的带水剂，如苯、甲苯、二甲苯和环已烷等。这是目前最常用的除水方法，但带水剂往往具有毒性，会污染环境、增加成本。

(2) 预先加入具有吸水能力的硅胶、分子筛或无机盐（如氯化钙、硫酸镁、无水硫酸铜、无水硫酸钠和无水氯化铁等）。该法具有无毒害、产率高和可再生等特点。

(3) 采用连续萃取装置，实现循环脱水。

(4) 利用亲水性渗透汽化膜的高选择性脱水。

(5) 减压蒸馏带水。

(6) 催化精馏。

总体而言，随着工业经济发展对绿色环保提出的要求越来越高，无溶剂体系的酯化反应已成为发展方向。其中固体酸催化剂与产物易于分离，但催化剂寿命短，成本高，与现有工艺不相适应；离子液体环境友好，兼具均相催化的高效与多相催化的易于分离的优点，有望替代传统硫酸催化工艺。另外，随着微波、电磁技术、超临界流体催化技术和生物酶催化技术的提高，以及学科相互渗透的加强，这些物理手段也相继应用于酯化反应中，并与前沿的化学反应工艺相配合，来达到反应的最优化。

6.2.2 甲醇羰基化过程副产乙酸甲酯

甲醇羰基化已成为生产乙酸的主流技术，其反应产物中有乙酸和甲醇的存在而不可避免地生成乙酸甲酯，但在正常的反应条件下，其含量控制得比较低。埃纳肯公司公开了一种由甲醇制乙酸甲酯的方法[22]，即通过改变甲醇羰基化反应条件，如甲醇与CO的比、酸度、温度和压力，使生成的乙酸部分快速酯化为乙酸甲酯，以提高反应产物中乙酸甲酯含量，部分结果见表6-3。可以看出，该反应既可以在反应釜中进行均相反应，也可以在固定床中进行多相反应，只是后者的反应温度略高一些。产物中乙酸甲酯的含量均可达75%。

表6-3 甲醇羰基化副产乙酸甲酯反应结果[22]

催化体系	反应器类型	反应条件	反应进料	产物（乙酸甲酯：乙酸）
RhI_3，LiI＋NaI，甲基碘	反应釜	CO：甲醇＝0.1～0.5，170～200℃，20～50atm	甲醇，乙酸甲酯，CO，甲基碘	3：1
可溶性非卤Rh盐，Li_2CO_3/Na_2CO_3；水，乙酸	反应釜	CO：甲醇＝0.1～0.5，170～200℃，20～50atm	甲醇，DMC，乙酸甲酯，CO	3：1
Rh/C 或 Rh/Al_2O_3，甲基碘	固定床	CO：甲醇＜0.5，175～300℃，10～50atm，CO 2000～10000h^{-1}	甲醇，CO，甲基碘	3：1

但上述工艺所用催化剂为Rh或Ir，同时存在碘促进剂的强腐蚀、液相中催化剂、碘化物与产物难分离的问题。因此，自20世纪80年代以来，对于非贵金属催化体系低压气相羰基化制乙酸工艺的开发十分活跃，见表6-4。

表6-4 低压气相羰基化制乙酸非贵金属催化体系[23]

项目	Co系	Ni系	Sn系	Mo系
出现年代	20世纪50～60年代	20世纪70年代以前	20世纪70年代后期	20世纪80年代
反应条件	120～250℃，＜25MPa	180～300℃，0.1～10MPa		150～300℃，2～10MPa
主产物	乙酸和乙酸甲酯	乙酸和乙酸甲酯	DME和乙酸甲酯	DME和乙酸甲酯
甲醇转化率/%	＞95	约100		＞97
收率/%	＞72.7	约100	＞5	5～10
选择性/%	76.5	约98		5～10
反应类型	均相	均相、多相	多相	均相、多相

其实早在1941年，Reppe等就发现金属羰基化合物对羰基化反应具有显著的催化作用。20世纪50～60年代，Fe和Co曾是很热门的攻关课题，BASF公司、日本工业技术院和三菱瓦斯化学工业株式会社等均有研究。Doyle等[24]以相对廉价的Fe-Co簇型化合物为催化剂，研究了甲醇直接均相转化为乙酸甲酯的羰基化过程。结果表明，在以$(C_4H_9)_4N[FeCo_3(CO)_{12}]$/$CH_3I$为催化剂，甲苯

为溶剂，180℃、27MPa的反应条件下，甲醇羰基化生成乙酸甲酯的选择性高达96%，甲醇转化率为63%。但总体上活性不高，反应条件苛刻。

20世纪70年代中期，Vannice发现Ni/AC催化剂对于甲醇羰基化有很好的活性。大量研究也表明，Ni/AC催化剂是目前甲醇气相羰基化制乙酸非贵金属催化体系中最为有效的催化剂，且产物中乙酸甲酯所占比例较高，它是最有希望代替金属催化剂成为甲醇气相羰基化的主体催化剂。Omata等[25]系统地研究了Ni/AC催化剂常压气相羰基化中催化剂的制备、反应机理、工艺条件及动力学规律。Liu等[26]对AC负载Ni-Sn的双组分催化剂进行了研究，在相同反应条件下镍锡双组分与镍单组分催化剂相比，甲醇转化率与羰基化产物选择性均得到较明显提高。然而，上述催化体系仍需加入碘化物，否则反应无法进行，且碘化物在气相中更易分解。

Fujimoto等[27]将HY分子筛或硫酸化的ZrO_2等固体酸用于甲醇无卤直接羰基化反应中，但产物基本上是DME。在硫化的Co-Mo/AC催化剂上进行该反应时，乙酸甲酯选择性可达53%，但催化剂活性很低，羰基化产物时空收率仅为0.15mol/(kg cat·h)[28]。华南理工大学的彭峰等[29]比较系统地研究并显著提高了硫化的Co-Mo/AC催化剂上甲醇羰基化反应性能。作者认为，甲醇首先在催化剂酸性位上吸附成$CH_3OH_2^+$，再在Mo催化剂上进一步脱水，裂解成$[CH_3]^+$；然后催化剂上吸附的CO直接插入$[CH_3]^+$形成$[CH_3CO]^+$，后者与甲醇快速反应生成乙酸甲酯，CO的吸附是影响羰基化产物选择性的主要因素。该课题组[30]还制备了一系列AC负载的金属氯化物催化剂，不经还原直接用于甲醇气相直接羰基化反应中，发现其中以15%$CuCl_2$-5%$NiCl_2$/AC催化剂性能最佳，在适宜的反应条件下，甲醇转化率和乙酸甲酯选择性分别达34.5%和94.7%，产物收率为3.2 mol/(kg cat·h)。该催化剂稳定性也明显好于Cu/MOR[31]和杂多酸贵金属盐负载型催化剂[32]，但其活性也只能维持17h。研究还发现，非晶相CuCl可能为反应活性位，但随着反应的进行，CuCl可能被CO还原为晶相Cu^0，同时造成Cl流失而腐蚀设备。这可能是催化剂快速失活的主要原因之一。当碳纳米管（CNT）负载的Ni或硫化的Mo催化剂用于甲醇直接羰基化制乙酸反应时，催化剂活性高于相应以AC为载体的催化剂，但反应结果还是不理想。

Blasco等[33]采用FT-IR和NMR技术研究了丝光沸石（MOR）分子筛上甲醇羰基化反应机理。发现在H-MOR上甲醇羰基化产物主要为乙酸，而在Cu-MOR上为乙酸甲酯，且反应速率较快，涉及相邻活性位，即B酸位活化甲醇，而Cu^+活化CO，但在反应条件下Cu^+优先吸附DME，而不是水和甲醇。他们认为，相对于在MOR分子筛上进行DME羰基化制乙酸甲酯，以甲醇为原料，反应步骤更少，因而更有研究价值。然而，当以甲醇替代DME在MOR或

Cu-MOR 上进行反应时，反应活性很低，需在更高温度下进行，使得烃类选择性很高。因此，在 MOR 或 Cu-MOR 上进行 DME 羰基化制备乙酸甲酯正在成为人们研究的热点，下面将重点叙述，而甲醇羰基化反应则需开发全新的长寿命的催化体系，才有可能实现工业应用。

总体而言，我国铑和碘资源贫乏，开展甲醇非铑和非卤羰基化合成乙酸甲酯的研究具有十分重要的经济意义和社会效益。

6.2.3 甲醇羰基化合成乙酸甲酯新技术

6.2.3.1 概述

煤经合成气制 DME 近年来发展迅速，2008 年我国 DME 产量已达 500 万吨，占世界总产量的 90%以上，但其市场需求却十分有限。虽然理论上 DME 可作为民用燃气替代液化石油气，作为工业燃料替代汽油和柴油，但就热值而言，同等条件下 DME 热值不足液化石油气的 70%，即同等价格的 DME 无法与液化石油气竞争。与天然气和煤气相比，DME 又无管道长距离输送的便利，在某种程度上限制了 DME 作为燃料的使用。因此，DME 羰基化一步法制备乙酸甲酯既解决了 DME 原料过剩的难题，又提供了一条非常有竞争力的合成乙酸甲酯的新技术路线。此外，DME 羰基化催化剂具有无卤和非贵金属等特点，具有甲醇无法实现的优越性。

由于甲醇羰基化过程中贵金属 Rh 和 Ir 具有独特的催化活性，因此，DME 羰基化的早期研究重点放在杂多酸负载的贵金属催化剂上。Sardesai 等[34] 以Ⅷ族金属 Rh、Ir、Ru 和 Pd 负载的磷钨酸盐为催化剂，考察了活性金属组分、含量以及载体类型的影响。结果表明，以 Ir 取代磷钨酸盐负载在 Davisil-643 硅胶上作为催化剂时，DME 羰基化活性最高。Volkova 等[35] 发现，Cs 交换的磷钨杂多酸负载 Rh 后得到的 $Rh/Cs_xH_{3-x}PW_{12}O_{40}$（其中，$1.5<x<2.0$，Rh>0.1%）催化剂，在 200℃、1MPa 的反应条件下可获得 33%的 DME 转化率和 94%的乙酸甲酯选择性。作者认为，载体上强酸位的存在有助于 DME 分子中碳氧键的活化和金属烷基的生成，Rh 络合物与强酸位的协同作用有利于 CO 分子的插入和乙酸甲酯的生成。

近期 Luzgin 等[36] 利用固体核磁共振技术详细研究了 DME 和 CO 分子在 $Rh/Cs_2HPW_{12}O_{40}$（HPA）催化剂上的反应机理。^{13}C MAS NMR 结果显示，DME 分子与 HPA 上的 Brϕnsted 酸位作用生成甲氧基，Rh 物种会俘获气相中的一氧化碳分子，$Cs_2HPW_{12}O_{40}$ 的骨架结构可以使 Brϕnsted 酸位和 Rh 活性中心位于 Keggin 笼内空间邻近的桥氧和末端氧的位置，从而有利于 CO 插入甲氧基的 C—O 键形成酯基基团。这为双活性中心在羰基化反应中的贡献提供了直接证据。同时他们发现，与无碘体系相比，助剂 CH_3I 的存在可以降低 DME 羰基化的反应温度，主要归因于不同的反应路径。如图 6-7 所示，CH_3I 的引入提供了甲基基团，有利于形成 CH_3-Rh-CO-I 络合物（stage Ⅰ）及铑酯基（stage Ⅱ），生成的 HI 通过与甲氧基进一步作用可以恢复 HPA 上的 Brϕnsted 酸位及 CH_3I[37]。

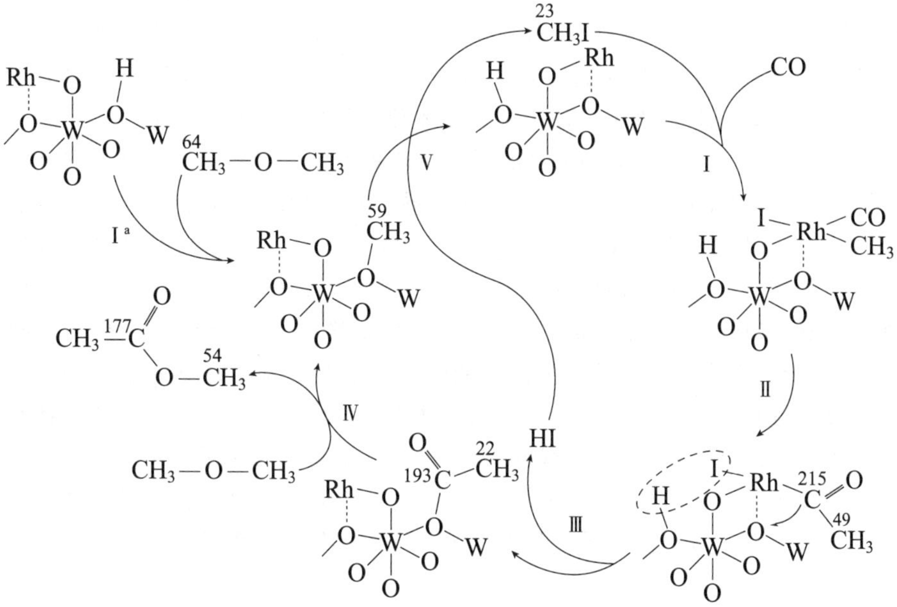

图 6-7　CH_3I 存在下 $Rh/Cs_2HPW_{12}O_{40}$ 催化剂上二甲醚羰基化反应机理[37]

上述磷钨酸盐催化体系虽然属于多相催化的范畴，但是依然使用了 Rh、Ir 贵金属，并没有跳出传统甲醇羰基化体系。同时这些催化剂上 DME 羰基化过程伴随着烃类和大量的积炭生成，极易导致失活。负载型非贵金属催化剂也是催化学者研究的重点，Shikada 等[38] 利用活性炭负载的金属镍为催化剂，在 250℃、1.1MPa 的反应条件下，添加 CH_3I 为助剂，进行 DME 羰基化制乙酸甲酯的反应。产物中乙酸甲酯的选择性可达 80%～90%，副产物有乙酸、乙酸酐、甲烷和 CO_2。

2006 年 Iglesia 研究小组首先报道了分子筛催化材料上的 DME 羰基化反应，实现了 DME 无卤和非贵金属羰基化反应历程，具有十分重要的意义[39]。同时英国 BP 公司也申请了一系列专利，来保护具有 MOR 结构分子筛催化剂上的羰基化反应活性[40～42]。下面重点阐述一下分子筛多相催化体系上的 DME 羰基化反应。

6.2.3.2　多相分子筛非贵金属催化剂

6.2.3.2.1　反应活性与分子筛结构性能的关系

2006 年 Iglesia 研究小组考察了具有不同孔道结构的酸性分子筛在 DME 羰

基化反应中的活性。结果发现，在具有12元环孔道结构的HY、Hβ分子筛和无定形SiO_2-Al_2O_3材料上观测不到DME羰基化活性；在具有10元环孔道结构的ZSM-5分子筛上，有少量乙酸甲酯产物生成，具有8元环孔道结构的MOR和FER分子筛则在150℃低温下就表现出较高的羰基化活性[39]。因此，推断分子筛催化剂上DME羰基化反应是典型的孔道择形反应。研究者利用IR光谱对MOR分子筛上的Brϕnsted酸位进行了表征，结合吸附碱性探针分子对8元环与10元环内的酸位进行了定量计算，发现羰基化反应活性与8元环内的Brϕnsted酸位数目存在正相关，进一步证实了8元环独特的择形作用[43]。

Corma研究小组进一步利用DFT理论计算方法，考察了MOR分子筛的8元环和12元环中不同T位上的Brϕnsted酸位在DME羰基化反应过程中的贡献[44]。发现当DME吸附在MOR分子筛上时，8元环和12元环中均能形成稳定的表面甲氧基；与8元环内的甲氧基相比，12元环内的甲氧基在动力学上更易形成烃类和DME；8元环孔道内的T3O33位对羰基化反应具有很高的选择性（图6-8），该位置上羰基化反应的活化能垒要低于生成烯烃的副反应，T3O33位上高羰基化选择性不仅与孔道尺寸有关，并且与该位置上甲氧基基团的独特空间取向相关，该取向有利于一氧化碳的插入进攻；水的生成对羰基化反应具有负效应，归因于水和DME分子会在分子筛酸位上竞争吸附，水与表面甲氧基的反应会使平衡向甲醇生成方向移动，从而减少了表面甲氧基的覆盖度。

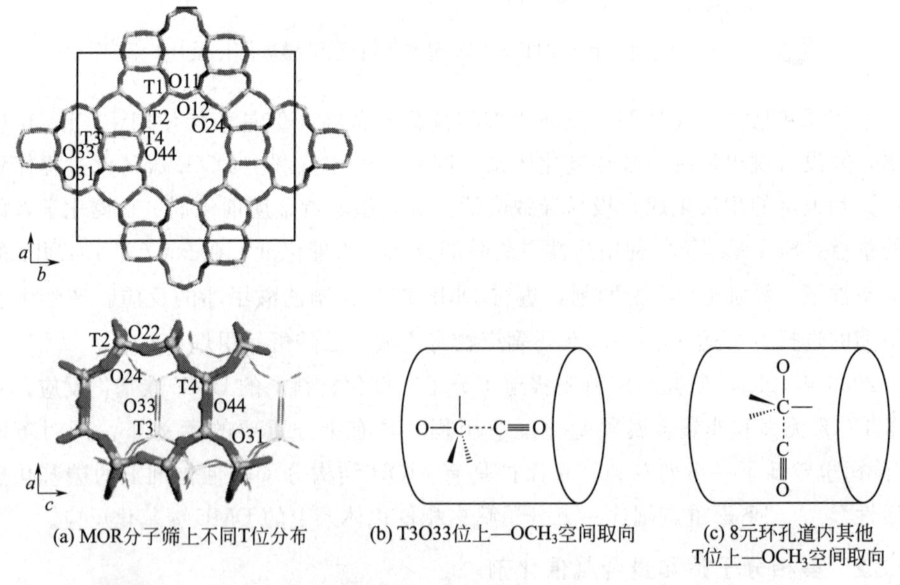

图6-8 MOR分子筛上不同T位分布及T3O33位上—OCH_3空间取向和8元环孔道内其他T位上—OCH_3空间取向[44]

结合表征和计算结果，Iglesia 等提出了 DME 在酸性分子筛上的羰基化反应历程，如图 6-9 所示[45]。DME 分子首先与分子筛上的 Brϕnsted 酸位作用生成甲氧基碳正离子，同时脱附生成甲醇分子，这个步骤是羰基化反应的诱导期；一氧化碳分子进攻甲氧基正离子，插入分子筛骨架生成乙酰基正离子中间体，这是反应的传播期，也是反应的决速步骤；随后，DME 分子与乙酰正离子中间体反应生成产物分子乙酸甲酯，同时生成一个新的甲氧基碳正离子，实现了催化循环。

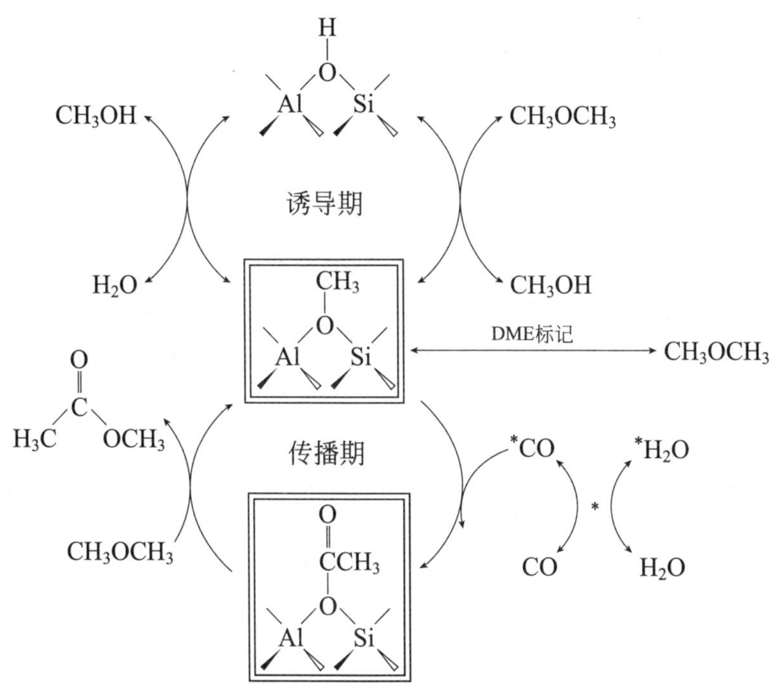

图 6-9　二甲醚分子在酸性分子筛上的羰基化反应路径[45]

分子筛催化剂上 DME 羰基化反应存在一个诱导期，诱导期内 DME 分子与分子筛上的酸位发生相互作用，生成甲氧基基团。在实际反应过程中，该诱导期可以通过用 DME 分子预处理来消除。动力学实验结果表明，乙酸甲酯生成速率不随 DME 分压的增加而增加，表明诱导期内形成的甲氧基物种足以满足反应的进行，HMOR 上 DME 羰基化反应对 DME 是零级反应[39]。同时发现，DME 羰基化速率随一氧化碳压力增大而线性增加，即对一氧化碳是一级反应。

需要提出的是，并非所有存在 8 元环孔道结构的分子筛都具有羰基化反应活性。Cheung 等[46]在沸石结构数据库（database of zeolite structures）中对已发现的含有 8 元环孔道的分子筛进行了统计，共有如下 9 种结构的分子筛含有 8 元环孔道：MOR [12 元环（0.65nm×0.70nm），8 元环（0.34nm×0.48nm），8 元环（0.26nm×0.57nm）]、OFF [12 元环（0.67nm×0.68nm），8 元环（0.36nm×

0.49nm)]、FER [10 元环（0.42nm×0.54nm），8 元环（0.35nm×0.48nm)]、CHA [8 元环（0.38nm×0.38nm)]、ITE [8 元环（0.38nm×0.43nm），8 元环（0.27nm×0.58nm)]、GME [12 元环（0.70nm×0.70nm），8 元环（0.36nm×0.39nm)]、ETR [10 元环（0.80nm×1.01nm），8 元环（0.25nm×0.60nm)]、MFS [10 元环（0.51nm×0.54nm），8 元环（0.33nm×0.48nm)]和 EON [12 元环（0.67nm×0.68nm），8 元环（0.34nm×0.49nm），8 元环（0.29nm×0.29nm)]。通过活性评价比较发现，要使分子筛在反应中具有羰基化活性，在具备 8 元环孔道的前提下，还要存在与之相连通的大于或等于 8 元环尺寸的孔道体系。见表 6-5 和表6-6，满足上述条件的 Mordenite、Offretite、Chabazite、ECR-18 和 ITQ-6 分子筛都显示出一定的羰基化反应活性。Mazzite 虽然具有 8 元环与 12 元环的孔道结构，但是 8 元环孔道既不与 12 元环孔道也不与 8 元环孔道相连通，因此羰基化活性极低；Zeolite A 具有连通的 8 元环孔道，但是其硅铝比（1.2）低于 5.0，也检测不到产物乙酸甲酯的生成。综上所述，具备 DME 羰基化反应活性的分子筛必须同时具备下面条件：具有大于或等于 0.34nm×0.48nm 尺寸的 8 元环孔道及其对应的 Brϕnsted 酸位；具有与 8 元环孔道相连通的大于或等于上述尺寸的孔道；硅铝摩尔比要大于 5.0 ∶ 1。

表 6-5　具有 8 元环孔道的分子筛硅铝比及孔道结构信息

分子筛类型	硅铝摩尔比	孔道结构
H-Mordenite-20 (Tricat)	20	8 元环（0.34nm×0.48nm）
		8 元环（0.26nm×0.57nm）
		12 元环（0.65nm×0.70nm）
NH_4- Mordenite-10 (Zeolyst International)	10	8 元环（0.34nm×0.48nm）
		8 元环（0.34nm×0.48nm）
		12 元环（0.65nm×0.70nm）
NH_4- Mordenite-20 (Zeolyst International)	20	8 元环（0.34nm×0.48nm）
		8 元环（0.34nm×0.48nm）
		12 元环（0.65nm×0.70nm）
NH_4- Offretite-10	10	8 元环（0.36nm×0.49nm）
		12 元环（0.67nm×0.68nm）
NH_4- Chabazite	7.3	8 元环（0.38nm×0.38nm）
NH_4-ZSM-23	85	10 元环（0.45nm×0.52nm）
NH_4- ECR-18	7.8	8 元环（0.36nm×0.36nm）
		8 元环（0.36nm×0.36nm）

续表

分子筛类型	硅铝摩尔比	孔道结构
NH_4-Theta-1	70	10 元环（0.46nm×0.57nm）
ITQ-6	36.5	10 元环（0.42nm×0.54nm）
		8 元环（0.35nm×0.48nm）
NH_4- Zeolite A (Grace Davison)	1.2	8 元环（0.41nm×0.41nm）
NH_4- Zeolite L	14	12 元环（0.71nm×0.71nm）
H-Mazzite	7.7	8 元环（0.31nm×0.31nm）
		12 元环（0.74nm×0.74nm）
NH_4- BETA-18 (Zeolyst International)	18	12 元环（0.66nm×0.67nm）
		12 元环（0.56nm×0.56nm）

表 6-6　具有 8 元环孔道的分子筛在 DME 羰基化反应中的催化活性

样品	催化剂	反应温度/℃	在线时间/h	乙酸甲酯收率/[g/(L·h)]
1	H-Mordenite-20	180	16.8	18
2		250	51.6	16
3	NH_4-Mordenite-10	180	17.5	32
4		250	52.3	12
5	NH_4-Mordenite-20	180	17.9	52
6		250	52.7	99
7	NH_4-Offretite-10	180	19.6	55
8		250	48.8	21
9	NH_4-Chabazite	180	19.7	13
10		250	49.0	0
11	NH_4-ZSM-23	180	21.2	1
12		250	50.4	4
13	NH_4-ECR-18	180	16.0	25
14		250	50.8	1
15	NH_4-Theta-1	180	17.3	0
16		250	52.1	1
17	ITQ-6	180	17.7	1
18		250	52.5	6
19	Na-Zeolite A	180	21.4	0
20		250	50.6	0
21	NH_4-Zeolite L	180	20.3	0
22		250	49.5	0
23	H-Mazzite	180	20.7	1
24		250	49.9	6
25	NH_4-BETA-18	180	16.2	1
26		250	51.0	2

6.2.3.2.2 改性 MOR 分子筛

酸性分子筛上 DME 羰基化反应是一个过渡态择形催化反应，MOR 分子筛是目前报道的羰基化反应活性最高的催化剂。MOR 丝光沸石属于正交晶系，由沿着 c 轴方向的 12 元环（0.65nm×0.70nm）主孔道和平行的 8 元环（0.26nm×0.57nm）侧通道组成，如图 6-10 所示。因其良好的水热稳定性和优异的酸性已在石油化工领域得到了广泛应用[47]。在通常情况下，反应都发生在 12 元环孔道，8 元环孔道因尺寸小而扩散受阻，很少利用。在 DME 羰基化反应中，包含了诱导期、稳定期和快速失活期三个反应阶段。因为 MOR 孔道中 12 元环与 8 元环并非贯通，且酸密度高，极易阻塞而影响反应活性，快速失活成为限制 MOR 催化剂进一步推广应用的重要因素。针对 MOR 催化剂上 DME 羰基化反应稳定性的较大提升空间，国内外学者开展了大量的研究。

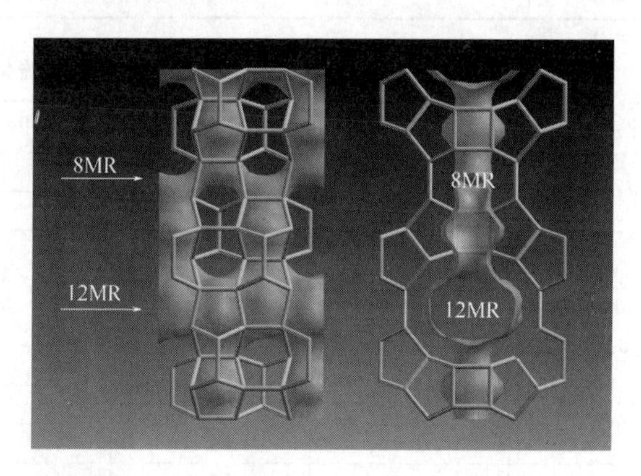

图 6-10 MOR 丝光沸石分子筛孔道结构示意图

大连化学物理研究所申文杰研究小组选取动力学分子直径介于丝光沸石 12 元环和 8 元环孔径之间的吡啶分子，对催化剂进行预处理修饰，选择性地将吡啶分子吸附在 12 元环孔道内，发现吡啶预吸附大大提高了 DME 羰基化反应的稳定性[48,49]。如图 6-11 所示，经吡啶处理后的催化剂在 200℃反应 48h 后，DME 转化率保持在 30%左右，乙酸甲酯选择性高于 98%。在相同条件下，未经处理的催化剂反应 10h 后，DME 转化率就低于 10%，同时副产物甲醇和烃类选择性大幅度提高。作者通过原位红外光谱和 NH_3-TPD 实验发现，吡啶吸附在 MOR 分子筛的 12 元环孔道内，而 8 元环内的酸位基本不受干扰。^{129}Xe 核磁共振研究表明，未经修饰的丝光沸石反应后孔道严重堵塞，而吡啶修饰的分子筛反应后孔道基本不变。因此，他们推断丝光沸石中 12 元环孔道内的 Brϕnsted 酸位是催化剂的积炭失活位，吡啶分子的预吸附选择性毒化了 12 元环内酸位，抑制了其中积炭的生成，催化剂的反应稳定性得到大幅度提高；8 元环孔道内的 Brϕnsted 酸位是羰基化反应的活性位，DME 分子可以进入 8 元环孔道，顺利进行羰基化反应。近期，申文杰小组通过对 MOR 分子筛 12 元环孔道选择性水蒸气脱铝处理，降低孔道内酸密度，可以提高催化剂的羰基化稳定性，这进一步证实了 12 元环孔道内酸位易积炭导致催化剂失活[50]。刘盛林等[51]将乙酸镁修饰、硅烷化处理和吡啶预吸附等改性方法应用到成型后的丝光沸石催化剂上，对比考察了各种手段对改性前后成型丝光沸石的反应活性和稳定性的影响，发现吡啶修饰后的成型丝光沸石催化剂在 250h 的寿命实验中表现出良好的反应稳定性。

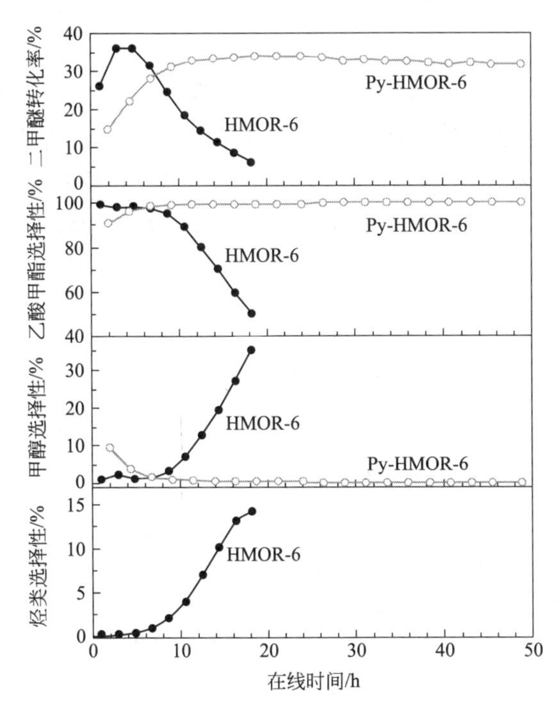

图 6-11　MOR 与吡啶修饰 MOR 分子筛上二甲醚羰基化反应活性与产物选择性对比[48]

针对 MOR 分子筛 8 元环与 12 元环孔道各自在羰基化反应中的作用，邓风小组利用固体核磁共振光谱技术给出了直接的实验证据[52,53]。作者发现，反应物分子在 8 元环和 12 元环孔道中遵循不同的反应路径。8 元环孔道中，在 180℃低温下即可形成乙酰基物种（CH_3CO^-），该中间物种可以进一步和 DME 分子反应生成目标产物乙酸甲酯，首次提供了 8 元环孔道中生成乙酸甲酯的实验证据；相比之下，12 元环孔道更有利于烃类物种的生成，作者认为乙酰基物种的缺失是导致 12 元环羰基化反应活性低的主要原因。在 MOR 催化剂上，DME 和 CO 分子引入后，乙酰基物种优先在 8 元环孔道中的酸位上生成，随着反应的进行，部分乙酰基物种会迁移到 12 元环孔道中，因此在 12 元环中也会观察到少量乙酸甲酯的生成。

英国BP公司针对提高丝光沸石催化剂的羰基化反应活性，进行了各种改性实验，申请了一系列保护专利。专利EP2251082A1披露了一种对MOR进行碱处理改性的方法，与初始MOR催化剂相比，碱处理特别是用氨水处理改性的MOR在DME羰基化反应中表现出更佳的乙酸甲酯收率[41]。在原料气组成（摩尔分数）CO 76%、H_2 19%、DME 5%，反应空速5000h^{-1}，反应温度300℃，反应压力20bar的条件下，反应稳定期乙酸甲酯的时空收率（STY）可达220g/(L·h)。专利EP2177499A1披露了一种对MOR脱铝改性处理的方法，可以利用乙酸铵或氟硅酸铵对MOR分子筛进行处理，提高样品的硅铝比，改性处理可以在一定程度上提高乙酸甲酯收率，其中乙酸铵与氟硅酸铵组合处理效果更佳[40]。专利WO2010130972A2对比分析了酸处理、碱处理以及水蒸气处理对MOR催化剂结构及羰基化活性的影响，其中最优化的组合为先对分子筛脱铝（酸处理或者水蒸气处理），然后脱硅（碱处理）[54]。在原料气组成（摩尔分数）CO 76%、H_2 19%、DME 5%，反应空速5000h^{-1}，反应温度300℃，反应压力20bar的条件下，酯类收率（STY）由原始样品的111g/(L·h)提高到403g/(L·h)，该方法同样适用于成型催化剂。专利WO2009081099A1披露了一种具有羰基化反应活性的小晶粒MOR沸石催化剂，发现分子筛粒径尺寸与羰基化活性密切相关[55]。当MOR分子筛的粒径尺寸从2μm降低到0.5μm，在线反应10h后，酯类收率（STY）由85g/(L·h)增加到150g/(L·h)。

此外，研究者对金属改性的MOR分子筛在羰基化反应中的应用也开展了大量的工作。1984年Fujimoto等发现，甲醇气相羰基化反应可以在多相酸性分子筛催化剂和金属改性的分子筛催化剂上发生，乙酸甲酯、甲酸甲酯和乙酸是主要的羰基化反应产物，DME和烯烃是主要的副产物[27]。同时，产物分布随酸性催化剂改变而变化，MOR分子筛上Cu的引入有助于提高羰基化产物乙酸的选择性，作者认为Cu^{2+}在反应气氛下易被还原成Cu^{+}，Cu^{+}极易俘获CO分子形成$Cu(CO)_n^{+}$，有利于羰基化反应的进行。

1993年BP公司的Simith等在专利EP93308463.4中公布了一种金属Cu、Ir改性的MOR催化剂在羰基化反应中的应用[56]。与MOR相比较，通过浸渍法或离子交换法制备的Cu/MOR催化剂显示出更优的羰基化活性，该催化剂优选的反应温度区间是300～400℃，反应压力是25～100bar，一氧化碳与甲醇的摩尔比为1∶(2.0～10.0)。专利WO2008/132441A1披露了一种PtCu或者PtAg双金属对MOR改性的羰基化反应催化剂，与Cu/MOR相比，PtCu/MOR显示出更加优异的羰基化反应性能[57]。专利WO2007/128955A1比较了一系列金属改性的MOR催化剂在羰基化反应中的表现（表6-7）。其中Ag/MOR在相同反应条件下显示出最佳的羰基化反应性能，其次是Cu/MOR[58]。专利WO2008132450A1披露了一种在250～350℃的反应温度下具有羰基化活性的催化剂，该催化剂是具有MOR、FER、OFF结构的分子筛，可以通过Fe、Ga、Cu、Ag等金属改性，反应原料为DME和甲醇的混合物，发现经Cu、Ag改性后的催化剂表现出更好的羰基化性能[59]。此外，Tsubaki等在DME与合成气通过双催化剂床层制乙醇的实验中也发现，与MOR相比，Cu改性的MOR催化剂在DME羰基化反应中活性大大增强[60]。

表6-7　金属改性MOR催化剂在羰基化反应中的性能比较[58]

样品	金属类型	金属负载量/%	在线时间/h	乙酸收率/[g/(kg·h)]	乙酸甲酯收率/[g/(kg·h)]	酯类总收率/[g/(kg·h)]
4	—	0	39.2	13.0	28.0	35.7
5	Ag	5	41.0	43.1	31.6	68.8
6	Cu	5	42.0	7.5	39.8	39.8
7	Ir	5	41.8	47.2	5.4	51.6
8	Ni	5	40.1	12.8	31.2	38.1
9	Ag	55	40.6	91.5	24.2	111.1
10	Cu	55	40.9	38.1	45.5	75.0
11	Ir	55	40.0	23.1	4.0	26.4
12	Ni	55	40.6	60.9	39.3	91.9
13	Ag	110	40.7	86.1	25.0	106.4
14	Cu	110	41.7	75.0	16.3	88.2
15	Ir	110	36.3	21.5	14.7	33.4
16	Ni	110	39.8	54.6	46.4	92.2

针对甲醇分子在MOR和Cu/MOR催化剂上的反应历程，Corma等利用原位IR和NMR光谱进行了跟踪研究，确认了甲醇分子在HMOR和Cu/HMOR表面的不同反应机制，具体如图6-12所示[33]。Cu/HMOR催化剂上的活性位包含桥氧酸位和邻近的Cu^+，Brϕnsted酸位负责活化甲醇分子生成甲氧基物种，Cu^+的作用是活化CO和吸附DME分子。需要指出的是，在反应体系中同时存在水和甲醇的情况下，Cu^+优先吸附DME，因此Cu/HMOR催化剂上羰基化产物以乙酸甲酯为主，同时Cu/HMOR催化剂上的反应速率要明显高于HMOR。在HMOR催化剂上，乙酸是主要的羰基化产物，DME是主要的副产物。

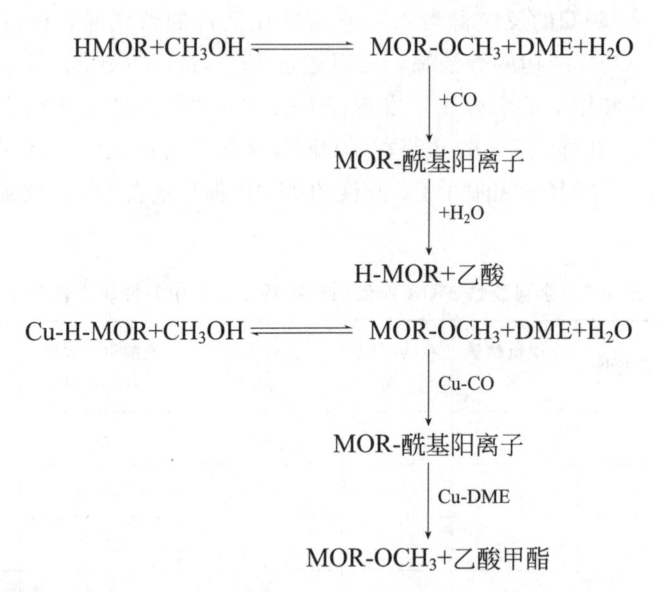

图 6-12 MOR与Cu/MOR催化剂上甲醇与CO羰基化反应路径对比[33]

6.2.3.2.3 FER结构分子筛DME羰基化反应活性

ZSM-35是Mobil公司开发的具有FER结构的沸石分子筛。如图6-13所示，ZSM-35由沿着［001］方向的10元环（0.42nm×0.54nm）孔道和交叉的［010］方向的8元环（0.35nm×0.48nm）孔道组成[61]。ZSM-35中8元环孔道的存在使其成为具有DME羰基化反应活性潜力的分子筛，同时，它的10元环孔道尺寸比HMOR的12元环（0.67nm×0.70nm）有所减小，可能会对积炭的生成有一定的空间抑制效应。

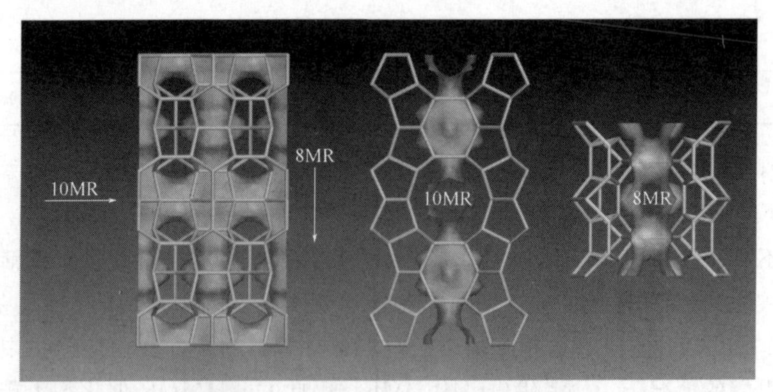

图 6-13 FER结构分子筛孔道分布示意图

刘俊龙等[62]对比考察了MOR和ZSM-35分子筛上DME羰基化反应活性，

发现 ZSM-35 分子筛在反应中表现出优异的稳定性（图 6-14）。作者认为 ZSM-35 高的催化反应稳定性是因为存在较小孔径的 10 元环结构。与 MOR 的 12 元环结构相比，10 元环的孔道更有利于抑制积炭的生成。与 MOR 相比较，由于 ZSM-35 分子筛中 8 元环尺寸较大，不利于稳定乙酰基反应中间体，因此 ZSM-35 上催化剂的 TOF 值偏低[63]。

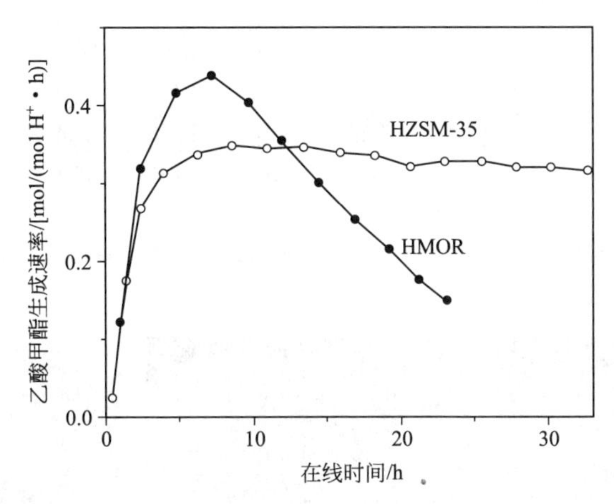

图 6-14　二甲醚羰基化反应中 MOR 与 ZSM-35 催化剂上乙酸甲酯收率对比

ZSM-35 分子筛优异的羰基化反应稳定性和产物选择性更有利于实现进一步产业化放大生产。但是与 MOR [1mol/(mol H^+ · h)]相比，FER 结构分子筛[0.1mol/(mol H^+ · h)] DME 羰基化反应活性明显偏低[43,63]。因此，在保证 ZSM-35 催化剂上 DME 羰基化反应稳定性的前提下，进一步提高其反应活性成为亟待解决的问题。

徐龙伢研究小组对 ZSM-35 分子筛进行了改性实验，发现改性处理可以显著提高其羰基化活性[64]。如图 6-15 所示，经 0.4mol/L NaOH 溶液处理后的 ZSM-35 样品 AT04，产物乙酸甲酯收率从 74.4g/(kg · h) 增加到86.1g/(kg · h)，增幅在 15%以上。TEM、SEM 及 IGA 吸附实验结果证实，通过调变碱处理条件，可以有效清理 ZSM-35 分子筛表面的无定形物种（图 6-16），控制 ZSM-35 二次粒子团聚簇的大小以及分子筛上介孔的生成数量，进而影响分子筛的传质性能。适当的碱处理可以提高 ZSM-35 分子筛的酸密度，增大外比表面积和孔体积，有利于 DME 分子的吸附与扩散，因此该催化剂在 DME 羰基化反应中表现出很高的羰基化活性；过于苛刻的碱处理会导致分子筛骨架结构的坍塌和结晶度的下降，影响二次介孔的生成，大量硅的脱除不利于 8 元环孔道特有择形性的发挥，从而使其在 DME 羰基化反应中表现出较差的稳定性。改性后的 ZSM-35 分子筛在 300h 的寿命实验中体现出良好的反应活性，DME 转化率高于 28%，同时产物乙酸甲酯选择性高于 99.5%。这为该催化剂的进一步放大生产奠定了良好的基础[65]。

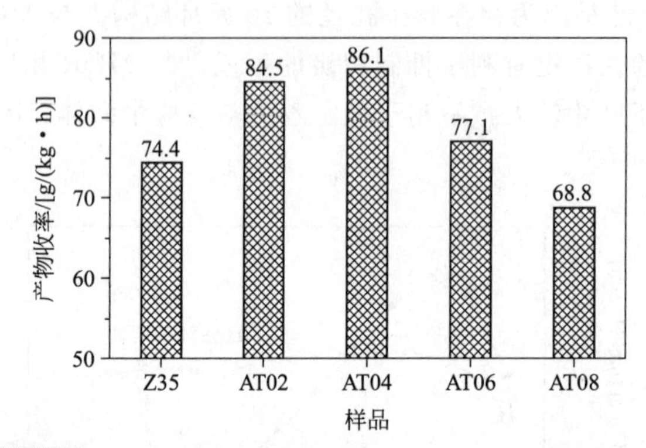

图 6-15 碱处理改性前后 ZSM-35 上产物乙酸甲酯收率

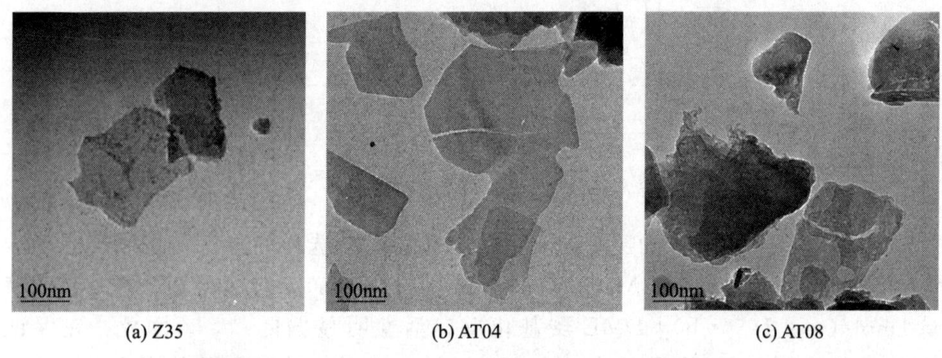

图 6-16 碱处理改性前后 ZSM-35 分子筛的 TEM 照片[64]

6.2.3.2.4 MOR/ZSM-35 共晶分子筛上 DME 羰基化反应活性

考虑到 MOR 沸石在羰基化反应中优异的催化活性，ZSM-35 沸石优异的反应稳定性，徐龙伢研究小组开展了 MOR/ZSM-35 共晶沸石分子筛的合成研究，开发了绿色无胺合成新路线并将其应用到 DME 羰基化反应中[66,67]。与对应的机械混合物相比，MOR/ZSM-35 共晶分子筛具有更高的羰基化活性，同时其反应稳定性也可接近 ZSM-35，随着合成条件的进一步优化，其可成为极具应用前景的羰基化反应催化剂。

6.2.4 其他制乙酸酯技术

6.2.4.1 甲醇脱氢法制乙酸甲酯

Robles-Dutenhefne 等[68]以单金属复合物［$(\eta_5$-$C_5H_5)P_2Ru_x$］或双金属复合物［$(\eta_5$-$C_5H_5)P_2Ru(SnX_3)$］为催化剂，在无 CO 参与时进行甲醇脱氢制乙酸甲酯的反应，

其中，P＝PPh_3或 PPh_2Me，X＝F，Cl 或 Br。结果表明，此催化剂具有较高的选择性，其活性取决于配体 P 和 X 的性质。P 活性大小为 PPh_3＞PPh_2Me，卤素 X 的活性顺序为 F＞Cl≈Br 和 SnF_3＞$SnCl_3$≈$SnBr_3$。此外，双金属复合物催化活性远远大于单金属复合物。反应原理如下。

（1）甲醇在 Ru(Ⅱ)-OMe 催化作用下，脱出 β-H 生成甲醛，是反应决速步骤。

（2）甲醛二聚生成甲酸甲酯。

（3）甲酸甲酯转化为乙酸。

（4）乙酸与甲醇发生酯化生成乙酸甲酯。

Kelkar 等[69]采用相对廉价的含 Fe-Sn 复合催化剂，研究了甲醇在无碘及 CO 参与时的羰基化作用。其中，这些复合催化剂包括含 Fe 和含 Sn 的盐类物质（主要是卤化物）以及含 C、N、O、P 或 S 等配体的复合物。在适宜的条件下反应 12h，甲醇转化率为 28.9%，乙酸甲酯收率为 24.1%。

6.2.4.2　甲酸甲酯同系化法制乙酸甲酯

日本东京大学报道了在 N-甲基吡咯烷酮中，在碘化物助催化剂的存在下，用 Rh 盐或 Rh 络合物作为催化剂，可由甲酸甲酯选择性地合成乙酸甲酯。Seuillet 等[70]以 Rh-碘化物为催化剂，甲酸甲酯经同系化成乙酸甲酯，最终合成乙酸酐。

6.2.4.3　乙醛缩合法制乙酸乙酯[71]

乙醛在乙氧基铝催化剂作用下缩合成乙酸乙酯。催化剂是在另一个单独反应器内合成，具体方法是：在 Al 粉、无水乙醇和乙酸乙酯为溶剂的混合溶液中，以少量氯化铝及少量氯化锌为助催化剂进行反应。副产 H_2经冷冻冷凝回收冷凝物后排放；催化剂溶液充分搅拌均匀后备用。

乙烯在 $PdCl_2$催化下液相反应成乙醛后，与乙氧基铝溶液一起连续进入反应塔，控制反应物比例，使进料混合时已有 98%乙醛转为乙酸乙酯，1.5%乙醛在经搅拌后，由冷盐水盘管控制在 0～10℃反应 1h。原料乙醛中水含量应尽量低，以防止催化剂分解。粗生成物乙酸乙酯入分馏塔 T1，塔顶馏出物乙醛入反应塔 T2，T1 底下部分出乙醇与氢氧化铝。T2 顶馏出物冷凝后一部分回流，大部分入分馏塔 T3，T3 底排出乙醇/乙醛循环利用，其塔顶馏出物乙醛返入反应塔，T2 底料入分馏塔 T4，塔顶冷凝料一部分返回 T4 作回流，大部分是成品乙酸乙酯，而 T4 底排出重组分进一步去加工。乙醛缩合成乙酸乙酯一般在乙烯-乙醛联合装置内进行。在日本该工艺装置生产能力有 20 万吨/年。

6.2.4.4　乙烯/水一步法合成乙酸乙酯[71]

以乙烯-乙酸-水-氮气（体积比 80 ∶ 6.7 ∶ 3 ∶ 103）于三个串联反应塔中进

行，塔内为球状 SiO_2 负载的磷钼钨酸催化剂及担载于金属载体上的杂多酸或杂多酸盐催化下于气相或液相中进行，反应温度 140～180℃，塔内压力 0.44～1MPa，在水蒸气条件下乙烯和水合成乙醇，继而与乙酸生成乙酸乙酯，乙酸单程转化率为 66%，乙酸乙酯选择性（以乙烯计）为 94%。该技术由日本昭和电工公司开发。

6.2.4.5 乙醇脱氢法生产乙酸乙酯[71]

由清华大学开发的 0.5 万吨/年装置已投产，副产氢气使化肥成本降低 2%，发酵废液生产沼气，作为炉用燃料，节省煤 0.3 万吨/年。吉林燃料乙醇有限公司从英国 Davy 工程公司引进乙醇脱氢技术，于 2007 年 10 月 29 日已生产出合格的乙酸乙酯。该法流程短，对乙醇范围要求较宽，副产合理利用，成本低廉。

综上所述，甲醇羰基化合成乙酸和乙酸甲酯技术已相当成熟，但随着绿色化学的发展，无卤非 Rh 多相催化体系的研究是其发展方向；反应精馏法的研究重点在于填料和塔内结构的设计；甲醇脱氢合成法，虽然反应活性和选择性不高，但由于无须 CO 参与，具有一定的发展潜力。在无卤素和非贵金属多相分子筛催化体系上进行 DME 羰基化反应，既可充分利用煤基合成气出发的 DME 资源，又为乙酸甲酯的制备提供了一条廉价的环境友好路线，具有强大的发展潜力，可望成为乙酸酯类产品的主要替代路线。MOR 与 FER 结构分子筛是最具应用前景的多相羰基化反应催化剂，随着科研工作的开展，会逐步出现调控 MOR 反应稳定性和提高 ZSM-35 羰基化活性的有效手段，来推进其产业化进程。同时随着 MOR/ZSM-35 共晶分子筛体系的开发与优化，这也将会成为多相羰基化催化剂的另一个理想选择。目前主要问题是其稳定性需提高。

6.3 乙酸/烯烃加成酯化制乙酸酯

6.3.1 乙酸/乙烯加成酯化制乙酸乙酯

6.3.1.1 乙酸/乙烯直接合成乙酸乙酯催化剂

乙酸/乙烯合成乙酸乙酯催化剂的类型主要分为液体无机酸及有机磺酸类催化剂、分子筛及硅铝氧化物类催化剂、离子交换树脂类催化剂及杂多酸类催化剂。

6.3.1.1.1 液体酸催化剂

迄今为止，硫酸是最早用于乙酸/乙烯合成乙酸乙酯的催化剂。20 世纪 60 年代，就有文献报道用硫酸作为催化剂催化饱和脂肪酸与乙烯在高压下反应合成羧酸酯的新方法。并指出当硫酸浓度为 0.46mol/L 时，在 150℃、7.7MPa 下，乙酸和乙烯反应3h，乙酸乙酯的产率可达86.9%。为解决液体硫酸催化剂的分离问题，进一步研究将硫酸固载于SiO_2载体上，但在反应过程中，催化剂活性组分流失严重，催化剂失活较快。相关的研究还表明[72]，SiO_2载体比表面积的大小对催化剂的活性有影响。就SiO_2载体而言，认为比表面积为100～150m^2/g最为合适。与此同时，Dockner等[73]研究了磷酸对乙酸/乙烯合成乙酸乙酯的催化活性，并取得明显效果。在研究磷酸固载化合成乙酸乙酯时发现，添加有机磷酸［如$(EtO)_3PO$、$(MeO)_3PO$］有利于催化剂活性的提高。在250℃反应温度下，乙酸的单程转化率可达90%。

有专利报道[74]硅胶固载的烷基磺酸、芳香磺酸及卤代芳香磺酸等有机磺酸对乙酸和乙烯的酯化反应也具有良好的催化活性，但对载体表面的酸碱性有要求，酸性较强的载体有利于催化剂活性的提高，并指出固载磺酸的载体硅胶最好预先用酸处理。

液体酸催化剂最突出的优点是催化效率高，但产物的分离困难，且反应副产物也较多。固载化后的催化剂，虽然在一定程度上解决了催化剂的分离问题，但反应过程中，活性组分会不断流失，催化剂使用寿命较短。此外，严重的腐蚀问题也难以解决。

6.3.1.1.2 分子筛及硅铝氧化物催化剂

分子筛催化剂用于乙酸和乙烯合成乙酸乙酯反应的活性均很低，目前的研究结果较多认为与分子筛催化剂的酸强度和高温活性特点有关。刘淑芝等[75]考察了反应温度对乙酸/乙烯合成乙酸乙酯的影响，结果表明，低温有利于反应的进行。当反应温度超过140℃时，$\Delta_r G_m^\ominus$为正值，化学平衡常数K_p也仅为1.0左右。而经酸改性后的分子筛催化剂对乙酸/乙醇酯化法则有一定的效果。王爱军等[76]将$TiO_2/SO_4{}^{2-}$负载在HZSM-5上，并用该催化剂在液相中合成乙酸乙酯，结果表明，在温度100～110℃、醇酸比1∶2.5的条件下反应3h，乙酸乙酯的收率可达84.1%，但催化剂的活性组分流失较严重。近来的研究[77,78]发现，经稀土元素Sm和La改性后的催化剂$TiO_2/SO_4^{2-}/Sm^{3+}$及$TiO_2/SO_4^{2-}/La^{3+}$对乙酸乙酯的合成表现出更高的催化活性。Wu等[79]以ZSM-5作为催化剂，当反应温度控制在乙酸和乙酸乙酯的沸点（90～127℃）之间时，乙醇与乙酸可以发生气-液两相反应，在其他条件不变的情况下，乙醇的单程转化率可由液相的67%提高到气相的85%，克服了液-液反应转化率低和气-气反应需大体积反应器的缺点。进一步研究还表明，用酒石酸改性后的HZSM-5催化剂，其酸中心比表面积和孔体积均增大，且酸量也有所增加。在反应温度110℃、空速1.0h^{-1}、乙醇与乙酸的摩尔比为1.5∶1的反应条件下合成乙酸乙酯，乙酸的单程转化率高达95.8%，选择性达100%，而未改性催化剂的乙酸转化率只有89.3%，选择性为

99.2%，表明酸性增强和孔体积的增大，有利于酯化反应的进行。

硅铝氧化物催化剂对乙酸和乙烯合成乙酸乙酯反应的催化效果也很差，有价值的研究结果不多，且需要高温（一般在200℃以上），可能与该类催化剂的酸强度及酸类型（Lewis酸）有关。后来，Ballantine等[80]采用阳离子交换的蒙脱土作为催化剂，取得了较理想的结果。他们采用Al^{3+}交换的蒙脱土催化乙酸/乙烯的反应，在温度200℃、催化剂用量与反应物用量的比为1∶5时，反应4h，乙酸的转化率可高达90%以上。相关的研究还报道，阳离子交换的层状硅酸盐也具有较好的催化活性，但与交换的离子有关，其中以Al^{3+}、H^{+}、Cr^{3+}交换的催化剂效果最好。此外，人们还对黏土矿物类的催化活性进行了研究，黏土矿物类催化剂因其水热稳定性差而未得到推广研究。

此类催化剂最大的缺点是受乙酸侵蚀，稳定性差，寿命短。因此，进一步提高其催化活性，降低成本，延长催化剂使用寿命，将是今后研究工作的重点。

6.3.1.1.3 离子交换树脂催化剂

离子交换树脂催化剂是工业上合成乙酸酯最常采用的催化剂之一。即使是最普通的二乙烯基苯交联的聚苯乙烯磺酸树脂，对乙酸和烯烃直接合成乙酸酯也具有较好的催化作用，但对于乙酸和乙烯合成乙酸乙酯的反应，效果并不明显。Murakam等[81]以大孔离子交换树脂Amberlyst-5为催化剂合成乙酸乙酯，在空速$1.75h^{-1}$、乙烯与乙酸的摩尔比为10∶1的反应条件下，结果表明，该催化剂的低温活性较差。当反应温度为120℃时，乙酸乙酯收率仅为12%；当温度为140℃时，乙酸乙酯收率明显提高，可达60%；当温度继续升至150℃以上时，树脂催化剂的活性反而迅速下降，这可能是由于离子交换树脂催化剂的热稳定性引起的。有专利报道[82]，采用离子交换树脂Amberlyst-15为催化剂，在温度160℃、接近常压、乙烯与乙酸的摩尔比为9∶1的条件下，乙酸乙酯的单程产率可达19.4%，其活性要高于负载型的杂多酸及磷酸硅藻土催化剂。由于二乙烯基苯交联的聚苯乙烯磺酸树脂的化学稳定性和热稳定性较差，长期使用易发生溶胀，进而破碎流失。为此，Gruffaz等[83]用化学稳定性和热稳定性更好的Nafion树脂作为催化剂，并重点考察了含—SO_3H基团的全氟化合物Naffion-501对乙酸/乙烯合成乙酸乙酯的催化性能，发现Naffion-501比Amberlyst-15具有更好的催化作用。在相同的条件下，乙酸乙酯的单程转化率可达27.5%以上。

离子交换树脂催化剂存在的不足是化学稳定性和热稳定性差，长期使用易发生溶胀，进而破碎流失。如能进一步提高该类催化剂的低温活性和热稳定性，其使用范围将会不断得到扩大。

6.3.1.1.4 杂多酸催化剂

杂多酸催化剂最重要的性质在于它独特的酸性。其独特之处在于它是酸强度较为均一的纯质子酸，且其酸性比 SiO_2/Al_2O_3、H_3PO_4/SiO_2、H_3PO_4/HY 等固体酸催化剂强得多[84~87]，但比表面积很小（1～10m^2/g）。Izumi Yusuke 等[88]最早发现硅钨酸的溶液对乙酸和乙烯直接合成乙酸乙酯具有一定催化作用，但反应过程中，催化剂失活较快，使用寿命较短。其原因是催化剂杂多酸能溶解在乙酸中，且乙酸乙酯也能溶解杂多酸。

后来，Inoue Kaoru 等[89,90]研究了不溶于乙酸的磷钨酸酸式钾盐 $K_2HPW_{12}O_{40}$ 及磷钨酸酸式铯盐的催化性能，研究表明，酸式铯盐的活性较高。在温度 180℃、压力 1.0MPa、乙烯与乙酸的摩尔比为 3 ∶ 1 及少量水存在下，乙酸乙酯的单程产率可达 51.3%。水的加入一方面可以活化催化剂，防止烧结；另一方面水蒸气与乙烯反应生成乙醇，进而与乙酸合成乙酸乙酯，从而提高了乙酸乙酯的收率。Sano Kenichi 等[91]也研究了磷钨酸钾盐的催化活性，乙酸的单程转化率可达 60%，并发现原料中水的加入可提高催化剂的稳定性，延长其寿命。

杂多酸盐催化剂一般由杂多酸与可溶性金属碳酸盐加热反应而制得。杂多酸盐根据其水溶性和比表面积的大小可分为两组[87,91]：其中一组主要是 Na^+、Cu^+ 等半径较小阳离子形成的杂多酸盐，其性质与杂多酸接近，比表面积小，溶于水；而另一组主要包括 NH_4^+、K^+、Rb^+、Cs^+ 等半径较大的阳离子所形成的杂多酸盐，其比表面积（50～200m^2/g）和孔体积（0.3～0.5mL/g）较大，酸强度高（$H_0<-8.2$），且不溶于水。在杂多酸盐中，以对磷钨酸铯盐的研究最为深入。调节磷钨酸和碳酸铯的摩尔比进行反应，可制得 x 在 0～3 范围内变化的 $Cs_xH_{3-x}PW_{12}O_{40}$ 酸式盐。$Cs_xH_{3-x}PW_{12}O_{40}$ 的性质随 x 变化。在 $x=2.5$ 时，表面酸性最强，H_0 可达 -13.6，其酸强度与磷酸的酸强度相当。Misono 等[92]的研究还表明，$Cs_xH_{3-x}PW_{12}O_{40}$ 具有微孔结构，其孔径也与 x 有关。通过精细调节 x 的值，制备出具有择形作用的固体超强酸催化剂。

杂多酸的比表面积较小，因此在实际应用中，需将杂多酸制成不溶于水和酸的盐并负载在合适的载体上，以提高比表面积。负载的方法大都采取浸渍法，其催化性能与载体的种类、负载量和处理温度有关。由于 Al_2O_3、MgO 等载体碱性较强，容易使杂多酸分解，一般不宜作为负载杂多酸的载体，因此用来负载杂多酸的载体主要是中性和酸性载体，主要包括 SiO_2、活性炭、TiO_2、离子交换树脂、大孔的 MCM-41 分子筛及层柱材料等。其中以 SiO_2 和活性炭的活性最高。在极性溶剂中进行的反应，活性炭最能牢固地负载杂多酸。

尽管 $Cs_{2.5}H_{0.5}PW_{12}O_{40}$ 具有优异的催化性能，但由于其颗粒直径太小（约 10nm），制备困难，不溶于水和一般溶剂，且因其填入反应器后床层阻力太大，而不适于固定床反应器，因而限制了它的应用。因此，如何将 $Cs_{2.5}H_{0.5}PW_{12}O_{40}$ 负载化，一直是人们研究的重点。

Izumi 等[93]将正硅酸乙酯加入 $H_3PW_{12}O_{40}$ 与 Cs_2CO_3 形成的胶体中，经干燥

焙烧后制得了负载型 $Cs_{2.5}H_{0.5}PW_{12}O_{40}/SiO_2$ 催化剂。实验表明，该催化剂具有较好的催化活性，用于乙酸乙酯的合成反应，其活性是 Amberlyst-15 的 5 倍，是 HZSM-5 的 2.5 倍。

Soled 等[94,95]采用二次浸渍法制备出 $Cs_{2.5}H_{0.5}PW_{12}O_{40}/SiO_2$ 催化剂。先将载体浸渍 Cs_2CO_3 溶液，经干燥焙烧后，再浸渍 $H_3PW_{12}O_{40}$。这样制备出的催化剂，活性组分 $Cs_{2.5}H_{0.5}PW_{12}O_{40}$ 在 SiO_2 载体上的分布为弹壳形，具有较好的催化活性。魏民等[96]以低钠硅胶为载体，采用二次等体积浸渍法制备的催化剂活性组分负载量可高达 40%，用于乙酸和 1-丁烯的酯化反应，乙酸的单程转化率可达 88.9%。Jean-Michel[97]则采用相似的方法制备了 $CaHPMo_{12}O_{40}/SiO_2$ 和 $MgHPMo_{12}O_{40}/SiO_2$ 催化剂，并取得了较理想的结果。

到目前为止，有关杂多酸酸式盐的催化作用机理已基本探明。其酸性中心的来源主要有以下 5 种[98]：酸式盐中的质子；阳离子的部分水解；络合水的电离；阳离子的 Lewis 酸性；金属离子的还原（临氢条件下）。大多数不溶于水和一般溶剂的杂多酸盐为超细粒子，具有较大的比表面积，质子能均匀分布在催化剂的表面，因而具有较多的表面酸中心。杂多阴离子对反应还可能具有协同作用[99]。

6.3.1.2 乙酸/乙烯合成乙酸乙酯的工艺

6.3.1.2.1 气-液相反应工艺

有关乙酸和乙烯直接合成乙酸乙酯的工艺研究中，早期多采用气-液相反应工艺，反应一般在高压搅拌釜中进行，其中以杂多酸作为催化剂的研究较多[100]。在该工艺的反应过程中，催化剂杂多酸能溶解在乙酸中，通入的乙烯与含杂多酸的乙酸溶液发生反应，生成的产物乙酸乙酯也能溶解杂多酸，因此催化剂与产物的分离较复杂，催化剂无法回收和循环利用，也无法实现连续生产。但该工艺的烯烃单程转化率高，一般为 85%～94%，催化剂的选择性也很好。

6.3.1.2.2 气-液-固相反应工艺

为解决催化剂的分离和循环利用问题，Inoue 等[90]将可溶性的杂多酸转化为不可溶的杂多酸盐，研究了气-液-固相的反应工艺。使用不溶于乙酸的磷钨酸酸式钾盐即 $K_2HPW_{12}O_{40}$ 为催化剂，在反应压力 0.4～1.0MPa、反应温度 180℃下反应 5h，乙酸的单程转化率为 24.3%，乙酸乙酯的收率可达 24.0%。该工艺解决了催化剂的回收问题，反应选择性也相当高，副产物也只有少量的醇及极少量的烯烃低聚物，但乙酸的单程转化率、催化剂的时空产率低。这主要是因为该反应体系相对于均相反应而言，影响反应的因素增多，如烯烃在乙酸中的溶解平衡、在催化剂上反应的化学平衡以及反应物和产物在催化剂的扩散平衡等，从而导致催化剂催化效率降低。作者目前在此方面也做了一些研究工作，以负载型磷钨酸酸式盐为催化剂，采用固定床连续流动装置，可望实现工艺的连续生产，并取得了一定的进展。

6.3.1.2.3　气-固相反应工艺

日本 Showa Denko 公司在避免气-液相反应与气-液-固相反应不足的基础上发明了气-固相反应工艺[101~107]。该工艺历经多年研究不断获得进展，基本确定了较为适宜的工艺条件，即采用 $H_3P_{12}W_{40}/SiO_2$ 为催化剂，在反应温度 150～200℃、反应压力至少 0.4MPa、进料的空速 300～2000h^{-1}、进料配比乙烯与乙酸的摩尔比为（10～14）：1的条件下，乙酸的单程转化率可达 66%，乙酸乙酯的选择性为 94%。为进一步提高乙酸的单程转化率，采用多重反应器串联效果较好。此外，研究还发现往反应物中加入摩尔分数为 1%～3%的乙醚，有利于减少副产物的生成。

在催化剂稳定性方面，发现原料中少量水和 1-丁烯的存在有利于提高催化剂的稳定性。但原料中醛类、碱氮等杂质的存在会显著影响催化剂的寿命。尤其是醛类杂质对催化剂特别有害，能导致催化剂永久失活。进一步研究得出，当原料中醛类杂质的质量分数高于 9×10^{-5}时，会严重影响到催化剂的使用寿命。醛类物质可能是原料乙酸中含有的，也可能是反应过程中的副产物，在循环利用时会不断累积，需要定期将其分离出反应器。除醛类物质外，碱氮物质的存在对催化剂的寿命也有危害，所以原料在不同杂多酸催化剂接触前应进行脱氮处理。此外，还有专利报道[108,109]从设备腐蚀下来的金属即金属化合物也可能危害催化剂的稳定性，其原因是金属或金属化合物能够部分地将磷钨酸催化剂中质子酸交换下来，使催化剂的酸强度减弱，专利认为采用钛管作为反应器可以避免上述问题。

乙酸和乙烯的直接酯化反应是放热反应。由于反应温度对催化剂的选择性有较大的影响，因此应采取措施以严格控制反应器内的反应温度[102]。主要包括：在两个反应器间设置热交换器进行取热，把前一装置出来的物料经适当冷却后导入下一反应器；乙酸分步进料，把等量的乙酸注入第二个及后续的反应器入料中，一方面保证每个反应器原料气中烯烃/羧酸维持在预定范围内，另一方面吸收上一反应器放出的热量，控制下一反应器温度的上升。反应器之间用热交换器有利于提高乙酸的单程转化率，延长催化剂的使用寿命。

在合成乙酸乙酯的工艺研究方面，气-固相法乙酸和乙烯合成乙酸乙酯在国外已得到了充分的研究，乙酸和乙烯合成乙酸乙酯也已经实现了工业化。我国在此领域的研究早在 20 世纪 80 年代就已经开始，先后研究过乙酸与乙烯、丙烯、丁烯、异丁烯、己烯等的直接酯化反应，取得了一些比较有价值的结果，但在工业化应用方面进展缓慢。近年来，我国的乙酸工业正在加快发展，大庆乙烯联合化工厂已建成从乙烯出发的 7 万吨/年乙酸生产装置，吉林化学工业公司也建成

10万吨/年乙酸生产线，四川维尼纶厂正打算扩建其乙酸生产装置到20万吨/年以上，而扬巴公司也在筹建乙酸装置，此外，还有以乙醇为原料的十几个生产厂。同时我国石油和石化工业也在迅速发展，烯烃来源越来越丰富，价格越来越低廉。因此利用乙酸和乙烯直接合成乙酸乙酯，不仅提高了烯烃的利用价值，而且生产了市场需求的乙酸乙酯。所以从原料和工艺的经济性及市场等方面考虑，乙酸和乙烯直接合成乙酸乙酯在我国将具有广阔的发展前景。

6.3.2 乙酸/丙烯加成酯化制乙酸异丙酯

6.3.2.1 乙酸/丙烯直接合成乙酸异丙酯催化剂

6.3.2.1.1 酸性离子交换树脂类催化剂

离子交换树脂是一类带有功能基的网状结构的高分子化合物，广泛应用于水处理、食品工业、环境保护、合成化学及石油化学当中，它含有大量的强酸性基团磺酸基—SO_3H，容易在溶液中解离出 H^+ 而呈强酸性。近年来强酸性离子交换树脂作为酯化反应的催化剂受到了注意。

Tokumoto等[110]以乙酸和纯度为76.1%的丙烯为原料，以强酸性离子交换树脂（苯乙烯磺酸型离子交换树脂和苯酚磺酸型离子交换树脂）为催化剂，对乙酸异丙酯的合成进行了研究，并且取得了较好效果。采用管式固定床反应器和反应物料混合循环的方式进行丙烯和乙酸的反应，催化剂内部温度保持在80～120℃，丙烯与乙酸的摩尔比为2：1，液时空速（LHSV）为0.1～2.0h^{-1}。该工艺有效控制了反应温度，避免了催化剂腐蚀，减缓了催化剂失活，抑制了逆反应（乙酸异丙酯的分解反应）速率和烯烃聚合副反应的发生，并且成本低，易于工业化。采用该工艺，丙烯转化率可达93.9%，乙酸异丙酯的选择性可达98.8%，具体反应结果见表6-8。

表6-8 酸性离子交换树脂催化乙酸和丙烯反应结果

项目	指标					
反应压力/MPa	3.0	2.5	3.0	5.0	2.5	2.5
液时空速/h^{-1}	0.2	2.0	10.0	5.0	2.0	2.0
丙烯与乙酸的摩尔比	1.0：1	2.0：1	2.0：1	1.5：1	2.0：1	2.0：1
气相温度/℃	70	80	100	120	80	80
床层内温度/℃	70	80	100	120	80	80
床层外温度/℃	76	90	114	128	92	111
丙烯转化率/%	89.7	93.9	91.1	84.3	93.2	86.8
乙酸异丙酯选择性/%	97.5	98.8	92.4	90.8	94.7	91.5

Ohyama[111]也对乙酸和粗丙烯（粗汽油回炼得到的丙烯）在酸性离子交换树脂的催化作用下合成乙酸异丙酯的反应进行了研究，结果表明，反应可以在气相、液相或者气-液混合相的条件下进行，其中，丙烯与乙酸的摩尔比为2∶1。同时，对产物乙酸异丙酯进行了精制提纯，得到了纯度为99.9%的产品。

最近，王伟等[112]以酸性树脂（S54和D72）为催化剂，采用固定床反应器，对乙酸和丙烯直接酯化合成乙酸异丙酯的反应进行了评价，结果发现，使用催化剂S54树脂、D72树脂，在反应温度105～130℃时乙酸转化率达到80.0%左右；从反应产物组成来看，没有发现副产物；其中D72树脂对丙烯的选择性只有81.1%，而S54树脂选择性达到93.0%以上；当原料或催化剂水含量增加时，产物中异丙醇、异丙醚含量也随之增加。具体反应结果见表6-9。

表6-9 不同催化剂的反应活性

催化剂	温度/℃	压力/MPa	乙酸空速/h^{-1}	乙酸转化率/%	丙烯选择性/%	乙酸异丙酯产率/%
S54树脂	120	0.62	1.0	79.2	93.3	80.91
D72树脂	130	0.70	1.5	—	81.1	80.82

廖世军等[113]在固定床反应系统中，考察了几种不同的酸性树脂催化剂（HD-1、HD-2和PdHD-1）对乙酸和丙烯酯化合成乙酸异丙酯反应的催化作用，系统地研究了温度、压力、进料空速以及原料中水含量对催化剂活性的影响。实验发现，对于HD-1树脂（经过特别处理的大孔径阳离子交换树脂）催化剂，在温度130℃、压力1.1MPa、乙酸进料空速为2.52h^{-1}的条件下，乙酸单程转化率达88.6%，生成乙酸异丙酯的选择性达99.7%，催化剂连续运转100h，活性无明显变化。具体反应结果见表6-10。

表6-10 乙酸/丙烯反应中不同催化剂的催化活性

催化剂	温度/℃	压力/MPa	丙烯与乙酸的摩尔比	乙酸空速/h^{-1}	乙酸转化率/%	乙酸异丙酯选择性/%
HD-1	130	0.1	2∶1	3.72	27.5	99.9
HD-2	130	1.1	—	2.52	88.6	99.7
PdHD-1	130	1.1	—	3.48	80.1	99.3

6.3.2.1.2 杂多酸盐催化剂

Sano等[114]以杂多酸盐为催化剂，详细地研究了由乙酸和丙烯合成乙酸异丙酯的反应，并取得较好效果。实验结果表明，以杂多酸盐为催化剂合成乙酸异丙酯，乙酸的转化率最高可达到56.6%，乙酸异丙酯产率为53.8%。具体反应结果见表6-11。

表 6-11 杂多酸盐催化乙酸和丙烯反应结果

催化剂	温度/℃	压力/MPa	流速/(L/h)	乙酸转化率/%	乙酸异丙酯产率/%
磷钨酸钾	150	0	10.7	56.6	53.8
硅钨酸铯钾	150	0	9.7	36.5	33.5
磷钼酸铯	150	0.1	10.7	21.0	19.3
磷钨酸钡	150	0.1	10.7	14.0	13.2

廖世军等[113]采用固定床反应器，使用硅胶负载杂多酸催化剂（HPWS）、硅胶负载磷酸催化剂（HPSS）等，在气-液-固三相反应的条件下研究了乙酸和丙烯的酯化反应，并且系统地优化了反应条件。较为合适的反应条件为：反应温度 80～125℃，丙烯压力 0.8～1.4MPa，乙酸进料空速 1.0～2.8h^{-1}，丙烯进料空速 1.0～2.8h^{-1}，乙酸与丙烯的摩尔比 1 ：（1.15～1.80）。在此条件下，乙酸的最高转化率可以达到 78.6%，乙酸异丙酯的最高选择性为 99.8%。该发明解决了技术上现存的设备易腐蚀、副反应多及反应废液难以处理等问题，并且可大幅度降低生产成本，减少能耗。具体反应结果见表 6-12。

表 6-12 乙酸/丙烯反应中不同催化剂的催化活性

催化剂	温度/℃	压力/MPa	丙烯与乙酸的摩尔比	乙酸空速/h^{-1}	乙酸转化率/%	乙酸异丙酯选择性/%
HPS	150	0.1	2 : 1	1.08	27.5	99.0
HPSS	130	0.1	2 : 1	1.86	39.5	99.8
HPWS	150	0.1	2 : 1	1.08	54.7	99.2
HPWS	10	1.1	—	2.60	78.6	99.8

王伟等[112]同样使用相关杂多酸（磷钨酸）和自制的杂多酸催化剂，成功地由乙酸和丙烯合成了乙酸异丙酯，并取得了较好的产率。反应条件为：温度 105℃，压力 0.95～1.15MPa，空速 1.0h^{-1}，丙烯与乙酸的摩尔比 1.05 ： 1。结果表明，自制的催化剂在上述反应条件下运行 1000h 后仍然具有较高的活性及选择性。其中，乙酸异丙酯的最高产率为 91.63%，丙烯的转化率可以达到 95.0%。该技术为绿色环保技术，可以较大幅度降低产品成本。具体反应结果见表 6-13。

表 6-13 不同催化剂的反应活性

催化剂	温度/℃	压力/MPa	乙酸空速/h^{-1}	乙酸转化率/%	丙烯选择性/%	乙酸异丙酯产率/%
自制	105	1.0	1.0	80.0	95.0	91.63
杂多酸	185	0.5	0.4	—	98.6	85.28
杂多酸	130	0.5	1.0	—	—	20.05

另外，王学丽等[115]采用浸渍法制备了一种负载硅钨杂多酸（$H_3SiW_{12}O_{40}$）的活性炭（SiW_{12}/C）催化剂。在固定床装置中考察了由乙酸和丙烯直接酯化合成乙酸异丙酯的反应，得出了最佳反应条件为：丙烯与乙酸的摩尔比3∶1，反应温度120℃，SiW_{12}（30%）/C催化剂用量5g，反应压力0.8MPa，液时空速（LHSV）1.0h^{-1}。在此条件下，乙酸转化率最高可达82.1%。实验表明，该催化剂具有低温高活性、热稳定性好、环境污染少、可重复使用等优点。

6.3.2.1.3　固体酸催化剂

其他的一些催化剂（包括固体酸等）也被广泛应用于乙酸和丙烯合成乙酸异丙酯的反应中。廖世军等[113]在常压或高压条件下以SO_4^{2-}/ZrO_2-SiO_2超强酸为催化剂，对该反应进行了一定的考察，发现固体超强酸具有一定的催化作用，实验中得到了4.8%的乙酸异丙酯。高文艺等[116]在固定床反应系统中，考察了自制的杂原子磷铝固体酸催化剂对乙酸和丙烯合成乙酸异丙酯反应的催化性能，并且确定了最佳合成条件为：反应压力1.5MPa，反应温度160℃，反应空速2.0h^{-1}，催化剂用量2.0g。在此条件下，催化剂具有良好的催化活性和重复使用性，乙酸异丙酯最大收率可达到92.4%。因此，该工艺为今后在工业上合成乙酸异丙酯提供了有力依据。章哲彦等[117,118]以乙酸和丙烯为原料，在自制的NSE-01催化剂作用下，采用30mm×300mm硬质玻璃沸腾床反应器，乙酸按要求量连续加入气化器，丙烯将乙酸蒸气带入反应器，直接合成了乙酸异丙酯。他们系统地研究了丙烯和乙酸的配比、反应温度和接触时间等反应条件对酯化反应的影响，得出了较佳条件为：反应温度130℃，丙烯和乙酸的流速12mL/h和7mL/h，催化剂用量10mL（80～120目），丙烯与乙酸的摩尔比（3～4）∶1。在此条件下，乙酸异丙酯时空产率可以达到300～400g/(L·h)，催化剂连续运行500h，活性未见下降。收集的产物经分析，乙酸异丙酯的含量在35.0%左右，选择性达到100%。同时将产物蒸馏提纯，86℃以前收集到的馏分为无色透明液体，经碱洗、水洗和干燥得纯品，乙酸异丙酯含量在99.0%以上。

6.3.2.1.4　相转移催化剂

相转移催化反应是近几年发展起来的有机合成新方法。它有两个互不相溶相：其中一相（水相）包含着盐，起碱或亲核试剂的作用；另一相是有机相，起溶解反应试剂的作用。相转移催化剂（通常是季铵盐或季鏻盐）的作用在于将盐中阴离子转移到有机相中，这样有利于反应在有机相中进行。20世纪70～80年代，相转移催化技术已应用于酯类的合成，但这些催化剂与酯类分离困难，甚至导致产物被催化剂污染，影响产物纯度。

苏丽红等[119]采用CTMAB（十六烷基三甲基溴化铵）为相转移催化剂，以冰醋酸和异丙醇为原料进行酯化反应，催化剂用量为0.38g/0.1mol乙酸，醇与酸的摩尔比为1：2，反应1h后，收率为94.16%。

6.3.2.2 乙酸/丙烯合成乙酸异丙酯的工艺

6.3.2.2.1 气-液-固相反应工艺

章哲彦等[117]用丙烯与乙酸在NSE-01催化剂上直接合成乙酸异丙酯，研究了丙烯与乙酸的配比、反应温度和接触时间等反应条件对酯化反应的影响。较佳条件为：反应温度403K，丙烯与乙酸的流速12mL/h和7mL/h，催化剂用量10mL，丙烯与乙酸的摩尔比（3～4）：1。在较佳条件下乙酸异丙酯时空产率达300～400g/(L·h)，催化剂连续运行500h，活性未见下降。采用30mm×300mm硬质玻璃沸腾床反应器，反应器内装10mL（80～120目）NSE-01催化剂，乙酸按要求量连续加入气化器，丙烯将乙酸蒸气带入反应器。反应器出口经水冷凝收集产物，尾气经水洗排放室外。产物中乙酸异丙酯含量由色谱测定，乙酸由碱滴定。反应温度控制在403K左右，收集的产物经分析，乙酸异丙酯的含量在35%左右，乙酸异丙酯选择性达到100%。将产物蒸馏，86℃以前收集到的馏分为无色透明液体，经碱洗、水洗和干燥得纯品，乙酸异丙酯含量在99%以上。

王伟等[112]采用管式反应器，反应条件为：温度105℃，压力0.95～1.15MPa，空速$1.0h^{-1}$，烯与酸的摩尔比1.05：1。在此条件下，乙酸转化率为70%，丙烯对乙酸异丙酯选择性为93%，催化剂运行1000h，活性及选择性无明显下降，表明自制催化剂的活性稳定性较好。该技术为绿色环保技术，可以较大幅度降低产品成本。

高文艺[116]用磷铝杂原子固体酸作为催化剂催化合成了乙酸异丙酯，考察了反应温度、反应压力、反应空速及催化剂用量对酯化反应的影响，同时考察了固体酸催化剂的重复使用性。确定了最佳合成条件为：反应压力1.5MPa，反应温度160℃，反应空速$2.0h^{-1}$，催化剂用量2.0g。在此条件下，酯化率可达91.5%，乙酸异丙酯选择性达99.0%。廖世军等发明了一种乙酸异丙酯的合成工艺及其催化剂制备方法，采用固定床反应器，使用固体酸催化剂，在气-液-固三相反应的条件下进行酯化，固体酸催化剂包括改性树脂催化剂、硅胶负载杂多酸催化剂、硅胶负载磷酸催化剂以及超强酸催化剂。反应温度80～125℃，丙烯压力0.8～1.4MPa，乙酸进料空速1.0～$2.8h^{-1}$，丙烯进料空速1.0～$2.8h^{-1}$，乙酸与丙烯的摩尔比1：（1.15～1.80）。该发明解决了现有技术存在的设备易腐蚀、副反应多及反应废液难以处理等问题，并且可大幅度降低生产成本，减少能耗。

Tokumoto等[110]发明连续循环型固定床反应器，反应器内装有硫酸盐型阳离子交换树脂催化剂层，催化剂内部温度保持在80～120℃，用于催化丙烯与乙酸液相反应。在流动反应器中，乙酸与丙烯的摩尔比 1 ∶ 2，空速 0.1～2.0h^{-1}。在此条件下，可获得较高的丙烯转化率和产率。

Ohyama 等[111]提出有效制备高纯度（近 99.9%）乙酸异丙酯的工艺过程，同时提出进一步改进的精制乙酸异丙酯的方法，通常使用的催化剂是酸性阳离子交换树脂，反应可是气相、液相，也可是气-液混合相，乙酸与丙烯的摩尔比 1 ∶ 2。

6.3.2.2.2　液-固相反应工艺

针对气-液-固三相固定床工艺中，常常发生的丙烯二聚或低聚的副反应，导致丙烯的选择性降低，低聚物的存在会影响分离精制工艺复杂化，增加生产成本，中国科学院大连化学物理研究所开发了液-固两相反应工艺。大幅度降低了低聚物的产生，丙烯原料的利用率大幅度提高，降低分离和精制成本，同时，降低反应床层飞温的可能性。大量的测试数据表明，研制的 ZH-805-1 磺酸基强酸性树脂液相酯化催化剂，将丙烯/乙酸在液相条件下酯化生成乙酸异丙酯，在乙酸与丙烯的摩尔比（3～6）∶1、压力 3.75～4.75MPa、温度 80～90℃、液体丙烯进料空速（LHSV）0.3～0.65h^{-1}的反应条件下，丙烯的单程转化率在 95%左右，乙酸异丙酯的选择性在 99.5%左右。还强化了乙酸/丙烯液相催化酯化和乙酸异丙酯加氢反应工艺的研究，并进行反应产物异丙醇和乙醇的萃取-精馏的分离技术研究。

6.3.3　乙酸/丁烯加成酯化制乙酸仲丁酯

6.3.3.1　乙酸/丁烯直接合成乙酸仲丁酯催化剂

6.3.3.1.1　矿物酸及磺酸类催化剂

20 世纪 60 年代，Bhattacharyya 等[120]首先报道了采用硫酸作为催化剂催化不同碳原子的饱和脂肪酸和乙烯合成羧酸酯的方法。在高压反应釜中，对于乙烯与乙酸发生反应，反应条件为：乙烯与乙酸的摩尔比 3.89 ∶ 1，催化剂硫酸的量 0.46mol，反应温度 150℃，反应压力 7.7MPa。反应 3h 后，乙酸的转化率达 86.9%。对于乙烯与丙酸在高压釜中进行的反应，反应条件为：乙烯与丙酸的摩尔比 7.33 ∶ 1，催化剂硫酸的量 0.46mol，反应温度 185℃，反应压力 10.5MPa。反应 1h 后，丙酸的转化率为 79.4%。另外，对于乙烯与丁酸的反应，反应条件为：乙烯与丁酸的摩尔比 10.2 ∶ 1，催化剂硫酸的量 0.46mol，反应温度 185℃，反应压力 13.3MPa。反应 3h 后，丁酸的转化率为 61.5%。

随后，有关矿物酸和磺酸类催化剂研究的其他报道还有 20 世纪 70 年代，Leuold Ernst Ingo[121]等以二氧化硅为载体负载硫酸为催化剂对乙酸/乙烯酯化反应进行研究。研究发现，二氧化硅的比表面积是影响催化剂活性的关键因素，结果表明，最合适的二氧化硅的比表面积为 120m^2/g。80 年代，日本专利[122]采用芳香二磺酸或其酯为催化剂，其中采用经酸处理的二氧化硅作为载体制备的间苯二磺酸催化剂，在温度165℃、压力0.6MPa的条件下，乙酸乙酯的收率为190g/L；而采用未经酸处理的二氧化硅作为载体制得相同负载量的催化剂催化此反应时，乙酸乙酯的收率为177g/L。另外，日本专利[123]也报道了芳环氯化多元磺酸及其对乙酸/乙烯酯化反应具有催化作用，其中采用1,3,5-$(HO_3S)_2ClC_6H_3/SiO_2$催化乙酸/乙烯反应，可得时空收率为104g/(L·h)的乙酸乙酯。Gruffaz等[124]也采用硫酸或磺酸系列催化剂对乙酸/乙烯酯化反应进行了研究，他们研究的酸催化剂包括全氟烷基磺酸、硫酸、烷基磺酸、苯磺酸、4-甲基苯磺酸、苯二磺酸及萘二磺酸。

6.3.3.1.2 金属硫酸盐类催化剂

用固体硫酸盐作为酯化催化剂，其催化速率及酯收率与浓硫酸相当，而且克服了硫酸腐蚀设备、污染环境的缺点，且稳定性好，催化剂可连续使用。如以$Fe_2(SO_4)_3 \cdot 9H_2O$为催化剂合成丁酸酯，当酸醇摩尔比为1.0∶2.0，催化剂用量为2.0g，反应时间为2h，酯收率为80.4%。

6.3.3.1.3 分子筛类催化剂

沸石分子筛的酸性中心来源于骨架结构中的羟基，包括存在于硅铝氧桥上的羟基和非骨架铝上的羟基。它具有很宽的可调变的酸中心和酸强度，能满足不同的酸催化反应的活性要求；比表面积大，孔分布均匀，孔径可调变，对反应原料和产物有良好的形状选择性；结构稳定，机械强度高，可高温（400～600℃）活化再生后重复使用；对设备无腐蚀；生产过程中不产生“三废”，废催化剂处理简单，不污染环境。

20世纪80年代，Young[125]研究了$SiO_2:Al_2O_3 \geqslant 12:1$（摩尔比）的沸石对羧酸和烯烃的催化作用，羧酸与长链烯烃反应生成含异构体的羧酸酯混合物，其中主要产物为α-甲基羧酸酯。其中采用HZSM-12（SiO_2与Al_2O_3的摩尔比为70∶1）催化乙酸/丙烯酯化反应合成乙酸异丙酯，反应过程如下：在300mL高压釜中加入70mL冰醋酸和1.0g HZSM-12催化剂，反应器加热至200℃，液态丙烯以10mL/h的流速加入高压釜中，间隔取样分析，在200℃、2.8MPa条件下反应20.9h，可得质量分数为31.6%的乙酸异丙酯。羧酸与辛烯在HZSM-12沸石催化下反应，反应过程如下：在300mL高压釜中加入1g HZSM-12及100mL乙酸与辛烯的混合物，加热至一定温度，间歇取样分析，乙酸辛酯含量（质量分数）为23.9%，其中含乙酸-2-辛酯的质量分数为94.1%。另外，赵振华[126]、赵瑞兰等[127]研究了采用β沸石催化酯化反应过程，发现采用β沸石催化合成丙酸戊酯，提出Fe-β沸石为催化剂的酯化反应动力学模型。

HZSM-5分子筛作为一种固体酸，其表面酸性是其液相催化酯化的关键，金属离子由于其外层空轨道能够与未用电子对配位，对液相酯化反应有很高催化活性。近年来，人们在使用 HZSM-5 分子筛及金属盐作为液相酯化的催化剂方面进行了大量的研究。李景林等[128]用过渡金属 La 和轻稀土金属 Nd 改性 ZSM-5 分子筛，制备了 LaZSM-5 分子筛和 NdZSM-5 分子筛，La、Nd 进入了 ZSM-5 分子筛骨架中，使得 ZSM-5 分子筛上的 B 酸中心量减少，L 酸中心量增多，而 L 酸中心是液相酯化反应的关键，因而这一类催化剂对酯化反应有较高的催化活性。马德埒等[129]用 HZSM-5(60) 分子筛催化剂催化乙酸/丁烯液相连续酯化反应，在与硫酸催化剂相同反应条件下，转化率与硫酸催化剂相近，产率可达 94%。卓润生等[130]用 HZSM-5 沸石分子筛作为催化剂，在釜式反应器内对丁醇和乙酸的酯化反应进行了研究，结果表明，当醇酸比为 1.2 ∶ 1，在 550℃焙烧下 HZSM-5(50) 用量为 3%，反应温度为 120℃时，反应 5h，乙酸的转化率大于 92%。

6.3.3.1.4　氧化物类催化剂

20 世纪 60 年代，Notari 等[131]采用 SiO_2/Al_2O_3催化剂，发现通过催化剂的化学吸附可使乙酸和乙烯发生酯化反应，而且反应速率与碳正离子的生成速率有关。70 年代中期，Neri [132]等采用催化剂 SnO/I_2催化以任意配比添加乙酸酐的乙酸和烯烃及氧气的反应，反应产物为乙酸酯和二乙酸酯，此催化剂对烯烃转化为酯具有高选择性。乙酸/烯烃催化反应在高压釜中进行，首先在高压釜中装入 50g 乙酸、1×10^{-3}mol SnO 及 6×10^{-3}mol I_2，于 150℃，将体积比为 1 ∶ 2.5 的烯烃与氧气混合气体通入釜内加压至 1.5MPa，反应 6h，得到产物乙酸酯与二乙酸酯。此催化剂的催化活性不高，但对烯烃转化为酯的选择性较高。

6.3.3.1.5　黏土矿物类催化剂——层状硅酸盐

20 世纪 80 年代初，Ballantine 等[133]采用阳离子交换的蒙脱土催化乙酸和烯烃反应合成乙酸酯，取得较高收率。其中采用 Al^{3+} 交换的蒙脱土催化乙酸/乙烯反应，催化剂与反应物的质量比为 1 ∶ 5，乙酸和乙烯于 200℃反应 4h，可得单一产物乙酸乙酯，乙酸的转化率大于 90%。其后，他们采用阳离子交换的层状硅酸盐为催化剂，对脂肪酸和较宽范围的烯烃的酯化反应进行了研究，发现此类催化剂对上述反应具有催化作用。他们在研究中发现，不同的离子将导致催化剂活性的较大差异，其中 Al^{3+} 、Cr^{3+} 和 H^+ 交换的黏土是最有效的催化剂，其次是 Co^{2+} 、Ni^{2+} 和 Zr^{4+} 交换的黏土，最后是 NH_4^+ 、Mg^{2+} 和 Ca^{2+} 交换的黏土，而 Na^+ 交换的黏土根本无活性。当在高压釜中装入 10g Al^{3+} 交换的蒙脱土和 75mL 乙酸，在 200℃，用乙酸加压至 6MPa，反应 40h，乙酸乙酯的收率可达 92%，选择性为 96%。除此之外，他们还提出此类反应的反应机理，首先由质子酸或路易斯酸与烯烃形成碳正离子，然后与乙酸进行加成反应。但此类催化剂用于乙酸/乙烯酯化反应时，存在催化剂用量大及反应时间长等问题。

6.3.3.1.6 杂多化合物催化剂

杂多酸（HPA）按结构分主要有 Keggin、Anderson、Dawson 等类型。目前，用于催化剂的主要是 Keggin 型结构的杂多酸 $H_x[XM_{12}O_{40}]$，缩写为 XM12。其中杂多阴离子 $[XM_{12}O_{40}]^{n-}$（X=P，Si，As，Ge，M=W，Mo 等）的结构为一级结构。它由 12 个 MO_6 八面体围绕一个中心 XO_4 四面体所构成。一级结构是弱碱，对反应物分子有特殊的配合能力，所以是影响 HPA 催化活性和选择性的重要因素。杂多阴离子与反荷阳离子组成二级结构，反荷阳离子的电荷、半径、电负性不同也影响 HPA 的催化性能。反荷阳离子、杂多阴离子和结构水在三维空间形成三级结构。例如在 $H_3PW_{12}O_{40} \cdot xH_2O$ 的三级结构中，质子以不定域质子、结晶水质子和定域质子三种状态存在，质子是酸催化反应的活性中心。HPA 的三级结构具有柔软性，体相内杂多阴离子之间有一定空隙，它可以吸收极性小分子（如乙醇、丙醇、丁醇等)，进入固体的体相内形成假液相。假液相是相当于固体和溶液之间的一种浓溶液，是 HPA 具有高活性、高选择性的重要原因。

具有 Keggin 结构的 HPA 由 12 个配位离子（M）钨或钼和氧围绕中心原子（X，通常为磷或硅）对称排布而成，结构如图 6-17 所示，抗衡离子可以是质子、金属离子或它们的混合物。

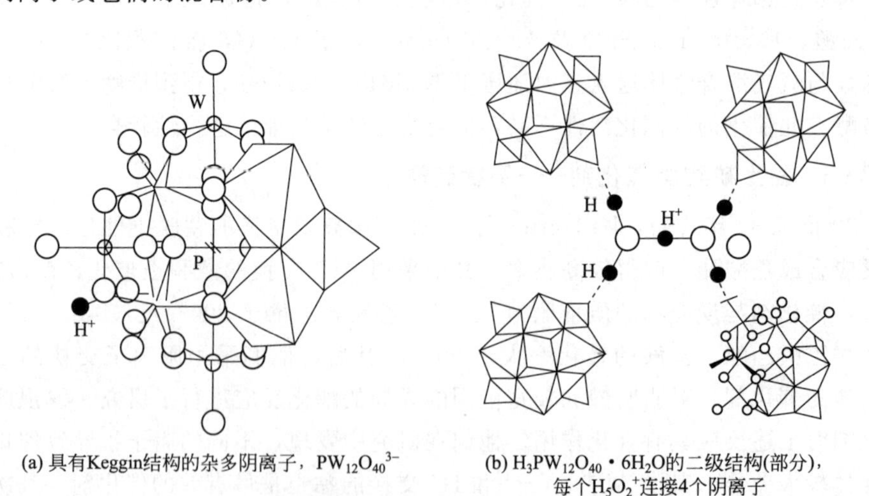

(a) 具有Keggin结构的杂多阴离子，$PW_{12}O_{40}^{3-}$

(b) $H_3PW_{12}O_{40} \cdot 6H_2O$的二级结构(部分)，每个$H_5O_2^+$连接4个阴离子

图 6-17 杂多酸的结构示意图

改变元素组成，杂多酸酸性不同。对 Keggin 结构类型的杂多酸来说，中心原子一定时，W 系 HPA 的强度大于 Mo 系，配位原子一定时，酸强度按中心原子氧化态的顺序增大。由于杂多酸具有假液相的特征，在讨论其酸性时，需区别

“体相”和“表相”酸度，在改性活化温度，调节结晶水含量，可得酸强度不同的杂多酸。

早在20世纪60～70年代，人们就发现硅钨酸对此酯化反应具有催化作用。Murakami等[134]发现负载于硅胶上的硅钨酸对于乙酸/乙烯酯化反应具有催化作用，但活性在3h以内降得很快。近年来的研究也发现，杂多酸作为该酯化过程的催化剂时，会出现严重的积炭现象，导致杂多酸催化剂快速失活。

国内大连理工大学的蔡天锡等[135]在此方面的研究取得了较好的结果。他们采用杂多酸作为催化剂，对乙酸/丙烯及乙酸/丁烯酯化反应进行了研究，研究发现，杂多酸对反应合成乙酸仲烷基酯具有较高的活性及选择性。他们的研究结果表明，乙酸转化率随温度的上升先上升后下降，表明存在最佳反应温度（T_0）。温度低于T_0时，杂多酸的活性顺序为：$H_3PW_{12}O_{40} \approx H_2SiW_{12}O_{40} > 20MoO_3 \cdot 2H_3PO_4 \approx H_3PMoO_{40}$；而温度高于$T_0$时，它们的活性几乎相等。乙酸的转化率随压力的升高而升高，且在水含量为1.0%～2.0%时达到最大值，当水含量大于2.0%时，乙酸的转化率急剧下降。

20世纪90年代，Sano等[136]较系统地研究了杂多化合物对羧酸和烯烃酯化反应的催化作用，文献中提出杂多化合物催化剂的通式为$X_aH_{n-a}AW_bMo_{12-b}O_{40}$，其中，X代表金属离子或原子团；$0<b\leqslant 12$；A为P或Si，当A为P时，$n=3$；当A为Si时，$n=4$。杂多酸盐包括Cs、Ru、Tl、K、Li、Cu、Mg和/或Ga、Ba、Al、Sr、Y、Au、Na盐等。他们在研究中采用气相进料方式，并提出进料中加入水蒸气可以延长催化剂的寿命。乙酸（或丙烯酸）与乙烯（或丙烯）在杂多酸盐的催化下反应结果如下：乙酸与乙烯的反应采用磷钨酸钾为催化剂，乙酸、乙烯与水的摩尔比为6.8 ∶ 92.2 ∶ 1，乙酸乙酯的产率为172g/(L cat·h)；乙酸与丙烯的反应采用磷钨酸钾为催化剂，乙酸、丙烯与水的摩尔比为6.8 ∶ 92.2 ∶ 1，反应在反应温度150℃和常压条件下进行，乙酸的转化率为56.6%，乙酸异丙酯的产率为167g/(L cat·h)；反应皆持续进行了96h，羧酸酯的产率未有明显下降。丙烯酸与乙烯、丙烯的反应采用磷钨酸铯为催化剂时，丙烯酸与乙烯（丙烯）和水的摩尔比为1 ∶ 18 ∶ 1，在反应温度150℃和180℃、反应压力0.5MPa条件下，丙烯酸的转化率分别为87.1%和62.5%，丙烯酸乙酯和丙烯酸丙酯的产率分别为177g/(L cat·h)和145g/(L cat·h)。

杂多酸的比表面积较小（$1\sim 10m^2/g$），因此在实际应用中，需要将杂多酸负载在合适的载体上，以提高比表面积。杂多酸固载化后，不仅能在液相氧化和酸催化反应中把催化剂从反应介质中很方便地分离出来，而且还为这类均相催化反应的多相化，甚至利用催化蒸馏工艺等创造应有的条件，可以使生产工艺大大简化，获得更广泛的应用。但是，固载后的杂多酸结构、酸性、氧化还原性都将受到载体材料性质的影响。已研究过的杂多酸的载体，除了通常的金属氧化物如

SiO_2、Al_2O_3、TiO_2外，还有活性炭、离子交换树脂等。Sobulsky 和 Henke 烷基化反应中较早地用 SiO_2、SiO_2-Al_2O_3和 Al_2O_3作为硅钨酸（SiW_{12}）的载体，得到了催化剂活性随载体中 SiO_2含量变化的规律，得出了 SiO_2是最佳载体的结论。

SiO_2有许多存在状态，其中无定形硅胶（SiO_2）因具有较高的比表面积（200～800m^2/g）和热稳定性，与杂多阴离子相互作用较弱，负载后的杂多酸能较好地保持其阴离子结构和酸性质，而成为杂多酸的合适载体之一。SBA-15 是以非离子嵌段型高聚物（$EO_xPO_yEO_x$）为结构导向剂在酸性条件下合成的一类新型 SiO_2介孔材料，该类材料具有高度有序的六方形孔道体系，与 MCM-41 相比，具有更大的孔径（4.6～30nm）、更厚的孔壁，因而具有更为优异的热稳定性和水热稳定性，且该类材料具有比 MCM-41 更为开放的二维孔道体系，目前 SBA-15 已广泛用作催化剂载体[46～50]。

此外，活性炭具有较高的比表面积，并且在很广的 pH 值范围内十分稳定，也可以作为杂多酸负载催化剂的载体。宋旭春等[137]以经酸预处理煤质活性炭为载体，用回流法固载 12-磷钨酸制备成固载杂多酸催化剂。用制备的固载杂多酸催化剂催化 1-丁烯、乙酸合成乙酸丁酯，在反应温度 120℃、压力 1.5MPa、乙酸 16g、丁烯 100mL、催化剂 2.5g（催化剂固载量 28.7%）的条件下，反应 7h，乙酸转化率为 85.8%，酯化选择性接近 100%。

总之，杂多化合物作为催化剂具有以下独特的催化性能：结构稳定，组成简单，其中 Keggin 结构的杂多酸 $X^{n-}M_{12}O_{40}$呈四面体；杂多酸作为催化剂，既具有酸性又具有氧化还原性，且具有性能可调变性，通过改变其组成原子的种类及相对比例，可使这两种性质发生系统性的变化，以期达到根据不同的反应类型来选择其组成的要求；杂多酸由阴离子“分子”构成，因此可按分子水平来解释其独特的优点或特性。

6.3.3.1.7 离子交换树脂类催化剂

自从 1935 年 Adams 和 Holmes 首次报道酚醛磺酸树脂以后，离子交换树脂种类急剧增加，质量也得到改进。20 世纪 40 年代初期开始出现利用离子交换树脂用作催化剂的报道。离子交换树脂作为固体酸、碱催化剂与均相溶液中的硫酸、盐酸、氢氧化钠（氢氧化钾）这些常规的酸、碱催化剂的作用是一样的。强酸树脂和强碱树脂中能起催化作用的基团分别是它们所对应的 H^+离子和 OH^-离子。由于树脂上固载了这些具有催化作用的离子的反离子，聚合物骨架为这些反离子提供了各种各样的微环境，因此，在实际的催化反应过程中与低分子量的酸、碱催化剂相比会有许多不同之处。前者在许多反应介质中，聚合物骨架会发生溶胀。这样有利于反应物与催化活性部位接近，有利的微环境甚至可以用假均相的反应体系来处理。而后者在液相或气相反应中，则是真正的非均相体系。因此在某种意义上说，离子交换树脂的催化性能介于低分子量的酸、碱均相体系与无机固体酸、碱的催化体系之间。

离子交换树脂用作催化剂的主要优点是它已商品化，购买方便。而且可以根据不同的应用场合制得不同形状、不同结构和不同负载量的树脂催化剂。常规的商品凝胶型树脂的功能基容量每克一般为 3.5～5mg。大孔树脂的负载容量虽然低一些，但其活性基团一般处于大孔的表面上，容易为反应物所接近。在需要降低负载容量时可用酸碱滴定法使一些酸基团部分中和，或者通过部分离子交换法引入一些具有助催化作用的金属离子或基团，从而提高催化剂的活性和选择性。

离子交换树脂的颗粒性和多孔结构使其适于用气相和液相反应，也可用于非水体系。由于树脂催化剂具有这种物理性质，因此反应完成后，催化剂可以通过简单的过滤方法从反应混合物中分离出来，免除了常规酸、碱催化剂使用后需要进行中和、洗涤、干燥、蒸馏等后处理程序，也避免了废酸、碱液体对环境的污染。此外，也避免了使用硫酸时，由于其强的氧化性、脱水性和磺化性引起的不必要的副反应。

大孔的离子交换树脂由于具有固定的结构，其体积受溶剂作用的影响很小，因此，适用于填充柱操作，实现生产连续化。在较低的压力下可以达到较高的流速，并可使用极性差别很大的反应溶剂。凝胶型离子交换树脂在干态或在非极性介质中内部处于收缩的微孔状态，在极性溶剂中则会处于高度溶胀的状态。如果溶剂极性的变化较大，低交联的树脂在经历这种变化后会发生较大的机械破损。

与常规酸、碱催化剂比较，离子交换树脂易于保存和运输。强酸树脂宜以 H^+ 型和 Na^+ 型储存。但强碱树脂中的 OH^- 型会吸收空气中的 CO_2 而失活，因此一般以 Cl^- 型储存。使用前 Na^+ 型的强酸树脂和 Cl^- 型的强碱树脂一般分别用酸和碱处理成相应的 H^+ 型和 OH^- 型使其活化。

酸性树脂与低分子酸催化剂相比的另一突出优点是酸部位处于树脂的内部，消除了酸与反应器壁的接触，避免了酸腐蚀的麻烦。因此，所用的设备和装置不必选用高度防腐的昂贵材料，从而可以节省建设投资。

但是，离子交换树脂催化剂的缺点之一是热稳定性较差。酸性树脂最高操作温度在 120℃，接近 180℃时明显钝化，在 200℃时完全失活。离子交换树脂催化剂的另一缺点是价格较贵，一次投资成本高。但是树脂催化剂可以再生和重复使用，这在一定程度上弥补了上述不利因素。

强酸树脂不但能直接催化羧酸与醇在有或没有脱水剂存在下进行酯化反应，而且能催化烯类化合物与羧酸直接加成生成酯。用磺酸树脂催化羧酸与烯烃直接加成制备成酯类化合物是一种具有重要实际意义的方法。在石油化工中用 Amberlyst 15 树脂可有效地催化乙酸与丁烯混合物中的异丁烯反应，生成乙酸异丁酯，从而分离出异丁烯。在加压的条件下，磺酸树脂 Lewatit SPC-118 在

140℃催化环己烯和乙酸，反应7h可制得乙酸环己酯，转化率为49%。

磺酸树脂由于在许多应用中有长期的稳定性，因此是目前化学加工工业中最广泛使用的聚合物固载催化剂。目前人们普遍认为，常规树脂可以应用于过去由相应的低分子量的Brφnsted酸催化的所有有机化学转化反应。尤其是自从20世纪70年代以来，人们相继开发出了能广泛用在石油化学加工工业中的强酸树脂催化的工艺技术，大大改善了化学工业对生态环境的影响。

在常规磺酸树脂的存在下，羧酸与烯烃反应，如乙酸与丙烯的酯化反应，通常在工业规模制备羧酸酯。在工业上通过1-丁烯和顺/反-2-丁烯异构化，然后与乙酸酯化得到乙酸仲丁酯。在这一过程中，丁烯异构化和酯化反应两者都可以应用常规的磺酸树脂进行催化。

Murakami等[138]考察了多种催化剂对于乙酸/乙烯生成乙酸乙酯反应的催化活性，发现催化剂的活性顺序为：大孔离子交换树脂Amberlyst 15＞硅钨酸/硅胶＞磷酸/硅藻土＞凝胶型离子交换树脂。发现以Amberlyst 15为催化剂，乙烯与乙酸的摩尔比为10 ∶ 1、空速为175h^{-1}和反应温度为140℃时，乙酸乙酯的最高产率可达60%，而在120℃时，产率仅为8%，反应温度为150℃时，催化剂活性迅速下降。

20世纪70年代中期，Takamiya[139]采用大孔阳离子树脂为催化剂，乙酸和乙烯的分压分别为0.01MPa和0.09MPa，在Amberlyst 15催化剂上，反应温度为160℃，可得到19.4%（质量分数）的乙酸乙酯，同时反应产物中也含有乙酸仲丁酯。Gruffaz等[140]曾考察过含—SO_3H基团全氟化聚合物催化剂对乙酸/乙烯酯化反应的催化性能，发现Nafion 501树脂对此反应也有催化作用。Imaizumi等[141]采用强酸性阳离子交换树脂催化乙酸/丙烯合成乙酸异丙酯反应，得到了较好的结果。实验中，47g乙酸和48.5g丙烯在9g Amberlyst 15催化下，于110℃反应3h，可得79.0g乙酸异丙酯。Tokumoto等[142]采用酸性阳离子交换树脂为催化剂，对乙酸/烯烃酯化反应进行了研究。乙酸与烯烃以液态形式进料，连续流过装有酸性阳离子交换树脂的固定床反应器。进料中乙酸与烯烃的摩尔比为（0.1～10.0）∶1，催化剂床层温度为70～120℃，得到的混合物经冷却至不低于70℃，再回流至催化床。乙酸与丙烯（或丁烯）在树脂催化下反应结果如下：乙酸与丙烯的反应采用Lewatit SPC-118为催化剂，乙酸的空速为1.0h^{-1}，乙酸与丙烯的摩尔比为12 ∶ 1，反应过程中回流比为12，催化床进出口温度分别为85℃和92℃，反应在4.0MPa下进行，采用色谱检测反应混合液成分，至反应液组分稳定，测得丙烯的转化率为89.8%，丙烯生成酯的选择性为96.6%；乙酸与丁烯的反应采用Amberlyst 15为催化剂，乙酸的空速为1.0h^{-1}，乙酸与丁烯的摩尔比为15 ∶ 1，反应过程中物料回流比为15，催化床进出口温度分别为85℃和89℃，反应压力为2.0MPa，丁烯的转化率为86.2%，丁烯生成酯的选择性为94.3%，反应皆持续

1000h，催化剂的催化活性未有下降。

从上面列举的数据可以看出，酸性阳离子交换树脂对于乙酸/丙烯及乙酸/丁烯酯化反应具有良好的催化活性和稳定性。而且强酸性阳离子交换树脂是价廉易得的固体，对设备无腐蚀，不存在污染，不会引起副反应，不溶于反应体系，易于保管、使用与分离，操作方便，又可重复使用，产品收率高，是制备乙酸丁酯较好的催化剂。

6.3.3.2 乙酸/丁烯合成乙酸仲丁酯的工艺

羧酸和烯烃直接酯化合成羧酸酯研究最早见于1934年Dorris等[143]的报道，由于采用BF_3作为催化剂，乙酸和丙烯在70℃和0.03MPa下反应，可得到乙酸异丙酯。20世纪70年代后期以来，随着石油化学工业的迅速发展，石油裂解气产生大量的非饱和烃，烯烃已经成为一种丰富而价廉的化工原料。C_4、C_5烯烃直接酯化合成羧酸酯曾经特别引人注目。但是，由于C_4组分中含有异丁烯，酯化反应产物中会含有工业应用价值不大的叔丁酯，需要除去异丁烯后才能合成乙酸仲丁酯，工艺路线较长，经济性受到限制。随着MTBE装置的建设和聚乙烯对1-丁烯的需求，剩余C_4组分中的正丁烯浓度得以提高，用其生产乙酸仲丁酯比以往具有较好的经济性能。因此，近年来由羧酸和烯烃直接加成酯化合成羧酸酯的工艺路线取得了显著进展。

关于由羧酸与烯烃直接酯化的工艺，国外（尤其是日本）已有较多的研究和报道，一般反应温度为100～200℃，反应压力在1.0MPa左右。按照文献的报道，该工艺主要有固定床连续反应和高压釜间歇反应两种不同的工艺实现方式。实现此工艺的关键在于催化剂的开发和研制，文献中所涉及的催化剂包括矿物酸及磺酸、金属硫酸盐、黏土矿物、氧化物、沸石分子筛、杂多化合物、离子交换树脂催化剂，其中杂多化合物及离子交换树脂催化剂具有良好的工业应用前景。

烯烃与乙酸酯化合成乙酸仲丁酯曾是20世纪60年代德国Bayer公司开发乙酸工艺的一部分，酯化反应是在阳离子磺酸型交换树脂催化下于悬浮搅拌釜中进行，反应温度为100～200℃，反应压力为1.5～2.5MPa，C_4组分中正丁烯含量一般为80%，烯烃和乙酸的质量比约为1.3∶1，在这种情况下，酯化收率为50%～80%[144]。日本于1992年公开的酯化法[145]也采用阳离子交换树脂，反应器为固定床管式反应器，其反应比为（1～2)∶1，LVSH=0.1～$10h^{-1}$（乙酸），反应流出物大部分返回反应器入口，调控反应温度和反应速率，流出物返回到反应器入口的比例为进料量的1～10倍，烯烃转化率大于90%，生成乙酸仲丁酯的选择性可达89.5%～96.6%。前苏联科学家对正丁烯与乙酸酯化的反应也进行过研究，他们采用了烯烃过量的办法，在烯酸摩尔比为3∶1时，于0.4～0.7MPa，用KY-23阳离子交换树脂为催化剂，加入量为10%，搅拌反应，反应时间1～2h，乙酸的转化率可达79.0%～99.3%。

6.4 乙酸酯加氢制乙醇

6.4.1 反应网络

Adkins 等[146] 首次报道了脂肪酸酯加氢生成相应的醇。其通式可表示为 $R_ACOOR_B + 2H_2 \longrightarrow R_ACH_2OH + R_BOH$。当 R_ACOOR_B 吸附解离，其中 C—O 键断裂生成 R_AC^*O 和 R_BO^*，随后加氢可得到相应的醇；而 R_B—O 键断裂则生成酸和烃类。研究表明，当 R_B 为苯甲基、乙烯基或烯丙基时，R_B—O 键受到削弱而较易生成相应的酸。另外，产物除了相应的醇外，还涉及 R_AC^*O 部分加氢产物或醇可逆脱氢得到相应的醛类，$R_ACH_2OH \longrightarrow R_ACHO + H_2$；以及酯交换产物，$2R_ACOOR_B + 2H_2 \longrightarrow R_ACOOCH_2R_A + 2R_BOH$；醇脱水生成醚类或烃类，以及醇分解产物。

甲酯加氢的反应机理可具体描述如下。

第一步：化学吸附。

氢与金属表面形成原子态的化学吸附氢。

$$2Cu + H_2 \longrightarrow 2CuH$$

根据金属 Cu 被吸附晶格间距计算，确定反应物甲酯的不饱和官能团羟基与 Cu 晶格表面原子自由价形成双位吸附。

$$R-C(=O)-OCH_3 + 2CuH \rightleftharpoons R-C(OCH_3)(-Cu-H)(-O-Cu-H)$$

第二步：表面反应。

在金属表面形成化学吸附的反应物甲酯和原子氢的加氢和氢化几乎同时进行。

$$\underset{(A)}{R-C(OCH_3)(-Cu)(-O-Cu-H)} + HCu \xrightarrow{\text{氢解}} \underset{(B)}{R-C(H)(-Cu-H)(-O-Cu-H)} + CH_3OCu$$

$$R-C(H)(-Cu)(-O(H)-Cu) \xrightarrow{\text{氢化}} \underset{\text{半氢化状态}}{R-C(H)(-Cu)(-HO-Cu)} + HCu \longrightarrow \underset{(D)}{R-C(H)(-HCu)(-OHCu)} + Cu$$

不饱和官能团的作用在于其邻近的 C—O 键首先靠近非均相金属催化剂的另一活性中心发生加氢反应，再进一步发生氢化反应。

第三步：化学脱附。

$$\underset{\text{(D)}}{R-\overset{\overset{\displaystyle H}{|}}{\underset{\underset{\displaystyle OHCu}{|}}{C}}-HCu} \rightleftharpoons R-\overset{\overset{\displaystyle H}{|}}{\underset{\underset{\displaystyle OH}{|}}{C}}-H + 2Cu$$

$$\underset{\text{(C)}}{CH_3OCu} \xrightleftharpoons{H^+} CH_3OH + Cu$$

可能发生的副反应机理如下所述[147]。

(1) 醇脱水反应机理　催化剂酸位上形成酸性的 H^+ 质子化的醇，脱水之后形成碳正离子，随后很容易释放出一个氢离子，很快形成烯烃。一般来说，叔醇最易脱水，而伯醇最难脱水。同时，醇还可能发生分子间脱水，生成相应的醚。

$$R-C\!\not|\!C\!\not|\!OH \xrightleftharpoons{H^+} R-\overset{|}{\underset{|}{C}} + -\overset{|}{\underset{|}{C}}- + H_2O$$

(2) 醇脱羟甲基　这是在 H_2 存在下发生的催化反应，也称加氢反应，生成了 2 个烃类。

(3) 醇脱羟基　这一反应中发生脱羟基而不断链，所以形成的烷烃的碳数与原来醇中的相同；该反应可能发生在较高的温度或延长与 H_2 接触时间。

(4) 烯烃加氢生成烷烃　醇脱水生成的烯烃进一步加氢，最终形成烷烃。

(5) 酯的热分解　在催化剂存在下，在 H_2 气氛中热分解很容易进行；同样，温度高时热分解更易进行。

(6) 醇与酸的酯化反应　反应能生成高碳酯，其酯的分子量约增加 1 倍，在催化剂作用下仍能进行加氢反应，生成相应的醇。

(7) 酯交换反应　反应能生成高碳酯，其酯的分子量约增加 1 倍，在催化剂作用下仍能进行加氢反应，生成相应的醇。

(8) 醇脱氢生成醛　该反应在高温时比较显著，生成的醛量不断增长，但其也有加氢生成醇的机会。高温有利于脱氢，同时也有利于生成烯烃，分别对应于脱氢和脱水反应，它们的发生也与催化剂的性质密切相关。

(9) 醛进一步分解　醛进一步分解得到少一个碳原子的烯烃。醇变为醛有两种脱氢形式：一种是酮醇式，即从羟基中脱出一个氢，再于邻近羟基的碳脱出一个氢，从而形成 H_2；另一种是烯醇式，即碳链中相邻两个碳各脱出一个氢而形成一个烯醇式分子，后者再异构化为醛。

（10）醇醛缩合反应　反应中生成的醛也能与醇发生醇醛缩合反应，生成醛或酮。这部分反应比较复杂，因为只要产物中存在醛或醇，相互之间就很有可能发生反应。

具体来说，图 6-18 给出了 Cu 基催化剂上乙酸甲酯加氢反应网络图。可以看出，该反应主要包括三个：乙酸甲酯直接加氢生成甲醇与乙醇；乙酸甲酯与乙醇进行酯交换反应生成乙酸乙酯和甲醇；乙酸乙酯加氢生成乙醇。可见，反应网络中包括竞争反应和串行反应。

$$CH_3COOCH_3 + 2H_2 \longrightarrow C_2H_5OH + CH_3OH$$
$$CH_3COOCH_3 + C_2H_5OH \longrightarrow CH_3COOC_2H_5 + CH_3OH$$
$$CH_3COOC_2H_5 + 2H_2 \longrightarrow 2C_2H_5OH$$

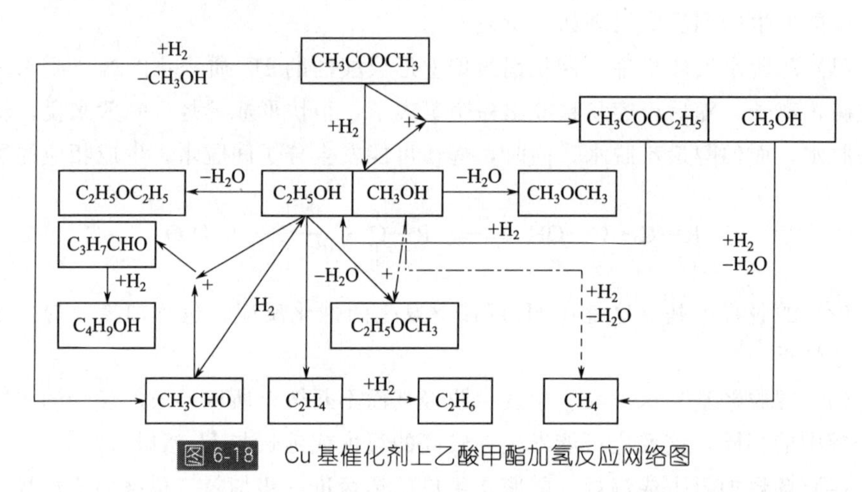

图 6-18　Cu 基催化剂上乙酸甲酯加氢反应网络图

还可以看出，乙酸甲酯加氢反应还可能存在以下副反应：不完全加氢反应，生成乙醛，特别是反应压力较低时则有利于乙醛的生成；酸催化醇分子间脱水反应，产物为醚类，如 DME、二乙醚或甲乙醚；酸位发生醇类分子内脱水，生成乙烯，并在金属位上进一步加氢生成乙烷或甲烷和 CO 等；酸碱位上的醇醛缩合反应，产物如 2-丁酮、丁醛、丁醇和乙酸丁酯等。上述副产物中以乙烷最为重要。对于乙酸乙酯加氢反应网络图与上面类似，则相对简单，没有酯交换反应。

可以预知，随着酸催化反应产物和烃类等副产物的生成，体系中不可避免会产生水，使得生产工艺中必须考虑除水过程，因此，在设计催化剂时，应尽量降低催化剂的酸性，提高催化剂的选择性，同时优化反应条件，以抑制副反应的发生。

6.4.2　催化剂体系

能够用于酯加氢制醇的催化剂很有限。Adkins 等[146]采用 Raney Ni 催化剂用于低温氨基酯加氢反应中。尽管 Zn-Cr 氧化物的催化活性很低，但可用于不饱和酯选择性加氢制不饱和醇的反应中。Cu 基催化剂具有较高的选择催化 C—O 键加氢活性，而对 C—C 键加氢活性较低，因此，能够用于高选择性将酯转化为醇的催化剂基本集中在 Cu 上。

6.4.2.1　含 Cr 铜基催化剂[148]

传统的脂肪酸酯加氢催化剂为 Cu-Cr 催化剂，由美国 ARCO 公司开发成功，其活性较高，加氢性能好，并由此建立起一系列脂肪酸酯加氢制脂肪醇的反应。随后，人们对酯加氢催化剂做了大量的研究。如有人将 Cu-Zn-Cr 催化剂用于脂肪酸甲酯加氢反应中，结果表明，在 8MPa、280℃的条件下，醇的收率可达 90%以上。在 Ba 促进的 Cu-Cr 催化剂上进行乙酸丁酯的气液相加氢反应，反应条件为：175～250℃，50～200atm。并且发现有酯交换反应发生[149]。有趣的是，CaH_2 的加入能够增加反应速率。这是由于它的加入消除了毒物水的负面影响。在 2～10MPa、200℃的条件下，Cu-Cr-Mn-Ba-Si 催化剂上脂肪酸酯加氢反应的醇总收率能达 98%以上。这些催化剂都具有较高的活性和选择性，但 Cr 毒性很大，对环境和人体健康造成较大的危害，且回收不便，因而大大限制了含 Cr 催化剂的工业应用。

6.4.2.2　无 Cr 铜基催化剂

由于 Cu-Cr 催化剂由等摩尔的 CuO 和 $CuCr_2O_4$ 组成，但研究发现，后者对酯加氢反应并不是必需的，因为用酸除去 Cu-Cr 催化剂中 CuO 后，所得样品没有活性，而采用 ZnO 作为载体可替代传统的 Cu-Cr 催化剂。另外，担载在硅胶上的 Cu，即使是 Raney Cu 都具有与 Cu-Cr 催化剂相当的酯加氢催化活性[150]。可见，高度分散的金属 Cu 可能是该反应的有效催化活性组分。因此，人们对无 Cr 的 Cu 基催化体系进行了大量的研究，它具有良好的化学选择性和环境友好等特点。目前研究比较多的有 Raney Cu[151]，以及硅胶[152～154]、氧化铝[155]、中孔分子筛[156]或复合氧化物负载[157]的 Cu-M（M＝Zn，Co，Mg，Mn 等）催化剂，其中以 Cu-Zn 基催化剂性能较为突出。

制备 Cu 基催化剂方法较多，比较常见的就是沉淀法和蒸氨沉积沉淀法等。表 6-14 比较了不同方法制得的 Cu-Zn 基催化剂上乙酸甲（乙）酯加氢反应性能。林培滋等[158]报道了一种从乙醛、乙酸、乙酸乙酯或其混合物气相加氢制备乙醇的方法，所用催化剂采用浸渍法或共沉淀法制备，其中，活性组分为 CuO，载体是 Al_2O_3，助剂是 Ca、Mg、Ba、Fe、Co、W、Mo 和 Zn 或上述组合，底物转化率和乙醇选择性分别可达 86%和 97%。王科等[159]采用蒸氨沉积沉淀法则制备了 SiO_2 负载的 Cu 基催化剂，助剂为过渡金属或碱金属中的至少一种。在最佳乙酸酯加氢反应条件下，乙醇选择性达 97%，时空收率达 1.55g/(g cat・h)，催化剂中 Cu 含量在 15%以上即可，该过程正在进行工业化。吴晓金等[160]则采用沉淀法制备了氧化铝或硅溶胶负载的Cu-M（M=Zn，Mn，Co，Ca等）催化剂，用于乙酸酯加氢制备乙醇反应中。结果表明，乙酸酯转化率和乙醇选择性分别在80%和85%以上。由此可见，采用沉淀法和蒸氨沉积沉淀法均可制得性能较高的Cu基催化剂。

表6-14　不同方法制得的Cu-Zn基催化剂上乙酸甲（乙）酯加氢反应性能的比较

制备方法	催化剂组成	反应条件				反应结果		参考文献
		温度/℃	压力/MPa	LHSV/h^{-1}	氢酯比	转化率/%	选择性/%	
沉淀法	74%Cu-Zn-Mg-Al	220	1.5	0.1	70	86.0	97.0	[158]
蒸氨沉积沉淀法	15%Cu-Zn-Si	250	2.5				96.0	[159]
沉淀法	30%Cu-Zn-Mg-La-Al	200	2.0	1.0		80.0	85.0	[160]
溶胶-凝胶法	30%Cu-Zn-Si	250	7.0	0.5	11	98.5	96.2	[161]
离子交换法	4.5%Cu-Zn-Si	250	7.0	0.5	10	81.6	73.8	[161]
浸渍法	14%Cu-Zn-Si	250	8.0	0.5	10	63.9	66.7	[161]

另外，还有一种均匀沉积沉淀法，即在一定温度下，将载体，如硅胶、Cu和/或Zn盐，以及充当沉淀剂的尿素加入水中，随着溶液pH值均匀地从3升至6.5，不断释放出沉淀离子，将Cu均匀地沉淀到载体表面。所制催化剂中Cu物种分散度高，与另外的助剂接触紧密。以Cu-ZnO/SiO_2为例，说明均匀沉积沉淀法制备过程所发生的变化。Cu离子首先与载体发生作用而沉积于其表面，而Zn则随后沉积于载体表面。Cu物种经过一个羟基硝酸铜形式，当pH值大于5时不稳定，其含量在pH值为4.6时反应6h达最大；而Zn在载体中含量则受到抑制缓慢而稳定地增加。最终Cu物种以羟基硅酸铜形式沉淀在载体表面，所形成的Cu、Zn沉淀均为无定形的，且均匀分散在载体表面。经500℃焙烧后则形成Cu-Zn硅化物，再经还原，则得到最终的活性位金属Cu或被Zn修饰的金属Cu。

对于离子交换法，因受制于载体表面数量有限的羟基，交换上去的Cu负载量一般不高于5%，尽管交换上去的Cu在反应时不易烧结和稳定性高，且高度分散，单位Cu上生成目的产物醇的收率非常高，但总体活性和选择性还有待于提高。因此，应设法提高离子交换样品中Cu负载量，如将离子交换能力强的材料用作载体，或多次交换。对于浸渍法而言，操作简单，但若Cu负载量过高，极易造成Cu的聚集长大，粒径分布也不均匀，使得相应催化剂性能较低，因而实际应用中较少采用该法制备Cu基催化剂。

溶胶-凝胶法工艺简单，材料组成可控，合成温度低，所制试样具有颗粒小、化学组成精确和均匀性好等优点。陈维苗等[161]尝试采用溶胶-凝胶法制备Cu-ZnO/SiO_2催化剂，并用于乙酸甲酯加氢反应中。发现用氨水浸泡凝胶可起到扩孔的作用，更重要的是形成了催化剂前驱体层状硅酸铜，使其具有多孔性，且Cu离子被载体分隔，分散性非常好。另外，在制备过程中加入PEG可起到造孔、结构导向的作用，可明显提高催化剂的比表面积和催化剂中活性组分的分散度，且不同分子量的 PEG 提高催化剂性能的程度也不同。通过实验发现，氨水的浸泡增加了试样的比表面积，PEG 的使用不但提高了试样的比表面积，而且使其孔径分布更集中，且集中在中孔。见表 6-14，在乙酸甲酯加氢反应中，溶胶-凝胶法制得的 Cu-ZnO/SiO_2催化剂也表现出较高的催化活性和选择性。

添加助剂可进一步提高 Cu 基催化剂活性和选择性。图 6-19 考察了 M（M＝Mn，Fe，Co，Ni，Mo，Mg 或 Y）等促进的 Cu/SiO_2催化剂上乙酸甲酯加氢反应。可以看出，各助剂对催化剂活性促进大小顺序为：Mo＞Co≥Zn≥Mn＞Fe≥Y＞Ni≫Mg。可以看出，尽管 Co 促进的催化剂中 Cu 的比表面积非常低，且其本身单独对乙酸甲酯加氢反应的催化活性也不高，但却表现出高的选择性。作者还发现，助剂氧化物中 M—O 键的强度（由金属氧化物生成热确定）与其促进效果有一定的关系。M—O 键能最高的 Y 和 Mg 促进的 Cu 基催化剂中 O 原子不容易从表面消除而抑制了烃类的生成，因此产物中乙烷选择性最低，但活性也较低，而 M—O 键的强度适中的 Fe，尤其是 Zn 和 Mn 为助剂时，乙酸甲酯转化率较高，且乙烷选择性较低，因而它们的促进效果较佳。当以 Co、Ni 为助剂时，乙酸甲酯加氢反应生成的乙烷量最多；尤其是 Ni，反应同时还生成了大量的甲烷，表明原料中的 C—C 键发生了断裂。对于副产物中的乙烯，其生成量比乙烷低 1 个数量级，其中 Co、Mn 和 Mo 促进的 Cu 基催化剂上乙烯选择性最高，而活性较低的 Cu-Mg/SiO_2催化剂上乙烯选择性却很低。在工业生产中，酯加氢生成的烯烃和烷烃均不能再利用，因而应尽量降低它们的选择性。

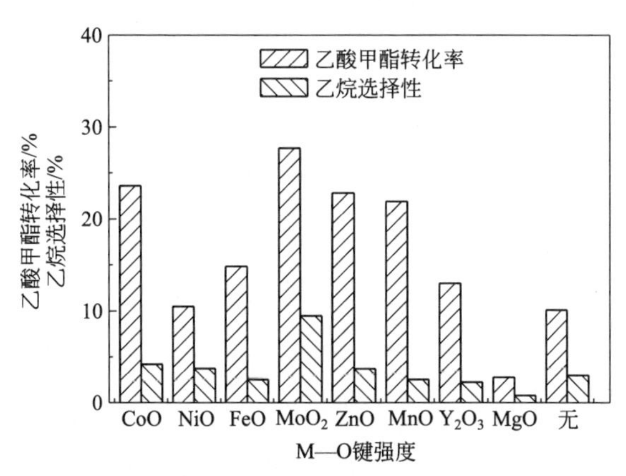

图 6-19　不同助剂促进的 Cu/SiO_2催化剂上乙酸甲酯加氢反应活性和生成乙烷选择性[151]

Zn 是 Cu 基催化剂最常用也是非常有效的助剂。van der Scheur 等[152～154]以硅胶为载体，固定 Cu 含量，采用沉积沉淀法制备了 Cu-ZnO/SiO_2催化剂，较为详细地研究了它们在乙酸甲酯加氢反应中的催化性能。图 6-20 为不同 ZnO 含量的 Cu-ZnO/SiO_2催化剂上乙酸甲酯加氢反应活性和乙烷选择性随反应温度的变化。可以看出，随着 ZnO 的加入及其含量的增加，乙酸甲酯转化率逐渐增加，至 18.7%为未加 ZnO 时的 3 倍（200℃）；而主要副产物乙烷选择性逐渐下降，但反应温度过高时，不同 ZnO 含量的催化剂活性越接近，乙烷选择性则差别越大。图 6-21 给出了 Cu-8.7%ZnO/SiO_2催化剂上主要产物乙酸乙酯、乙醇、乙醛、乙烷和乙醚随反应温度的变化。由图可见，在低温主要生成了乙酸乙酯，随着温度升高，其选择性逐渐下降，而乙醇选择性逐渐升高，同时也导致其他脱水和脱氢等副反应加剧，使得乙醛、乙烯和乙醚选择性逐渐增加。

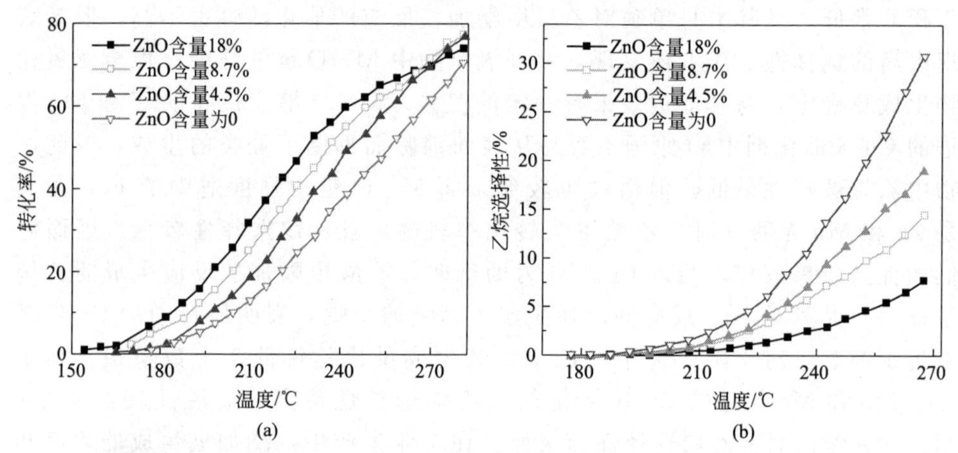

图 6-20　不同 ZnO 含量的 Cu-ZnO/SiO_2催化剂上乙酸甲酯加氢反应活性和乙烷选择性随反应温度的变化[152]（反应条件：4bar，H_2/酯＝50，W/F＝1500kg cat · s/mol）

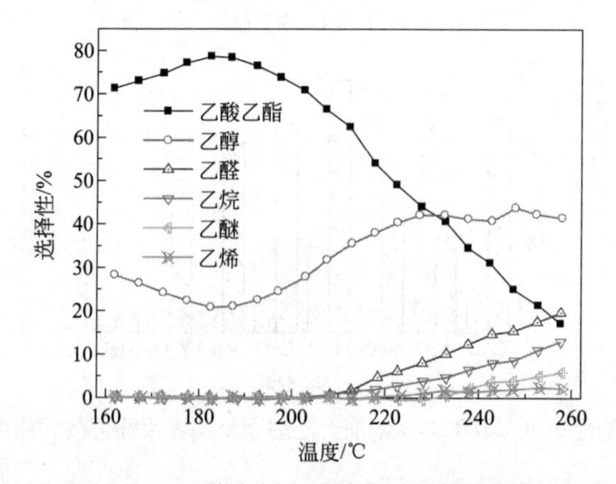

图 6-21　Cu-8.7%ZnO/SiO_2催化剂上乙酸甲酯加氢反应各产物选择性随反应温度的变化[152]（反应条件：4bar，H_2/酯＝50，W/F＝1500kg cat · s/mol）

由于 ZnO/SiO_2 催化剂对乙酸甲酯加氢反应没有催化活性，因此，ZnO 只是起助剂的作用。结果表明，适量 ZnO 的加入明显提高了催化剂的比表面积、Cu 的分散度和还原度，但这些参数与催化剂活性和选择性并没有直接的关系。进一步研究发现，还原后的 Cu-ZnO 催化剂表面形成了以下几种 Cu 物种：高度分散的 Cu 晶粒、部分被 Zn 包裹的 Cu 晶粒、与 ZnO 接触的 Cu 小晶粒、加入 ZnO 或硅胶体相的 Cu^+ 物种。单个 Cu 晶粒对乙酸甲酯加氢具有较高的催化活性，但 ZnO 的加入导致活性增加则主要来自于与 ZnO 接触或被 ZnO 部分覆盖的高度分散的 Cu 晶粒，它起着活化酯的作用，形成于催化剂还原阶段。这可能是 Zn 的促进机制。

Kim 等[155]将采用共沉淀法制得的 $Cu-ZnO/Al_2O_3$ 催化剂用于丁酸丁酯加氢反应中，并研究了 ZnO 的助催化作用。作者认为，ZnO 起到结构助剂的作用，使得 Cu 的比表面积增加；同时也起到化学助剂的作用，使得低温时 Cu 的活性更高。尽管 Pd/Al_2O_3 催化剂上乙酸乙酯加氢反应转化率可达 95%，但乙醇选择性为 0，只生成了甲烷、乙烷以及微量的 CO_x 和乙酸；而 Zn 的加入却使乙醇选择性增至 63.4%。可见 Zn 对酯加氢生成相应醇有高效助催化作用。

有关 Zn 作用机理的解释很多，大致总结如下：ZnO 中 O 阴离子空位使得 Cu 的电子密度增加，形成氧化态的 Cu；溢流、存储或活化氢的作用；认为催化活性仅与 Cu^0 有关，因此 ZnO 仅起载体的作用，但有人也发现，ZnO 上带电荷的 Cu 才是活性中心，或两者的共同作用；金属态的 Zn 易挥发，会迁移到气相，再沉积到金属 Cu 颗粒表面，在反应条件下，可起稳定 Cu^+ 的作用；修饰 Cu 形貌；形成 Cu-Zn 合金；活化乙酸酯；在制备过程中形成混合的 Cu-ZnO 相，使得在还原过程中生成高度活性的金属 Cu 颗粒。因此，Zn 的助催化机理还需结合具体的催化剂体系和制备方法进行深入研究，才能得出可靠的结论。

载体的选择对 Cu 基催化剂性能的影响也较大。表 6-15 比较了 $53\%CuO/MgO/SiO_2$（A）、$59\%CuO/40\%ZnO/1\%Fe_2O_3$（B）、$5\%CuO/ZnO$（C）、$48\%CuO/Al_2O_3/SiO_2$（D）、$66\%CuO/30\%ZnO/3\%MnO/0.7\%Al_2O_3$（E）催化剂上乙酸甲酯和乙酸乙酯加氢反应结果。可以看出，在适当条件下，各 Cu 基催化剂均可表现出较高的活性和选择性。比较催化剂 A 和 D，以 $MgO-SiO_2$ 为载体的 CuO 催化剂优于以 $Al_2O_3-SiO_2$ 为载体，且后者在 260℃ 以上使用时可导致催化剂不可逆失活。对于 Cu/Zn 催化剂 B、C 和 E，少量 Fe 或 Mn 的加入可明显提高催化剂活性，这是由于 Fe 或 Mn 的加入稳定了乙酰基物种，使其加氢生成乙醇。

表 6-15 不同 Cu 基催化剂上乙酸甲酯和乙酸乙酯加氢反应部分结果[162]

催化剂	进料	氢酯比	温度/℃	压力/MPa	转化率/%	乙醇选择性/%	STY_{EtOH}/[g/(kg cat·h)]	STY_{MeOH}/[g/(kg cat·h)]
A	乙酸甲酯	5	280	4.0	98.9	98.2	729.5	331.0
A	乙酸甲酯	10	260	4.0	98.1	97.4	695.8	481.9
A	乙酸乙酯	12.2	260	4.0	94.6	96.6	1120.4	—
B	乙酸甲酯	5	275	4.0	96.7	92.5	550.3	374.8
B	乙酸甲酯	10	275	4.0	98.7	97.3	590.0	388.6
B	乙酸乙酯	12.2	200	4.0	83.2	100	851.9	—
B	乙酸乙酯	12.2	200	0.1	37.3	98.6	377.1	—
C	乙酸甲酯	5	260	4.0	89.8	80.7	368.5	306.5
C	乙酸乙酯	12.2	230	4.0	84.3	100	690.3	—
D	乙酸甲酯	5	260	4.0	40.7	32.3	92.2	146.5
E	乙酸甲酯	5	260	6.0	98.8	97.7	543.0	379.4

注：LHSV=$1h^{-1}$。

即使是同一载体，其物化性质也会影响相应 Cu 基催化剂性能。当采用 Shell S980A 和 Degussa Aerosil 200 两种硅胶作为载体制得 Cu/Zn 基催化剂，在乙酸甲酯加氢反应中，两者活性接近，但后者表现出明显更高的选择性。进一步研究发现，这是由于 Aerosil 200 硅胶中所含 Al、Ca、Fe、Mg、Na 和 Ti 等杂质的含量低得多所致。这些杂质的存在使得催化剂表现出一定的酸性，从而促进了酸催化的醇脱水等反应的进行。这与合成气制乙醇用硅胶负载 Rh 基催化剂的情况一致。另一方面，硅胶表面羟基数目的不同也是上述催化剂性能差异较大的原因之一。Shell S980A 硅胶表面的羟基数量是 Aerosil 200 的 2 倍，这些具有 B 酸性质的羟基同样可催化醇脱水生成乙烯的反应，即使 Cu 和 Zn 含量较高时可削弱这些酸性的影响。另外，Cu/Zn 在削弱酸性的同时，也使催化剂具有一定的碱性，导致乙醇分子间脱水生成乙醚。总之，催化剂表面较高的羟基数量不利于提高乙醇选择性。

其他铜基催化体系也不断涌现，如 Cu-Fe、Cu-Zn-Zr 和 Cu-Zn-Mn，用于脂肪酸甲酯加氢反应中。

6.4.2.3 其他催化剂

国外对 Ru、Rh 等贵金属催化剂催化加氢方面的研究较多，而国内较少。醛、酮、羧酸、脂肪酸酯和羧酸酯等多种羰基化合物都能在 Ru 基催化剂催化下与氢气反应转化为相应的醇。例如，以氢化钌络合物为催化剂，在温和的反应条件（90℃，6.2bar）下即可催化羧酸酯加氢反应，但由于发生了脱羰基和酯交换反应，使得醇选择性下降。另外，单贵金属催化剂对羧酸及酯的加氢活性和选择性往往不高。在 Rh 基催化剂上，即使是简单的脂肪酸酯也可转化为酸和烃类[163]。如在活性炭负载的 1%Rh 催化剂上进行乙酸乙酯加氢反应，只有乙酸和相应的烃类（甲烷和乙烷）生成。然而在氧化铝负载的 0.5%Rh 催化剂上，除了上述产物之外，还生成了乙醇、乙酸甲酯和乙醚。这是由于 Rh 催化了 C—O 键和 C—C 键无选择性加氢反应所致。相比于 Pd/Al_2O_3 和 Rh/Al_2O_3 催化剂，Pt/Al_2O_3 催化剂上进行乙酸乙酯加氢反应时，在更苛刻的条件下，可生成乙醇和乙烷，以及因氧化铝具有酸性而导致脱水反应生成的乙醚。因此，人们通过引入一种或多种金属来调变单金属催化剂上乙酸酯气相加氢制备乙醇反应性能，如用 Sn 来修饰 Rh 基催化剂，则显著抑制了烃类生成反应。

其他贵金属催化剂体系还有 $Ru-Sn/SiO_2$、$Ru-Sn/TiO_2$、$Ru-Sn-B/Al_2O_3$、$Ru-Sn/Al_2O_3$ 和 $Rh-Sn/Al_2O_3$ 等催化剂，广泛用于直链羧酸及酯的加氢反应中，取得了不错的效果。虽然贵金属催化剂活性和选择性都很高，但存在价格昂贵、寿命较短、反应产物和催化剂分离困难等缺点，因而其应用受到很大的限制。

Ryashentseva 等[164]在 230℃、3MPa、LHSV＝$0.7h^{-1}$、氢酯比 5 的条件下详细考察了 θ-Al_2O_3、γ-Al_2O_3 和碳载体负载的 2%Re 催化剂上乙酸乙酯加氢制乙醇反应性能。结果发现，各催化剂活性和乙醇选择性高低顺序为：Re/C＞Re/θ-Al_2O_3＞Re/γ-Al_2O_3。但即使是性能较好的 Re/C 催化剂，在适宜条件下，乙酸乙酯转化率和乙醇选择性最高分别仅为 49.4% 和 79.4%，副产物基本上是 C_1～C_3 烃类；在 Al_2O_3 负载的 Re 基催化剂上还生成较多的乙醚。作者还发现，乙酸乙酯加氢反应路径受制于金属 Re 的状态，即 Re_x^0 和 Re_y^0，而 Re 的状态取决于 Re 分散度、Re 与载体相互作用以及容炭量。当在 Re_x^0 上乙酸乙酯转化为乙醇和烃类，而在 Re_y^0 上乙酸乙酯则转化为乙醇和乙醚。可见，Re 基催化剂性能远不及 Cu 基催化剂。

由于 Cu-Cr 和 Cu-ZnO 催化剂对合成气制甲醇和酯加氢均具有较高的催化活性，而 Pd/ZnO 催化剂可用于甲醇合成中，因此，当将该催化剂用于乙酸甲酯加氢反应时，可将反应压力降至 68bar 以下进行，液相进料中少量水的加入可抑制酯交换副反应的发生，但活性有所降低[165]。该催化剂还可用于丙酸甲酯、丁酸甲酯和乙酸乙酯的加氢反应中。

鉴于 TiO_2 负载的 Co-Fe 双金属催化剂 CO 加氢制醇类反应中表现出比 SiO_2 负载的 Co-Fe 催化剂更高的活性和选择性，因此，图 6-22 考察了 4.5%Co/TiO_2、4.5%Co-0.1%Rh/TiO_2、4.5%Co-0.1%Rh-4.5%Fe/TiO_2 和 4.5%Co-0.1%Rh-5.0%Cu/TiO_2 催化剂上乙酸乙酯加氢反应结果。可以看出，相对于 Pd

或 Rh，Co/TiO_2催化剂表现出更高的活性和选择性，但少量 Rh 的添加不但使催化剂活性略有下降，而且导致乙醇选择性大幅度下降（生成较多的烃类）；继续添加 4.5%Fe 则使乙酸乙酯转化率大幅度下降，但对乙醇选择性影响不大；而用 Cu 代替 Fe 添加到 4.5%Co-0.1%Rh/TiO_2催化剂中，其效果明显不如 Fe。这可能是由于 Fe 对催化剂表面由乙酸根生成的乙酰基的稳定作用。总体而言，TiO_2负载的 Co 基催化剂性能不及 Cu 基催化剂。

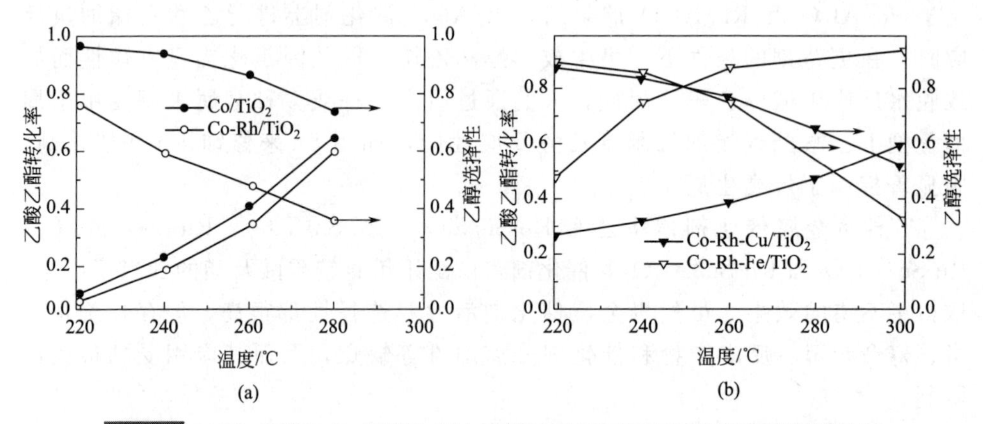

图 6-22 TiO_2负载的 Co 基催化剂上乙酸乙酯加氢反应活性和选择性随温度的变化[162]（反应条件：4MPa，LHSV = $1h^{-1}$，H_2/酯 = 12.2）

综上可知，Cu 基催化剂用于酯的催化加氢已广泛用于工业生产，但其本身性能存在活性不够高、机械强度低、抗烧结能力差等问题。尽管 Cr 的加入使得 Cu 基催化剂表现出良好的效果，但 Cr 毒害大和回收利用困难，因此无 Cr 催化剂的研究成为主流。目前无 Cr 的 Cu 基催化剂的研究取得很大的进展，但存在反应条件苛刻、能耗高的问题，应用条件更加温和的催化剂具有更大的应用前景。Ru 基催化剂在较温和条件下的酯加氢反应中表现出高性能，但寿命短，催化剂与产物分离困难。另外，上述催化体系上酯加氢反应机理的研究还不够深入，也未取得共识。中压加氢制醇操作安全，设备投资少。因此研究出新型催化剂使反应在低温低压下进行，也是该工艺未来发展的趋势。

6.4.3 影响 Cu 基催化剂乙酸酯加氢反应性能的因素

6.4.3.1 反应条件

图 6-23 为反应温度对 53%CuO/MgO-SiO_2和 53%CuO/ZnO/MnO_2/Al_2O_3催化剂上乙酸甲酯加氢反应性能的影响。可以看出，反应温度对 53%CuO/MgO-SiO_2催化剂性能的影响较大。在所考察的温度范围内，随着反应温度的升高，乙酸甲酯转化率和乙醇选择性快速增加；而对于 53%CuO/ZnO/MnO_2/Al_2O_3催化剂，反应

温度对乙酸甲酯转化率和乙醇选择性的影响则很小。可见，反应温度对 Cu 基催化剂活性，尤其是产物选择性的影响程度取决于所添加的助剂，如在 $Cu-Ni/SiO_2$ 催化剂上（图 6-24），随着反应温度的升高，乙醇选择性逐渐降低，乙烷、乙醛选择性上升，特别是甲烷选择性明显上升，而乙酸乙酯选择性保持稳定，但超过一定温度后有所下降。

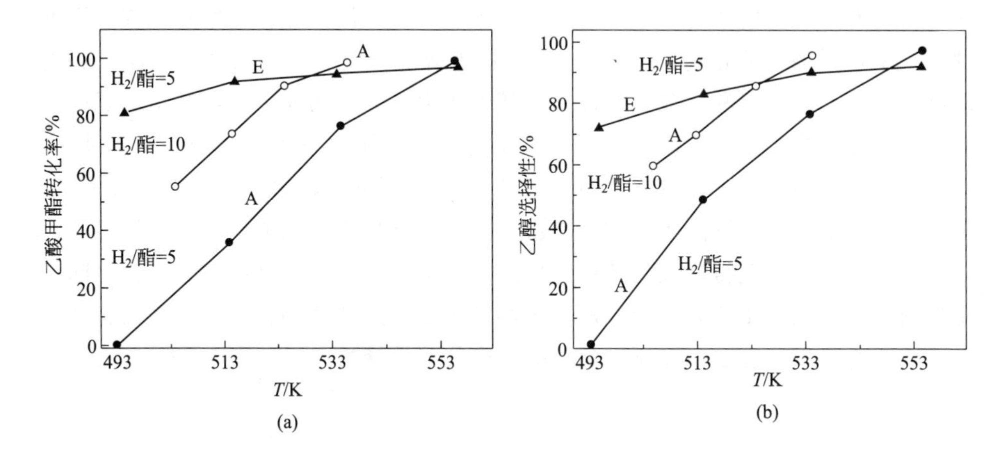

图 6-23　反应温度对 53% $CuO/MgO-SiO_2$（A）和 53% $CuO/ZnO/MnO_2/Al_2O_3$（E）催化剂上乙酸甲酯加氢反应性能的影响[162]（反应条件：4MPa，$LHSV=1h^{-1}$）

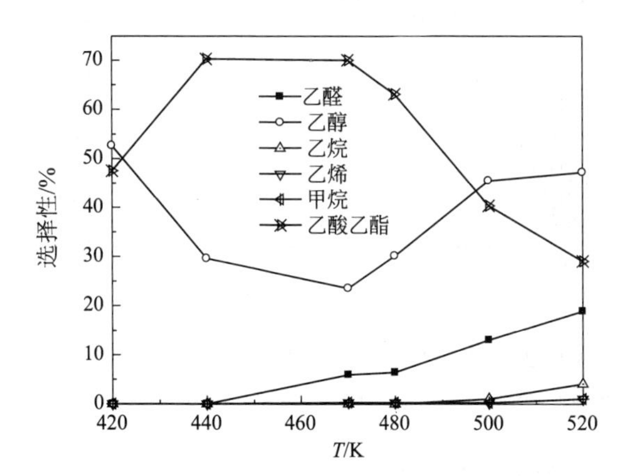

图 6-24　$Cu-Ni/SiO_2$ 催化剂上乙酸甲酯加氢反应产物选择性随反应温度的变化[144]（反应条件：0.4MPa，$W/F=1500kg\ cat\cdot s/mol$）

一般来说，反应温度对烷烃生成最为敏感，尤其当反应已快结束时影响最大。在固定床反应末期，由于不断升温对烷烃有显著影响；在控制反应温度时，不可高于一定值，尤其对局部过热要严格控制。

由图 6-23 还可以看出，随着氢酯比由 5 增加至 10，乙酸甲酯转化率和乙醇选择性明显上升。另外，氢酯比的增加可明显抑制酯交换产物和烃类的生成；但过高的氢酯比会增加能耗和 H_2 的消耗。但也有报道，过量的氢太多，也会使烷烃增加。因此，依靠高氢酯比把热量带出，热点温度虽可解决，但也导致烷烃选择性增加。

图 6-25 为反应压力对 53%$CuO/ZnO/MnO_2/Al_2O_3$ 催化剂上乙酸甲酯加氢反应性能的影响。由图可见，随着反应压力的升高，乙酸酯转化率和生成乙醇的时空收率均增加，但超过 4MPa，两者的增加幅度不大。对于其他含氧副产物的选择性，如乙醛和乙酸乙酯选择性，则随着压力升高而明显下降，这是由于高压下乙醛的生成受到动力学的控制。一般来说，反应压力越高，烷烃生成量越小，高压有利于抑制烷烃的生成。当在 66%CuO/30%ZnO/3%MnO/0.7%Al_2O_3 催化剂于常压、260℃条件下进行乙酸乙酯加氢反应时，乙酸乙酯转化率仅为 41.9%，且产物也变得比较复杂：乙醛选择性为 5.6%，在稍高反应温度下同时还检测到 2-丁酮、丁醛、丁醇、乙酸丁酯和丙酮。这些产物都是经醇醛缩合和酯交换反应的结果。总之，高压有利于提高产物的选择性。

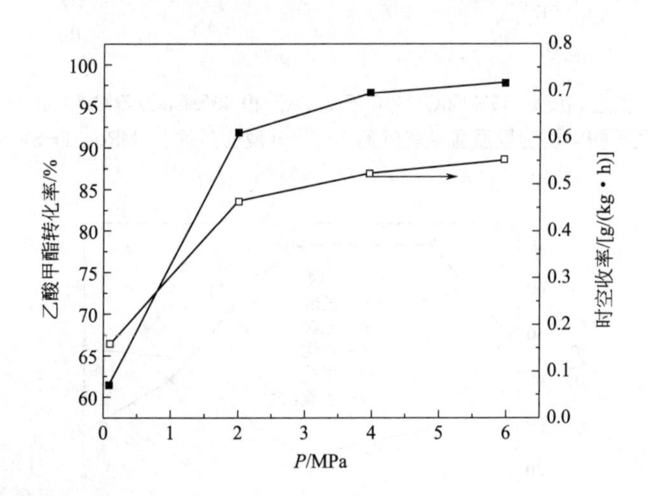

图 6-25　反应压力对 53%$CuO/ZnO/MnO_2/Al_2O_3$ 催化剂上乙酸甲酯加氢反应性能的影响[161]（反应条件：533K，LHSV = $1h^{-1}$，H_2/酯 = 5）

图 6-26 为接触时间对 53%$CuO/MgO\text{-}SiO_2$ 催化剂上乙酸甲酯加氢反应性能的影响。由图可见，随着接触时间的延长，乙酸甲酯转化率和乙醇选择性逐渐增加，至一定时间后，两者增幅变小；但对于乙酸乙酯选择性则变化不大，但在较高温度反应时，则有所下降。一般而言，随着液体进料空速的增加，乙酸酯转化率下降，乙酸乙酯选择性有所上升，而乙醛和烃类选择性则有所下降。

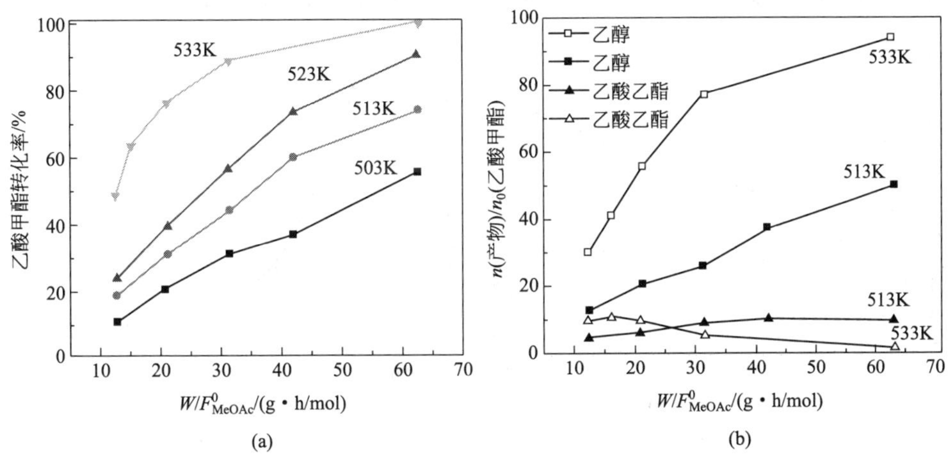

图 6-26　接触时间对 53% $CuO/MgO-SiO_2$ 催化剂上乙酸甲酯加氢反应性能的影响[162]（反应条件：4MPa，H_2/酯 = 10）

6.4.3.2　催化剂的结构和物化性质

载体较大的比表面积和孔径有利于活性组分的分散和传质的进行，但并不是催化剂性能的决定因素。

催化剂的酸碱性对乙酸酯加氢反应性能产生影响。酸性的存在会促进醇分子间或分子内的脱水和醇醛缩合反应而生成烃类、醚类以及醛酮类副产物。研究发现，乙烷选择性与催化剂的酸性存在对应关系，如当载体中 Al 的存在将会增加催化剂表面酸性，从而促进上述副反应的发生。相反，催化剂的碱性则能稳定带正电荷的反应中间体乙酰基，从而促进加氢反应的进行，如载体中 Mg 和 Fe 的存在则提高了催化剂的活性和选择性。

图 6-27 给出了 Cu/SiO_2 催化剂的比表面积和 Cu 含量对其表面酸性的影响。可以看出，催化剂表面酸量随着样品比表面积的增加而线性增加，而随着催化剂中 Cu 含量的增加而快速下降，因此，尽管 Cu 物种（一般是氧化态 Cu）本身具有一定酸性，但催化剂大部分酸量来自于载体表面，但只有与 Cu 晶粒接触的载体才能催化醇类脱水而生成乙烯，最终在 Cu 位上生成乙烷。而 Zn 的加入可中和部分酸性，从而抑制乙烷的生成。可见，载体酸性在乙烷的生成中起重要作用。

一般而言，活性 Cu 的比表面积越大，其催化活性越高，但活性 Cu 的催化性能与 Cu 物种化学状态及其与助剂相互作用有关。van der Scheur 等[154]在研究 $Cu-ZnO/SiO_2$ 催化剂时发现，在 543～743K 还原时，尽管催化剂中金属 Cu 的比表面积不同，但催化剂活性变化不大。这可能是由于低温还原时形成的 Cu^0 分散度尽管很高，但催化活性并不高，而在高温还原时 Cu-Zn 间相互作用而形成的活性中心活性更高。他们还认为，金属 Cu^0 的催化作用比氧化态 Cu 更大。

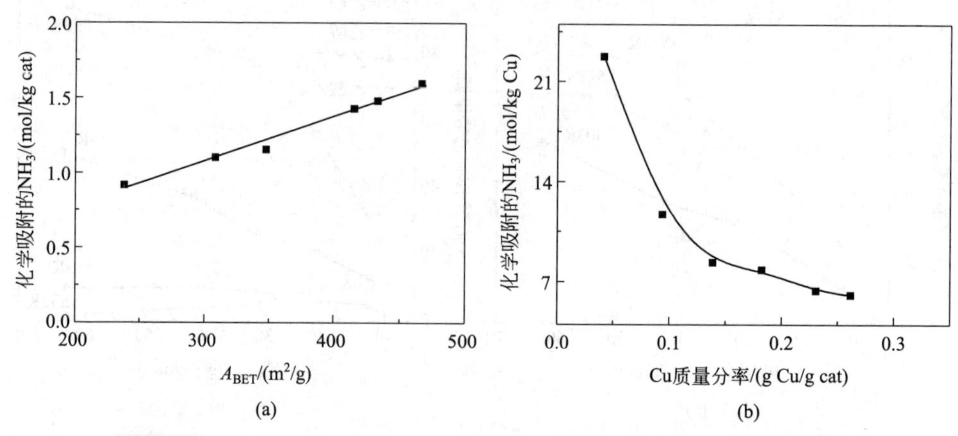

图 6-27 Cu/SiO_2 催化剂的比表面积和 Cu 含量对其表面酸性的影响[153]

图 6-28 为还原温度对 $Cu/ZnO/SiO_2$ 催化剂上 Cu 比表面积和还原度的影响。由图可见，随着还原温度升高，Cu 还原度增加，至 650K 时为 1，同时 Cu 比表面积也达最高，为 12.7m^2/g；继续增加还原温度，Cu 还原度超过 1，表明 Zn 开始还原形成 Cu-Zn 合金，或覆盖 Cu 使其比表面积开始下降，同时由于 Zn 蒸发损失而使催化剂失活。然而，催化剂中 Cu 的分散度和还原度，不仅与还原条件有关，还与催化剂的制备方法密切相关。

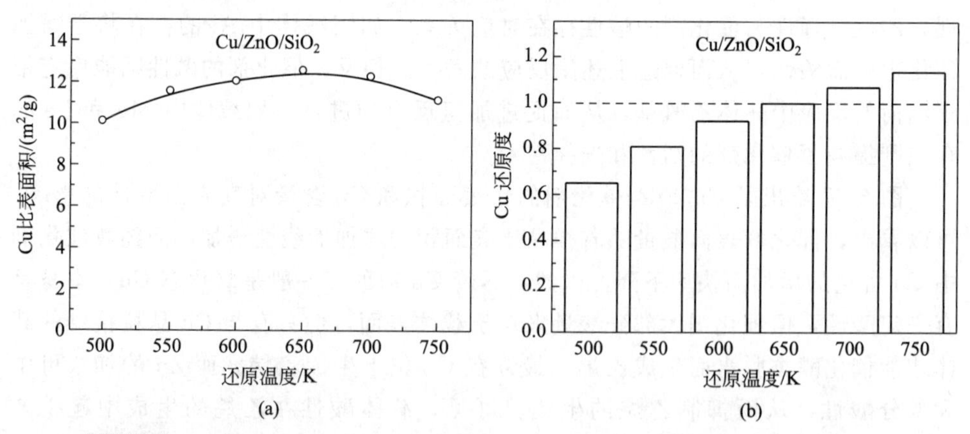

图 6-28 还原温度对 $Cu/ZnO/SiO_2$ 催化剂上 Cu 比表面积和还原度的影响[154]

6.4.3.3 原料中杂质和体系中水的影响

在天然的脂肪酸甲酯中含有 Cl、N、P 和 S 化合物以及自由的脂肪酸，这些杂质的存在都会使随后的加氢反应的催化剂中毒而失活，一般这种失活是不可逆的。其中 S 对 Cu 基催化剂的毒害作用很大，这些 S 除了来自天然产物，还来自制备酯时所用的催化剂，如硫酸和硫酸甲酯等，但两者的存在形式不同，前者中S基本以有机硫形式存在，而后者则是以无机物的形式存在。一般来说，有机硫的毒害比无机硫大。

这些硫化物至少以四种形式与活性金属作用而致使催化剂失活：硫化物或与反应物反应生成的硫化物堵塞活性位，抑制反应物的吸附；当某基元反应需要大的活性颗粒时，硫化物的覆盖则会显著降低反应速率和影响选择性；改变活性位的电子特性；可促进表面自扩散，使活性位烧结或重组而降低催化活性。

Brands等[166]研究了S对$Cu/ZnO/SiO_2$催化剂性能的影响。结果表明，S的毒害程度与其存在形式有关，十八烷基硫醇（C18SH）＝双十六烷基二硫化物（C16S2C16）＜异硫氰酸苄酯（ITCN）＜甲基对甲苯磺酸钠（MePTSA）＜双十六烷基硫化物（C16SC16）＜二苯并噻吩（DBT）。催化剂中助剂ZnO的存在可起到一定抗毒的作用，这可能是由于在热力学上ZnS比CuS更易形成，结果如图6-29所示。也可以看出，这些硫化物的毒害程度与其分子大小、本身加氢脱硫性能以及与反应物分子在活性位的吸附竞争有关。

另外，从催化剂表面脱除S进行再生，需要1000K以上的温度，不论是在还原性气氛中，还是在氧化性气氛中都是如此。很显然，在工业应用中很难达到如此高的温度，同时还会导致Cu基催化剂发生不可逆的晶相转变和烧结。可见，催化剂的再生在实际操作上变得不可行，再加上在催化剂表面形成表面硫化物比体相硫化物有利，这就要求原料中硫含量必须很低。原料中有机Cl也对Cu/Zn催化剂性能产生影响，其活性和选择性也随着原料中有机Cl含量的增加而逐渐下降。这是由于Cl改变了活性位的价态，降低了催化剂比表面积，促进了晶粒长大和催化剂的聚集所致[167]。

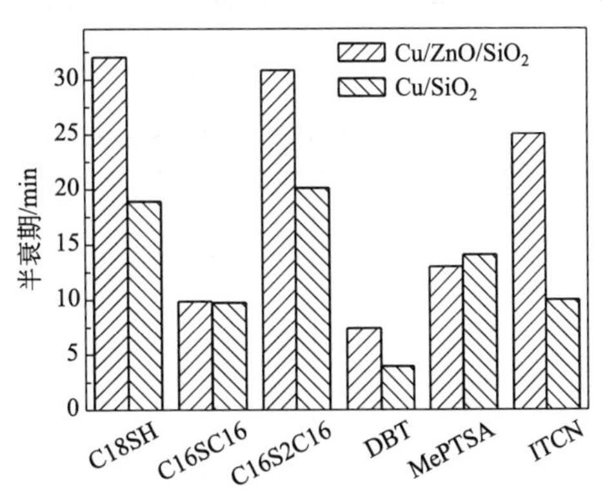

图6-29　不同硫化物存在时$Cu/ZnO/SiO_2$和Cu/SiO_2催化剂上月桂酸甲酯反应半衰期[166]［反应条件：470K，8.0MPa，W/F＝2500kg cat/(s·mol)］

原料或体系中生成的水对Cu基催化剂性能也有影响，但尚存有争议。由于催化剂在使用前需要还原，因此水的存在抑制了催化剂在还原过程中活性组分的形成，还会侵蚀堵塞活性位；但也有人发现，水对催化剂活性没有影响，这可能与所含的水量有关。图6-30考察了原料中水含量对Cu/Zn催化剂上月桂酸甲酯加氢反应性能的影响。由图可见，随着原料中水含量从0.1%增加到2%，原料转化率从95%降至71%，产物选择性从97%降至62%。但对于完全预还原后的催化剂，原料中0.1%水的存在对其性能的影响不大；显然过多水的存在将会堵塞活性位而使得催化剂失活，这是由于体系中水侵蚀了催化剂活性位，促进了晶体生长，使得催化剂聚集所致。

对于 Pd/ZnO 催化剂，当体系中没有水时，乙酸甲酯加氢反应生成乙醇的选择性仅为 37%，当加入 1%的水，乙醇选择性达 92%，但乙酸甲酯转化率却一直随加入水量的增加而下降，结果见表 6-16。进一步研究发现，当水含量保持在 1%以下时，催化剂初活性在反应 20h 后下降 20%，之后在 70h 内保持较高的反应稳定性，乙醇选择性一直稳定在 85%～90%；当水含量高于1%，催化剂将发生不可逆失活。总之，必须严格控制酯加氢反应体系中水含量。

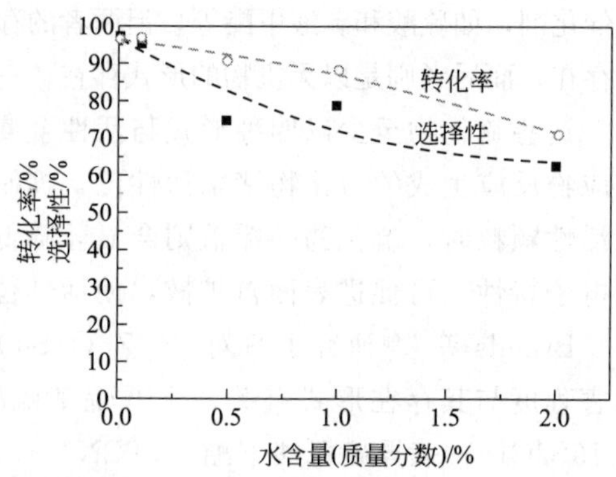

图 6-30 原料中水含量对 Cu/Zn 催化剂上月桂酸甲酯加氢反应性能的影响[168]（反应条件：催化剂与原料质量比 0.025 : 1，240℃，21MPa，300min，750r/min）

表 6-16 水添加量对 1%Pd/ZnO 催化剂上乙酸甲酯加氢反应速率的影响[165]

进料中水含量/%	生成速率/[μmol/(g cat · s)]			
	甲醇	乙醇	乙酸乙酯	总活性
0	7.3	2.1	3.6	5.7
0.1	4.3	2.4	1.8	4.2
0.5	2.8	1.5	0.33	1.8
1.0	1.5	1.1	0.06	1.2
5.0	1.4	0.5	0.02	0.5

注：反应条件：300℃，5.0MPa，H_2/酯＝4.0。

由此可见，在进行酯类加氢反应之前，需详细考察原料中的微量杂质及其存在形式，建立可靠的脱硫手段和设计适宜的反应器，对于乙酸酯加氢过程的工业化具有重要意义。

6.4.4 Cu 基催化剂乙酸酯加氢反应动力学[169]

通过反应动力学的研究，可以解决操作条件最优化问题，理解反应机理和主、副反应及中间产物的形成与消失过程，还可以计算出反应速率常数、反应级数、中间产物极值及出现极值的时间、同系物反应速率比较，以及各种副反应的速率常数。反应动力学可从定性和定量两个方面说明问题所在，从而在设计上、工艺上和技术改造中如何趋利避害和发挥最大优势方面起着重要作用。

Evans 等[170]用乙酸乙酯加氢反应筛选了一批催化剂，其中 2 个 Cu-Cr 催化剂（Harshaw 1808，43%CuO，Cr_2O_3平衡；Harshaw 0203，80%CuO，Cr_2O_3平衡）表现出高活性和选择性；9.5%Cu-0.5%Ni/Al_2O_3和 1%Pd/Al_2O_3催化剂表现出一定初活性，但 30min 后降至 0；Raney Ni、Raney Co 和 3.4%NiO-19.8%MoO/Al_2O_3催化剂虽然活性较高，但乙醇选择性低；而 Raney Cu 催化剂表现出最佳的催化性能（以单位质量计）。

因此，作者采用 Raney Cu 为催化剂，研究了乙酸酯加氢反应中底物结构和反应性的影响。反应在常压、210～280℃的条件下进行。发现乙酸乙酯的加氢伴随着乙醛的生成，其平衡式为 $CH_3CHO + H_2 \longrightarrow C_2H_5OH$，热力学计算和实验产物分布结果表明，当反应温度达 260℃以上时，该反应处于平衡状态；而类似计算结果表明，乙酸乙酯加氢则达不到反应平衡状态。另外，在较高温度时产物中还有 CO 和甲烷，其反应式为 $CH_3CHO \longrightarrow CH_4 + CO$。

由实验结果拟合乙酸乙酯加氢反应速率表达式 $r = A\exp\left(\frac{E_a}{RT}\right)P_{CH_3COOC_2H_5}^{x}P_{H_2}^{y}$，最终得到 $x = -0.505$，$y = 1.03$，表观活化能 $E_a = 88kJ/mol$，指前因子 $A = 2.73 \times 10^6 mol/(mL \cdot h \cdot atm^{0.52})$。

作者还在氢酯比 20、温度 220℃的条件下测得其他乙酸酯加氢反应速率，结果见表 6-17，该反应速率考虑了酯交换反应的贡献。由表可见，对于直链的乙酸酯，底物的链越长，其加氢反应速率越高；底物烷氧基碳上甲基的引入使得反应速率降低，而仲烷氧基碳上甲基的引入则促进了加氢反应的进行。

表 6-17　Raney Cu 催化剂上不同乙酸酯反应速率[169]

原料	总速率/[mol/(cm³·h)]	计算的加氢速率/[mol/(cm³·h)]
乙酸甲酯	7.9×10^3	6.0×10^3
乙酸乙酯	6.7×10^3	6.7×10^3
乙酸正丙酯	11.6×10^3	9.9×10^3
乙酸异丙酯	6.2×10^3	5.6×10^3
乙酸正丁酯	12.6×10^3	11.2×10^3
乙酸异丁酯	15.7×10^3	13.6×10^3

作者还将这些速率数据与 Taft 公式很好地关联起来，此时公式中必须含有一项来说明 α-C 上 H 原子的数目。Taft 公式为 $\lg R_i = p^* \Sigma\sigma^* + h\Delta n + C$。式中，$R_i$为乙酸酯和乙酸甲酯加氢反应速率的比值；$\Delta n = 6 - \Sigma n$，$n$ 为烷氧基和乙酰基 C 上 α-H 的数目；$\Sigma\alpha^*$ 为酯 R′COOR 中 R 和 R′基团诱导常数的和。拟合结果显示，电子诱导效应对反应速率的影响比位阻效应更大。

Agarwal 等[171]研究了常压 Cu/SiO_2催化剂上乙酸乙酯和乙酸甲酯加氢反应，结果发现，493K 时乙酸甲酯和乙酸乙酯加氢反应速率中对酯的反应级数分别为 0.11 级和 0.02 级，对 H_2的反应级数分别为 0.67 级和 0.58 级，与 Evans 等[169]所得结论不同。这可归结为 Cu 催化剂的结构不同所致。另外，在 483～523K，Cu/SiO_2催化剂上乙酸甲酯和乙酸乙酯加氢反应的表观活化能分别为 99kJ/mol 和 107kJ/mol，而在 Raney Cu 催化剂上乙酸乙酯加氢反应的表观活化能为 88kJ/mol。作者还发现，乙酸酯与甲酸酯加氢机理不同：前者首先是酯的解离吸附形成乙酰基，再慢速加氢生成乙醇，若乙酰基未及时加氢而占据表面活性位，则会促进酯化反应的进行；而甲酸酯则是不解离吸附在催化剂上，直接与 H_2反应，其反应速率要比乙酸酯快 1000 倍。

上述乙酸酯加氢反应动力学考察均在常压下进行，Claus 等[161]在 250℃以下和 4MPa 的条件下考察了 Cu 和Ⅷ族金属催化剂上乙酸甲酯和乙酸乙酯的加氢反应。在乙酸甲酯加氢反应中，并没有发现乙醛的生成，这可能是由于反应采用了较高的压力所致。作者给出了 Cu/MgO-SiO_2催化剂上乙酸酯加氢反应速率的指数形式公式 $r=k_{0i}\exp\left(\frac{-E_A}{RT}\right)P_{酯}P_{H_2}$。其中，乙酸甲酯加氢反应速率计算公式为 $\frac{dX_3}{d(W/F_{MeOAc})}=k_3P_{MeOAc}P_{H_2}$；酯交换反应为 $\frac{dX_4}{d(W/F_{MeOAc})}=k_4P_{MeOAc}P_{EtOH}$；乙酸乙酯加氢反应为 $\frac{dX_5}{d(W/F_{MeOAc})}=k_5P_{EtOAc}P_{H_2}$。式中，$X$ 为转化率，W 为催化剂质量，F 为进料量，P 为分压。

通过上述公式和相关实验结果，算得不同温度下 Cu/MgO-SiO_2催化剂上乙酸甲酯加氢反应的各速率常数 k_i、指前因子 A、活化能 E_A，k_5/k_3为乙酸乙酯和乙酸甲酯加氢反应速率常数的比值，结果见表 6-18。可以看出，乙酸甲酯和乙酸乙酯加氢反应表观活化能分别为 125.6kJ/mol 和 118.5kJ/mol；k_5/k_3比值表明乙酸乙酯反应速率高于乙酸甲酯。还可以看出，以乙酸甲酯为底物时，酯交换反应占主导地位。

表 6-18 Cu/MgO 催化剂上不同温度下乙酸甲酯加氢反应速率常数、指前因子和活化能数据[161]

项目	k_3	k_4	k_5	k_5/k_3
503K 时 k 值	6.2	174.2	14.4	2.34
513K 时 k 值	10.0	240.2	24.3	2.43
523K 时 k 值	14.4	289.4	44.9	3.12
533K 时 k 值	35.9	379.5	65.6	1.82
E_A/(kJ/mol)	125.6	56.2	118.5	
A/[mol/(g·h·MPa²)]	$10^{10.79}$	$10^{5.09}$	$10^{10.46}$	

van der Grift 等[172]以乙酸甲酯为底物，研究了不同的氧化还原处理对硅胶负载的 Cu 颗粒催化剂的结构和催化性能的影响。结果表明，通过调节 Cu 粒子表面结构能够可逆改变催化剂活性。Cu 表面堆积得越密，乙酸甲酯加氢活性越低。

Natal Santiago 等[173]采用量热、红外和反应动力学测量等手段比较了 Cu/SiO_2上乙酸、乙酸甲酯和乙酸乙酯的加氢反应，实验测得乙酸甲酯、乙酸乙酯、乙醛、甲醇和乙醇在催化剂上初始吸附热分别为 124kJ/mol、130kJ/mol、130kJ/mol、128kJ/mol 和 140kJ/mol。这表明甲醇和乙醇在 Cu 催化剂上可以解离吸附，生成甲氧基和乙氧基，它们在一定条件下可脱氢生成醛和氢，该过程活化能分别为 90～140kJ/mol 和 80～120kJ/mol。比较而言，乙氧基更易发生脱氢，而甲氧基则易与表面氢反应生成甲醇脱附。另外，吸附的乙酸、乙酸甲酯和乙酸乙酯可发生 C—O 键的断裂生成乙酰基和烷氧基。DFT 结果表明，乙酸乙酯、乙酸甲酯和乙酸的解离吸附活化能依次增加，分别为 62kJ/mol、67kJ/mol 和 83kJ/mol，即解离的速率逐渐减小，可见它们分子中 C—O 键的断裂取决于与该 O 原子邻近的基团，即该基团越大，则其邻近的 C—O 键越易断裂。这是它们发生加氢反应的初始步骤。解离之后形成的乙酰基在催化剂表面停留的时间较长，其加氢生成醇是反应的重要步骤，它决定了乙酸和乙酸酯加氢反应的总速率，在一般情况下，可成为反应的决速步骤，而烷氧基的加氢则比较快速。

对于 Sn-Rh 双金属催化剂，随着 Sn/Rh 比的增加，乙酸乙酯加氢生成乙醇的速率增加，但生成烃类的速率却不受影响，在 248～270℃反应温度范围内，加氢反应速率可用 Langmuir-Hinshelwood 模型进行描述。

由于在乙酸酯加氢反应过程中，可能涉及相关醛、酮、酸和酯的加氢过程，因此，我们可以将它们的加氢活性进行比较。从结构上看，醛、酮和酸都含有羰基，但醛和酮很容易被 H_2还原，而酸中羰基却很难被还原，因而比较难以加氢生成相应醇。显然，酸中羰基与醛、酮中的有所不同。一般来说，C ═O 键长为 0.122nm，C—O 键长为 0.143nm，但在羧酸中的 C ═O 和 C—O 键长都有趋于一致的趋势，即分别为 0.128nm 和 0.131nm。因此，这两个键既非单键也非双键，羧基负离子相对处于稳定状态，这就是羧基还原性能大大降低，比酮和醛难以加氢的原因。但对于酯，由于 C—O 键中有 R′与 O 相连形成 C—O—R′醚键形式，C—OR′键长达 0.143nm，比酸（0.131nm）增长了，而 C ═O 键长由酸中的 0.128nm 降至 0.125nm，说明由于—OR′基团的影响，酯分子中的共轭效应减弱了，键能下降，但比醛、酮中无共轭效应的键能大，因此，酯加氢活性易于酸，而难于醛、酮。

R—C(=O)—H	R—C(=O)—R	R—C(=O)—OH	R—C(=O)—OR′
C═O　0.122nm	C═O　0.122nm	C═O　0.128nm	C═O　0.125nm

6.4.4.1 乙酸酯加氢制乙醇工业化进展

高级脂肪酸酯加氢制脂肪醇是在20世纪50年代取代金属Na还原法后发展起来的一种方法。随着石油化工的兴起、羰基合成法制醇的问世以及动植物油脂价格的波动，采用此法生产高级醇有所下降，但它独具优点，始终未被淘汰，后来还发展了脂肪酸直接加氢制醇，使得生产成本进一步下降。对于工业上脂肪酸及其酯加氢工艺，按反应器的结构形式主要分为固定床与悬浮床加氢工艺，但以悬浮床为主。采用固定床具有以下优点：床层内流体轴向流动可看成是理想置换反应，很少出现返混现象；催化剂浓度比悬浮床大好几倍，因而反应速率快，停留时间短；催化剂消耗量比悬浮床小；可以严格控制停留时间；物料中不含有固体催化剂，因而对设备磨损小。其缺点为：反应速率过快，容易产生局部过热，在床层轴向上有一个温度最高点，即热点，这对反应选择性不利，容易产生烷烃；固定床工艺适宜于气相反应，而在酯或酸加氢过程中是气液反应，为了增加气相组成，多采用高的氢酯比，使得能耗增加，主要表现在循环压缩机功率高，氢气预热器热负荷高；要求催化剂寿命长、强度好，因而拆卸不方便；物料在床层中分布不易均匀，且随着床层阻力的不均匀而发生变化，尤其对液相反应易发生沟流现象，因此需增加再分布装置。

而对于悬浮床工艺，其缺点为：需增加多种设备，如过滤设备、催化剂与物料混合设备、催化剂沉降设备；由于催化剂在系统中流动，对设备磨损大；由于催化剂呈粉末状，为了避免其沉降而造成的堵塞，要求流体最好呈湍流状态，线速度很大。但它也有比固定床优越的地方：设备利用率高，对催化剂没有成型和强度要求，且装卸方便；物料混合得好，反应器几乎没有轴向和径向温差；反应所需氢料比较低，因而能耗低。

以脂肪酸甲酯悬浮床加氢流程为例，其典型的反应条件为：220～340℃，15.7～29.7MPa，氢酯比500～3000（悬浮床）或10000～15000（固定床），空速0.25～0.6h^{-1}（固定床），催化剂5%～10%（对原料酯，悬浮床）。然而，工业上专门针对相对低级脂肪酸酯，如乙酸酯为原料的加氢反应工艺还不多。近些年来，随着世界，尤其是我国甲醇和乙酸产能过剩，在乙醇需求旺盛的情况下，乙酸酯加氢制乙醇为工业界所广泛重视，许多企业都在进行着工业化的尝试。

6.4.4.2 国外由甲醇经酯加氢制乙醇工艺[174]

Davy-Mckee公司和Halcon SD公司提出类似的甲醇制乙醇的新路线：甲醇液相羰基化生成乙酸；乙酸与甲醇酯化生成乙酸甲酯，该过程采用新技术，使得投资成本和蒸汽消耗大幅度下降，该酯化技术已在Eastman Kodak公司的乙酸酐工厂得到大规模工业应用；所得高纯的乙酸甲酯催化加氢生成等摩尔甲醇和乙醇，所采用的催化剂已在其他加氢工艺中得到商业化应用；产物经分离后，甲醇循环使用，乙醇则因加氢反应中生成少量的水，需通过精馏或吸附进一步脱水才能用作汽油添加物。

另外，在羰基化过程中产物是乙酸酐，而非乙酸，由乙酸酐和乙醇，或乙醇与乙酸酯化反应生成乙酸乙酯，作为加氢反应的底物。这个过程在经济上更为可行。反应如下所示：

$$CH_3COOCH_3 + CO \longrightarrow (CH_3CO)_2O$$

$$(CH_3CO)_2O + CH_3OH + C_2H_5OH \longrightarrow CH_3COOCH_3 + CH_3COOC_2H_5 + H_2O$$

$$CH_3COOC_2H_5 + 2H_2 \longrightarrow 2C_2H_5OH$$

乙酸甲酯羰基化制乙酸酐已由 Eastman Kodak 公司实现大规模工业化，这是由 Halcon 和 Eastman 联合开发的技术。酯加氢反应所用催化剂同上。

Davy-Mckee 公司则将 Monsanto 公司的 Rh 基催化剂或 Halcon 公司的非贵金属催化的甲醇羰基化过程与传统的乙醇酯化反应过程相结合，来生成乙醇。但在酯化过程的分离步骤中，需要一些特殊步骤以打破乙醇-乙酸乙酯-水三元共沸体系。乙酸乙酯加氢生成乙醇反应只需 Cu-Zn 催化剂在温和的条件下进行。BASF 公司可提出类似的工艺，但其羰基化反应产物是乙酸甲酯，而后者需从甲醇-甲基碘-乙酸甲酯-水体系中分离出来。其加氢催化剂为促进的 Cu-Mg 催化剂，反应在非常高的压力下进行。BASF 等公司提出了一个看起来很直接的乙醇生产路径，无须酯化步骤，直接以乙酸为原料，在 Co-Cu 催化剂作用下进行加氢反应生成乙醇。尽管省去了酯化的投资，但却被从乙醇中分离水的费用所抵消。另外，该乙酸加氢工艺需要高压，导致设计费用增加，酸的存在影响了催化剂的使用寿命。具体情况见表 6-19。

表 6-19 国外公司报道的不同酯化加氢制乙醇工艺

公司	参考文献	羰基化工艺	酯化工艺	加氢工艺	评述
Davy-McKee	[175]	Monsanto 或 Halcon	常规工艺	Cu-Zn，200℃，1.4MPa	酯化成本高
BASF	[176]	Generic	羰基化步骤	Cu-Mg-Ba/Cr/Zn，190℃，29MPa	MeOAc 分离成本高
Humphreys & Glasgow	[177]	Monsanto		Co-Cu/Mn/Mo，250℃，26MPa	乙醇-水需分离
BASF	[178]	Generic		Co-Cu/Mn/Mo，250℃，26MPa	乙醇-水需分离
Halcon SD	[179]	Halcon	塔式反应器	Cu-Cr，250℃，2.8MPa	变量多

6.4.5 国内乙酸酯加氢制乙醇工业化进展

从 2008 年开始西南化工研究设计院开展乙酸酯化加氢制乙醇的研发工作，

先后完成了小试、单管模试和中试，研发了新型乙酸酯加氢催化剂，探索了最佳的乙酸酯加氢工艺条件，并申请国家发明专利 6 项，形成了具有自主知识产权的新工艺和新技术。图 6-31 和图 6-32 分别为西南化工研究设计院报道的乙酸乙酯生产工艺流程及其加氢制备乙醇的工艺流程[180]。

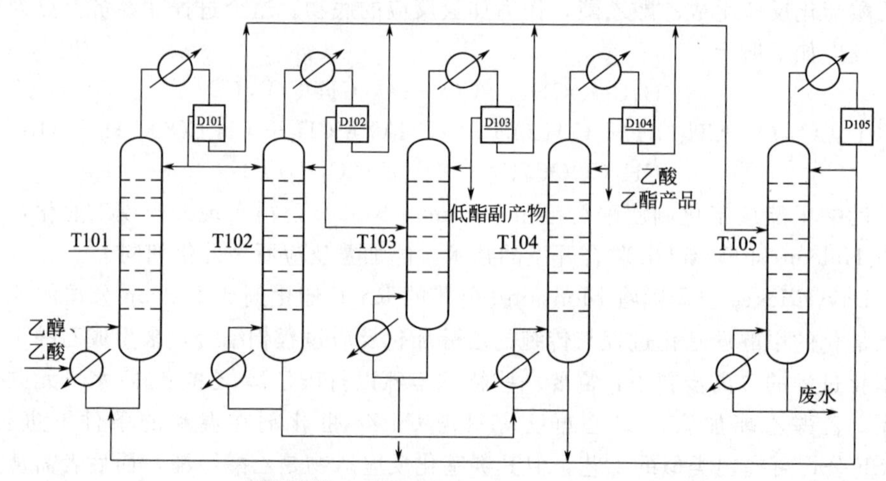

图 6-31 乙酸乙酯生产的工艺流程[180]

D101—酯化塔回流罐；D102—提浓塔回流罐；D103—低酯回收塔回流罐；D104—精制塔回流罐；D105—废水回收塔回流罐；T101—酯化塔；T102—提浓塔；T103—低酯回收塔；T104—精制塔；T105—废水回收塔

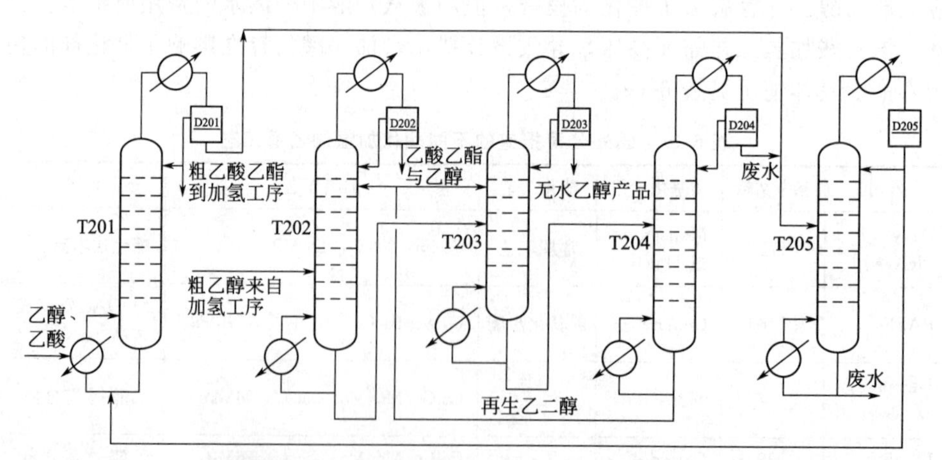

图 6-32 经乙酸乙酯加氢制备乙醇的工艺流程[180]

D201—酯化塔回流罐；D202—乙酸乙酯塔回流罐；D203—乙醇塔回流罐；D204—再生塔回流罐；D205—废水回收塔回流罐；T201—酯化塔；T202—乙酸乙酯塔；T203—乙醇塔；T204—再生塔；T205—废水回收塔

在乙酸乙酯的生产中，乙醇和乙酸在循环的硫酸催化剂下于酯化塔中进行反应，其塔顶油相物料在提浓塔和精制塔经精馏分离后，塔顶油相部分采出到界外，得到含量在 99.5%以上的乙酸乙酯产品。

在图 6-31 所示的乙醇生产工艺流程中，则是以乙酸和乙醇为原料，来生产无水乙醇。可分为几个步骤：在酯化塔中循环的硫酸催化剂下，原料乙醇和乙酸进行反应；酯化塔分离得到粗乙酸乙酯产品，其含量为 90.0%～92.0%；粗酯产品从气化塔顶进料，加热气化后与 H_2混合，在加氢反应器中通过 Cu 基催化剂进行加氢反应，反应器出口物料冷却后，液相物料进入乙醇精馏工序；在乙酸乙酯塔中通过乙二醇进行萃取精馏分离；塔底物料从乙醇塔中部进入，仍以乙二醇为萃取剂，进行萃取精馏，在塔顶得到无水乙醇产品，塔釜物料在再生塔中进行减压精馏，回收乙二醇重复使用。该装置可满足生产乙酸乙酯和乙醇产品的分离要求，共用分离设备，节约投资。

2012 年 4 月 16 日，西南化工研究设计院与河南顺达化工科技有限公司合作，正式开工建设国内首套年产 20 万吨乙酸酯化加氢制乙醇工业示范装置。该装置采用 Cu 基催化剂，成本低，活性好，性能优异，乙酸酯转化率高达 97%，乙醇选择性达 98%以上，反应过程无腐蚀性物质生成，设备材质要求低，投资省。此外，生产装置可同时得到乙酸酯和乙醇产品，不仅实现了产品的多样化，而且乙醇产品达到燃料添加标准。据资料介绍，该项目总投资 5 亿元，预计近期建成投产，投产后年销售收入 13 亿元，年利润近 7000 万元。必须指出的是，该工艺中仍采用环境不友好的硫酸作为酯化催化剂，分离工段采用能耗较高的萃取精馏，这些都过于传统，不适合未来的发展方向。目前工业界也在尝试用固体酸催化剂取代硫酸，以膜分离替代萃取精馏。

据《中国化工报》2012 年 8 月 10 日报道，日前，江苏丹化集团有限责任公司自主开发的乙酸酯加氢制乙醇技术中试获得成功，已在 600t/a 中试装置上打通整个工艺流程并稳定运行 1000h。该公司借鉴其在 20 万吨煤制乙二醇项目上所获得的工程设计、工程放大及工业化运行宝贵经验，开发出了以 Cu/SiO_2催化剂为核心的成套乙酸酯加氢制乙醇的工艺技术，完成了 10 万吨/年及 20 万吨/年的乙酸酯加氢制乙醇工艺包的编制工作，具备了在国内开展相关规模产业化示范的能力。该公司研发的新型高效加氢催化剂表现出优良的活性、选择性和寿命，乙酸酯的转化率稳定在 98%左右，乙醇选择性达到 99%，副产物少，降低了后续乙醇精馏能耗，可获得高纯度的符合无水乙醇标准的产品。

据《辽宁化工》2012 年第 3 期报道，截至 3 月 16 日，应用上海戊正工程技术有限公司自主开发的乙酸酯加氢制乙醇催化剂和工艺技术建设的 60t/a 中试装置，已稳定运行 6000h 以上，乙酸酯转化率大于 96%，乙醇选择性在 98%以上，反应副产物主要为高附加值的丁醇。在 3 年的技术开发过程中，研发人员深入研究了催化剂和工程技术放大等关键问题，开发了成套乙酸酯加氢制乙醇的工艺技术。目前上海戊正公司已与国内两家单位达成合作意向，建设千吨级规模生产装置，继而建设万吨级规模的装置，近期有望实现产业化。表 6-20 汇总了各地乙酸或乙酸酯加氢制乙醇工业化进展情况。

表 6-20 乙酸或乙酸酯加氢制乙醇工业化进展

路线	技术商	催化剂	完成或预计规模/(t/a)	乙醇成本价/(元/t)
乙酸加氢	浦景化工	Pt	600	5874
	山西煤化所	Pt-Sn		
	上海石化院	Cu		
	Celanese	Pt	26 万～28 万	<4000
	大连化物所	Pd	3 万	6000
乙酸酯加氢	西南院	Cu	20 万	6649
	江苏丹化	Cu	600	6200
	上海戊正	Cu	60	
发酵法		生物酶	工业化	7500～8000

综上可见，乙酸经酯化后加氢制备乙醇符合我们甲醇和乙酸产能过剩的国情，为乙醇生产提供了一条非石油非粮食路线，具有重要的战略意义和经济价值。目前该过程正处在如火如荼的工业化阶段，在未来的几年内将形成一定的生产规模。就制备乙酸酯而言，甲醇或 DME 羰基化以及其他制取乙酸甲酯的技术路线还受制于催化剂体系，距离工业应用还有较长的一段路要走，目前实际可行的仍是酸酯化工艺。因此，必须找到一条绿色环保的酯化路线，尽量避免使用均相的浓硫酸工艺，积极开发和优化固体酸催化剂及其生产工艺，其中采用强酸性离子交换树脂表现出较好的工业应用前景；同时也要努力探索其他催化体系及其工艺，采用工业上富余的 C_4 以下烯烃代替醇为原料以制备乙酸酯。乙酸酯加氢催化剂基本集中在 Cu 基催化剂上，其稳定性是关注的焦点，认真吸取煤制乙二醇过程所用 Cu/SiO_2 催化剂过程中所出现的问题和经验教训，进一步提高 Cu 基催化剂稳定性，同时也要注意催化剂中微量 Cu 流失对产品质量造成的负面影响。相信在国内科技界和工业界的共同努力下，乙酸酯化加氢制乙醇不久将实现工业应用，为煤制乙醇更简洁经济的技术路线的出现打下坚实的基础。

参考文献

[1] 于世涛，刘福胜，等. 固体酸与精细化工. 北京：化学工业出版社，2006.

[2] 高鹏，崔波. 低温沉淀法制备固体超强酸及其对酯化反应的催化作用. 石油化工，2004，33 (1)：5.

［3］张琦，常杰，王铁军，等. 固体酸催化剂 SO_4^{2-}/SiO_2-TiO_2 的制备及其催化酯化性能．催化学报，2006，27(11)：1033.

［4］黎先财，李萍，李静. 水热改性 SO_4^{2-}/ZrO_2 催化剂的制备及其对酯化反应的催化性能．精细化工，2006，23(2)：133.

［5］Suwannakarn K，Lotero E，Goodwin J G. Solid Brϕnsted acid catalysis in the gas-phase esterification of acetic acid. Ind Eng Chem Res，2007，46：7050.

［6］Jermy B R，Pandurangan A. Catalytic application of Al-MCM-41 in the esterification of acetic acid with various alcohols. Appl Catal A，2005，288：25.

［7］汪艳飞，黄宝华，方岩雄，等．醇酸酯化反应催化剂研究进展．广东化工，2007，34(7)：62.

［8］Abd El-Wahab M M M，Said A A. Phosphomolybdic acid supported on silica gel and promoted with alkali metal ions as catalysts for the esterification of acetic acid by ethanol. J Mole Catal A，2005，240(1-2)：109.

［9］Verhoef M J，Kooyman P J，Peters J A，et al. A study on the stability of MCM-41-supported heteropoly acids under liquid-and gas-phase esterification conditions. Micropor Mesopor Mater，1999，27(1-2)：365.

［10］Deng Y Q，Shi F，Beng J，et al. Ionic liquid as a green catalytic reaction medium for esterification. J Mol Catal A，2001，165：33.

［11］Zhu H P，Yang F，Tang J，et al. Brϕnsted acidic ionic liquid 1-methylimidazolium tetrafluoroborate：A green catalyst and recyclable medium for esterification. Green Chem，2003，5：38 .

［12］任先艳，刘才林，杨军校，等．羧酸酯化技术进展．材料导报，2008，22：292.

［13］黄运凤．SO_4^{2-}/TiO_2 催化合成乙酸乙酯的实验设计．广州城市职业学院学报，2008，2(4)：38.

［14］王爱军，赵地顺，庞登甲，等．La 系分子筛催化剂催化合成乙酸乙酯的研究．石家庄职业技术学院学报，2003，15(6)：1.

［15］廖安平，张雷，蓝丽红，等．强酸性离子交换树脂催化合成乙酸乙酯动力学．化学反应工程与工艺，2008，24(4)：363.

［16］程丹丹，徐军，陈良俍，等．Brϕnsted 酸型离子液体［Emim］HSO_4 催化酯化反应的研究．天津化工，2009，23(5)：26.

［17］刘勇晶，郭延红，高彩虹，等．磷钨酸催化反应精馏合成乙酸乙酯的研究．化学与生物工程，2011，28(2)：71.

［18］祁靖．强酸型阳离子树脂催化合成乙酸甲酯．广东化工，2010，37(5)：143.

［19］吴文炳，陈良，张世玲．醋酸甲酯合成研究新进展．天然气化工，2004，29(4)：62.

［20］李庆华，向明林，佘喜春．一种由烯烃制备醇的方法．CN102146019. 2011.

［21］Assabumrungrat S，Phongpatthanapanich J，Praserthdam P，et al. Theoretical study on the synthesis of methyl acetate from methanol and acetic acid in pervaporation membrane reactors：

Effect of continuous-flow modes. Chem Eng J，2003，95：57.

[22] 肖内特 E，瓦尔塞基 B，阿维拉 Y，阮 B，拉瓦伊 J M. 由甲醇制备乙醇. CN101965324A. 2011.

[23] 吴永忠，曹荣，陈建梅．低压甲醇羰基化制醋酸用 Ni 系催化剂及其制备工艺．化学工业与工程技术，1995，16(4)：36.

[24] Doyle G. Conversion of methanol to methyl acetate using iron-cobalt catalyst. US4408069. 1983.

[25] Omata K，Yamada M. Prediction of effective additives to a Ni/active carbon catalyst for vapor-phase carbonylation of methanol by an artificial neural network. Ind Eng Chem Res，2004，43(20)：6622.

[26] Liu T C，Chiu S J. Effect of metal loading sequence on the activity of Sn-Ni/C for methanol carbonylation. Appl Catal A，1994，117(1)：17.

[27] Fujimoto K，Shikada T，Omata K，et al. Vapor phase carbonylation of methanol with solid acid catalysts. Chem Lett，1984：2047.

[28] Calafat A，Laine J. Factors affecting the carbonylation of methanol over sulfided CoMo/C catalysts at atmospheric pressure. Catal Lett，1994，28：69.

[29] 彭峰，沈秋英．甲醇直接气相羰基化反应动力学．燃料化学学报，2001，29：570.

[30] Peng F，Fu X B. Direct vapor-phase carbonylation of methanol at atmospheric pressure on activated carbon-supported $NiCl_2$-$CuCl_2$ catalysts. Catal Today，2004，93-95：451.

[31] Ellis B，Howard M J，Joyner R W，et al. Heterogeneous catalysts for the direct，halide-free carbonylation of methanol. Study Surf Sci Catal，1996，101B：771.

[32] Wegman R W. Vapor phase carbonylation of methanol or dimethyl ether with metal-ion exchanged heteropoly acid catalysts. J Chem Soc，Chem Commun，1994，(8)：947.

[33] Blasco T，Boronat M，Concepcion P，et al. Carbonylation of methanol on metal-acid zeolites：Evidence for a mechanism involving a multisite active center. Angew Chem Int Ed，2007，46：3938.

[34] Sardesai A，Lee S，Tartamella T. Synthesis of methyl acetate from dimethyl ether using group Ⅷ metal salts of phosphotungstic acid. Energy Sources，2002，24(4)：301.

[35] Volkova G G，Plyasova L M，Shkuratova L N，et al. Solid superacids for halide-free carbonylation of dimethyl ether to methyl acetate. Stud Surf Sci Catal，2004，147：403.

[36] Luzgin M V，Kazantsev M S，Volkova G G，et al. Carbonylation of dimethyl ether on solid Rh-promoted Cs-salt of Keggin 12-$H_3PW_{12}O_{40}$：A solid-state NMR study of the reaction mechanism. J Catal，2011，277(1)：72.

[37] Kazantsev M S，Luzgin M V，Volkova G G，et al. Carbonylation of dimethyl ether on $Rh/Cs_2HPW_{12}O_{40}$：Solid-state NMR study of the mechanism of reaction in the presence of a methyl iodide promoter. J Catal，2012，291(10)：9.

[38] Shikada T，Fujimoto K，Miyauchi M，et al. Vapor-phase carbonylation of dimethyl ether and methyl acetate with nickel-active carbon catalysts. Appl Catal，1983，7(3)：361.

[39] Cheung P，Bhan A，Sunley G J，et al. Selective carbonylation of dimethyl ether to

methyl acetate catalyzed by acidic zeolites. Angew Chem Int Ed，2006，45(10)：1617.

[40] Corma-Canos A，Law D，Muskett M. Forming acetic acid or methyl acetate involves carbonylation of carbonylatable reactant selected from methanol，dimethyl ether，and dimethyl carbonate with carbon monoxide in presence of dealuminated zeolite catalyst of structure mordenite. EP2177499-A1. 2008-10-13.

[41] Ditzel E J，Gagea B C. New mordenite，useful as catalyst in carbonylation of methanol，methyl acetate and dimethyl ether where the mordenite is prepared by treating mordenite precursor with an aqueous ammonium hydroxide solution. EP2251082-A1. 2010-11-17.

[42] Ditzel E J，Gagea B C. Mordenite of reduced silica：Alumina molar ratio used in methanol carbonylation. EP2251083-A1. 2010-11-17.

[43] Bhan A，Allian A D，Sunley G J，et al. Specificity of sites within eight-membered ring zeolite channels for carbonylation of methyls to acetyls. J Am Chem Soc，2007，129(16)：4919.

[44] Boronat M，Martínez-Sánchez C，Law D，et al. Enzyme-like specificity in zeolites：A unique site position in mordenite for selective carbonylation of methanol and dimethyl ether with CO. J Am Chem Soc，2008，130(48)：16316.

[45] Cheung P，Bhan A，Sunley G J，et al. Site requirements and elementary steps in dimethyl ether carbonylation catalyzed by acidic zeolites. J Catal，2007，245(1)：110.

[46] Cheung P，Iglesia E，Sunley J G，et al. Methyl acetate production. US2007238897-A1. 2008-01.

[47] 徐如人，庞文琴，于吉红，等．分子筛与多孔材料化学．北京：科学出版社，2004：72.

[48] Liu J L，Xue H F，Huang X M，et al. Stability enhancement of H-mordenite in dimethyl ether carbonylation to methyl acetate by pre-adsorption of pyridine. Chin J Catal，2010，31(7)：729.

[49] 申文杰，刘俊龙，黄秀敏，等．一种二甲醚羰基化制备乙酸甲酯的方法．CN 200810011999.4. 2009-12-30.

[50] Xue H，Huang X，Zhan E，et al. Selective dealumination of mordenite for enhancing its stability in dimethyl ether carbonylation. Catal Commun，2013，37(10)：75.

[51] 刘盛林，李秀杰，辛文杰，等．二甲醚羰基化生成乙酸甲酯择形分子筛催化剂．第十三届全国青年催化学术会议论文集，2011：33.

[52] Li B，Xu J，Han B，et al. Insight into dimethyl ether carbonylation reaction over mordenite zeolite from in-situ solid-state NMR spectroscopy. J Phys Chem C，2013，117(11)：5840.

[53] Wang X，Qi G，Xu J，et al. NMR-spectroscopic evidence of intermediate-dependent pathways for acetic acid formation from methane and carbon monoxide over a ZnZSM-5 zeolite catalyst. Angew Chem Int Ed，2012，51(16)：3850.

[54] Armitage G G, Gagea B C, Law D J, et al. Production of acetic acid and methyl acetate, comprises carbonylation of a carbonylatable reactant comprising methanol, methyl acetate or dimethyl ether, with carbon monoxide in presence of desilicated mordenite catalyst. EP2251314-A1. 2010-11-17.

[55] Corma Canos A, Haining G J, Law D J, et al. Manufacture of acetic acid and/or methyl acetate involves carbonylating carbonylatable reactant(s) with carbon monoxide in the presence of MOR-type zeolite having crystal size in specified range. WO2009081099-A1. 2009-07-02.

[56] John S W. Process for preparing carboxylic acids. EP0596632A1. 1994-05-11.

[57] Ditzel E J, Sijpkes A H, Sunley J G, et al. Method to form methyl acetate involves carbonylating dimethylether feed with carbon monoxide under anhydrous condition in presence of mordenite catalyst that is ion-exchanged with one of silver and copper and specific amount of platinum. WO2008132441-A1. 2008-11-06.

[58] Kaiser H, Law D J, Schunk S A, et al. Catalyst useful for preparing aliphatic carboxylic acids, prepared by ion-exchanging/impregnating ammonium or hydrogen form of mordenite with silver; drying impregnated/ion-exchanged mordenite; and calcining dried silver mordenite. WO2007128955-A1. 2007-11-15.

[59] Ditzel E J, Law D J, Ditzel E, et al. Process for the carbonylation of dimethyl ether. WO2008132450-A1. 2008-11-06.

[60] Yang G, San X, Jiang N, et al. A new method of ethanol synthesis from dimethyl ether and syngas in a sequential dual bed reactor with the modified zeolite and Cu/ZnO catalysts. Catal Today, 2011, 164(1): 425.

[61] Borade R B, Clearfield A. Synthesis of ZSM-35 using trimethylcetylammonium hydroxide as a template. Zeolites, 1994, 14(6): 458.

[62] Liu J L, Xue H F, Huang X M, et al. Dimethyl ether carbonylation to methyl acetate over HZSM-35. Catal Lett, 2010, 139(1-2): 33.

[63] Bhan A, Iglesia E. A link between reactivity and local structure in acid catalysis on zeolites. Acc Chem Res, 2008, 41(4): 559.

[64] Li X J, Liu X H, Liu S L, et al. activity enhancement of ZSM-35 in dimethyl ether carbonylation reaction through alkaline modifications. RSC Adv, 2013, (3): 16549.

[65] 李秀杰，谢素娟，徐龙伢，等．一种 ZSM-35 分子筛催化剂的制备方法．CN201210012682. 9. 2012.

[66] 李秀杰，刘盛林，谢素娟，等．一种 ZSM-35/MOR 共结晶分子筛的绿色合成方法．CN2013103329410. 2013.

[67] 李秀杰，谢素娟，徐龙伢，等．用于二甲醚羰基化合成乙酸甲酯的催化剂及其制备方法．CN201110247325. 6. 2011.

[68] Robles-Dutenhefner P A, Moura E M, Gama G J, et al. Synthesis of methyl acetate from methanol catalyzed by [(η^5-C_5H_5)(phosphine)$_2$RuX] and [(η^5-C_5H_5)(phosphine)$_2$Ru(SnX_3)](X=F, Cl, Br): Ligand effect. J Mol Catal A, 2000, 164: 39.

[69] Kelkar A A，Tonde S S，Divekar S S，et al. Noncarbonylation process and catalysts for the preparation of acetic acid or methyl acetate from methanol. US6521784. 2003.

[70] Seuillet B，Castanet Y，Mortreux A，et al. Acetic anhydride synthesis from methyl formate catalysed by rhodium-iodide complexes. Appl Catal A，1993，93：219.

[71] 梅允福，班丽娜，尤天祥，等．乙酸乙酯合成技术进展．广州化工，2008，36(2)：12.

[72] 杜泽学，阳国军，闵恩泽．乙酸和烯烃催化直接合成乙酸酯的研究进展．现代化工，2002，22(7)：18-21.

[73] Dockner T，Platz R. Carboxylates. DE2511978A1. 1976-09-30.

[74] Nakashima K. Acatate esters. JP5718373. 1982-11-12.

[75] 刘淑芝，崔宝臣，荆国林．乙酸/乙烯酯化合成乙酸乙酯的化学平衡分析．石油与天然气化工，2002，31(4)：175.

[76] 王爱军，赵地顺，韩文爱．HZSM-5 上负载 TiO_2/SO_4^{2-} 催化剂用于合成乙酸乙酯的研究．河北化工，2003，32(4)：26.

[77] 崔秀兰，林明丽，郭海福，等．稀土固体超强酸催化合成乙酸异戊酯的研究．化学世界，2003，21(1)：27.

[78] 张小曼．稀土固体超强酸对合成乙酸乙酯的催化性能研究．化学试剂，2002，24(4)：233.

[79] Wu Kuo-ching，Chen Yu-wen. An efficient two-phase reaction of ethyl acetate production in modified ZSM-5 zeolites. App Catal A，2004，257：33.

[80] Ballantine J A，Davies M，Purnell H，et al. Chemical conversions using sheet silicates：Facile ester synthesis by direct addition of acids to alkenes. J Chem Soc Commum，1981，1：8.

[81] Murakami Y，Hattori T，Uchida H. Vapor phase synthesis of esters over porousion exchanges resin catalyst. Kogyo Kagaku Zasshi，1969，72(9)：1945.

[82] Takamiya N. Fatty acid esters. JP74100016. 1974-09-20.

[83] Gruffaz M，Micaelli O. Catalytic preparation of ethyl acetate. EP5680. 1979-11-28.

[84] Misono M，Okuhara T. Chem Tetch，1993，11：23.

[85] Misono M. New frontiers in catalysis(proceeding of the 10th international congress on catalysis) . Hungary：Elsevier Science Publishers，1993：69.

[86] Kozhevnikov I V. Catal Rev Sci Eng，1995，37(2)：311.

[87] Okuhara T，Mizuno N，Misono M. Advances in Catalysis. London：Academic Press，1996：41-113.

[88] Izumi Y，Maekawa J，Suzuki K. Ethylesters of aliphatic carboxylic acids. DE 2842265. 1979-04-05.

[89] Inone K，Iwasaki M，Matsui K. Production of ethyl acetate. JP05255185. 1993-10-05.

[90] Inone K，Iwasaki M，Matsui K. Production of ethyl acetate. JP05112490. 1993-

05-07.

[91] Sano K, Nishiyama M, Suzuki T, et al. Process for preparation of lower fatter acid ester. EP562139. 1993-09-29.

[92] Misono M, Okuhara T, Nishimura T. Microporous heteropoly compound as a shape selective catalyst: $Cs_{2.2}H_{0.8}PW_{12}O_{40}$. Chem Lett, 1995: 155.

[93] Izumi Y, Ono M, Ogawa M, et al. Acidic cesium salts of Keggin-type heteropoly tungstic acids as insoluble solid acid catalysts for esterification and hydrolysis reactions. Chem Lett, 1993, (5): 825.

[94] Soled S, Da Costta Paze J A, Gustierree A, et al. Heteropoly compounds and use in aromatic alkylation. WO13869. 1995-05-26.

[95] Soled S, Misco S, Mcvicker G, et al. Preparation of bulk and supported heteropolyacid salts. Catal Today, 1997, 36: 441.

[96] 魏民，王海彦，陈文艺，等．$Cs_{2.5}H_{0.5}PW_{12}O_{40}/SiO_2$固体酸催化剂上乙酸与烯烃的酯化和叔戊烯与甲醇的醚化．复旦学报：自然科学版，2003，42(3)：360.

[97] Tatibouet J M, Montalescot C, Bruckman K. Appl Catal A, 1996, 138: 1.

[98] Misono M. Heterogeneous catalysis by heteropoly compounds of molybdenum and tungsten. Catal Rev Sci Eng, 1987, 29: 269.

[99] Nishimura T, Okahara T, Misono M. Appl Catal, 1991, 73: 7.

[100] Takamiya N. Fatty acid esters. JP4100016. 1974-09-20.

[101] 佐野健一，铃木俊郎，宫原邦明，等．低级脂肪酸酯的制备方法．CN1099381. 1995-03-01.

[102] 贝克尔 S J，伯恩 G，弗鲁姆 S F T，等．酯合成．CN1232019. 1999-10-20.

[103] Sharma B, Atkins M P. Acetate ester synthesis. EP757027. 1997-02-05.

[104] Becker S J, Byrue G, Froom S F T, et al. Ester synthesis. EP926126. 1999-06-30.

[105] Pacynko W F, Froom S F T, Hodge S R. Ester synthesis. WO0003967. 2001-10-11.

[106] Nishino H, Sasaki T, Yamada K. Production of ethyl acetate and apparatus for producing the same subjects. JP07017907. 1995-01-20.

[107] Sano K, Nishiyama M, Suzuki T, et al. Process for preparation of lower fatty acid ester. US5189201. 1993-02-23.

[108] Nishino H, Sasaki T, Myauari T. Refining of ethyl acetate by extractive distillation. JP6336455. 1994-12-06.

[109] Tokumoto Y, Sakamoto K, Sasaki K, et al. Method for producing lower alkyl acetate. US5457228. 1995-10-10.

[110] Tokumoto Y, Sakamoto K, Sasaki K, et al. Method for producing lower alkyl acetate. EP483826. 1992-05-06.

[111] Ohyama K, Shimada G, Tokumoto Y, et al. Process for preparation of isopropyl acetate. US5384426. 1995-01-24.

[112] 王伟，徐斌，杨运泉．乙酸异丙酯合成技术开发．山东化工，2004，33(2)：10.

[113] 廖世军，梅慈云，杨勇，等．固定床固体酸催化乙酸/丙烯酯化合成乙酸异丙酯．精细化工，1998，15(6)：49.

[114] Sano K，Nishiyama M，Suzuki T，et al. Process for the preparation of lower fatty acid ester. US5189201. 1993-02-23.

[115] 王学丽，王富丽，连丕勇．活性炭负载 SiW_{12} 杂多酸催化合成乙酸异丙酯．黑龙江科技学院学报，2005，15(6)：323.

[116] 高文艺．磷铝杂原子固体酸催化剂催化合成乙酸异丙酯．精细石油化工进展，2003，4(12)：30.

[117] 章哲彦，王冬杰，任元龙，等．丙烯与醋酸直接催化合成醋酸异丙酯．精细石油化工，1996，(6)：44.

[118] 章哲彦，王冬杰，任元龙，等．丙烯与醋酸直接合成醋酸异丙酯的新途径．现代化工，1995，15(7)：28.

[119] 苏丽红，王璇．相转移催化合成乙酸异丙酯．化学工程师，2002，92(5)：8.

[120] Bhattacharyya S K，Lahiri C R. Catalytic esterification of saturated carboxylic acids with ethylene under high pressure. J Appl Chem，1963，13(12)：544-547.

[121] Leuold Ernst Ingo，Renken Albert. A new non-stationary process for the production of ethyl acetate. Chem Ing Tech，1977，49(8)：667.

[122] Nippon Synthetic Chemical Industry Co.，Ltd. Acetate esters. JP57183743. 1982.

[123] Nippon Synthetic Chemical Industry Co.，Ltd. Acetate esters. JP58183640. 1983.

[124] Grnffaz Max，Micaelli Odile. Ethyl or isopropyl esters by the liquid-phase reaction of the corresponding olefin with a carboxylic acid. EP3205. 1979.

[125] Young Lewis B. Alkyl carboxylates. US444883. 1984.

[126] 赵振华．用 Fe-β 沸石作催化剂合成丁酸苄酯．湖南师范大学自然科学学报，2001，24(4)：64.

[127] 赵瑞兰，赵振华．用 β 沸石作催化剂合成丙酸戊酯的研究．湖南师范大学自然科学学报，2002，25(4)：50.

[128] 李景林．LaZSM-5 分子筛催化合成松香甘油酯．化学通报，2001，(4)：245.

[129] 马德浮，顾树珍，杨荣斌．用分子筛催化剂液相合成连续合成乙酸丁酯．化学世界，1994，12：634.

[130] 卓润生，田来进，高洁．用 H-ZSM-5 分子筛作催化剂合成乙酸丁酯．曲阜师范大学学报，1995，21(1)：61.

[131] Notari B，Cavallanti V，Ceccotti S. SiO_2-Al_2O_3 catalyzed esterification of acids with olefins. Chim Ind，1962，44：978.

[132] Neri Carlo，Esposito Antonio. Esters. Geroften2700538. 1977.

[133] Ballantine James A，Davies Mary，Purnell Howard，et al. Chemical conversions using sheet silicates：Facile ester synthesis by direct addition of acids to alkenes. J Chem Soc，Chem Commun，1981，(1)：8.

［134］Murakami Yuichi，Hattori Tatsuhiko，Uchida Hiroshi. Vapor phase synthesis of esters over porous ion exchanges resin catalyst. Kogyo Kagaku Zasshi，1969，72(9)：1945.

［135］蔡天锡，黄河，刘金龙，等．杂多酸催化剂作用下丙烯与醋酸的加成反应．催化学报，1988，9(4)：404.

［136］Sano Kenichi，Nishiyama Masaali，Suzuli Toshiro. Process for preparation of lower fatty acid esters from acids and olefins using heteropolyacid and salt catalyst. EP562139. 1993.

［137］宋旭春，李萍，张起凯．固载杂多酸催化丁烯-1 与乙酸合成乙酸丁酯．抚顺石油学院学报，2001，21(1)：8.

［138］Murakami Yuichi，Hattori Tatsuhiko，Uchida Hiroshi. Vapor phase synthesis of esters over porous ion exchanges resin catalyst. Kogyo Kagaku Zasshi，1969，72（9）：1945-1948.

［139］Takamiya Nobuo. Fatty acid esters . JP74100016. 1974.

［140］Grufaz Max，Micaelli Odile. Ethyl acetate. EP5680. 1979.

［141］Imaizumi Masao，Yasuda Mitsuo. Isopropyl acetate . JP7725710. 1977.

［142］Tokumoto Yuichi，Sakamoto Kazuo，Sasali Kikuo，et al. Catalyst of esterifi-cation of acetic acid by olefins. EP483826. 1992.

［143］Dorris T B，Sowa F J，Nieuwland J A . Organic reaction with boron fluoride. J Am Chem Soc，1934，56：2689.

［144］Lai T T，Chow T C. Polarography of uranium（Ⅵ）-arsenoacetate complex. J Hydrocarbon Processing，1970，49(11)：117.

［145］Tokumoto Y，Sakamoto K，Sasali K，et al. Method for producing lower alkyl acetate. EP483826. 1991.

［146］Adkins H，Folkers K. Catalytic hydrogenation of esters to alcohols. J Am Chem Soc，1931，53：1095.

［147］关鹏搏．脂肪醇制造与应用．北京：轻工业出版社，1990：226.

［148］张峻炜，宋怀俊．脂肪酸酯催化加氢制醇研究进展．化工进展，2009，28(增刊)：54.

［149］Yan T Y，Albright L F，Case L C. Hydrogenolysis of esters，particularly perfluorinated esters. Ind Eng Chem Prod Res Dev，1965，4：101.

［150］Evans J W，Cant N W，Trimm D L，et al. Hydrogenolysis of ethyl formate over copper-based catalysts. Appl Catal，1983，6：355.

［151］Brands D S，Poels E K，Bliek A. Ester hydrogenolysis over promoted Cu/SiO_2 catalysts . Appl Catal A，1999，184：279 .

［152］van der Scheur F Th，Staal L H. Effects of zinc addition to silica supported copper catalysts for the hydrogenolysis of esters. Appl Catal A，1994，108：63.

［153］van der Scheur F Th，van der Linden B，Mittelmeijer-Hazelerger M C，et al. Structure-activity relation and ethane formation in the hydrogenolysis of methyl acetate on silicasupported copper catalysts. Appl Catal A，1994，111：63 .

[154] van der Scheur F Th, Brands D S, van der Linden B, et al. Activity-enhanced copper-zinc based catalysts for the hydrogenolysis of esters. Appl Catal A, 1994, 116: 237.

[155] Kim S M, Lee M E, Choi J W, et al. Role of ZnO in Cu/ZnO/Al_2O_3 catalyst for hydrogenolysis of butyl butyrate. Catal Commun, 2011, 12: 1328.

[156] 马新宾，吕静，赵玉军，等．用于草酸酯加氢制乙醇的催化剂及其制备方法与应用．CN102350358. 2012.

[157] 曹贵平，王劭泓，黄辉，等．一种铜锌催化剂及其前体、制备方法和用途．CN101298052. 2008.

[158] 林培滋，周焕文，罗洪原，等．用于单独乙醛、乙酸乙酯、醋酸或其混合物的加氢制乙醇催化剂．CN1230458A. 1999.

[159] 吴晓金，刘志刚，胡晓鸣，等．一种醋酸酯加氢制乙醇的催化剂及其制备方法和应用．CN101934228A. 2011.

[160] 王科，陈鹏，胡玉容，等．一种用醋酸酯加氢制备乙醇的方法．CN102093162A. 2011.

[161] 陈维苗，凌晨，丁云杰，等．溶胶-凝胶法制备 Cu-ZnO/SiO_2 催化剂及其催化乙酸甲酯加氢反应的性能．石油化工，2013，42(5)：512.

[162] Claus P, Lucas M, Lücke B, et al. Selective hydrogenolysis of methyl and ethyl acetate in the gas phase on copper and supported group Ⅷ metal catalysts. Appl Catal A, 1991, 79: 1.

[163] Zdrazil M. Structure-reactivity dependence in hydrogenolysis of esters on rhodium. Collect Czech Chem Commun, 1974, 39: 3515.

[164] Ryashentseva M A, Avaev V I. Hydrogenation of ethyl acetate over supported rhenium catalysts. Russ Chem Bull, 1999, 48: 998.

[165] Wehner P S, Gustafson B L. Catalytic hydrogenation of esters over Pd/ZnO. J Catal, 1992, 135: 420.

[166] Brands D S, U-A-Sai G, Poels E K, et al. Sulfur deactivation of fatty ester hydrogenolysis catalysts. J Catal, 1999, 186: 169.

[167] Huang H, Wang S, Wang S, et al. Deactivation mechanism of Cu/Zn catalyst poisoned by organic chlorides in hydrogenation of fatty methyl ester to fatty alcohol. Catal Lett, 2010, 134: 351.

[168] Huang H, Cao G, Fan C, et al. Effect of water on Cu/Zn catalyst for hydrogenation of fatty methyl ester to fatty alcohol. Korean J Chem Eng, 2009, 26(6): 1574.

[169] Turek T, Trimm D L. The catalytic hydrogenolysis of esters to alcohols. Catal Rev Sci Eng, 1994, 36(4): 645.

[170] Evans J W, Wainwright M S, Cant N W, et al. Structural and reactivity effects in the copper-catalyzed hydrogenolysis of aliphatic esters. J Catal, 1984, 88: 203.

[171] Agarwal A K, Cant N W, Wainwright M S, et al. Catalytic hydrogenolysis of esters: A comparative study of the reactions of simple formates and acetates over copper on silica. J Mol Catal, 1987, 43: 79.

[172] van der Grift C J G，Wielers A F H，Jogh B P J，et al. Effect of the reduction treatment on the structure and reactivity of silica-supported copper particles. J Catal，1991，131：178.

[173] Natal Santiago M A，Sanchez-Castillo M A，Cortright R D，et al. Catalytic reduction of acetic acid，methyl acetate，and ethyl acetate over silica-supported copper. J Catal，2000，193：16.

[174] Juran B，Porcelli R V. Convert methanol to ethanol. Hydrocarbon Processing，1985，64(10)：85.

[175] Kiff B W，Schreck D J. Ethanol from acetic acid. US4421939. 1983.

[176] Bradley M W，Harris N，Turner K. Ethanol production. WO8303409. 1983.

[177] Kummer R，Taglieber W，Schneider H W. Continuous production of ethanol. EP56488. 1982.

[178] Schuster L，Mueller F J，Anderlohr A，et al. Continuous ethanol production. EP100406. 1983.

[179] Wan C G. Ethanol from methanol，carbon monoxide and hydrogen. US4497967. 1985.

[180] 毛震波，温少桦，吴路平，等. 一种醋酸加氢制乙醇精馏工艺简化的方法. CN102399130A. 2012.

第7章 煤基乙醇分子筛膜脱水技术

7.1 引言

分离过程是工业生产中的重要操作过程之一，它广泛应用于化学、医药、食品和生化等领域，与人们的生产和生活休戚相关。目前，分离过程占到化工行业设备投资的70%和能量消耗的43%，因此简化分离过程和降低能耗受到了全球性的普遍重视。以乙醇为例，无论是经由生物发酵路线还是煤制乙醇路线，得到的均为含水乙醇混合物。由于乙醇与水组成的混合物体系存在恒沸点，传统的热驱动的分离过程无法直接得到无水乙醇。目前工业无水乙醇的生产主要采用恒沸精馏、萃取精馏和吸附分离等方法，这些传统的乙醇脱水方式都存在过程复杂、能耗高和污染严重等问题。

20世纪80年代随着膜分离技术的发展，渗透汽化和蒸汽渗透技术开始应用于工业无水乙醇生产。渗透汽化（如非特指均包括蒸汽渗透）利用膜对混合物中各组分的吸附（溶解）扩散性能不同而实现分离，不受热力学平衡的限制。相比传统分离技术，渗透汽化具有简便高效、低能耗和无污染等优点，符合绿色分离过程的要求，在工艺和经济上具有明显的优势。

渗透汽化技术的关键是开发出高性能的渗透汽化膜。膜材料种类众多，性能各异，按其材质可分为有机聚合物膜、无机膜和有机-无机复合膜。有机聚合物膜制备工艺相对简单，成本低，装填密度高，因而首先实现了商品化及工业应用。沸石分子筛膜是近二十多年迅速发展起来的一类新型无机膜材料。它不仅具有一般无机膜机械强度高、耐高温和稳定性好的优点，还具有沸石分子筛规整的微孔孔道和独特的表面吸附能力，使其在膜分离与功能薄膜材料领域有着广阔的应用前景。其中，乙醇渗透汽化脱水即是分子筛膜应用研究的主要方向之一。

以下我们将首先对分子膜进行简介，包括分子筛膜的特点、分子筛膜的合成及其结构和性能的表征，然后将对渗透汽化和蒸汽渗透膜技术进行简介，最后将详细介绍分子筛膜在乙醇脱水中的应用。

7.2 分子筛膜简介

7.2.1 分子筛膜的概念

分子筛（molecular sieve）的概念有广义和狭义之分。广义的分子筛泛指各类具有规则孔道结构的微孔和介孔化合物[1]，如图 7-1 所示。狭义的分子筛专指沸石（zeolite）分子筛。在本章中分子筛专指沸石分子筛，沸石分子筛膜也被简称为分子筛膜。

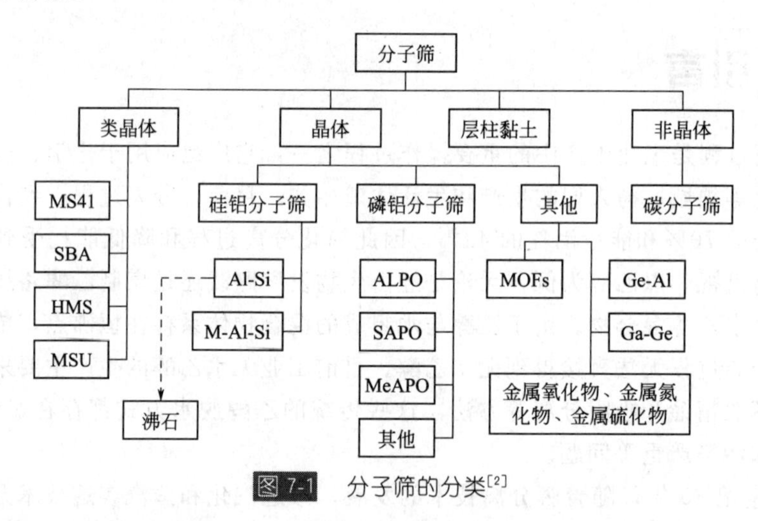

图 7-1 分子筛的分类[2]

沸石分子筛是一类以硅（铝）氧四面体为基本结构单元和具有规整孔道的微孔晶体材料，目前经国际分子筛学会（IZA）确定的结构类型达到 206 种。作为无机膜材料，它的优点有：具有均一和规整的微孔孔道，大小相近的分子可以通过分子筛分或择形扩散实现分离；具有良好的机械强度、热稳定性和化学稳定性；多样的结构与吸附性能，适合不同混合物体系的分离要求；对分子筛孔道或孔外的修饰可以调变分子筛的孔径和吸附性能，从而精确控制分离过程；分子筛具备催化活性，有利于实现膜催化反应。

近年来有多篇关于分子筛膜的综述发表，基本涵盖了分子筛膜研究的各个领域[3~14]。已有报道的分子筛膜类型包括 MFI[15~41]、T[42~47]、LTA[48~74]、

FAU[75~95]、MOR[96~99]、FER[100,101]、ANA[102]、BEA[103,104]、LTL[105]、P(GIS)[106]、AFI[107~109]、CHA[110~112]、DDR[113,114]、MEL[115,116]、UTD-1(DON)[117]、ATN[118]、OFF[119]、SOD[120~122]、EMT[123]和 TS-1(MFI)[124]等。表 7-1 列出了其中常见的几类分子筛的主要特性。分子筛膜按其结构可大致分为三类（图 7-2）：填充型（又称混合基质膜）、非担载（自担载）型和担载型分子筛膜。担载型分子筛膜具备良好的机械强度和分离性能，是分子筛膜分离应用研究的主要研究对象。

表 7-1 部分分子筛的主要特性

分子筛	结构类型	孔径/nm	孔道维度	硅铝比	亲/疏水性
NaA	LTA	0.41 ×0.41	三维	1	亲水
KA	LTA	0.32 ×0.32	三维	1	亲水
NaX	FAU	0.74 ×0.74	三维	1～1.5	亲水
NaY	FAU	0.74 ×0.74	三维	1.5～3	亲水
Mordenite	MOR	0.67 ×0.70	二维	5～20	亲水
Ferrierite	FER	0.42 ×0.54	二维	5～20	亲水
Silicalite-1	MFI	0.56 ×0.53	二维	>1000	疏水
ZSM-5	MFI	0.56 ×0.53	二维	10～1000	可变
β(beta)	BEA	0.71 ×0.73	三维	10～25	亲水
T	ERI & OFF	0.36 ×0.51	三维	3～4	亲水
DD3R	DDR	0.36 ×0.44	二维	1000	疏水
SSZ-13	CHA	0.38 ×0.38	二维	14	亲水
SAPO-34	CHA	0.38 ×0.38	三维	—	亲水

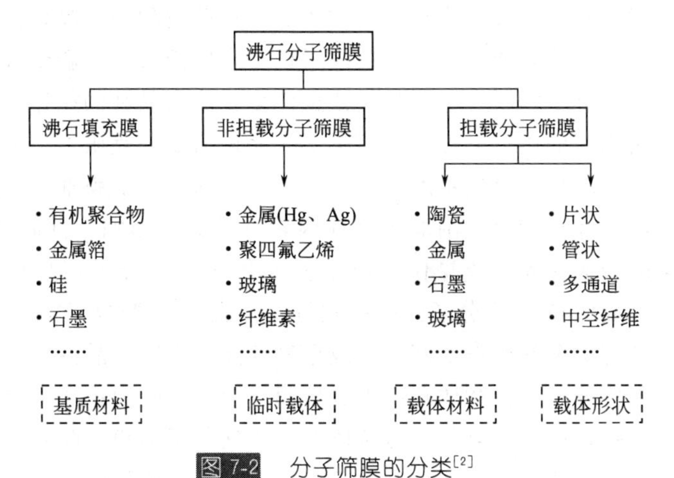

图 7-2 分子筛膜的分类[2]

7.2.2 分子筛膜的合成

7.2.2.1 合成方法

不考虑合成技术，分子筛膜的合成方法可简单地按照合成时载体所处的介质分为蒸汽相转移法和水热合成法；按照是否使用分子筛晶种分为原位合成法和二次生长法。

蒸汽相转移法首先于载体表面形成一层由分子筛合成原料制成的干凝胶，在蒸汽的作用下凝胶层发生晶化，形成分子筛膜层[15~17,48,75,100,102]。该方法很难保证干凝胶完全晶化，膜层易发生龟裂，而且只适用于片状载体。目前广泛采用的是水热条件下的原位合成法和二次生长法。

原位合成法直接把载体浸入合成液中，在一定条件下分子筛在载体表面原位成核晶化，形成分子筛膜。该方法操作简单，载体无须过多的前处理，尤其适合表面复杂或孔道狭小的载体（如多通道载体和中空纤维载体）。它的缺点也很明显：合成液易发生体相成核，载体表面的成核密度低；对合成环境非常敏感，分子筛层不易生长均匀。原位合成法常需要较长的合成时间或多次合成以保证膜层的致密性，但随之又会出现转晶和膜层过厚等不利结果。如 Vroon 等在合成 ZSM-5 型分子筛膜时发现，合成一次后膜层中存在较多的缺陷，重复合成三次以上又会因膜层过厚而在焙烧过程中产生裂缺[25]。目前，原位合成法仅适用于 Silicate-1[18~20]、ZSM-5[21~24]、NaA[48~52]和 NaX[76]等少数几种类型的分子筛膜。改进原位合成技术，提高合成的重复性、应用面和放大能力，是原位合成分子筛膜的主要研究方向。

二次生长法又称晶种法，顾名思义，是指预先在载体表面（或孔道中）引入分子筛晶种，然后置于合成液中进行二次生长。在此过程中，晶种作为成核中心直接连生形成分子筛膜，或者在生长的同时诱导合成液成核，新生成的分子筛晶体与晶种共同构成分子筛膜。二次生长法虽然多了涂布晶种的操作，但它具有许多原位合成无法比拟的优点。首先，通过引入晶种巧妙地克服了合成中最困难的“成核瓶颈”，大大降低了合成难度。几乎所有类型的分子筛膜都可以通过二次生长法合成。其次，晶种的存在削弱了其他因素对合成的影响，抑制杂晶的生成。例如使用相同的合成液和合成操作，载体表面涂布 A 型分子筛晶种可以合成出 A 型分子筛膜，而涂布 Y 型分子筛晶种则可以合成出 Y 型分子筛膜[70]。这就使得二次生长法具有更宽的操作空间，合成重复性高。再次，晶种层可以阻止合成液浸入载体，避免分子筛在载体孔道内成核而增加传质阻力；还可以抑制载体在水热环境中的溶解，适合以氧化铝为载体合成高硅分子筛膜。此外，二次生长法把分子筛的成核与生长过程分开，有利于更好地控制晶体的生长，特别适合取向分子筛膜的合成[35~37,67~69,116~118]。Lai 等在氧化铝载体表面修饰一层二氧化硅，涂布纳米 Silicalite-1 型分子筛晶种，然后在含有有机模板剂三聚 TPA 的合成液中进行二次生长，合成出 *b* 轴取向的 MFI 型分子筛膜，200℃时对于对二甲苯/邻二甲苯的分离系数高达 500[36]。晶种涂布是二次生长法的关键步骤，晶种必须大小均一和分布均匀，晶种与载体之间要有足够的结合力。目前文献报道的涂晶方法有浸涂、擦涂、喷涂、真空涂晶、脉冲激光烧蚀和电泳沉积等。晶种层的缺陷或脱落必将导致最终合成出的分子筛层存在缺陷，因而探索一种简单而有效的引入分子筛晶种的方法依然是二次生长法的研究重点。

合成后的分子筛膜可能存在一些非分子筛孔道缺陷，可以通过积炭[125]和化学气相沉积[126,127]等后处理方法消除这些缺陷。如 Yan 等将 ZSM-5 型分子筛膜浸入三异丙基苯（TIPB）中，然后在 500℃加热 2h 促使 TIPB 炭化。由于 TIPB 分子大于 ZSM-5 型分子筛的孔道，它只能进入缺陷处并在此炭化堵孔。经积炭处理后 ZSM-5 型分子筛膜在 185℃对于正丁烷/异丁烷的理想分离系数由 45 增加至 320[125]。后处理的另一个作用是实现分子筛膜表面的修饰改性，如 Maloncy 等利用三甲基氯硅烷修饰 beta 型分子筛膜，消除膜表面的羟基，增加疏水性。在 303K，渗透汽化分离 2-甲基戊烷/2,2-二甲基丁烷（1/1）同分异构体的分离系数由后处理前的 1.53 提高至 1.79[104]。

7.2.2.2　合成技术

早期分子筛膜的合成类似于分子筛粉体的合成，大都是在烘箱或油浴中静置加热进行。近年来随着分子筛膜研究的进步，陆续出现了流动合成[67,68]、离心场合成（synthesis under centrifugal field）[69]和微波加热合成等新的合成技术。

流动合成与离心场合成分别通过连续进液和旋转载体的方式使合成液处于流动状态，显著提高了合成的均匀性。它们常与二次生长法结合，适用于在管状载体的内壁生长分子筛膜。

常规烘箱或油浴加热是通过外部热源由表及里传递热量，而微波加热是在电磁场中通过介质损耗而引起的体加热，具有快速均匀、热惯性小、有选择性和能效高等优点。在微波作用下分子筛膜的合成周期显著缩短，晶体的粒径更小和更均一，部分分子筛膜显现出独特的表面形貌[52]和更高的硅铝比[52,88]。微波技术已用于合成 MFI[31~34]、T[45,46]、LTA[51~54,60~63,71~74]、FAU[88,93~95]、AFI[109,110]、SOD[120,121]和 ETS-4 等类型的分子筛膜。

7.2.3　分子筛膜的表征

研究分子筛膜的形成机理和确定分子筛膜的性能都必须借助分子筛膜的各类表征技术。针对膜的结构特点和传输性质，分子筛膜的表征主要分为结构表征和性能表征两个方面。

7.2.3.1 分子筛膜的结构表征

表 7-2 列出了常用于分子筛膜结构表征的技术。最常见的结构表征技术为 X 射线衍射（XRD）和扫描电子显微镜（SEM）。XRD 用于判断分子筛膜的晶相、结晶度以及晶体的取向；有研究者用同步辐射 X 射线表征分子筛层内的残余应力[127,128]；XRD 极图分析可直观反映分子筛膜是否具有取向性[35]，根据衍射数据可以计算出沿不同晶面生长的晶体的比例。SEM 用于观察分子筛膜的表面形貌和表观膜厚，粗略判断分子筛膜层的致密程度。透射电子显微镜（TEM）可以表征分子筛膜的晶界结构和纳米级缺陷。气体等温吸附-脱附可用于表征非担载型分子筛膜的孔结构，但较少用于担载型分子筛膜，这是因为载体和过渡层孔结构会对测量产生影响。分子筛膜元素分析采用 X 射线能量色散谱（EDX）和 X 射线光电子能谱（XPS），前者是一种微区分析手段，后者则能给出分子筛膜的表面元素组成。通过 EDX 检测分子筛膜截面的元素组成，还可以给出分子筛对载体孔道的浸入程度。近年来又涌现出一些新的分子筛膜结构表征手段：荧光共聚焦光学显微镜（FCOM）被用于表征分子筛的晶间缺陷[129]；漫反射傅里叶变换红外光谱（RS/FTIR）被用于分子筛膜厚度的无损检测[130]；衰减全反射傅里叶变换红外光谱（ATR/FTIR）被用于分子筛膜性能的快速检测[131]。随着研究的深入，对分子筛膜的表征也提出了越来越高的要求，如分子筛膜微观结构的全面表征、无损快速表征、结构表征与分离性能的关联等。

表 7-2 分子筛膜的结构表征方法

表征方法	结构信息
气体等温吸附-脱附	孔径与分布
X 射线衍射（XRD）①	晶相结构
X 射线衍射极图分析（XRDPF）①	分子筛层取向和残余应力
扫描电镜（SEM）	表面形貌与膜厚
透射电镜（TEM）	微观结构（晶界）
荧光共聚焦光学显微镜（FCOM）①	晶间隙
漫反射傅里叶变换红外光谱（RS/FTIR）①	膜厚
衰减全反射傅里叶变换红外光谱（ATR/FTIR）①	骨架振动
X 射线能量色散谱（EDX）	元素组成
X 射线光电子能谱（XPS）	表面元素组成

① 无损表征。

7.2.3.2 分子筛膜的性能表征

分子筛膜的性能表征主要是针对其传输性质的表征，相对于结构表征，传输性质的表征可以看成是一种动态表征。最常见的就是气体分离和液体分离性能表征，主要评价参数是渗透通量（或渗透率）和选择系数（或理想分离系数）。近年来，根据分子筛膜的自身特性，人们提出了一些新的表征方法。例如动态脱附孔隙率的测定（dynamic desorption porometry）[132]、同位素瞬时渗透汽化技术（isotopic-transient pervaporation）[133]、程序升温渗透和逐级脱附技术（temperature programmed permeation & step desorption）[134]。

7.3 渗透汽化与蒸汽渗透简介

7.3.1 渗透汽化与蒸汽渗透的概念

渗透汽化是指液体混合物组分在膜两侧化学势梯度的推动下，利用各组分通过膜的吸附（溶解）与扩散速率的不同而实现分离的过程，如图 7-3 所示。原料侧一般维持常压，组分通过膜时发生汽化，相变所需的潜热由原料的显热提供；渗透侧通过抽真空（吹扫或吸附）的方式维持较低的分压，渗透物蒸汽被冷凝收集。当混合物以蒸汽的形式进料时，组分通过膜时不发生相变，此过程被称为蒸汽渗透。与渗透汽化相比，蒸汽渗透受传热和浓差极化的影响较小，透量较高，膜不易被侵蚀污染；但另一方面要求膜材料具有更好的机械强度和热稳定性。

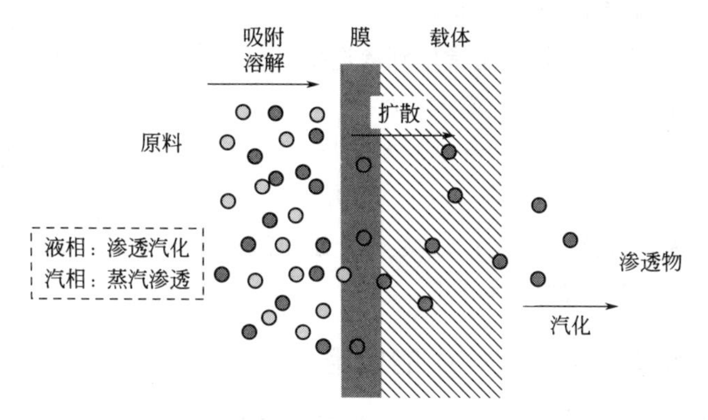

图 7-3　渗透汽化和蒸汽渗透过程示意图

渗透汽化过程简单，操作方便，对环境友好，便于与其他过程耦合集成。它特别适合以下分离过程：混合物中少量或微量组分的脱除，由于只有部分组分汽化，极大地降低了能耗；近沸物和恒沸物的分离，不受热力学平衡的限制，绿色高效；多组分同时分离，例如多组分同时脱水；与反应过程结合，利用其单级分离效率高和可连续操作的特点，选择性地脱除反应产物，促进化学平衡的移动，提高转化率；可以在常温下进行，适用于热敏性物质的分离。

早在 1917 年 Kober 就提出了渗透汽化的概念[135]，但当时并未引起人们的重视，直到 20 世纪 50 年代关于渗透汽化的研究报道才逐渐增多。70 年代的能源危机促进了此项技术的发展，德国GFT公司率先开发出优先透水的聚乙烯醇/聚丙烯醇（PVA/PAN）复合膜，在欧洲完成中试后，于1982年在巴西建立了第一套乙醇脱水的小型工业装置，日生产成品乙醇1300L。随后从1984年至1996年的13年间，GFT公司共建造了63套渗透汽化装置，用于乙醇、异丙醇、三乙基胺、酯和醚等有机溶剂脱水。目前全球已有数十家公司提供渗透汽化商品膜、膜组件和过程设计，运行的有机膜渗透汽化装置超过200套。我国渗透汽化技术的研究始于20世纪80年代中期，清华大学是最早开展该项研究的单位之一，并参与组建了蓝景膜技术工程有限公司，从事渗透汽化膜技术的工业应用开发。

评价渗透汽化过程的主要参数为透量（flux）[kg/(m² · h)] 和分离系数（separation factor），其定义分别为：

$$J=\frac{W}{\Delta tA}$$

$$\alpha_{i/j}=\frac{x_{i,p}}{x_{i,f}}\times\frac{x_{j,f}}{x_{j,p}}$$

式中，W 为渗透组分的质量，kg；Δt 为取样间隔时间，h；A 为有效膜面积，m^2；$x_{i,p}$（$x_{j,p}$）代表 i（j）组分在渗透液中的质量百分浓度；$x_{i,f}$（$x_{j,f}$）代表 i（j）组分在原料物中的质量百分浓度。

此外，评价膜的分离性能也常用到渗透率（permeance）[mol/(m² · s · Pa)] 和选择性系数（selectivity），其定义分别为：

$$J_i=Q_i(p_{i,\text{feed}}-p_{i,\text{permeate}})$$

$$k_{i/j}=Q_i/Q_j$$

式中，J_i 为 i 组分的透量；Q_i 为 i 组分的渗透率；$p_{i,\text{feed}}$ 和 $p_{i,\text{permeate}}$ 分别为 i 组分在原料侧和渗透侧的蒸汽分压。

7.3.2 分子筛膜在渗透汽化中的应用

与有机膜相比，分子筛膜不会发生溶胀，适用于分离丙酮和苯等溶解能力较强的有机溶剂；化学稳定性和热稳定性高，耐微生物侵蚀，能够在极端的环境下使用；分子筛具有规整的微孔孔道，不同大小的分子可以通过分子筛分或构型扩散机理得到有效分离，因而具有更高的选择性。上述诸多优点弥补了分子筛膜制备成本高、难密封和单位体积膜面积小的不足，使其在与有机膜的竞争中逐渐占据优势。分子筛膜在渗透汽化分离中的应用可分为以下三个方面。

（1）有机物脱水。这是渗透汽化分离研究最多、用途最广和技术最为成熟的一类应用，涉及醇（多元醇）、酮、酯、醚、胺、有机酸、氯代烃和芳香族化合物等大部分常见的有机物类别。适合此类应用的分子筛膜通常具有较低的硅铝比（LTA、FAU、T和MOR型等）或较小的孔径（LTA、L和DD3R型等）。低硅铝比意味着亲水性强，在原料液中分子筛膜会优先吸附并透过水分子；小孔径有利于实现分子筛分，允许较小的水分子通过分子筛膜而截留住较大的有机物分子。表7-3列出了此类分子筛膜对于不同有机物体系的脱水性能。NaA型分子筛膜因同时具备硅铝比低和孔径小的特点而表现出最佳的脱水能力。此外，NaA型分子筛膜在20世纪末首先实现了放大合成，这也进一步促进了其在分离领域的应用研究和商品化渗透汽化膜组件的发展。

表7-3 分子筛膜的渗透汽化脱水性能

分子筛膜类型	原料物①	温度/K	$J/[kg/(m^2 \cdot h)]$	α	参考文献
NaA	水/甲醇（90%）	323	0.57	2100	[55]
	水/乙醇（90%）	348	2.15	10000	[55]
	水/异丙醇（90%）	348	1.76	10000	[55]
	水/丙酮（90%）	323	0.91	5600	[55]
	水/DMF（90%）	333	0.95	8700	[55]
	水/二噁烷（90%）	333	1.87	9300	[55]
FAU	水/乙醇（90%）	348	5.10	420	[91]
	水/乙醇（90%）	338	1.60	10000	[94]
	水/异丙醇（90%）	338	2.12	10000	[94]
T	水/甲醇（90%）	323	0.16	37	[42]
	水/乙醇（90%）	348	1.10	900	[42]
	水/异丙醇（90%）	348	2.20	8900	[42]
	水/丙酮（90%）	323	0.45	880	[42]
	水/DMF（90%）	333	0.45	2900	[42]
	水/乙酸（50%）	348	0.90～1.00	520～700	[42]
	水/乙醇（90%）	348	2.87	7600	[47]
	水/异丙醇（90%）	348	4.25	1900	[47]
Mordenite	水/异丙醇（90%）	348	0.56	10000	[97]
	水/乙酸（50%）	353	0.61	299	[97]
	水/乙醇（93.5%）	343	1.32	5200	[98]
	水/乙醇（90%）	348	1.60	1300	[99]
	水/异丙醇（90%）	348	1.85	3300	[99]
ZSM-5	水/异丙醇（90%）	348	3.14	690	[39]
	水/乙酸（50%）	343	0.78	381	[40]

续表

分子筛膜类型	原料物①	温度/K	J/[kg/(m²・h)]	α	参考文献
DD3R	水/甲醇（88.4%）	373	4.00	9	[114]
	水/乙醇（83.2%）	373	2.00	1500	[114]

① 原料为水和有机物的混合物（H_2O/B），括号内数字为水在原料中的质量百分含量。

(2) 水中微量有机物的脱除。Silicalite-1型分子筛膜的硅铝比高，疏水性强，优先吸附有机物，因而被用于从低浓度的有机物水溶液中脱除或回收有机物。Lin等采用原位法合成Silicalite-1型分子筛膜，在60℃对于5%乙醇水溶液的分离系数达到106，透量为0.9kg/(m²・h)[136]；对于5%丙酮水溶液的分离系数最高为540，透量为1.16kg/(m²・h)[137]。此外，填充有疏水性分子筛的混合基质膜同样具备较好的有机物选择性。Qureshi等使用Silicalite-1型分子筛填充的硅橡胶膜从5～9g/L的丁醇溶液中回收丁醇，在78℃时的分离系数为100～108，透量为89g/(m²・h)[138]。刘新磊等首创"堆积-填充"法制备出超薄的Silicalite-PDMS复合膜，在80℃对于0.2%～3%异丁醇溶液的透量高达5.0～11.2kg/(m²・h)，分离系数为25.0～41.6，符合工业应用的标准[139]。

(3) 有机混合物的分离。渗透汽化分离有机混合物是膜技术领域最富挑战性的课题[140]，在石油化工行业极具应用价值。目前研究主要集中在三类有机混合物体系：第一类是可形成恒沸物的极性/非极性有机混合物，如醇酯和醇醚体系；第二类是沸点相近的有机物所组成的近沸点混合物，如苯/环己烷体系；第三类是同分异构体混合物。表7-4列出了分子筛膜在此方面的应用报道。FAU型分子筛膜孔径较大，易吸附极性或含不饱和键的分子，因而对于前两类有机混合物表现出较强的分离能力。MFI型分子筛膜孔径适中，可通过择形扩散的原理分离邻二甲苯/对二甲苯等同分异构体。

表7-4 分子筛膜渗透汽化分离有机混合物的性能

分子筛膜类型	原料物①	温度/K	J/[kg/(m²・h)]	α	参考文献
NaX	甲醇/甲基叔丁基醚（10%）	323	0.46	10000	[86]
NaY	甲醇/甲基叔丁基醚（10%）	323	1.70	5300	[86]
	甲醇/甲基叔丁基醚（10%）	378	2.13	6400	[86]
	甲醇/苯（10%）	323	1.02	7000	[86]
	甲醇/碳酸二甲酯（50%）	323	1.53	480	[86]
	乙醇/苯（10%）	333	0.22	930	[86]
	乙醇/乙基叔丁基醚（10%）	323	0.21	1200	[86]
	苯/正己烷（50%）	373	0.02	260	[86]
	苯/环己烷（50%）	423	0.30	190	[86]

续表

分子筛膜类型	原料物①	温度/K	J/[kg/(m^2·h)]	α	参考文献
NaY	乙醇/乙酸乙酯（30%）	373	约 1.30	81	[92]
	乙醇/乙酸乙酯（10%）	373	约 0.45	约 73	[92]
FAU	甲醇/异丙醇（50%）	333	0.45	50	[2]
	甲醇/异丙醇（50%）	373	1.05	20	[2]
	甲醇/异丁醇（50%）	333	0.50	1000	[2]
	甲醇/异丁醇（50%）	373	1.12	1000	[2]
	甲醇/碳酸二甲酯（70%）	373	1.08	1000	[2]
	甲醇/碳酸二甲酯（10%）	373	0.30	180	[2]
	乙醇/乙酸乙酯（30%）	393	0.58	1000	[2]
	乙醇/乙酸乙酯（10%）	393	0.35	390	[2]
Silicalite-1	甲醇/甲基叔丁基醚（52%）	303	0.27	9	[141]
	对二甲苯/邻二甲苯（50%）	323	0.14	40	[142]
ZSM-5	正己烷/二甲基丁烷（50%）	300	0.37	10	[143]
Ferrierite	苯/对二甲苯（49%）	303	0.01	100	[100]
Mordenite	苯/对二甲苯（39%）	295	0.04	120	[102]
beta	2-甲基戊烷/2,2-二甲基丁烷（50%）	303	0.045	1.79	[104]

① 原料为两种有机物的混合物（A/B），括号内数字为 A 在原料中的质量百分含量。

7.4　分子筛膜在乙醇脱水中的应用

7.4.1　分子筛膜的脱水性能

乙醇脱水是渗透汽化分离技术在工业中的典型应用。早期商品渗透汽化膜均为有机聚合物膜，如 PVA/PAN 复合膜，随后又出现了微孔 SiO_2（ZrO_2和 TiO_2）陶瓷膜。这两类膜材料对于水/乙醇的分离选择性有限，当水含量较低时表现得尤为明显。表 7-5 比较了目前报道的具有较强脱水能力的膜材料对于低水含量乙醇溶液的渗透汽化脱水性能。当乙醇溶液的水含量在 5%左右时，大多数有机聚合物膜的分离系数低于 2000，透量低于 0.5kg/(m^2·h)；少数有机聚合物膜具有较高的分离系数，但这是以增加膜厚和牺牲透量来实现的，并不具备工业应用价值。微孔 SiO_2陶瓷膜具有可观的透量，但分离系数低于 500。相比之下，以 NaA 型为代表的亲水性分子筛膜兼具高选择性和高透量，是理想的脱水膜。

表 7-5 不同渗透汽化膜的乙醇脱水性能

膜类型	水含量(质量分数)/%	温度/K	Q/[kg/(m²·h)]	α	参考文献
PVA-PSSA/PAN	5	333	0.15	1500	[144]
Allyl alcohol	4.4	333	0.04	110	[145]
PAAM	5	343	0.51	750	[146]
PCA	5	343	0.82	1940	[146]
CS-SPP/PAN	5	343	0.45	1880	[147]
CS/PAA	4.4	303	0.033	2216	[148]
CS (H_2SO_4)	5	353	0.65	350	[149]
Alginate/CS	4.4	323	0.095	202	[150]
Na-Alg/PVP (3∶1)	4.6	303	0.09	364	[151]
PI	5	333	1	900	[152]
PEI/PAA	5	343	0.314	603	[153]
silica	6	343	0.76	358	[154]
ECN silica	3.6	343	1.6	350	[155]
NaA	5	348	1.1	16000	[59]
NaA	1.5	338	0.05	7231	[53]
FAU	5	338	0.85	660	[94]
mordenite	6.5	343	1.32	5200	[98]
T	10	348	2.87	7600	[47]

NaA 型分子筛膜的硅铝比为 1，亲水性最强；孔径为 0.40nm，大于水分子而小于除甲醇（0.38nm）外其他有机溶剂分子的动力学直径。理论上合成致密和无缺陷的 NaA 型分子筛膜可以完全截留住乙醇分子而只允许水分子透过。即便膜层中存在少量的非分子筛孔道缺陷，其强亲水性的表面依然能够阻止乙醇分子通过膜，从而表现出很高的分离选择性[156]。图 7-4 显示微波加热合成的 NaA 型分子筛膜在 65℃对于不同浓度乙醇溶液的渗透汽化分离性能。在近乎全部原料液浓度范围内，渗透液的水含量都为 100%，未检测到乙醇。仅当原料液的水含量降至 1.5%时，极少量的乙醇透过分子筛膜，渗透液的水含量降至 99.1%，对应的分离系数仍高于 7000[52]。

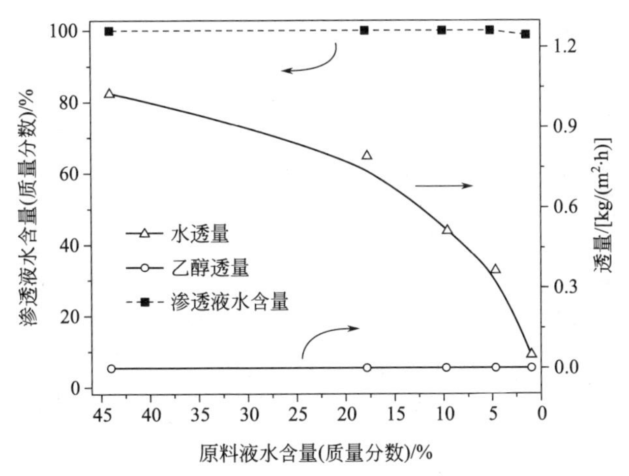

图 7-4　NaA 型分子筛膜在 65℃对于乙醇溶液的渗透汽化分离性能[52]

由合成气直接制乙醇的产物常包含水和多种低碳醇，还有少量酯和酸等。其中甲醇的沸点较低，可以直接通过精馏分离，而剩余的水和低碳醇会形成恒沸物，增加了分离的难度。李砚硕等考察了 NaA 型分子筛膜对于此类低碳混合醇体系的脱水性能[54]。图 7-5 显示在 65℃渗透汽化分离低碳混合醇（模拟 Cu-Co 催化剂合成产物）的结果，原料液各组分的含量分别为水 8.0%、甲醇 60.0%、乙醇 22.0%和丙醇 10.0%。随着渗透汽化过程的进行，原料液的水含量由 9.0%下降至 0.8%，总透量由 0.44kg/(m^2·h) 降至 0.06kg/(m^2·h)。全过程渗透物只含水和甲醇，甲醇的透量始终低于 0.03kg/(m^2·h)，总体脱水的分离系数保持在 150 以上。上述结果表明，NaA 型分子筛膜具备多种醇同时脱水的能力，仅对甲醇脱水的选择性稍低。考虑到合成得到的混合醇产物通常是高温蒸汽，同时测试了 NaA 型分子筛膜在 130℃蒸汽渗透分离工业混合醇合成产物（Ru 基催化剂）的性能，结果如图 7-6 所示。膜组件中分子筛膜的有效面积为 17cm^2，原料的总质量为 100g，其组成列于表 7-6。经过 11h 的连续脱水后，原料物的水含量由 47.2%下降至 21.8%，乙醇含量则由 38.6%上升至 59.2%，其他组分（除正丁醇）的含量略有上升。渗透物始终只检测到水，一方面说明 NaA 型分子筛膜具有优良的脱水能力，另一方面可以看出以蒸汽的形式进料时少量的乙酸对 NaA 型分子筛膜的侵蚀并不显著。初始透量为 3.36kg/(m^2·h)，3h 后开始降低，整个过程的平均透量为 1.8kg/(m^2·h)。测试后发现进料口处的分子筛膜表面变色，因此推测原料杂质对膜的污染是造成透量下降的主要原因。如何避免污染，延长使用寿命，是分子筛膜在工业应用中亟待解决的难题之一。

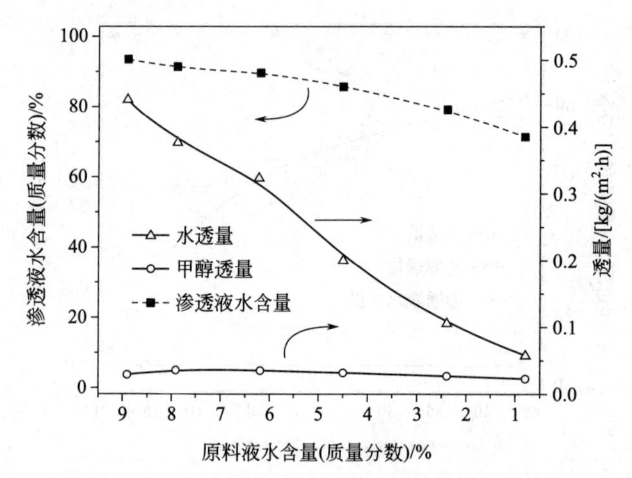

图 7-5 NaA 型分子筛膜在 65℃对于渗透汽化分离模拟低碳混合醇的性能[54]

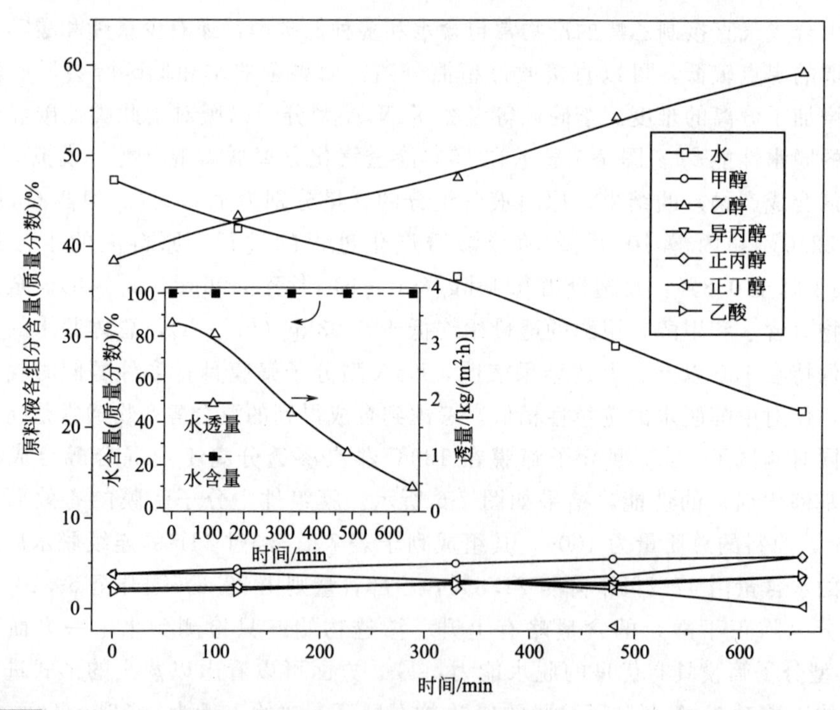

图 7-6 NaA 型分子筛膜在 130℃蒸汽渗透分离工业混合醇合成产物时原料物各组分的含量随时间的变化（内图显示渗透物的水含量和透量随时间的变化）[54]

表 7-6 费托合成（Ru 基催化剂）低碳混合醇的组成

原料组分	水	甲醇	乙醇	正丙醇	异丙醇	正丁醇	乙酸
含量(质量分数)/%	47.2	3.8	38.6	2.1	2.4	3.8	2.0

虽然 NaA 型分子筛膜具备上述优点，但硅铝比低导致其耐酸性和水热稳定性相对较差。研究显示，在 70℃NaA 型分子筛膜对于 50%乙醇水溶液连续渗透汽化脱水 24h 后，其分离系数迅速降至 10 以下[157]。FAU 型分子筛膜的硅铝比高于 NaA 型分子筛膜（NaX 型为 1～1.5，NaY 型为 1.5～3），孔径较大（0.74nm），渗透通量高。图 7-7 显示 FAU 型分子筛膜（硅铝比为 1.5）在 70℃连续渗透汽化分离 50%乙醇水溶液的性能。在 600h 的测试过程中分子筛膜始终保持了很高的分离选择性，渗透物中未检测到乙醇。透量在初始的 4h 由 2.80kg/(m^2·h) 增加至 3.47kg/(m^2·h)，此后基本稳定在 3.5～3.6kg/(m^2·h)。XRD 和 SEM 表征显示，渗透汽化测试前后分子筛膜的晶体结构和表面形貌均没有明显变化[2]。上述结果表明，FAU 型分子筛膜的水热稳定性优于 LTA 型分子筛膜，可用于渗透汽化分离水含量大于 10%的乙醇溶液。

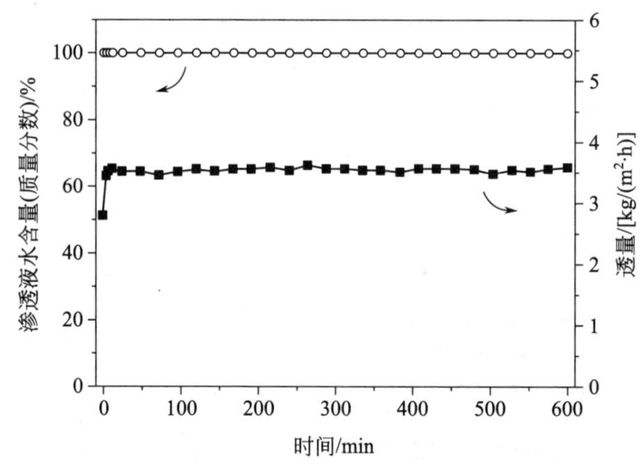

图 7-7　FAU 型分子筛膜在 70℃对于 50%乙醇水溶液的渗透汽化分离性能[2]

相比 NaA 型分子筛膜，FAU 型分子筛膜不容易合成致密，原因有两个：一是载体表面的成核密度低；二是易出现其他结构的杂晶或转晶为 P 型分子筛。对于 90%乙醇水溶液，文献报道采用常规加热二次生长法合成的 FAU 型分子筛膜的分离系数最高为 420[91]，明显低于孔径相近而亲水性更弱的 MOR 型分子筛膜[98]。朱广奇等采用微波加热原位合成 FAU 型分子筛膜，有效解决了上述两个方面的难题，分子筛膜的分离性能得到显著提高。图 7-8 比较了在其他合成条件基本相同的情况下分别采用常规加热和微波加热优化合成的 FAU 型分子筛膜对于低水含量乙醇溶液的脱水性能。随着原料液水含量（W_f）的降低，前者渗透液水含量下降的幅度明显高于后者。当 W_f 在 10%左右时，前者的分离系数为 382，后者为 10000；当 W_f 下降至 1%左右时，前者渗透液的乙醇含量超过水，而后者依然在 350 以上[95]。随后放大合成的长管 FAU 型分子筛膜保持了良好的分离性能，通过优化条件实现了较好的合成重复性和均匀性，为FAU型分子筛膜的工业应用奠定了坚实的基础[2]。

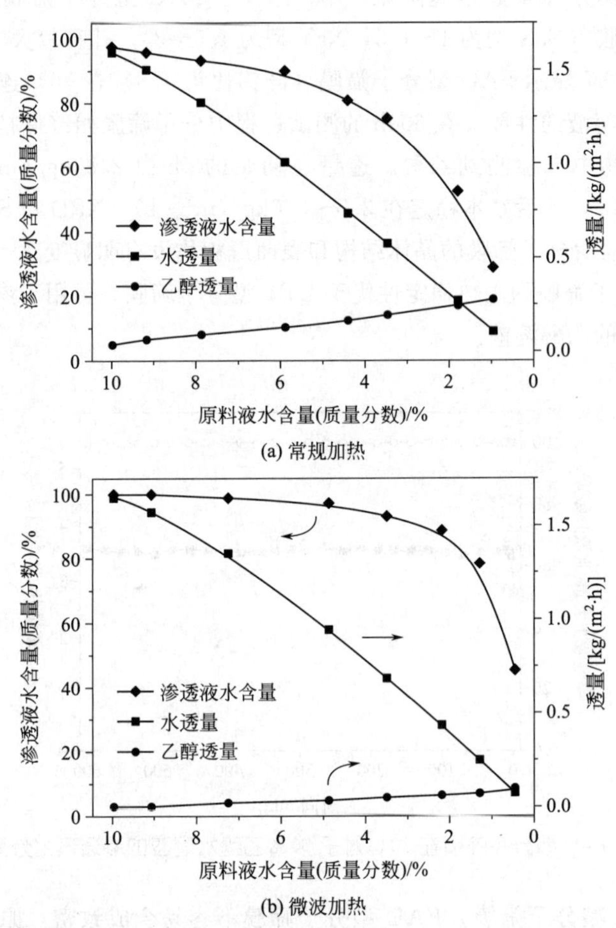

图7-8 常规加热和微波加热合成的FAU型分子筛膜在65℃对于低水含量乙醇溶液的渗透汽化分离性能[95]

对于含有少量酸性物质的原料液，如合成气经乙酸制乙醇的产物因含少量乙酸而显酸性，脱水时可以使用硅铝比相对较高而具有耐酸性的T型、Mordenite型、ZSM-5型和DD3R型分子筛膜。周汉等测试了T型分子筛膜对于pH值为3的90%乙醇溶液的脱水性能，结果如图7-9所示[46]。在65℃经过150h的连续渗透汽化分离，渗透液的水含量始终保持在99%以上，透量在测试初期由1.5kg/(m^2·h)下降至1.0kg/(m^2·h)，后期基本保持稳定。Mordenite型和ZSM-5型分子筛膜的耐酸能力更强，甚至可以直接用作乙酸脱水。

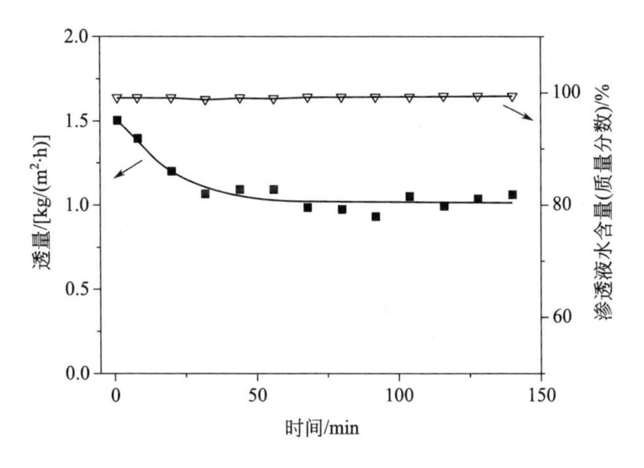

图 7-9　T 型分子筛膜在 65℃对于 90% 乙醇水溶液（pH = 3）的渗透汽化分离性能[46]

7.4.2　操作条件的影响

渗透汽化过程的推动力是渗透物在膜两侧的化学势梯度，渗透物的化学势与其逸度相关，因而对于趋近平衡状态的恒温体系，经过一系列假设和公式推导可以得出如下结论：渗透物的透量与其在膜两侧的逸度差成正比[53]。渗透汽化过程的操作条件，包括原料物的组成、温度、原料侧压力、渗透侧压力和流动状态等，对于分离性能的影响均可以通过逸度的变化加以解释。对于乙醇脱水过程，因为渗透物的主要组分是水，因而透量的变化取决于水的逸度变化。NaA 型分子筛膜由于具有很高的脱水能力，其分离系数基本不受操作条件的影响而保持在 10000 以上。

（1）原料物组成。随着原料物中水含量降低而乙醇含量升高，水的逸度减少而乙醇的逸度增加，因而透量和分离系数均降低。实际对于亲水性较强的分子筛膜，由于乙醇的吸附和扩散始终受阻，只有当原料物中水含量较低时，透量和分离系数才会出现明显降低。

（2）操作温度。对于渗透汽化操作，升高原料液温度，水和乙醇的逸度均增加，而前者更为显著，因此透量和分离系数均增加；对于蒸汽渗透操作，常压下升高温度，蒸汽处于过热状态，水和乙醇的逸度均减少，而前者更为显著，因此透量和分离系数均下降。朱广奇对于 FAU 型分子筛膜脱水性能的研究结果支持了这一观点，如图 7-10 所示[2]。

（3）原料侧压力。原料液压力的变化对渗透汽化过程的影响较小，因而通常情况下压力只需足够克服原料液的流动阻力即可。对于蒸汽渗透过程，恒温下增加原料侧蒸汽的压力，水和乙醇的逸度均增加，透量增加，但分离

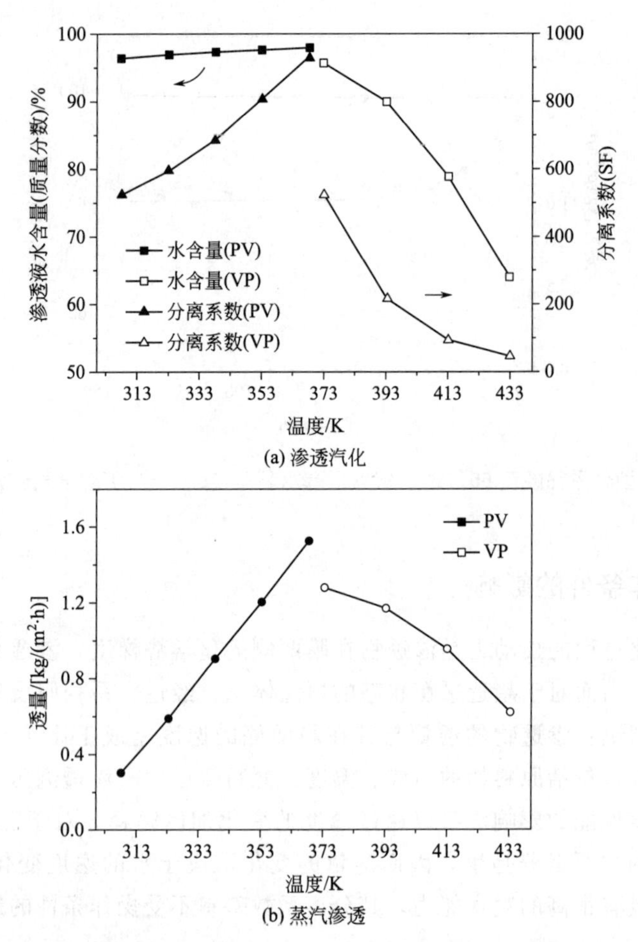

图 7-10 FAU 型分子筛膜在不同温度对 95% 乙醇水溶液渗透汽化和蒸汽渗透分离的性能[2]

系数降低。

（4）渗透侧压力。渗透侧压力降低，水和乙醇在膜两侧的逸度差均增加，而前者更为显著，因而透量和分离系数均增加。

（5）原料流动状态。渗透汽化是一个同时进行传质和传热的分离过程，在原料侧存在浓差极化和温差极化。浓差极化的程度随液相传质阻力的增大和优先渗透组分浓度的降低而增加，它直接造成透量和分离系数降低。温差极化主要与传热系数、透量和渗透物的汽化潜热相关，它会导致透量降低。提高原料液的流速有利于增加湍流程度，保证原料液在膜表面均匀分布，从而有效削弱浓差极化和温差极化。

操作条件的选定不仅与分离性能相关，还需考虑在此条件下的分离成本。如降低渗透侧压力有利于提高透量和分离系数，但需要使用高性能的真空系统，同时增加了真空泵和冷凝器的能耗，导致投资成本和操作成本增加。因此，必须在试验数据的基础上优化计算，使分离性能与成本达到一个平衡点。

7.5　乙醇分子筛膜脱水的工业应用

7.5.1　工业乙醇脱水的现状

目前工业上成熟的乙醇脱水技术主要是特殊精馏和变压吸附。

7.5.1.1　特殊精馏

特殊精馏包括恒沸精馏、加盐精馏和萃取精馏等，在精馏过程中都需要加入第三种物质，下面以恒沸精馏为例进行介绍。在常压下乙醇-水体系的恒沸点是77.3℃，恒沸物中乙醇的摩尔分数是89.4%，用一般精馏分离只能得到乙醇含量略低于恒沸组成的工业乙醇。采用苯为挟带剂可形成新的三元恒沸物，恒沸点为64.9℃，组成为苯53.9%、乙醇22.8%、水23.3%。恒沸物冷凝后，苯与乙醇和水不互溶而分层，可使苯与后两者得到初步分离。在恒沸精馏塔中，只要加入适量苯就可使体系中几乎全部的水形成恒沸物，并与乙醇构成挥发能力差异较大的混合物。在塔板数和操作回流比适宜的条件下，几乎全部的水将与苯和乙醇形成的三元恒沸物以蒸汽的形式从塔顶排出，而从塔底获得无水乙醇。图7-11给出了目前化工领域常用的恒沸精馏制取无水乙醇的工艺流程。粗乙醇经塔1（精馏塔）精馏得到工业乙醇，随后从中部某一位置加入塔2（恒沸精馏塔）。塔2顶部蒸出的恒沸物经冷凝后送入分离器分层，上层苯相送回塔2循环使用，下层水相送至塔3（精馏塔）回收残余的少量苯。塔3顶部恒沸物冷凝液并入塔2的分离器中，塔底稀乙醇水溶液送至塔4（精馏塔），用精馏方法回收其中的乙醇。塔4顶部馏出液送回塔2亦作为进料，塔底则排出废水。恒沸精馏、加盐精馏和萃取精馏分离技术不仅操作能耗和成本高，而且产品由于含有少量的挟带剂而不能用于医药业，另外，第三组分的使用会污染环境，职业危害较高，因而有被其他分离技术所取代之势。

7.5.1.2　变压吸附

变压吸附（PSA）乙醇脱水的原理是利用吸附剂对乙醇和蒸汽具有不同的吸附能力和吸附容量而实现分离。将过热的原料蒸汽送入吸附塔，蒸汽中的水分被吸附剂吸收，剩余蒸汽冷凝后得到无水乙醇；吸附剂在高温低压状态下用乙醇蒸汽脱除水分而再生，产生的低浓度乙醇溶液送入精馏塔分离，整体工艺流程如图7-12所示。PSA的能耗低于恒沸精馏，自动化程度高，基本无污染，

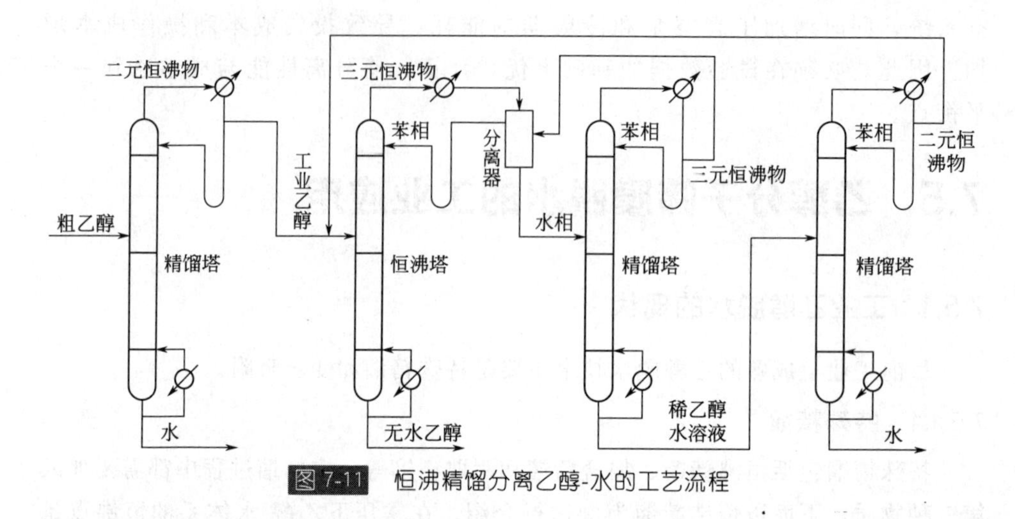

图 7-11 恒沸精馏分离乙醇-水的工艺流程

因此逐渐取代恒沸精馏而广泛用于乙醇脱水。但是它也存在着局限性：要求进入吸附塔的乙醇蒸汽水含量小于 5%，即从精馏塔出来的蒸汽为乙醇和水的恒沸物，这样就会导致精馏过程的能耗偏高（高回流比）；单程收率只有 70%～75%；从解吸塔出来的乙醇溶液含乙醇 30%左右，需要重新精馏脱水，也导致能耗的增加。

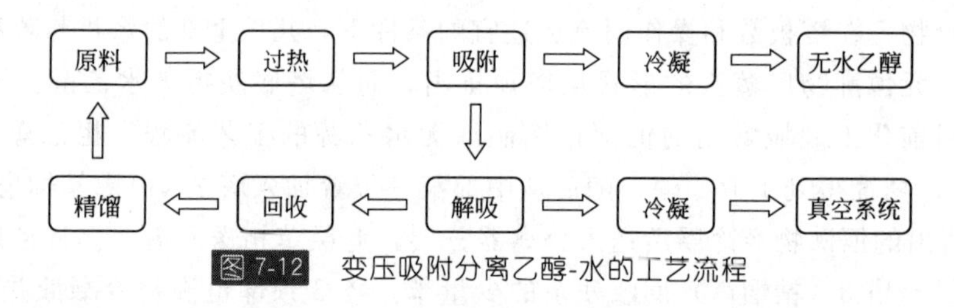

图 7-12 变压吸附分离乙醇-水的工艺流程

7.5.2 精馏-渗透汽化耦合

受膜透量的限制，使用渗透汽化技术直接从高水含量的乙醇溶液制备无水乙醇并不经济。精馏与渗透汽化或蒸汽渗透分离的耦合则可以充分发挥普通精馏在高水含量的优势和渗透汽化在低水含量的优势。图 7-13 显示采用精馏-分子筛膜蒸汽渗透耦合工艺进行乙醇脱水的生产流程。分子筛膜管密封在列管式膜组件中，粗乙醇在精馏塔中脱水到接近恒沸组成（约 90%乙醇），然后塔顶蒸汽直接进入膜组件进行蒸汽渗透脱水，渗余液为无水乙醇产品，而渗透液则返回精馏塔。这种耦合工艺的优点是：精馏塔塔顶蒸汽直接进入膜组件，原料无须再加热，通过能量回收设备还可将渗余液的热量回收利用，从而减少了能耗，最大限度地提高了能量的利用率；分子筛膜进料的乙醇浓度范围较宽（1%～30%），精馏塔塔顶的乙醇蒸汽水含量可以放宽，从而降低了精馏塔的能耗，此外，分子筛膜技术单程收率大于99.5%，进一步降低了脱水过程的能耗；蒸汽渗透得到的渗透液可以返回精馏塔，几乎没有乙醇的损失，而恒沸精馏过程的乙醇损失平均为4%。

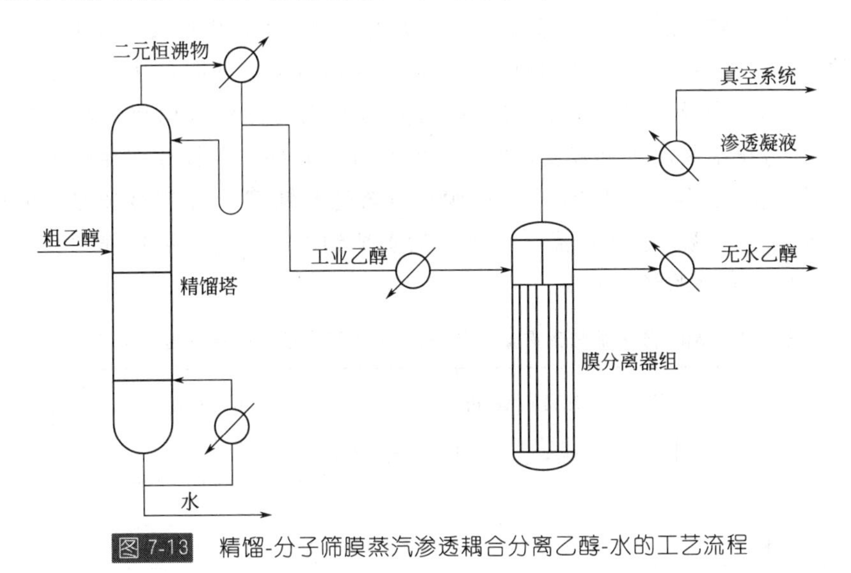

图 7-13　精馏-分子筛膜蒸汽渗透耦合分离乙醇-水的工艺流程

7.5.3　经济性分析

一项技术能否取得应用，最终往往归结到经济性上。分离过程的经济性需考虑投资成本和操作成本两部分。对于投资成本，在一般情况下设备的投资和处理量满足如下关系：

$$I = aQ^b$$

式中，I 为设备投资；Q 为设备的处理能力；a 和 b 为常数，分别反映了单位处理量的投资额和过程的规模效应。b 通常小于1，其值越小，表示过程的规模效应越显著。精馏与吸附过程经过多年发展技术上已经非常成熟，前者的 b 值一般在0.7左右，后者的 b 值略高。渗透汽化过程由于膜组件占据整个设备投资的绝大部分，设备投资几乎与处理量成正比，b 值接近于1。当处理量较小时，渗透汽化的设备投资最小，其次是吸附。但当处理量超过100kL/d后，精馏的投资将最小。若要提高渗透汽化过程的投资竞争力，必须进一步降低膜组件的费用，如减少膜的生产成本，提高膜的分离性能和效率等。此外，还可以通过对膜性能的优化配置达到过程优化的目的。具体做法是：对于水含量较高的上游原料物，使用分离系数较低但透量高的膜；对于水含量较低的下游原料物，使用透量低但分离系数较高的膜。这种设计可以减小总的膜面积，从而降低投资成本。从膜材料成本考虑，目前分子筛膜的制造成本比有机聚合物膜高出近1倍，但是分子筛膜的分离性能更好，相同处理量所需的膜面积更小，同时其使用寿命比有机膜长1倍以上，因而随着技术发展在投资方面逐渐显现优势。

另一方面，从操作成本考虑，渗透汽化用于乙醇脱水具有明显的优势。特殊精馏是典型的高能耗操作，而变压吸附在吸附剂的再生、更换及废吸附剂处理等方面的费用也很高。Lurgi公司根据一年的工业运行数据证明，从94%的乙醇溶液制备99.85%的无水乙醇，使用有机膜渗透汽化的操作费用比恒沸精馏节约60%[158]。分子筛膜由于具有良好的稳定性和分离效率，其操作费用更低于有机聚合物膜。表7-7给出了精馏-分子筛膜蒸汽渗透与精馏-分子筛变压吸附的操作费用，每生产1t无水乙醇产品，前者比后者节约363.7元，可见使用分子筛膜脱水技术具有显著的经济效益。

表7-7 精馏-分子筛膜蒸汽渗透与精馏-分子筛变压吸附操作费用的比较

项目	精馏-分子筛膜蒸汽渗透	精馏-分子筛变压吸附	差值	节约操作费用/(元/t)
原料水含量/%	50→10→0.5	50→5→0.5		
蒸汽消耗/(kg/t)	1600+10	2650+700	1740	348①
循环冷却水消耗/(t/t)	32+16	84.5+50	86.5	30.3②
冷冻盐水/(t/t)	8.4	5	−3.4	−17
电/(kW·h/t)	9	15	6	6
合计节省/(元/t)	367.3			

① 每吨蒸汽按200元计。

② 每吨循环水按0.35元计。

7.5.4 分子筛膜工业应用现状

目前，国际上主要有两家公司正在从事分子筛膜的商业化运作：日本三井造船株式会社和德国Inocermic公司。

三井造船株式会社拥有多项晶种涂布以及二次生长法合成分子筛膜的专利。最近，他们又申请了若干项分子筛膜放大合成釜的专利，利用在反应釜内自下而上的热对流消除温度梯度与浓度梯度的负面影响。2002年，三井造船株式会社投资成立了一个下属子公司BNRI（Bussan Nanotech Research Institute Inc. Mitsui & Co.，Ltd.），专门负责分子筛膜的制造、生产和销售。截至2004年，他们已经在全球建立起了近百套NaA型分子筛膜脱水装置，2010年的分子筛膜销售额折合成人民币达到2.4亿元，展现出巨大的市场潜力。

德国Inocermic公司取得了原英国Smart化学公司的专利授权，用于四通道NaA型分子筛膜的二次生长法合成，其分子筛膜的放大合成方法则以技术秘密的方式被保护。2008年，Inocermic公司和BNRI公司合作在拉脱维亚建立了一套5

万吨/年的分子筛膜乙醇蒸汽渗透脱水装置（双方各负责提供50%的膜组件）。

最近日本的日立造船株式会社也开始涉足分子筛膜领域，开发了基于NaA型分子筛膜的脱水系统（hitz dehydration system，HDS），但是还没有取得大规模的工业应用。

近年来国内的不少科研院所在分子筛膜领域展开研究工作，但主要局限在基础研究层面。中科院大连化学物理研究所从1999年开始申请了一系列有关分子筛膜合成方法及其在醇/水分离中应用的专利，形成了整套的自主知识产权，规避了工业应用进程中的专利风险。“十一五”期间，他们在分子筛膜的研究领域取得了重大进展，先后完成了NaA型分子筛膜用于燃料乙醇脱水的实验室中试和现场中试等示范化试验，积累了大量的试验数据与经验，为工业放大试验和最终工业应用奠定了基础。中科院大连化学物理研究所与浙江一家企业合作，已经完成了5万吨/年异丙醇脱水技术的工业示范，这也是迄今世界上规模最大的分子筛膜分离装置（图7-14）。目前，他们与江苏一家企业合作，正在开展煤基乙醇分子筛膜脱水的工业示范试验，在2013年完成3万吨/年规模的乙酸加氢制乙醇工业试验的配套分子筛膜脱水装置的建设。

(a) 200t/a

(b) 2000t/a

(c) 300t/a

(d) 50000t/a

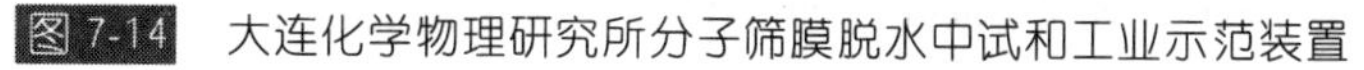

图7-14　大连化学物理研究所分子筛膜脱水中试和工业示范装置

乙醇作为清洁的可再生能源，在经济领域的地位日渐提升。随着煤基乙醇的工业化发展，乙醇产物更加复杂，对于分离过程提出了更高的要求。采用分子筛膜渗透汽化技术取代传统的特殊精馏和变压吸附能简化生产流程，降低能耗，减少污染，在工艺和经济上具有明显的优势。目前，亲水性分子筛膜的放大合成技术已基本成熟，生产成本逐步降低，完全可以取代有机聚合物膜。应用研究工作主要集中在随着完善膜管密封技术，开发设计合理、符合分离要求的膜组件和工艺流程。随着渗透汽化技术的日渐成熟，分子筛膜脱水必将在乙醇生产中得到广泛的应用，创造更加显著的经济效益。

参考文献

[1] 徐如人，庞文琴．分子筛与多孔化学．北京：科学出版社，2004.

[2] 朱广奇．FAU 型分子筛膜的原位合成与分离性能的研究．博士学位论文，2009.

[3] Caro J，Noack M，Kolsch P，Schafer R. Zeolite membranes-state of their development and perspective. Micropor Mesopor Mater，2000，38：3.

[4] Chiang A S T，Chao K J. Membranes and films of zeolite and zeolite-like materials. J Phys Chem Solids，2002，62：1899.

[5] Lin Y S，Kumakiri I，Nair B N，Alsyouri H. Microporous inorganic membranes. Sep Purif Methods，2002，31：229.

[6] Cheng Z L，Chao Z S，Wan H L. Progress in the research of zeolite membrane on gas separation. Prog Chem，2004，16：61.

[7] Coronas J，Santamaria J. State-of-the-art in zeolite membrane reactors. Top Catal，2004，29：29.

[8] Bowen T C，Noble R D，Falconer J L. Fundamentals and applications of pervaporation through zeolite membranes. J Membr Sci，2004，245：1.

[9] McLeary E E，Jansen J C，Kapteijn F. Zeolite based films，membranes and membrane reactors：Progress and prospects. Micropor Mesopor Mater，2006，90：198.

[10] Chung T S，Jiang L Y，Li Y，Kulprathipanja S. Mixed matrix membranes (MMMs) comprising organic polymers with dispersed inorganic fillers for gas separation. Prog Polym Sci，2007，32：483.

[11] Fong Y Y，Abdullah A Z，Ahmad A L，Bhatia S. Zeolite membrane based selective gas sensors for monitoring and control of gas emissions. Sensor Lett，2007，5：485.

[12] Caro J，Noack M. Zeolite membranes-recent developments and progress. Micropor Mesopor Mater，2008，115：215.

[13] Wee S L，Tye C T，Bhatia S. Membrane separation process-pervaporation through zeolite membrane. Sep Purif Technol，2008，63：500.

[14] Li Y S，Yang W S. Microwave synthesis of zeolite membranes：A review. J Membr Sci，2008，316：3.

[15] Matsukata M，Nishiyama N，Ueyama K. Synthesis of zeolites under vapor atmosphere：Effect of synthetic conditions on zeolite structure. Micropor Mater，1993，1：219.

[16] Matsufuji T，Nishiyama N，Matsukata M，Uyama K. Separation of butane and xylene isomers with MFI-type zeolitic membrane synthesized by a vapor-phase transport method. J Membr Sci，2000，178：25.

[17] Kikuchi E，Yamashita K，Hiromoto S，Ueyama K，Matsukata M. Synthesis of a zeolitic thin layer by a vapor-phase transport method：Appearance of a preferential orientation of MFI zeolite. Micropor Mater，1997，11：107.

[18] Sano T，Yanagishita H，Kiyozumi Y，Mizukami F，Haraya K. Separation of ethanol/water mixture by silicate membrane on pervaporation. J Membr Sci，1994，95：221.

[19] Keizer K，Burggraaf A J，Vroon Z A E P，Verweij H. Two component permeation through thin zeolite MFI membranes. J Membr Sci，1998，147：159.

[20] Zhang F Z，Fuji M，Takahashi M. In situ growth of continuous b-oriented MFI zeolite membranes on porous alpha-alumina substrates precoated with a mesoporous silica sublayer. Chem Mater，2005，17：1167.

[21] Yan Y S，Davis M E，Gavalas G R. Preparation of zeolite ZSM-5 membranes by in-situ crystallization on porous α-Al_2O_3. Ind Eng Chem Res，1995，34：1652.

[22] Lai R，Yan Y S，Gavalas G R. Growth of ZSM-5 films on alumina and other surfaces. Micropor Mesopor Mater，2000，37：9.

[23] Noack M，Kölsch P，Schäfer R，Toussaint P，Sieber I，Caro J. Preparation of MFI membranes of enlarged area with high reproducibility. Micropor Mesopor Mater，2002，49：25.

[24] 徐晓春，程谟杰，杨维慎，林励吾. Silicate-1 分子筛膜的合成及其气体渗透性能. 中国科学（B辑），1998，28：247.

[25] Vroon Z A E P，Keizer K，Gilde M J，et al. Transport properties of alkanes through ceramic thin zeolite MFI membranes. J Membr Sci，1996，113：293.

[26] Mintova S，Bein T. Microporous films prepared by spin-coating stable colloidal suspensions of zeolite. Adv Mater，2001，13：1880.

[27] Mintova S，Hedlund J，Valchev V，Schoeman B，Sterte J. ZSM-5 films prepared from template free precursors. J Mater Chem，1998，10：2217.

[28] Li G，Kikuchi E，Matsukata M. ZSM-5 zeolite membranes prepared from a clear template-free solution. Micropor Mesopor Mater，2003，60：225.

[29] Chen H L，Song C S，Yang W S. Effects of aging on the synthesis and performance of silicalite membranes on silica tubes without seeding. Micropor Mesopor Mater，2007，102：249.

[30] Chen H L，Li Y S，Yang W S. Preparation of silicalite-1 membrane by solution filling method and its alcohol extraction properties. J Membr Sci，2007，296：122.

[31] Hwang Y K，Lee U H，Chan J S，Kwon Y U，Park S E. Microwave induced

fabrication of MFI zeolite crystal films onto various metal oxide substrates. Chem Lett，2005，34：1596.

[32] Madhusoodana C D，Das R N，Kameshima Y，Okada K. Microwave assisted hydrothermal synthesis of zeolite films on ceramic supports. J Mater Sci，2006，41：1481.

[33] Motuzas J，Julbe A，Noble R D，Lee A van der，Beresnevicius Z J. Rapid synthesis of oriented silicalite-1 membranes by microwave-assisted hydrothermal treatment. Micropor Mesopor Mater，2006，92：259.

[34] Motuzas J，Heng S，Lau P P S Z，Yeung K L，Beresnevicius Z J，Julbe A. Ultra-rapid production of MFI membranes by coupling microwave assisted synthesis with either ozone or calcination treatment. Micropor Mesopor Mater，2007，99：197.

[35] Gouzinis A，Tsapatsis M. On the preferred orientation and microstructural manipulation of molecular sieve films prepared by secondary growth. Chem Mater，1998，10：2497.

[36] Lai Z P，Bonilla G，Diaz I，Nery J G，Sujaoti K，Amat M A，Kokkoli E，Terasaki O，Thompson R W，Tsapatsis M，Vlachos D G. Microstructural optimization of a zeolite membrane for organic vapor separation. Science，2003，300：456.

[37] Hedlund J，Mintova S，Sterte J. Controlling the preferred orientation in silicalite-1 films synthesized by seeding. Micropor Mesopor Mater，1999，28：185-194.

[38] Hedlund J，Noack M，Kölsch P，Creaser D，Caro J，Sterte J. ZSM-5 membranes synthesized without organic templates using a seeding technique. J Membr Sci，1999，15：263.

[39] Li G，Kikuchia E，Matsukata M. The control of phase and orientation in zeolite membranes by the secondary growth method. Micropor Mesopor Mater，2003，62：211.

[40] Li G，Kikuchia E，Matsukata M. A study on the pervaporation of water-acetic acid mixtures through ZSM-5 zeolite membranes. J Membr Sci，2003，218：185.

[41] Kanezashi M，O'Brien J，Lin Y S. Template-free synthesis of MFI-type zeolite membranes：Permeation characteristics and thermal stability improvement of membrane structure. J Membr Sci，2006，286：213.

[42] Tanaka K，Yoshikawa R，Cui Y，Kita H，Okamoto K I. Application of zeolite membranes to esterification reactions. Catal Today，2001，67：121.

[43] Cui Y，Kita H，Okamoto K I. Zeolite T membrane：Preparation，characterization，pervaporation of water/organic liquid mixtures and acid stability. J Membr Sci，2004，236：17.

[44] Mirfendereski S M，Mazaheri T，Sadrzadeh M，Mohammadi T. CO_2 and CH_4 permeation through T-type zeolite membranes：Effect of synthesis parameters and feed pressure. Sep Purif Technol，2008，61：317.

[45] Zhou H，Li Y S，Zhu G Q，Liu J，Lin L W，Yang W S. Microwave-assisted hydrothermal synthesis of a&b-oriented zeolite T membranes and their pervaporation properties. Sep Purif Technol，2009，65：164.

[46] Zhou H，Li Y S，Zhu G Q，Liu J，Lin L W，Yang W S. Microwave-assisted hydrothermal synthesis of a&b-oriented zeolite T membranes and their pervaporation properties.

Chin J Catal，2008，28：592.

[47] Zhang X L，Song X，Qiu L F，Zhou R F，Chen X S. Preparation of high performance zeolite T membranes by a two-stage temperature-varied synthesis with microsized seeds. Chin J Inorg Chem，2012，28：1914.

[48] Cheng Z，Chao Z，Lin H，Wan H. NaA zeolite membrane with high performance synthesized by vapor phase transformation method. Chin J Chem，2003，21：1430.

[49] Masuda T，Hara H，Kouno M，Hashimoto K. Preparation of an A-type zeolite film on the surface of an alumina ceramic filter. Micropor Mater，1995，3：565.

[50] Yamazaki S，Tsutsumi K. Synthesis of an A-type zeolite membrane on silicon oxide film-silicon，quartz plate and quartz fiber filter. Micropor Mater，1995，4：205.

[51] Li Y S，Chen H L，Liu J，Yang W S. Microwave synthesis of LTA zeolite membranes without seeding. J Membr Sci，2006，277：230.

[52] Li Y S，Liu J，Yang W S. Formation mechanism of microwave synthesized LTA zeolite membranes. J Membr Sci，2006，281：646.

[53] 李砚硕 . A 型分子筛膜的微波合成及其形成机理与分离性能的研究 . 博士学位论文，2006.

[54] Li Y S，Chen H L，Liu J，Li H B，Yang W S. Pervaporation and vapor permeation dehydration of Fischer-Tropsch mixed-alcohols by LTA zeolite membranes. Sep Purif Technol，2007，57：140.

[55] Morigami Y，Kondo M，Abe J，Kita H，Okamoto K. The first large-scale pervaporation plant using tubular-type module with zeolite NaA membrane. Sep Purif Technol，2001，25：251.

[56] Xu X C，Yang W S，Liu J，Lin L W. Synthesis of NaA zeolite membranes from clear solution. Micropor Mesopor Mater，2001，43：299.

[57] Huang A S，Lin Y S，Yang W S. Synthesis and properties of A-type zeolite membranes by secondary growth method with vacuum seeding. J Membr Sci，2004，245：41.

[58] Xu X C，Yang W S，Liu J，Lin L W. Synthesis and gas permeation properties of an NaA zeolite membrane. Chem Comm，2000，60：3.

[59] Okamoto K，Kita H，Horii K，Tanaka K. Zeolite NaA membrane：Preparation，single-gas permeation，and pervaporation and vapor permeation of water/organic liquid mixtures. Ind Eng Chem Res，2001，40：163.

[60] Xu X C，Yang W S，Liu J，Lin L W. Synthesis of a high-permeance NaA zeolite membrane by microwave heating. Adv Mater，2000，12：195.

[61] Xu X C，Yang W S，Liu J，Lin L W. Synthesis of NaA zeolite membrane by microwave heating. Sep Purif Technol，2001，25：241.

[62] Chen X B，Yan W S，Liu J，Lin L W. Synthesis of NaA zeolite membranes with high performance under microwave radiation on mesoporous-layer-modified macroporous substrates for gas separation. J Membr Sci，2005，255：201.

[63] Chen X B, Yang W S, Liu J, Lin L W. Characterization of the formation NaA zeolite membrane under microwave radiation. J Mater Sci, 2004, 39: 85.

[64] Lovallo M C, Tsapatsis M. A highly oriented thin film of zeolite A. Chem Mater, 1997, 9: 1705.

[65] Ban T, Ohwaki T, Ohya Y, Takahashi Y. Preparation of a completely oriented molecular sieving membrane. Angew Chem Int Ed, 1999, 38: 3324.

[66] Boudreau L C, Kuck J A, Tsapatsis M. Deposition of oriented zeolite A films: In situ and secondary growth. J Membr Sci, 1999, 152: 41.

[67] Richter H, Voigt I, Fischer G, Puhlfürß P. Preparation of zeolite membranes on the inner surface of ceramic tubes and capillaries. Sep Purif Technol, 2003, 123: 95.

[68] Pera-Titus M, Bausach M, Llorens J, Cunill F. Preparation of inner-side tubular zeolite NaA membranes in a continuous flow system. Sep Purif Technol, 2008, 59: 141.

[69] Tiscareño-Lechuga F, Téllez C, Menéndez M, Santamatia J. A novel device for preparing zeolite-A membranes under a centrifugal force field. J Membr Sci, 2003, 212: 135.

[70] Kumakiri I, Yamaguchi T, Nakao S. Preparation of zeolite A and faujasite membranes from a clear solution. Ind Eng Chem Res, 1999, 38: 4682.

[71] Han Y, Ma H, Qiu S L, Xiao F S. Preparation of zeolite A membranes by microwave heating. Micropor Mesopor Mater, 1999, 30: 321.

[72] Kita H, Horii K, Ohtoshi Y, Tanaka K, Okamoto K I. Synthesis of zeolite NaA membrane for pervaporation of water/organic liquid mixtures. J Mater Sci Lett, 1995, 14: 206.

[73] Baek D, Hwang U Y, Lee K S, Shul Y, Koo K K. Formation of zeolite A film on metal substrates by microwave heating. J Ind Eng Chem, 2001, 7: 241.

[74] Cheng Z L, Chao Z S, Wan H L. Synthesis of compact NaA zeolite membrane by microwave heating method. Chin Chem Lett, 2003, 14: 874.

[75] Cheng Z L, Gao E Q, Wan H L. Novel synthesis of FAU-type zeolite membrane with high performance. Chem Commun, 2004, 1718.

[76] Nikolakis V, Xomeritakis G, Abibi A, Dickson M, Tsapatsis M, Vlachos D G. Growth of a faujasite-type zeolite membrane and its application in the separation of saturated/unsaturated hydrocarbon mixtures. J Membr Sci, 2001, 184: 209.

[77] Kusakabe K, Kuroda T, Murata A, Morooka S. Formation of a Y-type zeolite membrane on a porous α-alumina tube for gas separation. Ind Eng Chem Res, 1997, 36: 649.

[78] Kita H, Inoue T, Asamura H, Tanaka K, Okamoto K I. NaY zeolite membrane for the pervaporation separation of methanol-methyl tert-butyl ether mixtures. Chem Commun, 1997, 45.

[79] Kusakabe K, Kuroda T, Morooka S. Separation of carbon dioxide from nitrogen using ion-exchanged faujasite-type zeolite membranes formed on porous support tubes. J Member Sci,

1998，148：13.

[80] Kusakabe K，Kuroda T，Uchino K，Hasegawa Y，Morooka S. Gas permeation properties of ion-exchanged faujasite-type zeolite membranes，AIChE J，1999，45：1220.

[81] Feong B H，Hasegawa Y，Sotowa K I，Kusakabe K，Morooka S. Permeation of binary mixtures of benzene and saturated $C_4 \sim C_7$ hydrocarbons through an FAU-type zeolite membrane. J Membr Sci，2003，213：115.

[82] Lassinantti M，Hedlund J，Sterte J. Faujasite-type films synthesized by seeding. Micropor Mesopor Mater，2000，38：25.

[83] Li S G，Tuan V A，Falconer J L，Noble R D. Separation of 1,3-propanediol from aqueous solutions using pervaporation through an X-type zeolite membrane. Ind Eng Chem Res，2001，40：1952.

[84] Nair S，Lai Z P，Nikolakis V，Xomeritakis G，Bonilla G，Tsapatsis M. Separation of close-boiling hydrocarbon mixtures by MFI and FAU type membranes made by secondary growth. Micropor Mesopor Mater，2001，48：219.

[85] Giannakopoulos I G，Nikolakis V. Separation of propylene/propane mixtures using faujasite-type zeolite membranes. Ind Eng Chem Res，2005，44：226.

[86] Kita H，Fuchida K，Horita T，Asamura H，Okamoto K. Preparation of faujasite membranes and their permeation properties. Sep Purif Technol，2001，25：261.

[87] Coutinho D，Balkus K J Jr. Preparation and characterization of zeolite X membranes via pulsed-laser deposition. Micropor Mesopor Mater，2002，52：79.

[88] Weh K，Noack M，Sieber I，Caro J. Permeation of single gases and gas mixtures through faujasite-type molecular sieve membranes. Micropor Mesopor Mater，2002，54：27.

[89] Seike T，Matsuda M，Miyake M. Preparation of FAU type zeolite membranes by electrophoretic deposition and their separation properties. J Mater Chem，2002，12：366.

[90] Sato K，Sugimoto K，Sekine Y，Takada M，Matsukata M，Nakane T. Application of FAU-type zeolite membranes to vapor/gas separation under high-pressure and high-temperature up to 5MPa and 180℃. Micropor Mesopor Mater，2007，101：312.

[91] Sato K，Sugimoto K，Nakane T. Mass-production of tubular NaY zeolite membranes for industrial purpose and their application to ethanol dehydration by vapor permeation. J Membr Sci，2008，319：244.

[92] Sato K，Sugimoto K，Nakane T. Separation of ethanol/ethyl acetate mixture by pervaporation at 100～130℃ through NaY zeolite membrane for industrial purpose. Micropor Mesopor Mater，2008，115：170.

[93] Zhu G Q，Li Y S，Chen H L，Liu J，Yang W S. An in situ approach to synthesize pure phase FAU-type zeolite membranes：Effect of aging and formation mechanism. J Mater Sci，2008，43：3279.

[94] Zhu G Q，Li Y S，Zhou H，Liu J，Yang W S. FAU-type zeolite membranes synthesized by microwave assisted in situ crystallization. Mater Lett，2008，62：4357.

[95] Zhu G Q，Li Y S，Zhou H，Liu J，Yang W S. Microwave synthesis of high performance FAU-type zeolite membranes：Optimization，characterization and pervaporation dehydration of alcohols. J Membr Sci，2009，337：47.

[96] Casado L，Mallada R，Tellez C，Coronas J，Menendez M，Santamaria J. Preparation，characterization and pervaporation performance of mordenite membranes. J Membr Sci，2003，216：135.

[97] Li G，Kikuchi E，Matsukata M. Separation of water-acetic acid mixtures by pervaporation using a thin mordenite membrane. Sep Purif Technol，2003，32：199.

[98] Kikuchia G，Li E，Matsukata M. The control of phase and orientation in zeolite membranes by the secondary growth method. Micropor Mesopor Mater，2003，62：211.

[99] Zhou R F，Hu Z L，Hu N，Duan L Q，Chen X S，Kita H. Reparation and microstructural analysis of high-performance mordenite membranes in fluoride media. Micropor Mesopor Mater，2012，156：166.

[100] Nishiyama N，Matsufuji T，Ueyama K，Matsukata M. FER membrane synthesized by a vapor-phase transport method：Its structure and separation characteristics. Micropor Mater，1997，12：293.

[101] Su X H，Li G，Lin R S，Kikuchi E，Matsukata M. Preparation of ferrierite zeolite membranes in the absence of organic structure-directing agents. Chin Chem Lett，2006，17：977.

[102] Nishiyama N，Ueyama K，Matsukata M. Synthesis of defect-free zeolite-alumina composite membranes by a vapor-phase transport method. Micropor Mater，1996，7：299.

[103] Tuan V A，Li S G，Falconer J L，Noble R D. In situ crystallization of beta zeolite membranes and their permeation and separation properties. Chem Mater，2002，14：489.

[104] Maloncy M L，Berg A W C van den，Gora L，Jansen J C. Preparation of zeolite beta membranes and their pervaporation performance in separating di- from mono-branched alkanes. Micropor Mesopor Mater，2005，85：96.

[105] Lovallo M C，Tsapatsis M. Preparation of an asymmetric zeolite L film. Chem Mater，1996，8：1579.

[106] Dong J H，Lin Y S. In situ synthesis of P-type zeolite membranes on porous-alumina supports. Ind Eng Chem Res，1998，37：2404.

[107] Tsai T G，Shih H C，Liao S J，Chao K J. Well-aligned SAPO-5 membrane：Preparation and characterization. Micropor Mesopor Mater，1998，22：333.

[108] Mintova S，Mo S，Bein T. Nanosized $AlPO_4$-5 molecular sieves and ultrathin films prepared by microwave synthesis. Chem Mater，1998，10：4030.

[109] Tsai T G，Chao K J，Guo X J，Sung S L，Wu C N，Wang Y L，Shih H C. Aligned aluminophosphate molecular sieves crystallized on floating anodized alumina by hydrothermal microwave heating. Adv Mater，1997，9：1154.

[110] Poshusta J C，Tuan V A，Falconer J L，Noble R D. Synthesis and permeation

properties of SAPO-34 tubular membranes. Ind Eng Chem Res，1998，37：3924.

[111] Carreon M A，Li S，Falconer J L，Noble R D. Alumina-supported SAPO-34 membranes for CO_2/CH_4 separation. J Am Chem Soc，2008，130：5412.

[112] Kalipcilar H，Bowen T C，Noble R D，Falconer J L. Synthesis and separation performance of SSZ-13 zeolite membranes on tubular supports. Chem Mater，2002，14：3458.

[113] Tomita T，Nakayama K，Sakai H. Gas separation characteristics of DDR type zeolite membrane. Micropor Mesopor Mater，2004，68：71.

[114] Kuhn J，Yajima K，Tomita T，Gross J，Kapteijn F. Dehydration performance of a hydrophobic DD3R zeolite membrane. J Membr Sci，2008，321：344.

[115] Tuan V A，Li S G，Noble R D，Falconer J L. Preparation and pervaporation properties of a MEL-type zeolite membrane. Chem Comm，2001，58：3.

[116] 董俊萍，徐引娟，龙英才. MEL 分子筛膜不同取向生长的控制 . 化学学报，2007，65：2494.

[117] Munoz T Jr，Balkus K J Jr. Preparation of oriented zeolite UTD-1 membranes via pulsed laser ablation. J Am Chem Soc，1999，121：139.

[118] Washmom-Kriel L，Balkus K J Jr. Preparation and characterization of oriented MAPO-39 membranes. Micropor Mesopor Mater，2000，38：107.

[119] Matijasic A，Patarin J. Synthesis of OFF-type zeolite in a quasi non aqueous medium：Structure directing role of p-dioxane and alkaline cations. Micropor Mesopor Mater，1999，29：405.

[120] Julbe A，Motuzas J，Cazevielle F，Volle G，Guizard C. Synthesis of sodalite/Al_2O_3 composite membranes by microwave heating. Sep Purif Technol，2003，32：139.

[121] Xu X C，Bao Y，Song C S，Yang W S，Liu J，Lin L W. Microwave-assisted hydrothermal synthesis of hydroxy-sodalite zeolite membrane. Micropor Mesopor Mater，2004，75：173.

[122] Khajavi S，Kapteijn F，Jansen J C. Synthesis of thin defect-free hydroxy sodalite membranes：New candidate for activated water permeation. J Membr Sci，2007，299：63.

[123] Chowdhury S R，Lamare J De，Valtchev V. Synthesis and structural characterization of EMT-type membranes and their performance in nanofiltration experiments. J Membr Sci，2008，314：200.

[124] Taek K T，Shul Y C. Preparation of transparent TS-1 zeolite film by using nanosized TS-1 particles. Chem Mater，1997，9：420.

[125] Yan Y，Davis M E，Gavalas G R. Preparation of highly selective zeolite ZSM-5 membranes by a post-synthetic coking treatment. J Membr Sci，1997，123：95.

[126] Nomura M，Yamaguchi T，Nakao S. Gas permeation through zeolite-alumina composite membranes. Ind Eng Chem Res，1997，36：4217.

[127] Coutinho D，Losilla J A，Balkus K J Jr. Microwave synthesis of ETS-4 and ETS-4

thin films. Micropor Mesopor Mater，2006，90：229.

[128] Jeong H，Lai Z P，Tsapatsis M，Jansen J C. Strain of MFI crystals in membranes：An in situ synchrotron X-ray study. Micropor Mesopor Mater，2005，84：332.

[129] Bonilla G，Tsapatsis M，Vlachos D G，Xomeritakis G J. Fluorescence confocal optical microscopy imaging of the grain boundary structure of zeolite MFI membranes made by secondary (seeded) growth. J Membr Sci，2001，182：103.

[130] Nair S，Tsapatsis M. Infrared reflectance measurements of zeolite film thickness，refractive index and other characteristics. Micropor Mesopor Mater，2003，58：81.

[131] Kyotani T，Sato K，Mizuno T，Kakui S，Aizawa M，Saito J，Ikeda S，Nakane Ichikawa T. Characterization of zeolite NaA membrane by FTIR-ATR and its application to the rapid evaluation of dehydration performance. Anal Sci，2005，21：321.

[132] Volkov V V，Shkolnikov E I，Grekhov A M，Borman V D，Julbe A. Proceedings of 7th International Conference on Inorganic Membranes. edited by Xiong G X. Dalian：2002.

[133] Bowen T C，Wyss J C，Noble R D，Falconer J L. Measurements of diffusion through a zeolite membrane using isotopic-transient pervaporation. Micropor Mesopor Mater，2004，71：199.

[134] Bernal M P，Coronas J，Menéndez M，Santamaria J. Characterization of zeolite membranes by temperature programmed permeation and step desorption. J Membr Sci，2002，195：125.

[135] Kober P A. Pervaporation，perstillation and percrystallization. J Am Chem Soc，1971，39：944.

[136] Chen X S，Lin X，Chen P，Kita H. Pervaporation of ketone/water mixtures through silicalite membrane. Desalination，2008，234：286.

[137] Qureshi N，Meaghera M M，Hutkins R W. Recovery of butanol from model solutions and fermentation broth using a silicalite/silicone membrane. J Membr Sci，1999，158：115.

[138] Baker R W，Cussler E L. Membrane separation systems：Recent development and future directions. New Jersey：Noyes Data Corporation，1991：56.

[139] Liu X，Li Y，Liu Y，Zhu G，Liu J，Yang W. Capillary supported ultrathin homogeneous silicalite-poly (dimethylsiloxane) nanocomposite membrane for bio-butanol recovery. J Membr Sci，2011，369：228.

[140] Baker R W，Cussler E L. Membrane separation systems：Recent development and future directions. New Jersey：Noyes Data Corporation，1991：56.

[141] Sano T，Hasegawa M，Kawakami Y，Yanagishita H. Separation of methanol/methyl-tert-butyl ether mixture by pervaporation using silicalite membrane. J Membr Sci，1995，107：193.

[142] Yuan W，Lin Y S，Yang W S. Molecular sieving MFI-type zeolite membranes for pervaporation separation of xylene isomers. J Am Chem Soc，2004，126：4776.

[143] Flanders C L, Tuan V A, Noble R D, Falconer J L. Separation of C_6 isomers by vapor permeation and pervaporation through ZSM-5 membranes. J Membr Sci, 2000, 176: 43.

[144] Takegami S, Yamada H, Tsujii S. Dehydration of water/ethanol mixtures by pervaporation using modified poly (vinyl alcohol) membrane. Polym J, 1992, 24: 1239.

[145] Rak M, Mas A, Guimon M F, Guimon C, Elhar A, Schule F. Plasma-modied poly (vinylalcohol) membranes for the dehydration of ethanol. Polym Int, 2003, 52: 1221.

[146] Karakane H, Tsuyumoto M, Maeda Y, Honda Z. Separation of water-ethanol by pervaporation through polyion complex composite membrane. J Appl Polym Sci, 1991, 42: 3229.

[147] 金喆民，王平，赖桢，陈翠仙，李继定，孟平蕊．壳聚糖-聚磷酸钠聚离子复合物渗透汽化膜研究．(Ⅱ) 聚合条件和操作条件对膜分离性能的影响．膜科学与技术，2003，23: 32.

[148] Shieh J J, Huang R Y M. Pervaporation with chitosan membranes. 2. Blend membranes of chitosan and polyacrylic acid and comparison of homogeneous and composite membrane based on polyelectrolyte complexes of chitosan and polyacrylic acid for the separation of ethanol-water mixtures. J Membr Sci, 1997, 127: 185.

[149] Lee Y M, Nam S Y, Woo D J. Pervaporation of ionically surface crosslinked chitosan composite membranes for water-alcohol mixtures. J Membr Sci, 1997, 133: 103.

[150] Huang R Y M, Pal R, Moon G Y. Pervaporation dehydration of aqueous ethanol and isopropanol mixtures through alginate/chitosan two ply composite membranes supported by poly (vinylidene fluoride) porous membrane. J Membr Sci, 2000, 167: 275.

[151] Kalyani S, Smitha B, Sridhar S, Krishnaiah A. Separation of ethanol-wate mixtures by pervaporation using sodium alginate/poly (vinyl pyrrolidone) blend membrane crosslinked with phosphoric acid. Ind Eng Chem Res, 2006, 45: 9088.

[152] Yanagishita H, Maejima C, Kitamoto D, Nakane T. Preparation of asymmetric polyimide membrane for water/ethanol separation in pervaporation by the phase inversion process. J Membr Sci, 1994, 86: 231.

[153] Zhang G J, Yan H H, Ji S L, Liu Z Z. Self-assembly of polyelectrolyte multi- layer pervaporation membranes by a dynamic layer-by-layer technique on a hydrolyzed polyacrylonitrile ultrafiltration membrane. J Membr Sci, 2007, 292: 1.

[154] Gemert R W van, Cuperus F P. Newly developed ceramic membranes for dehydration and separation of organic mixtures by pervaporation. J Membr Sci, 1995, 105: 287.

[155] Rak M, Mas A, Guimon M F, Guimon C, Elhar A, Schule F. Plasma-modied poly (vinylalcohol) membranes for the dehydration of ethanol. Polym Int, 2003, 52: 1222.

[156] Okamoto K, Kita H, Horii K, Tanaka K, Kondo M. Zeolite NaA membrane: Preparation, single-gaspermeation, and pervaporation and vapor permeation of water/organic

liquid mixtures. Ind Eng Chem Res，2001，40：163.

[157] Li Y S，Zhou H，Zhu G Q，Liu J，Yang W S. Hydrothermal stability of LTA zeolite membranes in pervaporation. J Membr Sci，2007，297：10.

[158] Sander U，Soukup P. Design and operation of a pervaporation plant for ethanol dehydration. J Membr Sci，1988，36：463.

索引

B

C

D

F

G

H

T

X

Y

Z